Perspectives on Process Safety from Around the World 2017

Topical Conference at the 2017 AIChE Spring Meeting and 13th Global Congress on Process Safety

San Antonio, Texas, USA
26 - 30 March 2017

ISBN: 978-1-5108-4366-0

Printed from e-media with permission by:

Curran Associates, Inc.
57 Morehouse Lane
Red Hook, NY 12571

Some format issues inherent in the e-media version may also appear in this print version.

Printed by Curran Associates, Inc. (2017)

For permission requests, please contact AIChE
at the address below.

AIChE
120 Wall Street, FL 23
New York, NY 10005-4020

Phone: (800) 242-4363
Fax: (203) 775-5177

www.aiche.org

Additional copies of this publication are available from:

Curran Associates, Inc.
57 Morehouse Lane
Red Hook, NY 12571 USA
Phone: 845-758-0400
Fax: 845-758-2633
Email: curran@proceedings.com
Web: www.proceedings.com

TABLE OF CONTENTS

482030 AGILE Award Keynote Address

Abstract:

Factors in Selecting AGILE Honoree

1. Overall sustained excellent industry leadership in businesses that employ chemical engineers

2. Recognized for efforts in innovation and creating strategies that ensure success

3. Value of the keynote to the meeting attendees and the members of the Institute Schedule

Event	Time	Location
Continental Breakfast	7:00AM - 8:00AM	Henry Gonzalez Convention Center, Lila Cockrell Theatre
AGILE Keynote Address	8:00AM - 9:15AM	Henry Gonzalez Convention Center, Lila Cockrell Theatre

The 2017 AIChE Spring Meeting and 13th GCPS AGILE Keynote Address will be presented by AGILE award recipient John Y. Televantos, Partner, Arsenal Capital Partners.

John Televantos is a Partner at Arsenal Capital Partners, a middle market private equity firm focused on the specialty industrial, healthcare and specialty financial service sectors. Before joining Arsenal in 2006, Dr. Televantos was President of Aqualon Company, owned by Hercules, Inc.; President and Founder of Helios Chemical Company; and Chief Executive Officer for Foamex International.

Dr. Televantos began his career with Union Carbide in 1977 in silicones research. There he developed two key processes for the manufacture of Methyl Chloride and Siloxane polymers that were commercialized. These processes not only improved efficiency and reduced cost but also dramatically reduced waste. He moved through a variety of management positions there and later at ARCO Chemical, where he became vice president of strategy and development.

At ARCO John co-invented and led a team that developed and commercialized a breakthrough technology in polyol manufacture (a key raw material for polyurethanes) eliminating a whole process step along with waste and emissions, while at the same time opening the door to the creation of new higher-performance polyurethanes. The technology has since been licensed by most of the major global polyol manufacturers with significant waste reduction worldwide.

At Arsenal Capital, Dr. Televantos serves as co-head of the specialty industrial practice. During his tenure, he has been part of several acquisitions and successful exits in the chemicals and materials sectors. In addition to serving on the boards of several Arsenal-owned companies, he is lead director on the board of Balchem Corp.

La Divulgación a los Grupos de Interés. Elemento Clave de las Estrategias de Seguridad de Proceso.

Experiencias de Aprendizaje en Latinoamérica

Nestor H Spósito
CCPS Staff Consultant
PPR Consultora
Charcas 3734 – Bahia Blanca- Argentina
pprconsultora@gmail.com

Iris Regina F. Poffo
Sector
CETESB – SP, Brasil
Av. Prof . Frederico Herman Jr, 345 – SP/SP - Brasil
irisp@uol.com.br;

Prepared for Presentation at
American Institute of Chemical Engineers
2017 Spring Meeting and 13th Global Congress on Process Safety
San Antonio, TX
March 26 – 29, 2017

La Divulgación a los Grupos de Interés Elemento Clave de las Estrategias de Seguridad de Procesos.

Experiencias de Aprendizaje en Latinoamérica

Nestor H Spósito
CCPS Staff Consultant
PPR Consultora
Charcas 3734 – Bahía Blanca- Argentina
pprconsultora@gmail.com

Iris Regina F. Poffo
CETESB – SP, Brasil
Av. Prof. Frederico Herman Jr, 345 – SP/SP - Brasil
irisp@uol.com.br; ipoffo@sp.gov.br

Keywords: Divulgación grupos de interés, Seguridad de Procesos basada en Riesgos, Proceso APELL, Percepción del Riesgo

Resumen

Tener una buena relación con las partes interesadas apropiadas, durante toda la vida de funcionamiento de una instalación es uno de los 5 elementos del pilar Compromiso con la Seguridad de Procesos de la estrategia de la Seguridad de Procesos Basada en Riesgos (RBPS por sus siglas en inglés). De igual manera, el proyecto del CCPS para lograr una mejora en la implementación de la Seguridad de Procesos denominado Visión 20/20, promueve en la misma línea que el RBPS, como uno de sus principios denominados sociales, el conocimiento reforzado de los riesgos y la seguridad de procesos en todos los grupos de interés. Por lo tanto la divulgación de la información a las partes interesadas es un proceso de búsqueda de individuos y/ u organizaciones que pueden ser o creen que pueden ser afectados por los accidentes originados en la operación de la empresa e involucrarlos en un diálogo armónico sobre prevención y preparación para emergencias así como sobre la seguridad de procesos.

Los expertos en evaluación de riesgos tienen conocimiento sobre las técnicas de cálculo, el significado de los números, las estrategias de prevención y mitigación, sin embargo no pasa lo mismo con la comunidad vecina a las instalaciones y las autoridades que tienen su propia "percepción del riesgo" que a menudo no siempre concuerda con los resultados presentados. No es preciso esperar el próximo accidente para empezar a establecer un diálogo armónico entre las partes interesadas suministrando información precisa y útil acerca de los procesos, peligros y riesgos. El gran desafío es tratar de buscar los medios adecuados para que la información sea transmitida, recibida y aceptada proactivamente.

El presente trabajo presenta un estudio comparativo sobre las experiencias de implementación y las metodologías empleadas para la divulgación y concientización de los riesgos en los Procesos APELL de Argentina, Brasil y Colombia identificando las principales herramientas empleadas y las dificultades y logros obtenidos. Por medio de las encuestas de percepción del riesgo y conocimientos adquiridos realizadas a la comunidad vulnerable, es posible obtener información importante, por ejemplo: cómo la comunidad percibe el riesgo (tolerable o intolerable), si reconocen la alarma, si saben a quién llamar en una emergencia, cuál es la ruta de evacuación adecuada y los lugares de confinamiento entre otras preguntas que ayudarán en la preparación y planificación de la emergencia y en actualizar y mejorar las estrategias de comunicación del riesgo. Finalmente el trabajo intenta demostrar que el compartir información de una manera proactiva, como lo promueve el RBPS, la Visión 2020 del CCPS y el Proceso APELL, genera confianza y compromiso entre la empresa, el gobierno y la comunidad

1 Introducción

La Seguridad de procesos y los sistemas de administración de seguridad de procesos a menudo abarcan el diseño, operación, mantenimiento, modificaciones y cierre de una instalación productiva. Los sistemas de administración de seguridad de procesos (PSM por su sigla en inglés) tienen una variedad de significados y propósitos. El AIChE - CCPS (*Center for Chemical Process Safety)* define a PSM como "un sistema de administración enfocado en la prevención de, preparación para, respuesta a, recuperación de una pérdida catastrófica de un producto químico o energía de un proceso en una instalación".

La historia muestra que muchos de los accidentes con pérdidas catastróficas de energía o productos químicos peligrosos se originaron porque no existía un programa robusto de seguridad de procesos o no se tuvo en cuenta dicho programa excediendo la capacidad de respuesta interna de la instalación o los límites de baterías de la misma con un impacto en vidas de operadores, grupos de respuesta, comunidad y al medio ambiente.

Por lo tanto ningún programa de seguridad de procesos serio y confiable puede omitir involucrar adecuadamente a todas las partes interesadas a través de un programa de difusión y capacitación acerca de los riesgos de la instalación y cómo prevenirlos y mitigarlos en caso de un incidente.

La industria en general y directivos de la industria en particular han ignorado durante muchos años a la comunidad y los grupos de interés, por ejemplo el accidente de Bhopal, Índia en 1984. En los últimos 20 años hemos visto importantes mejoras por ejemplo en el gran incendio ocurrido en un terminal químico de Santos, San Pablo, Brasil, que fue controlado después de nueve días, por equipos que trabajaron con sinergia, con el esfuerzo de las partes interesadas y no hubo ninguna víctima.

Pero continúa existiendo en esos sectores gran resistencia a compartir el conocimiento sobre los riesgos y difundir las medidas preventivas y de mitigación, por desconocimiento, baja percepción de riesgo, falta de compromiso o temor. Accidentes mayores como del Puerto de Tianjin, China, en 2015, generó 173 muertes (110 eran bomberos) y 797 heridos (PEREZ, 2016), nos alerta que todavía hay mucho por hacer.

El presente artículo intenta demostrar la ineficacia y las consecuencias graves de esa postura a través del análisis de algunos accidentes y al mismo tiempo concientizar sobre la importancia de revertir esa situación a través de la aplicación de las últimas herramientas del CCPS como los elementos de la Seguridad de Procesos basada en Riesgo (RBPS por su sigla en inglés) y los principios y temas sociales de la Visión 2020.

Por otro lado alentar que es posible disminuir la pérdida de vidas humanas y los daños socioeconómicos y ambientales, cuando hay apertura y madurez de parte de las empresas y del gobierno para invertir en seguridad, salud y medio ambiente dentro y alrededor de las plantas. Hay que aprender a trabajar sinérgicamente con otros programas como el Proceso APELL de UNEP que desde 1984 viene promoviendo enfáticamente involucrar a las partes interesadas para estar mejor preparados para responder y mitigar una emergencia.

El artículo comparte experiencias prácticas de aplicación de distintas metodologías de involucramiento en cuatro países de Latinoamérica donde se viene aplicando el proceso APELL desde principio de los años 1990.

2 ¿Qué se entiende y qué abarca el concepto "Grupos de Interés"?

El concepto de "Grupo de Interés" en el contexto de este trabajo se refiere a todas aquellas organizaciones, grupos de personas, instituciones públicas o privadas, individuos que puedan verse afectados por un incidente en una instalación o que puedan brindar ayuda o soporte para prevenir, controlar, mitigar o recuperar a dicha instalación-

El universo que puede abarcar el "Grupo de Interés" puede ser tan diverso y disímil como instalaciones tengamos. Incluso para empresas globalizadas con instalaciones en distintas geografías y lugares los "grupo de interés "a involucrar pueden ser distintos. Cada instalación en función de su ubicación, distancia a sitios vulnerables, tipo y cantidad de riesgos, vulnerabilidades externas (físicas, sociales, políticas, etc.) definirá los grupos a involucrar y los tiempos de su incorporación.

A continuación una lista de potenciales participantes que no pretende ser exhaustiva ni completa.

- Comunidad próxima a la instalación, escuelas y otros establecimientos de instrucción
- Grupo de Bomberos, Defensa Civil, Órgano de Medio Ambiente y Servicios médicos
- Organizaciones sociales y Organizaciones empresariales.
- Gobierno local-estatal y nacional.
- Empresas vecinas, Organizaciones laborales y Asociación de profesionales.
- Medios de difusión.

3 ¿Por qué es importante involucrar a los "Grupos de Interés"?

Involucrar a los grupos de interés y difundir entre ellos el conocimiento sobre peligros y riesgos de las operaciones y capacitarlos/entrenarlos en los planes de emergencia y medidas de autoprotección en caso de un accidente mayor permite ejercitar la política de "buen vecino" y mantener y renovar "la licencia social y política" para seguir operando en esa comunidad. No son pocos los ejemplos donde luego de un accidente catastrófico con gran impacto en vidas y activos de la comunidad y de la propia instalación se originó el cierre definitivo de la misma e incluso la propia desaparición de la empresa. Bophal/Unión Carbide es un claro ejemplo de ello.

Todos los sistemas de seguridad de proceso promueven como una de sus últimas capas de protección el plan de preparación y respuesta a emergencias interno y externo. El adecuado funcionamiento de ese plan es fundamental para mitigar los efectos una vez que se ha producido una causa iniciadora y han fallado todas las capas preventivas desencadenando el accidente.

Ninguna empresa puede garantizar y disponer de todos los recursos humanos y materiales necesarios para controlar un accidente mayor como grandes incendios, explosiones o escapes de sustancias tóxicas. La asistencia y apoyo de recursos externos (bomberos, policía, servicios de salud, contratistas, etc.) es una parte esencial de dicho plan. Esa asistencia solamente será confiable, útil, efectiva y segura si lo grupos externos cuentan con información adecuada del funcionamiento de las instalaciones sus peligros y riesgos y cómo administrar los mismos.

El intercambio de información con colegas de la industria promoverá la seguridad de procesos para todo el mundo. El intercambio de información de manera creativa con la comunidad y las partes interesadas del gobierno construye confianza y compromiso. La confianza soporta la licencia de la instalación para operar, y los reguladores pueden estar más dispuestos y sobre todo preparados a trabajar con la instalación para resolver los problemas que puedan surgir.

3.1 Elemento de la Seguridad de Procesos Basada en Riesgo

El enfoque de la Seguridad de Procesos basada en Riesgos (RBPS) reconoce que no todos los peligros y los riesgos en una operación o una instalación son iguales; por consiguiente, es apropiado distribuir los recursos de manera que se concentre el esfuerzo en los peligros mayores y en los riesgos más altos. Utilizar las mismas prácticas de alta intensidad para manejar todos los peligros es hacer uso ineficiente de los escasos recursos. Un enfoque basado en riesgos reduce el potencial de asignar una cantidad indebida de recursos para manejar las actividades de bajo riesgo, liberando así recursos para las tareas que se ocupan de las actividades de mayor riesgo [1]. Un sistema de gestión de RBPS incorpora cuatro pilares principales de prevención de accidentes:

- *Compromiso con la seguridad de proceso,*
- *Entender los peligros y los riesgos,*
- *Gestión del riesgo, y*
- *Aprender de la experiencia.*

Estos cuatro bloques o pilares fundacionales soportan 20 elementos o áreas de experiencia en seguridad de proceso que en conjunto generan una sólida estructura de un sistema de administración de Seguridad de Proceso (PSM por su sigla en inglés). Dentro del primer pilar "Compromiso con la seguridad de proceso" que cuenta con 5 elementos que lo soportan siendo uno de ellos el de "divulgación a las partes interesadas".

El primer objetivo del elemento divulgación es asegurar que una instalación mantiene una buena relación con las partes interesadas, que establece y mantiene conexiones con toda la industria relevante, los grupos gubernamentales y públicos durante la vida de la instalación. Estas relaciones facilitan la transferencia de información, la comprensión mutua, el entendimiento de puntos de vista de cada grupo y promueven la interacción a largo plazo y la confianza mutua. Los siguientes principios claves deberán dirigirse al desarrollar, evaluar o mejorar cualquier sistema para el elemento divulgación:

- **Mantener** una práctica confiable,
- **Identificar** las necesidades de comunicación y divulgación,
- **Conducir** actividades de comunicación y divulgación, y
- **Seguir** a través de compromisos y acciones.

Para que un sistema de divulgación aborde todas las situaciones potencialmente significativas que implican las necesidades y preocupaciones de los interesados, deben ser consideradas las siguientes características esenciales.

- **Identificar** las partes interesadas relevantes,
- **Definir** el alcance apropiado,
- **Identificar** vías de comunicación apropiadas,
- **Desarrollar** herramientas apropiadas de comunicación orientada al público,
- **Compartir** información apropiada, y
- **Mantener** relaciones externas.

3.2 Ejemplos de accidentes donde los Grupos de Interés no estaban informados e involucrados

Lamentablemente es enorme la cantidad de accidentes donde la falta de información a los grupos de interés imposibilitó un control y mitigación adecuada de la emergencia exponiendo a los grupos de respuesta y a la comunidad a riesgos innecesarios.

A continuación y a manera de ejemplos solo mencionaremos algunos de ellos **dónde no hubo** compromiso con la seguridad de proceso, entendimiento de los peligros y los riesgos, y gestión adecuada del riesgo

Los accidentes de Seveso, en Italia en 1976, originado por el escape de dioxina y de Bhopal, en India en 1984, por un escape de isocianato de metilo son dos importantes referencias históricas de accidentes originados por la violación o falta de un política de gestión de Seguridad de procesos, cuyas consecuencias se vieron agravadas por la falta de planes de emergencia y adecuada información a las partes interesadas [2]. En el caso de Seveso la nube tóxica generada afectó seriamente la salud de centenares de personas incluido niños y de animales. Luego del escape hubo una "semana de silencio" [3], la empresa recién anunció 9 días después que el accidente había causado una fuga de dioxina y sugirió la evacuación de la población del área más gravemente afectada.

El 19 de diciembre de 1982 en una planta generadora de energía en Tacoa cerca de Caracas (Venezuela un boilover enorme ocurrió en un tanque de fuel oil, matando al menos 160 personas a causa de una bola de fuego). La instalación constaba de 3 plantas (una en construcción) al lado del mar y un parque de tanques en la parte superior de una colina próxima. La temperatura del producto en el tanque era muy alta por encima del flash point del producto y en el momento que

2 operadores estaban tomando manualmente la medición del tanque se produjo una explosión que arrojó el techo del tanque con todos los sistemas de extinción con espuma varios metros iniciándose un incendio en toda la superficie del tanque y en el dique de contención.

La acción de contención del fuego estuvo muy dificultada por la destrucción de las instalaciones fijas y por la lejanía de la instalación con un acceso muy inadecuado para los grupos de respuesta. Bomberos, defensa civil, operarios, reporteros y curiosos estaban entre los 30 y 60 mts del tanque a las 12.20 ocurrió un boiler masivo originando una bola de fuego de aproximadamente 150 mts de diámetro y 600 mts de altura. El boilover despidió una gran cantidad de producto encendido por encima del tanque creando una ola de líquido encendido que envolvió a personas y vehículos a una distancia de 400 mts aguas debajo de la colina.

El incidente mató al menos 160 personas incluyendo 40 bomberos y 8 periodistas, lesionando seriamente a más de 500 personas, destruyó 60 vehículos y 70 casas. Más de 40000 personas debieron ser evacuadas.

Nadie incluidos bomberos, defensa civil, operadores de planta, vecinos habían sido debidamente informados sobre los riesgos de un boilover y cómo manejar las tareas de mitigación y de protección ("Incidents That Define Process Safety" CCPS -2008- Page 306).

En el caso de Bhopal (todavía hoy reconocido por los expertos como el accidente más serio que ha sufrido la industria química) las cifras de muertos y afectados es imprecisa y cambiante. Producido el escape del gas tóxico la empresa no tomó ninguna acción para alertar a las comunidades vecinas. Por otro lado los residentes no disponían de información de los peligros del producto y cómo actuar en caso de emergencia. La falta de información adecuada por parte de Union Carbide sobre el comportamiento del producto químico y su reacción sobre el cuerpo humano impidió a las autoridades locales y a la comunidad médica responder adecuadamente a la intoxicación, agravando aún más los serios efectos sobre la salud de los afectados [4].

En la noche del 23 de octubre de 2009, una gran explosión ocurrió en la instalación de la Corporación del Petróleo del Caribe (CAPECO) en Bayamón, Puerto Rico, durante la descarga de gasolina de un buque tanque, al parque de tanques en tierra. Un tanque de almacenamiento de superficie de 5 millones de galones se desbordó en un dique de contención secundario. La pulverización de gasolina formó una gran nube de vapor, que se encendió después de alcanzar una fuente de ignición en el área de tratamiento de aguas residuales de la instalación. La explosión y el fuego y a posteriori múltiples explosiones secundarias resultaron en daños significativos a 17 de los 48 tanques de almacenamiento de petróleo y otros equipos en el lugar, en la comunidad vecina y empresas fuera del sitio.
La explosión creó una onda de presión dañando aproximadamente 300 casas y negocios hasta 2 km del sitio, incluida una instalación militar. El transporte aéreo y vehicular fue interrumpido.
CAPECO y el cuerpo de bomberos locales no estaban preparados tanto en equipamiento como en capacitación y entrenamiento para atender una emergencia con una explosión de nubes de vapores y los posteriores incendios múltiples. Esto agravó seriamente los resultados del accidente especialmente los medioambientales. [5] (CSB Final Investigation Report Caribbean Petroleum Tank Terminal Explosion and Multiple Tank Fires).
El 17 de abril de 2010 un fuego y posterior explosión masiva ocurrió en la compañía *West Fertilizer Company* (WFC) dedicada al almacenaje, mezcla y distribución de fertilizantes en la

ciudad de West Texas USA. La violenta explosión mató a 12 miembros de los grupos de repuesta a emergencias (bomberos y servicios emergencias) y 3 residentes de la comunidad e hirió a más de 260 personas la mayoría de las cuales debieron ser hospitalizadas. La explosión destruyó por completo las instalaciones de WFC y dañó más de 150 edificios externos, incluyendo la destrucción completa de dos escuelas y ocasionando severos daños a una tercera y a una residencia de personas ancianas. La instalación almacenaba al momento del incidente aproximadamente entre 40-60 Tm de Nitrato de Amonio grado fertilizante que fue el que desencadenó la explosión. La explosión ocurrió a las 19:51 hora de Houston 20 minutos después de que se detectara el incendio. Dado el horario no había personal en la instalación ni tampoco en las escuelas próximas destruidas. De no haber sido por estas circunstancias seguramente el número de víctimas hubiera sido aún mayor. [5]

La investigación de CSB *(Chemical Safety Board)* [5] determinó que las causas contribuyentes que produjeron tantas víctimas entre el personal de los grupos de respuesta y los residentes fueron entre otros la falta de:

- una adecuada información acerca de los peligros y riesgos de los productos allí almacenados a las autoridades locales, grupos de respuesta y la población,
- un Plan de Emergencia,
- un sistema de comando de incidentes, y
- entrenamiento y capacitación para los grupos de respuesta en el manejo de sustancias peligrosas en especial nitrato de amonio.

En agosto de 2015, un incendio seguido de varias explosiones en el Puerto de Tianjin, en China, [7] originaron 165 muertos de los cuales 110 eran bomberos o miembros de los grupos de respuesta y 55 civiles residentes de empresas vecinas o que vivían próximos al puerto. Causaron además 798 heridos y 8 desaparecidos. El sector donde se produjo el accidente almacenaba cantidades importantes de distintos productos químicos entre ellos nitrato de amonio que se supone fue el que explotó. La primera explosión ocurrió después que los bomberos (que no tenían mucho conocimiento y experiencia en este tipo de emergencias) iniciaran la operación de respuesta.

Basada en la teoría de la amplificación de riesgo (Kasperson, et. alli., 1988 y Leschine, 2001), los siguientes factores contribuyeron para agravar las consecuencias socioeconómicas y aumentar el número de víctimas de estos casos:

- Falta de inversión en programas de seguridad de procesos y prevención de accidentes;
- Proximidad entre las áreas de viviendas y las áreas industriales,
- Curiosidad de la comunidad por el fuego, por las sirenas y por los camiones de los bomberos,
- Ocupación de las principales rutas de acceso a las áreas industriales por la comunidad,
- Falta de preparación de los grupos de respuesta para manejar las emergencias químicas y de la comunidad como reaccionar adecuadamente para protegerse
- No disponer de medios adecuados para alertar al el público durante la situación de crisis.

3.3 Ejemplos de accidentes donde los Grupos de Interés estaban más informados e involucrados

En Septiembre de 1998, en Santos, San Pablo, Brasil delante del estuario de Santos, hubo un escape de diciclopentadieno (producto muy inflamable) en una terminal de combustibles y luego un gran incendio y explosiones. Las llamas afectaron incluso la vegetación de manglar y el canal de navegación del puerto. Los Planes de Ayuda Mutua y el plan integrado de emergencia de la Asociación Brasileña de los Terminales Líquidos a Granel de la región fueran movilizados con participación de todas las partes interesadas como los terminales vecinos, la autoridad portuaria, la marina, la defensa civil, los bomberos, el órgano del medio ambiente del Estado. El fuego fue controlado una hora y media después de la primera explosión. No hubo muertos ni heridos, pero si hubo un gran impacto al medio ambiente (CETESB, 1998).

En Abril de 2015, en Santos, San Pablo, Brasil, ocurrió un pequeño incendio en un tanque de combustibles en un terminal de productos químicos, el cual luego se expandió a otros tanques de gasolina y etanol. Durante la acción de respuesta hubo una fuerte explosión. Los Planes de Ayuda mutua y el plan integrado de emergencia de la Asociación Brasileña de Terminales Líquidos a Granel de la región fueran movilizados y todas las partes interesadas estaban involucradas (53) trabajando conjuntamente bajo el comando integrado de los Bomberos. En total trabajaron más de 1339 personas y después de 9 días el fuego estaba bajo control. No hubo muertos ni heridos oficiales, si un gran impacto al medio ambiente incluso con mortalidad de peces. (CETESB, 2015 y PEREZ, 2016).

Aunque la mayoría de los accidentes también empezarán por fallas operacionales y los incendios tomaran grandes proporciones, los siguientes factores contribuyeron para disminuir las consecuencias:

- Las acciones de respuesta fueran planeadas previamente a los incidentes;
- Gran número de personas en las acciones de respuesta trabajando bajo el comando de los Bomberos o de la Defensa Civil de manera integrada y conjunta en las acciones de respuesta, involucrando las partes interesadas,
- La importancia del conocimiento por parte de los grupos de respuesta sobre el plan de emergencia de las plantas y sobre la propiedades y peligros de los productos químicos involucrados,
- La importancia de la integración de los expertos y de los planes de emergencia de las plantas con los planes de ayuda mutua de la región y con el plan integrado de emergencia de la Asociación Brasileña de los Terminales Líquidos,
- La ubicación de terminales químicos lejos de áreas urbanizadas,

3.3 Aprendiendo con los accidentes

Las empresas tienen la costumbre de atribuir las causas de los accidentes a errores de los operadores y le dan poca importancia a problemas de comunicación entre los supervisores y operadores, deficiencia en los entrenamientos y en el acompañamiento de los procedimientos de seguridad. Muchas veces, los expertos buscan comprender "lo que pasó" y no "porque pasó" y en la mayoría de los casos no ocurre un hecho aislado sino una secuencia de hechos que desencadenan el accidente. Para desarrollar medidas preventivas hay que comprender primero la importancia de tener una buena relación entre todos que trabajan en una instalación [8] así como, por supuesto, que todos incluso los gerentes, tengan buen conocimiento de los riesgos involucrados con la actividades industriales, de las normas de seguridad de proceso, de los equipos de protección y monitoreo necesarios y claro conocimiento del plan de emergencia.

El trabajo de fiscalización por los órganos de medio ambiente y de seguridad es fundamental para detectar posibles irregularidades en las plantas químicas y exigir inversiones en prevención. En San Pablo, después de los accidentes de grandes proporciones de los años 1980, la CETESB – el órgano estatal del medio ambiente-, desarrolló el Programa de Gerenciamiento de Riesgo en las terminales químicas y de petróleo, mirando la prevención de accidentes y la optimización de la capacidad de respuesta. Todas las terminales tenían que adecuarse a las exigencias con implementación de medidas de seguridad y de contingencia en tierra y en el mar [9].

En Brasil, en 1991 fue creado el Plan Integrado de Emergencia – PIE por la Asociación Brasileña de Terminales Líquidos a Granel – ABTL, en la región de Santos y de San Sebastian (dónde están ubicados puertos y terminales marítimos), en San Pablo, con 12 empresas, con el objetivo principal de organizar la acción conjunta en situaciones de emergencia, articulando los recursos humanos y materiales, junto con los Bomberos, Defensa Civil, la Marina y la CETESB.

El intercambio entre las partes interesadas permitió una mejora notable: el número de los accidentes, el volumen de productos químicos liberados y las consecuencias están disminuyendo. Sin embargo, en inspecciones realizadas en 2016, se detectó que el conocimiento del contenido del plan de emergencia, abarcando el comportamiento del producto fugado en el agua y la protección de las áreas vulnerables tiene aún que mejorar.

"El 15 de julio de 2016 la Junta US. Chemical Safety Board (CSB) anunció formalmente que "Planificación y Respuesta a Emergencias" es el nuevo "Most Wanted Safety Improvement" ("La Mejora en Seguridad más Buscada"), llegando a la conclusión de que una pobre o inadecuada planificación o respuesta a la emergencia es un hallazgo recurrente en las investigaciones del CSB. [5]"

"Hasta la fecha, 12 investigaciones del CSB y 46 recomendaciones resultantes están destinadas a corregir las deficiencias encontradas en la respuesta a la emergencia de una instalación química por parte de la comunidad, la instalación o los grupos de respuesta. El CSB determinó que las recomendaciones sobre este tema se pueden clasificar en las siguientes áreas: [5]"

- el entrenamiento para el personal de los grupos de respuesta a la emergencia, incluida la formación en materiales peligrosos;
- la planificación local de emergencia, planes de respuesta comunitarios y los equipos;
- el uso de sistemas de notificación a la comunidad;
- el uso de un Sistema Nacional de Gestión de Incidentes y sistema de comando de incidentes;
- la realización de ejercicios de respuesta a emergencias y

- el intercambio de información entre las instalaciones, los servicios de emergencia y la comunidad.

3.4 Tema social de la Visión 20/20 del CCPS

Nuestra sociedad aumenta continuamente sus expectativas hacia el desempeño en la seguridad de procesos. Visión 20/20 mira hacia el futuro –no muy lejano- para describir cuán bien la seguridad de procesos es administrada cuando ésta es colectiva y fervientemente soportada por la industria, reguladores, academia y la comunidad mundial. Esta se enfoca en cinco principios para la industria y 4 temas sociales [10].

Principios de la Industria

- Cultura comprometida.
- Sistemas de gestión vibrantes,
- Adherencia disciplinada a estándares,
- Desarrollo intencional de competencias.
- Mejorar la aplicación y el intercambio de lecciones aprendidas.

Temas Sociales

- Incrementar conocimiento de las partes interesadas.
- Colaboración responsable.
- Armonización de normas y estándares.
- Verificación meticulosa.

Uno de los temas sociales que esta visión reconoce como claves para lograr una política exitosa de seguridad de procesos es incrementar el conocimiento y participación de los grupos de interés. Comprender los riesgos permite a la industria y las partes interesadas a tener conversaciones bidireccionales significativas frente a las preocupaciones del público sobre la gestión de riesgos de seguridad de procesos. La Mejora en el Conocimiento de los Grupos de Interés permite enriquecerse mutuamente para mejorar el desempeño en seguridad del proceso.

El otro tema importante que postula el CCPS a través de la Visión 20-20 es el de Colaboración Responsable. La Colaboración Responsable es una relación cooperativa entre Reguladores, entes investigadores, organizaciones laborales, comunidades, institutos de investigación, universidades e industria para lograr un excelente desempeño en seguridad de procesos

4 Cómo la Comunidad ve los Riesgos Socio-ambientales

El término "socio-ambiental" tiene el significado eco sistémico donde las consecuencias de un desastre no solamente afectan la vida humana, en términos de muertos, sino que también afectan los recursos naturales y toda la población, de manera directa o indirecta, incluso por la media [8].

En situaciones de emergencia, la población espera que las organizaciones gubernamentales, así como la Defensa Civil y los grupos de respuesta sepan cómo actuar coordinadamente y que actúen lo mejor posible para su protección y seguridad. Pero ¿tienen los expertos el conocimiento básico sobre los productos químicos involucrados en los terminales e industrias químicas? ¿Tienen conocimiento y entrenamiento sobre las acciones de respuesta más adecuadas, sus consecuencias a la salud y al medio ambiente? ¿Saben ellos como orientar a la comunidad durante un accidente mayor?

¿Y que se espera de la comunidad? En general se espera que actúe de manera proactiva y adaptativa. Sin embargo no es posible tener la colaboración de la población en emergencias sin que haya credibilidad e integración entre las partes interesadas y sin un buen trabajo previo de prevención y de preparación para situaciones de crisis con todas las partes involucradas.

La comunidad más vulnerable tiene el derecho de recibir información segura sobre los riesgos que los desastres tecnológicos podrán tener sobre sus vidas. Así como información clara sobre las medidas de prevención y mitigación adoptadas para su seguridad. Además es preciso que la comunidad sepa que podrá ser un agente colaborador de los órganos involucrados, que sepa lo que hacer y lo que no hacer en situaciones de peligro extremo.

Aunque las empresas hacen inversión en Estudios de Análisis de Riesgo y Planes de Emergencia muchas veces no hay estudios sobre la manera cómo el riesgo es percibido por la población y cómo la reacción puede ayudar, o no, al trabajo de los expertos.

Cuando los riesgos de escape de un producto peligroso de una planta química o la probabilidad de ocurrencia de un incendio en una planta química son estimados a partir de cálculos probabilísticos y de metodologías cuantitativas tenemos los riesgos objetivos. Para la comunidad que vive cerca de esta planta los riesgos son subjetivos, evaluados a partir de consideraciones intuitivas, de intereses particulares, experiencias personales positivas o negativas [11].

El concepto de percepción del riesgo abarca el proceso de organizar e interpretar informaciones sensoriales recibidas por los sentidos y por la intuición. La interpretación de estas informaciones recibe la influencia del medio en lo cual el individuo o uno grupo de personas está inserto. Asi como la influencia de sus valores, expectativas, emociones, edad y por sus propias experiencias personales y profesionales entre otras [12] también tienen influencia. Por ejemplo, el riesgo de un accidente en la industria podrá ser percibido cómo bajo o tolerable por una familia dónde la mayoría trabaja en la planta, y cómo muy alto por otra familia que ya perdió un familiar o amigo en un accidente en esa u otra planta similar.

5 Herramientas y métodos para evaluar la Percepción del Riesgo

Estudios sobre percepción del riesgo y sobre reacciones de las personas a situaciones de peligro empezaron en los años 1950, con foco en el análisis del riesgo y de costo o beneficio, después pasaron a adoptar métodos cognitivos y psicométricos, o sea, estudios cualitativos y cuantitativos [13 y 14].

Teniendo como base el Estudio del Análisis del Riesgo y el Plan de Contingencia, los profesionales con conocimiento en el área de riesgos químicos y en el área social podrán identificar la comunidad más vulnerable a los accidentes de una planta química, y preparar las encuestas. La metodología a ser empleada depende de los objetivos de la encuesta, de la edad de la población y del nivel cultural entre otros aspectos. Para niños se puede adoptar un video sobre riesgos y peligros y pedirles que hagan dibujos. Para jóvenes puede resultar más adecuado una competencia de fotografía para identificar situaciones peligrosas y seguras a su alrededor. Para adultos es mejor preguntas objetivas ofreciendo respuestas cerradas, para escoger las alternativas, y con posibilidad de complementación en algunos casos.

Es importante preparar una encuesta cuyos resultados ayuden en la planificación de una emergencia. Por ejemplo, preguntando entre diferentes situaciones de riesgos, cuáles a su criterio son los percibidos como más peligrosos. También se pueden incluir las siguientes preguntas:

- rutas de evacuación que podrían adoptarse,
- puntos seguros de encuentro,
- adonde y a quien llamar en caso de emergencia,
- que hacer en caso de un incendio,
- organismo con mayor credibilidad para brindar información (Defensa Civil, Bomberos, alcaldes, otros).

Un estudio sobre el comportamiento de personas en situación de incendio en los puertos de Santos y de San Sebastián en San Pablo, Brasil, demostró que las personas no están muy seguras a que número de teléfono llamar en caso de emergencias, que los bomberos tienen mayor credibilidad para pasar informaciones, que prefieren buscar noticias en la televisión y en la internet. La población que vive cerca de una terminal de petróleo, acostumbrada con los simulacros y entrenamiento de las sirenas, se siente más segura que la comunidad de otra ciudad donde estas actividades no involucran a la población [15].

Aunque la mayoría (77% o 200 personas) considera que el incendio en un terminal petroquímico es algo muy peligroso, y responden que no se acercaría a un fuego, en caso de incendio (68% o 178 personas) y que correrían para alejarse del mismo, los casos reales muestran que la gente quiere saber lo que pasa con sus propios ojos y así hay muchas víctimas. En suma pudieron identificarse 3 tipos de patrón de comportamiento que llevan a la gente a aproximarse al sitio del accidente, o del fuego:

- la curiosidad (quieren mirar todo bien cerca)
- el altruísmo (quieren ayudar de alguna manera y por no tener conocimiento, preparación y equipamiento adecuado se dañan)
- el oportunismo (desean tomar provecho de la situación, por ejemplo sacar hidrocarburo fugado para después venderlo).

Conocer esto es muy importante para desarrollar actividades educativas para minimizar las consecuencias de los accidentes [15].

6 El Proceso APELL y la participación de los Grupos de Interés

En qué momento hay que empezar el trabajo con la comunidad ? Sólo cuando ocurren las catástrofes es que se piensa en las medidas preventivas que hubieran podido tomarse para evitarlas [16]. Hay que empezar más temprano. Cuando se abre la ventana de oportunidad para el diálogo entre las partes involucradas se empieza una nueva relación de credibilidad, por medio de la cuál es posible construir un puente de cooperación y disminuir los escenarios de conflicto socio ambiental.

La función primordial del APELL consiste en la concientización de la comunidad acerca de los riesgos a los que está expuesta, en la capacitación y la preparación para una respuesta a emergencia efectiva de todos los involucrados en los desastres tecnológicos como incendios y explosiones en plantas químicas, en sitios portuarios o accidentes con productos peligrosos en carreteras, así como los desastres naturales y la combinación de los dos tipos.

El Proceso APELL, que nace contemporáneamente y por los mismos motivos que el CCPS, se basa en la cooperación de tres entes que tienen que trabajar en forma armónica para concientizar a la comunidad acerca de los riesgos a los que está expuesta y preparar a la misma para que en el caso de accidente puedan mitigar los efectos de los mismos [17] Esos sectores que participan son los que se detallan a continuación.

- **El gobierno local**. Incluye entre otros el alcalde de la ciudad y los organismos municipales, de medio ambiente, grupos de respuesta a emergencias
- **El sector privado**. Incluye industrias, almacenaje y transporte de sustancias peligrosas, y cualquier actividad que genere riesgos para la comunidad.
- **La comunidad**. Incluye cualquier población expuesta a riesgos generados por las actividades ante mencionadas como por ejemplo comunidades vecinas a las plantas químicas.

6.1 El Proceso APELL y las estrategias de difusión y comunicación en Latinoamérica

El Proceso APELL está presente en Brasil, en Argentina, en Perú y Colombia entre otros países.

En Brasil, en el Estado de San Pablo para la Unidad de Tratamiento de Gas Monteiro Lobato (Caraguatatuba), y la industria UNIPAR/Carbocloro (Cubatao), en el Estado del Rio de Janeiro para el Polo Industrial de Campos Elíseos/Duque de Caxias, en el Estado de Alagoas para la Empresa Nacional de Gas Butano y Braskem - planta de cloro (de Maceió y Marechal Deodoro) y en el Estado de Sergipe para el Polo de Procesamiento y de Almacenamiento de Petróleo y Gas Natural de Aracaju [18].

En Argentina, el APELL de Bahía Blanca, para la zona industrial y portuaria. En Perú, el TransApell de los Departamentos de Ancash, Cajamarca y Lima, involucrando compañías mineras. En Colombia, en Barranquilla, el APELL y el TransApell implementado para zonas industriales y para la zona portuaria [18].

Las partes involucradas son: las empresas, la Defensa Civil, el Cuerpo de Bomberos, el Órgano de Medio Ambiente, la municipalidad, la Policía, Sistemas de Salud, Establecimientos Educativos, Comunidad e Instituciones Intermedias. Los ejemplos más complejos son de Barranquilla y de Bahía Blanca con más de 20 representaciones participativas.

Para implementación en sitios industriales dónde hay muchas empresas, una buena estrategia es la creación del Grupo de Coordinación (denominado en algunas comunidades Consejo Comunitario Consultivo), con participación de diversos segmentos de la comunidad, como ocurrió en Barranquilla, el TransApell Perú, en Bahía Blanca, en Cubatao, en Campos Elíseos y en Aracaju [18].

Como estrategias de comunicación de riesgo empleadas, están la elaboración de la Cartilla APELL, de folletos y carteles diversos, imán de nevera con los teléfonos de emergencia, libretos y otros materiales educativos como vídeos sobre el Programa APELL, sobre Primeros Auxilios y Prevención de Incendios [18].

Como estrategias de actividades en vivo están: diagnósticos participativos de riesgos; encuentros de sensibilización escolar para la Respuesta a Emergencias a nivel regional; visitas supervisadas a las plantas químicas; talleres participativos: de presentación institucional a la población, de Gestión de Riesgos, de reconocimiento e identificación de materiales peligrosos que transitan por las carreteras, de prevención de incendios, de primeros auxilios, del plan de prevención escolar entre otros, así como la participación en los simulacros de emergencias [18].

En el caso de Bahía Blanca – Argentina se implementaron estrategias de divulgación a través de títeres y obras de teatro relacionadas con la temática de riesgos y medidas de autoprotección. En todas las escuelas de los niveles primarios y secundarios se realizan dos ejercicios de confinamiento anuales y en los jardines de infantes se enseñan ocho comportamientos básicos de prevención y protección en caso de incendio de acuerdo con el Programa "Aprendiendo a no Quemarse" de la NFPA.

También en Bahía Blanca, se realizó en el año 2010 una encuesta de percepción de riesgo y conocimientos de las medidas de autoprotección entre 300 personas de la población más expuesta [19].

El estudio también se orientó a definir y cuantificar el grado de interés en participar de reuniones de capacitación y simulacros, hacer consultas o recibir más información sobre cómo actuar en caso de emergencias, riesgos y medidas de autoprotección. En relación a ello, se determinó el medio de comunicación que priorizan los vecinos para informarse y su nivel de participación en entidades comunitarias o sociales, con el objeto de planificar de forma más adecuada las futuras actividades de divulgación y capacitación.

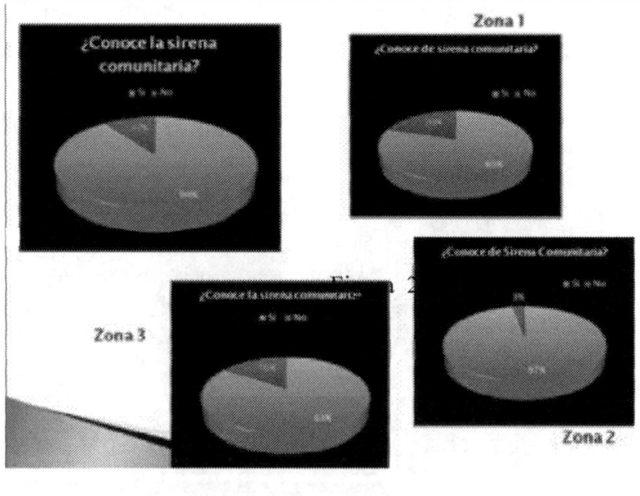

Figura 1: Conocimiento de la sirena

El estudio se dividió en 3 sectores geográficos diferentes y en cada uno de ellos se evaluó la distribución etaria y los niveles socioeconómicos culturales. Sobre el total de encuestas realizadas en las tres zonas, el 90% de la población entrevistada señala conocer la sirena comunitaria (figura 1). En cuanto a las medidas de autoprotección, alrededor de un 70% de las respuestas fueron acertadas. Lo interesante al evaluar las respuestas es que un elevado porcentaje de los encuestados reconoce que en el caso de un escape tóxico no debe retirar los hijos de las escuelas porque allí están protegidos y los maestros entrenados y preparados para llevarlos a las zonas de confinamiento, sin embargo señalan al encuestador que de todas formas irían a buscarlos dado que en un caso así desearían tener a los hijos con ellos. En cuanto a la intención de recibir mayor información sobre la temática, un 79% del total se manifestó con intenciones de ser capacitado. Es de destacar que entre los jóvenes y adultos jóvenes los porcentajes de interés por ser capacitados suben considerablemente, llegando a un 87% y un 89% respectivamente [19].

El Proceso APELL, por su dinámica participativa e integradora de los distintos sectores involucrados en el caso de accidentes podría ser una plataforma adecuada para una mayor difusión y concientización sobre las herramientas de Seguridad de Procesos promoviendo de esta manera entre los generadores del riesgo, autoridades y comunidad una cultura de la prevención de riesgos y de preparación para respuestas a los desastres [20].

7 Conclusión

Los accidentes catastróficos, donde la comunidad y los grupos de respuestas son seriamente afectados por falta de conocimientos y preparación adecuada, siguen ocurriendo, principalmente cuando las empresas no disponen de un robusto sistema de administración de seguridad de procesos.
El CCPS a través de sus herramientas Seguridad de Proceso basada en Riesgos y la Visión 2020 postula claramente que la Divulgación a los Grupos de Interés y la Colaboración responsables son elementos esenciales de cualquier sistema de administración de seguridad de procesos.

Es necesario invertir con seriedad, en la comunicación entre los supervisores y operadores, en entrenamientos y en el acompañamiento de los procedimientos de seguridad, pero además hay que mejorar el conocimiento sobre los planes de contingencia para productos químicos, tanto en la industria como en los grupos de respuesta y la comunidad.

Para que los equipos de respuesta puedan cumplir eficientemente su labor y además proteger su vida es imprescindible que conozcan las características físicas, químicas y toxicológicas de los productos almacenados, su comportamiento en caso de escape o incendios y las medidas de protección y de mitigación adecuadas. Los "dueños" del riesgo son los responsables de brindar esa información.

Los estudios y encuestas de percepción de riesgos realizados en países de Latinoamérica muestran entre otras cosas que:

- las respuestas y reacciones no son homogéneas y dependen de muchos factores socio-económicos-ambientales;
- la percepción de riesgo de la comunidad generalmente no coincide con los resultados esperados por los expertos, excepto cuando hay un buen trabajo de comunicación de riesgo;
- para minimizar las consecuencias de los desastres al medio ambiente y a la vida humana, hay que invertir en seguridad y en gestión socio ambiental del riesgo;
- un porcentaje importante de gente manifiesta intenciones de recibir información y ser capacitada en la temática de la Gestión del Riesgo.

De manera general, donde el Proceso APELL fue implantado, los resultados indican que la sociedad está más y mejor informada sobre los riesgos a los cuales está expuesta y mejor preparada para saber lo que hacer en situaciones de emergencias. También tienen conocimiento sobre las consecuencias de los desastres tecnológicos, sobre el trabajo de prevención que hacen las empresas, y saben identificar las señales de alerta, rutas de escape, puntos de encuentro y procedimientos básicos de primeros auxilios y combate de incendios.

Vale decir que el Proceso APELL posibilita mejor integración entre los órganos involucrados lo que es muy importante para el éxito de las acciones de respuesta, pero debe haber un fuerte compromiso de las partes involucradas y hay que crear siempre nuevas y mejores estrategias de comunicación y divulgación, para asegurar la continuidad del trabajo.

Por último se propone evaluar dentro del concepto de "Colaboración Responsable "de la Visión 2020 del CCPS la colaboración sinérgica entre el CCPS y el Proceso APELL para mejorar la difusión y concientización en el tema de Seguridad de Procesos y en particular en la divulgación y la participación de los grupos de interés.

8 Referencias

[1] Center for Chemical Process Safety **"Guidelines for Risk Based Process Safety"** American Institute or Chemical Engineers, New York NY (2007).

https://www.aiche.org/sites/default/files/docs/summaries/resumen_rbps_-espanol-_junio_2016.pdf

[2] Accidentes de Seveso y Bhopal. Disponible en: http://homeostaseambiental.blogspot.com.br/2011/09/os-piores-desastres-ambientais-da.html. Asesado en 18.06.2016.

[3] Laura Centemeri **"Seveso: El desastre y la Directiva"** Centro de Estudios Sociales, Universidad de Coimbra Colégio de S. Jerónimo Apartado 3087 3001-401 Coimbra, Portugal. Laboreal Vol VI- Nro 2-2010- Pág. 67-71

[4] B. Marchi. **Comunicação e informação de riscos: a experiência da comunidade européia com os grandes acidentes industriais**. *In:* Problemas Ambientais e Vulnerabilidade - abordagens integradoras para o campo da Saúde Pública. Porto, M. e Freitas, C.M. de (org.). p. 40 a 56. Centro de Estudos da Saúde do Trabalhador e Ecologia Humana – Escola Nacional de Saúde Pública – Fundação Oswaldo Cruz. Editora: ABRASCO LIVROS – RJ – RJ. 2002.

[5] Chemical Safety Board (CSB) **"West Fertilizer Company Fire and Explosion final report 2013-02-I-TX"** April 17,2013. http://www.csb.gov/west-fertilizer-explosion-and-fire-/

http://www.csb.gov/csb-adds-emergency-planning-and-response-to-most-wanted-safety-improvement-program/

Chemical Safety Board (CSB) "**Caribbean Petroleum Tank Terminal Explosion and Multiple Tank Fires**" October 23, 2009

http://www.csb.gov/caribbean-petroleum-refining-tank-explosion-and-fire/

[6] Incendio en terminal químico en Santos, SP, Brasil. *https://www.imprensaoficial.com.br/DO/BuscaDO2001Documento_11_4.aspx?link=/2015/executivo%2520secao%2520i/abril/14/pagnot_0001_87AVAAHRA64M4e6T5A518TAFTF3.pdf&pagina=1&data=14/04/2015&caderno=Executivo%20I&paginaordenacao=1* Asesado en 18.06.2016

[7] Reportes periodísticos

[8] IRF Poffo. **Gerenciamento de riscos socioambientais no complexo portuário de Santos na ótica ecossistêmica**. Tese de doutorado. PROCAM – Programa de pós-graduação em Ciência Ambiental da USP. 2008. Disponible en http://www.teses.usp.br/teses/disponiveis/90/90131/tde-08042008-091817/ Asesado en 18.06.2016.

[9] CETESB. **Programa de Gerenciamiento de Riesgo de CETESB**, SP, Brasil. http://riscotecnologico.cetesb.sp.gov.br/documentos-tecnicos/terminais-maritimos/ Asesado en 18.07.2016

[10] Jack McCavit, Scott Berger, Cheryl Grounds, Louisa Nara Vision 2020 **"A Call to Action** "10th Global Congress on Process Safety –April 2014- New Orleans Lousiana Center for Chemical Process Safety

[11] A. C. Nardocci, **Gerenciamento Social de Riscos.** Revista de Direito Sanitário. Vol. 3 – No.1 – março de 2002. São Paulo, SP; p.65-78. 2002.

[12] M. T. FREITAS. **Percepção ambiental por meio da triangulação de métodos de pesquisa**. Mestrado em Eng. Florestal da Univ. Federal de Lavras, MG. 2009.

[13] HSE. **Risk perception and Risk Communication: a Review of the Literature**. Weyman A.K. e Kelly, C.J. HSE – Health and Safety Executive. Sheffield, UK. 71p. 1999.

[14] P. Slovic. **Perceptions of Risk: Reflections on the Psychometric Paradigm**. In: Social Theories of Risk. Krimsky & Golding Ed. Praeger, London, UK. Cap. 5, p.117-132. 1992.

[15] IRF Poffo. **Percepção de riscos e comportamento da comunidade diante de acidentes ambientais em áreas portuárias**. Trabalho de pós-doutorado em Psicologia Clínica/PUC - Pontífica Univ. Católica de SP. 2010: www.sapientia.pucsp.br/tde_busca/arquivo.php?codArquivo=12670.

[16] G. A. O Restrepo. **Desastres naturales y seguridad humana**. http://www.portafolio.co/economia/finanzas/desastres-naturales-seguridad-humana-253202 Asesado en 17/07/2016.

[17] UNEP. **Awaredness and Preparedness for Emergencies at Local Level** (APELL): a process for improving commnunity awareness and preparedness for technological hazards and environmental emergencies. United Nations Environment Program – UNEP. 2° Edition. 2015.

[18] I.R.Poffo, I.A. Cunha, N. Sposito y S. Silva. **El proceso APELL y estrategias de comunicación de riesgo adoptadas en Latino América.** Presentado en el III Congresso de la Sociedad Latino Americana del Análise de Riesgo (SRA-LA) – Mayo/2016, IPT, SP, Brasil.

[19] Proceso APELL Bahia Blanca Informe "Análisis, tendencias, conclusiones y propuestas Sondeo de Opinión" Concepto I Consultora.

[20] Nestor Sposito **"Inter-linkages between Process Safety and APELL for Accident Prevention and Preparedness"**. Presentado en el 8th Global Congress on Process Safety Houston, TX April 1-4, 2012

[21] PEREZ, R.C. Emergências Tecnológicas.Gráfica Edição do autor. 2ª Edição. 353pp

Recursos Web

1. PPR Consultora - Bahia Blanca, Argentina
   Email: pprconsultora@gmail.com

2. Instituto de Tecnologia e Pesquisa da UNIT - UniversidadeTiradentes, Aracaju/SE-Brasil
   Email: andrelinosilva@hotmail.com

3.- http://www.csb.gov/

4.- http://www.aiche.org/ccps

479469 Aplicación De Seguridad De Procesos En Las Operaciones De Transporte Aéreo Del Sistema De Transporte Por Ductos Del Proyecto Camisea

Abstract:

La operación y mantenimiento del Sistema de Transporte por Ductos (STD) del Proyecto Camisea significa un gran reto en los aspectos de Seguridad y Logísticos, sobretodo relacionados al transporte de personal y carga, debido a que los 730 Kms de ducto de NG y los 558 Kms de ducto de NGL recorren al Perú de manera transversal, desde el corazón de la selva, cruzando los Andes con sus montañas a mas de 4,860 msnm, para descansar finalmente a orillas del Pacifico.

Es este el escenario al que nos enfrentamos, el que nos lleva a realizar operaciones en la región Selva, donde el 80% de nuestro Derecho de Vía (DdV) no tiene acceso terrestre, por lo que se debe ingresar y operar solo mediante maniobras aéreas, lo que genera una alta frecuencia y rotación de vuelos en esta zona, con los riesgos asociados. Así mismo, para los trabajos que deben realizarse en la zona Sierra, si bien existen accesos terrestres establecidos, las necesidades operativas nos obligan a realizar vuelos a diferentes puntos del DdV, lo cual nos lleva a enfrentar las alturas de la Cordillera de los Andes, con los riesgos y peligros inherentes que estos movimientos conllevan.

Con el fin de manejartodas estas actividades, hemos implementado un sistema para el control dela Seguridadde los Procesosen las Operaciones Aéreas, en el cual se han considerado varios elementos tales como: La Identificación de Peligros y Gestión de Riesgos, Formación y Rendimiento, Gestión del Conocimiento, Practicas de Trabajo Seguro, Integridad y fiabilidad de activos, Gestión de Contratistas, Investigación de Incidentes, Evaluación de la Gestión y Cultura de Seguridad, este último elemento apuntalado con herramientas de Psiconeurolinguistica; además de parámetros económicos y organizacionales. Estos elementos abarcan de manera integral la supervisión y control de empresas operadoras aéreas, la elección de aeronaves, la habilitación de Pilotos, la implementación de helipads sobre el DdV, la administración y operación de un aeródromo, etc.; todo esto integrado en un software propio denominado Sistema de Vuelos, mediante el cual se solicitan, programan, registran y controlan todos los vuelos a realizar dentro de la empresa vinculándolos a Centros de Costos financieros asociados a actividades y/o áreas operativas de la estructura interna de la empresa.

Resultados y Conclusiones:

- Disminución de operaciones del alto riesgo y reducción del índice de Incidentes/Accidentes a su mínima expresión.
- Implementación de software informático para la recepción, procesamiento y programación de todas las necesidades de transporte aéreo existentes dentro de la operación.
- Gestión de solicitudes de vuelo, distribución de rutas, selección de aeronaves, compilación de pasajeros, etc.
- Estandarización de las competencias de los Pilotos y Copilotos que participan dentro de la operación (calificaciones y experiencia mínima certificada).
- Aprobación de empresas operadoras aéreas y tipos de aeronaves bajo los estándares establecidos por la Legislación Nacional y la Normatividad Internacional del rubro.
- Instalación de diversos Helipads a lo largo de toda la traza del Derecho de Vía del Sistema de Transporte por Ductos de Camisea.

Aplicaciones:

- Implementación del Sistema de Servicios de Transporte Aéreo de personal y carga para la Operación del Sistema de Transporte por Ductos de Camisea, basado en varios de los elementos de Seguridad de los Procesos.

Contribuciones:

- Reducción de los índices de Incidentes/Accidentes a su mínima expresión en las Operaciones Aéreas del proyecto Camisea.
- Reducción de los costos asociados a las operaciones aéreas debido a la adecuada y segura gestión del proceso aéreo.
- Desarrollo de software informático para la gestión del proceso aéreo del proyecto Camisea.

479198 Sistema Integral De Formación Operativa - Sifo - Seguridad Operativa En Plantas - Gestión Del Conocimiento

Abstract:

Sistema Integral de Formación Operativa - SIFO - Seguridad en la operación de plantas - Gestión del conocimiento.

En la industria moderna, los sistemas de prevención y administración de riesgos se encuentran implementados generalmente con los últimos adelantos tecnológicos. A pesar de la constante evolución, se continúan generando Accidentes / Incidentes industriales en donde el factor humano de primera línea (Supervisores, Operadores de consola, Operadores de campo) es el principal responsable.

El trabajo presentado muestra el desarrollo de un software para gestionar el conocimiento operativo, permitiendo la formación sistemática del personal, basándose en los sistemas maduros vigentes de seguridad, calidad y medio ambiente.

De esta manera se agrega valor a los operadores, para enfrentar las emergencias de manera ordenada y saliendo en menor tiempo de ellas, evitando incidentes / accidentes operativos que por error en su conocimiento o falta de información disponible los genere. A su vez, es un sistema flexible que contempla los horarios del turno rotativo, y la rotación del personal en las diferentes unidades y plantas.

Este sistema se ha generado en conjunto con los supervisores de las plantas y profesionales de la educación, en donde se establecieron las bases de lo que se considera necesario para mejorar el estándar de conocimiento del personal operativo, contemplando lo teórico y lo práctico. Permite la autoformación y la evaluación de los conocimientos adquiridos, dejando registros y estableciendo los KPI de cada unidad.

La implementación de este sistema, basado en la autoformación permanente y controlable, permite instalar de manera sistémica la formación, afianzando en cada actor la confianza y la seguridad en las maniobras que realiza y por añadidura minimizar los riesgos de generar situaciones no deseadas, incrementando de esta manera la seguridad operativa.

479265 Aplicación De Las Alarmas Criticas De Proceso (CON Respuesta del Operador) En Las Industrias De Alto Riesgo

Abstract:

Aplicación de las Alarmas Críticas de Proceso (con respuesta del Operador) en las Industrias de Alto Riesgo

Autor: Ana María Macías Juárez, MBA, MPICP

MAJA Consulting Group, S.A. de C.V.

Habaneras 271 Piso Fracc. Jardines de Virginia Boca del Río, Veracruz. México.

amacias@majaconsultinggroup.com

Autor: Rufino Perea Lorenzo

MAJA Consulting Group, S.A. de C.V., CFSE, MPICP

Habaneras 271 Piso Fracc. Jardines de Virginia Boca del Río, Veracruz. México.

rufino_perea@majaconsultinggroup.com

Palabras Clave: Sistema de Alarmas Críticas con Respuesta del Operador, Sistema de Alarmas, Tiempo Seguro del Proceso, Capas de Protección Independientes (IPL's), Capas de Protección Independientes (IPL's), Factor de Reducción de Riesgo (RRF), Estándar, Lineamiento, Sistema de Control Básico del Proceso (BCPS), Sistema de Control Distribuido (DCS), Panel de Alarmas.

Resumen

En este documento se describe la Aplicación de las Alarmas Críticas de Proceso (con respuesta del Operador) en las Industrias de Alto Riesgo.

Se recomiendan los pasos necesarios para valorar si una Alarma Crítica requiere cumplir con los requisitos de una Capa de Protección Independiente, y con ello, determinar el nivel de robustez requerido para su diseño e implementación.

Objetivo

Reconocer las características que debe de poseer una Alarma Crítica de Proceso con Respuesta del Operador, y los requisitos que debe cumplir para ser diseñada, construida y mantenida como Capa de Protección Independiente, de tal forma que sea efectiva.

Introducción.

El propósito de una alarma es notificar al personal operativo del mal funcionamiento de un equipo, la desviación del proceso o de una condición anormal que requiere de una respuesta. Las alarmas apoyan al operador a mantener al proceso dentro de los niveles de operación normal. Por lo anterior, proporcionan una manera de reducir el riesgo al prevenir la ocurrencia de un accidente, y esto se puede justificar al diseñar la alarma con las características de una Capa de Protección Independiente (IPL).

Este artículo destaca la importancia de considerar las propiedades que debe reunir una Alarma como IPL y las características que debe cumplir para poder dar crédito a su efectividad.

De manera particular en este artículo, se destaca la importancia de estimar el Tiempo Seguro del Proceso, el cual muchas veces no es considerado con el debido rigor por parte de los especialistas que diseñan este tipo de sistemas de alarmas.

13TH GLOBAL CONGRESS ON PROCESS SAFETY

EMERGENCY MANAGEMENT

From Response to Prevention and Process Safety Elements

Synergies with NFPA 1600

Nestor H Spósito
CCPS Staff Consultant
PPR Consultora
Charcas 3734 – Bahia Blanca- Argentina
pprconsultora@gmail.com

Dean R. Larson PhD
CSP CEM CBCLA CPT PEMLarson Performance Consulting, LLC
1849 Windfield Drive
Munster, Indiana 46321 USA
deanlarson@larsonperformance.com

Prepared for Presentation at
American Institute of Chemical Engineers
2017 Spring Meeting and 13th Global Congress on Process Safety
San Antonio, TX
March 26 – 29, 2017

EMERGENCY MANAGEMENT

From Response to Prevention and Process Safety Elements

Synergies with NFPA 1600

Nestor H Spósito
CCPS Staff Consultant
PPR Consultora
Charcas 3734 – Bahia Blanca- Argentina
pprconsultora@gmail.com

Dean R. Larson PhD
CSP CEM CBCLA CPT PEMLarson Performance Consulting, LLC
1849 Windfield Drive
Munster, Indiana 46321 USA
deanlarson@larsonperformance.com

Keywords: Emergency Preparedness, Risk Based Process Safety

Abstract

Emergency management systems have existed in large industry for many years. This paper attempts to analyze the evolution of these systems in recent years and the important role currently played in schemes of prevention, risk mitigation, and process safety. The complexity of operations and the risk level of many activities in production, storage, and transportation have forced the former internal emergency plans focused exclusively on response to evolve into integrated systems for Prevention, Preparedness, Mitigation, Response and Recovery that includes consideration possible impacts on the external environment.

The magnitude of an accident can be related to product type and inventory quantity. Many organizations do not have the human and material resources needed to control the consequences of an accident. Thus, the concept of preparation systems and integrated response occurs when community and external agencies such as firefighters, police, and emergency medical services become important players either as active participants or in some cases as subjects of protection

This paper analyzes the evolution of the NFPA 1600 standard since its first edition in 1995 (1) until the recent 2016 edition and the synergistic potential effect of this on standard safety systems: Process CCPS as "Risk Based Process Safety" (2) and "Vision 20 -20". One of the elements of the Risk Management pillar is precisely "Emergency Management" and "Provide knowledge to stakeholders" one element of the pillar of "Commitment Process Safety" both in the CCPS RBPS system. Both issues are objectives of the NFPA 1600 "Emergency Management / Disaster Program and Business Continuity"

The CCPS Vision 2020 (3) project looks to the future to describe how Process Safety is managed when it is collective and strongly supported by industry, regulators, academia, and the world community. It focuses on five principles for industry and four social issues. Two of these social issues, "Increasing awareness of stakeholders" and "Responsible Partnership," are analyzed as part of "Community Awareness, Preparedness and Emergency Response" in the context of NFPA 1600.

Model based protection layers or barriers distinguish between preventive or mitigation layers. The first of these barriers to failure produced a deviation designed to bring the system to its original situation thereby preventing the event. The second set of barriers is those acting when the event is triggered, with the intent to minimize or mitigate the consequences.

1 Introduction

Significant incidents involving responders and community have occurred due to poor or lack of Preparedness and Emergency Plans; these incidents have brought increased attention to industries, authorities, and many organization including the Chemical Safety Board (CSB), Chemical Center for Process Safety, (CCPS), National Fire Protection Association (NFPA) and UNEP_APELL (United Nations Environment Programme for Awareness and Preparedness at the Local Level (APELL).

In 1988, the UNEP launched the APELL process in response to BOPHAL. APELL is a process designed to identify and create awareness of hazards and risks, to initiate measures for risk reduction, accident prevention and mitigation, and to develop coordinated preparedness and emergency plans among local industry, authorities and communities.

The NFPA Standards Council established the Disaster Management Committee in January 1991. The first edition of NFPA 1600, titled *Recommended Practice for Disaster Management*, was adopted by NFPA membership in 1995. The 2000 edition incorporated a "total program approach" for a disaster/emergency management and business continuity program. A significant change was made in the 2007 edition was the expansion from the historical "four phases of emergency management" to include prevention, bringing the standard into alignment with the related disciplines and practices of risk management, security, and loss prevention.

Process safety practices and formal safety management systems have been in place in some companies for many years. Process safety management (PSM) is widely credited for reductions in major accident risk and in improved chemical industry performance. Nevertheless, many organizations continue to be challenged by inadequate management system performance, resource pressures, and stagnant process safety results. To promote PSM excellence and continuous improvement throughout the process industries, the Center for Chemical Process Safety (CCPS) created *risk-based process safety* (RBPS) as the framework for the next generation of process safety management. Developing appropriate emergency management and response capabilities is one of nine elements in the RBPS pillar of ***managing risk***.(2)

In July 2015 the U.S. Chemical Safety Board (CSB) formally announced that "Emergency Planning and Response" is the Board's newest "Most Wanted Safety Improvement", concluding that inadequate or poor emergency planning or response is a recurring finding in the CSB's.
The recently adopted Sendai Framework for Disaster Risk Reduction 2015-2030, is raising the attention of the international community and governments on the need to strengthen disaster preparedness.

2 NFPA 1600 Standard on Disaster/Emergency Management and Business Continuity/Continuity of Operations Programs. (1-4)

NFPA 1600 is an integrated Disaster/Emergency Management and Business continuity/continuity of Operations SYSTEM.

Discussions in the National Fire Protection Association Technical Committee on Health Care in the later part of the 1980s led to the recommendation to the Association Standards Council to form a separate Technical Committee (TC) for Emergency Management. NFPA 99 Health Care Facilities Code has a chapter devoted to emergency management. The NFPA 99 Technical Committee recommended that the topic has a much wider application than health care. The Technical Committee on Emergency Management was formed in 1991. In 1995, the new committee developed and NFPA published NFPA® 1600: Guide to Good Practices for Emergency Management.

The use of both Disaster Management and Emergency Management was decided in 2000 for the first edition and the decision was renewed when working on the 2010 Edition. It was informally determine by using Internet search engines that Disaster Management was used more often outside of the United States and Emergency Management was used more frequently domestically. Business Continuity is usually associated with the private and nonprofit sectors while Continuity of Operations, and to a lesser extent Continuity of Government, is usually used in the private sector.

In 1998, the Technical Committee made two important decisions:

1. NFPA 1600 would integrate business continuity (BC) and emergency management (EM) into one program because the consensus was organizations need both EM and BC and some of the elements overlap. To achieve synergy between EM and BC, a new integrated approach was proposed.

2. The guide would be converted from a guide to good practice to a program standard, which would be applicable to private, public, and nonprofit sector organizations. An entity is defined in NFPA 1600 as a macro term to apply to organizations, corporations, agencies, et cetera. The document would outline what would be included in a program that integrates disaster/emergency management and business continuity/continuity of operations, but does not specify how the program would be implemented. It is the

responsibility of the entity or authority having jurisdiction (AHJ) to specify how the program would be implemented.

In 2000, the first 1600 standard was published with the new title: NFPA 1600 Standard for Disaster/Emergency Management and Business Continuity Programs. The new standard was an integrated EM and BC program standard. The words disaster/emergency were chosen, and reviewed during subsequent editions, to be inclusive of entities both domestic and international.

In 2016, NFPA added the term continuity of operations to the title to remind users NFPA 1600 was applicable to private, public, and nonprofit sectors alike. Users in the public sector use continuity of operations for the initiatives to ensure continuity of critical functions during disruptive incidents. In common usage, the word business in Business Continuity often creates some confusion related to the assumption that use is intended for commercial enterprises, i.e. exclusive use in the private sector..

The terrorist attacks on the United States on September 11, 2001 proved to be a critical influence on the development of the standard. The 9/11 Commission determined the private sector entities in the World Trade Center needed a standard for preparedness and requested the American National Standards Institute (ANSI) identify an existing standard. ANSI formed the Homeland Security Standards Panel which identified NFPA 1600 to the 9/11 Commission to meet the need for a national standard for preparedness.

The 2004 edition of NFPA 1600 was recommended by the 9/11 Commission Report as the national standard for Private Sector Preparedness. As explained earlier in this introduction, NFPA 1600 is intended for use by all private, public, and nonprofit (nongovernmental organizations and NGO organizations). The recommendation from the 9/11 Commission was specifically targeted for preparedness in the private sector. There were two reasons for these recommendations:

1. There are no national requirements for emergency preparedness in the private and nonprofits sectors. The exception to the last sentence can be found in certain highly regulated industries in the private sector, for example, in banking and financial, health care, and transportation. Many federal government directives imply preparedness by the private and nonprofit sectors is required. There not federal statutes that preparedness throughout the United States.

2. When studying the attacks on 9/11/2001, the attack on the Pentagon was characterized by the Commission as exemplary response both internal and external to The Pentagon. The reason for the response dates back to the tragic Air Florida accident in 1992 when a plane not completely de-iced took off from National Airport (Now Reagan National Airport) and rapidly lost altitude and struck the 14th Street Bridge over the ice clogged Potomac River. Five of the 79 passengers and crew were rescued. The response showed the need for improvement, and the response to the 9/11 attack on the Pentagon showed many of the problems noted in 1992 had been resolved.

The second attack was caused to crash into the ground near Shanksville, Pennsylvania when the hijackers were overpowered and the plane was caused to crash. The ultimate destination for that hijacked plane remains a matter of conjecture with the White House and the Capitol in the District of Columbia as speculations. The third attack consisted of planes crashing into the Towers 1 and 2 of the World Trade Center. The response from most of the private sector organizations—the majority of the tenants of the towers—led to the call for a national standard for preparedness among the private sector.

The requirements in the standard are presented in both a management standard format and in a management system standard thereby fitting our customers' needs for either format. An annex discusses the use of NFPA 1600 in conjunction with the APELL (Awareness and Preparedness for Emergencies at the Local Level) in Bahia Blanca, Argentina.

The standard is designed and intended to be used in any country, any state, any municipality, any tribal/first nation. In short, everywhere and anywhere. The TC has been careful to avoid the use of nation or organization centric terms. For example, the term Homeland Security is not used in the standard though it is in common usage in the United States.

NFPA 1600 contains requirements in Chapters 1 to 9 and non-mandatory, advisory annexes A through K. The standard is organized the Plan – Do – Check – Act (PDCA) format commonly found in ISO documents and other management system standards.

Work has already begun on the 2019 Edition with the vision of incorporating a great emphasis on Crisis Management and Crisis Communication.

3 Case Studies with Poor Emergency Management System

Emergency preparedness and planning systems have been in place for many years but integrated systems with participation of response groups and community members do not have the same level of development. Lack of such plans or weaknesses in development and implementation continue to cause avoidable casualties among members of response groups and the community.

On July 15th 2016 the U.S. Chemical Safety Board (CSB) formally announced that "Emergency Planning and Response" is the Board's newest "Most Wanted Safety Improvement", concluding that inadequate or poor emergency planning or response is a recurring finding in the CSB's investigations. CSB's recommendations on this issue can be categorized in the following areas.

- Training for emergency responders, including HAZMAT training;
- Local emergency plans and community response plans and teams;
- Community warning system;
- Lack of or failed Incident Command System;
- Conducting emergency exercises;
- Sharing information between facilities, responders, local authorities and community;

Below a brief description of case studies where some elements of the emergency plan have failed (5).

3.1 Lack of Training. Case Explosion at Little General Store in Ghent, West Virginia January 30, 2007.

On January 30, 2007, a propane explosion at the Little General Store in Ghent, West Virginia, killed two emergency responders, two propane service technicians, and injured six others. The explosion leveled the store, destroyed a responding ambulance, and damaged other nearby vehicles. On the day of the incident, a junior propane service technician was preparing to transfer liquid propane from an existing tank to a newly installed replacement tank. The existing tank was installed next to the store's exterior back wall in violation of West Virginia and U.S. Occupational Safety and Health Administration regulations.

When the technician removed a plug from the existing tank's liquid withdrawal valve, liquid propane unexpectedly released. For support, he called his supervisor, a lead technician, who was offsite. During this time propane continued releasing, forming a vapor cloud behind the store. The tank's placement next to the exterior wall and beneath the open roof overhang provided a direct path for the propane to enter the store.

About 15 minutes after the release began, the junior technician called 911. A captain from the Ghent Volunteer Fire Department subsequently arrived and ordered the business to close. Little General employees closed the store but remained inside. Additional emergency responders and the lead technician also arrived at the scene and immediately the propane inside the building ignited. The resulting explosion killed the propane service technicians and two emergency responders who were near the tank. The blast also injured four store employees inside the building as well as two other emergency responders outside the store.(6)

3.1.1 Key Findings

- The propane service technician, responders and store employees did not evacuate the area as recommended by accepted guidelines for propane emergency.
- The junior propane service technician had no formal training for propane emergency.
- None of the responders from the Volunteer Ghent Fire Department had specific propane emergency training.

3.2 Lack of Preparedness. Case DPC Enterprises Chlorine Release Festus-Missouri August 14, 2002

On the morning of August 14, 2002, 48,000 pounds of chlorine were released over a 3-hour period during a railroad tank car unloading operation at DPC Enterprises, L.P., near Festus, Missouri. Although the wind direction on the day of the release carried the majority of the chlorine plume away from neighboring residential areas, some areas were evacuated.

Sixty-three people from the surrounding community sought medical evaluation at the local hospital for respiratory distress, and three were admitted for overnight observation. The release affected hundreds of other nearby residents and employees, and the community was advised to shelter-in-place for 4 hours.

The overall emergency response and planning system had serious deficiencies:

- The community notification system was inefficient, which resulted in additional exposure to neighboring residents and businesses.
- DPC emergency preparedness planning was deficient.
    - Inadequate designation of responsibilities of facility emergency response personel
    - Lack of clear definition to determine if an incident requires facility response or offsite community responders
    - Inadequate procedures for training and drills
    - Inaccessible location of emergency response equipment.

- Jefferson County community emergency preparedness planning was inadequate for an incident of this magnitude.
    - County Emergency responders established three separate EOCs which resulted in duplication of effort, poor communication and conflicting control
    - First-responders working near the explosion and fire did not wear adequate respiratory protection and were not decontaminated (7)

3.3 Lack of Communication System. Bayer CropSciencia Pesticide Explosion

On August 28, 2008, at about 10:35 p.m., a runaway chemical reaction occurred inside a 4,500 gallon pressure vessel, causing the vessel to explode violently in the methomyl unit at the Bayer CropScience facility in Institute, West Virginia. Highly flammable solvent sprayed from the vessel and immediately ignited, causing an intense fire that burned for more than 4 hours.
The fire was contained inside the Methomyl-Larvin insecticide unit by the Bayer CropScience fire brigade with mutual aid assistance from local volunteer and municipal fire departments.

Two company employees died. One employee died at the scene from blunt force trauma and thermal burn injuries. Responding unit personnel helped the second employee out of the unit. He was transported to the Western Pennsylvania Burn Center in Pittsburgh, Pennsylvania, and died 41days later. Six volunteer firefighters who assisted in the unit fire suppression activities and two contractors working at the facility were treated for possible toxic chemical exposure.
The Kanawha-Putnam County Emergency Management Director advised more than 40,000 residents, including the resident students at the West Virginia State University adjacent to the facility, to shelter-in-place for more than three hours as a precaution. The fire and drifting smoke forced road closure near the facility and the interstate highway, which disrupted traffic for hours.
Poor communications during the emergency between the Bayer CropScience incident command and the local emergency response agency confused emergency response organizations and delayed public announcements on actions that should be taken to minimize exposure risk. (8)

3.3.1 Key Findings

- The Kanawha Putnam Emergency Management Plan does not adequately address emergency response personnel responsibilities and communications between the facility IC and outside emergency response organizations when a facility owner is responsible for incident command during an on-site emergency involving hazardous chemicals;

- Bayer did not assign a Public Information Officer (PIO) to directly communicate with the Kanawha Putnam EOC and Metro 9-1-11;
- Although the Bayer IC recommended a shelter-in-place, the Bayer EOC did not notify Metro 9-1-1;
- The Bayer onsite emergency response did not conform to the unified command structure contained in the National Incident Management System (NIMS) protocols;
- County emergency responders established three separate EOCs in response to the incident, which resulted in duplication of effort, poor communication, and conflicting control;
- First-responders working near the explosion and fire did not wear adequate respiratory protection and were not decontaminated.

3.4 Lack of Local Emergency Planning Committee (LEPC). Case CAI VCE Denver DANVERS, MASSACHUSETTS NOVEMBER 22, 2006

On November 22, 2006, at about 2:45 AM, a violent explosion at the CAI/Arnel manufacturing facility rocked the town of Danvers, MA. The explosion and subsequent fire destroyed the facility, heavily damaged dozens of nearby homes and businesses, and shattered windows as far away as two miles. At least 10 residents required hospital treatment for cuts and bruises. Twenty-four homes and six businesses were damaged beyond repair.

The Danvers fire department ordered the evacuation of more than 300 residents within a half-mile radius of the facility. Search-and-rescue teams helped evacuate the injured and trapped residents and free the workers trapped inside a partially collapsed bakery.

Title III of SARA, the Emergency Planning and Community Right-to-Know Act (EPCRA), is intended to promote state and local government hazardous chemical emergency preparedness and response capabilities through better coordination, planning, and access to chemical information. Facilities covered under EPCRA, such as the CAI/Arnel facility, are required to submit emergency and hazardous chemical information to the LEPC.

The town of Danvers did not have an active LEPC at the time of the incident. At the urging of the Danversport residents, the Danvers Board of Selectmen reestablished the LEPC in early 2008. (9)

4 Community Preparedness and Emergency Planning. LPC /APELL Requirement.

Annex H APELL from NFPA 1600 2016 Edition.

Awareness and Preparedness for Emergencies at the Local Level (APELL) consists of a series of programs developed in 1988 under the leadership of the United Nations Environmental Programme (UNEP) with the cooperation of multiple entities, including the U.S. EPA, in response to the Union Carbide gas leak in Bhopal, India, in December 1984 (6). APELL is a multistakeholder dialogue tool that establishes adequate coordination and communication in situations in where the public might be affected by accidents and disasters. The APELL program was successfully used to implement *NFPA 1600*, a standard developed to define a program for the integration of emergency management and business continuity/continuity of operations, and applicable to the private, public, and not-for-profit sectors.

The APELL program for technological hazards was implemented in 1996 in Bahia Blanca, Argentina, a city located in the southeast of the province of Buenos Aires, by the Atlantic Ocean. The need for the APELL program in Bahia Blanca is reinforced by a review of the number and amounts of hazardous chemicals produced each year. Due to the success of implementing APELL and *NFPA 1600* in Bahia Blanca, Argentina, the Local Emergency Planning Committee (LEPC) in Lake County, Indiana has adopted the same integrated approach to enhance the interaction among industries, local government, and the public as required under Superfund Amendments and Reauthorization Act (SARA) Title III. Lake County is located on the southern shore of Lake Michigan and has a heavy industrial concentration of steel, oil, and chemicals, a similar set of hazards as faced by Bahia Blanca. The LEPC is recommending a county ordinance to ensure implementation. Other counties in Indiana are exploring the advantages of using the APELL/*NFPA 1600* approach.

In 2015, the main oil company in Bolivia, YPFB Refinación SA began to apply the APELL process in Santa Cruz de La Sierra and Cochabamba to enhance the interaction among industries, local government and the community in the area of its refineries. The Coordinating Group the management team that implements the APELL process in the community approved the use of NFPA 1600 as the reference standard to develop the plan for community preparedness and emergency planning. Other communities in Argentina that are now beginning to apply the APELL process are also exploring using the joint APELL/NFPA approach in which NFPA 1600 is the overall program and APELL is used to implement the interaction between industry and communities.

The APELL process described above is contained in a ten-element conceptual format, grouped into five phases, as illustrated in Figure 1.

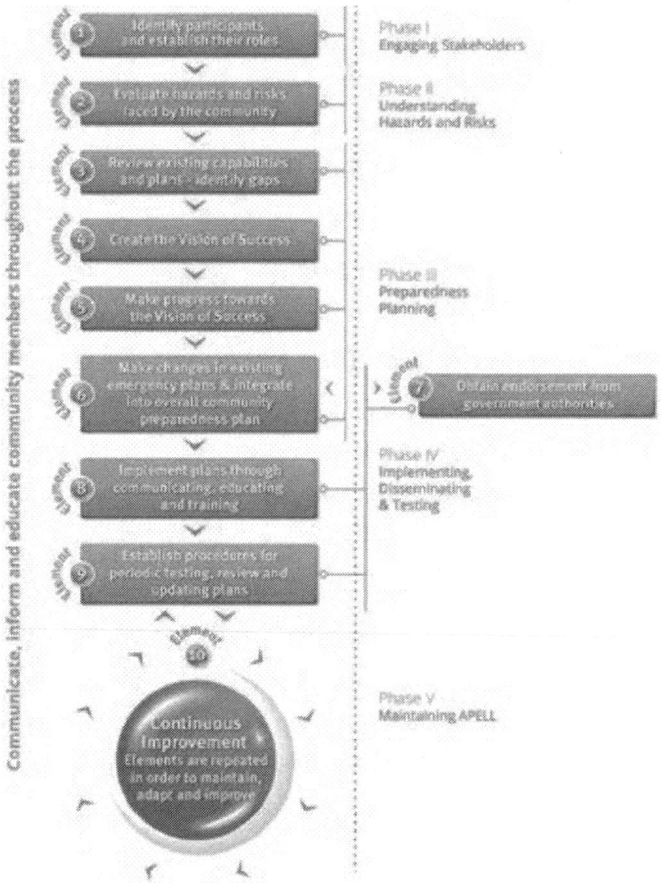

Fig 1. Source. APELL Handbook, Awareness and PreparednessforEmergencies at Local Level (APELL) - A processforimprovingcommunityawareness and preparednessfortechnologicalhazards and environmentalemergencies. 2d. EDITION 2015.

The APELL process informs the community about the risks to which they are exposed and educates the community on how to react to accidents/disasters. The program promotes the coordination among representatives from the industry, local level institutions, and the public. The APELL process includes the preparation of an integrated community preparedness plan, including preparing the community for early warnings of emergencies.
Other APELL programs have been produced for mining, port areas, multi-hazards, transportation, and tourism and are available at http://www.unep.fr/scp/sp/. (10)

5 Preparedness and Emergency Planning. Process Safety Key Element

5.1 Preparedness and Emergency Plan element of RBPS

Process safety practices and formal safety management systems have been in place in some companies for many years. Process safety management (PSM) is widely credited for reductions in major accident risk and in improved chemical industry performance. To promote PSM excellence and continuous improvement throughout the process industries, the Center for Chemical Process Safety (CCPS) created *risk-based process safety* (RBPS) as the framework for the next generation of process safety management. The RBPS approach recognizes that all hazards and risks are not equal; consequently, it focuses more resources on higher hazards and risks.

An effective risk-based PSM program is built on a strong foundation consisting in four key pillars:

Commit to process safety – The cornerstone of process safety excellence. A workforce that is convinced the organization fully supports safety as a core value will tend to do the right things, in the right ways, at the right times – even when no one else is looking.

Understand hazards and risk – The foundation of a risk-based approach. An organization can use this information to allocate limited resources in the most effective manner.

Manage risk – The ongoing execution of RBPS tasks. Organizations must (1) operate and maintain the processes that pose the risk, (2) keep changes to those processes within risk tolerances, and (3) prepare for, respond to, and manage incidents that do occur. A company that uses its risk understanding is better able to deal with the resultant risk and, subsequently, sustain long-term, accident-free, and profitable operations.

Learn from experience – The opportunities for improvement. Metrics provide direct feedback on the workings of RBPS systems, and leading indicators provide early warning signals of ineffective process safety results. When an element's performance is unacceptable, organizations must use their mistakes – and those of others – as motivation for action.

These four foundation blocks support 20 process-safety related tools and areas of expertise that form a structurally sound risk based PSM.

Developing appropriate emergency management and response capabilities is one of nine elements in the RBPS pillar of ***managing risk.***

From the perspective of RBPS, Emergency management includes: (1) planning for possible emergencies, (2) providing resources to execute the plan, (3) practicing and continuously improving the plan, (4) training or informing employees, contractors, neighbors, and local authorities on what to do, how they will be notified, and how to report an emergency, and (5) effectively communicating with stakeholders in the event an incident does occur.

The RBPS focuses on three aspects of emergency planning and response:

- Protecting people, including people who are onsite, offsite, and emergency responders.
- Responding to catastrophic accidents involving explosions, large releases of chemicals, or other large releases of energy.
- Communicating with stakeholders, including neighbors and the media.

•

Emergency management is closely linked to the risk element. In fact, risk was considered in emergency planning long before risk was proposed as a basis for developing any management system. When developing emergency plans, one intuitively asks the three fundamental risk questions:

- What can go wrong – What types of emergencies should we plan for?
- How bad could it be – Will operators be able to put out the fire with portable extinguishers or do we need professional firefighters with a pumper truck?
- How often might it happen – Is the likelihood of a particular accident scenario high enough to justify in-house response capability or should we depend on local authorities?

In the same way NFPA 1600 and UNEP APELL programme is supportive of a multi-hazard approach and promotes to develop the prevention and mitigation strategies base on the results of hazard identification and risk assessment (NFPA 1600 points 6.2.3/6.3.2 APELL Phase II Element II) then Preparedness planning responds to the needs created by the risks and vulnerabilities.

5.2 Why is it important from the Process Safety Point of View?

The consequences of any particular incident can be significantly reduced with effective emergency planning and response. Even if no one is killed or seriously injured by an incident, the facility's license to operate within the community may come into question, and the answer will be strongly influenced by the public's perception of the competence of emergency response activities. Effective emergency management saves lives, protects property and the environment, and helps reassure stakeholders that, in spite of the incident, the facility is well managed and should be allowed to continue to operate.

5.3 CCPS Vision 2020.

The CCPS Vision 2020 project looks to the future to describe how Process Safety is managed when it is collective and strongly supported by industry, regulators, academia and the world community. It focuses on 5 principles for industry and 4 social issues (3) (11). Two of these social issues "Increasing awareness of stakeholders" and "Responsible Partnership" are strongly connected with Community Preparedness and Emergency Planning and one of the ways to increase the awareness of the stakeholders is involve them in the development and test of the Plan.
NFPA 1600 and APELL programs encourage conducting a resource needs assessment based on the hazards identified and risk assessment (NFPA 5.4 APELL element 3) It promotes developing a plan and procedures to disseminate information to a broad audience including the population (NFPA 6.4 APELL Phase IV element 8) and developing and implementing a training and education program. In addition ongoing evaluation of preparedness plans, typically using tools like exercises and drills, are routinely used to evaluate whether aspects of the plans require improvement or changes (NFPA Chapter 7 APELL Phase IV element 8).

The aforementioned points of the NFPA 1600 and the APELL Program specifically support and are associated with the two previously detailed social issues of CCPS Vision 2020.

6 Conclusion

Despite the efforts that industry and organizations have made in recent years in prevention and mitigation, major accidents with serious impacts on lives of employees, response groups and community continue to occur. The failure in Emergency Preparedness and Response systems in such accidents has been one of the contributing causes that increased the number of affected, especially in first responders and community services.

Emergency preparedness and response is a key element of process safety management systems. Therefore, a proper and sustained implementation of a preparedness and response plan is required to ensure a robust process safety management system. Applying the NFPA 1600 standard can help improve existing plans or implement reliable and consistent plans for those organizations that do not already have them.

On the other hand, the development of emergency preparedness and response plans through the application of the NFPA 1600 standard in the framework of processes such as APELL (UNEP) or Local Emergency Planning Committees (LEPC) has proven to be very effective, increasing awareness of the community about risks and encouraging more active participation of local emergency groups and community in the development, implementation and testing of such a plan. It has also improved the coordination of the various agencies or organizations that often take part in mitigation of major accidents by implementing the incident command systems. All of this reinforce the PSM system (12).

6 References

[1] NFPA 1600 Standard on Disaster/Emergency Management and Business Continuity/Continuity of Operations Programs. 2016.

[2] Center for Chemical Process Safety "Guidelines for Risk Based Process Safety" American Institute or Chemical Engineers, New York NY (2007

[3] CCPS, 2013 Annual Report, Vision and Mission Statement, page 2, www.aiche.org/ccps/about/annual-report

[4] NFPA 1600 HANDBOOK Emergency Management and Continuity Programs Brian J.O'Connors- Dean Larson PhD, Orlando P. Hernandez.

[5] http://www.csb.gov/csb-adds-emergency-planning-and-response-to-most-wanted-safety-improvement-program/

[6] http://www.csb.gov/assets/1/19/CSBFinalReportLittleGeneral.pdf

[7] http://www.csb.gov/dpc-enterprises-festus-chlorine-release/

[8] http://www.csb.gov/assets/1/19/Bayer_Report_Final.pdf

[9]http://www.csb.gov/assets/1/19/CSBFinalReportCAIExplosion.pdf

[10] UNEP. **Awaredness and Preparedness for Emergencies at Local Level** (APELL): a process for improving commnunity awareness and preparedness for technological hazards and environmental emergencies. United Nations Environment Program – UNEP. 2º Edition. 2015

[11] Jack McCavit, Scott Berger, Cheryl Grounds, Louisa Nara Vision 2020 **"A Call to Action "**10th Global Congress on Process Safety –April 2014- New Orleans Lousiana Center for Chemical Process Safety

[12] Nestor Sposito **"Inter-linkages between Process Safety and APELL for Accident Prevention and Preparedness"**. Presentado en el 8th Global Congress on Process Safety Houston, TX April 1-4, 2012

479430 Uso De Dos TéCnicas PHA Para Identificar y Tratar Los Riesgos De Incendio, explosión y BLEVE En Una Vasija De Almacenamiento De Propano

Abstract:

La operación de vasijas presurizadas que contienen fluidos inflamables presenta diversos riesgos de proceso, especialmente si la operación está cerca a los edificios o infraestructura administrativa. Uno de los elementos clave para la efectiva reducción del riesgo de estos sistemas es la adecuada distribución de planta, considerando que un incendio de chorro y la explosión de un tanque de almacenamiento con apenas 1000 galones de propano pueden tener un radio de impacto de entre 10 y 30 metros. Este trabajo presenta un caso de estudio de una planta donde los edificios administrativos se encuentran a menos de 30 metros de una vasija presurizada, la cual almacena propano dentro de un ciclo cerrado de refrigeración. La gerencia actual de la planta reconoció el riesgo de los escenarios de incendio, de explosión o de BLEVE (Explosión de Líquido Ebullendo y Vapor Evaporandose). Esto llevó a la decisión de implementar dos técnicas complementarias de identificación de peligros de procesos o PHA (análisis de modo de falla y efectos, FMEA y análisis de identificación de peligros, HAZID), con el objetivo de identificar las posibles causas de los escenarios y de evaluar la efectividad de las estrategias actuales de prevención, control y mitigación. La implementación de las dos técnicas permitió identificar los modos de falla del equipo y el evento accidental que se podría desencadenar tras la falla del equipo; así mismo se identificaron las barreras de seguridad implementadas para cada modo de falla, evaluando su eficacia en una escala determinada por los analistas y validada con la operación. Finalmente, con el método HAZID, apoyado por la representación gráfica de corbatín (Bow-Tie) se identificaron las necesidades de mejorar o agregar barreras de seguridad que redujeran el nivel de riesgo residual a niveles aceptables. Este trabajo presenta los retos y oportunidades de la metodología ejecutada, así como su potencial de extrapolación a otros sistemas con necesidades similares.

Prevención de Eventos Catastróficos Mediante Análisis de Causas Comunes

Luis Jaimes – Jose Villarreal
Líder de Seguridad de Procesos – Ingeniero de Procesos, STORK
Carrera 7 # 156-10 piso 25, Bogotá D.C., Colombia 110131(262)
Luis.Jaimes@stork.com – Jose.Villarreal@stork.com

Prepared for Presentation at
American Institute of Chemical Engineers
2017 Spring Meeting and 13th Global Congress on Process Safety
San Antonio, TX
March 26 – 29, 2017

Prevención de Eventos Catastróficos Mediante Análisis de Causas Comunes

Luis Jaimes – Jose Villarreal
Líder de Seguridad de Procesos – Ingeniero de Procesos, STORK
Carrera 7 # 156-10 piso 25, Bogotá D.C., Colombia 110131(262)
Luis.Jaimes@stork.com – Jose.Villarreal@stork.com

Keywords: Equipos Críticos de Seguridad (SCE), Análisis de Causas Comunes, Eventos No Deseados.

Resumen

A las 21:48 del 16 de julio de 2016, se presenta sobre-presurización en la línea de descarga de uno de los compresores reciprocantes; se supera el límite de presión de diseño de los equipos asociados al sistema en aproximadamente un 20% durante un periodo de 10 minutos, exigiendo la intervención del operador para despresurizar manualmente hacia el sistema de alivio. La consecuencia inmediata fue pérdida menor de producción, por lo que se catalogó como un *near miss* [3]; sin embargo, asociadas al evento se presentaron cinco (5) fallas relacionadas a las capas de protección que pudieron desencadenar un evento catastrófico. Adicionalmente, han ocurrido una cantidad considerable de eventos (9 *near misses*) en el último año en la facilidad que, si bien no han generado consecuencias catastróficas, **el potencial de los mismos y la frecuencia ha generado una alerta a la compañía.**

Los directivos y líderes de Seguridad de Procesos decidieron desarrollar un estudio para identificar la repetitividad de las causas raíces y su interrelación, con el fin de establecer **acciones prioritarias enfocadas en gestionar de manera eficaz el riesgo y evitar la materialización de un evento mayor de Seguridad de Procesos**; lo anterior fue posible por medio de la revisión de las investigaciones realizadas basado en la metodología Análisis de Causa Raíz (RCA - árbol causa-efecto) y posterior interrelación de las causas raíces con los elementos del **Sistema Integral de Gestión (SIG) de la compañía**, estudio denominado **Análisis de Causas Comunes.**

El estudio permitió evidenciar deficiencias en el **desempeño del Causa-Efecto de la facilidad y en la funcionalidad y confiabilidad de los Equipos Críticos de Seguridad (SCE)**; hallazgo de gran relevancia debido a la importancia de estas capas de protección para evitar la materialización de los eventos. Basado en lo anterior, se definió como acción prioritaria garantizar el cumplimiento del Causa-Efecto y asegurar la funcionalidad de los SCE de acuerdo a los estándares establecidos para tal fin.

El presente trabajo tiene como objetivo dar a conocer la **cultura** de la organización en Seguridad de Procesos, donde el **compromiso y liderazgo**, la **gestión de riesgos** y la **investigación de eventos** son fundamentales en la prevención de accidentes catastróficos.

1 Introducción

La compañía reconoce que el potencial de un evento de seguridad de procesos es definitivamente más costoso que mantener el proceso seguro. Por tal razón, se ha enfocado en identificar métodos efectivos para gestionar de manera segura los procesos productivos, lo cual hace parte de un mejoramiento continuo.

La cultura y el liderazgo son aspectos importantes en la investigación de eventos dentro de un sistema de seguridad de procesos, razón por la cual, es necesario la implementación de herramientas que permitan a la organización un enfoque más profundo durante las investigaciones de eventos. La pregunta clave es ¿Cómo aprender de la experiencia de una manera sistémica y evitar la repetitividad de eventos? Cuando hacemos esta pregunta, es necesario pensar en compromiso, gestión de riesgos, investigación de eventos, comunicación y medición del sistema.

Es necesario para lograr tener un sistema de Seguridad de Procesos robusto y dinámico el empoderamiento y sentido de pertenencia desde la alta dirección hasta la línea operativa; lo anterior, junto a herramientas prácticas y disciplina operacional permite cumplir con las políticas corporativas en cuanto a prevención y gestión de eventos.

El reporte, investigación y medición de eventos no deseados de seguridad de procesos[1] permite, mediante el análisis de causa raíz (RCA), identificar y generar acciones para evitar la repetitividad de los eventos en específico; aun, con la implementación de las acciones relacionadas a las causas raíces de los eventos, no se garantiza que no se presenten eventos con causas raíces similares.

Con el objetivo de generar mayor efectividad en la investigación de eventos de seguridad de procesos, es necesario interrelacionar los eventos y sus causas raíces para generar acciones eficaces frente a la vulnerabilidad de los sistemas y el fortalecimiento de la cultura organizacional.

2 Análisis de Información

La compañía desarrolló un mecanismo para la investigación de eventos el cual contempla la interrelación de los mismos; por medio de este se desarrolló un estudio que contempló siete (7) eventos de una planta de gas, de los cuales ninguno se materializó como evento mayor, pero todos con consecuencia potencial alta:

- Sobrepresión en cabezal de salida de gas natural (Fuera de ventana operativa)

[1] Evento no deseado de seguridad de procesos: evento no intencionado y no planeado que afecta o con el potencial de afectar (*near misses* [3]) la seguridad de procesos.

- Sobrepresión en línea de descarga de compresor principal (Fuera de ventana operativa de integridad)
- Fuga de gas por universal aguas arriba de válvula de alivio
- Liberación de propano por línea de cargue de acumulador
- Salida de líquidos por venteo atmosférico
- Aumento de H_2S (Sulfuro de Hidrogeno) en gas de entrada a la planta (Fuera de ventana operativa e integridad)
- No activación de SCE en demanda

Para cada evento se revisó la calidad y profundidad técnica de la investigación, causas raíces identificadas y estado de las recomendaciones. Además, se revisó documentación técnica del proceso, gestión e información de Equipos Críticos de Seguridad (SCEs) y eventos clasificados con bajo nivel de riesgo, con el objetivo de obtener un contexto de la operación.

El estudio permite verificar la calidad de la información que se está generando y fortalecer el conocimiento del proceso. Adicionalmente identificar las oportunidades de mejora de las investigaciones realizadas, fortaleciendo el proceso de investigación de incidentes y generando una cultura en identificación de causas raíces del sistema

3 Análisis de Causas Comunes

El Análisis de Causas Comunes busca la interrelación de las causas raíces o factores agravantes, por lo cual se deben identificar aspectos de la organización relacionados a los mismos. En el ejercicio, se identificaron las causas raíces de los eventos, su interrelación (ver gráfico 1) y cómo cada una de ellas se asocia a los elementos del Sistema Integral de Gestión (SIG), elementos establecidos de acuerdo a los lineamientos de la CCPS [1], estableciendo de esta manera los elementos que mayor debilidad presentaban. Tras la revisión de los eventos se identificaron como vulnerables 4 de los 16 elementos del SIG, los cuales se mencionan a continuación:

- Identificación de Peligros, Análisis de Riesgos y Controles.
- Integridad de Activos y Confiabilidad
- Procedimientos y Practicas Seguras
- Aseguramiento de Contratistas y Proveedores

Durante el análisis de causalidad de los eventos, se identificó que nueve (9) de las catorce (14) causas raíces están relacionadas con el elemento 8. Integridad de Activos y Confiabilidad; específicamente en cuanto a Equipos Críticos de Seguridad (SCE) y cumplimiento del Causa-Efecto, las desviaciones frente a este elemento son consideradas críticas, ya que este elemento proporciona los lineamientos para asegurar que los equipos sean diseñados, instalados, operados y mantenidos de acuerdo a especificaciones técnicas, y establece los atributos de un sistema de gestión basado en riesgos para asegurar la integridad y confiabilidad de equipos y sistemas críticos de seguridad.

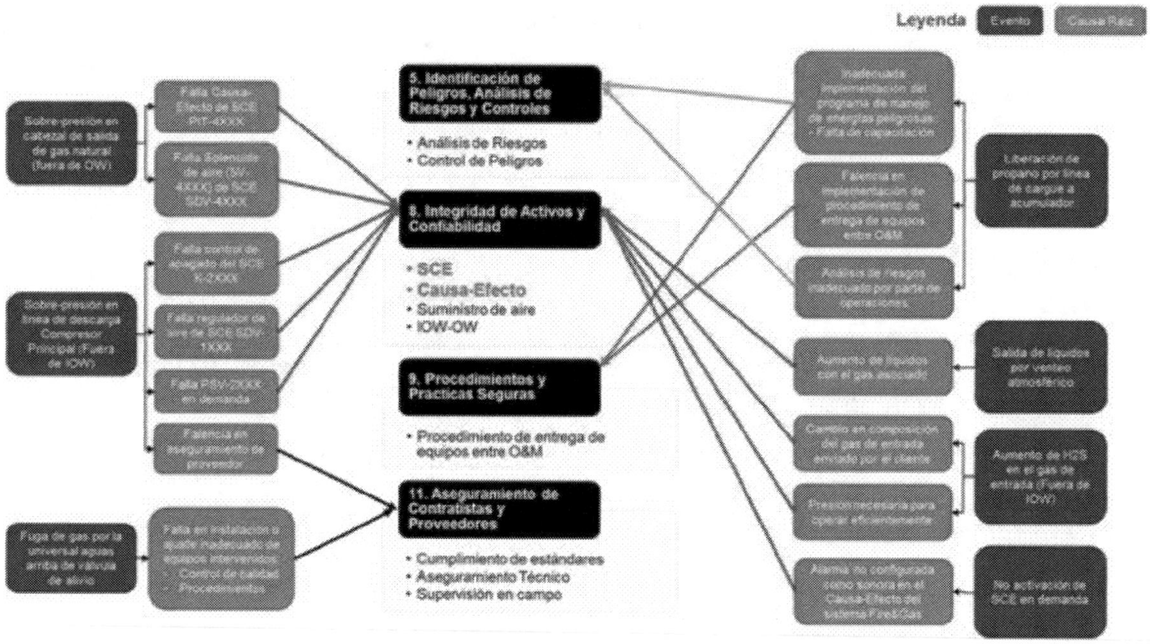

Gráfico 1, Interrelación Causas Raíces - elementos del SIG

Las desviaciones y su interrelación permitieron identificar la repetitividad de fallas de elementos de las últimas capas de protección del proceso (ver gráfico 2), lo cual establece como prioridad la revisión y aseguramiento de todos los equipos/elementos que hacen parte de las últimas capas de protección del proceso, aspectos que se evidencian en publicaciones de la CCPS [2] y son primordiales para la seguridad del proceso.

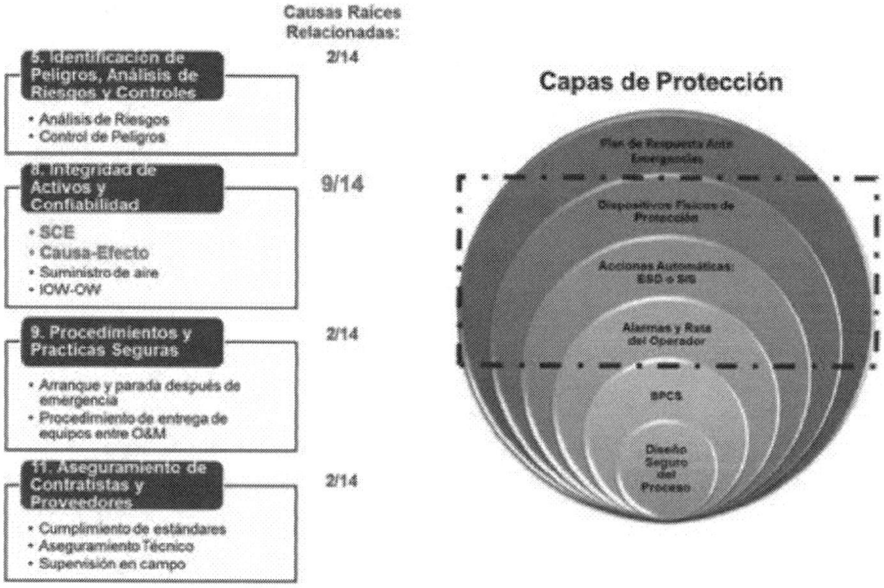

Gráfico 2, capas de protección - Causas Raíces

En esta parte del estudio se puede identificar causas raíces de sistema a partir de las causas raíces físicas relacionadas, logrando evidenciar las oportunidades de mejora del programa de Seguridad de Procesos y priorizar basado en riesgos los hallazgos.

4 Recomendaciones

Posterior al análisis del numeral anterior se generan diversas recomendaciones con las respectivas prioridades basado en riesgo y enfocadas en asegurar la integridad de los procesos y la continuidad de la operación. En el caso del evento descrito se establecieron acciones eficaces las cuales se presentan a continuación:

- Realizar revisión conjunta del Causa-Efecto de la planta y sistema de control (Teniendo en cuenta P&IDs y manual de operaciones) para garantizar su funcionamiento.
- Asegurar la funcionalidad de los SCE por medio de pruebas funcionales; específicamente a los lazos de control priorizando aquellos relacionados a los eventos.
- Desarrollar el estándar de desempeño de las PSVs según las buenas prácticas de la industria (API 576 y API 527).
- Garantizar la implementación del plan de aseguramiento del proveedor del servicio de mantenimiento de las PSVs (visitas técnicas a taller, competencias del personal, implementación de buenas prácticas, procedimientos, entre otras).
- Realizar mantenimiento inmediato a las PSVs intervenidas por el mismo proveedor.

El compromiso, entendimiento y la disciplina operacional para asegurar el cierre de las recomendaciones garantiza el éxito del Análisis de Causas Comunes.

5 Conclusiones

El desarrollo del Análisis de Causas Comunes enfocado a los eventos de seguridad de procesos permite identificar y priorizar de manera eficaz las acciones a implementar, y se enfoca en corregir la vulnerabilidad del Sistema Integral de Gestión de la compañía. Por consiguiente, es importante que sea promovido a través de las directivas para así lograr impactar al Sistema Integral de Gestión desde la gerencia hasta la parte técnica.

El Análisis de Causas Comunes permite optimizar recursos debido a la revisión conjunta de las causas raíces y factores agravantes basado en riesgo. El estudio permite evidenciar que algunas causas raíces que inicialmente fueron definidas como físicas, realmente deben ser consideradas como causas raíces del sistema, dado que permite profundizar durante la interrelación de los diferentes eventos.

Este tipo de ejercicio en las plantas/facilidades permiten enfocarse, no solo en causas raíces de los eventos, sino en aspectos de mayor profundidad que en ocasiones se encuentran ocultos; generando de esta manera mayor robustez a las operaciones.

Durante la aplicación del análisis se relaciona información recolectada durante la operación, la cual, si tiene la calidad técnica necesaria, permite fortalecer a las personas, activos y/o procesos de manera proactiva. Permitiendo actuar para evitar la materialización de eventos no deseados.

El Análisis de Causas Comunes, relacionado con el reporte e investigación de eventos preventivos (ej. *near miss*) [3] contribuye en gran proporción a la prevención de eventos catastróficos, ya que, por la interrelación se logra mejorar de manera continua las desviaciones del sistema.

6 Referencias

[1] CCPS. Guidelines for Risk Based Process Safety, Center for Chemical Process Safety, American Institute of Chemical Engineers, 2007.

[2] CCPS. Recognizing Catastrophic Incident Warning Signs in the Process Industries, Center for Chemical Process Safety, American Institute of Chemical Engineers. 2011.

[3] CCPS. Process Safety Leading and Lagging Metrics, Center for Chemical Process Safety, American Institute of Chemical Engineers. 2011.

479520 LOPA: Ventajas De La Buena gestión De Las Capas De protección

Abstract:

LOPA: Ventajas de la buena gestión de las capas de protección

Ana María Macías Juárez, MBA, MPICP

MAJA Consulting Group, S.A. de C.V.

Habaneras 271 Piso Fracc. Jardines de Virginia Boca del Río, Veracruz. México.

amacias@majaconsultinggroup.com

Rufino Perea Lorenzo

MAJA Consulting Group, S.A. de C.V., CFSE, MPICP

Habaneras 271 Piso Fracc. Jardines de Virginia Boca del Río, Veracruz. México.

rufino_perea@majaconsultinggroup.com

Palabras Clave: Capas de Protección Independientes (IPL's), Factor de Reducción de Riesgo (RRF), Administración del Cambio (MOC), Costo-Beneficio.

Resumen

Hoy en día, existen diversas metodologías para estimar y evaluar el riesgo de procesos en plantas de alto riesgo. Cada una tiene ventajas y desventajas y aplicación de acuerdo a la complejidad del proceso analizado, y al cual están asociadas diversas capas de protección, eventos habilitadores y modificadores condicionales que forman parte de dichos estudios.

Una metodología que se ha popularizado en estos tiempos es el Análisis de Capas de Protección -LOPA-, el cual tiene la ventaja de utilizar cálculos probabilísticos básicos, enfocándose primordialmente a obtener el "pulso" del estado actual de las protecciones de las plantas estudiadas, por lo cual, es de vital importancia, durante el desarrollo de la metodología, que el analista valore con la información existente, la efectividad de cada capa de protección, situación que muchas veces no es seguido por los especialistas con el rigor que se requiere. Y de igual o mayor importancia, se considere el Análisis Costo-Beneficio al reducir el riesgo como resultado de las conclusiones del análisis LOPA.

Objetivo

Reconocer las ventajas de la buena administración del cambio (MOC) aplicado a las capas de protección de una planta de alto riesgo, mediante el uso de la Metodología LOPA en las etapas del ciclo de vida de la Instalación.

Learning from the Experience – Investigation and Analysis of a Boiler Explosion Shared by an Insurance Company

Juan Carlos Medina Fernández
Administradora de Riesgos Laborales Sura
Carrera 52 No 14-30 Piso 3 Medellín - COLOMBIA
jmedina@sura.com.co

Prepared for Presentation at
American Institute of Chemical Engineers
2017 Spring Meeting and 13th Global Congress on Process Safety
San Antonio, TX
March 26 – 29, 2017

Learning from the Experience – Investigation and Analysis of a Boiler Explosion Shared by an Insurance Company

Juan Carlos Medina Fernández
Administradora de Riesgos Laborales Sura
Carrera 52 No 14-30 Piso 3 Medellín - COLOMBIA
jmedina@sura.com.co

Keywords: boiler, explosion, learning from experience, process safety, accident analysis

Abstract

This work describes the investigation and analysis of an event that took place in a manufacturing company in which one of the boilers exploded, causing eight injuries; one of whom died. It also stopped production of the whole plant for a month and completely destroyed the boiler.

This incident was investigated and analyzed using the process safety elements proposed by CCPS. The investigation team had findings that range from the failure to meet minimum requirements of the boiler installation, implementation of changes without the appropriate analysis, operation and maintenance without appropriately trained personnel, lack of documentation, and control failures, among others.

The event has resulted in many learnings and improvement opportunities, not only for the company in which it occurred, also for the insurance company which can apply the learnings to its other clients with similar equipment and process. ARL Sura has established as a goal to take Process Safety Elements as a part of the technical advisories with the purpose to prevent the recurrence of major industrial events of this kind.

1 Introduction

In order to put the event in context, we need a brief explanation about the Social Security System in Colombia. The system is composed of three elements: Pension, Health Insurance, and Workers Compensation (ARL for its acronym in Spanish). The latter is concerned with prevention, protection, and care for the workers who suffer accidents or illnesses that can occur in the workplace. The ARL affiliates companies not workers, and part of the services they provide includes technical advice in risk prevention, be it on-site or through group events.

When occupational accidents or illnesses occur, the employer must notify the ARL of the event, which takes care of the medical attention of the worker, pays the benefits generated by the event, and assumes the pension when the event is fatal or generates disability.

When the accidents or illnesses are fatal or severe (according to the Colombian legislation, defined by the Resolution 1401 of 2007 [(1)]), the employer must do an investigation, which is sent to the ARL with its findings and action plans.

2. Description of the event

The timeline of this event starts with the acquisition of the equipment three years ago, and goes through the end of its useful life the day it exploded.

- 2013: acquisition of new equipment abroad, importing and assembling the equipment with its original parts.

- 2013-2016: Several changes and additions were made due to damage and malfunctions. The most relevant were: change of the coal traveling grill, change of relief pressure valve, addition of level control (redundant with the original electrodes), and addition of condensate pump (in parallel and redundant because the original pump experienced frequent cavitation). This changes were done without systematic change management.
- Three days before the event: electrical maintenance was carried out by empirical personnel, no work order or documentation was done.

- A day before the event: An unqualified mechanic changed the redundant level sensor seal. Additionally, the boiler operator carried out a purge removing all the water from the tank, and started the heating of it when the water reached the minimum level in the tank.

- Explosion day: The plant`s production was at its maximum level, the boiler showed water level problems and loss of pressure throughout the morning shift, the condensate redundant pump was not on. When the operator identified these deviations, he went to his supervisor to ask permission to shut down the boiler. However, he did not find him, and when he was going back to his workplace, the explosion occurred (on or about 1:30 pm).

3. Investigation and analysis of the event

The investigation of this event was done in the field. Pictures were taken and interviews were done with: management personnel, area chiefs, operators, mechanics, contractors and witness.

The collected information was incorporated into the Figure 1. Timeline Diagram of the Event. The analysis of the deviations considered each of the proposed elements by Center for Chemical Process Safety (CCPS), in the book "Guidelines for Risk Based Process Safety". [2]

Figure 1. Timeline Diagram of the Event.

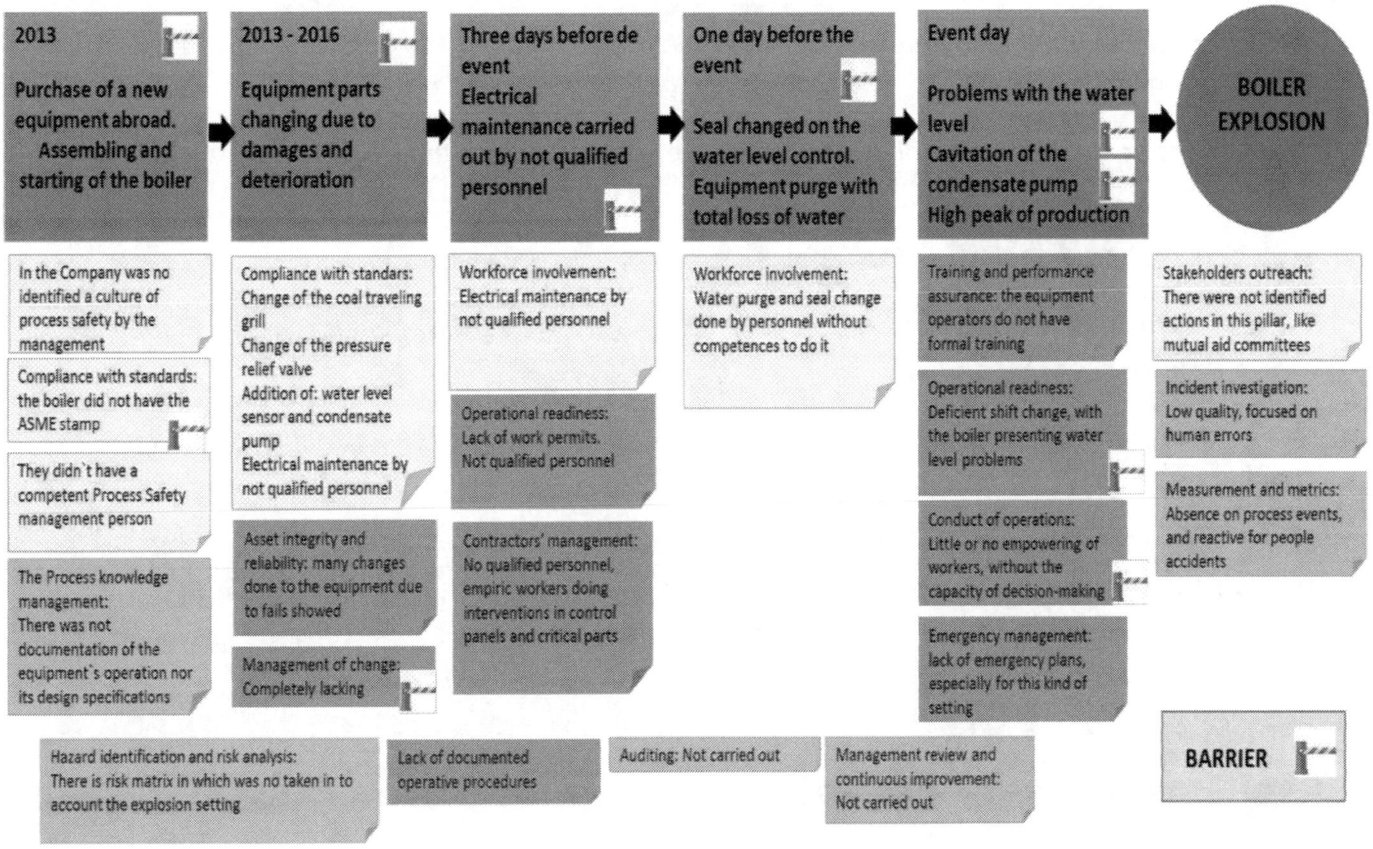

4. Learned lessons

Next, the learned lessons are presented, for the Company where the event occurred as well as for the ARL.

Boiler explosion

¿What happened?

A boiler explosion occurred on the facilities of a manufacturing Company, compromising the physical infrastructure and leaving as a consequence several injured workers due to the structural collapse and burns by hot debris (bricks and coal), that were spilled in the explosion.

One of the workers died and seven more were injured, and the Company suspended operations for a month due to the total loss of the boiler.

Consequences: One worker died, several workers were injured, total loss of the boiler and halt of the Company for a month.

¿What caused it?

- *Deficient control in equipment acquisition. It was bought without meeting the minimum standards (ASME).*
- *Several changes of equipment parts due to damages, without management of change (MOC).*
- *Empirical know how of the operator, and lack of empowering in the decision-making.*
- *Fault in the communications systems.*
- *Lack of emergency procedures.*
- *Lack of certificates of competencies.*
- *Maintenances done by unqualified personnel.*
- *Little knowledge of the process on the part of the administration.*
- *Deficiencies on the work's planning (purges and maintenance).*
- *Lack of alternative procedures to follow in case of a fault in the process (a halt on the pumping).*

¿How to avoid for it to occur in my company? – Learned lesson for companies

- *Implement purchases and acquisitions procedures, having as a goal the fulfillment of standards guaranteeing that the quality certifications are honored, technical specifications and pertinence of the acquired devices, following the manufacturer's recommendations.*
- *Implement a management of change procedure, for modifications of equipment.*
- *Keep the operating procedures documented for normal as well as abnormal conditions.*
- *Simulate (drill) situations with the operators.*
- *Implement a predictive, preventive and corrective maintenance program for the equipment, assigning a responsible and trained person who will be in charge of directing these tasks and keeping a record of the actions performed during these processes. Checking, the functioning of the alarm systems after maintenance.*
- *Improve the alarm systems for: low and high water level, low and high-pressure in the steam line, high temperature control systems of combustion gases.*
- *Strengthen the operational controls, through inspection and routine recording of the critical points of the equipment, operational variables of the boiler, record of actions taken by the operator during the work shift (logbook), and the respective delivery of it to his relief. Including the daily validation of the purges, and that when performing them, the sound alarm is activated; keeping the supporting documents reviewed and validated by the competent person of the company.*
- *Check and adjust the coal evacuation system in the traveling grill in case of electrical energy outage (plant and independent reducer).*
- *Keep equipment calibration records, with the appropriate certifications.*
- *Improve communication and relay systems among boiler operators, managers, supervisors and mechanics.*
- *Review the induction, capacitation and training process, to strengthen the competence of boiler operators, mechanics, and middle managers; both in the operation of the machines and in the identification and control of risk situations; also, training should be given to production operators who use steam in their processes, to know what to do in the event of an anomaly in the equipment they use (lack of steam).*
- *Define action guidelines and safe practices in the critical processes, both in the operation of boilers as well as in other pressure equipment, including actions to follow in case of emergency.*

- *Strengthen leadership, roles, responsibilities and decision-making of the staff at each organizational level, for the Occupational Safety and Health Management System to show their participation on it.*

¿How to prevent it from happening in more companies? – Learned lessons for ARL

- *Make an inventory of companies that use similar equipment, and the local and international manufacturers of the same equipment.*
- *Share the learned lessons from this event and through conversations with technical and operational personnel, identify the* ***success factors*** *that have allowed them to prevent similar events in their operations.*
- *Document the* ***success factors*** *found and share them as learned lessons,* ***promoting the anticipation and safety as the sum of events that have not occurred.*** [(3)]
- *Contact official training organizations (SENA) to propose formal training to boiler operators. Support them with safety modules in that training.*
- *Advise the companies with similar processes in elements of Process Safety Management, with the purpose of preventing major accidents.*

5. Conclusions

- In international markets, it is common to find low-priced equipment, which sometimes does not meet the minimum safety standards. It is the duty of all those involved in the sustainability chain of the companies, such as: owners' board, managers, advisers and technicians. The achievement through technical argumentation, the purchase of equipment and maintenance of all processes; meeting the standards and surpassing them, when it is necessary.
- The investigation approach of the industrial events, based on the elements of CCPS, allows the identification of situations and connections between the socio - technical system: people - equipment - organization; which are less likely to be identify using specific methodologies for the investigation of accidents in people.
- In many of the client companies of the insurance companies, dangerous products are used in large quantities and the y use processes and equipment, which present a great opportunity to implement a Process Safety System, from the **event investigation, that includes more positives than negative events.** This would give a different approach to the construction of Process Safety from a perspective of anticipation and, applying the concept of Erik Hollnagel from his book Safety – I & Safety – II "**building learned lessons from events that have not occurred**". [(3)]

6. References

[1] Available in Spanish at https://www.arlsura.com/files/resolucion1401_2007.pdf

[2] Center for Chemical Process Safety (CCPS), Guidelines for Risk Based Process Safety, Wiley, ISBN: 978-0-470-16569-0.

[3] Hollnagel, Erik. "Safety – I & Safety – II: The Past and the Future of Safety Management", Farnham, UK: ashgate.

478550 Thermal Decomposition of Mono-Nitrated Toluene (MNT) with Additives

Abstract:

Abstract: On September 21st 1992, an explosion happened in Castleford, UK, at the distillation unit, owned by Hickson & Welch Ltd. The incident killed 5 people and caused nearly 200 injuries. The main reason is due to the decomposition of mono-nitrated toluene (MNT). Nitrated aromatic compounds present a potential run-away reaction threat to the chemical process industry, due to its unstable structure and extensive heat release during upset situations. This study employs the Advanced Reactive System Screening Tool (ARSST) to study the effects of various common contaminants on MNT's thermal decomposition, including sodium nitrate, sodium hydroxide, and sodium carbonate. Experimental parameters and results such as 'onset' temperature, pressure increase rate, temperature increase rate and maximum temperature are present. Sodium hydroxide and sodium nitrate can lower the decomposition onset temperature of MNT and make the consequence more severe. Thermokinetics of the decomposition reaction is shown and SADT prediction of UN25 kg package storage is calculated.

479379 Addressing Challenges of Controlling Change By Implementing Best MOC Practices

Abstract:

Effectively controlling change in a plant environment results in a cumbersome process with an inefficient paper-based Management of Change process or use of a traditional and complex electronic Management of Change (MOC) system. Recent research indicates that the majority of chemical incidents are the outcome of poor implementation of Process Safety Management (PSM) and the lack of efficient MOC processes. As a result, MOC workflow steps are often skipped or prolonged resulting in an ineffective process that does not capture the change fully or safely; approvals are delayed, Process Safety Information (PSI) is not being updated, Pre-Startup Safety Review (PSSR's) are not being performed, and MOCs are not being closed in a timely manner.

The goal of this paper is to address industry challenges with controlling change, and how Siemens implements best practices for an effective MOC process.

479243 Process Change Impact on Relief System Design

Abstract:

Process change impact on relief system design

(Understanding equipment impact and the evaluation warranted)

Various scenarios can cause the pressure within equipment to exceed design pressure. Appropriately sized relief devices are one of the most common methods of protecting equipment and personnel operating this equipment. A key challenge to being in compliance is the dynamic nature of processing plants. Numerous changes can be expected to happen over the lifecycle of a processing plant. Management of Change, one of the Process Safety Management (PSM) elements, requires equipment impact evaluation when these changes occur to ensure adequate pressure relief. This presentation talks about numerous types of changes which will impact equipment and warrant overpressure protection re-evaluation.

479152 Identification and Local Impact Analysis of Projectile Hazard in the LNG Industry

Abstract:

With a strong growth in natural gas production in the United States, a number of liquefied natural gas (LNG) facilities have been proposed and authorized. These LNG facilities have sufficient safety, security, risk assessment and mitigation plans developed in close coordination with local, state, and federal authorities. However, to continue to ensure safe operation, it is vital to continue to improve the scope of risk assessment and management strategies. Recent incidents have highlighted the need to consider the potential hazard and risk from projectiles. This paper studies the sequence of phenomena that occur as part of the local impact of a projectile. The main objectives of this study were to: 1) list projectile (missile/fragment) parameters such as source, type, and characteristics (mass, diameter, velocity) and 2) conduct a local impact analysis for identified potential projectile hazard scenarios at an LNG facility. The paper concludes that the five different calculated thicknesses for concrete penetration, scabbing, and perforation, and steel penetration and perforation, depend directly on the kinetic energy and diameter of the projectile. Furthermore, the authors recommend that operators conduct a projectile hazard analyses for LNG facility projects, which would be useful in making recommendations for the thickness and type of storage tanks and other equipment and for other appropriate mitigation measures.

478563 Thermal Hazard Analysis and Chemical Incompatibility Tests with Custom High-Pressure Crucibles Made from Commonly Used Metals and Alloys

Abstract:

The assessment of reactive hazards and chemical incompatibilities is necessary for safe operations in the chemical and pharmaceutical industries. Commercial ARC (Accelerating Rate Calorimeter), RSST (Reactive System Screening Tools) and high pressure crucibles for Differential Scanning Calorimetry (DSC) can be used for this purpose [1-2]. However, ARC and RSST require significant capital investment and require relatively large amounts of sample (at least 1 g).The alternative, commercial high pressure crucibles for DSC, can also be expensive (e.g., several hundred U.S. dollars for each pair of gold-plated high-pressure crucibles) when multiple samples need to be investigated. These requirements make thermal hazard analysis prohibitively expensive for research laboratories that do not focus on chemical process safety, and where materials under development may be available in limited quantities (e.g., milligrams).

To address these short-comings of current hazard screening methods, inexpensive custom DSC high-pressure crucibles made from different commonly used metals and alloys (stainless steel 304, stainless steel 316, titanium, brass and tantalum) have been constructed in-house using a micro-welding system containing a jewelry spot welder and a microscope. Chemical compounds are tested in different crucibles made from different metal/alloys, which simulates different real-world storage, transportation, and process operations in the chemical and pharmaceutical industry. The cost for each pair of crucibles is less than two U.S. dollars. In a typical experiment, only 1-5 mg of sample is required. Kinetic parameters can be extracted from only a few DSC runs with these crucibles, allowing for prediction of the chemical's thermal behavior at larger scales. This method provides an inexpensive and efficient way to perform thermal hazard analysis and incompatibility tests. The application of these crucibles is demonstrated with case studies of ammonium nitrate (AN) and ionic liquids. Predictions of thermal behavior at larger scales have been verified with ARC tests.

References

1. Oxley, Jimmie C. 2003. "Handbook of Thermal Analysis and Calorimetry. Vol. 2: Applications to Inorganic and Miscellaneous Materials M.E. Brown and P.K. Gallagher, Editors 9 2003 Elsevier B.V. All Right Reserved. 349" 2: 349–69.

2. Han, Zhe, Sonny Sachdeva, Maria I. Papadaki, and M. Sam Mannan. 2014. "Ammonium Nitrate Thermal Decomposition with Additives." Journal of Loss Prevention in the Process Industries. Elsevier Ltd, 1–9. doi:10.1016/j.jlp.2014.10.011.

Do Dust Hazards Analysis (DHA) Really Differ from a Process Hazards Analysis (PHA) or a Process Analysis (PA)?

Michael E. Robertson

4094 Roslindale Ln
Buford, GA 30519
processesmatter@gmail.com

Prepared for Presentation at
American Institute of Chemical Engineers
2017 Spring Meeting and 13th Global Congress on Process Safety
San Antonio, TX
March 26 – 29, 2017

Do Dust Hazards Analysis (DHA) Really Differ from a Process Hazards Analysis (PHA) or a Process Analysis (PA)?

Michael E. Robertson

4094 Roslindale Ln
Buford, GA 30519
processesmatter@gmail.com

Keywords: NFPA 652, Dust Hazards Analysis, DHA

Abstract

Do Dust Hazards Analysis (DHA) Really Differ From a Process Hazards Analysis (PHA) or a Process Analysis (PA)?

This author reviews the latest NFPA 652 requirement on Dust Hazards Analyses (DHA) and compares it to OSHA PSM's Process Hazards Analyses (PHA) requirement and other process analyses required by industry specific NFPA dust regulations. Though process analyses have been a part of NFPA regulations for several years and in the OSHA PSM regulation for 25 years, the 2016 version of NFPA 652 has clearly defined that a process analysis called Dust Hazards Analysis must be done where there is a combustible dust risk. The subject of this paper is the Dust Hazards Analysis.

The aim of the paper is to find commonality in dust hazards analysis, process hazards analysis and process analysis for tips that may limit the number of analyses a company may have to perform. These tips provided will assist a PHA leader in doing their DHA's. This will not be an exhaustive review of standards or regulations, but an overview and guide for those starting DHA's. It has become obvious that NFPA regulations are modeling a PSM framework and some discussion will be made on the subject in the area of risk assessment and management systems. Some comments will be made concerning the software that can be used, but no software will be sold or marketed. The author is not sharing examples of DHA's from his company due to confidentiality and timing of his DHA's.

Some of the Dust Hazards Analysis differences detailed are the emphasis on dust inside and outside of equipment, the use of NFPA dust thickness calculations, building reviews, and frequency of re-validating the analyses. How does a Dust Hazards Analyses affect the process safety information required, team make-up or report after the review? What are the real requirements for a DHA leader?

1 Introduction

There have been several dust related incidents that resulted in loss of life and severe damage to industrial properties. Imperial Sugar in Savannah, GA (2008) and West Pharmaceutical in North Carolina (2003) are two that top the list. Since the early 2000's, the Chemical Safety Board (CSB) has been recommending the Occupational Safety and Health Administration (OSHA) develop standards surrounding combustible dust. The National Fire Protection Association (NFPA) has had guidelines in several of its standards concerning dust for years.

Table 1. Industry Specific NFPA Guidelines Pertaining to Dust

61 – Agriculture
484 - Metal
654 - General
664 - Wood

NFPA 654, 664, 61, 484, 86 and 499 have dealt with combustible dust for years.

It is 2017 and while OSHA still has not set forth comprehensive dust standards, NFPA has published a comprehensive guideline on the management of combustible dust as 2016 NFPA 652 Standards on the Fundamentals of Combustible Dust. This guideline requires dust hazards analysis (DHA) to be complete by September 7, 2018. long with renewed regulations, risk assessments are now becoming part of every safety performance system. NFPA has required process analysis and hazards analysis in the industry specific guidelines..

A DHA is similar to a Process Hazards Analysis (PHA), but there are some key differences that need to be understood by study leaders. PHA methodology is well- defined especially from the OSHA 1910 PSM regulation, the CCPS book *Guidelines for Hazards Evaluations* **[2]**,and other information from new and vintage PHA courses like Primatech's Process Hazards Analysis Leaders' Training and Process Improvement Institute's PHA Leader's Training.

The similarities between PHA's and DHA's are in the methodology. The methodologies used to conduct a PHA, such as HAZOP, Checklist, What-If, are applicable for identifying and assessing hazards in dust handling processes. Expertise with PHA's can assist with the completion of DHA's. The differences begin when the building has to be evaluated for combustible dust hazards. Process Analysis is defined in NFPA 664-12 – Standard for the Prevention of Fires and Explosions in Wood Processing and Woodworking Facilities. [3]. However, NFPA did not offer much instruction on how to do a Process Analysis (PA).

There are other tools that have to be employed for the building evaluation. Pictures, audits, root cause analysis and cause and effect diagrams can be used for the out of the process review.

Detailed building structure evaluations may require a code inspection or some other engineering tools.

This paper evaluates the elements of dust hazards analysis. Comparisons are made between dust hazards analysis, a process hazards analysis methodology called HAZOP (HAZard and OPerability Study), and a process analysis as described in older NFPA guidelines. These comparisons are made to assist PSM companies in aligning PHA's and DHA's and to assist non-PSM companies on resources to assist them in conducting DHA's.

2 What Is a Dust Hazards Analysis (DHA)

NFPA 652 requires that all facilities handling or creating combustible dust must do a Dust Hazards Analysis. A dust hazards analysis is a systematic review of processes and buildings where dust is created or handled and could create a deflagration.

Per the CCPS process safety glossary: A combustion that propagates by heat and mass transfer through the un-reacted medium at a velocity less than the speed of sound.

This requirement has many businesses scrambling in a similar way to the release of the PSM standard in 1992, which left many oil and gas and chemical companies reeling. The dust hazards analysis is not a PSM requirement nor is it a type of process hazards analysis. While dust hazards analyses are new, analyzing your process for dust hazards has been a part of industrial specific NFPA guidelines for a few years now. Now with NPFA 652, OSHA through Recognized and Generally Accepted Good Engineering Practice(RAGAGEP) has the standards it needs for inspection and enforcement to address the potential for a dust deflagration in a facility.

The dust hazards analysis must be complete by September 2018. The DHA requirement is set forth in Element 7.0 of the 2016 version of NFPA 652. There is a good example of the DHA in Appendix B of NFPA 652. Operating areas are reviewed for the probability of deflagration. Classifications are 'Not A Hazard', 'Maybe a Hazard' and 'Deflagration Hazard'. If the probability exists, then the owner must document how they manage or mitigate that risk. If the owner does not have current controls to prevent the deflagration, steps must be taken to document a hazards management plan with steps to reduce the risk.

Within a process system or building, when there is a sufficient quantity of combustible dust, the following conditions must be considered and documented:

1) Oxidizing atmosphere
2) Credible ignition source
3) Credible suspension mechanism

These are items from the fire triangle used in most fire prevention training. These are key in the dust hazards analysis and must be treated with high importance. Housekeeping also must be properly reviewed and documented to prevent the third item mentioned above – credible suspension mechanism.

3 How Do Dust Hazards Analysis (DHA) Compared to Process Hazards Analysis (PHA)

A major difference between the DHA and a PHA is the consideration of dust risk in a building. PHA's do evaluate the risk to occupied buildings in relation to the potential for releases of highly hazardous chemicals covered by the PSM regulation. This risk is evaluated through facility siting studies and more detailed reviews like a Quantitative Risk Analysis (QRA) or Occupied Building Risk Assessment (OBRA).

Table 2. PHA and DHA Methodology Comparison

Process Hazards Analysis (HAZOP)	Dust Hazards Analysis	Process Analysis
Source: OSHA 1910.119 (e)	Source: NFPA 652 7.0 and Appendix B – Dust Hazards Analysis	Source: NFPA 664 4.0 and Explanatory Material A4.3
Covers the process system	Covers the process system and the building construction	A methodical review of the facility, each operation housed within, and the identification of where a hazard exists.
Gather Data – Drawings and Process Information	Gather Data – Lab Data, Drawings and Process Information	
Have a Qualified PHA Leader a Team with an Operator and a Process Expert, along with other Subject Matter Experts as needed	Have a Qualified DHA Review Leader and at least one other for a team.	
Set Objectives and Boundaries		
Determine the Study Nodes by marking up the Piping and Instrument Diagrams	Determine the nodes on the drawings and sketches	
Review HAZOP Guidewords	Review DHA questions from Appendix B of NFPA 652	
Describe Process Node	Describe Process Node	
Use all Guidewords in all Nodes	Use all questions in all Nodes	
Review Global Node, Human Factors, Management of Change and Incidents		

With the PSM regulation, PHA's are required in facilities with highly hazardous chemicals. These chemicals are listed in the PSM requirement. PHA's are a group of tools that are used to review processes handling highly hazardous chemicals. PHA's include HAZOP, Failure Mode and Effect Analysis (FMEA), What If Studies, and Checklists.

The DHA requires buildings to be reviewed for the possibility of a fire from dust build-up. Building construction must minimize the effects of a deflagration or explosion from a combustible dust.

From the table above, you can see some differences in PHA's and DHA's. DHA's do not require a review of management of change and incident review history. The team composition is not set in a DHA. P&ID's are the basis, but DHA's do not have a required standard drawing type although P&ID's are applicable for some aspects of dust handling.

4 DHA Toolbox

Similar to PHA's, multiple tools are needed to complete a DHA.A PHA method could be used to evaluate the risk associated with combustible dust in a process. However, beyond typical PHA methods, field audits, pictures and video recordings of the areas may be need of areas where dust can build up.Alternatively, a root cause analysis method like 5 Why method might also be applied in areas where a dust build-up to determine sources of dust leakage.. The key is to locate where dust gets out of a process or accumulates beyond its minimum explosive concentration (MEC) in a process, why the dust gets outside the confines of the process and what can be done to prevent the leakage.

Whereas chemical analysis and laboratory data are helpful in a PHA, parameters like Maximum Explosion Concentration (MEC), Minimum Ignition Temperature (MIT) and Kst are very key in determining dust combustibility and risk for a process and building. NFPA 652 has information in the use of these parameters. There is also good information in NFPA's Guide to Combustible Dust and the AIChE Book on Solids Handling Equipment. This paper will not cover in detail any laboratory or chemical analysis of dust. [4], [5]

5 Documentation for Review

Piping and instrument diagrams (P&ID's) have long been the basis of the PHA techniques, including HAZOP, Checklist, and What-If. Supporting documentation may include SDS's, process descriptions, management of change documents, incident history and standard operating procedures. Plant layouts and general arrangement drawings will help orient the team and provide information for facility siting and items in the global node.

P&ID's will help for the process analysis in the DHA. You may also need general arrangement drawings and assembly drawings where machines are involved. Plant layouts and 3D renderings may help with the building analysis portion of the DHA. Pictures and video of areas where dust buildup can occur will also be helpful.

Lastly, plant conveying, processing and finishing OEM information such as screen sizes, motor power, pneumatic flow rates, and duct sizing are key in understanding out the equipment affects the creating or lack of creation of combustible dust. Information on seals and design pressures must be available for comparison with operating parameters.

The bottom line is DHA documentation is as important to the process as Process Safety Information is for PHA. However, it might not be as standard or available as PSI is for a PHA. Some of the information may also be very old since plant layouts and renderings might come from the original start of the plant.

6 The Dust Hazards Analysis Process

The DHA process can start like a PHA with an overview, process description and agenda. The DHA must cover the fugitive combustible dust that gets out into the building and the building's ability to withstand deflagrations and explosions.

Documentation must be available to follow the flow of the materials that contribute to creation of combustible dust. Equipment like fans and screens are especially sensitive since those components can create dust suspensions and impact the Minimum Explosion Concentration of the system. Critical laboratory must be available for discussion since it will provide the data to determine combustibility.
As with a PHA, a tour of the area would be very critical to see the areas were combustible dust accumulates the most. A start to the process is chosen and each part is reviewed by asking a series of question. Below are the questions from Appendix B of NFPA 652 used in a DHA.

Table 3. DHA Process Questions ([1] – B.4.5.1.1 – B.4.5.1.5)

I.	Is the particulate deflagrable (explosible)?
II.	Is the particulate suspended in air?
III.	Is there sufficient concentration to propagate a flame front?
IV.	Are there competent igniters available?
V.	What hazard management is in place?
VI.	Is there metal detection, spark detection, bonding and grounding, or other hazard management means in place?

These questions are asked for each piece of equipment, piping and ducting. The answers will should lead the team or competent person to the hazard management system measures in place and the gaps that will need attention from site management. The process must continue until the entire process is analyzed and all the outcomes have been reached.

As mentioned previously, Appendix B of NFPA 652 (2016) provides a good example to do a DHA. For those in the wood industry, the example is actually of a wood processing plant.

7 Outcomes

NFPA 652 requires that results from the Dust Hazards Analysis be documented. This includes necessary action items requiring change to the process materials, process itself, operations or facilities. NFPA 652 has requirements for managing the hazards under the heading of Hazards Management Program.

The results from a Process Hazards Analysis are the hazard scenarios, a list of safeguards currently in place, and any action items required to ensure that risk is effectively managed within the process handling highly hazardous materials. This usually involves a risk ranking system as well.

The Dust Hazards Analysis does not require a risk ranking system. Where a hazard exists, identification and evaluation of the fire scenario shall include safe operating ranges, safeguard identification, recommendations for additional safeguards as needed to properly manage the fire event, and lastly a plan for implementation.

8 Leaders

A meeting has a leader and teams have leaders. DHA's and PHA's are no different. Each review must have a leader. Her qualifications are listed in Table 2. There are no certifications or extensive training requirements. Many believe that certification is coming for PHA leaders because the competency of those who lead PSM is being discussed in government and industry especially as we enter the next 25 years of PSM.

Many experts agree that an experienced PHA leader can also make an effective DHA leader. This is a good start, but the DHA leader must also be familiar with the hazards of combustible dust. Additionally, it would be prudent to have a leader who is experienced in the process being reviewed or ensure that a process expert is present as a team member. I would review the qualifications listed in CCPS's book on Hazards Evaluation and information.

Table 4. Comparison of Leader Qualifications

Dust Hazards Analysis Leader	Process Hazards Analysis Leader
Must be able to lead DHA's Must be familiar with the hazards of combustible dust	Must be trained in PHA techniques Must be re-qualified every 5 years

9 Frequency

PHA's are done initially to establish a base evaluation and then every five years after the initial PHA to address changes or revisions to covered processes. . DHA's are done once for the original process and for any major upgrades. There is no renewal period, but the initial reviews have to be done by September 7, 2018.

10 Management Systems

What is a dust hazards management system? How does a dust hazards management system compare to the standard elements of PSM? Chapter 9 of NFPA 652 mentions its elements as listed in Table 6. Both PSM and NFPA 652 have the requirement of risk assessment that has been the subject of this paper.

PSM is embedded in many of the NFPA guidelines. Though the thought of PSM to many firms is frightening, PSM offers a good framework for managing risk whether it is combustible dust or other system or process risks.

Table 5. Management Systems Comparison

Dust Hazards Analysis Management System (Ch. 9)	Elements of Process Safety Management
1. Operating procedures and practices	1. Standard Operating Procedures
2. Inspection testing and maintenance	2. Mechanical Integrity
3. Training and Hazard Awareness	3. Training
4. Emergency Planning and Response	4. Emergency Planning and Response
5. Incident investigations	5. Incident investigations
6. Management of change	6. Management of change
7. Management system review,	7. Compliance Auditing
8. Contractor training	8. Contractor Safety
9. Employee participation	9. Employee Participation
10. Document retention	10. Process Safety Information
11. Ignition Control (Covered in Chapter 8)	11. Hot Work Permits
12. DHA	12. Trade Secrets
	13. Pre-Start Up Safety Review
	14. PHA

11 Conclusions

DHA's must be completed. It is similar but different than a PHA. Expertise with PHA's can assist with the completion of DHA's. The similarity between PHA's and DHA's is in the methodology of reviewing processes for dust. The differences start when the building has to be evaluated for combustible dust. Here other tools have to be employed. These tools as previously discussed may vary from audits and inspections to root cause analysis tools. Detailed building structure evaluations may require a code inspection or some other engineering tools.

12 References

[1] NFPA 652-15 – Standards on the Fundamentals of Combustible Dust, National Fire Protection Association, September 7, 2015.

[2] CCPS. *Guidelines for Hazards Evaluations.* Center for Chemical Process Safety, American Institute of Chemical Engineers, New York, NY, 2007.

[3] NFPA 664-12 – Standards on the Fundamentals of Combustible Dust, National Fire Protection Association, 2011.

[4] NFPA– Guide to Combustible Dusts, National Fire Protection Association, 2012.

[5] CCPS. *Guidelines for Safe Handling of Powders and Bulk Solids.* Center for Chemical Process Safety, American Institute of Chemical Engineers, New York, NY, 2005.

478758 A Leading Indicators Based Decision Support Tool to Predict Blowout Events

Abstract:

Predicting a potential blowout scenario timely and efficiently is often a challenging task due to the complexity of drilling or other well intervention activities. Blowouts are usually preceded by gas kicks and early prediction of gas kick events can provide some precious time window to take control of the well in concern. A leading risk indicators based approach for predicting gas kick or blowout events has been introduced in this work. A causal factors based step-by-step approach for identifying comprehensive sets of leading indicators are presented and discussed. Leading indicators were divided into two broad sections - real-time indicators and long-term organizational safety performance indicators. With the real-time indicators, different decision support algorithms are developed which can be used as training tools. A real-time indicator may not always successfully lead to a well control event but at the same time the situation needs to be assessed carefully considering other factors and indicators. Such uncertainties are taken into account while developing the algorithms. For evaluating the relative importance of different leading indicators Bayesian Network models are developed. The key causal factors for well control barriers failure are identified by conducting fault tree analysis and appropriate indicators are linked with relevant causal factors in a Bayesian model. At the end, a list of efficient leading risk indicators are presented for predicting primary well control barrier failure which can initiate gas kicks.

Consequence Modeling at the Eastman Kingsport Site

David Skelton
Principal Engineer
Eastman Chemical Company
P.O. Box 511, Building 18
Kingsport, TN 37662
davidskelton@eastman.com

Michael James
Senior Chemical Engineer
Eastman Chemical Company
P.O. Box 511, Building 18
Kingsport, TN 37662
mjames@eastman.com

Prepared for Presentation at
13th Global Congress on Process Safety
San Antonio, TX
March 26-29, 2017

UNPUBLISHED

Consequence Modeling at the Eastman Kingsport Site

Michael James
Senior Chemical Engineer
Eastman Chemical Company
P.O. Box 511, Building18
Kingsport, TN 37662
mjames@eastman.com

David Skelton
Principal Engineer
Eastman Chemical Company
P.O. Box 511, Building 18
Kingsport, TN 37662
davidskelton@eastman.com

Keywords: Dispersion modeling, consequence analysis, risk assessment, dosage, shelter-in-place, temporary haven, evacuation, toxicity, toxic chemical release, toxic load, downwind concentration, blast overpressure, vapor cloud explosion, pressure vessel burst

Abstract

The intent of this paper will be to review the methods utilized at the Eastman Kingsport site in determining magnitude of consequences of toxic, thermal and blast overpressure scenarios. This will include discussion on dispersion modeling, dose-response methods for toxic and thermal probits as well as assessing occupant vulnerability through the use of BakerRisk's Explosion Risk Cooperative tools.

1. Potential Consequences of Loss of Containment

Figure 1 is a typical event tree for potential losses of containment [1].

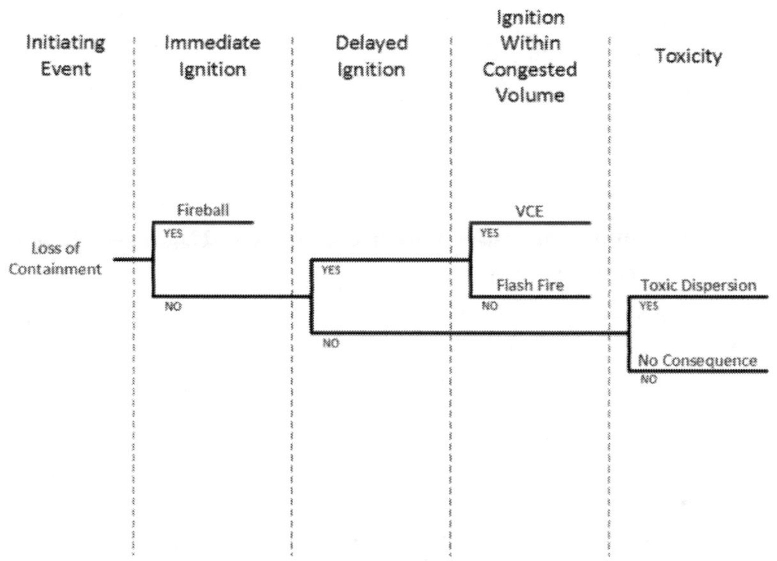

Figure 1. Potential Losses of Containment

The consequences of loss of containment in Figure 1 detail the potential release scenarios that are chiefly of concern. The method for consequence modeling for each type of scenario is described in this paper.

2. Source Terms

Figure 2 details the potential source terms that will need to be developed for each type of scenario.

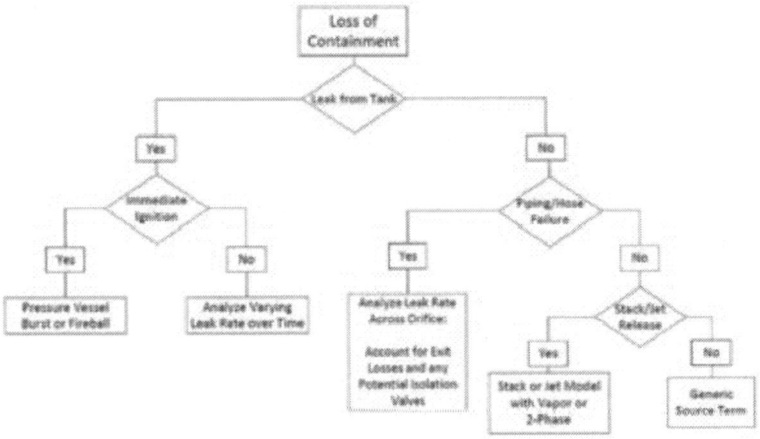

Figure 2. Potential Source Terms.

The source term may have any of the following characteristics:

- Initial momentum
    - Based on the linear velocity across the orifice and other physical properties of the release, the source term may need to account for significant initial momentum of the cloud.
    - In addition, if the linear velocity is sufficiently high, the source of the release may ingest air, resulting in a jetting condition. As a rule of thumb, 10 m/s is a lower limit for potentially jetting releases [2]. There are specific dispersion models to account for jetting conditions during a release.

- Pool Formation
    - Most dispersion models have an integrated pool evaporation model to determine the dynamic evolution of vapor from a liquid spill.
    - If the preferred evaporation model is outside of the dispersion model, the evaporation rate results will need to be analyzed for integration into the dispersion modeling tool.
- Flashing
    - Leaks across an orifice may partially or completely flash from liquid to vapor based on the pressure differential.
    - Modeling tools may report choke conditions at the outlet.
    - Further flash analysis may be required to determine the temperature and liquid/vapor composition from choke to atmospheric conditions.

- Piping Layout between Pressure Source and Leak Point
    - Ensure that all pressure losses are accounted for. This includes entrances, exits, elevation changes, elbows, pipe diameter changes, and other fittings.

- Indoor Release
    - If the release occurs indoors, analyze the concentration changes over time inside the structure based on the source term calculations of the release.
    - Concentration gradients throughout the structure may need to be ignored and perfect mixing assumed.
    - If the vapor portion of the leak will cause overpressuring of the indoor area, determine the amount of vapor required to be vented in order to balance pressure in the room.
    - A flash block can be employed to assess the amount of vapor generated from a leak that will need to be relieved from an indoor area.
    - Flash blocks can also be used to account for vapor suppression systems inside of buildings.
    - This level of modeling is beyond the scope of this paper. However, methods for assessing indoor releases can be referenced from "Consequence Modeling of Dynamic Source Terms" [3].

Presence of the above factors may result in models that require expert judgment and the development of conservative estimates. Most dispersion modeling tools do not have the levels of sophistication required to accurately model these types of source terms. However, the results of a dispersion model employed with conservative estimates may be suitable for site risk assessment.

The following section will discuss the potential leak scenarios and how source terms can be developed, accounting for each of the above factors.

3. Blast Modeling

Simple blast models can be used to predict potential consequences of explosions in lieu of more accurate but complicated methods such as computational fluid dynamic (CFD) models. The TNT equivalency model developed by the U. S. Navy and Air Force was largely used for years, even in industrial settings. Over time it became clear that the TNT model did not predict the behavior of all explosions accurately enough, particularly in regard to vapor cloud explosions more commonly occurring in refining and chemical producing industries. Today several simplified are available to estimate the potential of consequences of explosions, each method with its own strengths and weaknesses.

3.1 Vapor Cloud Explosion (VCE) Modeling

Baker Strehlow Tang (BST) is the simplified method predominantly used at Eastman Kingsport site to model vapor cloud explosions [4][5][7][8]. The BST model is based on the premise that only the portion of a flammable vapor cloud that is confined or contained within a congested area will significantly contribute energy to an explosion. Unconfined or uncongested gas clouds are more likely to result in flash fires or deflagrations. The first step to perform a BST analysis is to identify the confined/congested volume of the plant that has the potential to harbor a flammable cloud of vapor. Examples might include piping and equipment, closely spaced railcars or cars, solid walls, ceilings and floors. A flammable cloud is most often generated from a release of material as a result of an equipment failure, a leak, or a spill. Flammable clouds can drift a considerable distance under the right conditions, so it's important to account for all the equipment within a reasonable radius of the congestion. Once the confined/congested volume is calculated, two parameters contribute the greatest influence on explosion strength using BST methodology; the energy contained within the flammable vapor cloud and flame speed as it burns through the available fuel in the congested region. The first parameter is calculated using the spreadsheet shown in Figure 3. It is a simple tool developed by Eastman to calculate volume based on dimensions of the confined cloud, and then estimate the energy contained with the calculated volume.

ESTIMATION OF VAPOR CLOUD EXPLOSION ENERGY

Width (ft)	200	The user enters dimensions (in ft.) of vapor cloud subject to confinement & obstructions, ambient temperature (F), and the chemical involved in the designated boxes. Thermodynamic data listed in the lookup table to the right is used, or if not available, an approximation is made based on typical hydrocarbons.
Height (ft)	50	
Depth (ft)	100	
Volume (ft3)	1000000	The spreadsheet will output the participating energy to be used in V-CLOUD for prediction of pressure and impulse by the Baker-Strehlow method. The methodology is based on the paper "Vapor Cloud Explosion Analysis" by Baker, Tang, and Scheier; Prepared for the AIChE Loss Prevention Symposium, April 1994.
Volume (m3)	2.83E+04	
Ambient Temp (F)	90	
Ambient Temp (C)	32	
Chemical	Acetic Acid	
MW	60.05	
Hc(kJ/mole)	919.73	(heat of combustion in KJ/mole)
Hc(J/m3)	3.67E+07	(heat of combustion in J/m3)
Hc (BTU/lb)	6.59E+03	(heat of combustion BTU/lb for ref.)
Hcs(J/M3)	3.48E+06	(heat of combustion of a stoichiometric mixture with air)
Energy (J)	9.86E+10	
Energy (in-lb.)	8.72E+11	(total available energy in confined / obstructed volume)
% Participation	100	
Equiv Energy in-lb.	8.72E+11	(net energy of explosion in-lb.)

Figure 3. Spreadsheet used to determine energy content of vapor cloud

For a single congested area or multiple areas with little separation distance so they can be effectively considered a single area of congestion, the results from the spreadsheet are used as an input in VCloud®. VCloud® is a simple software tool developed by the BakerRisk Engineering Consultant to produce Pressure/Impulse (P-I) diagrams (this is not to be confused with PI Diagrams representing the response curve for structures and might better be referred to as the side-on blast pressure and impulse as a function of standoff distance). Notice the check box denoted "Plot Using Co-op Energy Factor." Membership in the BakerRisk Engineering Consultant Explosion Research Cooperative (ERC) includes access to experimentally verified energy factors that can reduce conservatism and provide a more accurate prediction of explosion effects. The first page of inputs for VCloud® is illustrated in Figure 4.

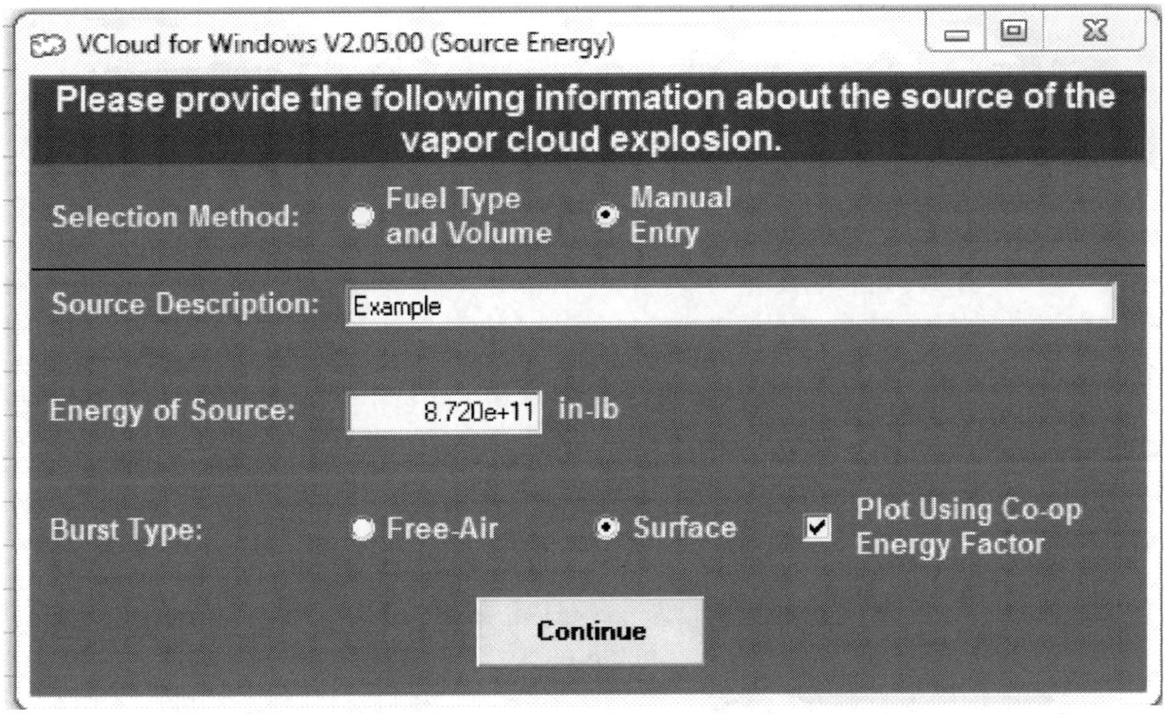

Figure 4. VCloud® Input to Determine Energy Content of Vapor Cloud. Image Courtesy of BakerRisk Engineering Consultant Explosion Research Cooperative.

The second parameter greatly influencing explosive strength when using BST methodology is flame speed, measured as a ratio to the speed of sound or Mach number. Four criterion most influence how fast a flame front burns through fuel: congestion, confinement, fuel reactivity, and the distance to free venting.

- Congestion
  - Burning rate is greatly dependent on the surface area of the flame as it travels through the fuel source. Turbulence causes the flame front to furrow and can greatly increase the surface area which contributes to increasing the speed of the advancing flame. In an industrial setting, turbulence can be generated by piping, equipment, gravel surfaces, vehicles, or any obstacle(s) that inhibits simple linear progression of the burning flame front.
  - The greater the induced turbulence, the faster a flame front will progress increasing the likelihood of detonation. BST method calculations qualify congestion into three categories; high, medium or low congestion. Congestion categorization is the most subjective parameter in BST methodology. Experience is probably the most important tool used to determine degree of congestion.
  - A good rule of thumb is if process equipment occupies an area but can be easily walked through, it is low congestion. If you can manage to slip through an area with difficulty, it's medium congestion. If it is impossible to physically pass through an area, it's high congestion.

- Confinement
  - Any solid surface that prevents the propagation of the flame in a given direction is considered confinement, with the exception of the ground. The BST method models a spherical, free-air vapor cloud explosion, but multiplies the energy of the explosion by a factor of 2 to account for ground reflection of the blast wave from its origin surface.
  - BST calculations categorize confinement in four ways; 3D, 2D, and 2½ D, and 1D.
    - 3D Confinement: A flame front burning through fuel is capable of expanding in all three dimensions with the exception of the ground. It applies to all free-field processing areas not bound by solid walls or ceilings.
    - *2D Confinement:* The propagation of the flame front is free to expand in only two axes because one dimension is blocked by a solid obstacle. A common example is a processing unit located between a solid concrete ceiling with open walls. It also applies if a processing unit is located between two solid walls with no roof. It is important to consider the aspect ratio of 2D confinement, which is the ratio of total width to height of the confined volume. Higher aspect ratios constrict venting capacity and allow additional pressure accumulation over those with a shorter distance to free venting. Typical values are available in a drop down menu in VCloud®, ranging as high as a 25:1 aspect ratio. Anything higher than 25:1 will not provide significantly more pressure accumulation, nor are aspect ratios greater than this commonly found in the field. Any aspect ratio greater than 4:1 should be represented in VCloud as 25:1 to maintain a conservative estimate.
    - 2½ D Confinement: This is a hybrid condition where neither 3D nor 2D accurately describe confinement. For instance, processing equipment contained within a pre-engineered building with lightweight metal walls and roof that will confine the flame front for a time but release at low pressures, before the impending explosion is fully realized. The roof and walls provide some containment, but in short order the blast wave is capable of 3D expansion. Tightly packed equipment on the boundaries of the congested area generating an explosion can also be considered 2½ D confinement, since it provides a small amount of venting, but not enough to consider it 3D expansion.
    - 1 D Confinement: Flame burn in a linear direction, such as inside a pipe.

- Fuel Reactivity
  - The BST method categorizes fuel reactivity in only three ways; low, medium, and high reactivity. Fuel reactivity is based on the laminar burning velocity at a specific concentration, determined by a standard testing procedure in stagnant conditions.
  - Fuels with a laminar burning velocity less than 45 cm/s are considered to have a low reactivity. Fuels with laminar burning velocities above 75 cm/s are considered highly reactive. Everything between is considered to be of medium reactivity.
  - Table 1 illustrates reactivity of a few common chemicals for reference here. NFPA 68 is a good reference for finding laminar burning velocities of many more chemicals so the reactivity category can be determined.

Table 1. Relative Reactivity

Reactivity	Fuel	Group	Relative Reactivity	Formula
Low	Methane	Alkanes	1	CH_4
Low	Formic Acid	Acids	1	HCOOH
Low	Acetic Acid	Acids	1	CH_3COOH
Medium	Ethane	Alkanes	3	C_2H_6
Medium	Propane	Alkanes	3	C_3H_8
Medium	Butane	Alkanes	3	C_4H_{10}
High	Ethylene	Alkenes	6	C_2H_4
High	Acetylene	Alkynes	7	C_2H_2
High	Hydrogen	Inorganics	7	H_2

(Courtesy Eastman Chemical Company)

- Distance to Free Venting
  - Distance to free venting is simply the shortest distance a flame must travel to exit the area of congestion/confinement to find free space.
  - After free venting, turbulence is less likely to accelerate the flame front and under most circumstances it will begin to slow. This reduces the possibility of a transition from deflagration to detonation (DDT).

These four criterion are now input into VCloud® in the format shown in Figure 5. From the provided data, a Mach number (M_f) is assigned to the flame front.

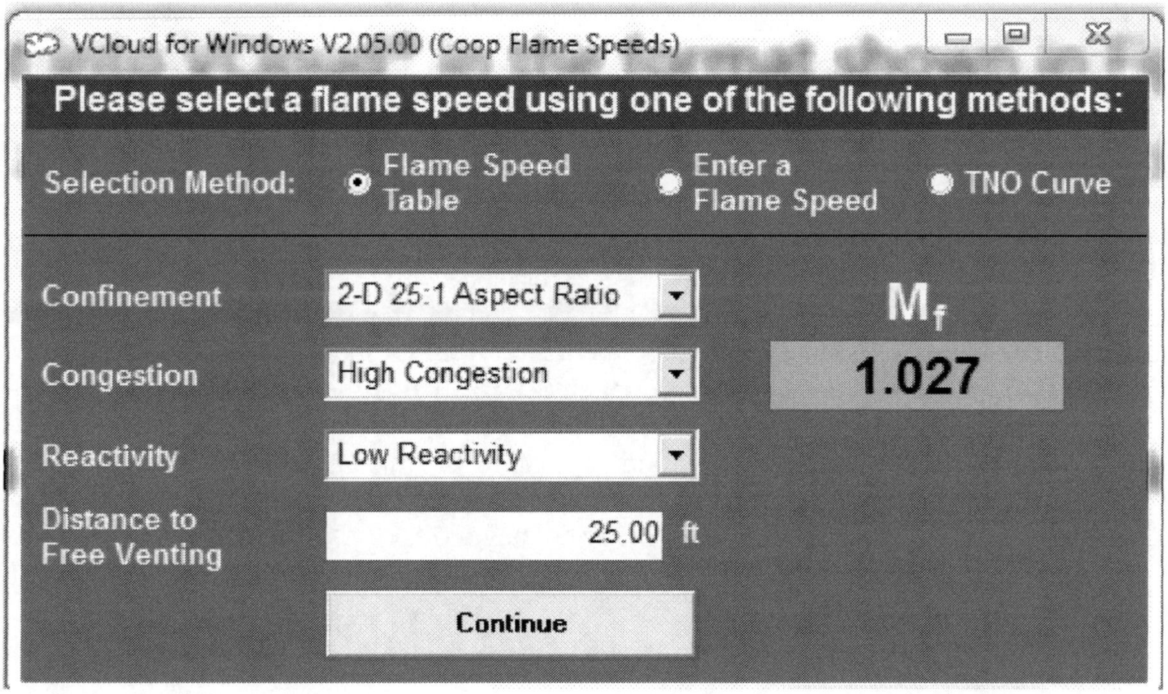

Figure 5. Vcloud® Input to Determine Mach Number. Image Courtesy of BakerRisk Engineering Consultant Explosion Research Cooperative.

A Mach number greater than one indicates the flame front accelerated faster than the speed of sound and beyond, meaning a detonation is more likely to occur. Some typical flame speeds in Mach numbers are provided in Table 2 for reference, with respect to fuel reactivity and degree of congestion.

Table 2. Flame Speeds for Soft Ignition Sources [9]. Provided as a reference but not relevant to the example calculation.

Flame Speed in Mach Numbers (M_w) for Soft Ignition Sources

Flame Expansion	Fuel Reactivity	Obstacle Density: High	Medium	Low
ID	High	5.2	5.2	5.2
	Medium	2.27	1.77	1.03
	Low	2.27	1.03	0.294
2D	High	1.77	1.03	0.588
	Medium	1.24	0.662	0.118
	Low	0.662	0.471	0.079
3D	High	0.588	0.153	0.071
	Medium	0.206	0.100	0.037
	Low	0.147	0.100	0.037

VCloud® uses the provided inputs to produce a Pressure/Impulse (PI) diagram. The PI diagram is used to determine the overpressure and impulse experienced by a target at a given distance. Figure 6 is an example of a PI diagram produced by VCloud®. The distance between the target and the explosion is manually input to determine the blast effects at that specified distance. The target at 150 feet from the explosion will experience a 10.12 psig side-on overpressure with a 316.05 psi-ms impulse. This is more than enough to completely demolish an unreinforced masonry building. A key attribute of vapor cloud explosions that differs from high explosives is a much higher impulse. Impulse is more threatening to rigid construction than overpressure, because it tends to distort supporting structural members beyond their plastic limits.

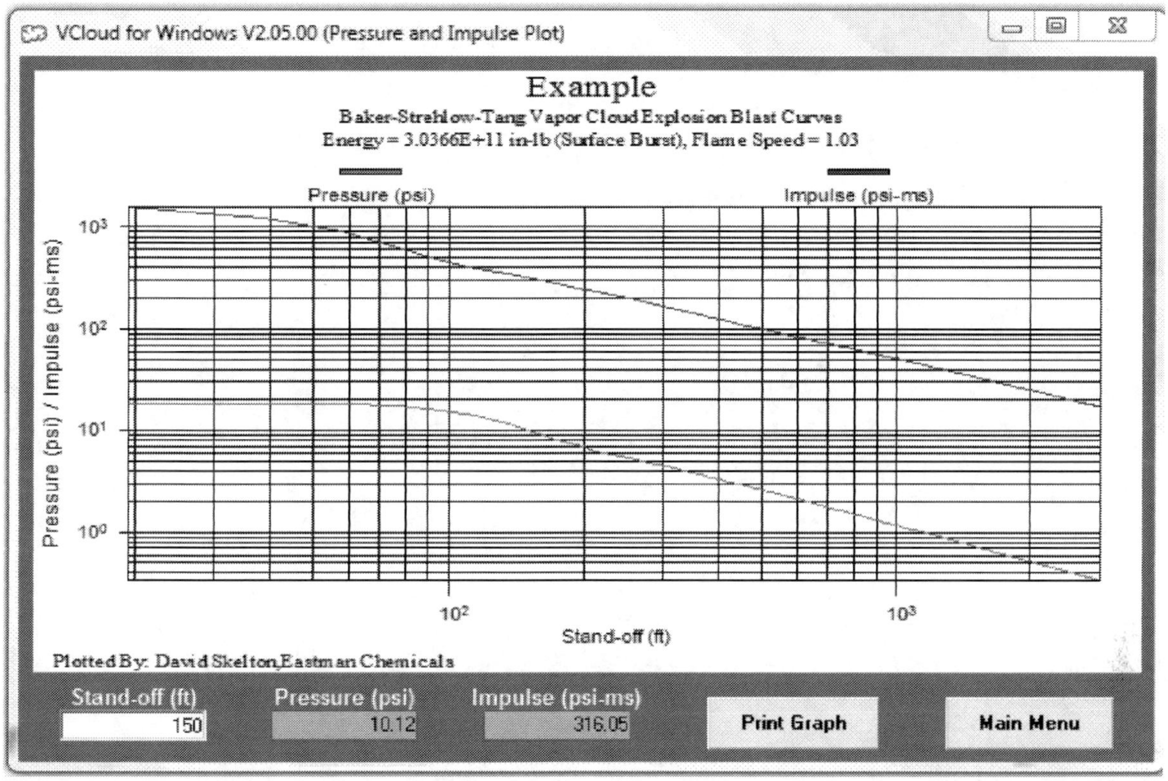

Figure 6. P-I Diagram Output From VCloud®. Image Courtesy of BakerRisk Engineering Consultant Explosion Research Cooperative.

Once a PI diagram is prepared, it can be used to predict the potential damage to conventional industrial buildings from the modeled blast event. Another software tool developed by the ERC can be used for this purpose, the Blast Evaluation and Screening Tool, affectionately known as BEAST®. BEAST® uses empirically based correlations from accidental explosions, shock tube tests, and government sponsored high explosive tests to predict the level of damage imparted by an explosion to a given building or structural component. Originally developed in 1995, BEAST® has been updated over the years to include more building and component damage curves, improve the user interface, and add more building types. The most recent version of BEAST® can evaluate 19 unique building types and many types of individual structural components, such as windows and doors. The first step is to define the building for evaluation. An example using the current BEAST® interface is included in Figures 7a and 7b. Required inputs are type of construction (drop down menu), building dimensions, blast overpressure and impulse (from PI Diagram), and whether wall and roof loading are side-on or reflected.

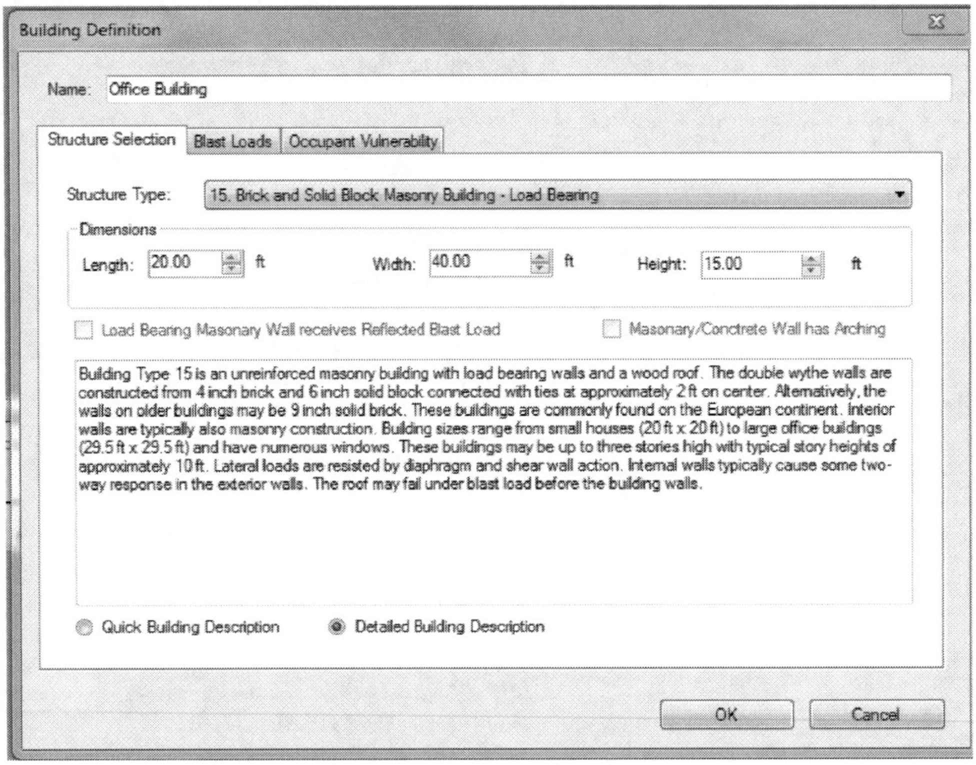

Figure 7a. Beast® Building Selection.

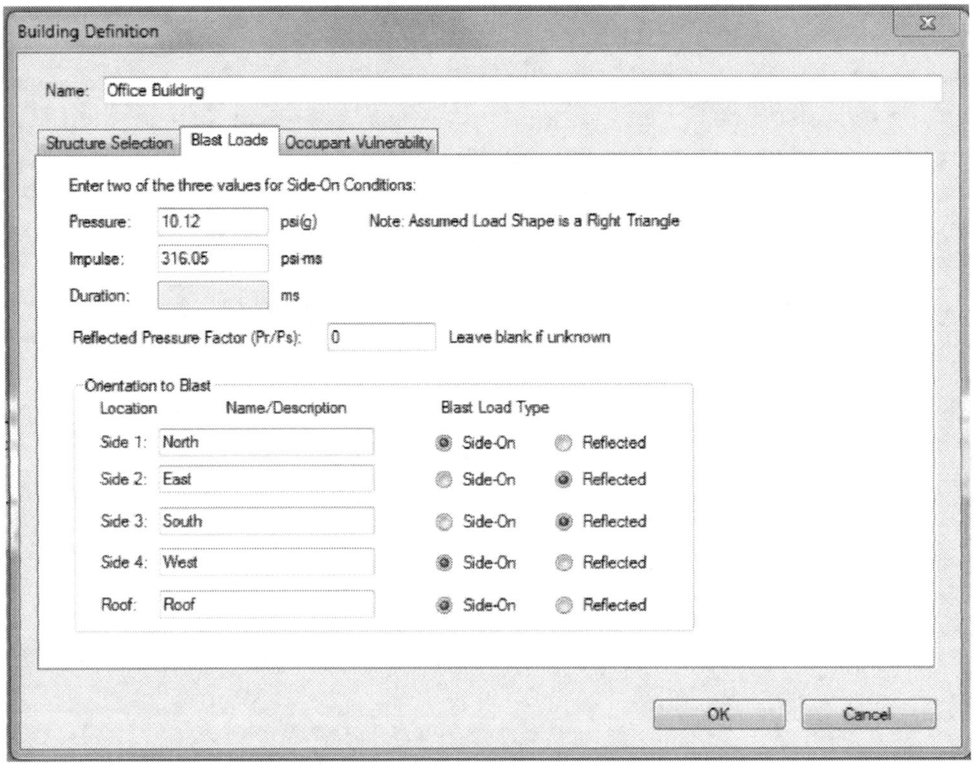

Figure 7b. Beast® Building Selection (cont'd).

Images Courtesy of BakerRisk Engineering Consultant Explosion Research Cooperative.

Given the appropriate inputs, BEAST® predicts a damage level to the building and an occupant vulnerability. Figure 8 illustrates the output provided from BEAST®.

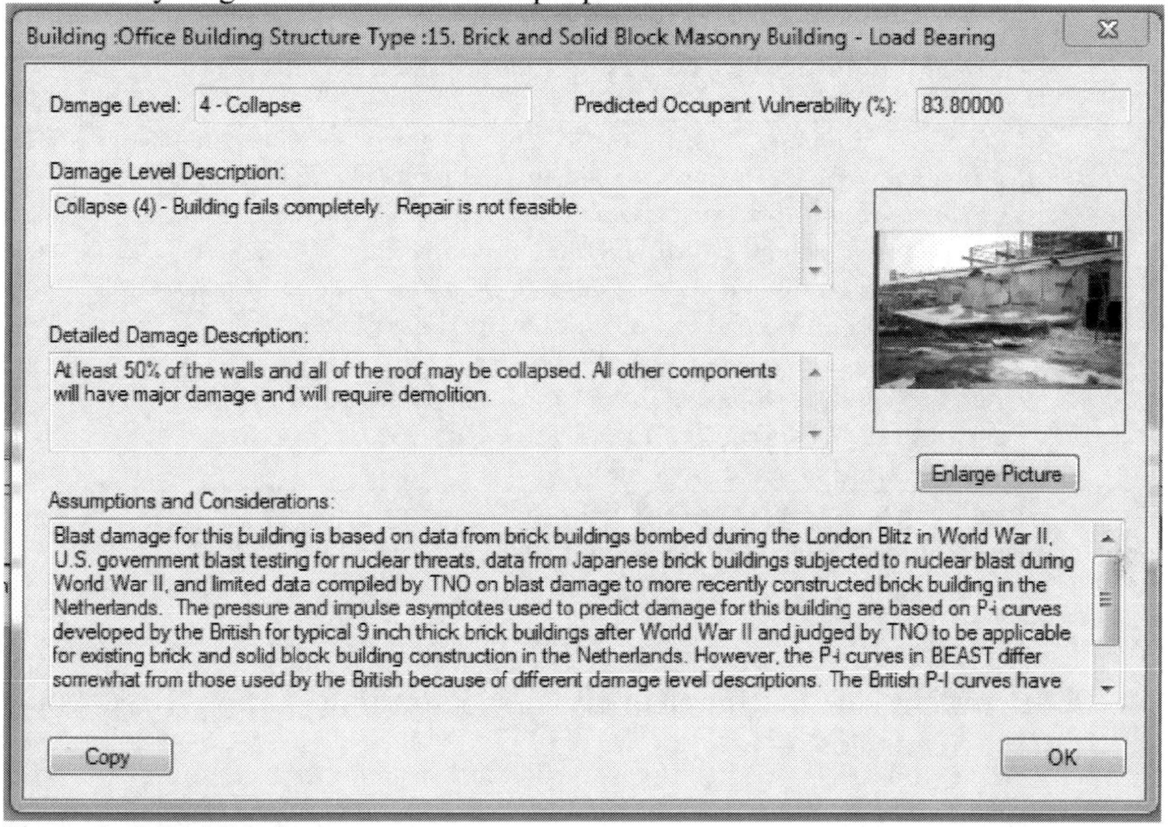

Figure 8. BEAST® Output

Of course, not all explosions result in the complete destruction of a building like the extreme example provided. BEAST® categorizes building damage using the criteria found in Table 3 [6]. A Building Damage Level up to 2B is still survivable by most occupants.

Table 3. BEAST® Building Damage Levels

Building Damage Level	Damage Description
1	Onset of visible damage to building walls facing explosive source. Repairs only needed for cosmetic reasons. Building is reusable following an explosion.
2A	Localized building damage, primarily to components on building walls facing the explosive source. Building performs function and can be used; however, major repairs are required to restore integrity of structural envelope. Total cost of repairs is moderate.
2B	Widespread building damage. Building cannot be used until major repairs are completed. Total cost of repairs is significant, approaching replacement cost of building.
3	Building has lost structural integrity and may collapse due to environmental conditions (i.e. snow or wind). Total repair cost exceeds replacement cost of building.
4	Building fails completely. Repair is not feasible.

Courtesy of BakerRisk Engineering Consultant Explosion Research Cooperative

4. Development of Source Terms for Potential Vapor Dispersion Release Scenarios

Methods for determining the source term for releases from tanks, liquid pools and piping systems are discussed here. All examples provided here do not reflect actual potential release conditions. For all examples, any relation to true conditions is incidental.

Prior to the modeling methods discussion, it is important to review a tool for determining losses due to piping layout.

IoMosaic SuperChems® v 8.21 (2016) allows for development of piping layouts to detail the piping diameters, elbows, and other potential connections. In simple models, as will be discussed in this paper, this can be used as the outlet piping for a pressure source (e.g., tanks) to a release point.

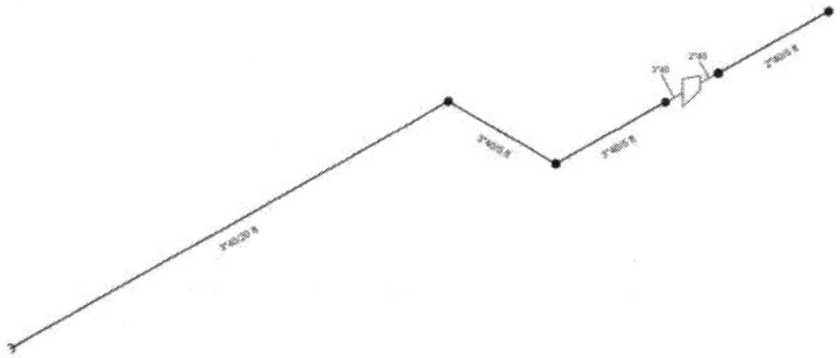

Figure 9. Example Piping Layout.

Figure 3 details a layout from the source at 3 inches with 2 90-degree elbows and a reduction to the 2-inch leak point. The release will be from a guillotine break on the 2-inch line.

4.1 Release from Tank

A reliable model for release from vessels is contained in ioMosaic SuperChems® v8.21 (2016).

This example will model the release of a liquid blanketed by nitrogen. The "Vessels Containing 2-Phases Model" allows for estimation of the vapor and liquid contents of a vessel, accounting for nitrogen blanketing or air in the head space. This same model can be utilized for relief from the vapor phase. There are alternative models for gas-filled vessels.

The overall process for using SuperChems® to model this is as follows:

1. Development of objects for mixture composition, vessel dimensions, piping layouts and other objects. Ensure piping layouts are properly applied.

   The following steps are within the "Vessels Containing 2-Phases" Model.

2. Input the vessel pressure and an initial estimate for overall composition inside of the vessel. The overall composition includes both the vapor and liquid phases. In this example, the modeled vessel is filled to 80% with methyl isocyanate and has a nitrogen blanket.

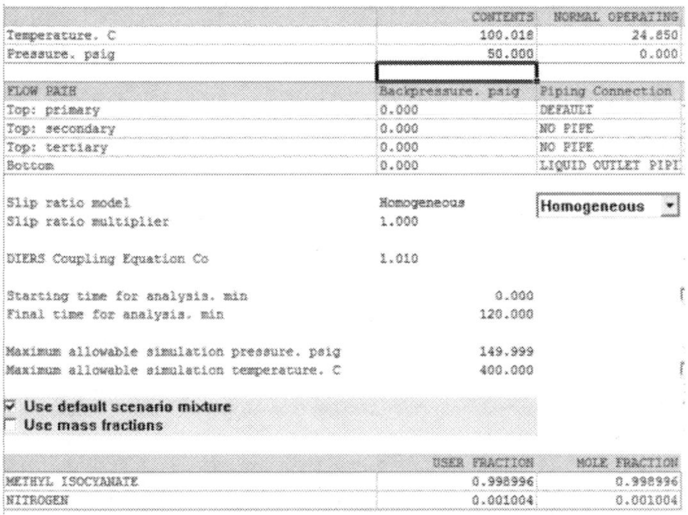

Figure 10. Vessels Containing 2-Phase Inputs

   Uncheck the "Use default scenario mixture" as defining this model is an iterative process.

3. Use "Specify Fill Fraction" to input the approximate vessel fill level. This example uses an estimate 80% fill level.

   The model it calculates the vessel temperature at the specified overall composition.

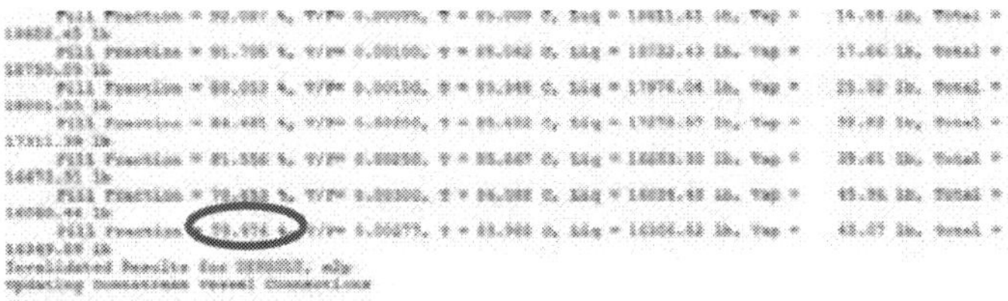

Figure 11. Model Iterations to determine vessel temperature at 80% liquid fill level.

4. Iterate over steps 2 and 3, varying the composition and re-entering the fill fraction until the modeled vessel temperature matches the true conditions. Increasing content of lower boilers will decrease the modeled vessel temperature.

   In the example, the composition was iterated until the storage temperature was approximately 25 deg C.

	CONTENTS	NORMAL OPERATING
Temperature. C	24.918	24.850
Pressure. psig	50.000	0.000

FLOW PATH	Backpressure. psig	Piping Connection
Top: primary	0.000	DEFAULT
Top: secondary	0.000	NO PIPE
Top: tertiary	0.000	NO PIPE
Bottom	0.000	LIQUID OUTLET PIPI

Slip ratio model	Fauske	Fauske
Slip ratio multiplier	1.000	
DIERS Coupling Equation Co	1.010	
Starting time for analysis. min	0.000	
Final time for analysis. min	120.000	
Maximum allowable simulation pressure. psig	149.999	
Maximum allowable simulation temperature. C	400.000	

☐ Use default scenario mixture
☐ Use mass fractions

	USER FRACTION	MOLE FRACTION
METHYL ISOCYANATE	0.991100	0.991100
NITROGEN	0.008900	0.008900

Figure 12. Final composition.

5. Running the model will determine the flow rate through the piping layout and guillotine break.

6. When the run is complete, a report will appear. The "Profiles-Bottom" tab is the most useful for this source term model.

TIME. min	VESSEL CONTENTS TEMPERATURE. C	VESSEL CONTENTS PRESSURE. psig	PRESSURE AT VESSEL BOTTOM. psig	BOTTOM PIPING LIQUID MASS FLOW RATE. lb/min	BOTTOM PIPING GAS/VAPOR MASS FLOW RATE. lb/min	Bottom flow reduction factor (Actual flux with pipe/Ideal Flux)	BOTTOM FLOW NOZZLE PRESSURE. psig	BOTTOM FLOW DISCHARGE PRESSURE. psig	BOTTOM FLOW DISCHARGE TEMPERATURE. C
0.0000	24.92	50.000	56.394	2.005E+03	0.000	0.405	56.392	-0.001	25.094
0.0246	24.88	47.142	53.517	1.966E+03	0.000	0.394	53.516	0.000	25.051
0.0506	24.85	44.305	50.662	1.871E+03	0.000	0.383	50.660	-0.001	25.006
0.0782	24.81	41.472	47.809	1.775E+03	0.000	0.372	47.808	-0.001	24.960
0.1077	24.77	38.642	44.961	1.679E+03	0.000	0.360	44.959	-0.001	24.913
0.1394	24.73	35.817	42.116	1.583E+03	0.000	0.347	42.115	-0.001	24.864
0.1735	24.69	32.996	39.275	1.485E+03	0.000	0.334	39.274	-0.001	24.814
0.2104	24.64	30.181	36.440	1.387E+03	0.000	0.321	36.439	0.000	24.761
0.2506	24.60	27.371	33.610	1.289E+03	0.000	0.306	33.609	0.000	24.706
0.2946	24.55	24.568	30.787	1.190E+03	0.000	0.291	30.786	0.000	24.649
0.3433	24.50	21.773	27.971	1.090E+03	0.000	0.276	27.970	0.000	24.588

Figure 13. Vessels Containing 2-Phases Output.

The liquid and vapor release rates out of the piping as well as the discharge temperature and pressure are reported. The discharge pressure will be above atmospheric if there is choked flow inside the piping.

If the choke pressure is significantly above atmospheric, running some select points through the "2-Phase Expansion and Aerosol Model" to determine the final vapor/liquid composition and temperature is recommended.

7. As the release is liquid in this case, evaporation from a liquid forming pool will next be modeled. As stated previously, several dispersion models have integrated pool models. The SuperChems® pool evaporation will be employed in this case, and the output from the model will be input to an external dispersion model.

4.2 Liquid Pools

As with tank leaks, SuperChems® will be utilized for determining the source term of a liquid pool formation.

An important consideration is the variety of weather conditions over which a release could take place. As solar incidence is a major factor in pool evaporation, ensure that the most probable conditions for both daytime and nighttime are employed. Also, to account for solar incidence, ensure that the appropriate time of day and site coordinates are input for the scenario in SuperChems®. In addition, diked area dimensions and substrate composition can be specified.

SuperChems® pool evaporation model allows for a static release rate over a set period of time. As most releases will be dynamic in nature, this may involve expert judgment.

Once a characteristic release rate, duration and temperature have been determined, this information can be entered into the pool evaporation model.

Liquid discharge temperature. C	24.209
Liquid discharge rate. lb/min	583.903
Liquid discharge duration. min	1.949

Use default scenario mixture
Use mass fractions

COMPONENT	USER FRACTION
METHYL ISOCYANATE	1.0000
NITROGEN	0.0000
Average molecular weight	57.0520

Figure 14. Pool Evaporation Model Inputs

The model can perform evaporation on multi-component mixtures. In this case, the evolution of any dissolved nitrogen is not of concern. The liquid rate has been imported from the Vessels Containing 2-Phases model, and the source concentration has been set to pure methyl isocyanate.

Based on the inputs, the model will provide a conservative estimate for the evaporation of methyl isocyanate from the formed pool.

Time. min	OVERALL POOL EVAPORATION RATE. lb/min	Pool diameter. ft	Pool surface temperature. C
0.017	0.000	3.146	4.209
0.017	0.258	3.146	-5.182
0.017	0.257	3.146	-5.235
0.017	0.257	3.147	-5.287
0.017	0.256	3.147	-5.339
0.018	0.257	3.147	-5.389
0.028	0.249	3.171	-5.439
0.038	0.242	3.241	-7.525
0.049	0.252	3.371	-8.514
0.059	0.273	3.553	-8.996
0.070	0.302	3.765	-9.216
0.080	0.335	3.988	-9.306
0.090	0.371	4.212	-9.334
0.101	0.409	4.431	-9.335
0.111	0.447	4.644	-9.322
0.122	0.485	4.849	-9.305

Figure 15. Pool Evaporation Model Output.

Figure 15 details the most critical data points in the pool evaporation model. Understanding these will allow for straightforward input to a dispersion model.

While SuperChems® does have an integrated dispersion model, the author's preference is SAFER Trace® v10.2 (2012). Implementation of pool models into dispersion models is discussed later in this paper.

4.3 Leaks from Piping

For lengths of piping with isolation, it may be appropriate to treat the isolated volume as a vessel and analyze the varying leak rate over time. This section considers the situation where the pressure differential across the orifice may be assumed constant. In addition to the previous source terms, SuperChems® is utilized in determining the source term.

The "Source Term Wizard" can be employed to specify an upstream pressure and temperature to determine the flow rate across a specified piping layout or idealized nozzle. The example here will determine the release rate of methyl isocyanate pressurized to 50 psig and released through a guillotine break in the 2" segment of piping from Figure 9.

OPTIONS	
Liquid Density	Databank
PVT Behavior	Equation of state
VLE Search Direction	Dew point

☐ Use mass basis data to compute fractions
☐ Mixture is soluble in water
☐ Use an existing mixture

COMPOUND	FORMULA
METHYL ISOCYANATE	C2H3NO

Inlet temperature. C	25.00000
Inlet pressure. psig	50.00000
Back pressure. psig	0.00000

☑ Initial state is subcooled liquid

Figure 16. Liquid Source Term Wizard Inputs

The release is treated as a subcooled liquid in order to allow the model to estimate if any portion of the release will flash across the opening. It is not expected to have any flashing due to the release conditions in comparison to the chemical's vapor pressure at 50 psig. However, this model is employed for consistency.

** INLET CONDITIONS	
Inlet temperature. C	25.0
Inlet pressure. psig	50.0
Surroundings/back pressure. psig	-3.974E-06
Slip ratio exponent eta	0.001
Vapor quality	1.E-04
**** EXIT CONDITIONS**	
Exit temperature. C	25.160
Exit pressure. psig	-1.7331E-04
Barometric pressure at site elevation. psig	-3.974E-06
Mixture exit velocity. ft/s	21.213
Exit Mach Number	0.006
Maximum Mach Number	0.006
Exit rho*u*u in kg/m/s2 or in Pascals	38695.90
Maximum rho*u*u in kg/m/s2 or in Pascals	38695.90
Exit steady state impulse. lbf	68.146
Maximum steady state impulse difference. lbf	418.675
Pipe length travelled / total piping length	0.998
Flow rate. lb/min	1714.327

COMPONENT	MW	TOTAL FLOW. lb/min	LIQUID FLOW IN. lb/min	LIQUID FLOW OUT. lb/min	VAPOR FLOW IN. lb/min	VAPOR FLOW OUT. lb/min
METHYL ISOCYANATE	57.052	1713.817	1713.817	1713.817	0	0

Figure 17. Source Term Wizard Outputs.

The results from this model include liquid and vapor release rates as well as exit pressure and temperature. Had flow been choked in the piping, the exit pressure would be above atmospheric. As with previous models, it is recommended to utilize a flash block to determine conditions at atmospheric pressure for releases from systems with choked flow.

For releases from holes or cracks in piping, the piping layout can be developed with an orifice at the end of the layout. The orifice area would be equal to the area of the hole, and the orifice length would be equal to the width of the piping. In addition, due to constraints with the software, a short pipe segment of with the same diameter as the leak should be placed at the exit of the segment.

The results for the above cases can directly be input to a dispersion model, as described in the next section.

5. Application of Source Terms to Dispersion Models

This section will describe the inputs to dispersion models based on the results from the two-phase leak from the sour stream.

Section 5 will review how to utilize the data from the dispersion models in order to assess the hazard posed to a hypothetical shelter 500 ft downwind from the release.

5.1 Test for Jetting

In two-phase or vapor release cases, the linear velocity across an opening may be sufficient to cause jetting. As described previously, there are specific dispersion models for jetting conditions. The rule of thumb for jetting regime is 10 m/s [1]. A simple ideal gas calculation can provide an estimate for linear velocity, given a known release rate, hole size and temperature. This can be expanded to a real gas calculation for highly non-ideal cases. The temperature used in this calculation should be the flashed temperature to atmospheric pressure. The rate employed should be that of the vapor phase for two-phase releases as this will be the largest volumetric component once flashed to atmosphere.

In this example, a 200 psig stream of sour hydrocarbons at 150 deg C is released across a 1-inch hole in 6-inch piping. While several VLE models are available for hydrocarbon mixtures, ideality is assumed in this example.

Piping Isometric / Layout	6-INCH LINE WITH 1-INCH CRACK
Site Name	DEFAULT
Liquid Density Method	Databank
VLE/PVT Method	Equation of state
** INLET CONDITIONS	
Inlet temperature. C	150.691
Inlet pressure. psig	200.0
Surroundings/back pressure. psig	-3.974E-06
Slip ratio exponent eta	0.001
** EXIT CONDITIONS	
Exit temperature. C	133.870
Exit pressure. psig	138.432
Barometric pressure at site elevation. psig	-3.974E-06
Mixture exit velocity. ft/s	190.056
Exit Mach Number	1.0
Maximum Mach Number	1.0
Exit rho*u*u in kg/m/s2 or in Pascals	393239.785
Maximum rho*u*u in kg/m/s2 or in Pascals	393239.785
Exit steady state impulse. lbf	165.061
Maximum steady state impulse difference. lbf	6037.864
Pipe length travelled / total piping length	0.998
Flow rate. lb/min	455.119

COMPONENT	MW	TOTAL FLOW. lb/min	LIQUID FLOW IN. lb/min	LIQUID FLOW OUT. lb/min	VAPOR FLOW IN. lb/min	VAPOR FLOW OUT. lb/min
HYDROGEN SULFIDE	34.082	2.052	2.052	0.866	0.001	1.186
n-PENTANE	72.150	347.584	347.547	268.991	0.037	78.593
HEXANE	86.175	77.840	77.835	66.892	0.005	10.949
n-OCTANE	114.231	27.515	27.515	26.078	0.001	1.438

Figure 18. Flow of stream across 1-inch crack.

The exit conditions show that the flow has choked. As previously discussed, the "2-Phase Expansion and Aerosol Model" will be employed to determine the composition and temperature at atmospheric pressure. In addition, this model will report the linear velocity and cloud diameter when flashed to atmospheric pressure. The linear velocity can be used to determine if jetting is possible.

**TWO-PHASE EXPANSION / DEFAULT

	INITIAL	FINAL
Flow diameter. ft	8.3333E-02	2.3754E-01
Velocity. ft/s	190.42	651.59
Vapor density. lb/gal	0.24	0.02
Liquid density. lb/gal	4.20	5.19
Mixture density. lb/gal	0.98	0.04
Temperature. C	133.87	45.56
Pressure. psig	138.43	0.00
Vapor/Feed (V/F) mole fraction	0.21	0.71
Mass flow rate. lb/min	455.12	455.12
Available energy. BTU/lb	26.45	
Modified Weber number for thermal breakup	392.30	
Critical Weber number for mechanical breakup	12.01	
Viscosity group number	0.01	
Stable droplet diameter. Microns	39.50	
Thermal breakup droplet diameter. Microns	39.50	
Mechanical breakup droplet diameter. Microns	44.18	
Number of droplets	4.9421E+10	
Droplet mass. lb	4.4271E-11	

COMPONENT	TOTAL FLOW	INITIAL LIQ	FINAL LIQ	INITIAL VAP	FINAL VAP
HYDROGEN SULFIDE. lb/min	2.053	0.866	0.038	1.186	2.015
n-PENTANE. lb/min	347.681	269.076	80.158	78.605	267.523
HEXANE. lb/min	77.862	66.912	35.926	10.950	41.936
n-OCTANE. lb/min	27.523	26.085	23.812	1.438	3.711

Figure 19. Sour Stream Contents after Expansion.

Per Figure 19, the temperature of the release cloud will be 46 deg C at atmospheric pressure and will have a linear velocity of 652 ft/s (199 m/s). This is an order of magnitude above the 10 m/s guidance, and should result in significant jetting.

5.2 Input to Jet Model

The dispersion modeling tool utilized for these examples is SAFER Trace® 10.2 (2012).

Figure 20 details the inputs to the jet model based on our example. This is focusing on the vapor portion of the model, ignoring liquid entrainment.

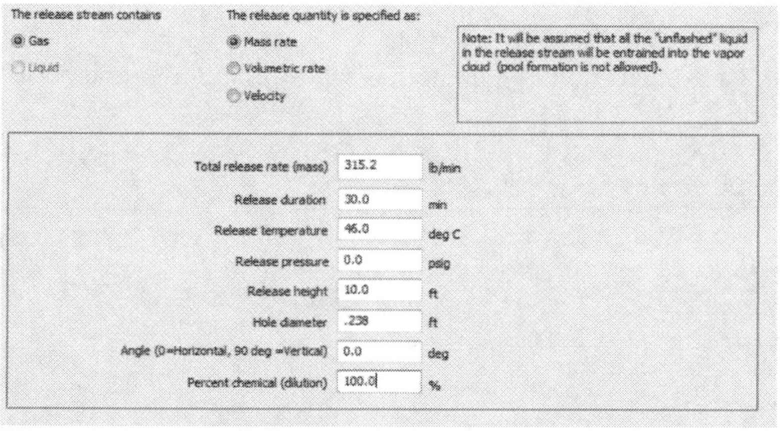

Figure 20. Jet Model Inputs.

The dispersion outputs will report concentrations and plots related to concentration of H2S in air.

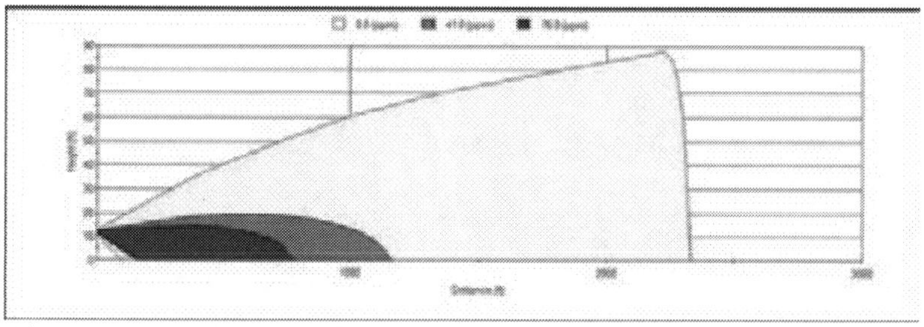

Figure 21. Jet Model Dispersion Output. AEGL concentration limits based on 10-minute exposure to H2S [10].

The H2S concentration profile at the outside of a shelter 500 ft downwind from the release point is shown in Figure 22.

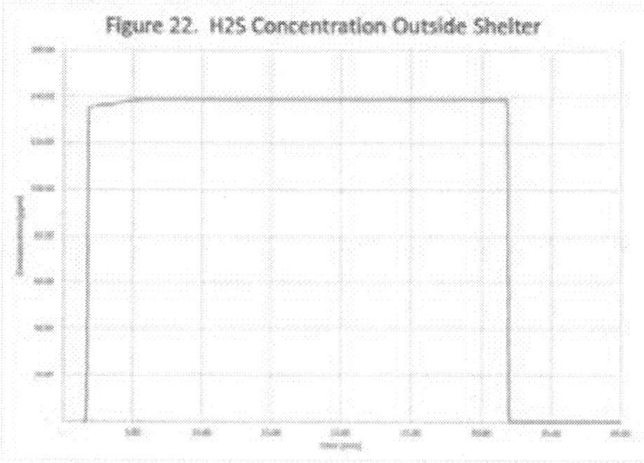
Figure 22. H2S Concentration Outside Shelter

Consequence to personnel in this shelter will be analyzed using a probit function, detailed in Section 5.

5.3 Modeling Pool Evaporation

The liquid portion of the example two-phase release will be treated as the source of a liquid pool.

Spill Surface	DEFAULT
Liquid discharge temperature. C	45.560 <<<
Liquid discharge rate. lb/min	139.934
Liquid discharge duration. min	15.000

☑ Use default scenario mixture
☐ Use mass fractions

COMPONENT	USER FRACTION
HYDROGEN SULFIDE	0.0006
n-PENTANE	0.6394
HEXANE	0.2399
n-OCTANE	0.1200
Average molecular weight	80.5399

RUN OPTIONS

Figure 23. Liquid Pool Model Inputs

The concentration profile of evaporate is highly dynamic over the studied period of the release.

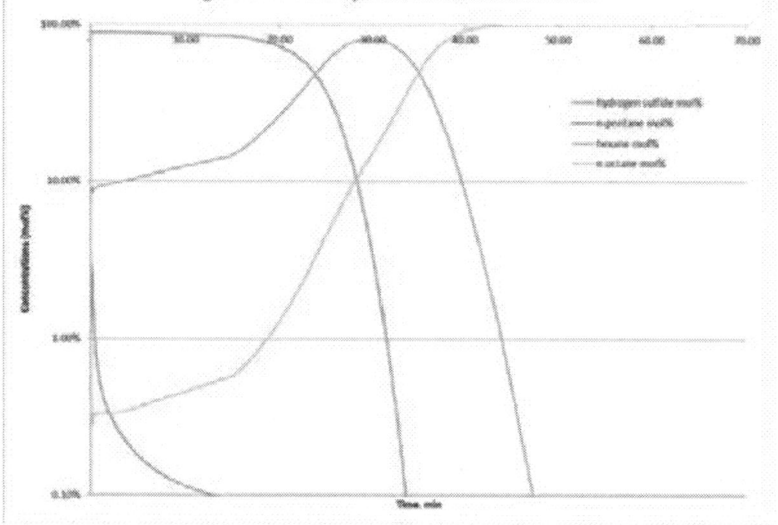
Figure 24. Pool Evaporate Concentration Profile

While the concentration is highly dynamic, the main toxicity concern is with H2S. The majority of H2S appears to evaporate in the first 15 minutes. An average rate will be developed based on the total evaporated mass of each component over that time. The effective concentrations and dispersion parameters are shown in Table 4.

Table 4. Molar Concentrations and Dispersion Parameters

Chemical	Mol%
Hydrogen Sulfide	0.1%
Pentane	87.0%
Hexane	12.4%
Octane	0.5%
Average Evaporation Rate	57.0 lb/min
Temperature	2°C
Duration	15 min

The data from this model is input to the SAFER Trace® "Single Phase" steady state model, per Figure 25.

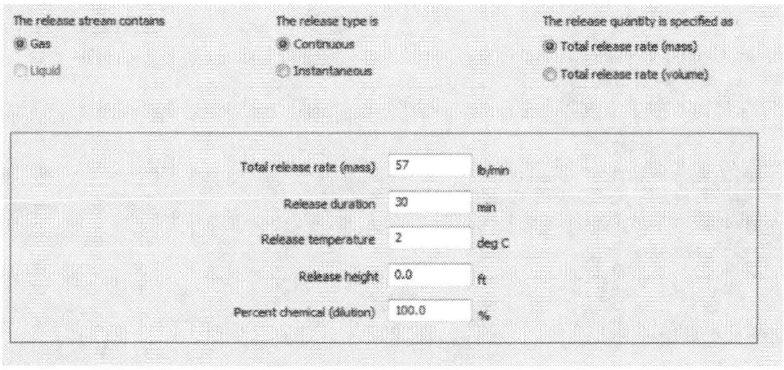

Figure 25. Steady State Model Inputs.

The downwind dispersion of the cloud, focusing on H2S concentrations in air is shown in Figure 26. The concentration is negligible at the 500-ft shelter, so the contribution from evaporation to toxic impact can be ignored.

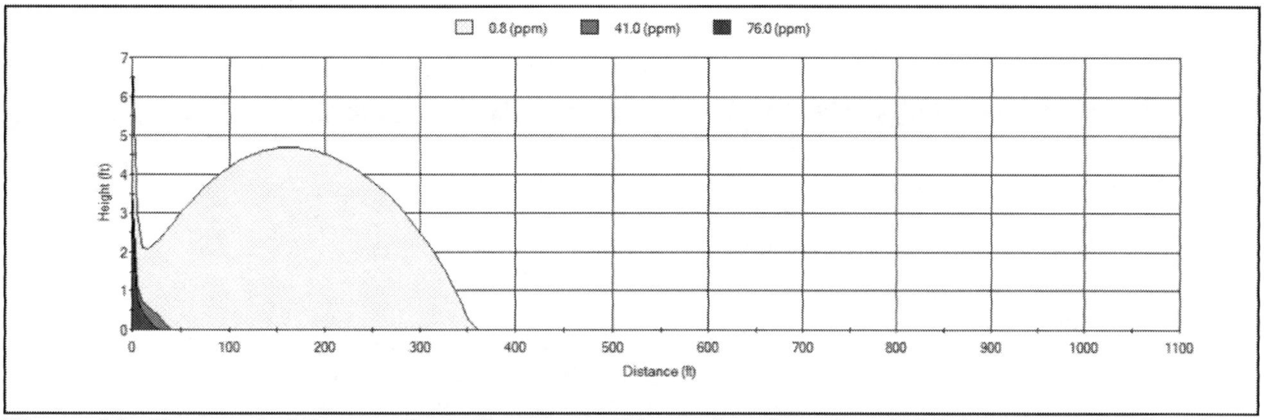

Figure 26. Downwind Impact from Evaporate Dispersion, based on H2S Concentration in Air.

6. Magnitude of Consequence Determination Using Probits

The methods utilized here are described in detail in "Simplified Methods of Using Probit Analysis in Consequence Analysis" [1].

To summarize, the impact to individuals may calculated using dose [5].

$$Dose = \int C^n dt \qquad \text{[Eq. 1]}$$

Dose may be transformed to probability of fatality using a probit transformation [5].

$$Y = A + B \log(Dose) \qquad \text{[Eq. 2]}$$

The constants "A", "B", and "n" are specific to the chemical. The Y value, or probit score is referenced on a probit table to determine probability of studied consequence.

Table 5. Probit table.

%	0	1	2	3	4	5	6	7	8	9
0	—	2.67	2.95	3.12	3.25	3.36	3.45	3.52	3.59	3.66
10	3.72	3.77	3.82	3.87	3.92	3.96	4.01	4.05	4.08	4.12
20	4.16	4.19	4.23	4.26	4.29	4.33	4.36	4.39	4.42	4.45
30	4.48	4.50	4.53	4.56	4.59	4.61	4.64	4.67	4.69	4.72
40	4.75	4.77	4.80	4.82	4.85	4.87	4.90	4.92	4.95	4.97
50	5.00	5.03	5.05	5.08	5.10	5.13	5.15	5.18	5.20	5.23
60	5.25	5.28	5.31	5.33	5.36	5.39	5.41	5.44	5.47	5.50
70	5.52	5.55	5.58	5.61	5.64	5.67	5.71	5.74	5.77	5.81
80	5.84	5.88	5.92	5.95	5.99	6.04	6.08	6.13	6.18	6.23
90	6.28	6.34	6.41	6.48	6.55	6.64	6.75	6.88	7.05	7.33
—	0.0·	0.1	0.2	0.3	0.4	0.5	0.6	0.7	0.8	0.9
99	7.33	7.37	7.41	7.46	7.51	7.58	7.65	7.75	7.88	8.09

Source: Finney, 1952 [11]

The Microsoft Excel (2016) function "NORMSDIST" will convert the probit score to a probability.

The Equation 1 is combined with the "NORMSDIST" function to determine impact to occupants of the shelter, per Table 6. This is assuming that the air handling provides 10 air changes per hour to the shelter.

Table 6. Probability of Consequence to Sheltered Occupants.

Time (min)	Dosage ($ppm^{1.43}$-min)	% Probability
1.45		0%
1.46	-	0%
1.47	-	0%
1.48	-	0%
1.49	-	0%
1.50	-	0%
...	...	...
57.00	44,794	0%
58.00	45,354	0%
59.00	45,902	0%
60.00	46,436	0%
61.00	46,957	0%
62.00	47,466	0%
63.00	47,963	0%
64.00	48,448	0%
65.00	48,922	0%

In this example, the occupants can shelter for over an hour with 0% probability of consequence. Probit transformations can be utilized to study probability of fatal exposure from toxicity, thermal radiation, and blast overpressure. In addition, they can analyze probability of burn severity.

7. Conclusion

This paper has summarized the methods utilized in determining impact to personnel from toxic exposure and vapor cloud explosions. The covered models include pipe breach, tank release, and jetting models. These are highly utilized models for consequence analysis. In addition, the paper summarized methods to utilize dispersion modeling data to fully quantify impact to occupants of shelters downwind from releases.

For blast modeling, this paper provided an overview of one simplified method to predict explosion overpressure, impulse, and damage to buildings within the radius affected by the explosion. The method utilized is Baker-Strehlow-Tang (BST), one of several methods engaged by industry for this purpose. Most of the software tools used to perform the analysis were developed by the BakerRisk Engineering Consultant Explosion Research Cooperative, including VCloud® and BEAST®.

For all consequence models, more rigorous methods such as computational fluid dynamic (CFD) modeling will produce more accurate results. However, the methods discussed in this paper are excellent screening tools whose value lies in their ease of use and are suitable for risk analysis.

References

[1] Baybutt, Paul, "Using Layers of Protection Analysis to Evaluate Fire and Gas Systems", Process Safety Progress, Volume 31, Issue 3, 2011

[2] "SAFER Trace® Online Help", SAFER Systems, 2003

[3] James, Michael D., "Consequence Modeling of Dynamic Source Terms", Process Safety Progress, Volume 35, Issue 4, 2016

[4] Baker, Q. A., Tang, M. J., E. A. Scheier, and G. J. Silva, "Vapor Cloud Explosion Analysis," Process Safety Progress, Vol. 15, No. 2, 1996, pp. 106-109

[5] A. Sari, "Comparison of TNO Multienergy and Baker-Strehlow-Tang Models," Process Safety Progress 30 (2011), pp. 23-26

[6] BEAST® Help File, 2000 BEAST® Report, 2000

[7] "VCE Evaluation Method Comparison," The Quest Quarterly, Volume 4, Issue 1, Spring 1999

[8] Baker-Strehlow-Tang Methodology, Guidelines for Evaluating the Characteristics of Vapor Cloud Explosions, Flash Fires, and BLEVEs, CCPS, New York, 1994

[9] Pierorazio, A.J., J.K. Thomas, Q.A. Baker and D.E. Ketchum (2005) "An Update to the Baker-Strehlow-Tang Vapor Cloud Explosion Prediction Methodology Flame Speed Table," Process Safety Progress, 24(1): 59-65

[10] "About Acute Exposure Guideline Levels (AEGLs)", 2016, https://www.epa.gov/aegl/about-acute-exposure-guideline-levels-aegls (Accessed Mar 2, 2017)

[11] D. J. Finney, *Probit Analysis*, Cambridge University Press, New York 1952

Relief Systems Design: The Importance of Accounting for Static Head

Nicholas N. Cristea
Smith & Burgess, LLC
7600 W Tidwell Rd, Ste 600, Houston, TX 77040
Nicholas.cristea@smithburgess.com

Zubin Kumana
Smith & Burgess, LLC
7600 W Tidwell Rd, Ste 600, Houston, TX 77040
Zubin.kumana@smithburgess.com

Guomin Wang
Smith & Burgess, LLC
7600 W Tidwell Rd, Ste 600, Houston, TX 77040
Guomin.wang@smithburgess.com

Prepared for Presentation at
American Institute of Chemical Engineers
2017 Spring Meeting
13th Global Congress on Process Safety
San Antonio, Texas
March 26-29, 2017

Relief Systems Design: The Importance of Accounting for Static Head

Nicholas N. Cristea
Smith & Burgess, LLC
7600 W Tidwell Rd, Ste 600, Houston, TX 77040
Nicholas.cristea@smithburgess.com

Zubin Kumana
Smith & Burgess, LLC

Guomin Wang
Smith & Burgess, LLC

Keywords: Relief Systems Design, Static Head, Upstream, Downstream

Abstract

The process of evaluating an entire facility's relief and flare system design can be time consuming and costly. During the process, there will be systems to be evaluated that have liquid scenarios that may be protecting other assets within the facility. If the static head for the liquid scenarios is not accounted for, then the analysis can become even more costly due to the analysis not being performed correctly the first time. The result could be not meeting code by not adequately protecting system. This paper will look at two different cases where the static head was not accounted for, and how the issue was mitigated in the most cost-effective way. First, when dealing with the liquid heading on an offshore platform, there are many different levels on the platform and ensuring that the static head is accounted for is important to protect the different assets in the liquid handling train. Second, when evaluating a column system, it is important to ensure that the relief device provides protection for every ASME Section VIII Div 1 stamped equipment within the system. These two case studies highlight the necessity of accounting for static head in relief systems design.

1 Introduction

In the process safety industry, relief devices are set such that at least one relief device set pressure is equal to the lowest system MAWP within the protected system, to meet the requirement of ASME Section VIII Div 1 to provide adequate protection against overpressure. ASME Section VIII Div 1 UG-125 states "All pressure vessels within the scope of this Division, irrespective of size or pressure, shall be provided with overpressure protection in accordance with the requirements of UG-125 through UG-138, or with overpressure protection by system design in accordance with requirements of UG-140, or a combination of the two". ASME Section VIII Division VIII UG-125(c) and (1) also state that "when a pressure relief device is provided, it shall prevent the pressure from rising more than 10% or 3 psi (20 kpa), whichever is greater, above maximum allowable working pressure" and "when multiple pressure relief devices are provided and set in accordance with UG-134(a), they shall prevent the pressure from rising more than 16% or 4 psi (30 kpa), whichever is greater, above the maximum allowable working pressure". The vessel is normally hydrotested without accounting for the potential impact of inlet piping to the relief devices. Therefore, when the elevation difference between the top of the vessel and the relief device becomes significant [2], the vessel may experience a pressure higher than its allowable accumulation due to the static head, especially during liquid relief scenarios. The equation below is a conversion from the liquid height to the equivalent liquid head (psig).

$$P = 0.433 \ x \ SG \ x \ H$$

P: liquid head in psi

SG: Specific Gravity

H: liquid head in feet

Equation 1: Liquid height to pressure conversion

This paper will look at two different cases where the static head was not accounted for and how the issue was mitigated for each case. The first case will look at a blocked system liquid outlet scenario on a platform where the vessel of interest has the same MAWP as the protecting vessel on an upper level. The second case will look at the liquid relief case (i.e. overfilling) and the mitigation for a column system that contains several vessels. These two cases will show the importance of accounting for static head and the potential mitigation options for these types of concerns.

2 Case 1 – Produced Water Desanders and Accumulators on an Offshore Platform

2.1 System overview

Figure 1 below is an illustration of case study 1. A produced water desander on the upper deck of a platform is fed by a booster pump. The desander then feeds the desander accumulator. The desander and the accumulator both have the same MAWP of 350 psig. The maximum discharge pressure of the booster pump is 415 psig. In the event of a blocked outlet, the relief device PSV-1 (4" P 6") on the desander is intended to provide adequate protection for the desander and the downstream accumulator. The relief device PSV-2 (1" E 2") on the accumulator is intended only for the fire scenario, based on the assumption that the upstream relief device (PSV-1) would limit the maximum deliverable pressure to the accumulator to 350 psig for the blocked outlet scenario. However, the vessels are located on different levels of the platform. The elevation difference was never accounted for in the choice of relief device set pressure. When PSV-1 is relieving at 385 psig, the pressure inside the accumulator would be the relief pressure (385 psig) plus the static head due to the difference in elevation. If the difference in elevation is large, the downstream accumulator may no longer be adequately protected by PSV-1, because the vessel would experience a pressure higher than its allowable accumulation. The elevation difference between the two relief devices illustrated in Figure 1 is roughly 27 feet. The static head from the elevation difference is about 12 psig. This means that when the desander is at the relief pressure, the pressure in the accumulator would be 397 psig, which exceeds the 10% allowable accumulation [2] (385 psig) of the accumulator.

2.2 Case 1 mitigation

The common mitigation option to account for the static head is to lower the relief device set pressure on the desander to account for the static head, so that the downstream accumulator would be adequately protected during the liquid relief event. However, for this particular case study, a more detailed engineering analysis revealed that the installation was acceptable as-is.

However, it was determined that there are technically two relief devices protecting the system in the event a blocked outlet on the accumulator. The allowable accumulation for the accumulator can go up to 16% of the system (406 psig) because of the multiple relief devices. Since the manual valve between the two systems will remain open (the initiating event is the closure of the downstream block valve), the accumulator is still protected. If the manual valve between the two systems were to be closed, then the blocked outlet case on the accumulator would no longer be applicable as the source of pressure would be lost as well.

If the static head is greater than 21 psig (~49 feet), the accumulator may experience overpressure in excess of the allowable (a pressure of 406 psig). The potential mitigation would be to lower the set pressure of the desander relief device to account for the static head such that the maximum pressure did not exceed this limit. For this case study, PSV-1 set pressure is not required to be lowered because the accumulator is still within the 16% allowable accumulation after accounting for the static head. Additionally, if the relief device set pressure were lowered, the potential exists that the relief device may be undersized, and additional mitigations may be required to resolve the concerns.

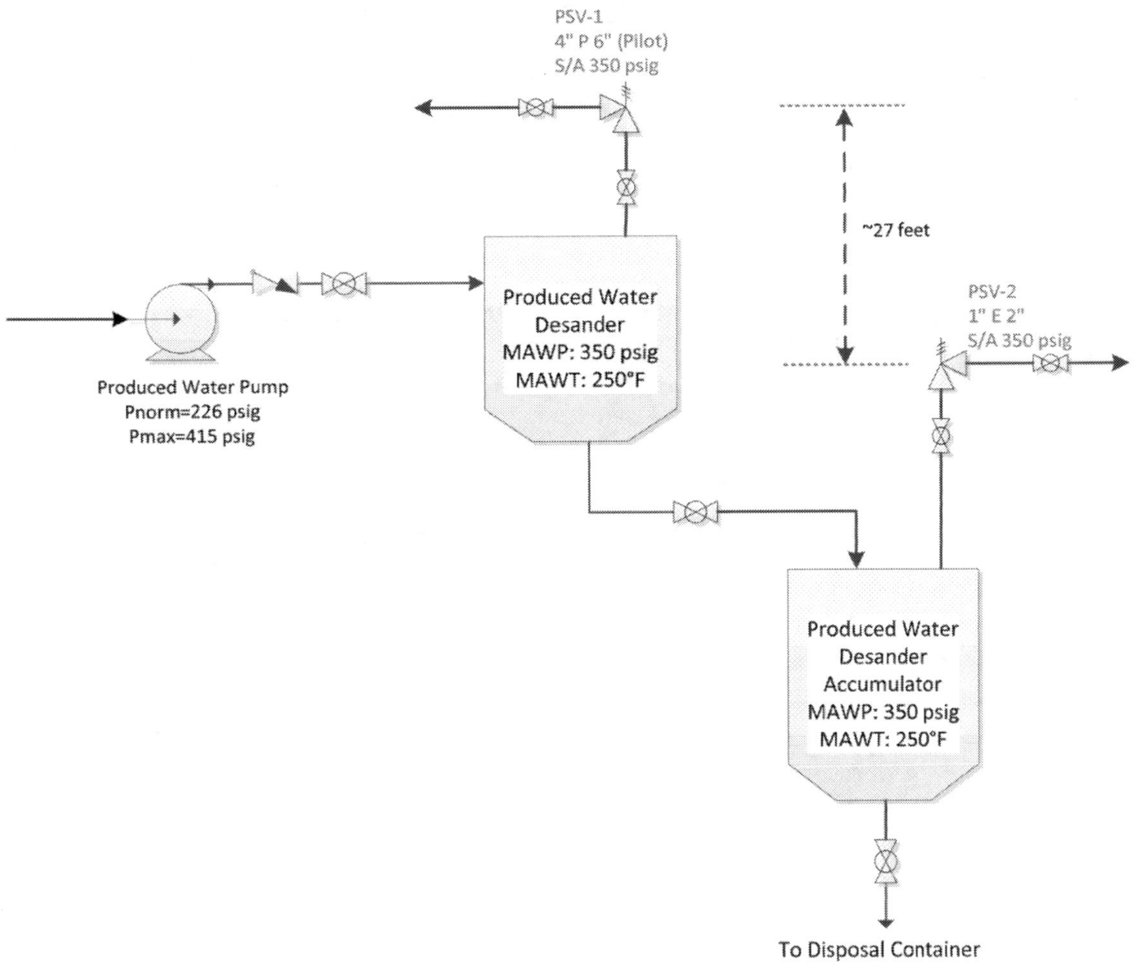

Figure 1, Case 1 – Produced Water System Overview

3 Case 2 – Common Column System

3.1 System Overview

Figure 2 below is a simplified column system that contains several pieces of equipment. The top of column is 50 feet from grade. The reboiler is located at grade. The relief device (PSV-3) is 5 feet above the top of the column and set at 330 psig. The lowest system MAWP is 330 psig based on the MAWPs of the column and the reboiler (shell side). This case study only looks at the "overfilling" scenario for the column. As the lowest system MAWP and the set pressure are the same, it may appear at first glance that the relief device is set correctly to protect the system. However, during the overfilling scenario, there are 55 feet of static head on top of the reboiler (assuming the reboiler is flooded). Therefore, the pressure that the reboiler (shell side) experiences during the liquid relieving event is higher than the allowable accumulation. For this case study, the specific gravity of the fluid is assumed to be 0.7, which would result in roughly 17 psig of static head. This means that during the relief event, the pressure in the reboiler (shell side) is 380 psig (~15% accumulation), which exceeds the 10% allowable accumulation. Therefore, mitigations may be required as the reboiler is not protected due to the static head.

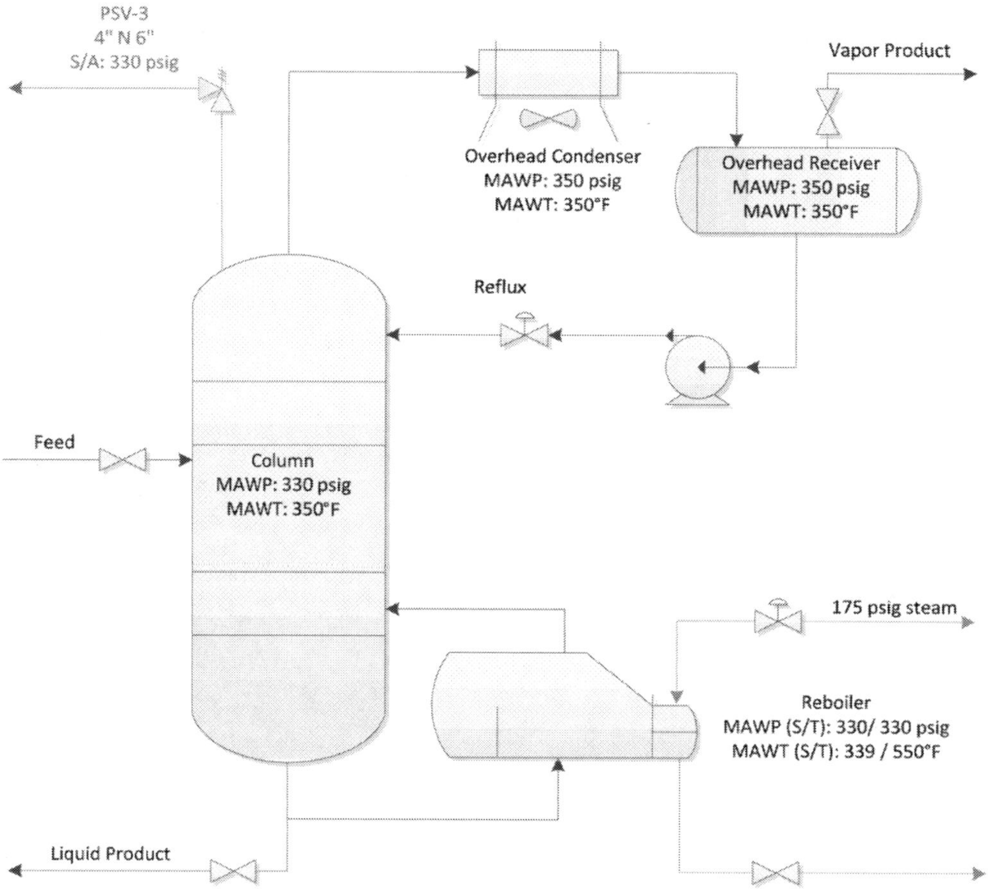

Figure 2, Case 2 - Common Column System Overview

3.2 Case 2 mitigation

There are multiple mitigation options for this type of concern. One mitigation option is to re-rate the reboiler to a higher MAWP to account for the static head. Another mitigation is to lower the set pressure of the relief device to account for the static head. Therefore, the new set pressure for this case study can be 314.5 psig or lower if the reboiler MAWP plus allowable accumulation is not exceeded by the relief pressure plus static head. When the relief device set pressure is lowered to account for the static head during the liquid relief events, engineers must confirm the relief device can still provide adequate capacity at the reduced pressure for all applicable overpressure scenarios. Also, the operating pressure of the column needs to be considered to ensure that the lower set pressure would not result in simmering of the relief device during normal operation. In practice, many plants would also have high independent liquid level alarms and fill time criteria to remove the potential liquid relief scenarios by taking credit for operator responses. Another option is to look at risk assessing the concern as the MAWP is not exceeded by 16% accumulation.

There are many ways to mitigate this concern; this case shows one of the most common mitigation option.

4 Conclusion

The two case studies discussed in this paper show the need to consider the static head when designing the relief system. The issue of static head should be considered during the design phase to ensure the system is code compliant. The cases studies show that the system may not be protected by code, but may be able to be risk accepted based on what the resulting pressure at the vessel is question becomes. It is important during the design phase to be cognizant on the elevation of the systems and the protecting relief devices to ensure the static head has been considered. This can be especially true when designing an offshore platform with multiple levels. Also, when commissioning columns or other vessels, it is important to consider the MAWP of all the vessels in the system to ensure all aspects of the system are protected by the relief device. The case studies give a brief overview of some of the possible mitigation options for static head concerns. It is the responsibility of the engineer reviewing the information to select the option that best fits the facility's needs.

5 References

[1] ASME Section VIII, "Boiler and Pressure Vessel Code," American Society of Mechanical Engineers, 2013.

[2] ANSI/API Standard 520 Part 2, "Sizing, Selection, and Installation of Pressure-relieving Devices," American Petroleum Institute, 6th ed., 2015.

[3] ANSI/API Standard 521, "Pressure-relieving and Depressuring Systems," American Petroleum Institute, 6th ed., 2014.

478548 Study of Factors That Affect Dust Explosion Characteristics of Fibrous Dust Materials

Abstract:

Abstract for 13th Global Congress on Process Safety

Track: Annual Loss Prevention Symposium (LPS)

Study of factors that affect dust explosion characteristics of fibrous dust materials

Bharatvaaj Ravi, Yan-Ru Lin, Chad Mashuga, M. Sam Mannan

Mary Kay O'Connor Process Safety Center

Artie McFerrin Department of Chemical Engineering

Texas A&M University

College Station, TX-77843-3122, U.S.A

+ 1 (774)-262-5215, vaaj26@tamu.edu

Combustible dust hazard is a serious threat to the process industries. Out of the 281 combustible dust incidents reported by the U.S. Chemical Safety and Health Investigation Board (CSB), 66 incidents have been caused by wood dust. In spite of the National Fire Protection Agency's (NFPA) efforts in specifically catering to the wood working and wood-based products manufacturing industries and Occupational Safety and Health Administration's (OSHA) National Emphasis Program on combustible dust hazards, to create awareness and minimize wood dust hazards, the wood dust incidents continue to occur. The fundamental difference between traditional dusts and wood dusts is that the latter are flocculent and fibrous. They are characterized effectively by an aspect ratio (length to diameter ratio) rather than a single dimension, such as diameter, as in the case of traditional - spherical or near spherical - dusts. Various studies in the literature have revealed that the standard dust explosion testing procedures and the categorization of these non-traditional dust based on particle diameter (mesh sizes) might not be valid. This research is concerned with similar line of thought and exploring the effect of aspect ratio on the time of suspension of these fibrous wood dusts. The likelihood of ignition increases with the time of suspension given other conditions to form a combustible dust hazard. The study also deals with characterizing the participating and non-participating portions when a dust explosion occurs through analysis of samples before and after explosion testing. Does the dust concentration give the entire picture of explosion characteristics such as maximum explosion pressure and explosion pressure rise rate? Or is there a better indicator of these characteristics when it comes to flocculent dust? These are the questions that the current research is trying to answer.

Key words: Combustible dust, Fibrous dust, Dust explosion testing, Dust concentration, Dust explosion characteristics, Non-traditional dust.

High Integrity Pressure Protection System (HIPPS) and Implementation Challenges

Janardhanan Kallambettu P.Eng.
Principal Engineer-Control Systems
Bechtel Corporation
3000 Post Oak Blvd, Houston, TX 77459
jkallamb@bechtel.com

Prepared for Presentation at
American Institute of Chemical Engineers
2017 Spring Meeting and 13th Global Congress on Process Safety
San Antonio, TX
March 26 – 29, 2017

High Integrity Pressure Protection System (HIPPS) and Implementation Challenges

Janardhanan Kallambettu P.Eng.
Principal Engineer-Control Systems
Bechtel Corporation
3000 Post Oak Blvd, Houston, TX 77459
jkallamb@bechtel.com

Keywords: PHA, HIPPS, SIS, SIF, SIL, PLC

Abstract

Over the years, the process industries have heavily utilized pressure relief devices (PRDs) to protect the mechanical integrity of system components. While PRDs offer a straightforward and practical way of controlling overpressure in process plants, they do have some inherent limitations such as impacts to flare system design, environmental concerns, and some physical limitations in PRD sizing. In these cases, where the use of PRDs is limited, High Integrity Pressure Protection System (HIPPS) can be utilized as a substitute for PRDs.

While HIPPS offers a solution to address the PRD limitations, there are some challenges associated with a successful HIPPS implementation. The HIPPS are classified as Safety Instrumented Systems (SIS) and require compliance with the functional safety standard IEC 61511**[1]**. The aim of this paper is to guide the reader with the necessary tools to successfully perform all the safety lifecycle activities of HIPPS, per functional safety standards and codes. Challenges in the various phases of the safety lifecycle, from process hazard analysis (PHA) and Safety Integrity Level (SIL) selection to operation and maintenance of HIPPS, are discussed in this paper. Additionally, this article describes many types of HIPPS, their pros and cons, to choose the right system for a given application. The paper concludes with an example HIPPS to achieve high-level risk reductions and demonstrates the appropriate use of quantitative tools, such as fault tree analysis (FTA), during the HIPPS design process.

1 Introduction

HIPPS is an acceptable solution instead of PRDs as a means of overpressure protection for vessels and pipelines. Codes such as ASME Section VIII, Division 1[**2**] and recommended practices and standards such as API Standard 521[**3**], API 17O [**4**] and HSE, U.K [**5**] provide criteria for the usage of HIPPS. The reader is advised to refer to the cited references to understand in detail the selection criteria for HIPPS.

The HIPPS is a safety instrumented function (SIF) implemented in a SIS and, therefore, the codes and the standards referenced above require compliance with the functional safety standards IEC 61508[**6**] and IEC 61511.

The functional safety standards require adherence to a safety lifecycle model. The various safety lifecycle activities are:

- process hazard analysis;
- SIL selection;
- safety requirements specification (SRS);
- SIS design per SRS;
- design verification meeting the target SIL including systematic capability, and architectural constraints (redundancy);
- installation, commissioning, validation, operation, and maintenance per SRS; and
- change management.

The intent of this paper is to expose particularly process engineers and other non-control systems engineers, about specific aspects of the HIPPS in a straightforward language.

2 PHA and SIL Selection

Whenever a HIPPS is indicated instead of PRDs, process and process safety engineers assign an SIL 3 target to the HIPPS as supported by Lawley and Kletz's [7] requirement that the reliability is ten times better than that of a relief device. For clean services, the probability of failure on demand (PFD) of a relief device is typically two orders of magnitude, hence the SIL 3 target for a HIPPS. API Standard 521, while emphasizing the need for an appropriate SIL selection process per established risk tolerance criteria, also suggests SIL 3 target for HIPPS in the absence of a documented risk tolerance criteria.

An assumption, however, that the HIPPS's SIL target is always SIL 3 may not be correct in some circumstances. Applicable codes and standards mandate a requirement for a documented PHA to identify and examine all potential overpressure scenarios. The severity of consequences typically ranges from moderate to catastrophic and, based on the owner's risk tolerance criteria, the HIPPS target can vary from SIL 2 to SIL 4. For example, if the likelihood of an initiating event causing the overpressure is 1 in 10 years and the owner's risk criteria for catastrophic severity is 1in 100,000 years, and in the absence of any other independent protection layers or conditional modifiers, the required risk reduction is 10,000, a SIL 4 target.

Designing a SIL 4 HIPPS is a significant challenge and not recommended. The functional safety standards discourage such high-level risk reduction measures by a single SIF. Every effort should be made to remove or reduce the hazard at the source, introduce other risk reduction measures which are not based on the SIS or minimize the likelihood of the causes of the hazardous event. If the above steps do not help, then use of multiple independent HIPPS, each with a lower integrity, to meet the overall risk reduction requirements should be considered. See section 6 for a hybrid HIPPS design solution meeting an overall risk reduction of 10,000 or more.

3 Types of HIPPS

Many in the process industry believe that HIPPS always includes 2oo3-voted pressure transmitters (sensors), Triple Modular Redundant (TMR) safety PLC (logic solver), and 1oo2-voted ball valves (final elements). In reality, there are many types of HIPPS available to choose from based on the specific application.

HIPPS can be broadly classified as **Electronic**, **Mechanical** or **Hybrid** based on the technology used for the logic solver as shown in **Figure 1**.

A brief description, pros and cons, and applications for each of the above types are given in the following subsections.

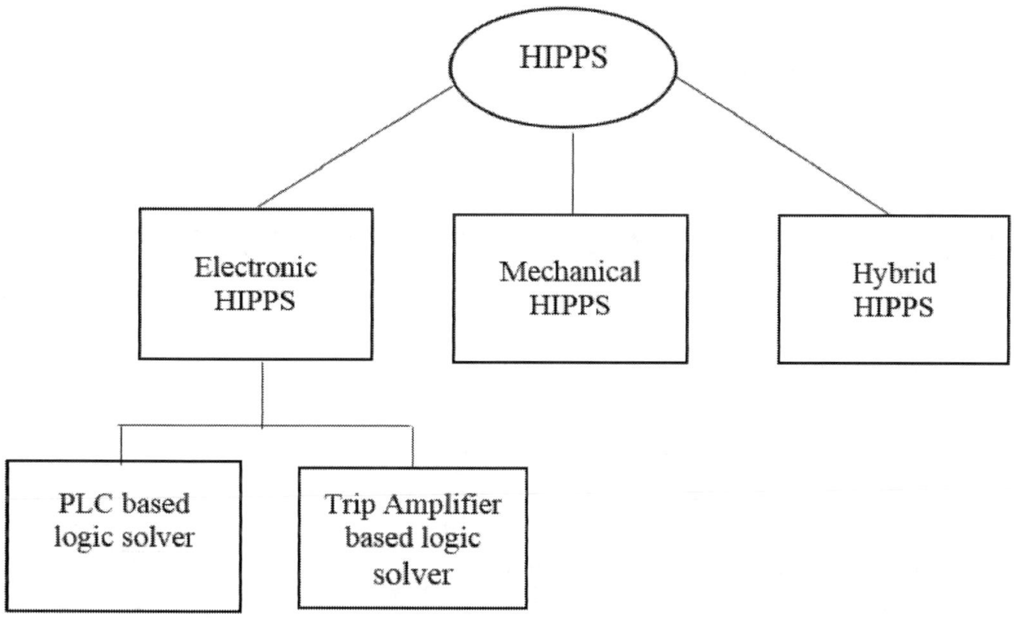

Figure1. Types of HIPPS

3.1 Electronic-HIPPS

An electronic-HIPPS uses either a programmable logic controller (PLC) or a trip amplifier system as a logic solver.

3.1.1 PLC based HIPPS

There are multiple varieties of PLCs equipped with microprocessor or solid state technology in a multitude of architectures such 1oo2, 1oo2D, 2oo3, 2oo4, and 2oo4D. Typically, all these PLCs will meet SIL 3 reliability. These PLCs are further categorized as complex devices and use application programming languages such as ladder logic or functional block diagrams. Refer to **Figure 2**.

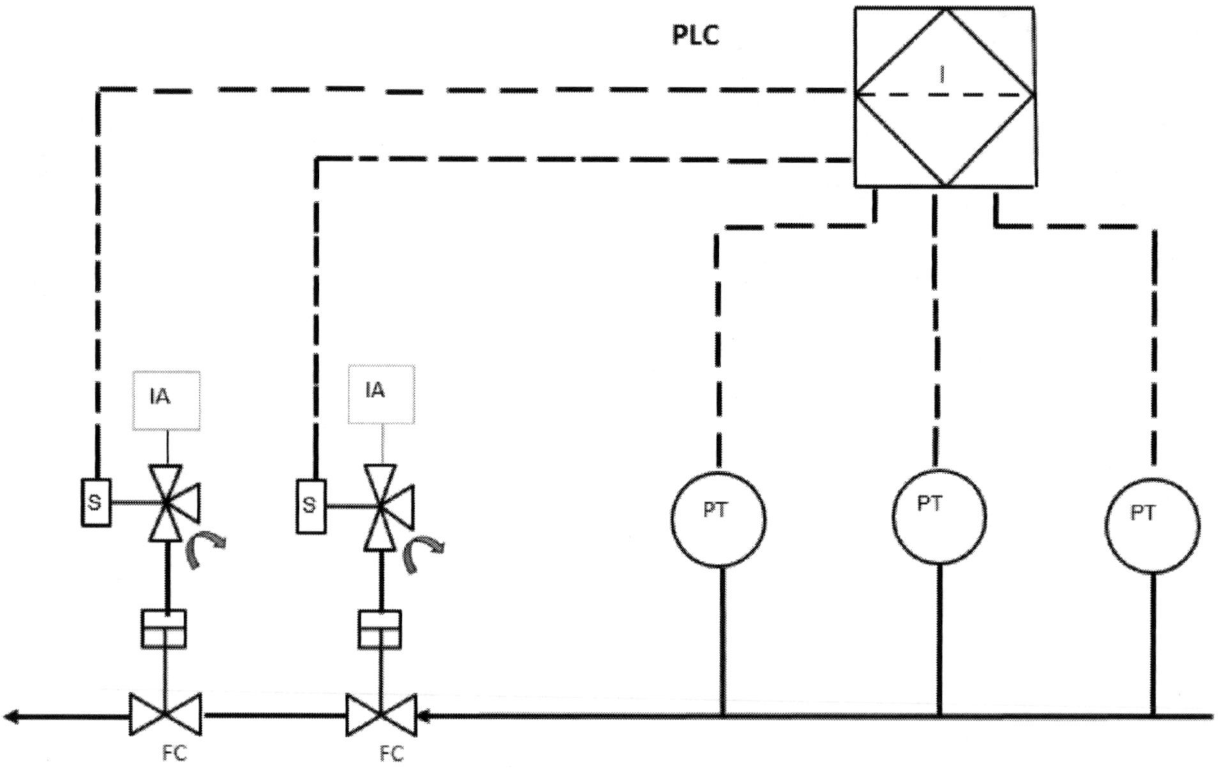

Figure 2. PLC based HIPPS

Pros:

- Flexible in developing the logic program and accommodates higher number of field inputs and outputs (I/Os);
- Equipped with special features for application programming such as variable valve closure speeds while closing the valve to mitigate consequences associated with slamming shut.
- Accommodate multiple HIPPS in a single logic solver within a plant facility;
- Facilitates partial stroke testing to meet target SILs or extend the testing interval, when practicable;
- Easily interfaces with the plant operator stations (human machine interfaces, HMIs).

Cons:

- Often needs specialized application programming expertise, in addition to vendor-specific training for selection of hardware and complex control strategies;
- Validation of the vendor claimed SIL against the safety manual is not a trivial exercise;
- Requires protection against cyber security threats;
- Potential for introducing systematic errors in application program;
- Application program using a low variability language (LVL) calls for special considerations per IEC 61508/IEC 61511 standards including application program safety requirements specification;
- Requires rigorous Factory Acceptance Test (FAT);
- Large footprint is needed -typically 800mmX600mmX1000mm panel;

- Extensive installation requirements such as controlled environment and special grounding;
- Requires complex, and redundant large capacity power supply;
- Voluminous documentation is involved;
- Requires a high level of competence in commissioning, validation, maintenance and operation; and
- Expensive for simple HIPPS applications ($50,000 for a logic solver alone).

Applications:

In a large facility, where many HIPPS are to be implemented for different hazardous event scenarios requiring complex functions or features, a PLC based HIPPS is recommended. For example, over pressure protection of multiple vessels, various piping segments, and process equipment within a facility to avoid loading of the flare system.

3.1.2 Trip-Amplifier based HIPPS

Trip-amplifiers are discrete logic solvers of low complexity. A trip amplifier accepts analog 4-20mA input from a field device such as a pressure transmitter and de-energizes contact output(s) when the process value exceeds the trip set point. Each sensor needs a dedicated trip amplifier. Refer to **Figure 3**.

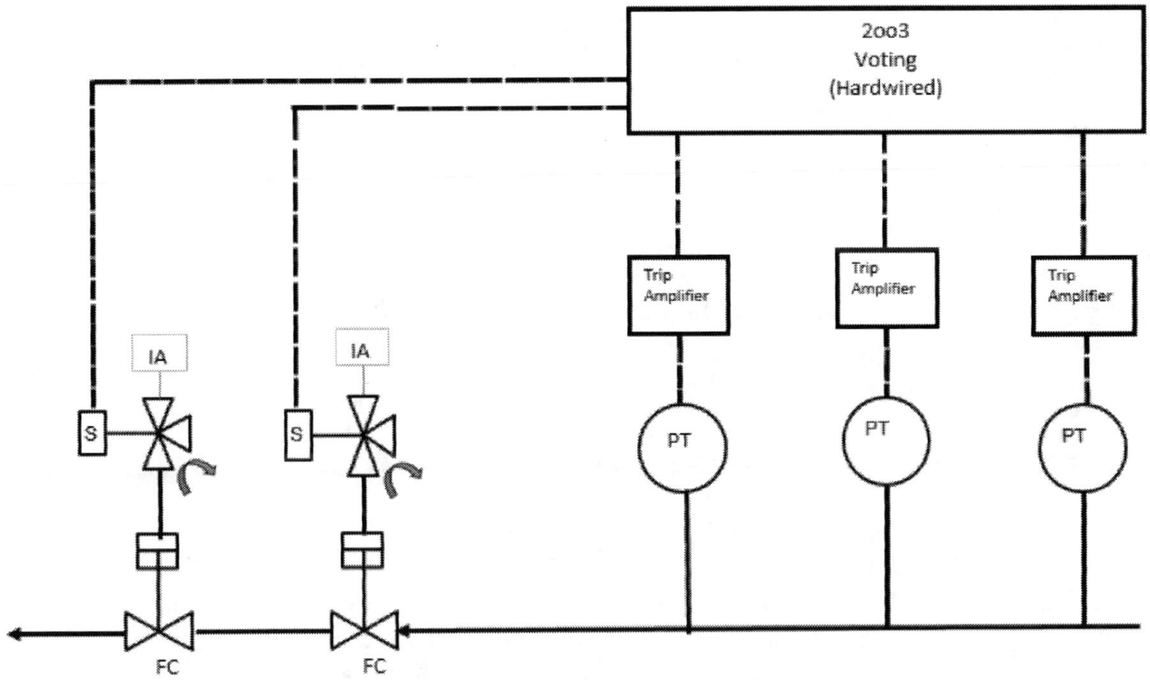

Figure 3. Trip Amplifier based HIPPS

Pros:

- Simple, reliable, with low design complexity;
- Meets SIL 2 reliability without redundancy for Trip Amplifiers and SIL 3 reliability with redundant architecture;
- Does not require application programming; classified as a device with fixed programming language (FPL) per IEC 61508/IEC 61511and, therefore, eliminates the need for application program safety requirements specification;
- No cybersecurity related issues;
- Less potential for systematic errors;
- Well suited for simple logic such as HIPPS logic;
- Low space requirement-typically DIN rail mounted;
- Low power device with no special requirements;
- No need for a controlled environment;
- Being a simple device FAT is not required for the logic solver;
- Easy to install and maintain; and
- Low cost; (logic solver range less than $10000)

Cons:

- Requires external devices for complex logic such as variable speed closing times for valves to avoid slam shut scenarios;
- Interfacing with operator stations requires additional I/Os in the plant DCS;
- Difficult to interface and facilitate partial stroke testing;
- Voting among the trip-amplifiers are external to the trip-amplifiers using the trip contacts and physical wiring which is less straightforward; and
- Implementation of maintenance bypasses is not practical;

Applications:

Well suited for applications involving straightforward, simple logic and for facilities which do not use PLCs. Also, appropriate for applications requiring a small footprint, low lifecycle cost and facilities not having multiple HIPPS. For example, remote pipeline compressor stations or storage tanks.

3.2 Mechanical-HIPPS

A mechanical HIPPS uses mechanical initiators. The mechanical initiator not only senses the over pressure but also serves as a logic solver to detect high pressure and actuate the valve. Mechanical HIPPS do not use any electrical or electronic components and, therefore, are inherently safer. Standalone versions of mechanical HIPPS are available which do not require any energy sources, such as instrument air supplies. Refer to **Figure 4**.

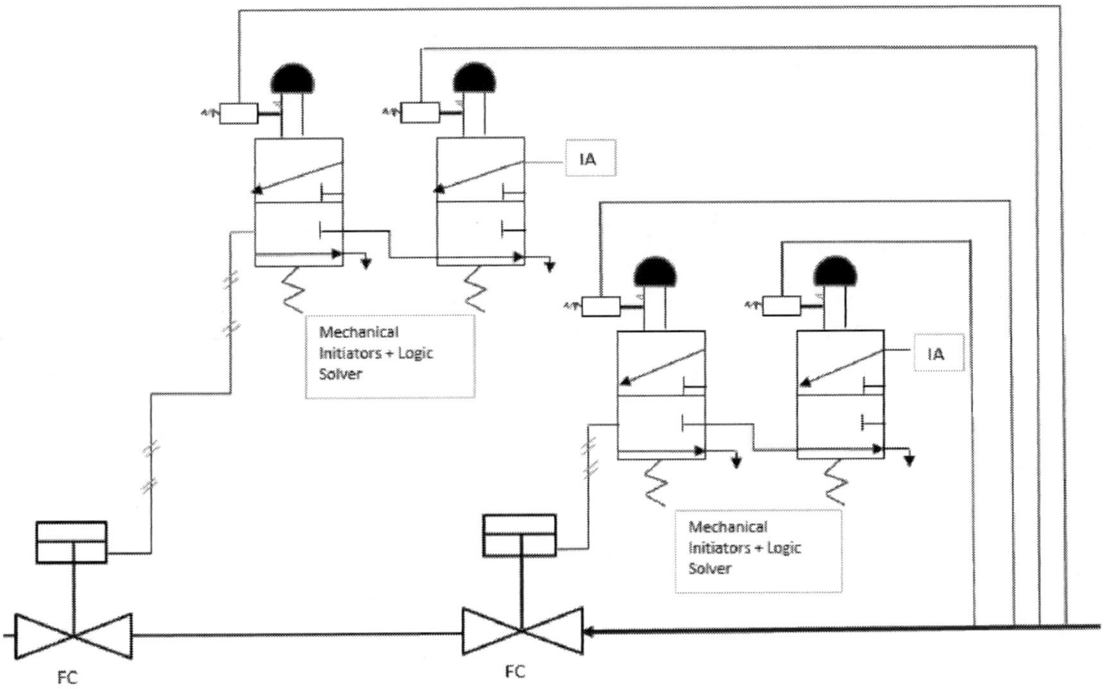

Figure 4. Mechanical HIPPS

Pro:

- Simple, reliable and minimally complex;
- Does not involve wiring and programming;
- Less susceptible to systematic errors;
- Cables, cable trays, conduits, etc. are not required;
- Can be made <u>standalone</u> without external energy sources;
- Single valve system can meet SIL 2 targets, redundant valve configuration can even meet SIL 3;
- <u>Third party agencies certify an entire system in contrast to individual elements/subsystems of electronic HIPPS;</u>
- Fewer components to fail;
- Easy to install, commission, validate, maintain and operate;
- Minimal documentation: no wiring diagrams or, installation drawings for logic solvers and initiators, application program SRS required;
- Competence in programming or maintaining a complex electronic system is not required;
- There are no EMC interference issues;
- There are no impacts due to <u>cyber security threats</u>;
- Suitable for harsh environments-no environmental climate control is needed;
- Easy to comprehend by operators and maintenance mechanics;
- <u>Lowest life cycle</u> cost among all the types of HIPPS;

Cons:

- Limited distance between the pressure sensing points, mechanical initiators and the valve- all components must be in the close proximities to avoid transportation time lags impacting the response times;
- Mechanical initiators need to be carefully selected as they are sensitive to setpoints and their accuracies;
- Interfacing with operator stations requires additional transmitters in the field and Inputs/outputs (I/Os) in the plant DCS;
- Requires external devices to facilitate partial stroke testing;
- Implementing maintenance bypasses consistent with the overall facility philosophy is not practical;

Applications:

Mechanical HIPPS are attractive for standalone applications in remote plant locations, for areas where electrical cabling is impractical and in facilities, like pipeline pump/compressor stations, where PLCs are not commonly used.

3.3 Hybrid-HIPPS

Hybrid-HIPPS are a combination of electronic and mechanical HIPPS.

Pros:

- High level of risk reduction- 10,000 (SIL 4) or higher can be obtained;
- Significant reduction of common cause and common mode failures due to diversity (mechanical and electronic);
- Low-level of systematic errors;

Cons:

- Complex system;
- Requires high level of competence in the installation, commissioning, validation, maintenance and operation;
- Requires a sizeable spare parts inventory;
- Many of the Cons of electronic and mechanical HIPPSs described above are applicable for the hybrid HIPPS as well.

Application:

High-pressure feed gas to a facility typically requires a high-risk reduction in the absence of non-instrumented IPLs. When a high level of risk reduction (greater than 10,000) is required, hybrid systems are well-suited as they are diverse systems with minimum common cause and common mode failures.

4 Safety requirements specification (SRS)

Functional safety standard IEC 61511 requires the development of a SIS safety requirements specification (SRS), including application program safety requirements, when applicable. HIPPS as a functional SIS, requires an SRS. There are a minimum of 29 SRS requirements specified by the standard. While every element is important, a few present unique challenges that can significantly impact the selection, design, and quantification of random hardware failures of the HIPPS.

4.1 Process safety time (PST)

Process safety time, per clause 3.2.52.1, IEC 61511, is the period between a failure occurring in the process or the basic process control system and the occurrence of a hazardous event, if the SIF is not performed. The SIF has to detect the failure and complete its action soon enough to prevent the hazardous event taking into account any lag in the process.

HIPPS that implements the overpressure protection function must complete the action to bring the process to a safe state within the process safety time. Quite often, the process safety times for HIPPS are less than few seconds. The valve subsystems may need quick exhaust valves, larger size air supply tubing, or solenoid valves to meet the response times. Therefore, the PST determination is an important specification which in turn determines various components within the HIPPS to achieve the response time.

4.2 HIPPS output action success criteria

Output actions of a SIF will prevent a particular consequence of concern only when the action is completed with certain performance criteria. For example, stating an action as to close a valve is inadequate. The criteria for the successful operation should be specified. Many HIPPS applications do not require tight shut-off requirements for valves. However, there are situations where larger leakage rates may impact the process safe states. In such scenarios, the process engineer must specify an acceptable leakage rate for the valves, and ensure the design shall have means to achieve such low leakage rates. The design may require unique valve types and trims. Also, additional pressure transmitters and isolation/bypass valves are required for measuring the extent of leakages.

Low leakage rate specification may impact the proof test coverages for the final elements in the quantification of random hardware failures (PFD_{avg}). Achieving a SIL 3 target with tight shut-off requirements is a significant challenge.

4.3 Proof test interval and overhaul interval (mission time)

IEC 61511 defines the proof test as a periodic test performed to detect dangerous (hidden) failures in a SIS so that, if necessary, a repair can restore the system to an "as new" condition or as close as practical to this condition.

The frequency of testing plays a significant role in determining the HIPPS's availability to perform intended safety function on demand. However, frequent testing may affect the production, introduce spurious shutdowns due to human error or affect the life of a device. If only a full stroke test is performed for a valve, then the test is imperfect since it will not detect all the covert failures. The undetected, hidden failures are detected and repaired during overhaul periods (mission time). The longer the mission time, the higher the PFDavg; therefore, it will be difficult to achieve SIL 3 targets with longer mission times.

Bypass valves and isolation valves are required for proof testing intervals shorter than the overhaul periods to avoid process interruption. Provision of bypass and isolation valves increases the complexity of the design, footprint, capital and the life cycle costs of the facilities.

4.4 Survivability

As per IEC 61511, the SRS shall specify any requirements for a SIF to survive a major accident event, e.g. the time required for the HIPPS valve to remain in operation in the event of fire shall be specified. Survivability specification impacts the selection of valve trims and additional fireproofing requirements.

4.5 Common cause failures

The SRS must specify the measures to identify and minimize common cause failures. Common cause failures will significantly impact PFD_{avg} for high SILs, such as SIL 3 and SIL 4. Common cause failures can be due to process conditions or similar redundant equipment configurations or systematic failures.

Physical and electrical separation and use of diverse devices which respond differently to the common stresses will minimize common cause failures. An effective functional safety management plan and verification processes will reduce systematic failures.

5 Quantification of random failure of HIPPS

The HIPPS design must be evaluated to ensure that the calculated failure measure (PFDavg) is less than the target related to the SIL as specified in the SRS.

The functional safety standard mandates assessment of the following as part of the SIL verification:

- Systematic capability of all the elements associated with a HIPPS meets the specified SIL target
- Calculated PFD_{avg} is less than the target PFD_{avg} of the selected SIL
- Hardware fault tolerance (HFT) complies with the required SIL target

5.1 Systematic capability

IEC 61511 defines the “systematic capability” as a measure (expressed on a scale of SC 1 to SC 4) of the confidence that the systematic safety integrity of a device meets the requirements of the specified SIL, in respect of the specified safety function, when the device is applied in accordance with the instructions specified in the device safety manual.

Systematic capability assessment is for addressing systematic failures which are not quantified and hence not included in the SIL verification calculations. IEC 61508 and IEC 61511explicitly identify a systematic capability parameter (SC). A systematic capability of "SC N" for a device means that the systematic safety integrity of "SC N" has been met when the device is applied following the instructions specified in the instrument safety manual. If a device is to be used in an SIL 3 application, then it must be assessed for the systematic capability of SC 3.

The systematic capability of a device depends on the nature of the device. If a device has no software, then only hardware systematic failure mechanisms are considered. If a device has both hardware and software, then both hardware and software failure mechanisms shall be considered.

There are agencies, such as TUV, Exida, and SIRA that perform systematic capability assessment of a product as per IEC 61508 and provide a certificate with a report specifying an SC parameter. Following a well-established functional safety management plan during detailed engineering, installation, operation and maintenance phases ensures that the systematic safety integrity of a device meets the requirements of the specified SIL.

5.2 PFD_{avg}

Many factors influence the PFD_{avg} of HIPPS function. A few of the factors that pose unique challenges are considered in this section.

5.2.1 Failure rates

There is always an uncertainty in the quantification of random failures. The failure rate is, probably, the least precise parameter used in performing SIL verifications [**8**]. Therefore, one must acknowledge that the results of the quantification are not real values, but rather a basis for comparing different design options and for monitoring the reliability performance during the operational phase of the safety lifecycle. The analysis is only a prediction. Historical performance is not the same as future performance.

If the failure rates are conservative, then achieving target SIL will be demanding. However, optimistic failure rates will result in inadequate protection integrity. Therefore, the failure rates of components used in the analysis should be sufficiently realistic.

There are many sources of failure rate data, such as application-specific, site-specific, company-specific, manufacturer-specific, industry-specific, and generic data. These failure rates can vary significantly by several orders of magnitude. While application specific or site specific data is the best option, but it can often be difficult to obtain. A detailed discussion on the selection of failure rates to use in the analysis is beyond the scope of this paper, and the reader is advised to refer to other sources [**9**].

5.2.2 Proof test interval, test coverage and mission time

As explained in section 4.3, a proof test may be imperfect based on the following:

- The extent of tests that could be performed to reveal the hidden failures. For example, if the valve is only full stroke tested without examining the internals then the proof test is imperfect;
- The conditions under which the proof test is carried out may differ from a real demand;
- Lack of competence of testing crew;
- Inadequate procedures.

Perfect testing is not a realistic assumption. IEC 61511/IEC 61508 requires consideration of the impact of imperfect testing in the analysis. In the SIL verification calculations, a proof test coverage (PTC) is considered for incomplete testing. The incomplete testing will increase the PFDavg. The lower the proof test coverage, the higher the PFD_{avg}. Undetected dangerous failures due to imperfect proof testing will be detected either during the complete overhaul period (when repaired or refurbished) or when the component is replaced or during an actual demand. Mission time is the terminology used by many reliability specialists for the above overhaul period.

For example, if an overhaul period or demand interval for HIPPS is ten years and the imperfect proof test interval for a valve is one year with a proof test coverage of 90%, then achieving an SIL 3 target for HIPPS is an arduous task. If tight shut-off requirement is specified, then the proof test coverage could be even less than 30%.

From the above, it is evident, that the significance of proof test interval, the effectiveness of proof test, and the mission time cannot be ignored and must be taken into account in the analysis.

5.2.3 Partial stroke testing

Partial stroke test will help to improve the PFD_{avg}, extend the proof test interval, or increase the safe failure fraction. A single valve with partial stroke test may achieve an SIL 2 integrity. However, for many HIPPS with short process safety times, partial stroke test may not be useful. Moreover, partial stroke tests may result in spurious trips and cause potential damage/wear to the valve seat due to the frequent testing.

A perusal of literature reveals that the partial stroke testing coverage is in the range of 40-80% [10]. However, the above-stated coverage is widely debated.

If the partial stroke testing is not automated, then it is not considered as the diagnostic testing per functional safety standards. Also, the analyst shall take into consideration the partial stroke testing interval with the repair time in the PFD calculations.

5.2.4 Common cause failures

Common cause failures impact the redundant components such as valves and sensors. The common cause failures occur simultaneously or, at least, within a short interval as to be perceived as simultaneous.

The following are the defenses against the common cause failures:

- Diversity (different types of valves and systems);
- Separation (physically and electrically);
- Staggered testing;
- Use of low complexity devices- simpler equipment less prone to common cause failures;
- Well administered and complied procedures;
- Environmental controls;

When diverse components are used, the common cause factor (Beta factor) is minimal. Using IEC 61508, Part 6 [5], Annex D, Tables, D.1, D.2 and D.3, the Beta factor can be estimated to be as low as 2% with diverse components. However, the diverse components must be suitable for the application with comparable performance without any degradation.

Also, staggered testing reduces the overall PFD_{avg} by a factor of 30 to 50% depending upon the voting configurations [**10**].

5.2.5 Modeling of components

Modeling of HIPPS elements in the analysis must include all the components that are involved in bringing the process to a safe state within the process safety time.

Many HIPPS valves are equipped with quick exhaust valves (QEVs) to reduce the valve closing time to meet the process safety time. Sometimes, redundant QEVs are provided in various voting configurations such 1oo2 or 3oo4, etc. The contribution of QEV failures to the PFD_{avg} is significant and cannot be ignored. Therefore, the reliability analyst must consider the QEVs with their appropriate voting architecture in the PFD_{avg} calculations. Similarly, the likelihood of plugging of sensing lines must be taken into account in freezing applications.

Any interfacing components such as barriers, isolators, interposing relays, and poppet valves, which are part of the safety instrumented function to achieve or maintain the process to a safe state must be modeled and analyzed.

5.3 Hardware fault tolerance (HFT)

Irrespective of the hardware reliability calculated (PFD_{avg}) for the design, the functional safety standard IEC 61511 specifies minimum levels of redundancy for each safety integrity level.

There are two approaches:

- Route 1_H: Determination of HFT based on the calculated safe failure fraction (SFF);
- Route 2_H: Determination of HFT based on field experience and field data (proven-in-use)

5.3.1 Route1$_H$

The Route1$_H$ approach uses SFF and the SIL target to determine the hardware fault tolerance. The SFF is defined as the sum of the potentially dangerous failures revealed by auto-test and those failures which result in a safe state, as a fraction of a total number of failures.

$$SFF = \frac{[dangerous\ detected\ failures(self\ test) + safe\ failures]}{Total\ failures}$$

The above is calculated for each element (sensor, complete valve assembly, logic solver). Two tables, Table 2 and Table 3, are provided in IEC 61508- Part 2. Table 2 is for "Type A" devices which are simple devices such as valves (no microprocessors and programming are involved), and Table 3 for "Type B" devices which are complex devices such as electronic transmitters, trip amplifiers, and PLCs. Based on the SFF, type of the device, and the SIL target, the hardware fault tolerance is determined using Table 2 and Table 3.

5.3.2 Route2$_H$

In Route 2$_H$, the hardware fault tolerance is specified by the functional safety standard for each SIL target if the device is selected based on well documented and verified field based failure rate data with 90% statistical confidence. For low demand application with SIL 1 or SIL 2 target, there is no need for any redundancies (HFT=0), and SIL 3 requires one hardware fault tolerance.

Unless the field failure data with 90% confidence levels are available, the Route 2$_H$ cannot be justified. There are third party agencies who provide Route 2$_H$ certifications and should be evaluated carefully before adopting the Route 2$_H$ approach based on those certifications.

6 High level risk reductions (RRF> 10,000)

As discussed in section 2, sometimes, PHA/SIL selection may indicate a required risk reduction greater than 10,000 in the absence of any non-instrumented protection layer or, human intervention is impractical due to process safety time considerations or safety reasons.

If there are no options other than providing HIPPS with a risk reduction greater than 10,000, then the functional safety standard IEC 61511 mandates certain requirements. The following are a few of the clauses and their requirements:

Clause 9.2.6: *If further consideration of application and confirmation that a risk reduction requirement >10,000....is still required, then consideration should be given to achieving the safety integrity requirement using a number of protection layers with lower risk reduction requirements. If the risk reduction is allocated to multiple protection layers, then such protection layers shall be independent from each other or the lack of independence shall be assessed and shown to be sufficiently low compared to the risk reduction requirements.*

Clause 9.2.7: *If a risk reduction greater than 10,000....is to be implemented, whether allocated to a single SIS or multiple SIS or SIS in conjunction with a BPCS protection layer, then a further risk assessment shall be carried out using a quantitative methodology to confirm that the safety integrity requirements are achieved.*

Clause 9.2.8: *If the risk reduction required for a hazardous event is allocated to multiple SIFs in a single SIS, then the SIS shall meet the overall risk reduction requirement.*

A hybrid HIPPS using the combination of electronic and mechanical HIPPS is a solution to achieve risk reductions greater than 10,000. Each HIPPS can be designed to be better than SIL 2, and the overall risk reduction will be better than 10,000. The performance of electronic and mechanical HIPPS are comparable.

High level of risk reduction is achieved due to the diversity and very low common cause failures between the electronic and mechanical HIPPS. All the subsystems of the HIPPSs are diverse with different technologies. Also, systematic failures are minimal. The integrity of such multiple HIPPS is best analyzed using a fault tree analysis (FTA).

An example fault tree analysis for a hybrid HIPPS using ISOGRAPH's Reliability Workbench™ is shown in **Figure 5**.

The example hybrid HIPPS achieved a risk reduction of 12,815(PFD_{avg} = 7.80E-05).

The FTA shows an approach for modeling of various components including the common cause failures. The failure rates assumed are generic for the purpose of demonstration. The actual failure rates and other factors are application specific and cannot be generalized.

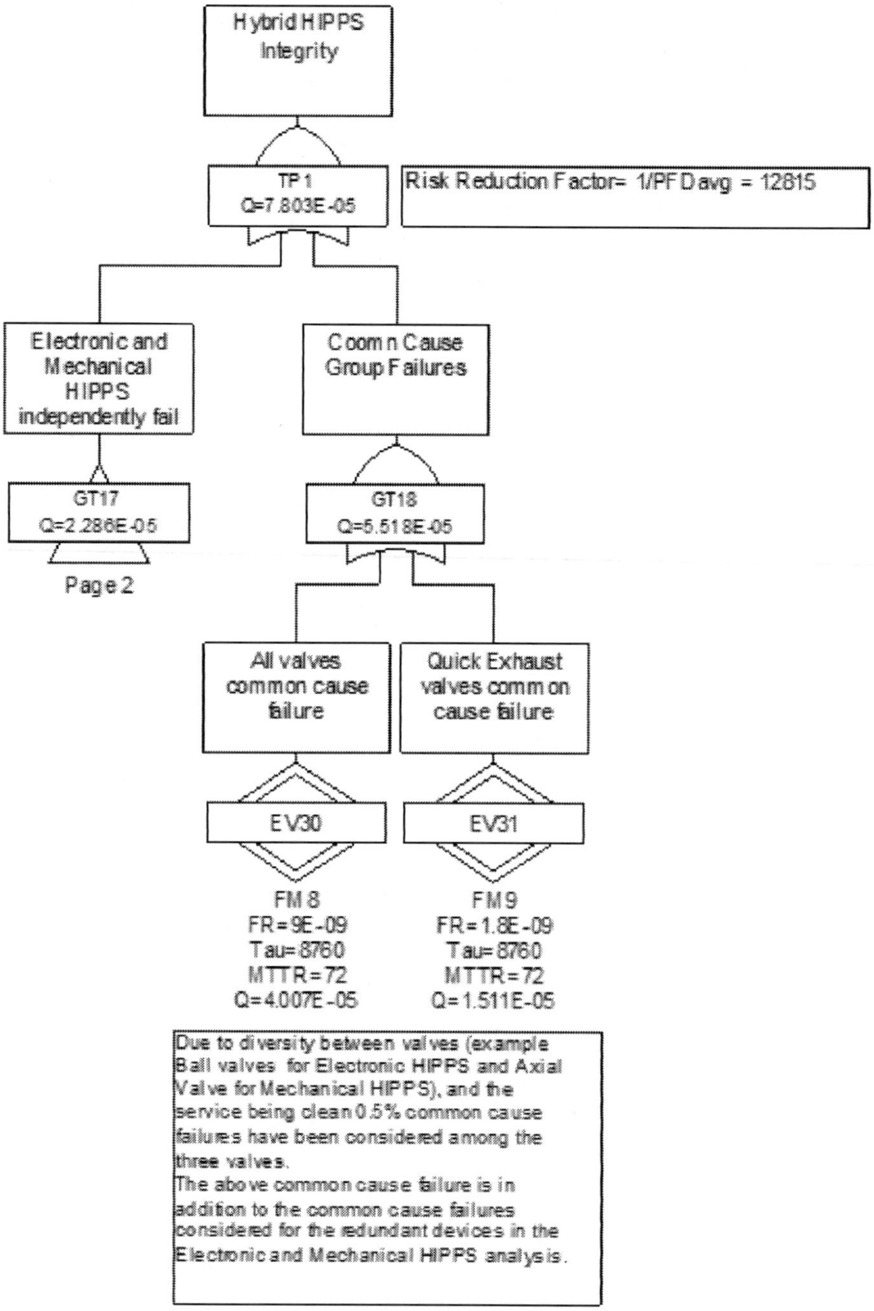

Figure 5. FTA for multiple HIPPS to achieve high risk reduction

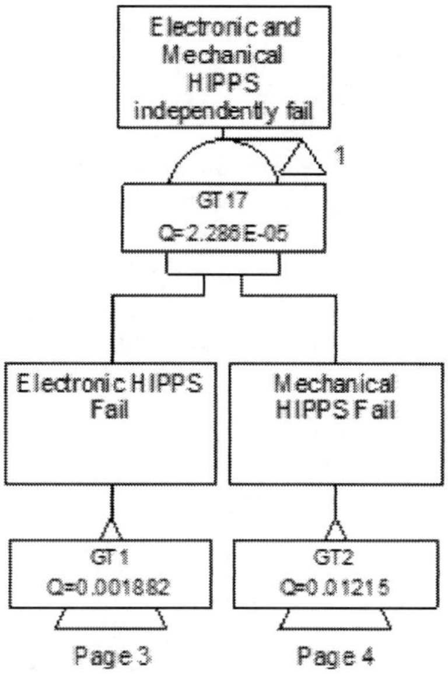

Figure 5. FTA for multiple HIPPS to achieve high risk reduction (contd..)

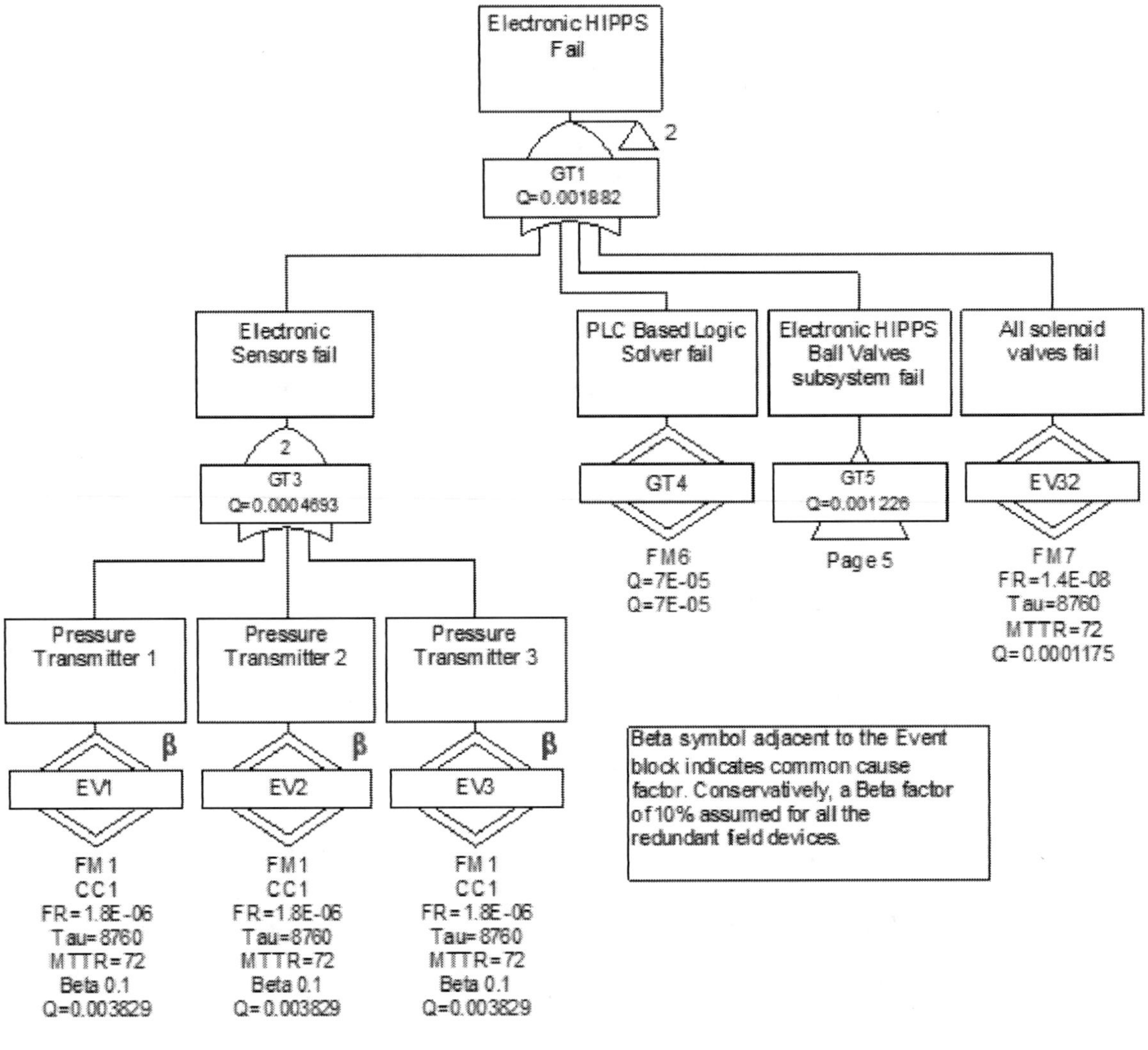

Figure 5. FTA for multiple HIPPS to achieve high risk reduction (contd..)

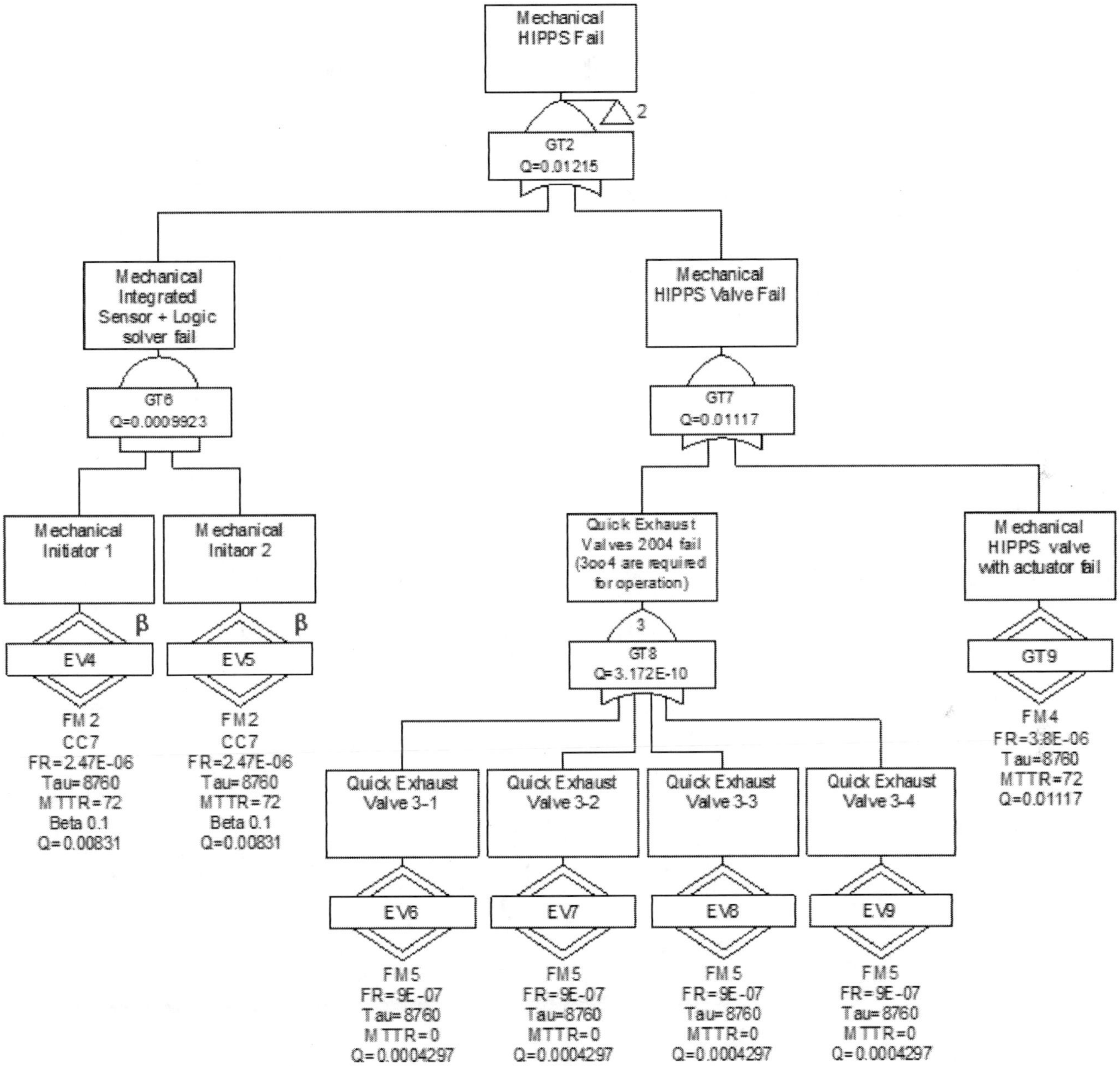

Figure 5. FTA for multiple HIPPS to achieve high risk reduction (contd..)

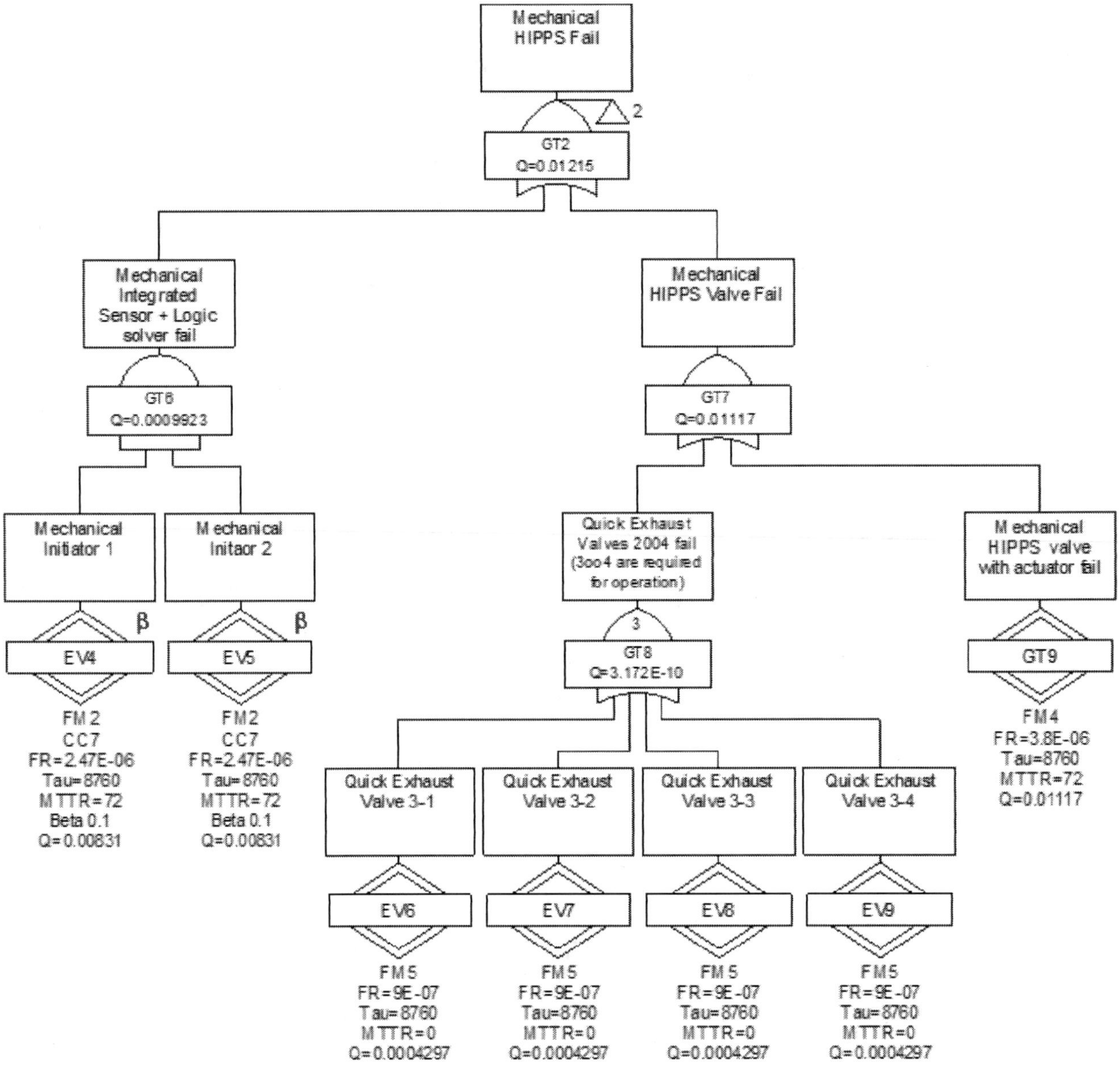

Figure 5. FTA for multiple HIPPS to achieve high risk reduction (contd..)

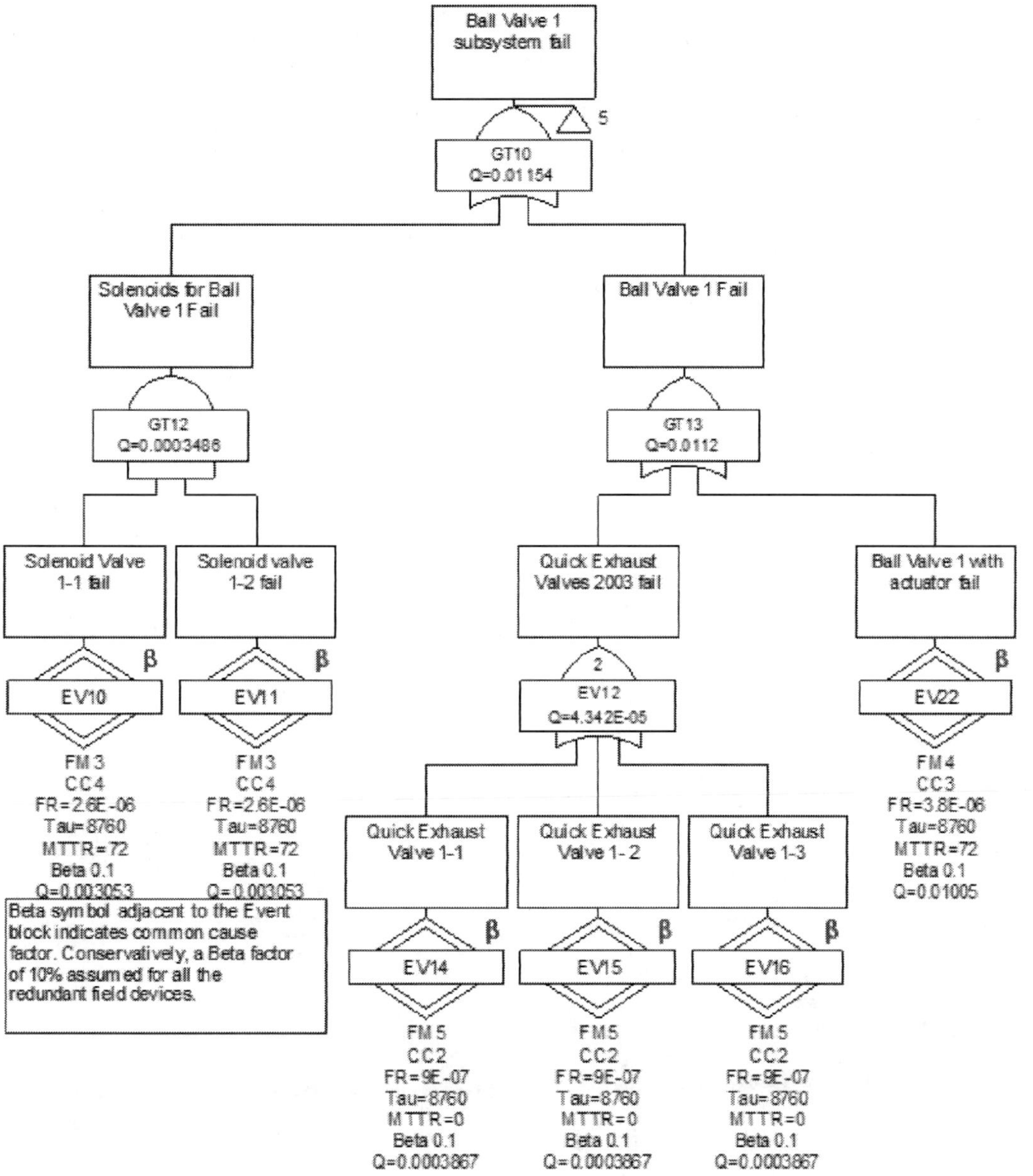

Figure 5. FTA for multiple HIPPS to achieve high risk reduction (contd..)

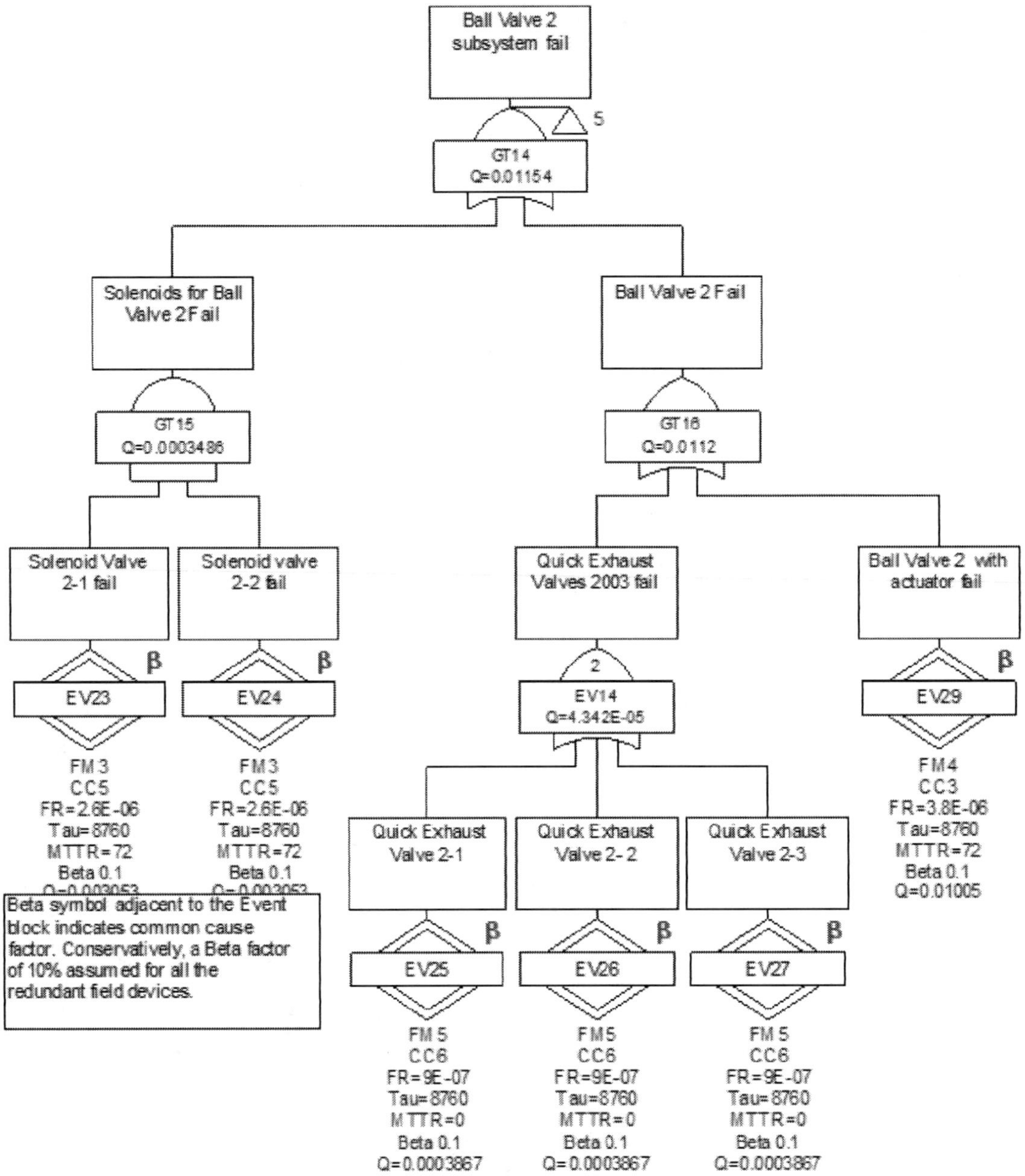

Figure 5. FTA for multiple HIPPS to achieve high risk reduction (contd..)

7 Installation, commissioning, operation and maintenance

Installation and commissioning of the HIPPS must be completed in accordance with the installation drawings, safety manuals, and the SRS.

Operation and maintenance is the longest period in the safety life cycle. The functional safety standards mandate continuous performance monitoring, including demand rates, failure modes and failure rates of various components. The actual performance must be compared with the predicted performance to identify any gaps so that remedial measures can be provided with appropriate safety review.

A robust change management process must be in place to ensure HIPPS integrity throughout the operation and maintenance phase.

8 Conclusion

Assignment of an SIL target and choosing an appropriate technology for a HIPPS is not trivial. In this paper, the significance of PHA and SIL selection for HIPPS has been re-emphasized and a brief account of available options for HIPPS to choose from, their pros and cons, and the selection criteria with examples are provided.

The design, installation, operation, and maintenance of HIPPS shall comply with the requirements of functional safety standards IEC 61508 and IEC 61511. In this article, the challenges in each of the above activities are discussed and appropriate solutions to mitigate the above challenges are provided.

In applications where a high risk reduction greater than 10,000 is required a hybrid HIPPS design approach is proposed. Using FTA demonstrated the modeling of complex hybrid HIPPS to achieve high level risk reduction.

9 References

[1] IEC. IEC 61511 Functional Safety: Safety Instrumented Systems for the Process Industry Sector- Part 1-3, Edition 2, Geneva, 2016.

[2] American Society of Mechanical Engineers (ASME), Boiler and Pressure Vessel Code, Section VIII-Pressure Vessels, New York, 2010.

[3] API, Standard 521, Pressure-relieving and Depressuring Systems, 6th Edition, Washington, DC, 2014.

[4] API, RP17O, Recommended Practice for Subsea High Integrity Pressure Protection Systems (HIPPS), 1 Edition, Washington, DC 2009.

[5] HSE, UK. SPC/TECH/OSD/31, Safety instrumented systems for the overpressure protection of pipeline risers, Available at

http://www.hse.gov.uk/foi/internalops/hid_circs/technical_osd/spc_tech_osd_31.htm, Accessed on Jan 29, 2017.

[6] IEC. IEC 61508 Functional safety of electrical/electronic/programmable electronic safety related systems- Part 1-7, Edition 2, Geneva, 2010.

[7] H.G. Lawley and T.A. Kletz. High-pressure-trip systems for vessel protection, Chemical Engineering, Vol 82, (1975).

[8] Dr. D. J. Smith, Reliability, Maintainability and Risk, 8th Edition, Butterworth-Heinemann, Waltham, MA, 2011.

[9] S. Hauge, S. Habrekke, M.A. Lundeteigen. Reliability Prediction Method for Safety Instrumented Systems- PDS Example Collection, SINTEF Technology and Society, Safety Research, 2010.

[10] Dr. D.J. Smith, and K.G.L. Simpson, The Safety Critical Systems Handbook, 4th Edition, Butterworth-Heinemann, Cambridge, MA, 2016.

475693 Managing Risk Associated w/ Electrical Energy Ignition Sources

Abstract:

In facilities that handle flammable hydrocarbons it is extremely important that all forms of potential ignition sources be carefully managed. This presentation will focus on key points associated with process electrical safety, open flame process heaters, and mechanical forms of ignition sources. OSHA 1910.119 has for many years required that hazardous area classification documentation remain in an evergreen state that requires re-certification at least once every five years. For most process facilities this OSHA mandate presents many problems. In most cases documentation has not been maintained in a current state, the facility perhaps has changed owners if not once many times over the years. The presentation attendee will be exposed to a common sense methodology that focuses primarily on minimizing electrical energy from becoming a source of ignition. A process for updating hazardous area classification documentation will be presented with tips on providing the end-user with an audit proof set of documentation. Once the hazardous area map has been developed then methods of properly documenting and conducting a site compliance assessment will be explained. This compliance assessment is a gap analysis that compares the installed electrical systems against the requirements of the National Electrical Code (NFPA 70 Article 500). Methods of presenting this documentation will be explained so the end-user has a clear understanding of the proper steps for remediation.

The presentation attendee will be exposed to the following:

- Managing risk associated with roadways that are impinged by hazardous classified boundaries
- Open Flame Process heaters encroachment by hazardous classified locations
- Methodology for area classification assessment *(it's determined by the process conditions)*
- Hazard's compliance for instrumentation and electrical system installations in hazardous process locations
- How to interpret documentation in support of the area classification assessments which include:
    - Plan Drawings (maps), Elevations, Site Specific Details. Legends, and notes
    - Assessment report documentation that addresses General Considerations, Identification of Point Sources of Emissions, Physical properties of Materials being Handled, Processed, or Stored, and Gas Dispersion Modeling Graphs and plots
- Methods for mathematical determination of hazard radius thru the concept of commercially available computer assisted gas/vapor dispersion modeling software.
- Application of common standards, codes and installation practices i.e. (NFPA, ISA, API and OSHA)

Detailed handouts as well as a complete audio-visual presentation are used to supplement the presentation.

479320 Review and Analysis of Recent Cyber Security Attacks

Abstract:

Process plants need to ensure that adequate safeguards are in place for a variety of upset conditions, including cyber security attacks, which can result in loss of product, damage to equipment, downtime, and potential safety and environmental disasters. Select cyber security incidents across a variety of industries will be reviewed to determine the modes of cyber security attack and their subsequent impacts. Specific areas of vulnerability will be identified with corresponding mitigation strategies. Possible solutions will be presented for incorporating cyber security into an existing process safety program to ensure a tolerable level of protection for high-consequence events.

478316 Resilience-Based Survival Analysis in the Event of a Process Upset: A Case Study of Utility Plant

Abstract:

Abstract: In a process plant system, safe and reliable operations are highly sensitive to the power or steam failure, loss of cooling water or nitrogen or instrument air. Most of these products and services from utilities plant play an important role as safety barriers. The main focus of this paper is to propose a model for survival evaluation of a process system under an upset condition. This model is based on the holistic resilience-based method that integrates both technical (process parameters variations) and social (policy/regulations, human and organizational) factors. The resilience methodology emphasizes non-linear dynamics, new types of threats, uncertainty, survival through upset conditions and recovery from catastrophic situations [1], [2].

The purpose of this paper is to maximize the performance of safety barriers that will be utilized in case of a process upset condition to prevent the escalation of the event into a catastrophic incident. In this work, a methodology is presented to select the best maintenance strategy [3] while considering the statutory safety regulations for maintenance of equipment like boilers, generators and more. Three different types of maintenance alternatives considered as part of this analysis are: predictive, preventative and condition-based. The key ideas of survival evaluation are presented using a utility plant as the case study.

References

1. Dinh, L. T., Pasman, H., Gao, X., & Mannan, M. S. (2012). Resilience engineering of industrial processes: principles and contributing factors. Journal of Loss Prevention in the Process Industries, 25(2), 233-241.
2. Jackson, S. (2009). Architecting resilient systems: Accident avoidance and survival and recovery from disruptions (Vol. 66). John Wiley & Sons.
3. Vassiliadis, C. G., & Pistikopoulos, E. N. (2001). Maintenance scheduling and process optimization under uncertainty. *Computers & Chemical Engineering*, *25*(2), 217-236.

478816 Model-Based Pressure Relief Design for Reactive Systems

Abstract:

Abstract

Reactive systems behave unpredictably under overpressure conditions. Varying composition impacts the physical properties and response of the mixture to temperature and time. Pressure generation in a reactive system is often a function of both vapor pressure and gas generation rate. Standard methodologies applied in non-reactive pressure relief system design cannot be relied upon to give appropriate sizing for reactive systems. Consistent with DIERS methodologies, model-based design provides accurate, reliable vent sizing. A comprehensive approach to modeling is presented which incorporates vapor-liquid equilibrium, reaction stoichiometry, and reaction rate.

Dynamic Modeling of Inbreathing Requirements for Low-Pressure Storage Tanks

Dona Abou-Chakra
ioMosaic Corporation
93 Stiles Road | Salem, NH 03079
chakra.d.nh@iomosaic.com

Georges A. Melhem, PhD, FAIChE
ioMosaic Corporation
93 Stiles Road | Salem, NH 03079
melhem@iomosaic.com

Ronald J. Willey, PhD
Northeastern University
360 Huntington Avenue | Boston, MA 02115
r.willey@neu.edu

Prepared for Presentation at
American Institute of Chemical Engineers
2017 Spring Meeting and 13th Global Congress on Process Safety
San Antonio, TX
March 26 – 29, 2017

Dynamic Modeling of Inbreathing Requirements for Low-Pressure Storage Tanks

Dona Abou-Chakra
ioMosaic Corporation
93 Stiles Road | Salem, NH 03079
chakra.d.nh@iomosaic.com

Georges A. Melhem, PhD, FAIChE
ioMosaic Corporation
93 Stiles Road | Salem, NH 03079
melhem@iomosaic.com

Ronald J. Willey, PhD
Northeastern University
360 Huntington Avenue | Boston, MA 02115
r.willey@neu.edu

Keywords: Thermal Inbreathing, API 2000, Storage Tanks, Venting.

Abstract

A Process Safety Office™ - SuperChems™ component based model is proposed to study the dynamic behavior of the thermal inbreathing of low-pressure storage tanks upon the occurrence of a sudden cooling rainstorm. The objective here is to establish a model that is capable of properly calculating the design relief capacity of the relief device to be installed on such tanks. The impact of phase-change, particularly vapor condensation, on the thermal inbreathing of the tank assessed. The model was validated against two large-scale experiment datasets and some other published theoretical models. The results were then discussed and compared to the relief requirements obtained using the API 2000 7th Edition method, which is the current standard for venting atmospheric tanks.

1 Introduction

Low-pressure storage tanks are protected against extreme weather changes following the API 2000 (7th edition) standard. The threat of creating a vacuum occurs when the contents of the tank vapor space are suddenly cooled by an intense rainfall causing the vapor space to contract and condense, hence, rapidly decreasing the internal pressure. This pressure drop will pull outside air into the tank's vapor space and acts as the driving force for thermal inbreathing.

The current limitation with the API standard is that it only addresses tanks storing non-condensable gases and have no liquid residue, where in fact most storage tanks contain condensable vapors such as water vapor which will have a big impact on the thermal inbreathing of the tank. This paper assesses the API 2000 relief requirement calculations for low-pressure storage tanks by comparing them to (1) the results of the dynamic simulations from a proposed SuperChems™ based model and (2) to several methods found in the literature (PTB W-22, Salatino, etc.) for both condensable and non-condensable vapor services.

2 API 2000 Methods

The tank contents are affected by the ambient conditions especially when the tank is uninsulated, which is the case for most storage tanks. This method uses air at normal conditions (0°C and 101.325 kPa) as the inbreathed gas. The maximum inbreathing rate, $\dot{V}_{IT}$, is primarily a function of tank volume, insulation, and a C-factor (found in Table 1 below) as shown in Equation (1) below:

$$\dot{V}_{IT} = C\,V_{tk}^{0.7}R_i \tag{1}$$

where $\dot{V}_{IT}$ is the maximum inbreathing volumetric flow rate of air at normal conditions (Nm^3/h), C is the dimensionless factor that depends on vapor pressure, storage temperature and latitude, V_{tk} is the tank volume (m^3), and R_i is the reduction factor for insulation.

Table 1. API 2000 C-factor for Thermal Inbreathing

Latitude, φ	C-factor			
	Vapor pressure similar or below hexane		Vapor pressure higher than hexane or unknown	
	Average storage temperature (°C)			
	< 25	≥ 25	< 25	≥ 25
φ < 42°	4	6.5	6.5	6.5
42° ≤ φ ≤ 58°	3	5	5	5
φ > 58°	2.5	4	4	4

The assumptions used for the scenario of "tank cooling by rain" are found in Annex E of API 2000 [1] and are listed below:

- Tank is filled with air only.
- Initial vapor space and shell wall temperature are in thermal equilibrium at 55 °C.
- Rain temperature and intensity are constant at 15°C and 225 kg/m^{2}h (This rainstorm has a probability of 1/100 year) respectively; rain angle is at 30° from the horizontal.
- Inside free convection heat-transfer coefficient is 5 W/m^{2}K.
- Outside film cooling heat-transfer coefficient is 5,000 W/m^{2}K.

2.1 API 2000 Annex A Method

The method found in Annex A was used prior to 7th Edition (2008) and is quite different than the current sizing method for venting devices. In order to quantify the thermal inbreathing for storage tanks volumes smaller than 3180 m^3, Annex A [1] assumes that the tank starts cooling from an initial temperature of 48.9°C and at a constant temperature rate of -56 K/h. The thermal inbreathing rate, $\dot{V}_{IT}$ (Nm³/h) is as follows:

$$\dot{V}_{IT} = 0.169\, V_{tk} \tag{2}$$

where V_{tk} is the tank volume (m³). For tank volumes equal or greater than 3180 m³, the thermal inbreathing is assumed to be limited by a constant heat flux, $h\Delta T$, equal to 63 W/m². The thermal inbreathing rate in this case becomes:

$$\dot{V}_{IT} = 0.577\, A_{exp} \tag{3}$$

where A_{exp} is the external tank area exposed to rain (m²). Table 2 below summarizes the thermal normal venting requirements as found in Annex A of API 2000. Volumes greater than 30,000 m³ are outside the scope of this method. However, interpolation is allowed for Table 2 as long as the tank volumes lie between the specified volume limits of 10 m³ to 30,000 m³. [1]

Table 2. API 2000 Annex-A Normal Venting Requirements Due to Thermal Effects [1]

Tank Capacity	Inbreathing	Out-breathing	
Column 1 [a]	Column 2 [b]	Column 3 [c]	Column 4 [d]
		Flash Point ≥ 37.8 °C or Normal Boiling Point ≥ 149 °C	Flash Point < 37.8 °C or Normal Boiling Point < 149 °C
m³	Nm³/h of air	Nm³/h of air	Nm³/h of air
10	1.69	1.01	1.69
20	3.38	2.02	3.38
100	16.9	10.1	16.9
200	33.8	20.3	33.8
300	50.4	30.4	50.4
500	84.5	50.7	84.5
700	118	71.0	118
1,000	169	101	169
1,500	254	152	254
2,000	338	203	338
3,000	507	304	507
3,180	537	322	537
4,000	647	388	647
5,000	787	472	787
6,000	896	538	896
7,000	1,003	602	1,003
8,000	1,077	646	1,077
9,000	1,136	682	1,136
10,000	1,210	726	1,210
12,000	1,345	807	1,345
14,000	1,480	888	1,480
16,000	1,615	969	1,615
18,000	1,750	1,047	1,750
20,000	1,877	1,126	1,877
25,000	2,179	1,307	2,179
30,000	2,495	1,497	2,495

3 Thermal Inbreathing of Non-Condensable Vapors

One of the major assumptions of API 2000 is that the tank experiencing inbreathing is empty (i.e. only filled with dry air) and the vapor space is considered non-condensable. This section will review recent work on inbreathing dynamics for non-condensable dry air services only.

3.1 Salatino's Model

Salatino et al. [2] compare their tank inbreathing model to the older version of API 2000 (1992) that utilized the method of Annex A: a method based on the maximum estimated heat loss rate of 63 W/m^2 upon sudden cooling by a rainstorm of 225 kg/m^{2}h rain density. They recognized that all existing thermal inbreathing models assume a uniform vapor-space temperature, thus his team's contribution was accounting for the temperature non-uniformity inside the tank by dividing the tank into two individual volumes: the shell and the roof.

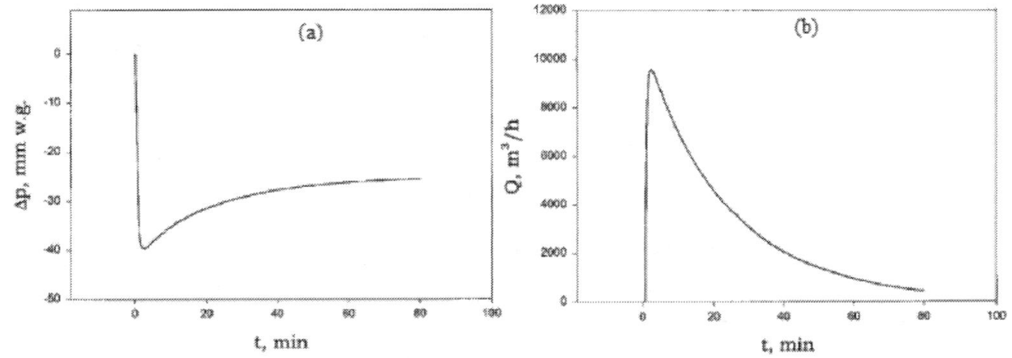

Figure 1. Pressure drop (a) and thermal inbreathing (b) profiles of Salatino's Model [2]

Salatino derived an equation for the maximum thermal inbreathing (Equation 4), stating that the maximum occurs at time t=0 (Figure 1) when the sudden weather change causes (1) vanishing of the radiative flux absorbed by the tank, (2) abrupt drop in ambient temperature and finally (3) rainfall.

$$\dot{Q}_{max} = -\frac{V}{T_G}\frac{dT_G}{dt}\bigg|_{t=0} = \frac{V}{T_{G,1}}\frac{1}{\tau}\left(T_{G,1} - T_{G,2}\right) \quad (4)$$

$$\tau = \frac{pV}{RT_G}\frac{c}{\sum A_i h_{iG}} \quad (4a)$$

where $\dot{Q}_{max}$ is the maximum thermal inbreathing rate (m^3/h), V is the tank volume (m^3), $T_{G,1}$ and $T_{G,2}$ are the gas temperatures (K) before and after the rainstorm, respectively. τ is the time constant that sums the effects of pressure, volume, heat transfer parameters (Equation 4a).

Salatino et al. further simplified the model by assuming an average value for the heat transfer coefficient of 4 W/m^{2}K and a gas temperature drop (after rainfall) of T_{G1}-$T_{G2} \cong 25$°C claiming that these values will result in a conservative approximation of the inbreathing rate. Replacing these values in Equation (4) yields the simplified maximum inbreathing rate, $\dot{Q}_{max}$, which is a function of the tank volume, *V*, and the height-to-diameter ratio, *f*:

$$\dot{Q}_{max} = 2.6\, V^{2/3} \left(\frac{1 + 2f}{\sqrt[3]{f}} \right) \tag{5}$$

For a 63,000 m^3 cone-roof tank, Salatino predicted a maximum thermal inbreathing value of 9,900 m^3/h, using Equation 5. However, using the API 2000 Annex A method, the maximum inbreathing for the same tank was found to be 4,100 m^3/h. Salatino proved that his method is more conservative than the API 2000 equations and advised that an oversized thermal relief device is considered a safer design in this case.

3.2 Lloyd's Register Energy Americas, Inc. (LR) Model

Lloyd's Register (LR) Energy Americas, Inc. analytically solved the heat balances of a storage tank that is suddenly cooled by rain [3] and compared their results against ISO 28300, which is an equivalent of API 2000 6th edition (2009). The model results are summarized in Figure 2 below.

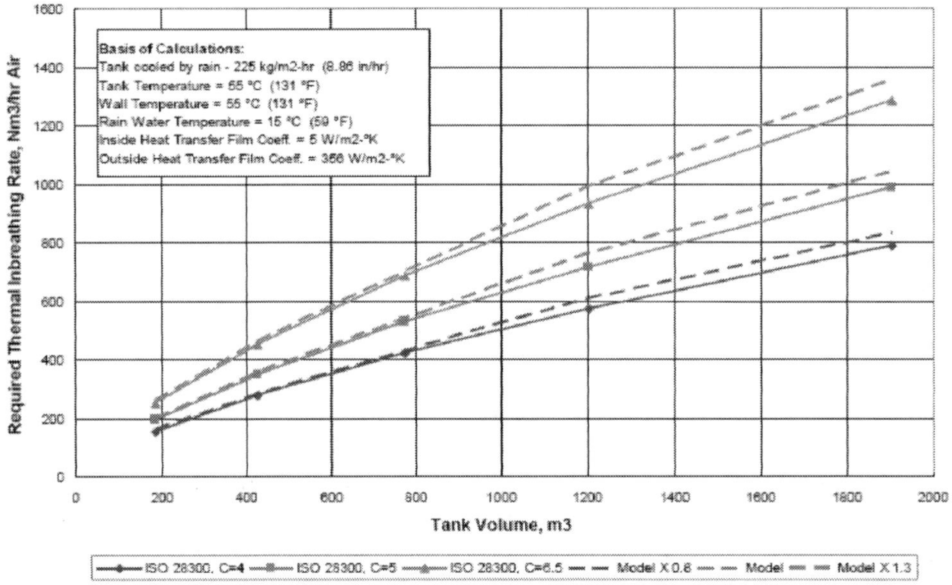

Figure 2. LR Model versus API 2000 6th ed. (ISO 28300)

The LR model was slightly more conservative than the API 2000 thermal inbreathing predictions by factors ranging between 0.5 and 1.3. Note that the C value in Figure 2 refers to the C-factor in the API 2000 thermal inbreathing in Equation (1) of this paper.

The model was then used to study the impact of several variables, some of which had minimal impact on the predicted thermal inbreathing (less than 5% error) such as the tank weight and initial gas temperature. Other variables, like the outside heat-transfer coefficient (Table 3) and rain intensity, had substantial impact on the calculated thermal inbreathing rates.

Table 3. LR Model - Impact of Outside Heat-Transfer Coefficient, h_o [3]

Case No.	Tank Volume m3	Predicted Thermal Inbreathing Rate, Nm3/hr		
		ho = 200 W/m2- K	ho = 300 W/m2- K	ho = 400 W/m2- K
1	186	169.6	191.2	205.1
2	427	308.3	341.4	362.7
3	775	475.1	520.7	548.6
4	1202	678.9	740.5	778.6
5	1903	935.2	1011.6	1058.5

The LR model was used to derive a relationship between the rain intensity (mm/h) and the heat transfer coefficient between the outer tank wall and rain (W/m^{2}K) as shown in Figure 3 below. This linear dependence relationship was implemented in SuperChems™ for this study.

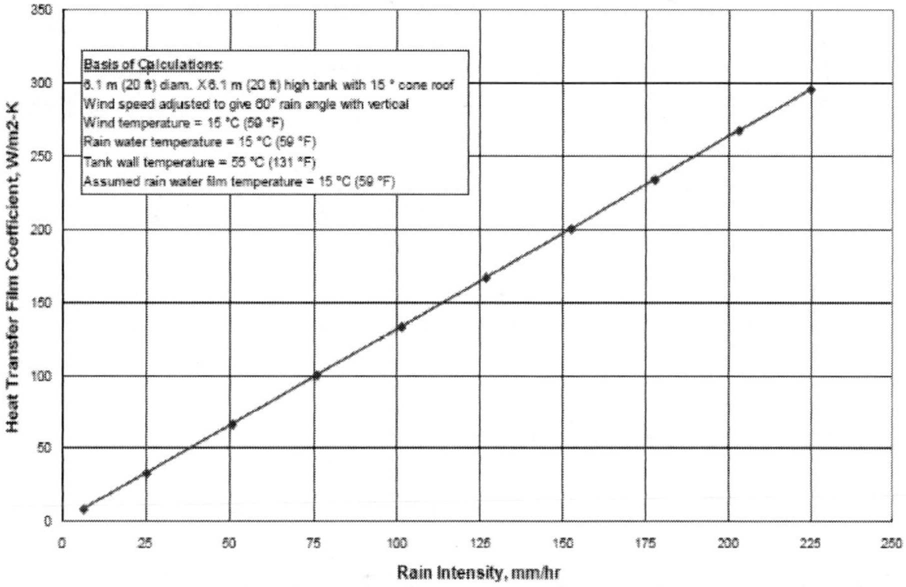

Figure 3. Rain/wall heat transfer coefficient versus of rain intensity

3.3 PROTEGO© Model

Scholz and Weber [4] from PROTEGO© derived the API 2000 7th Edition thermal inbreathing formula (Equation 1 of this paper) and determined that the maximum thermal inbreathing was a function of primarily tank volume with a coefficient that is less than or equal to 9.99:

$$\dot{V}_{max} = Cofficient \cdot V^{2/3} \tag{6}$$

The above equation is applicable to both flat-roof and conical-roof storage tanks. The derivation of Equation (6) was obtained by performing energy balances on the stored gas, the tank walls, and on the rainwater film. The differential equation and its solution are not included in this document, but can be found in Scholz and Weber's publication [4].

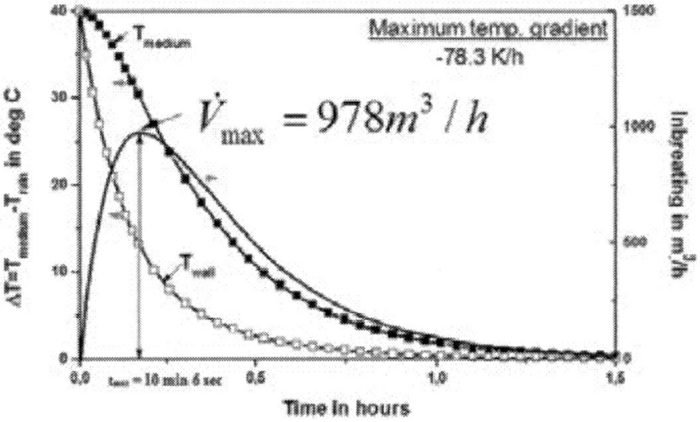

Figure 4. PROTEGO© Model Results

PROTEGO© then compared their results with the Foerster's model [5], whose main assumption was a fully immersed tank, which proved to be in good agreement with the published data. Figure 4 contains the results of a simulation using a conical-roof storage tank of 3,978 m^3 volume and an aspect ratio f = 0.6. Light rain was assumed (75 kg/m^2h) at 15°C. The inside and outside convective heat-transfer coefficients were set to 5 and 37 W/m^2K respectively.

PROTEGO© used their model to study 5 different types of condensable vapors and their effect on the maximum thermal inbreathing rate, however, the results will be discussed in Section 4 of this paper.

4 Thermal Inbreathing of Condensable Vapors

API 2000 neglects the possibility of vapor condensation for the thermal inbreathing/out-breathing relief calculation since only dry air is present in the tank i.e. the tank is empty. One reason to consider the effects of having condensable vapors is the steam cleaning that storage tanks undergo. Hot steam will occupy the tank after the cleaning process is complete and if a rainstorm occurs, the water vapor will condense/contract and pull a vacuum inside the tank.

4.1 Fullarton Model – Water Vapor

Fullarton [6] introduced two dimensionless factors in his model: (1) The reduction factor "η" that accounts for the tank wall thickness by factoring in the metal heat capacity of the walls and (2) the condensation factor "χ" that accounts for the stored-vapor condensation i.e. the additional condensation mass flux and the additional heat of condensation. The formulas of each "η" and "χ" can be found in Fullarton's paper [6].

It is expected that the tank wall temperature drops much faster than the temperature of the vapor stored inside the storage tank because of the metal's higher heat capacity. However, a thicker metal wall acts as a resistance to heat transfer. This means that the tank walls cool at a slower rate than when the wall thickness is neglected. The maximum inbreathing in this case will be lower, hence the reduction factor "η" which "reduces" the maximum thermal inbreathing of a storage tank with thicker walls.

Table 4. Range of χ-factor for Different Condensable Vapors

Condensable Vapor	χ-factor
Water vapor Heptane Hexane	1.5-2
Ethanol	2-2.5
Methanol	3-4

The condensation factor "χ", on the other hand, is primarily a function of the volatility of the condensable vapor being studied. For that reason, Fullarton established a range for the "χ" factor for different vapors as seen in Table 4 above [6].

Therefore, the maximum thermal inbreathing for a condensable vapor space per Fullarton can be obtained by using each of the Naumann approximation, $\dot{V}_N$, the reduction factor, η, and the condensation factor, χ.

$$\dot{V}_{K,max} = \dot{V}_N \eta \chi \tag{7}$$

One must keep in mind that properties of air at 288K were used to derive this equation in addition to the assumption of the initial temperature gradient ($T_{G,0} - T_A$) equal to 40°C. If other values are to be used, the above equation must be re-derived to account for the appropriate conditions.

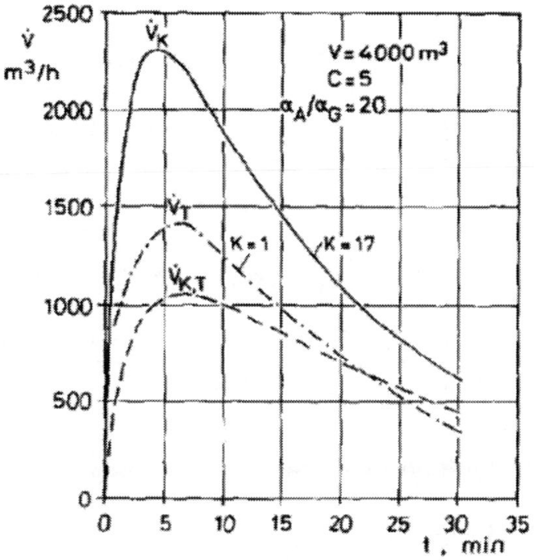

Figure 5. $\dot{V}_{inbreathing}$ **profile – Fullarton Model** [6]

Fullarton performed a dynamic simulation on a 4,000 m^3 empty tank intended for the storage of ethanol. The initial gas temperature was 55°C and was suddenly cooled by rain at 15°C. The rain fall was assumed to be an extremely heavy downpour (probability of 1 every 100 years) with $\alpha_A/\alpha_G = 20$ and $\alpha_G = 5$ W/m^{2}K. Figure 5 above shows the resultant inbreathing profile for each of dry air, K=1, and saturated water vapor, K=17. The maximum thermal inbreathing occurs at time t = 6 min where the inbreathing of the condensable vapor space ($\dot{V}_{K=17}$) is *1.6 times larger* than that of dry air ($\dot{V}_{K=1}$).

4.2 PROTEGO© Model – Condensable Vapors

PROTEGO© used their model [4] to obtain the inbreathing curves of five different vapors: methanol, ethanol, saturated water vapor, heptane and decane (Figure 6) and comparing them to the inbreathing curve of dry air in the same tank.

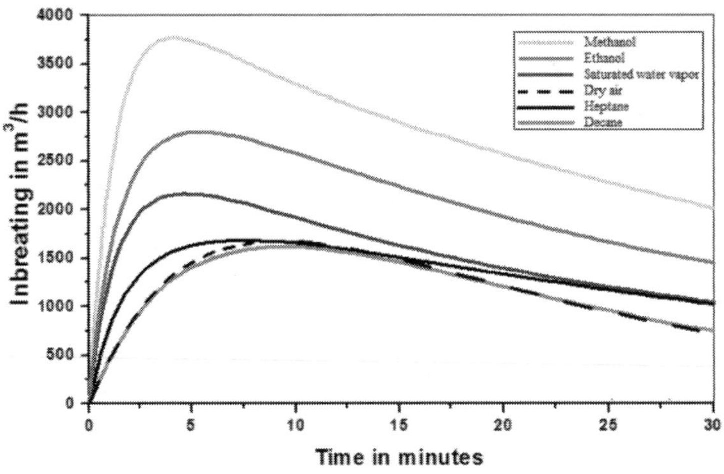

Figure 6. $\dot{V}_{inbreathing}$ profile of different vapors – PROTEGO© Model [4]

It can be seen that the condensation of volatile vapors has a significant impact on the inbreathing rate causing it to have a twofold increase. On the other hand, non-volatiles such as decane do not affect the inbreathing rate and yields the same inbreathing profile as with dry air.

Table 5. Condensation Factor "χ" Results

Vapor	$\chi_{PROTEGO}$	$\chi_{Fullarton}$
Methanol	4.76	3-4
Ethanol	2.23	2-2.5
Heptane	1.61	1.5-2
Water	1.29	1.5-2
Decane	1.01	N/A

PROTEGO© calculated the condensation factor "χ" for each of the simulated vapors and compared their values to that of Fullarton's (Table 4) and summarized the results in Table 5 above. The condensation factor values from this model are all in agreement with the published values [6] except the χ_{methanol} which is greater than the range specified by Fullarton (1986). A possible explanation for the latter is that PROTEGO© may have been more conservative (higher safety margin) when dealing with extremely volatile vapors like methanol.

5 Large-Scale Experimental Data

A thorough literature review yielded two sets of large scale data from actual experiments to study the thermal inbreathing of low-pressure storage tanks. Large scale datasets are preferred for model validation. The first dataset is for non-condensable gases (air) by *Sigel et al.* [7] and the second dataset is for condensable gases by *Holtkoetter et al.* [8].

5.1 Sigel's Experiment

Sigel performed actual data collection for the thermal inbreathing rate from a large tank of 617.5 m^3 capacity exposed to high solar radiation. The tank was empty without any trace of product vapor or liquid residue.

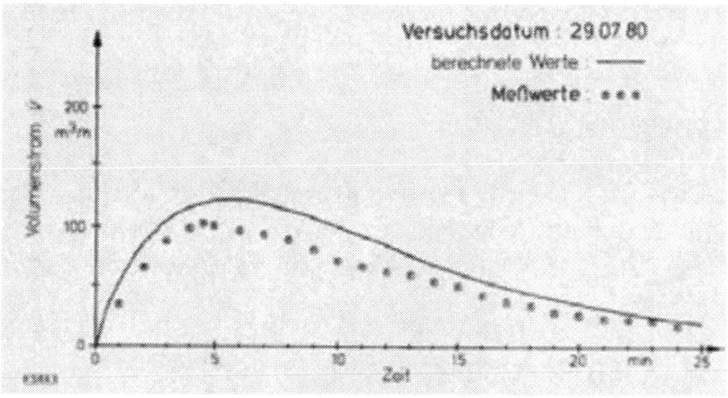

Figure 7. Sigel Experimental Inbreathing Profile

Sigel et al. [7] developed their own thermal inbreathing model to compare it with their experimental results. Figure 7 above displays the measured values of inbreathing (markers on the graph) versus the model (solid line). The inbreathing rates predicted by his model proved to be more conservative than the measured rates.

5.2 Holkoetter's Experiment

Holtkoetter performed an experiment on a 1.18 m^3 tank to measure the actual inbreathing rates and compare the results to his proposed model. This experimental investigation aimed at studying the effects of condensation on thermal inbreathing for three different vapors: water, isopropanol, and methanol.

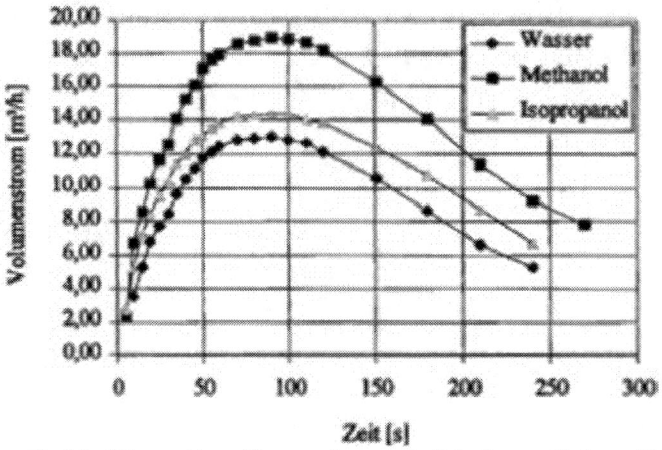

Figure 8. Holtkoetter Experimental Inbreathing Profile

The maximum thermal inbreathing is recorded after almost 95 seconds for all three gases. The maximum thermal inbreathing of methanol $\dot{V}_{max} \approx 19$ m^3/h is significantly higher than that for both water ($\dot{V}_{max} \approx 13$ m^3/h) and isopropanol ($\dot{V}_{max} \approx 14$ m^3/h) due to the fact that methanol is the most volatile vapor.

6 SuperChems™ proposed Model

The inbreathing profiles were generated using SuperChems™ dynamic simulation of storage tanks experiencing a sudden weather change. Dynamic models continually generate results that are used as the initial conditions for the next time interval calculation which perpetually drives the model to completion.

The proposed model first starts by defining a variety of objects to represent components of the system such as the storage tank vessel, the mixture that is stored, the piping segment and relief device, and the water sprays that are used to simulate a rainstorm. A built-in thermodynamics package is selected (modified Peng-Robinson EOS [9]) and scenarios are then created to collect the objects. Once the scenarios are created, single and multi-phase flow dynamics models are associated with the individual scenarios and the dynamic solutions for the inbreathing profiles are produced.

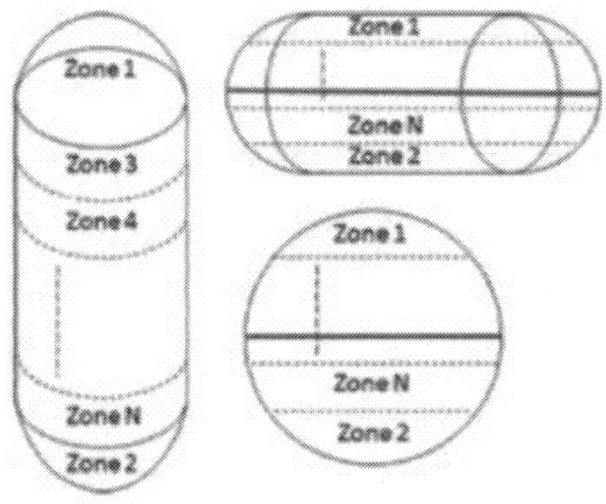

Figure 9. SuperChems™ Segmentation Scheme

An important feature of the software is wall dynamics which segments the vessel into multiple zones (Figure 9) allowing the user to account for heat conduction across the wall and between the zones using the effective conduction length method.

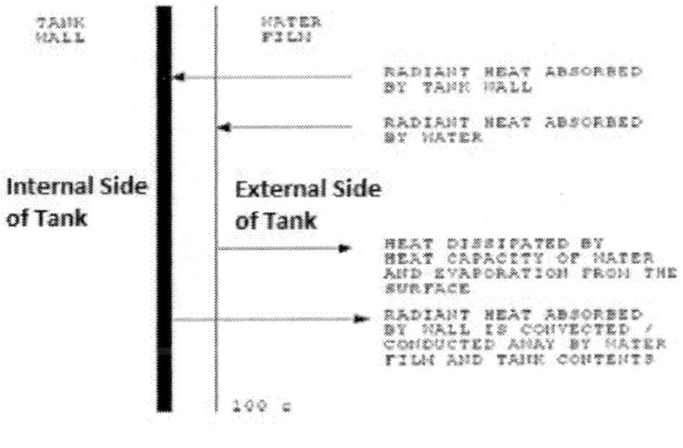

Figure 10: Heat Transfer Mechanisms for a Tank during a Rainstorm

Once segmentation is defined, heat transfer analysis is applied per wall segment (Figure 10) where the impact of rain, solar radiation, wind, and insulation is considered. Inside the tank, the wall-to-fluid heat transfer includes radiation and natural convection for the vapor phase; and nucleate, film and pool boiling for the liquid phase.

It should be noted that many parameters from the existing models and large-scale datasets were missing (vessel, dimensions, wall thickness, mixture composition, heat transfer coefficients, rain intensity, etc.) and had to be scientifically estimated in our dynamic simulations.

6.1 SuperChems™ Model Prediction for Non-Condensable Vapors (Large-scale Data)

The dimensions of the 617.5 m^3 empty tank used in Sigel's experiment [7] were introduced as input parameters to the SuperChems™ vessel object. The rainstorm used in this simulation had an intensity of 0.38 inch/h and a duration of 30 minutes with a temperature of 15°C. The inside heat transfer coefficient value was set to 5 W/m^2K as specified by API 2000 [1].

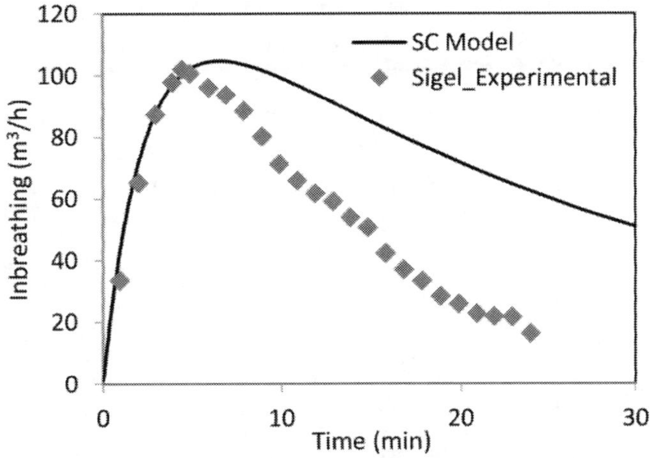

Figure 11. Simulation of Sigel's Tank using SuperChems™

The maximum value for inbreathing predicted by SuperChems was 104 m^3/h at time $t = 6.6$ min, as seen in Figure 11 above. This value is at a 2% deviation from the actual recorded maximum. The model's slope matches the first part of the inbreathing curve up until the maximum. Although the slopes of the decay of the inbreathing are different, they do not contribute to the design of the relief device because the most important value extracted from such studies is the maximum inbreathing that will act as the design relief capacity of the venting device.

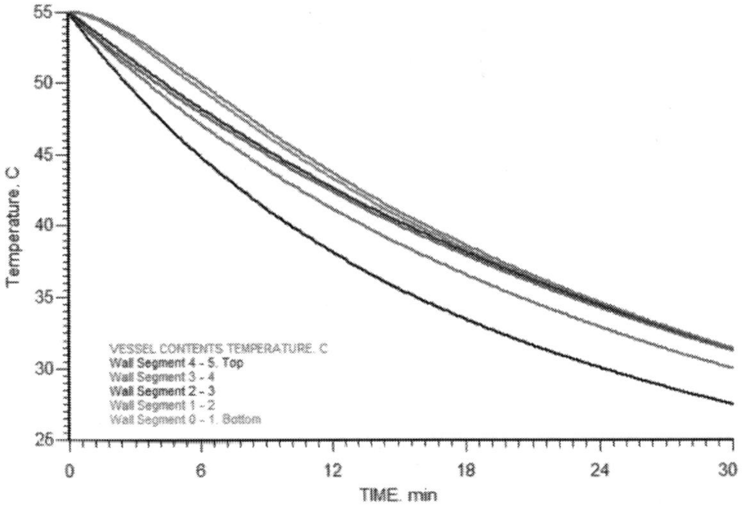

Figure 12: Temperature Profiles of Sigel's Tank using SuperChems™

Figure 12 above shows the temperature profiles of the wall segments and air inside the tank from the SuperChems™ simulation. Since Sigel [7] did not disclose the actual temperature profiles, therefore, we could not compare the computed temperature profile from SuperChems™ to the actual readings from Sigel's experiment.

6.2 SuperChems™ Model Prediction for Condensable Vapors (Large-scale Data)

Holtkoetter's experimental setup [8] consisted of a 1.18m^3 tank with walls that are 1.2 mm wall thick. The three vapors Holtkoetter studied were: methanol, isopropanol and water. For each type of vapor, the tank was filled with a small amount of liquid which was then vaporized using three infrared radiators (2.5-4.2 kW). After vaporization step was complete, water sprays were activated to cool the tank and the thermal inbreathing was recorded (Figure 8).

Using SuperChems™, the vessel was defined, then the rain-wall heat transfer coefficient, h_{rain}, was fixed at 600W/m^2K that corresponds to a rain intensity of 0.1262 kg/m^2s as specified by Holtkoetter. The duration of the rain for this simulation was 300 seconds. The h_{gas} was initially set to the API 2000 value of 5 W/m^2K, but was then adjusted to compensate for the vapor condensation inside the tank.

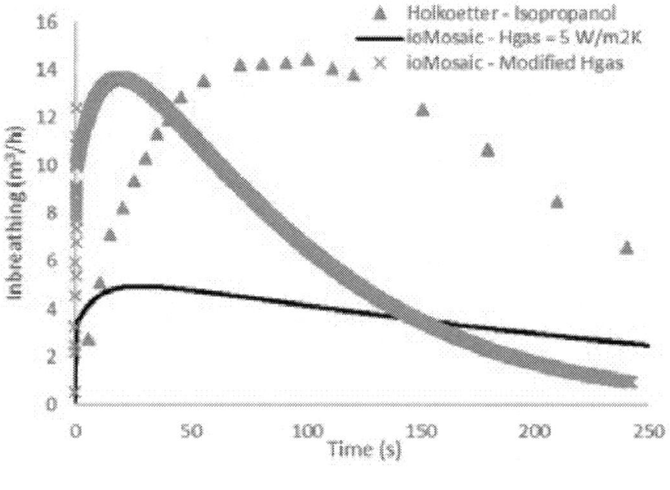

Figure 13. SuperChems™ Simulation of Holtkoetter's Tank with Isopropanol

Figure 13 illustrates the inbreathing profile for two different values of the free-convection heat transfer coefficient of the isopropanol vapor, h_{gas}, inside the tank. It can be clearly seen that using the API 2000 value $h_{gas} = 5 W/m^2K$ underpredicts the thermal inbreathing by almost 62%. After numerous iterations, a modified value for h_{gas} was found to be 30 W/m^2K. This higher value makes physical sense since the condensation of isopropanol occurring on the inner walls of the tank enhances the heat transfer between the vapor and the wall.

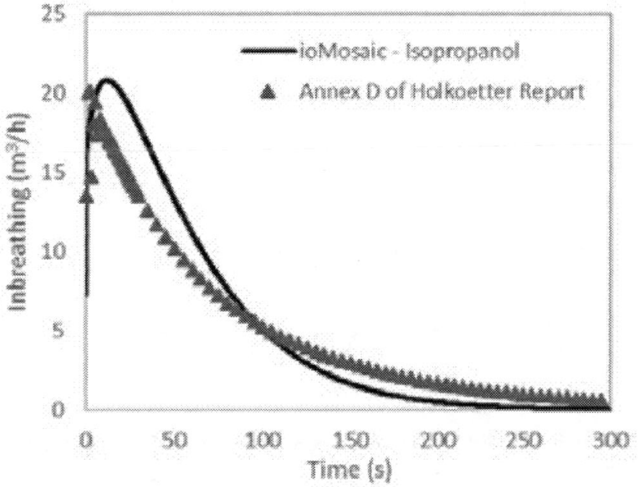

Figure 14. SuperChems™ Reproduction of Holtkoetter's Inbreathing Model (Isopropanol)

Although *Holtkoetter et al.* [8] performed experimental work to measure the maximum inbreathing, they did not, however, compare their experimental results to their proposed model. Hence, the SuperChems™ results were compared to Holtkoetter's model found in "Annex D" of his publication [8].

Figure 14 above proves that the SuperChems™ based model shows good agreement with the Holtkoetter model that considers spontaneous condensation. The predicted value for the $\dot{V}_{max}$ using SuperChems™ was 20.7 m^3/h and is at a +3% error from the value reported by Holtkoetter [8].

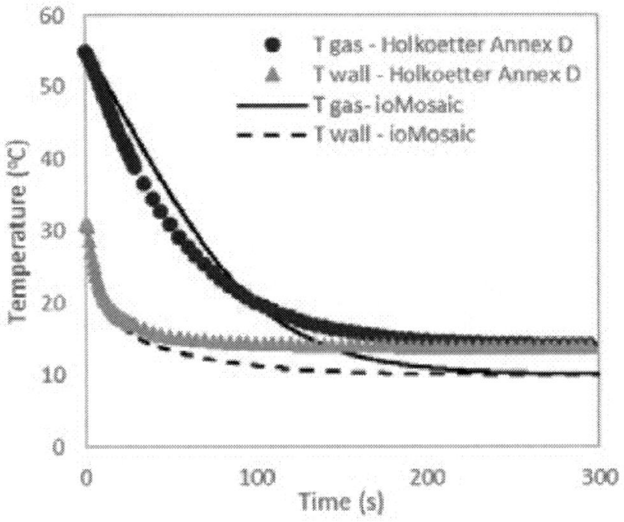

Figure 15. SuperChems™ Reproduction of Holtkoetter's Temperature Model (Isopropanol)

The gas and wall temperature profiles were almost accurately reproduced using the SuperChems™ model and are shown in Figure 15. Holtkoetter attributes the discrepancy between his model and his experimental result to the fact that the experiment was done in the month of December where the available water had a temperature of 8°C instead of 15°C. Colder rain will eventually lead to higher inbreathing rate values, therefore, the inbreathing should be inspected as a function of temperature to account for this 7°C difference in the water temperature. For more information about this method, please refer to the actual publication [8].

6.3 SuperChems™ Model vs. Published Models

In addition to validating our proposed model against large-scale experimental data, the SuperChems™ based model was also compared to the published models listed in Section 3 and 4 of this paper [10].

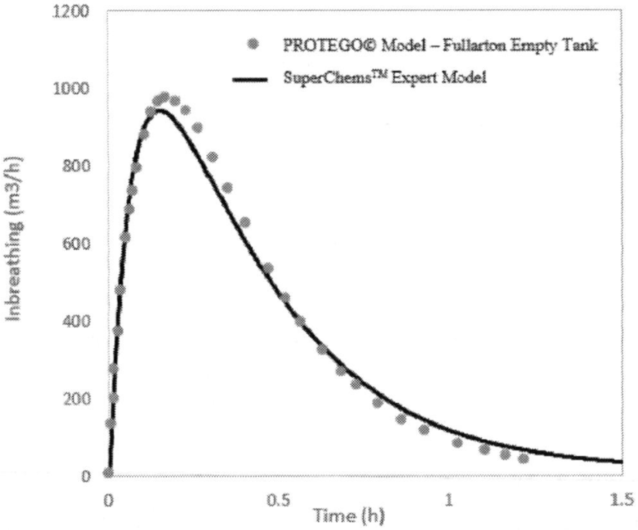

Figure 16. SuperChems™ Inbreathing Profile for Air (Fullarton's tank)

Figure 16 shows the predicted inbreathing profile of dry air using the SuperChems™ model and compared against the PROTEGO© model. The maximum recorded inbreathing from the SuperChems™ Expert simulation is around 940 Nm^3/h which has a -4% deviation from $\dot{V}_{max}$ predicted by PROTEGO©. The temperature and temperature-rate profiles were also calculated and can be found in the actual publication along with the fits for the different models and vapors using SuperChems™ Expert [10].

6.4 Modified Heat Transfer Coefficient

The heat transfer coefficient between the stored vapor and the inner-tank walls, h_{gas}, was modified for each type of volatile condensable vapor [10]. Table 6 below summarizes the values of h_{gas} used in the two-phase dynamic model for a tank-wall thickness of 5 mm. These results show that condensation "enhances" heat transfer thus providing evidence that use of the API 2000 value heat transfer coefficients h_{gas} will underpredict the maximum thermal inbreathing (Figure 13). Also, note that h_{gas} is directly proportional with the vapor's volatility.

Table 6. Modified h_{gas} Values for SuperChems™ Two-Phase Model

h_{gas} (W/m^2K)	Wall Thickness = 5 mm
Methanol	40
Ethanol	30
Water	20
Heptane	5
Decane	7

7 API 2000 Conservativeness

The maximum thermal inbreathing rates, V_{max}, obtained from the SuperChems™ model were compared to those obtained using the API 2000 thermal inbreathing equation, Equation (1), to assess the performance of the API 2000 inbreathing method.

In order to determine the appropriate value for the C-factor in Equation (1), the vapor pressure and storage temperature of the stored gas are needed.

- Since all the investigated vapors (methanol, ethanol, water vapor, etc.) do not have vapor pressures higher than hexane, the vapor pressure was classified as "Similar to Hexane".
- The storage temperature of the gas is 55°C, which is greater than 25°C, so according to Table 1, the C-factor has a *value of 5*.

The storage tanks in this study were all uninsulated, hence, the insulation reduction factor R_i has a value of one. The API 2000 inbreathing equation used for this case now becomes:

$$\dot{V}_{IT} = 5\, V_{tk}^{0.7} \tag{8}$$

To determine whether the API 2000 inbreathing relief requirement is adequate, a deviation percentage of the simulated (or experimental) results the API 2000 $\dot{V}_{max}$ method is computed as follows:

$$\% \, Deviation = \frac{\dot{V}_{max,SC} - \dot{V}_{max, \; API\,2000}}{\dot{V}_{max, \; API\,2000}} \times 100 \qquad (9)$$

where $\dot{V}_{max, \; API\,2000}$ is the maximum thermal inbreathing obtained from Equation (8) (m^3/h) and $\dot{V}_{max,SC}$ is the maximum inbreathing from SuperChems™ model simulation (m^3/h).

7.1 API 2000 performance – Large-scale Experiments

Sigel et al. [7] used a tank volume of 600 m^3, which when replaced in Equation (8), results in a maximum inbreathing value of 440 m^3/h. Figure 17 compares $\dot{V}_{max}$ using the API 2000 method to the actual recorded $\dot{V}_{max}$ values during Sigel's experiment. The API 2000 inbreathing prediction is conservative for Sigel's empty tank where the relief device is designed to handle an inbreathing rate 4.2 times larger than the recorded $\dot{V}_{max}$.

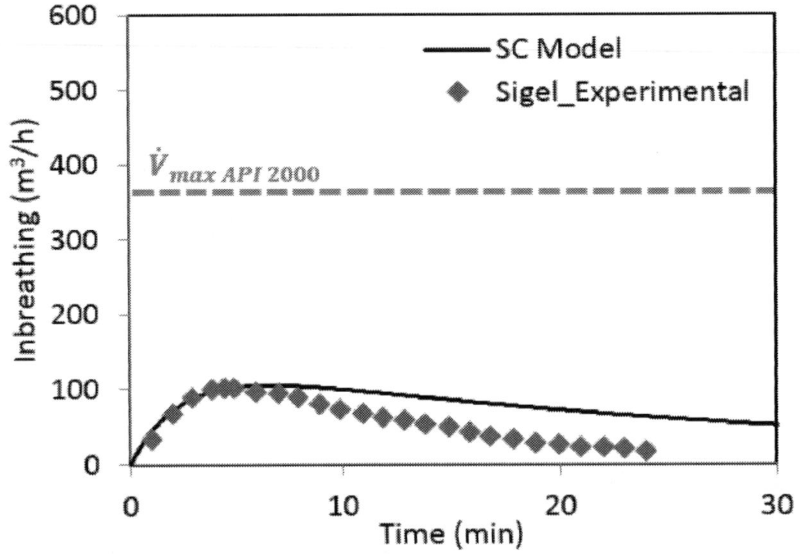

Figure 17. API 2000 Inbreathing Requirements – Sigel's Tank with Dry Air

On the other hand, *Holtkoetter et al.* [8] used a smaller tank with a capacity equal to 1.18 m^3 which results in a maximum inbreathing rate of 5.6 m^3/h according to the API 2000 method – Equation (8). Figure 18 shows that the API 2000 inbreathing relief requirement is insufficient for water, isopropanol, and methanol vapors in Holtkoetter's tank.

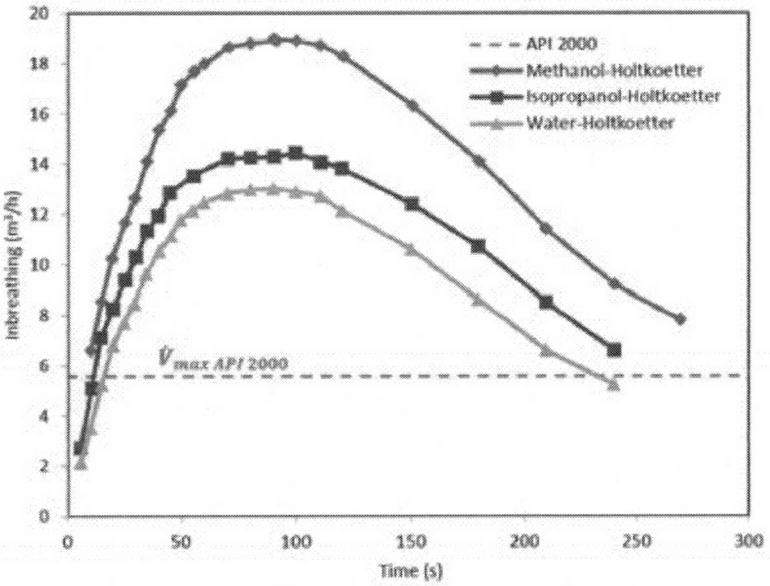

Figure 18. API 2000 Inbreathing Requirements – Holtkoetter's Tank

The recorded inbreathing rates are 2.3 to 3.7 times larger than the rate calculated by API 2000; this leads to an undersized relief device that puts the storage tank at a high risk of failure if a sudden change of weather occurs.

7.2 API 2000 performance – Computer Model

The tank size used in Scholz and Weber's model [4] was 6,283 m^3 to study the condensable vapors. Replacing the tank volumes in Equation (8), results in a maximum inbreathing, $\dot{V}_{max}$ = 2,278 m^3/h. Figure 19 graphically shows the API 2000 $\dot{V}_{max}$ in comparison to the dynamically simulated inbreathing profiles for the different types of vapors, including dry air.

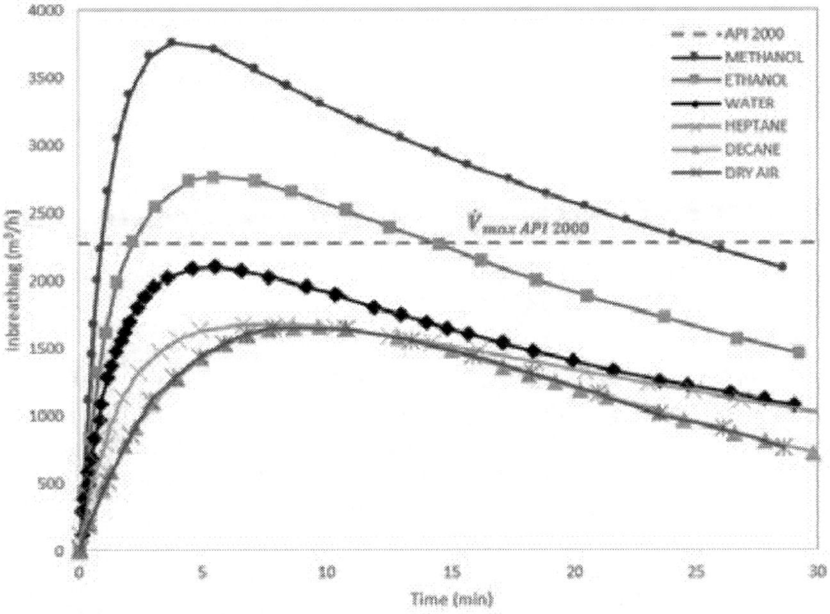

Figure 19. API 2000 Inbreathing Requirements – Different Types of Vapors

It can be seen that API 2000 method has a conservative prediction for the maximum thermal inbreathing of: (1) dry air, (2) heptane, (3) decane, and (4) water services. However, the API 2000 method underpredicts the relief requirement for the thermal inbreathing of a tank saturated with *methanol* and *ethanol*. The relieving capacity, for this case, has to be 1.7 times higher for methanol and 1.2 times higher for ethanol.

8 Conclusion

A dynamic simulation of the thermal inbreathing of low pressure storage tanks experiencing sudden change of weather conditions was performed using a SuperChems™ model. This model was validated by successfully reproducing the thermal inbreathing and temperature profiles of large scale experimental datasets and other available inbreathing models.

The thermodynamic variables specified in the API 2000 7th Edition standard have been tested for adequacy. It was found that the gas/wall free-convection heat transfer coefficient, $h_{gas} = 5W/m^2K$, specified by API 2000 was adequate when the tank was filled with non-condensable vapors like air. However, higher values were suggested for condensing vapors with a range of 10 W/m^2K to 45 W/m^2K depending on the type and volatility of the vapor. As for the rain/wall heat transfer coefficient, the API 2000 value of 5,000 W/m^2K proved to be too conservative, and even unrealistic, therefore leading to an oversized relief device. Suggested values for the rain/wall heat transfer coefficient were found to be in the range of 12 to 600 W/m^2K depending on the intensity and angle of the rainfall.

Finally, the API 2000 7th Edition method for calculating thermal inbreathing was compared with several tanks of different vapor services. The method proved to calculate an adequate relief requirement for tanks storing air, heptane, decane, and even water vapor in one case. However, the application of the API 2000 thermal inbreathing method was not conservative enough when the vapor services became more volatile, like in the case of isopropanol, ethanol, and methanol, that resulted in high risk of failure for these types of storage tanks.

9 References

[1] API Standard 2000, Venting Atmospheric and Low-Pressure Storage Tanks, 7th Edition, March 2014

[2] P. Salatino, G. Volpicelli and P. Volpe. "On the design of thermal breathing devices for liquid storage tanks", Process Safety and Environmental Protection, 77.6, pp. 354-359, 1999.

[3] D. Brooks, "Thermal Inbreathing Requirements of Low Pressure Storage Tanks at Elevated Temperatures". Lloyd's Register Energy Americas, Inc. Spring DIERS Users Group Meeting, Presentation, May 2012.

[4] R. Scholz and R. Weber, "Cooling Down Industrial Tanks". Prepared for PROTEGO Braunschweiger Flammenfilter at API 2000 Meeting Presentation, Fall 2010.

[5] H. Foerster, K. Schampel, and H. Steen, "Atmungsvorgänge infolge von Witterungseinflüssen an Lagertanks für brennbare Flüssigkeiten", Physikalisch Technische Bundesanstalt (PTB) W-22. Braunschweig Univ. Phys.-Tech. Bundesanst, 1984.

[6] D. Fullarton, J. Evripidis and E.U. Shclünder, "*Influence of Product Vapour Condensation on Venting of Storage Tanks*", Institut für Thermische Verfahrenstechnik, Universität Karlsruhe (TH), 1986.

[7] R. Sigel, B. Kuxdorf, R. Meiss and H. Schwarz, "Praktische und theoretische Untersuchung der Beatmung von Festdachtanks". Chemie Ingenieur Technik, 55.5, pp. 377-379, 1983.

[8] T. Holtkötter, J. Shang and H.G. Scheckerm "Behälteratmung - Experimentelle Untersuchungen und Entwicklung eines Vorhersagemodells" (Master Thesis), 1995.

[9] G.A. Melhem, R. Saini, and B. M. Goodwin, "A Modified Peng-Robinson Equation of State," *Fluid Phase Equilibria,* 47, pp. 189-237, 1991.

[10] D.D. Abou-Chakra, G.A. Melhem, and R.J. Willey, "Dynamic Modeling of Inbreathing Requirements for Low-Pressure Storage Tanks" (Master's thesis), 2016. Retrieved from **http://hdl.handle.net/2047/D20209806**

478223 Studying the Relationship Between Inherently Safer Design and Equipment Reliability

Abstract:

Risk associated with a process depends on both likelihood and consequence of an incident. Inherently safer design is based on the use of technologies and chemicals with intrinsic properties that reduce or eliminate hazards. This philosophy is mainly focused on reducing the consequences associated with an incident. However, recent research has revealed that applying principles of inherent safety can have an effect on the likelihood element of risk as well. One of the major drawbacks of implementation of an inherently safer design (ISD) is that it can lead to risk migration. Thus, attempting risk reduction through implementation of ISD by mitigating the consequence element of risk can undesirably lead to an increase in risk by affecting the likelihood element of risk. This likelihood element of risk is the mathematical complement of system reliability. This study mainly focuses on assessing the effect of implementation of ISD principles on the reliability of a chemical process as it progresses along different stages of process design and manipulating this relationship to achieve maximum economic benefits while simultaneously minimizing risk associated with the process.

In this study, safety indices are used for quantification of inherent safety of a process. The choice of safety index depends on the stage of chemical project under consideration. Reliability of an equipment involved in a process is determined through the use of offshore and onshore reliability data (OREDA) and center for chemical process safety (CCPS) reliability databases for process equipment. The reliability of process system is then determined from the reliability of the individual equipment involved in the process. Lastly knowing values of safety indices and reliability of systems for competing designs during different stages of a chemical project (such as process selection stage, conceptual stage etc.), the required relationship between ISD and reliability is established for that particular stage.

Applying this methodology to process selection stage reveals that selecting a process that's inherently safer in terms of the involved reactions, chemicals and equipment might lead to risk migration, since the selected process might have lesser system reliability as compared to other competing process. When this methodology is applied to conceptual stage, where-in the competing processes are similar in terms of reactions and chemicals and vary only in terms of the equipment involved, it is observed that a process that has lesser number of equipment might be more reliable and inherently safer as compared to other competing processes. Lastly, when this methodology is applied for a specific equipment such as a reactor where the reliability is modeled as a function of design parameters of the reactor, it has been observed that within a certain range of design parameters, the reactor becomes sufficiently reliable and inherently safer.

Thus, this study provides a framework for designing of process systems and equipment that are reliable, economically profitable and inherently safer during different stages of project.

479377 Pressure Relief Analysis - It's about More Than Just Compliance

Abstract:

Pressure relief valves and disposal systems are the last layer of defense in petrochemical plants and refineries. Therefore, there are many codes and standards that must be followed to design those systems. Failure to ensure safe plant operations can result in fatalities, injuries, and environmental releases which can result in significant cost and poor public relations.

OSHA's CFR 1910.119 - Process Safety Management of Highly Hazardous Chemicals is designed to manage the hazards associated with facilities which handle highly hazardous chemicals. Many of the requirements in PSM are also valuable for facilities which are not governed by the requirement and application of these principals may improve safety for all facilities.

This paper will present the proposal that Process Hazard Analysis (PHA) be the heart of process for ensuring safe operations to prevent negative impact on companies' image and goodwill with the community.

480249 How to Leverage Limted Design Data Along with Historical Incident Data to Assess Inherent Process Safety During Early Stage of Design?

Abstract:

Inherent safety level quantification remains as one of the challenges for the inherent safety concept to gain industrial acceptance comprehensively. In current practice, most of the time safety assessment is conducted once the process design has been completed. At this stage of design implemented strategies look to control the hazard level. Any design modification necessary as a result of unfavorable safety performance at this stage of design, would be costly when compared to alteration during conceptual design stage [1]. It is beneficial to design industrial processes that are user friendly, inherently safer and have a level of tolerance for the deviations from ideal performance, which will eventually reduce the number of hazardous accidents. Therefore, both industrial experts and researchers are interested in safety indices that can be applied during the early design stage of a process, where the extent of knowledge regarding the process is very limited. Again, the available indices to quantify inherent safety still leave room for enhancement to represent process stream condition more accurately as a mixture rather than pure component(s) and to account for the interaction of all process parameters in determining the level of inherent safety [2].

In this work, a property based methodology to quantify inherent safety level has been proposed by assessing chemical and process unit risk at earlier stage of design. This will assist process designers in producing safer designs by the application of inherent safety principles in a more efficient and cost effective manner. It would offer process/design engineers an alternative to include safety without waiting until detailed design stage, where safety costs increase. Degrees of freedom at this stage would include alternative route selection, equipment sizing, and selection of operating conditions. The additional benefit of safety consideration in the early design stages is that it decreases the level of dependence on safety systems. The proposed safety assessment method here considers the perspective of five main safety factors associated with chemicals such as flammability, explosiveness, corrosiveness, toxicity & reactivity. These factors were linked to the process operating conditions (temperature and pressure). The process unit risk are calculated by classifying them into six main categories (i.e., pump, fired heat exchanger, pressure vessels, etc.) based on API 14C standard and identifying the undesirable events associated with each category. Major incidents database and the probability of unwanted incidents were used to link the undesirable events to operating conditions; this allows for the calculation of unit safety factors using the limited available information. Lastly, an enhancement technique to reflect the contribution of the individual components in the mixture is introduced based on the mixture properties, where the severity score was calculated for the mixture of chemicals in each unit at the actual operating conditions (whenever applicable) and multiplied by the flow rate of the mixture.

This proposed methodology of safety assessment gives a more intuitive, easy-to-understand way to represent the chemical and equipment safety factors posed by each individual unit. The steps in the methodology calculate, compare and prioritize the level of inherent safety of process streams during simulation work that influences the abovementioned safety factors in order to offer the user an insight into the risk associated with alternative design decisions. By prioritizing the streams based on the potential for chemical and equipment safety factors, the design engineers can easily identify the critical streams/units to be considered for improvement in order to avoid or minimize the risk. This methodology of quantifying inherent safety level will provide users another dimension to consider when selecting optimal design with multi objectives (e.g. techno, economic, and environmental).

The assessment of inherent safety level using the proposed method is demonstrated through a case study. HYSYS simulation is used to design two alternative designs for ammonia production.

1. Thiruvenkataswamy, P., et al., *Safety and techno-economic analysis of ethylene technologies*. Journal of Loss Prevention in the Process Industries, 2016. **39**: p. 74-84.

2. Leong, C.T. and A.M. Shariff, *Process route index (PRI) to assess level of explosiveness for inherent safety quantification*. Journal of Loss Prevention in the Process Industries, 2009. **22**(2): p. 216-221.

Inherently Safer Design from Overpressure Protection Viewpoint

Chris Ng
Sachin Kanade
Nancy Faulk
Siemens Energy, Inc.
4615 Southwest Freeway, Suite 900
Houston, TX 77027
chris.ng@siemens.com

Prepared for Presentation at
American Institute of Chemical Engineers
2017 Spring Meeting and 13th Global Congress on Process Safety
San Antonio, TX
March 26 – 29, 2017

Inherently Safer Design from Overpressure Protection Viewpoint

Chris Ng, Sachin Kanade, and Nancy Faulk
Siemens Energy, Inc.
4615 Southwest Freeway, Suite 900
Houston, TX 77027
chris.ng@siemens.com

Keywords: pressure relief, process safety, inherent safety

Abstract

Pressure relief and flare system design is mostly evolving or iterative throughout the various engineering process design stages. This iterative nature stems from the need to capture the impact of engineering design changes on this critical layer of protection, which often is designed as the last line of defense for overpressure events.

The systematic review of pressure relief and flare system design basis at various engineering design and project execution phases will not only help to ensure adequate overpressure protection, but can also highlight opportunities for inherently safer processes and project cost savings. Often, evaluating trade-offs between process safety design improvements against project economics may be challenging.

In this paper, several case studies are presented to demonstrate how inherently safer design options and cost-effective solutions could be implemented across the various engineering design and project execution phases to minimize gaps in terms of overpressure protection between early and as-built designs.

1 Introduction

Figure 1 depicts the stages of a typical engineering project lifecycle, excluding decommissioning. Each stage has associated activities in terms of selection and refinement of design details which contribute to the overall integrity of the facility and economic feasibility of the project. The general approach involving timely review of pressure relief and flare system design could be applied to both large projects involving major Capital Expenditures (CAPEX) as well as smaller projects with limited scope.

Figure 1: Typical CAPEX Project Life Cycle.

During the early phases of design such as conceptual design and Front End Engineering Design (FEED) phases, the scope, objectives, and requirements are first defined, followed by development of a process basis (i.e., heat and material balance), Process Flow Diagrams (PFDs), and preliminary Piping and Instrumentation Diagrams (P&IDs). Equipment, line and instrument lists are then prepared, and preliminary equipment sizing and specifications for process and utility systems are generated. Design options are selected, and design drawings such as equipment layout plans are completed. A budget is developed and costs are estimated.

During later phases such as Detailed Engineering and Procurement, the remaining design information is added, such as vendor data, drains and vents, and piping details. The actual piping layout is verified and updates are incorporated. In addition, electrical, instrumentation, structural and building requirements to support the project are specified. Often Hazard and Operability (HAZOP) reviews are carried out. Typically procurement of the main equipment and auxiliaries takes place followed by construction, installation, commissioning, and Pre-Startup Safety Reviews (PSSRs), in preparation for start-up, operation and maintenance.

However, what is often overlooked during the early phases is input from pressure relief and effluent handling system design engineers. This paper will describe how early involvement by these engineers could help validate relief system design and reduce overall costs and delays later. The case studies described in Section 3 below offer examples of the potential savings.

Relief systems engineering analysis should be performed during various process design and project implemented phases, which allows identification of potential gaps as well as opportunities for improvement. Typical activities include:

- Overpressure scenario analysis
- Determination of relieving loads
- Selection of relief technology
- Sizing of relief systems
- Evaluation of relief device inlet loss and backpressure effects
- Depressuring analysis
- Hydraulic evaluation of common relief headers
- Flare radiation calculations
- Dispersion analysis, including suitability of atmospheric release
- Acoustic induced vibration (AIV) analysis
- Presenting findings and developing mitigation
- Developing comprehensive documentation
- Reviewing impacts of design changes and updating documentation to capture changes are they are implemented.

It is recommended that the reviewer(s) be well-versed in the appropriate industry standards, e.g., American Petroleum Institute (API) Standards 520 Parts I and II, 521, and 2000 [1][2] [3][4]; American Society of Mechanical Engineers Boiler and Pressure Vessel Code (ASME BPVC) Sections I and VIII [5][6]; as well as corporate guidelines and site-specific requirements. In addition, it is recommended that the reviewer establish and utilize a consistent approach for review of all designs, irrespective of the Engineering, Procurement, and Construction (EPC) companies working on the project.

2 Benefits of Early Review of Relief Systems Requirements and Design

2.1 Early Involvement Allows Critical Input

Early involvement of relief system engineers can allow critical input to be incorporated which influences selected design options from an overpressure protection point of view, thus promoting an inherently safer design. By careful consideration of a number of factors, the design team has the potential to reduce overpressure relief and flaring requirements which in turn can reduce sizing of relief devices and associated piping, as well as flare components such as headers, knockout drums, flare stack, and flare tip. Potential reduction of environmental emissions is also realized. The examples below demonstrate some ways inherently safer design options and cost-effective solutions were implemented to minimize gaps in terms of overpressure protection between early and as-built design. In addition, early review can help to reduce or minimize the need for later design changes or mitigating measures, which could add significant costs and delay completion schedule for the project.

2.2 Identify Opportunities to Increase Inherent Safety

2.2.1 Centrifugal Pump Design

Consider a centrifugal pump as a pressure source for downstream equipment, as in Figure 2. As it stands, P-1 is capable of overpressuring the downstream vessel, V-1, in the event of a blocked outlet or an inlet control valve failure.

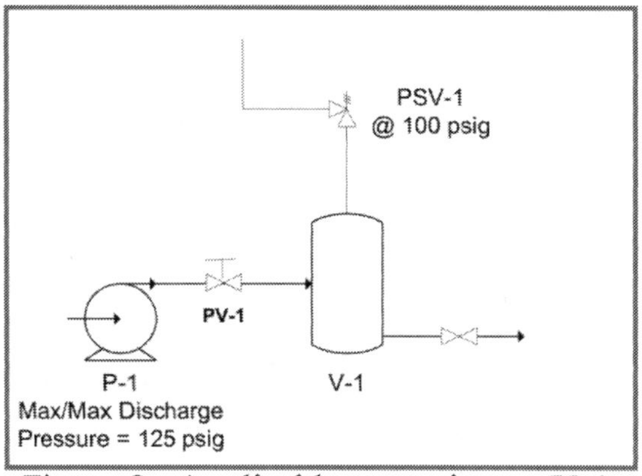

Figure 2: Applicable scenarios on V-1.

By properly sizing this pump during the design phase, however, it may be possible to minimize the relief rates for blocked outlet and control valve failure-open overpressure scenarios of the downstream equipment or even to eliminate the applicability of such scenarios altogether. Working with the process and mechanical engineers as well as rotating equipment designers, the maximum pump impeller size or speed and/ or maximum pump suction pressure could be carefully specified within process operation limits, which in turn limits the maximum pump discharge pressure. By reducing the maximum discharge pressure of the pump to a value less than the downstream equipment Maximum Allowable Working Pressure (MAWP), the above-noted scenarios may not be applicable, as in Figure 3a. An alternative to this, as shown in Figure 3b, is to ensure that the downstream equipment MAWP would be higher than the maximum discharge pressure of the upstream pump. These engineering design choices, which would result in minimizing relief loads or eliminating applicable scenarios, helps make the process inherently safer.

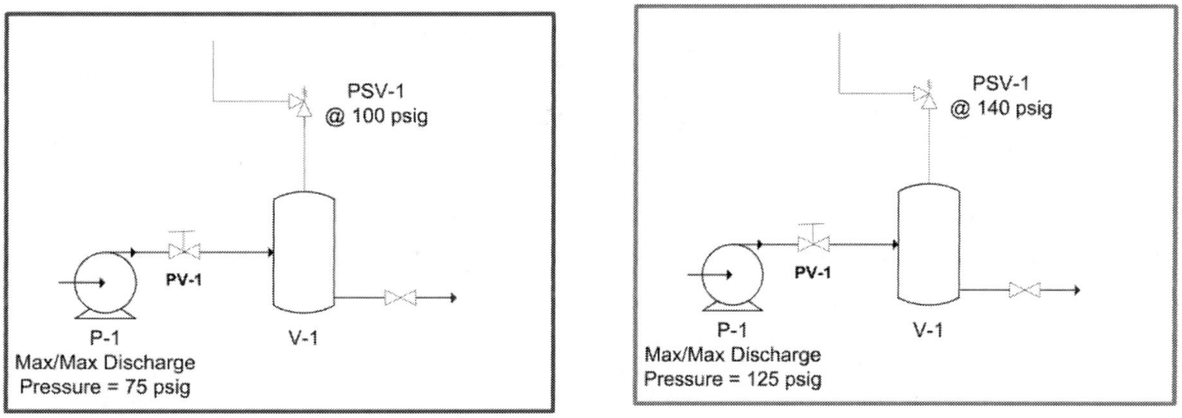

Figure 3: a) Limiting pump discharge pressure. b) Increasing vessel design pressure.

2.2.2 Pump and Compressor Discharge Check Valve Design

A related example involving pumps (and compressors, for that matter) is to ensure appropriate discharge check valve(s) are allocated to mitigate potential for reverse flow, impacting upstream equipment. In some instances, such as in Figure 4, feed could continue into an upstream vessel such as a feed surge drum if the liquid outlet pump is stopped with a discharge check valve stuck open. If this relief scenario is not identified by the relief designer, the relief valve on the feed surge drum may not provide adequate relief capacity.

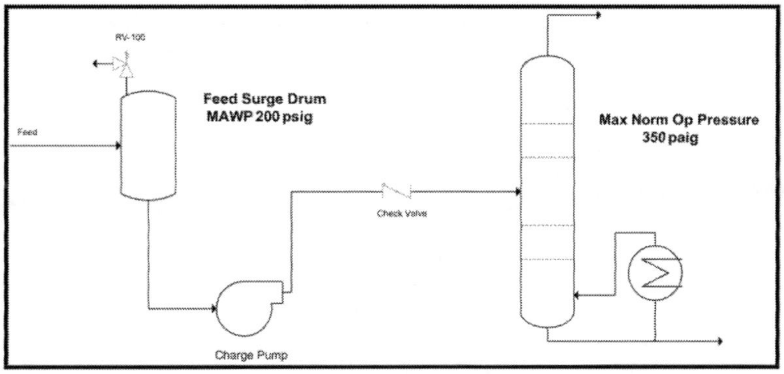

Figure 4: Applicable scenario on Feed Surge Drum

Allocating dual check valves in series of similar (or diverse) design may be required to minimize the backflow rate in the event of a check valve failure; if they meet the requirements set forth in API STD 521, the backflow rate may be limited to check valve leakage instead of check valve failure [7]. Careful specification of the MAWP of the upstream vessel may also help mitigate the overall relief requirement. Consideration of such issues early on is critical to avoid potentially costly design changes later as well as to increase the safety of the process; however, this is commonly missed due to factors such as improper management of change or poor communication between different groups designing upstream and downstream systems.

In a similar fashion, an early design review of several capital projects was performed, focusing on inherently safer design. One recommendation was proposed and accepted to raise the design pressure of the feed surge drum to mitigate the scenario in which a shutdown of a downstream charge pump results in reverse flow to the surge drum, while normal feed to the surge drum continues. By doing so, the feed and reverse flow sources would no longer be capable to overpressure the drum. Early review made the design inherently safer as the scenario was no longer applicable. Without this recommendation, installation of either a safety-instrumented system (SIS) or three 8T10 relief devices would have been necessary.

2.2.3 Control and Bypass Valve Design

Early input is critical in the selection and sizing of a control valve and its bypass valve, since the relief designer must account for the scenario in which *both* the control valve and its bypass valve fail open, as discussed in API STD 521 on "Pressure-relieving and Depressuring Systems". Early engagement of a pressure relief systems expert will help optimize the control valve/bypass and pressure relief requirements to provide adequate overpressure protection within the process operation envelope and requirements, while maintaining industry design and safety best practices. In one instance, a 2" gate valve was specified as the bypass for a 1" control valve, as shown in Figure 5. During a later design stage, it was discovered that this installation resulted in a very undersized relief device for the scenario described above, and thus the need to replace the bypass valve with a different and smaller-capacity type of valve, such as a globe valve. As in this instance, if the nominal size of the installed bypass valve is bigger than the control valve size, it necessitates careful review and possible re-design.

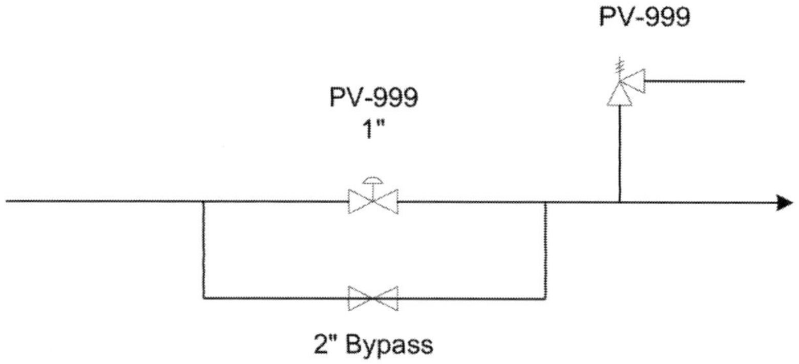

Figure 5: Bypass valve initially specified results in undersized relief device

2.2.4 Static Head

Static head is often overlooked in the preliminary design phases as equipment layouts may not yet be available. Relief designers should encourage vessel designers to specify vessels to be designed to be liquid full at the requested MAWP. Alternatively, relief device set pressures can be reduced to compensate for static head effects provided that the vessels can be filled above the top weld seam (into the top head). In another instance, the effects of static head on the set pressure of multiple relief valves had not been accounted for by an EPC company during detailed engineering. The potential for the internal pressure of affected equipment to exceed MAWP plus allowable accumulation per code was identified, allowing the relief valve set pressures to be adjusted prior to field installation.

2.2.5 Detailed Design Reviews

An independent pressure relief design audit was conducted for a large operating company. Relief design analysis and calculations had been performed by an EPC company as part of an expansion project. A review was conducted during the detailed engineering phase, during which it was found that most of the relief valve and associated piping upgrades which were being proposed by the EPC company were not required. This review included one application for which the EPC company had recommended upgrades to 6 relief valves (including recommendation to install two additional 8T10 relief valves), based on a recirculation flow rate which had been incorrectly included in a blocked outlet scenario relief rate estimate. Upon review, it was concluded that the existing relief valves were adequate and did not need to be upgraded. This reduced the potential for oversized relief capacity.

2.2.6 Design Gaps

In another example of early design review, engineers were able to identify a proposed design gap which would have resulted in costly and unnecessary modifications to a flare system. The proposed design project involved tie-ins of multiple large atmospheric relief valves to the associated flare for a process unit, resulting in inadequate flare capacity and the necessity of making expensive upgrades to this flare system. By performing detailed flare hydraulic modeling, relief engineers were able to show that re-routing the additional relief loads to an alternate adjacent flare having some spare capacity would be more practical.

2.2.7 Design of Feed Surge Drum

During a design review of a feed surge drum, additional examples of recommendations were developed to further increase the inherent safety, such as:

- By limiting the maximum discharge pressure of a feed pump to the proposed design pressure of the downstream equipment, a blocked outlet overpressure scenario was no longer credible for that equipment.
- Rerating the feed/bottom exchangers to account for static head in the event of overfilling in the associated distillation column.
- Car-sealing open (CSO) appropriate valves to ensure that various overpressure scenarios would no longer be considered as design contingencies and relief paths would be available for impacted equipment.

2.2.8 Car-Sealing Strategic Valves

In a final example, several recommendations were developed and adopted prior to start-up for a Coker Vapor Recovery Unit (VRU) revamp project. These recommendations include the following:

- Re-rating equipment
- Car-sealing closed (CSC) the control valve bypass valves
- Reducing the control valve flow coefficient (C_v) to limit maximum flow through the valve in the event of failure open
- Increasing the vessel design pressure to account for static head
- Adding dual check valves to mitigate reverse flow

These changes helped make the overall design inherently safer, so fewer safeguards were required to reduce the risks associated with overpressure scenarios for multiple systems.

2.3 Relief Systems Engineer's Role

Numerous other examples of inadequate design issues as well as missed opportunities to increase the inherent safety of the design are routinely identified by the relief systems engineers after the design has already progressed to a late stage or even after field implementation. Design review can begin early in the process, when preliminary P&IDs are issued for HAZOP or other types of Process Hazard Analysis (PHA). The relief systems engineer should also validate the design once piping isometrics are issued for approval and construction or after other design changes are proposed later. Taking these steps can help to ensure that design shortfalls can be resolved at the earliest opportunity. Making design changes early on is easier and less expensive than during later design stages and even more so than after commissioning and startup, thereby preventing subsequent shutdown, delay or major re-design work.

3 Critical Factors for Success

All pressure relief and effluent handling design documentation and supporting data should be stored in a central repository, for which access can easily be provided to all who have a need for such information. This access can be controlled, so that most viewers will have "read-only" access, and only authorized personnel can make required changes associated with Management of Change (MOC) items, thus keeping overall content up-to-date (evergreen) throughout the life of each facility as MOC activities, major expansion projects, or process modifications are implemented. These activities should trigger design review by relief systems engineers to ensure that relief design continues to be designed to provide adequate relief for all credible overpressure scenarios and that associated documentation is kept up-to-date.

In order for the review process to achieve the desired results, the three parties which are commonly involved (relief systems team, operating company, and EPC company) should work together to understand the goals of each party and how the design inputs from each party should be integrated in the various stages of engineering design and project execution. The following factors have been identified as critical for success:

- Conducting independent relief system design review at the right time in the project scope

- Communication among all parties
- Sharing of critical design data
- Effective management of change
- Discussing and resolving identified issues promptly
- Integrating relief system design review team with project design and execution teams

4 Conclusion

As shown in several examples in this paper, the systematic review of pressure relief and flare system calculations at various process design phases will not only help to ensure adequate overpressure protection, but can also highlight opportunities for inherently safer processes and promote overall project lifecycle cost savings. In addition, such a review process can easily be extended to resolve similar design issues commonly addressed during HAZOP reviews and integrated with the MOC workflow.

5 References

[1] American Petroleum Institute, *API Standard* 520, *Sizing, Selection, and Installation of Pressure-Relieving Devices, Part I-Sizing and Selection*, 9th Edition, 2014.

[2] American Petroleum Institute, *API Standard* 520, *Sizing, Selection, and Installation of Pressure-Relieving Devices, Part II-Installation*, 6th Edition, 2015.

[3] American Petroleum Institute, *API Standard 521, Pressure-relieving and Depressuring Systems,* 6th Edition, 2014.

[4] American Petroleum Institute, *API Standard 2000, Venting Atmospheric and Low-pressure Tanks*, 7th Edition, 2014.

[5] American Society of Mechanical Engineers, *ASME BPVC Sec I, Rules for Construction of Power Boilers*, 2015 Edition.

[6] American Society of Mechanical Engineers, *ASME BPVC Sec VIII-1, Rules for Construction of Pressure Vessels*, 2015 Edition.

[7] API STD 521, §4.4.9.3

Disclaimer:

Three Reasons Major Event Risk Management Fails on Capital Projects

Denise Chastain-Knight

P.E., CFSE

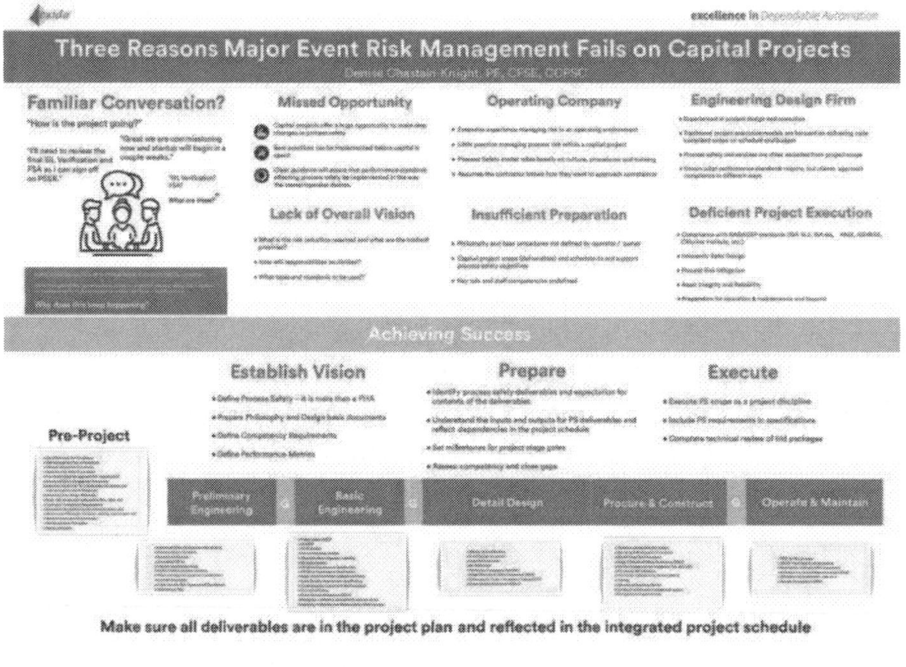

 2

exida

About the Presenter

- **Denise Chastain-Knight, PE, CFSE, CCPSP**
  - BS ChE, Georgia Institute of Technology
  - Senior Functional Safety Engineer
  - More than 31 years experience in engineering design, process improvements, process risk analysis and safety instrumented system implementation
  - Experienced in the chemicals, resins, coatings, monomers, polymers, pharmaceutical, silicate, bio-fuels, petroleum, power…
- **Affiliations**
  - CCPS Technical Steering Committee
  - Past Chair NCEES PE (ChE) exam development committee
  - Fellow AIChE

exida

Familiar Conversation?

How is the project going?

Great we are commissioning now and startup will begin in a couple weeks

I'll need to review the final SIL Verification and FSA so I can sign off on PSSR

SIL Verification? FSA? What are those?

Familiar Conversation?

Similar conversations occur all to often as capital projects are nearing completion.

Often the topic of the conversation involves an aspect of process safety that is critical for management of high consequence events that pose a significant risk.

Why does this keep happening?

Missed Opportunity

- Capital projects offer a huge opportunity to make step changes in process safety
- Best practices can be implemented before capital is spent
- Clear guidance will assure that performance standards effecting process safety be implemented in the way the owner/operator desires.

Operating Company

- Extensive experience managing risk in an operating environment
- Little practice managing process risk within a capital project
- Process Safety model relies heavily on culture, procedures and training
- Assumes the contractor knows how they want to approach complaince

7

Engineering Design Firm

- Experienced at project design and execution
- Traditional project execution models are focused on delivering code compliant scope on schedule and budget
- Process safety deliverables are often excluded from project scope
- Knows what performance standards require, but clients approach compliance in different ways

8

exida

PS Activities that Usually Happen

- Hazards Identification and Risk Analysis
- Relief system design
- Compliance with code mandated standards (ASME VIII, NFPA 30, NFPA 70)

exida

PS Activities that Often Fail

- Compliance with RAGAGEP standards (ISA 18.2, ISA 84, ANSI, ASHRAE, Chlorine Institute)
- Inherently Safer Design
- Process Risk Mitigation
- Asset Integrity and Reliability
- Preparation for operation & maintenance and beyond

Why We Fail

- No or inadequate overall vision
- Insufficient preparation
- Deficient project execution

Communication

Lack of Overall Vision

- What is the risk reduction required and what are the tradeoff priorities?
- How will responsibilities be divided?
- What tools and standards to be used?

exida

Insufficient Preparation

- Philosophy and base procedures not defined by operator owner
- Capital project scope (deliverables) and schedule do not support process safety objectives
- Key role and staff competencies undefined

 13

exida

Deficient Project Execution

- Underestimate of the workload required and dependencies with other scope objectives
- Process Safety /Risk Management not treated as a discipline
- Reactive not proactive

 14

exida

How Project work

- Stage gate process
- Scope identified, schedule and budget developed to support scope
- Detail built in layers. Early definition important to minimize rework
- Often involve many contractor teams working on a subset of the scope

15

exida

Establish Vision

- Define Process Safety – it is more than a PHA
- Prepare Philosophy and Design basis documents
- Define Competency Requirements
- Define Performance Metrics

16

Prepare

- Identify process safety deliverables and expectation for contents of the deliverables
- Set milestones for project stage gates
- Understand the inputs and outputs for PS deliverables and reflect dependencies in the project schedule
- Assess competency and close gaps

 17

Execute

- Execute PS scope as a project discipline
- Include PS requirements in specifications
- Complete technical review of bid packages

 18

Pre-Project Documents

- List of Standards for Compliance
- Risk Management Plan & Procedures
- Hazards Assessment Procedures
- Cybersecurity Policy & Procedure
- Functional Safety Management Plan (organization)
- Functional Safety Management Procedures
- Approved vendors list for critical/safety equipment and instrumentation
- Alarm Philosophy
- Inherently Safer Design Philosophy
- Major risk management philosophies (fire, relief, etc)
- Contractor Competency Requirements
- Procedures for required studies (dropped object, etc)
- Maintenance Philosophy (isolation, clearing requirements etc)
- Measurement & Metrics philosophy
- Communications Philosophy
- Spares philosophy

Preliminary Engineering

- Functional Safety Management Plan (project)
- Chemical Reactivity Matrix
- Hazards identification
- Conceptual SIF list
- Hazards Identification Study
- Define credible accident scenarios
- Major and long lead equipment specifications
- Controls Description
- Cyber Security Risk Assessment & Gap Analysis
- Maintenance Plan

Basic Engineering

- Project phase HAZOP
- CHAZOP
- HIPPS Studies
- Fire and Explosion Analysis
- Chemical release dispersion modeling
- SIL Determination
- SIS Safety Requirements Specification
- SIF Safety Requirements Specification
- Stage 1 Functional Safety Assessment (FSA1)
- Cyber Security Requirements Specification
- Countermeasure Inspection & Test Procedure
- Penetration Testing
- Cyber Security Assessment (CSA-1)
- Emergency notification, evacuation & response review
- Reliability, Availability, and Maintainability (RAM) analysis

21

Detailed Design

- Balance of specifications
- Detail Design documents
- Alarm Rationalization
- SIL Verification
- SIS Factory Acceptance Test (FAT)
- Stage 2 Functional Safety Assessment (FSA2)
- Cybersecurity Factory Acceptance Testing (CFAT)
- Cyber Security Assessment (CSA-1)

22

exida

Procure and Construct

- Technical and financial bid reviews
- Operating & Maintenance Procedures
- SIS/SIF Proof Test Procedures
- Stage 3 Functional Safety Assessment (FSA3)
- SIS Site Acceptance and Integration Test (SAT, SIT)
- Pre-startup SIF Validation
- Pre-startup Cybersecurity Review (CSA 3)
- Training
- Operational Readiness Review
- Configure maintenance management system
- Emergency management plan

 23

exida

Operate & Maintain

- MOC for ALL changes
- SIS/SIF Proof tests & results analysis
- Revalidation of Detailed Risk Assessment
- Cybersecurity Vulnerability Assessment (CVA)
- Cybersecurity Assessment - CSA 4 & 5
- Periodic Revalidation of PHA

 24

25

A Comparative Analysis of Safety Rating System

Linlin Wang[a]

[a]Mechanical and electrical engineering college, China University of Petroleum (East China)

Abstract: With the development of petrochemical enterprises, the scale and petrochemical enterprises frequent accidents, the high risk of petrochemical enterprises has been more and more extensive attention. It's particularly important to establish a sound safety rating system for the timely detection and elimination of risk factors, reduce the probability of accidents appears. However, in China there is less research and application on safety rating system. This paper summarizes the similarities and differences between the various systems and puts forward the development of China's safety rating system.

Keyword: Safety Rating System; Petrochemical enterprises

1 Introduction

Petrochemical enterprises have a lot of flammable and explosive, toxic substances, and the installation of large-scale and continuous production, can easily cause major accidents. In 2013 Sinopec Huangdao Oil pipeline explosion, 62 people were killed, 136 people were injured. With the occurrence of petrochemical enterprises accidents, the safety production of petrochemical enterprises has become one of the issues that government and national focus on. Evaluation and rating of the status quo of enterprise security can promote the enterprises to find their own problems, develop improvement goals and implement continuous improvement. At the same time, it can also improve the government safety supervision departments to find out the status quo of enterprises, determine the key supervision enterprises, and optimize the allocation of resources, enhance the safe production level of enterprises in China, it is also an important means to improve business efficiency. The Chinese government's security supervision department attaches great importance to the assessment of enterprise safety, since 2006, has issued a "Basic norms of enterprise safety production standards", " General specification for safety standardization of hazardous chemicals", "Guidelines for oil industry safety production standardization "etc., The government promotes the implementation of the safety production standardization assessment throughout the country, take the "enterprise self-evaluation, government review" approach to the enterprise rating, and achieved important work results. But in the implementation a lot of problems were also found. Based on the status quo of safety rating of petrochemical enterprises in China, this paper analyzes and compares the implementation process of enterprise safety rating system such as ISRS (International Safety Rating System) ,NOSA five-star comprehensive evaluation system and VPP project implemented by OSHA. It is expected to provide support for the selection and development of our country's petrochemical enterprise safety rating tool.

2 Status Quo of Safety Rating of Petrochemical Enterprises in China

Safety standardization rating is developed, implemented and reviewed by China's relevant laws and regulations, industry standards. It is led by the State Administration of Safety Supervision and implemented on a national scale. It is the most extensive and highest commitment safety rating system in China. In addition, some petrochemical enterprises received the support of government, and independently introduced tools such as ISRS and NOSA. For example, 2014 China Petroleum West Pipeline Company reached the rate 7 of ISRS, and became first enterprise which reached this level in China.

Based on the safety standardization assessment of petrochemical enterprises in China, it is found that there are three main problems in the process of implementing safety standardization assessment in our country:

(1) Safety standardization system and some other implementation systems, such as HSE system, have incompatible problems, resulting in enterprises to repeat engaging in several sets of systems, repeat records, repeat systems. Companies not only feel cumbersome, but also waste human and material resources;

(2) Enterprises have low motivation and a bad attitude to practice safety standardization. Standardization of safety production is a measure imposed by the government to improve the safety level of the enterprise, and enterprises do not really realize its importance. So that the work is easy to become formalize and surface, and did not achieve the purpose of improving the level of safety, but only to let the enterprises to meet the rating and inspection;

(3) China's safety standardization assessment consists of three grades. The grade of the score range is quite large. And the flexibility of the assessment is not sufficient. Besides, in the absence of experimental circumstances, the assessment has a low recognition for some enterprises which take a new process or a new management approach.

3 System Introduction

3.1 ISRS（International Safety Rating System）

ISRS（International Safety Rating System）is a rating system of international security measure, and improving and showing the level of health, safety, environmental and business performance and other aspects of the organization, designed to help organizations manage risk and promote continuous improvement of the evaluation system. Det Norske Veritas (DNV) international safety rating system (ISRS) eighth edition published in 2009 after decades of practicing and improving.

ISRS [7] international safety rating system has 15 elements, each element is divided into several sub-elements of a total of 119 sub-elements, and list the number of points for each sub-element of the assessment, the total number is 661. 15 elements are: leadership, planning and administration, risk assessment, human resources, compliance assurance, project management, training and skills, communication and marketing, risk control, asset management, procurement and contractor management, emergency preparedness , the event learning, risk monitoring, and review the results, in which risk management (including 3 risk assessment,9 risk control, 14 risk monitoring) system for the trunk. During the assessment process, the customer selects the subroutine according to the grade to be evaluated, as follows::

Grade	1	2	3	4	5	6	7	8	9	10
Level range	1-4				5-6		7-8		9-10	
Required number of subroutines	30				60		90		119	
The number of customer chooses	20				15		10		0	
The total number of subroutines	50				75		100		119	
The lowest score of each program%	10	15	20	25	30	35	40	50	60	70
Average minimum score%	20	30	40	60	60	70	70	80	80	90
Live tour lowest score %	65	65	65	65	70	75	80	85	90	95

3.2 NOSA integrated five-star management system

In 1951, the International Occupational Safety Association (NOSA) created a five-star safety management system by conducting a comprehensive hazardous and harmful factors identification and risk assessment to identify all possible hazard identification and develop appropriate management for reduce hazard and risk. NOSA management system regards hazard identification and risk management as the core, Heinrich's "iceberg theory" as the basis and PDCA manner as its operation mode. System consists of five main elements, 72 elements, more than 300 minimum standards, the implementation of 1200 rules and standard instructions (against NOSA Integrated Five Star system revision and reorganization, the system consists of 75 elements). System evaluation content mainly in the following two aspects:

(1) Performance evaluation

Evaluation content of NOSA five-star rating system mainly consists of five areas, particularly in the following table:

NOSA integrated five-star rating system

project	Unit content	The number of elements	score	Share of the share
1	Building and housekeeping (factory) management	11	450	15
2	Mechanical electrical and personal protection	17	600	20
3	Fire and other emergency risk	8	400	13.3

	management			
4	HSE accident recording and investigation	5	400	13.3
5	HSE management organization	31	1150	38.4
total		72	3000	100

Through five major categories of 72 elements of qualitative evaluation, the project almost involved all activities of production and operation. It evaluates each element from the "four levels, three aspects, five grades" to carry out a comprehensive calculation to measure whether the risk of the element has been effectively controlled. "Four levels" means: risk awareness, the file system, compliance, implementation effect. "Three areas" means: safety, health, environment. "Five grades" means: 0, 25, 50, 75, 100 five scoring levels。

（2） Experience assessment

Introducing DIIR (Disabling Injury Incidence Rate) rate of accidents concept of enterprise, and performance assessment combined score, drawn 1 to 5-star level. DIIR shows annual percentage of the total number of employees were injured, according to NOSA claims, statistics should include employees of the enterprise, the tertiary industry and outsourcing construction team personnel. DIIR calculated as follows:

$$\text{DIIR} = \frac{\textit{The number of accidents caused by work} \times 200000}{\textit{Number of employees working hours per year}}$$

Where: DIIR——Disabling injury incidence rate;

The number of accidents caused by work - refers to the work caused by or caused by the injury, so that the injured cannot or cannot fully perform the daily designated job work up to one or more working days;

200000-- base by 100 people work for a year (50 weeks), 40 hours a week calculated;

Number of employees working hours per year - Total number of employees × Actual hours per person per year

The final combination of the above two aspects of the results given the final star rating results, the corresponding assessment of the star method as shown in the following table:

NOSA integrated five - star rating system assessment standard table

Star rating	score（%）	DIIR（%）
NOSCAR	≥95	≤0.8
Five star	≥91	≤1.0
Four star	≥75	≤2.0
Three star	≥61	≤3.0
Two star	≥51	≤4.0
One star	≥40	≤5.0

NOTE: DIIR = the number of industrial accidents × 200000 (base) ÷ annual working hours of employees

3.3 VPP（The Voluntary Protection Programs）

The Voluntary Protection Programs (VPP) is a safety and health management system to prevent workplace accidents and death, by allowing enterprises to implement additional higher than the US Occupational Safety and Health Administration (OSHA) Voluntary standards measures to achieve excellent safety and health management goals. OSHA is through a detailed site assessment and comprehensive site accident rate / illness rate to assess whether the corporate site has a good protection system。

The major elements of the program: management leadership and employee involvement; worksite analysis; hazard prevention and control and safety and health training. To assess something like this, there are three main forms of evaluation methods, including the inspection of documents, on-site inspection and interviews。

Leadership and employee participation	Written safety and health management system, management commitment and leadership, Authority and Line Accountability (authority and responsibility), contractor employees, employees' participation
Workplace analysis	Baseline Hazard Analysis baseline risk analysis, hazard analysis regular activities, regular inspection, hazard reporting systems, accident / incident investigation, trend analysis
Hazard Prevention and Control	Whether there are effective measures to combat control and control, as well as written contingency plans safety and health training

In addition, team members also need to The Total Case Incidence Rate (TCIR)以及The Days Away from Work, Restricted Activity and Job Transfer (DART) Case Incidence Rate evaluated to confirm the company level must be below the national average. After a series of reviews, OSHA decides that the applicant's qualifications are Star, Merit, Demonstration program, if the applicant fails to meet the requirements, return the application, and VPP level is relatively flexible, for those who do not meet the Star designing 1-Year Conditional Star Participants and Star Demonstration Programs.

3.4 Safety standardization assessment

Safety production standardization refers to the establishment of safety production responsibility system, the development of safety management systems and operating procedures, troubleshooting and monitoring of major hazards, the establishment of preventive mechanisms to regulate production behavior, so that the production links in line with relevant safety laws and regulations and standards Standard requirements, people, machines, objects, ring in a good state of production, and continuous improvement, and constantly strengthen the standardization of enterprise safety construction.

Safety standardization evaluation mainly taken independent assessment, external review of the way, self-assessed score of 60 points or more companies can apply for formal standardization rating, the final assessment is divided into one, two, three, one is the highest, from the security Production supervision and management departments to review the classification of supervision and management. During the review process, the following aspects are mainly reviewed: objectives, organization and responsibilities, safety production, laws and regulations and safety management system, education and training, production equipment and facilities, operation safety, hidden trouble investigation and management, major hazard monitoring , Occupational health, emergency rescue, accident learning, performance assessment and continuous improvement of the thirteen major aspects of compliance assessment, the final score to score how much. The enterprises that need to be graded need to carry out self-evaluation on a yearly basis to determine the safety standardization status of the enterprises and to re-order them every three years to urge enterprises to continuously improve the standardization work level.

4 System comparison results

Through the understanding of the information, compared the above systems, found the following the same and different:

1. Purpose

In essence, the above mentioned rating methods are all aimed at checking and enhancing the enterprise to achieve a certain level of security. However, the basic purpose of the rating system is different because of the different backgrounds of the development period. For example, the NOSA five-star rating system was developed in the 20th century, the rapid development of industrial and mining in South Africa and the quality of personnel and other issues caused the high rate of injury accidents, so its basic purpose is to reduce the high incidence of work accidents. In the final analysis, the rating is only a means and security is the purpose.

2. Applicable scope

ISRS is available in 11 languages and has been implemented on thousands of sites worldwide. The industries involved include marine, oil and gas, energy, nuclear, etc., and ISRS is introduced into the oil industry in China, such as China Petroleum West Pipeline Company reached the international security rating of 7.

NOSA five-star rating also can evaluate several kinds of industries including mining, forestry, railways, health care and natural gas, but its vast application in China is applied to the mining industry.

The VPP assessment program is applicable to all companies that use OSHA standards. VPP's participation companies include construction, agriculture, marine, oil and gas, health care and other industries.

Since the implementation of the Safety Production Standardization, under the guidance of the government, Safety Production Standardization has been applied in most enterprises in China, including industry and trade, power industry, transportation, hazardous industries, non-coal mines, construction industry, fireworks, coal industry, Its application covers most of the production enterprises.

3. Evaluators

Safety Production Standardization rating system take the way of "enterprise independent assessment then external assessment " to carry out the rating, Safety Supervision and Management Departments supervises the classification. The external review is conducted by the relevant experts. Similarly, the NOSA five-star rating system is evaluated by the company's team of experts. In the composition of the assessment team, VPP projects and ISRS systems have made innovations.

The VPP site assessment team is composed of experts from all areas of OSHA and SGE (The Special Government Employee), which has performed on-site evaluation. The implementation of the SGE project is intended for enterprises employees to participate in the process of VPP's on-site assessment. The implementation of this innovative project is more conducive to government and corporate information and ideas sharing.

ISRS needs to form an evaluation team consisting of two or more persons prior to evaluation, and to ensure the depth of the HSEQ field in evaluation, the team members contain relevant experts and do not restrict internal / external members, and All evaluation members will receive DNV training courses.

4. Rating method

Whether it is ISRS system, NOSA, VPP or safety standardization rating system are all required to compare the relevant standards and scoring rules with the actual situation of enterprises, through the document inspection, on-site visits and consultation to decide the company's compliance to standards.

However, NOSA and VPP projects need to combine other indicators before the final results. VPP not only requires companies to meet or exceed OSHA standards, but also requires companies to maintain below the average rate of disease released by National Bureau of Labor Statistics. And NOSA combines the evaluation rate of qualified with DIIR ratio to determine the stars should be given.

5. Follow up later

The "PDCA" model has been adequately applied in several rating systems, "plan, implement, check, action", adopt the infinite loop method of " find problems then solve problems, and then find the problem, and then solve the problem" to promote the continuous improvement of enterprise safety management system and continuously improve the level of enterprise security.

But for the rating implementation unit, the follow-up degree is different from others. Among them, the VPP project's follow-up work is very good. VPP participants need to submit an annual self-assessment report, OSHA's site assessment team will confirm whether the enterprise has made a corresponding improvement, and re-examination time interval varies by the enterprise level, such as star business, every 3-5 years conduct a reassessment. For companies with a one-year correction, if they do not meet the requirements after one year, they will withdraw the VPP application.

System comparison table

	ISRS	**NOSA**	**VPP**	**Safety Standardization**
Basic Purpose	get management	Reduce the	prevent	Promote

	system to work more effectively	incidence of industrial accidents	workplace accidents and death	enterprises to achieve standardization and standardization
Applicable scope	ISRS is available in 11 languages. The industries involved include marine, oil and gas, energy, nuclear, etc.,	Including mining, forestry, railways, health care and natural gas, but its vast application in China is applied to the mining industry	all companies that use OSHA standards	Covers most of the production enterprises, such as industry and trade, power industry, transportation, hazardous industries, non-coal mines, construction industry, fireworks, coal industry
Evaluators	Two or more people (DNV training)	Company experts team	OSHA experts in various fields and SGEs who have conducted on-site evaluations	Independent assessment, external review The external review is conducted by the relevant experts
Rating method	Performance evaluation	Performance evaluation and DIIR	companies to meet or exceed OSHA standards, low disease rate	Performance evaluation
Assessment Frequency		Self-evaluati on Twice a year Re-rating depend on clients	Self-evaluation once a year re-examination time interval varies by the enterprise level	Self-evaluation once a year Every three years have re-examination
Grades	10	6	Have Merit、Star、Demonstratio n program etc., grade flexibility is high	3
Voluntary	voluntary	voluntary	voluntary	Forced

5 Conclusion

Combine comparison and thinking above, for the Chinese petrochemical enterprise safety rating system selection, provide the following suggestions:

1. For small private enterprises, Safety Standardization has been fully compatible with security requirements, for other state-owned enterprises, large-scale Sino-foreign joint ventures can choose to introduce foreign security rating system.
2. ISRS system covers the ISO standard and OSHA standard requirements, and also developed a special version of ISRS-Pipe, the rating system also covers the majority of indicators in China oil safety management system, ISRS has been applied in a lot of petrochemical enterprises in China But the ISRS system uses the lowest score of the total score in the first-level elements as the criterion for determining the final grade, so it is not easy to reflect the advantages of the enterprise in the final level judgment.
3. NOSA five-star rating system considers the performance evaluation and DIIR value together in the final evaluation to get the overall level, but when the enterprise finally decided to use the NOSA system, NOSA was originally used for mining assessment should be considered; For the company implementing OSHA standards can apply for the VPP program because VPP determines the enterprise level by checking whether the company is performing a higher-than-OSHA standard.

Acknowledgement

This work is supported by the National Natural Science Foundation of China (21406271) and the China Scholarship Council "Innovative Talents International Cooperation Program" (Liu Jin Mei [2016] 7988). Thank you very much.

Reference

1. https://www.dnvgl.com/services/isrs-for-the-health-of-your-business-2458
2. https://www.nosa.co.za/

478942 The Difficulty and Prospect of the Development of Quantitative Assessment Technology in the Field of Chemical Safety in China

Abstract:

Abstract: With the increasingly high demand for safety of chemical industry quantitative assessment technology has been widely recognized in chemical industry safety field because of its more accurate assessment results. Nowadays many existing quantitative assessment techniques,(such as quantitative risk assessment (QRA), reliability assessment, safety integrity level assessment (SIL) .etc)have been gradually introduced into the filed of China chemical safety to provide more assistance for the risk management of chinese chemical enterprises. However, some basic data of the quantitative assessment on chemical industry in China are lost due to the lack of systematic statistical analysis of data(such as equipment failure data, accident event data .etc), which leads to the situation that our country often adopt foreign related data when conducting a quantitative assessment. In result, results of quantitative assessment are out of their authenticity. In addition, because there is no more specific and more operational assessment guidelines for the part of quantitative assessment techniques issued in our country, it also affects the accuracy and scientific of the results. According to analyzing some misunderstandings and difficulties in chinese chemical safety field when carrying out the quantitative assessment technology, the paper puts forward some suggestions on the change and improvement of related industries to make quantitative assessment technology to provide greater help for the development of chemical safety field in China.

Recipe for a *Sizzling* HAZOP

Poster Presentation to 13th GCPS

Angus Keddie, Process Safety Matters

Benefits of Running an Effective HAZOP

- Commercial: Meeting schedule; Risk optimisation of facility
- Safety: Pick up all significant potential hazards
- Psychological: Limiting stress on participants
- Chairman: High probability that the chairman will be invited back

Recipe Success? – Key Components

- Recipe Disasters……
- Provenance
- Preparation
- Supporting Team
- Kitchen Knives
- Ingredients
- Spice and Flavour
- Oven Conditions
- ….and How to Avoid Them
- Ta Dah!

Recipe Disasters

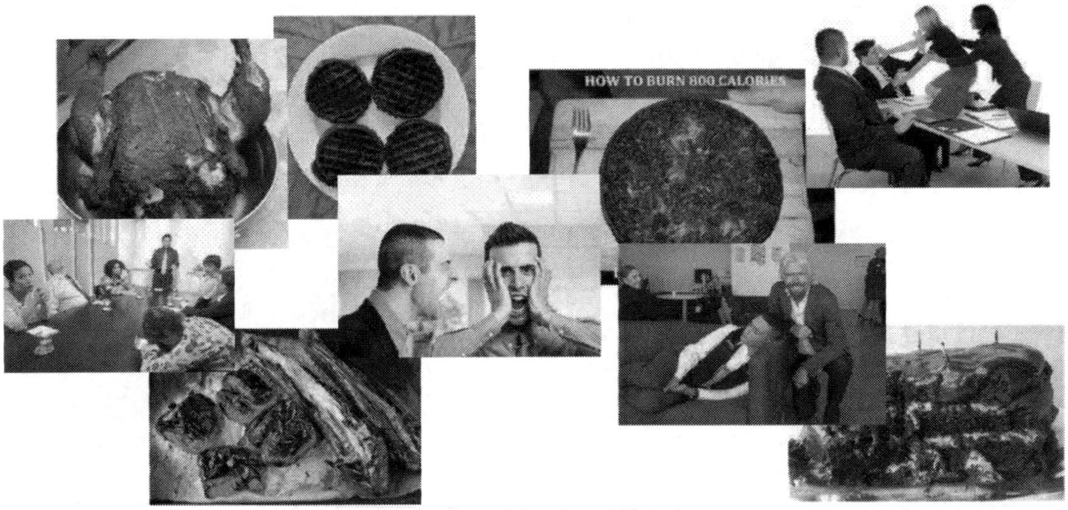

Recipe Disasters

- Behaviour to avoid if Effective HAZOP to be achieved:
  - Falling asleep
  - Fighting with team members
  - Allowing fighting between team members
  - Silence of participants
  - Permitting interminable discussions on minor issues
  - Scribing yourself
  - Working well in excess of 7 hours per day

HAZOP Chair Provenance

To paraphrase the Bard "Some or born to HAZOPness, some achieve HAZOPness and some have HAZOPness thrust upon them"

There are around 5000 HAZOP chairmen worldwide all of them being equal, but some are more equal than others.

In order to optimise process safety for existing and new facilities worldwide, excellent PHSERs need to be carried out. A key ingredient of this is the performance of the facilitator. What personal characteristics combine to create this performance?

HAZOP Chair Provenance

- Undergraduate degree in Chemical Engineering
- Professional exposure to relevant aspects of industry:
  - Process Design
  - Operations/Commissioning
  - Team Leadership/Management
  - Process Safety
- Top up with Masters in Process Safety
- Modal age range: 40 to 60
- CPD of IChemE Training Course
- Observation of Other respected HAZOP chairs to evolve best practice
- But like all great recipes, a little variety doesn't do any harm and may enhance the final product.

HAZOP Chair Characteristics

Desirable attributes for the leader include:

- wide experience of all the stages of process hazard studies, including quantitative risk assessment;
- extensive experience as a HAZOP study member and, preferably, some as a HAZOP study scribe;
- training in the leadership of HAZOP studies;
- technical competence and the ability to quickly understand the system and its operation;
- meticulous attention to relevant detail;
- good analytical thinking;
- motivational skills including the encouragement of creativity and open speaking;
- independence from the project itself with no other direct responsibility to the project manager other than completing the scope of the HAZOP study.

Fail to Prepare……

- Hold a Pre-meeting with key project stakeholders to establish significant draft tenets:
  - Project Background and Scope
  - Stakeholder Drivers
  - Optimal Methodology
  - Key Hazards
  - Putative Assumptions
  - Principal Personalities
- Outcomes and Terms of Reference inform Intro presentation and initial approach

The Scribe - Sous chef or trusty side kick?

PROCESS SAFETY MATTERS

LinkedIn HAZOP Discussion:

- **Does a PHA scribe need to have a technical background? – Ron Brachten, Nov 2014**
- **AK contribution: scribal attributes -**
  - Fast and accurate typing skills
  - Native or excellent English language skills
  - Sufficient *confidence* to capture the consensus and to overlook the inevitable spelling and grammar gremlins
  - ***Stamina***
  - Good humour
  - Interest in the process
  - Threshold technical knowledge

  Technical knowledge is handy but….

PROCESS SAFETY MATTERS

HAZOP Tools – Sharpen those knives

- Climate controlled room, good natural light
- A1 PIDs on walls or second screen
- Availability of Flip charts or White boards
- Wifi/LAN access to upload project tech info and wider references
- Good food during breaks and lunch
- Effective HAZOP recording software

Ingredients

- Meat and 2 Veg:
  - Process Description
  - Noded P&IDs
  - Intro Presentatiion
- Side Dishes
  - PFDs
  - Cause and Effect Diagram
  - Report from any previous HAZOP(s), HAZID
  - HAZOP Terms of Reference
  - Facility Design Standards
  - Plot Plan
  - Line List
  - Piping Classification Overview
  - Toxicity/flammability data for materials being handled
  - Relevant National/International Codes/Laws/Standards

The texture and flavour – the local element!

The experience of HAZOP can be vary significantly depending on technical, cultural and stakeholder perspectives:

Stakeholders

- Operators focus on operability and consistency of design. (gooey and sweet)
- The EPC contractor's focus is on schedule and no changes (hard and dry)
- The operator's safety team focus on strict code compliance (tart and bitter)

Technical

- Upstream – no steady state; little standardisation
- Downstream – Large through puts/inventories; replication

Cultural

- "Many nations separated by a common language – HAZOP!"

Oven Conditions – HAZOP Ambience

The team works better if relaxed and motivated – try to make this happen early on:

- Introduce yourself to team members
- Get everyone to introduce themselves round the table, including what contribution they expect to make
- Directly engage all team members in the first 30 mins
- Allocate responsibilities based on member skills and attributes
- If team is flagging, call a break
- It two team members become adversarial, take a time out
- Smile

Recipe Disasters – and their remedies

- Behaviour to avoid if Effective HAZOP to be achieved:
  - Falling asleep – stand up and walk around when facilitating
  - Fighting with team members – develop excellent rapport with team from the off;
  - Allowing fighting between team members – call time out; verbal warnings; firing culprit(s)
  - Silence of participants – engage in meetings (and in breaks).
  - Permitting interminable discussions on minor issues – set time limits for discussion; "is there anything we need to record at this point?"
  - Self Scribing – refuse!
  - Working well in excess of 7 hours per day – planning; negotiate schedule; identify key risks up front; prioritise nodes (Shell approach – 6 working hours per day, 4 days per week, 4 weeks out of 5)

Ta Dah!

Angus Keddie

Director

Process Safety Matters

+44 (0) 7515897869

+44 (0) 1344 455800

info@processsafetymatters.com

477894 Bridging the Divide - OHS and Process Safety

Abstract:

The occupational health and safety field is well established, with a number of professional bodies, undergraduate programs and a comprehensive body of knowledge. Conversely, the process safety field has evolved largely over the past 40 years as an engineering discipline, with a focus on engineering solutions. Both of these fields utilise a risk management basis for decisions and actions. But both fields still largely operate independently of each other. There is much to be learned from sharing knowledge and responsible collaboration to deliver safer plants and operations from an OHS and a process safety perspective. This paper will explore how we can bridge the divide between OHS and process safety to achieve better safety outcomes. This includes better education and information flow between both professions as well as leveraging off existing systems to advance process safety.

20 Years Of Personal Process Safety Lessons

Steve Streblow
ACS Engineering
10914 Milano Ct.
Richmond, TX 77406
streblowsr@yahoo.com

Prepared for Presentation at
American Institute of Chemical Engineers
2017 Spring Meeting and 13th Global Congress on Process Safety
San Antonio, TX
March 26 – 29, 2017

20 Years of Personal Process Safety Lessons

Steve Streblow
ACS Engineering
10914 Milano Ct.
Richmond, TX 77406
streblowsr@yahoo.com

Keywords:

Amine tower; carbon dioxide; communication and restriction; competency; compliance; culture; documentation; failure analysis; intimidation; investigation; lessons learned; material of construction; mechanical integrity; pressure; stress; risk assessment; vessel repair.

Abstract

This paper presents in detail one of the many process safety issues encountered by the author in his 20 years of industrial experience. This issue deals with an amine tower, but touches upon the following topics: carbon dioxide; communication and restriction; competency; compliance; culture; documentation; failure analysis; intimidation; investigation; lessons learned; material of construction; mechanical integrity; pressure; stress, risk assessment and vessel repair.

It describes better ways to address the situation and applicable RAGAGEP. It is hoped that sharing this information will enable others to learn from the past and prevent similar issues in the future.

1 Introduction

This paper presents in detail one of the many process safety issues encountered by the author in his 20 years of industrial experience. This issue deals with an amine tower, but touches upon the following topics: carbon dioxide; communication and restriction; competency; compliance; culture; documentation; drawings; failure analysis; intimidation; investigation; lessons learned; material of construction; mechanical integrity; pressure; stress, risk assessment and vessel repair.

It describes better ways to address the situation and applicable RAGAGEP. It is hoped that sharing this information will enable others to learn from the past and prevent similar issues in the future.

2 Amine Tower Leak

In one of the operating companies I worked for, I was supposed to be the technical support for many gas processing facilities, which included amine systems for removal of carbon dioxide. I was verbally informed of a small leak in one of the facilities amine regenerator towers which was stopped by placing a screw in the side of the tower, as shown in the photo (taken later) immediately below.

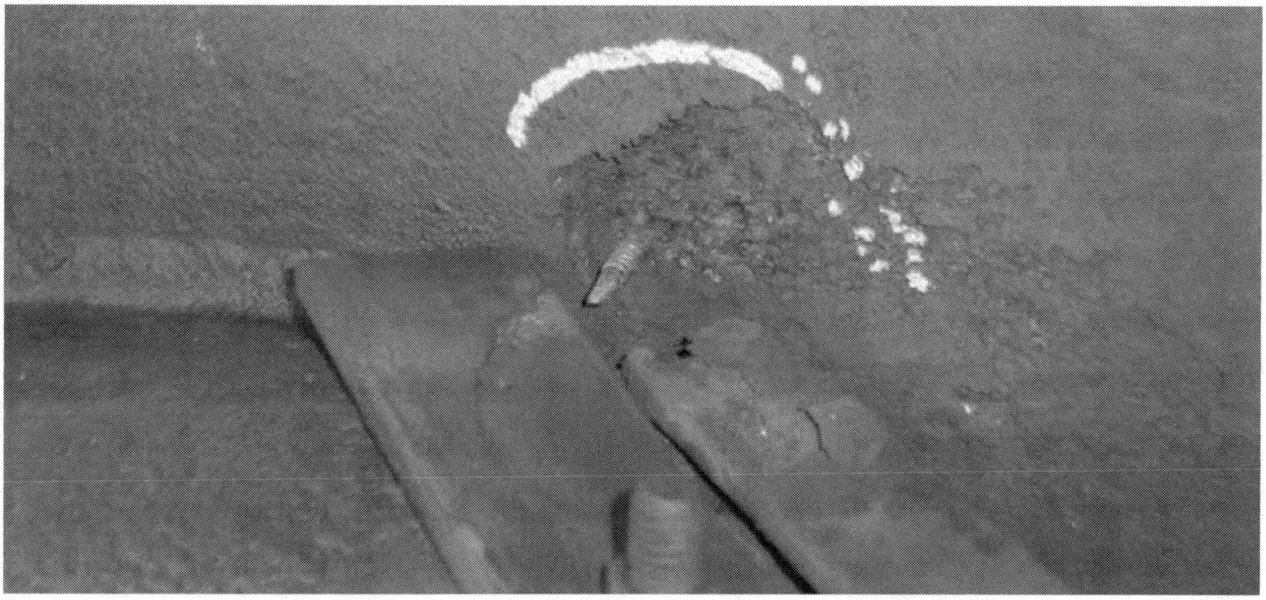

I was shocked for several reasons. First, I was not consulted for my technical opinion on how to proceed. Second, because after I communicated with the plant, they stated they were told by a service provider that they normally use that this type of repair was proper.

So much of this situation seemed wrong to me, so I provided the plant suggestions to restrict access to the area nearby the tower, while I determined how to proceed. The plant did put this area restriction in place.

I started to research what to do. First, I verified the pressure vessel law, as one can do by checking NB-370 at:
https://www.nationalboard.org/PrintAllSynopsis.aspx?Jurisdiction=Select
The location was in the state of Texas, which did not have a pressure vessel law. I next tried to find RAGAGEP for this. I called some pressure vessel manufacturers and had some brief conversations, which helped me focus my search. I found out that to keep the ASME code status, the repair should have been performed through a company which has an R stamp and filled out the appropriate paperwork. The R stamp status of a company can be confirmed at:
http://www.nationalboard.org/ManufacturerDirectory.aspx
The RAGAGEP to be used to maintain ASME code compliance is NBBI NB 23 (NBIC), National Board Inspection Code, Parts 1-3, reference 1.

If the vessel is a non-code vessel or if ASME code status does not need to be maintained, then one can refer to RAGAGEP API 510, Pressure Vessel Inspection Code: In-service Inspection, Rating, Repair, and Alteration, Tenth Edition, May 2014, reference 2.

After seeing that there was much technical knowledge needed for this activity that I did not have, I checked with management to see if there was someone better qualified than I inside the company, and I was disappointed to learn that there was not. Management did not seem concerned about the lack of expertise or the fact that I was being asked to work outside my area of expertise. It would be good to have a dedicated mechanical integrity expert in the company, since there is a great breadth and depth of technical knowledge needed.

I then tried to get the results of the previous mechanical integrity inspections for the tower, which I was told existed, but I was not provided. This withholding of information without any explanation seemed suspicious to me. This is a weakness in the culture. So, I tried to determine what the inspections should be for this item.

I tried to get the paperwork on the tower screw "repair", but none was provided, again showing a cultural problem.

I informed the plant that the company they were using did not have an R stamp and the screw action was not a proper repair.

I suggested contacting an inspection company to perform some external vessel wall thickness inspections, to see if additional thin spots were present. The external inspection was performed, which showed some additional thin areas.

I was verbally informed of a second small leak in the subject amine regenerator tower which was stopped by placing a screw in the side of the tower, as shown in the photo (taken later) immediately below.

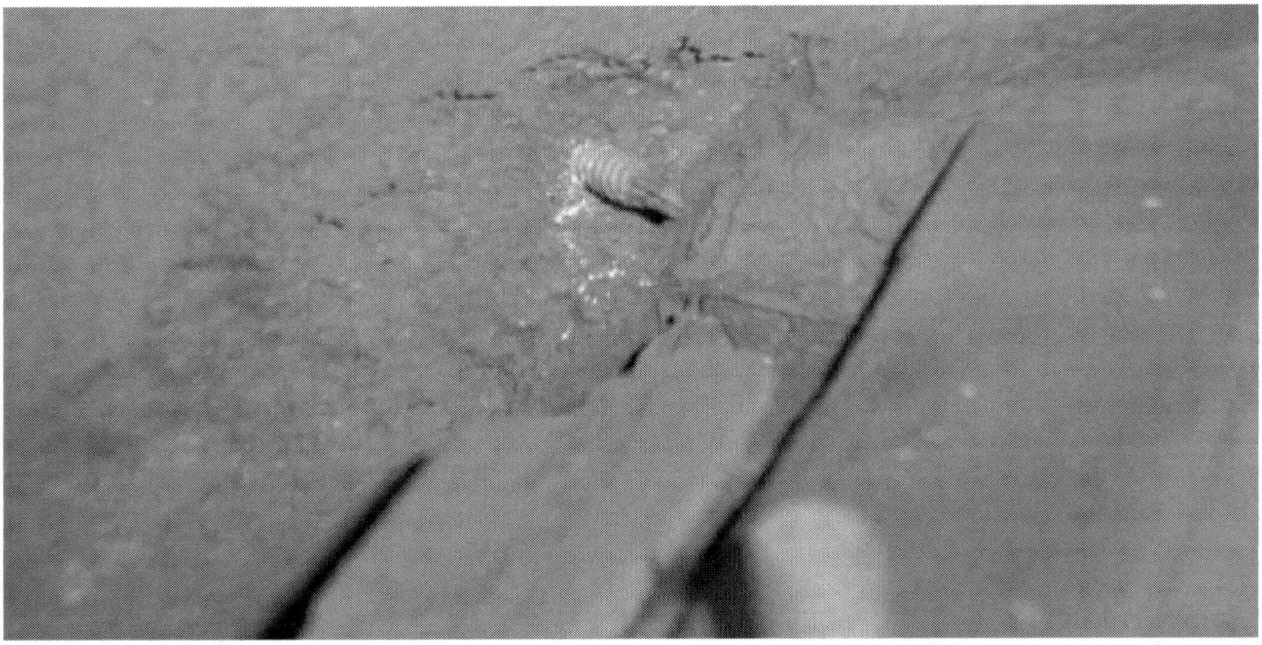

It was disappointing that the facility took the same actions as last time, when they had been advised otherwise. I notified my management, and they did not seem concerned. I again reminded the plant that the company they were using did not have an R stamp and the screw action was not a proper repair.

I was verbally informed of a third small leak in the subject amine regenerator tower which was stopped by placing a screw in the side of the tower, as shown in the photo (taken later) immediately below.

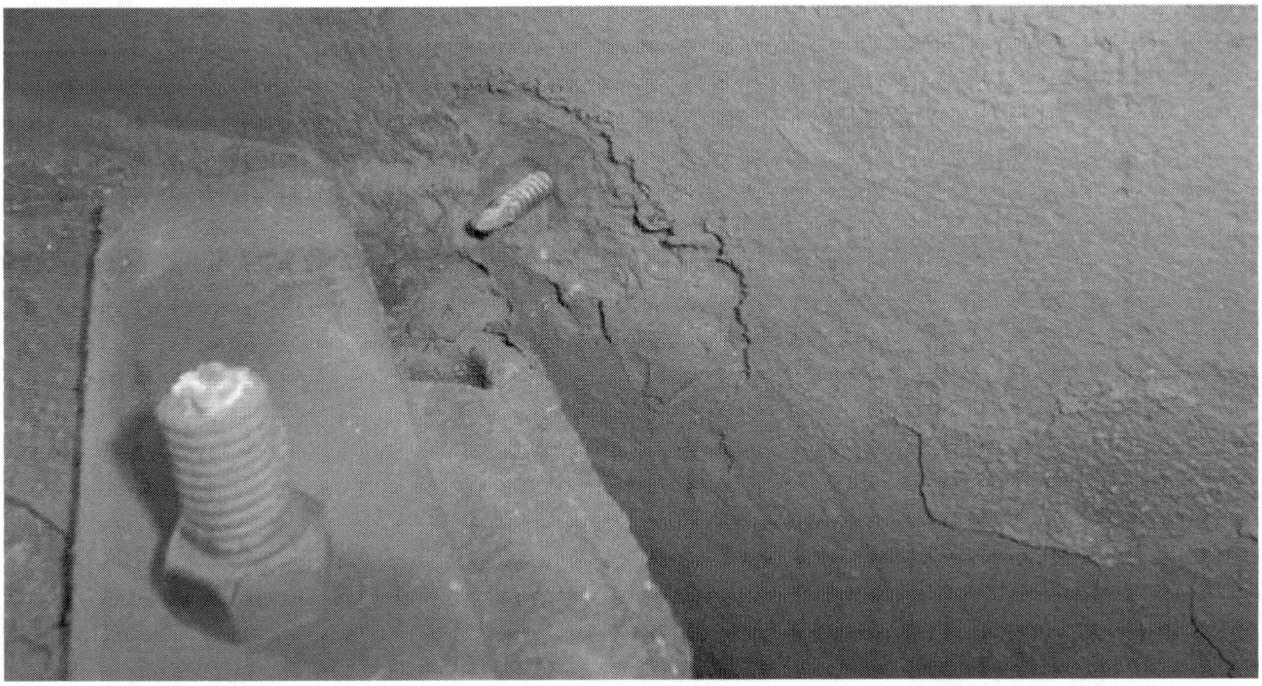

It was disappointing that the facility took the same actions as the last two times, when they had been advised otherwise. I again reminded the plant that the company they were using did not have an R stamp and the screw action was not a proper repair.

This time when I notified my management, they may have over reacted, since they now changed their direction drastically in stating that the right thing to do was shut down the facility, again without trying to get input from me or the plant manager. I was concerned about this drastic change in direction. When I spoke with management about this, they said this was a great success, since the facility was shut down in response to the latest leak. I informed management that I did not view it as a success to take this action in response to the third instance, but would have viewed it more positively if more action was taken on the first issue. A consequence analysis could have been conducted to determine the extent of the consequences. Then the likelihood could have been determined. Combining the consequence and the likelihood results in the risk, which could be used to help make a quantitative risk based determination, rather than a subjective decision.

I then asked management if we could share the learnings from this one site with the other 30+ sites in the company, and they said no, they would not do so until the incident happened at 3 or more facilities. It greatly disturbed me that management would wait for more issues to happen rather than sharing knowledge to prevent future incidents. This shows another cultural weakness.

Since the facility was now shutdown, it presented an opportunity to do some internal inspection, which was done. This effort resulted in many pictures, including the ones in this paper, as well as many wall thickness readings. The wall thickness readings were as thin as 0.110".

The original vessel wall thickness was supposed to be 0.375", with 0.125" corrosion allowance, which shows that the end of life wall thickness should be 0.250", well above the 0.110" measured. The vessel had a 50 psig design pressure, was 78" ID, with an 18 Ft skirt, 64 feet shell height and was made from SA-516-70.

I put together a spreadsheet, based on ASME Boiler and Pressure Vessel Code, Section VIII, Division I, 1980, reference 9, to evaluate what wall thickness was needed to handle different scenarios. Joint efficiencies were taken from reference 9, UW-12. Allowable stresses and overstress for combined loads were from reference 9, UG-23.

Seismic and wind speed were considered by calculating the moment at the bottom head to shell weld, and then converting to metal thickness.

I got the original calculations for the tower, and found that the original seismic calculations were in error. Seismic tension resulted in a required wall thickness of 0.048", which is less than the 0.110" measured wall thickness, so the wall thickness was acceptable. Seismic compression resulted in a required wall thickness of 0.113", which is just above the 0.110" measured, meaning the wall is not thick enough. A useful reference for seismic design is
Guidelines for Seismic Evaluation and Design of Petrochemical Facilities, Second Edition, ASCE, Reston, Virginia, 2011, reference 10.

For the wind loading, the tower was divided into 4 different zones. Wind tension resulted in a required wall thickness of 0.072", which is less than the 0.110" measured wall thickness, so the wall thickness is acceptable. Seismic compression resulted in a required wall thickness of 0.169", which is above the 0.110 measured, meaning the wall is not thick enough. A useful reference for wind loading is ASCE 7-05, Chapter 6, Figure 1A Basic Wind Speed – Western Gulf of Mexico Hurricane Coastline, reference 11. A second useful reference is Wind Loads for Petrochemical Facilities and Other Industrial Facilities, ASCE, Reston, Virginia, 2011, reference 12.

Reference 9, UG-27 was used to determine the minimum thickness for internal pressure and liquid height. The thickness needed for circumferential stress is 0.176", which is above the 0.110 measured, meaning the wall is not thick enough. The thickness needed for longitudinal stress is 0.052", which is less than the 0.110" measured wall thickness, so the wall thickness is acceptable. The thickness needed for compressive stress is 0.085", which is less than the 0.110" measured wall thickness, so the wall thickness is acceptable.

For the combined load temperature, pressure, level, wind and seismic, the thickness needed for longitudinal stress is 0.144", which is above the 0.110 measured, meaning the wall is not thick enough. The thickness needed for compressive stress is 0.306", which is above the 0.110 measured, meaning the wall is not thick enough.

Management tried to direct me to just solve the issue by reducing design pressure until the wall was thick enough. However, this was not a reasonable path forward, for several reasons, such as that if the same corrosion allowance was used, the remaining life (0.110" measurement minus 0.125" corrosion allowance) was 0. Also, there was no mention of the other aspects that would need to be considered, such as increased relief valve sizing at lower pressure. Also, the wall was not thick enough for several other cases listed above, such as seismic and wind, which are independent of the design pressure. Reducing the design pressure from 50 to 15 psig, meant that the wall thickness was still not adequate for the combined loading.

I also did some process simulation to determine if there could be changes made to the process and/or equipment to reduce the corrosion, such as:

- Changing type of amine
- Changing flowrate of amine
- Changing tower diameter
- Changing tower materials of construction
- Changing heat input to the reboiler

I was told to stop on this effort, which meant no better design would be in place when the next tower has problems. Production again won out over process safety when I was told to get a new tower the same as the last one.

A fitness for service assessment could have been conducted, however, production again won out over process safety when I was told to get a new tower the same as the last one.

A risk based mechanical integrity program could have been developed and put into place, but it wasn't. The emphasis was on production over process safety.

A root cause analysis could have been conducted, but the emphasis was on production and appearance over process safety. This is demonstrated by the operations direction to rapidly take the tower offsite to keep the plant appearance attractive. There was not an effort to engage in dialogue to discuss the issue. A better approach is to engage in dialogue with employees and seek their input and comments on suggestions. When management eventually realized the value of the investigation process, the tower was already destroyed. This was unfortunate, because the same type of failures starting appearing at other sites.

I told management that they needed to institute a mechanical integrity group. They eventually did, however, when I was informed of the head of the mechanical integrity group and the recent hire for our area, I could see that they were not qualified. I informed management of this, and I was told that was not my concern. This again shows a poor process safety culture. No attempt was made to resolve my valid concern, just to dismiss it.

I finally put many items in writing to my management, and was provided an individual visit by HR from headquarters. In this closed-door meeting, I was told many unacceptable things, including that I should not write about process safety, but management is glad to discuss orally. This shows a poor process safety culture. I resorted to writing when it was clear that oral was not effective. I did not agree with HR. I was then sent to an individual training session with the head of compliance, which was titled "Write Now, Pay Later." It is clear that the company tried to restrict internal written communication on safety and health, when it is an employee right to write written complaints to external agency, OSHA. This does not show a safety culture.

3 Additional RAGAGEP

One good resource is Guidelines for Mechanical Integrity Systems, AIChE CCPS, 2006, Wiley, reference 3. For pressure vessels, a useful item is "Table 9-1 RAGAGEPs for Pressure Vessels".

Another useful item in reference 3 is "Table 9-13 Mechanical Integrity Activities for Pressure Vessels". It has example activities and typical frequencies for:

- New Equipment Design, Fabrication, and Installation
- Inspection and Testing
- Preventive Maintenance
- Repair

Reference 3 also has Technical Basis for Activity and Frequency, Sources of Acceptance Criteria, Typical Failures of Interest, Personnel Qualifications, Procedure Requirements, Documentation Requirements for the following categories:

- New Equipment Design, Fabrication, and Installation
- Inspection and Testing
- Preventive Maintenance
- Repair

Reference 3, Chapter 11 contains an introduction to a risk based approach for mechanical integrity.

Reference 3, Section "12.4 Equipment Failure and Root Cause Analyses" provides useful information such as:

- "Step 1 - Evaluate Conditions at the Site."
- "Step 2 - Perform Preliminary Component Assessment."
- "Step 3 - Preserve "Fragile" Data Sources."
- "Step 4 - Perform Macroscopic Examination."
- "Step 5 - Perform Microscopic Examination (if warranted)."
- "Step 6 - Perform More Detailed Testing (if warranted)."
- "Step 7 - Test Under Simulated Conditions (if warranted)."
- "Step 8 - Make the Failure Mechanism Determination and Develop Corrective Actions."

Listed below are several additional API documents that contain excellent information related to mechanical integrity, with specific applicable sections listed.

API Recommended Practice 571, Damage Mechanisms Affecting Fixed Equipment in the Refining Industry, First Edition, December 2003, is reference 4. See sections:

- "4.2.14 Erosion / Erosion-Corrosion"
- "4.3.6 CO_2 Corrosion"
- "5.1.1.1 Amine Corrosion"
- "5.1.2.2 Amine Stress Corrosion Cracking"

API Recommended Practice 572, Inspection of Pressure Vessels (Towers, Drums, Reactors, Heat Exchangers, and Condensers), Second Edition, February 2001, is reference 5. See sections:

- 7 for reasons for inspection
- 8 for causes of deterioration
- 9 for frequency and time of inspection
- 10 for inspection methods and limitations
- 11 for methods of repair

API Recommended Practice 579, Fitness for Service, First Edition, March 2000 is reference 6. Reference 6 states "The ASME and API design codes and standards for pressurized equipment provide rules for the design, fabrication, inspection and testing of new pressure vessels, piping systems, and storage tanks. These codes do not address the fact that equipment degrades while in-service and that deficiencies due to degradation or from original fabrication may be found during subsequent inspections. Fitness-For-Service (FFS) assessments are quantitative engineering evaluations which are performed to demonstrate the structural integrity of an in-service component containing a flaw or damage. This Recommended Practice provides guidance for conducting FFS assessments using methodologies specifically prepared for equipment in the refining and petrochemical industry. The guidelines provided in this recommended practice can be used to make run-repair-replace decisions to help ensure that pressurized equipment containing flaws which have been identified by inspection can continue to operate safely."

API Recommended Practice 580, Risk-based Inspection, First Edition, May 2002 is reference 7. Reference 7 states "1.1 PURPOSE -The purpose of this document is to provide users with the basic elements for developing and implementing a risk-based inspection (RBI) program. The methodology is presented in a step-by-step manner to the maximum extent practicable."

API Recommended Practice 581, Risk Based Inspection Technology, Second Edition, September 2008 is reference 8. In reference 8, "PART 1- INSPECTION PLANNING USING API RBI TECHNOLOGY", see sections:

- 4 for RBI Concepts
- 5 for Pressure Vessels

In reference 8, "PART 2 - DETERMINATION OF PROBABILITY OF FAILURE IN AN API RBI ASSESSMENT", see section 8 for "Damage Factor – Amine Cracking".

Reference 8, "PART 3 - CONSEQUENCE ANALYSIS IN AN API RBI ASSESSMENT" covers hole size, release rate calculation, release inventory, impact of detection systems, flammable and explosive consequences, toxic consequences, non-flammable non-toxic consequences, component damage and personnel injury consequence areas, financial consequences.

4 Conclusions

This paper presented in detail one of the many process safety issues encountered by the author in his 20 years of industrial experience. This issue deals with an amine tower, but touches upon the following topics: carbon dioxide; communication and restriction; competency; compliance; culture; documentation; failure analysis; intimidation; investigation; lessons learned; material of construction; mechanical integrity; pressure; stress, risk assessment and vessel repair.

It describes better ways to address the situation and applicable RAGAGEP. It is hoped that sharing this information will enable others to learn from the past and prevent similar issues in the future.

5 References

[1] NBBI, NB 23 (NBIC), National Board Inspection Code, Parts 1-3.

[2] API 510, Pressure Vessel Inspection Code: In-service Inspection, Rating, Repair, and Alteration, Tenth Edition, May 2014.

[3] Guidelines for Mechanical Integrity Systems, AIChE CCPS, 2006, Wiley.

[4] API Recommended Practice 571, Damage Mechanisms Affecting Fixed Equipment in the Refining Industry, First Edition, December 2003.

[5] API Recommended Practice 572, Inspection of Pressure Vessels (Towers, Drums, Reactors, Heat Exchangers, and Condensers), Second Edition, February 2001.

[6] API Recommended Practice 579, Fitness for Service, First Edition, March 2000.

[7] API Recommended Practice 580, Risk-based Inspection, First Edition, May 2002.

[8] API Recommended Practice 581, Risk Based Inspection Technology, Second Edition, September 2008.

[9] ASME Boiler and Pressure Vessel Code, Section VIII, Division I, 1980.

[10] Guidelines for Seismic Evaluation and Design of Petrochemical Facilities, Second Edition, ASCE, Reston, Virginia, 2011.

[11] ASCE 7-05, Chapter 6, Figure 1A Basic Wind Speed – Western Gulf of Mexico Hurricane Coastline.

[12] Wind Loads for Petrochemical Facilities and Other Industrial Facilities, ASCE, Reston, Virginia, 2011.

Identifying Opportunities of Enhancing Safeguard Stewardship through IPL Rationalization

SreeRaj R Nair
Technical Safety, Chevron U.S.A Inc.
Houston, USA
snair@chevron.com

Bernadette Thornton
Safety Systems, Chevron
ETC, Houston, USA
bernadette.thornton@chevron.com

[Rev2]

Prepared for Presentation at
American Institute of Chemical Engineers
2017 Spring Meeting and 13th Global Congress on Process Safety
San Antonio, TX
March 26 – 29, 2017

Identifying Opportunities of Enhancing Safeguard Stewardship through IPL Rationalization

SreeRaj R Nair
Technical Safety, Chevron U.S.A Inc.
Houston, USA
snair@chevron.com

Bernadette Thornton
Safety Systems, Chevron
bernadette.thornton@chevron.com

Keywords: Process Hazard Analysis, Layer of Protection Analysis, Independent Protection Layers, Rationalization

Abstract

Ensuring effective safeguard stewardship is an integral part of the journey to address the challenge of moving from 'I think" to "I know" that a major accident hazard is managed. One of the steps in achieving effectiveness is to ensure that the process design is robust and that the safeguards provide the necessary protection to reduce the process risk.

Process Hazard Analysis and Layer of Protection Analysis are carried out to identify hazards, determine the potential consequence and evaluate the adequacy of the safeguards. Opportunities for further risk reduction are identified and risks are eliminated or reduced through established risk management programs. Though the study methodologies have been used for decades, there are opportunities for improvement.

This paper specifically addresses the opportunities in the evaluation of safeguards during the design of major capital projects. It explores some of the key concerns including lack of independence and variations in modifier application that could lead to over or under engineering; this could in turn may result in increased risk exposure. Additionally, this paper explains how the use of a defined methodology for the rationalization of Independent Protection Layers can assist in overcoming these challenges. The significance of performing IPL rationalization at appropriate stage of engineering progress is key in ensuring effective safeguards through design. A comparison of the advantages of rationalization exercise performed at various project phases is also discussed in the paper.

1 Introduction

A critical starting point in process safety management lies with the identification of facilities with potential for high impact (Safety and Environment) events and an understanding of the high consequence scenarios. For the high impact facilities, a detailed Process Hazard Analysis is conducted to determine the scenarios of concern. The potential impact from realizing those scenarios and the likelihood considering the safeguards (prevention and mitigation) is evaluated. A process safety management system is established with a system of "controls" (including critical safeguards verifications, and validation) to prevent the occurrence of these incidents or reduce their severity.

Layers of Protection Analysis (LOPA) was introduced as a detailed frequency evaluation method compared to Hazard and Operability Studies and as a simpler version compared to Quantitative Risk Assessment. This method is used to assess the adequacy of independent protection layers (IPL) and to ensure that required risk reduction is achievable (i.e., there will be no gaps post implementation of the risk reduction plan). LOPA is a systematic approach for applying IPL which follows guided principles and rulesets as prescribed in the industrial standards (AIChE 2001). CCPS publication (AIChE, 2007) provides guidance on choosing and evaluating initiating event frequency and independent layers of protection.

An independent protection layer (IPL) is a device, system, or action that is capable of preventing a scenario from proceeding to its undesired consequence independent of the initiating event or the action of any other layer of protection associated with the scenario (AIChE, 2015).

An effective IPL should be independent of the initiating causes, survive the initial event, and available to perform at the expected level for the intended duration. In order to determine the effectiveness, each safeguard which has been identified as a potential IPL needs to have the entire core attributes; the attributes are independence, specificity, integrity, reliability, auditability, access security, management of change. IPL can be either 'Active' or 'Passive' with Active IPL being those with the ability to detect (sense a condition or problem), decide (whether an action or intervention is necessary or not) and deflect (action capable of preventing consequence in a timely manner) and Passive IPL being those which primarily deflect to reduce the impact.

The following sections review some of the challenges in determining the effectiveness of active IPL and how to overcome the challenges through a structured approach known as IPL rationalization. It is followed by discussion on the inherently safer approach and its significance in improving the performance of the LOPA results. The potential economic benefits of IPL rationalization (Capital and Operational) are also evaluated with relevant project case studies.

2 LOPA Process Concerns

After evaluation of multiple projects, we have determined that the major LOPA concerns tend to fall into three categories: lack of independence, variations in modifier application, and appropriate documentation. The challenges in IPL related documentation can be addressed effectively by implementation of Process Safety Information management plan.

2.1 Lack of Independence

The first issue, lack of independence, relatively an easy one to eliminate, yet it continues to appear in reviews. Most of this is due to a failure to understand packaged equipment controls and a failure to identify the critical actions required by a safety function. Packaged equipment controls typically are not well defined in early Process Hazard Analysis (PHA) / Hazard and Operability (HAZOP) studies. Assumptions concerning the independence of systems and poorly defined functionality tend to lead to IPL credit being given to these systems in error. For example, vibration monitoring systems tend to send requests to other systems, such as the Safety Instrumented System (SIS), to complete critical actions such as the closure of valves or motor stops. If a Safety Instrumented Function (SIF) exists with the same critical actions, then credit cannot be taken for both. The critical actions of each would have to be defined to remove the conflict and the system common cause would need to be reviewed to ensure that the combination will provide the appropriate layers of protection. Failure to validate packaged equipment independence as the project progresses leads to discovery late in the project that the required number of IPL is unavailable.

2.2 Modifier Application

Differences in the team make-up and the facilitation of the LOPA studies leading to differences in the application of enabling events and conditional modifiers and therefore poor application of IPLs. Enabling events and conditional modifiers are applied to change the likelihood of a consequence or severity of a consequence, so these take into account factors such as the likelihood of personnel being in the area and the phase of operation. Failing to apply enabling events and conditional modifiers properly can lead to major operational issues, including alarm floods and excessive instrumentation. For example, if one facilitator applies a conditional modifier to a scenario and another facilitator does not, the required risk reduction is greater for the second facilitator and will require the application of additional IPL. This inconsistency in the application of enabling events and conditional modifiers leads to under-design (with gaps) and over-design (most-often) of instrumented systems and, potentially requiring additional maintenance and testing requirements.

Effective IPL rationalization can reduce the concerns of lack of independence and modifier application by providing an opportunity to look at the application of IPL on a facility basis rather than a scenario by scenario basis.

3 IPL Implementation Challenges

Poor application of IPL in the processes could result in facilities operated at elevated risk levels. The key challenges in the implementation of LOPA findings include the following:

- Risk reduction during design primarily relies on engineered systems, leaning to the route of 'Add-on' safety;
- Lack of credits for non-engineered / soft barriers as additional layers of protection;
- Operational inefficiency due to overly engineered protection system (multiple interlocks, trips for dedicated systems designed without considering overall facility reliability requirements);

- Regulatory requirements – prescriptive versus performance based approach;

Kletz and Amyotte [Ref. 3] have said, "Intensification, substitution, attenuation, and limitation of effects produce inherently safer design because they avoid hazards instead of controlling them by adding protective equipment. The term 'inherently safer' implies that the process is safer because of its very nature and not because equipment has been added to make it safer". However, this very point is often overlooked during design and often adding additional layers (mainly instrumented and hardware) are considered as improvement to safety. Industries' traditional solution to increased levels of hazard has been through more controls. For example, an offshore facility designed to be operated as 'normally unmanned' could become 'normally manned' just because of the manning distribution required to ensure the effectiveness (through inspection and maintenance) of the 'added on' engineered safeguards.

Projects have become more complex and personnel involved in projects rarely see the effect of their designs, so design complexity is less of a consideration and the more cost effective solution, typically an instrumented one, is implemented to ensure enough safeguards are present to manage the risk. Unfortunately, this leads to the massive problem of facilities having to manage large numbers of safeguards and IPL.

While industry is moving towards performance based approaches to define risk reduction, prescriptive regulatory environments still exist. Prescriptive environments ensure a minimal level of risk reduction is implemented, but they also can add challenges to the implementation of a performance based approach. Prescribed testing and testing procedures may provide some reduction in the overall risk of a facility, the tests rarely are sufficient to provide assurance of the effectiveness of the prescribed functions as IPL; therefore, additional testing must be performed on top of the regulatory required testing potentially requiring more personnel to complete ensure the functions meet their risk reduction target.

4 How to Overcome the Challenge

Eliminating hazards using the inherently safer design route is the most effective way to overcome the challenge of safeguard stewardship simply because there will be only fewer safeguards as IPL (Kletz and Amyotte, 2010). Time and effort can be spent on managing the asset integrity of pipe, vessels, and major equipment rather than managing hundreds of safeguards. In such cases, the projects compare options for managing risk. If elimination is not a viable option considering safety and operability factors, decisions are made to proceed with acceptable levels of risk using adequate safeguards/IPL. The following words of wisdom shall be considered as part of ISD approach (Nair 2009, Nair 2017, Stuart, et. al 2003, Kletz and Anyotte, 2010):

- More is not always safer
- Identify all hazards (you can't eliminate or manage a hazard which have not been identified)
- Design against accidental loads
- Design plants for easy and safe maintenance (*reliable equipment which requires less maintenance*)
- Simplify the process and minimizing the requirement to rely on human intervention

While companies acknowledge that management of IPL is necessary, the number of IPL being identified prioritizes finding ways to reduce the load on maintenance and testing personnel. One way to reduce the load is by using IPL rationalization. IPL rationalization can be defined as a process of defining the most effective set of IPL to provide the appropriate risk reduction while also reducing the number of management activities and operator tasks and the maintenance and testing load a facility must endure. So the question of how to define the most effective set of IPL must be answered.

IPL rationalization uses the results of a LOPA to identify IPL which are unnecessary to provide the facility with the risk reduction required. The process requires a functional safety Subject Matter Expert (SME), a process engineer and an operations representative to review the application of enabling events and conditional modifiers, identify SIF with multiple Safety Integrity Level (SIL) and ensure that SIF, critical alarms and basic process control system (BPCS) loops identified as IPL are, in fact, effective. During a LOPA, many of these items may be addressed, but as projects require more and more facilitators to make large HAZOP more manageable, more and more issues creep into the design. The smaller group allows for a more in-depth review of independence, consistency in identification of the SIF and its actions, and a way to compare the results of one study with another study to ensure IPL chosen between similar units and similar scenarios provide the appropriate risk reduction while applying the same enabling events and conditional modifiers. Most importantly, IPL rationalization provides a way for the project to review the IPL from a bird's eye view as well as scenario by scenario to identify whether IPL are appropriate to mitigate the risk for the overall facility as well as the individual scenarios. The most surprising element of the process is that it requires very little time to complete, especially with the correct pre-work completed.

The process of IPL rationalization is simple. First, the team must first identify the order of preference for implementation of IPL. This preference will take into account the facility's maintenance staff size, the competency of the staff and the operating basis of the facility. For example, some owners may prefer to take more SIFs as they have a good management program for them and no management program for other engineering IPL. Other owner may prefer other instrumented IPL over SIF as they do not expect to have the competency they would prefer to manage the IPL.

Secondly, the team reviews the application of enabling events and conditional modifiers to guarantee their effectiveness or applicability. Next, the IPL are reviewed in order of preference and where different IPL have been provided for scenarios with the same consequence, the use of different IPL is either rationalized or the IPL are revised to provide the most effective set. Unused IPL are either removed or removed from the IPL list.

Finally, the team reviews any recommendations to identify if there are LOPA gaps that may be addressed using existing IPL or whether new IPL must be created.

Experience has demonstrated that the process can be effectively used for brownfield facilities as well. However, it need to be noted that there could be differences in the IPL preferences and that unused IPL are less commonly found as facilities choose to use existing IPL rather than add new ones, even if the final result may be less efficient.

5 A Representation of the Benefits

The benefits of completing IPL rationalization depends on three things:

1. The objective of the project
2. The timing of the study
3. The regulatory environment of the facility

The objective of the project may affect IPL rationalization results as looking for ways to eliminate or reduce the numbers of a particular IPL type or may require the addition of IPL in other categories. This activity may not be a reduction of IPL, but rather a reallocation of IPL. Alternatively, the project may be looking to reduce the number of IPL overall by ensuring the application of IPL is streamlined. Illustrations of IPL rationalization benefits in terms of IPL and potential economic saving are given in Figure 1 and Figure 2. A recent project looking to reduce the number of alarms was able to achieve a 90% reduction in alarms with little effect to the number in other IPL categories due to the proper application of conditional modifiers. If one assumes that maintenance of these alarms requires approximately $100 per year and that the number of alarms was reduced from 1000 to 100, then it can be found that the facility saves approximately $90000 per year in alarm maintenance alone (*representative figures only*).

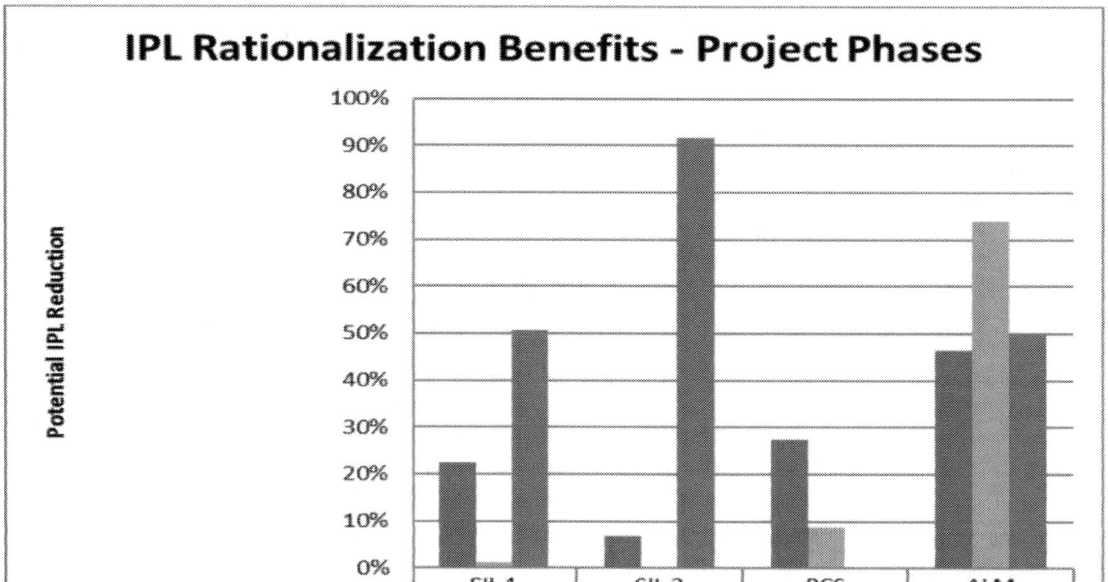

	SIL 1	SIL 2	PCS	ALM
Project 1 - Basic engineering	23%	7%	27%	46%
Project 2 - Detailed design	1%	0%	9%	74%
Project 3 - Post commissioning	51%	92%	0%	50%

Figure 1: IPL Rationalization Benefits – At Different Phases of Project

The timing of the study has a significant effect on the outcome of the IPL rationalization. Performing rationalization before the design is complete (i.e., before construction) provides opportunity to eliminate IPL, such as SIF, that are found to be unnecessary (Figure 1). A project may choose to keep the functions or alarms for operational or reasonable risk reduction justification/demonstration; but take the opportunity to reduce the testing or maintenance associated with these. In addition, the team may be able to identify designs which could be modified to provide a more inherently safer facility. A study performed late in the project will not achieve the same benefits. They may be able to make reductions in some areas, but if the design or installation is almost complete, there is only limited opportunity to remove unnecessary IPL (Figure 1). Alarm priorities may be reduced and maintenance and testing requirements may be relaxed, but the facility will likely be forced to retain most IPL. Performance of IPL rationalization post-commissioning provides even less opportunity for savings. IPL have not only been designed and installed, but they have already been commissioned and, in many cases, changing maintenance and testing requirements will require changes to maintenance managements systems that likely have already been completed, potentially adding cost short-term. A review of projects showed potential IPL reduction of 25-30% for projects in Basic Design / Front End Engineering Design (FEED) and 10% reduction for those in Detailed Design or later.

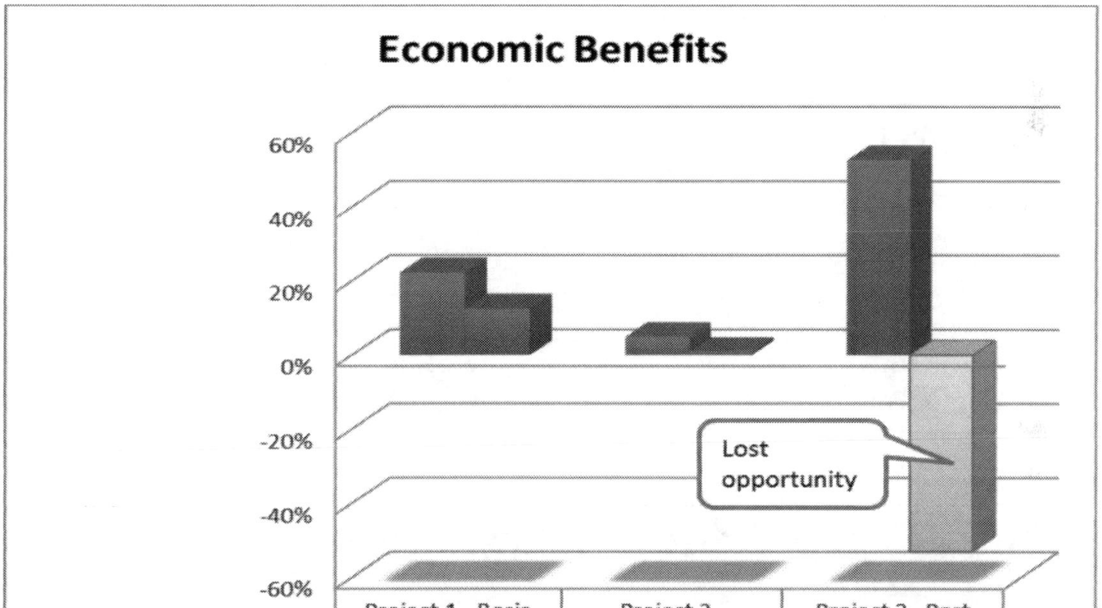

	Project 1 - Basic engineering	Project 2 - Detailed design	Project 3 - Post commissioning
Potential OpEx Savings	22%	5%	53%
Potential CapEx Savings	13%	1%	-53%

Figure 2: IPL Rationalization and Potential Economic Savings

When taking into account both Capital Expenditure (engineering design, construction, installation) and Operational Expenditure (inspection, testing and maintenance), the savings to a facility can be significant if the appropriate evaluation is carried out in early project stages; even in later stages of the project, the suggested approach can reduce IPL requirement and remove some of the maintenance and testing cost of the so-called "gold plating" that occurs on projects (Figure 2).

Finally, the regulatory environment can have an impact on the study. Where regulators follow a prescriptive regimen for safety instrumented systems (e.g., U.S. Gulf of Mexico), then the benefits of IPL rationalization are realized through the removal of extensive testing and maintenance related to IPL, but not through removal of IPL or through the removal of regulatory required testing. The potential to gain savings still exists though, so the exercise provides benefit by removing the "gold plating" of the facility.

6 Conclusion

Critical safeguards identified, performance requirements established and an evergreen process to ensure safeguards remain in place are key to keep high consequence scenarios from occurring. Through safety studies and by following industrial codes and standards, multiple layers of protection are factored in to prevent or mitigate potential events. However, it is experienced that often the designs and facility become complicated due to 'add-on' safety. Such facilities could experience operational inefficiency, high cost of maintenance and potentially higher risk exposure to personnel.

IPL rationalization should be part of the design engineering process to overcome the challenges and a systematic approach will help in:

- establishing 'effective' safeguard
- optimizing IPLs
- lifecycle benefits

The paper reviewed some of the challenges in determining the effectiveness of IPL and how to overcome the challenges through a IPL rationalization exercise. The paper discussed the inherently safer approach and its significance in improving the performance of the LOPA results. The timing of the exercise has a significant effect on the outcome of the IPL rationalization. The potential economic benefits (Capital and Operational) are also evaluated with relevant project case studies.

7 References

1. CCPS. "Guidelines for Independent Protection Layers and Initiating Events", American Institute of Chemical Engineers, New York, NY, 2007
2. CCPS, "Guidelines for Initiating Events and Independent Protection Layers in Layer of Protection Analysis", American Institute of Chemical Engineers, New York, NY, 2015
3. CCPS, "Layer of Protection Analysis – Simplified Process Risk Assessment", American Institute of Chemical Engineers, New York, NY, 2001
4. Nair SreeRaj, "Determining the criteria for evaluation of toxic hazards, Journal of HSE & Fire Engineering", ASFE, Issue 2 March 2009
5. Nair SreeRaj, "'Inherently Safer' – the Concept and its Application in Oil & Gas Sector," International Conference on Safety and Fire Engineering, SAFE-'17, 2017
6. Stuart Chia, Kieran Walshe and Ed Corpuz, "Application of inherent safety challenge to an offshore platform design for a new gas field development – approaches and experiences," Symposium Series No. 149, IChemE, 2003
7. Trevor Kletz and Paul Amyotte, "Process Plants: A Handbook for Inherently Safer Design," Second Edition, 2010

Process Safety Site Assessment Program (PSSAP) – 5 years of Assessments

Andrew P. Broadbent
American Petroleum Institute (API)
1800 West Loop South, Suite 475
Houston, TX 77027
broadbenta@api.org

Prepared for Presentation at
American Institute of Chemical Engineers
2017 Spring Meeting and 13th Global Congress on Process Safety
San Antonio, TX
March 26 – 29, 2017

Process Safety Site Assessment Program (PSSAP) – 5 years of Assessments

Andrew P. Broadbent
American Petroleum Institute (API)
1800 West Loop South, Suite 475
Houston, TX 77027
broadbenta@api.org

Keywords: Process safety, assessments, benchmarking, protocols, scoring, rating, weighting

Abstract

The API Process Safety Site Assessment Program was developed in 2011 as part of the AFPM and API Advancing Process Safety Programs. PSSAP began conducting assessments in 2012. By the end of 2016, the API Site Assessment program will have conducted 52 General (7 protocols) and 27 HF Alkylation/RP 751 assessments. These assessments have been conducted 59 different refineries and petrochemical facilities. The areas assessed are: Process Safety Leadership, Management of Change, Mechanical Integrity, Safe Work Practices, Operating Practices, Facility Siting, Process Hazards Analysis, and HF Alkylation/RP 751.

This presentation will provide a brief overview of the program and present some the learnings, trends and benchmarking developed from the assessments based on the five-year history of the program.

In 2010, the American Petroleum Institute (API), American Fuel & Petrochemicals Manufacturers (AFPM) and industry joined together to address improving process safety performance with the goal of preventing process safety events at refineries and petrochemical plants. API, AFPM and the industry wanted this effort, known as Advancing Process Safety, to be:

- Focused on higher risk process safety activities;
- Refining & petrochemical focused;
- Voluntary; and
- An avenue to communicate and share experiences and knowledge.

Advancing Process Safety (APS) consists of six different programs which are:

- Process Safety Metrics and Analysis (RP 754)
- Process Safety Hazard Identification
- Event Sharing
- Focused Improvement
- Regional Meetings
- Process Safety Site Assessments Program (PSSAP).

The intent of all the programs is to raise the level of process safety performance at the sites to prevent process safety events.

The management of these programs is split between API and AFPM. API manages the Process Safety Site Assessment Program, Process Safety Metrics and Analysis, and the Focused Improvements effort. AFPM manages Process Safety Hazard Identification, Event Sharing and Regional Networks.

Benefits/Opportunities

The Process Safety Site Assessment Program is perhaps the most hands-on of the six programs since it involves a team of assessors being onsite at a refinery or petrochemical plant for an entire week. The program uses credible, third-party assessors who have specific expertise in one or more of the eight areas being assessed. The team utilizes a set of protocols that are applicable to both refineries and chemical plants. These protocols were developed through a collaborative effort of subject matter experts from a wide range of companies.

Through these site assessments, the program provides the sites with feedback regarding what they are doing well and what improvements they can make to their process safety programs. Additionally, the program provides the sites with benchmarking data so the sites can compare how they are doing versus their industry peers.

The assessments are not process safety management compliance audits, and so we refer to them as assessments and not audits. We speak to process safety rather than process safety management so people will understand that these assessments are not the three-year process safety management (i.e., 29 CFR 1910.119) compliance audits, rather they are assessments of how sites are performing relative to 'what good looks like" based on the experience of industry and the expert assessors. As you will see, the assessments only cover seven areas of process safety (compared with the 14 areas in OSHA 1910.119) as well as HF alkylation/API RP 751.

Protocols

The eight protocols address:

- Process Safety Leadership
- Operating Practices
    - Procedures
    - Shift Handover
    - Operator Rounds
    - Alarm Management, and
    - Workplace Conditions
- Mechanical Integrity – Fixed Equipment
- Safe Work Practices
    - Procedures
    - Work Permit Procedures
    - Utilities, etc.
- Management Of Change
- Process Hazards Analysis
- Facility Siting
    - Permanent Buildings
    - Portable Buildings, and
    - Tents
- HF Alkylation/API Recommended Practice (RP) 751

The first seven elements are areas that could prevent a process safety event from occurring or reduce the severity of an event (i.e., Facility Siting). The eighth area – HF alkylation – deals with process safety in this specialized operation. Assessments involving the first 7 protocols are referred to as "General" Assessments and the HF Alkylation/RP 751 ones are known as "HF In-Depth RP 751" Assessments.

Note: Since the HF Alkylation protocol specifically follows API RP 751, the HF-In-Depth RP 751 Assessment does meet the RP 751 requirement to conduct an audit once every three years.

Sites may also choose to do just some of the protocols (for example, MOC and Facility Siting) rather than all seven at a time. These are known as "Partial" assessments.

These protocols were developed by industry for industry utilizing 54 subject matter experts from a wide range of companies. The protocols were developed, balloted using the API standards development consensus process, and then piloted at three sites. The protocols were then reviewed and modified based on learnings from the pilot assessments, including input from the assessors.

Keys to the Program

There are three very important components the PSSAP program, which are:

- Benchmarking
- Mentorship
- Expertise of the Assessors

Benchmarking

Refineries and petrochemical plants always like to see how they compare to their peers in the industry. In the PSSAP program this is done by providing a score for each protocol and each protocol question.

The 7 General Assessment protocols have a total of 577 questions and the HF In-Depth protocol has 394 questions.

When developed, each protocol question was given a weighting indicating the question's importance to preventing a process safety event from occurring. The question's weighting is a fixed number between 1 and 4 in half increments (i.e., 0, 0.5, 1, 1.5, etc.) with 4 indicating the most importance. During the assessment the assessor will rate each question based on the information and evidence the site provides. This is done on a scale of 0 to 4, also in half increments. The score is a simple calculation of the weighting times the rating.

Keeping the scoring objective is done through ensuring the protocols are well written so that different assessors will understand and interpret the question the same way. Consistency is also addressed through the training provided and calibration sessions with the assessors at the start of the assessments. Additionally, the PSSAP Program Manager provides oversight so that a consistent approach is used by the assessors.

Mentorship

One of the most important pieces of the program is the information exchange the sites get with the assessors. As mentioned, the assessors have considerable experience and expertise based on their years of service in the industry and through performing PSSAP assessments.

We inform the sites (we typically visit the site six months prior to the assessment to set up all the logistics), to get the most value out of the assessment, that their employees should be interviewing the assessors as much as the assessor is interviewing the employee.

As an example, on one assessment the assessor sat down with three site employees for an hour and discussed various ways to manage car seals.

We encourage sites to take advantage of the time with the assessors throughout the week, including the daily debriefs, lunch time discussions, and the closing conference of Friday.

Assessors

As mentioned, the assessors are major piece of the PSSAP program. They are handpicked based on their expertise and industry background/knowledge. Typically they are retired from industry companies, though some work for consulting firms (or have their own firm) but worked in the industry at some point in time.

An assessor candidate with appropriate qualifications and references is selected to attend a 1-1/2 day training course which explains the API Process Safety Site Assessment Program to them. The candidate must undergo an interview with a three-person panel – the PSSAP Manager and two industry representatives before being selected to be an assessor. Not all candidates that attend the training get selected. Also, assessors are picked for specific protocols (i.e., we do not look for Mechanical Integrity assessors to be Operating Practices experts and vice versa). Currently, over 70 people have inquired about being an assessor and we have around 20 in our assessor pool.

To date, a typical assessment team is averaging 39 years of industry experience. Typically the team has 7 assessors.

An in-depth HF alkylation unit assessment follows the API RP 751 Recommended Practice in detail. This assessment can be done at the same time as a "basic" assessment or completely separate and consists of 5 assessors. As noted, an In-Depth RP 751 assessment can be used by the site as their 3-year RP 751 audit.

Assessments

An assessment gets started when the site contacts the PSSAP Program Manager to schedule a week for the assessment. It is important that the site assessment date, be selected well in advance – at least 6 months – so appropriate time is available for planning, including scheduling the assessors.

A pre-assessment visit is then scheduled and conducted at the site by the PSSAP Program Manager. This meeting serves two purposes. First, it allows the site management team to learn more about the program and ask any questions. The second purpose is to meet with the site contact (the person who will work with the PSSAP Program Manager to ensure all arrangements are made prior to the start of the assessment) to go over the logistical needs for the assessment - including conference rooms, scheduling interviews, documents needed prior to the assessment, etc.

Conducting the Assessment

On the week of the assessment the team arrives on Sunday afternoon/evening ready to go. The assessors will have already spent about 8 hours reviewing site documents, provided by the site through an FTP file share site, so they will be well versed on the site's programs relative to the protocols they are assessing.

Monday begins with an opening conference to review the ground rules and usually a quick tour of the site. After the tour, each assessor interviews key people to learn more about the site's management systems, programs and procedures. These interviews have been pre-scheduled by the site using a template provided to them by the PSSAP Program Manager.

The assessors also work to spend as much time in the field as possible. The intent is to not only review whether the site has good management systems, but to provide them with insight on how well their systems are being implemented in the field.

On Tuesday, Wednesday, and Thursday, the assessment team meets with site staff, spends time in the field, and holds a debrief with the site personnel, typically around 4:00 pm. These daily debriefs have been extremely beneficial as they are excellent opportunities for site personnel to continue to interact with the assessors. Often when the debrief has been completed, there are follow-up conversations with the assessors so site staff can gain more insights.

Thursday night and Friday morning is when the assessors compile all the information and the protocol ratings. The assessors enter observations and ratings for each line item in each protocol, thus the facility is provided with a considerable amount of information.

On Friday, an hour to an hour and a half closing conference is held with the site personnel, including the site management team. The site receives a PowerPoint overview, the completed protocol spreadsheets, and some preliminary benchmarking data. The draft report is provided to the site the following week. Distribution of the reports is as designated by the site.

When the assessment team leaves the site on Friday, the assessors return all hard copy documents and delete any electronic documents that were provided to them by the site.

Handling Report & Data

The site will typically be given two to three weeks to comment on the draft final report. This review period is not a discussion of the scores, but whether the wording of the Observations and Good Practices is clear. A final report is then issued by the program manager to the site.

Once the final report is issued, the data and information including the good practices and observations, with the permission of the site, are blinded and entered into the database for trending and benchmarking purposes. API does not ask for corrective action plans or updates.

Program Status, Experience & Keys

As of year-end 2016, we have conducted 53 General site assessments, 27 HF alkylation/API RP 751 in-depth assessments and 5 Partial assessments. The program has been to 28 different companies at 60 different locations (note: several companies have had a site assessment at more than one site.)

Item	Total	Average per Assessment
Protocol Questions	> 41,200	577 Basic 394 HF
Interviews	> 8,000	>100
Observations	> 2,800	~ 35
Good Practices	> 2,400	~ 30

Below are a couple of comments received from sites that have been assessed:

- "You cannot fool these Assessors — they have

done *your* job for 30 years"

- *"In one week the assessment team found issues that our internal teams could not find in 3+ weeks, and it was stuff we needed to know and address. Well focused, deep dive process."*

Benchmarking Data

The benchmarking data is provided in several formats. For example, the data is analyzed and presented by:

- Protocol
- Sub-protocol (some protocols have multiple areas of review – Shift Handover, Operator Rounds, etc.)
- Specific protocol sections (groupings of questions for specific areas)
- Management Systems vs. Implementation (having the procedure vs. how is it being done in the field)
- Size of site
- Size of company
- Quartile

Benchmarking data updates are provided generally every six months to sites that have had an assessment.

Data Review – Good Practices and Observations

Below are some examples of the types of Good Practices and Observations that the assessors have been identifying through the site assessments. If you note the last bullet on both slides this is an example of exactly what we are after. At some sites it's an item that needs to be addressed while at other sites we have seen them doing it well.

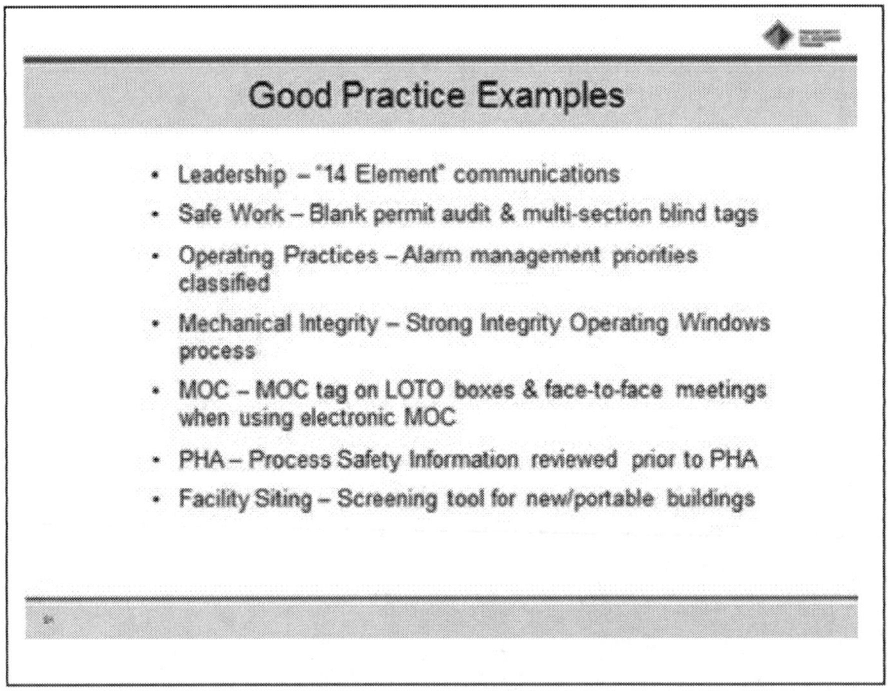

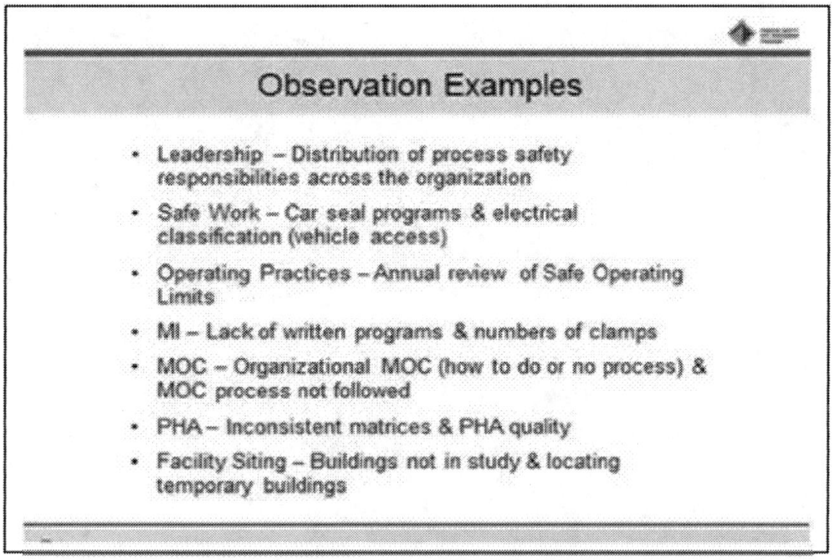

This points to a key element of the site assessment program - sharing the information from sites doing it well with others that are working to put systems/programs/procedures in place at their site. A variety of methods are used for sharing the practices learned through the site assessment program including:

- The Advancing Process Safety Program
    - Regional networks
    - Hazard Identification program
- Industry Conferences and Seminars
- API standards

The data, information, and learnings from the site assessments have been used to focus resources to develop informational and guidance documents regarding areas identified as improvement opportunities. For example, an informational document for mechanical integrity regarding small bore piping was developed based on observations during PSSAP site assessments and data from the 754 metrics and Event Sharing database..

Conclusion

In conclusion, the "boots on the ground" performance of site assessments began April of 2012. Feedback from these assessments has told us that the process of preparing for an assessment (going through the protocols prior to the assessment) and the mentorship/interaction with the assessors has been very beneficial to the sites. And now that we have done enough sites to allow the sharing of benchmarking data the sites are getting even more value from the program.

Alarm Management Meets SIS

SIS Alarm Requirements

How many alarms must be configured per the SIS Standard (ISA-84 Part 1) for an SIF?
Zero

How many alarms must be configured per the AM Standard (ISA-18.2) for an SIF?
Zero

How many alarms are necessary for an SIF to correctly perform its function?
Zero

Introduction

Most plants focus on meeting the alarm management requirements laid out in ISA 18.2. Even if the proper approach is taken in configuring the BPCS, there is one area that is sorely neglected, the SIS system. SIS is addressed based on the requirements laid out in ISA 84. Unfortunately, this standard does not address alarming related to SIS events. ProSys contends that a successfully implemented alarm management philosophy is only effective when taken as a holistic view of the BPCS and SIS systems.

Trip – What makes sense?

First out alarm indicating the reason for a trip?
True – There is no better way to announce to the operator that a trip has been initiated.

Alarm SIS valve moving to trip position?
False – Going to the trip position is the expected response to an SIS trip – better, provide a failed to trip alarm, which makes noise if the valve doesn't work as expected.

Pre-alarm – What makes sense?

Pre-alarm before an SIS impending trip?
True – This gives the operator an opportunity to prevent the trip, keeping the plant running and reducing the demand frequency on the SIF.

Pre-alarm should always be on the BPCS control or indicator tag rather than the SIS transmitters?
False – Choice of where to put the pre-alarm is up to the facility, and it's a good idea to document this in the Alarm Philosophy.

Each transmitter in a voting arrangement should alarm individually?
False – Are we trying to keep our plants operating safely or do we just throw multiple alarms at the operator?

SIS and BPCS transmitter disagreements among redundant SIS transmitters should be alarmed?
True – With this alarm in place, there is no need for a pre-alarm on more than one transmitter.

Unified Alarming Scheme

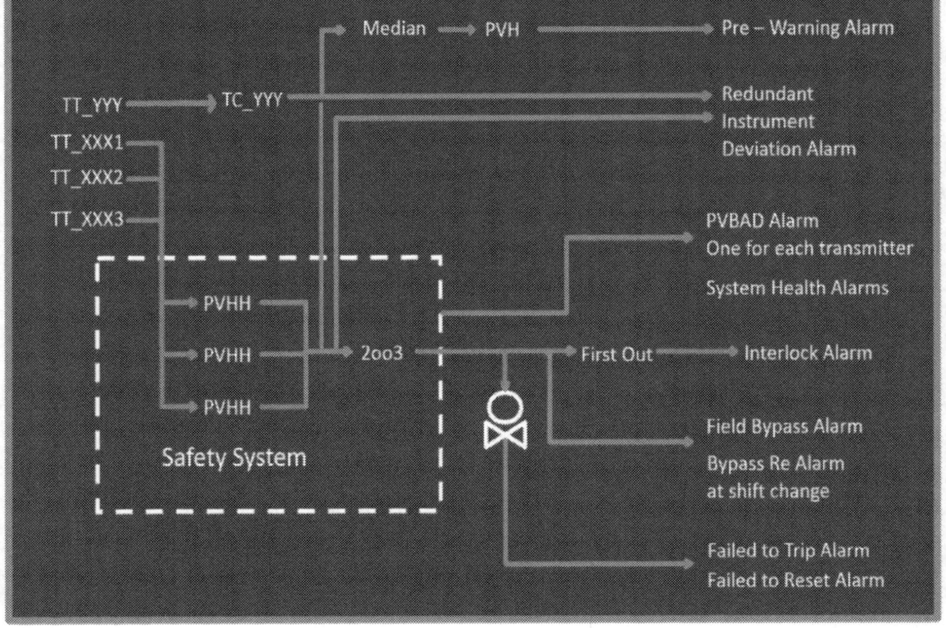

Bypass – What makes sense?

Alarm board operator initiated SIS bypass?
False – Although a common practice, this alarm adds little or nothing to the integrity of the system: "Hey Joe/Mary/Sam, you just pressed a button!"

Alarm field operator initiated SIS bypass?
True – This may come as a surprise to the console operator, so it's not a bad thing to annunciate.

If a bypass is in place, trip point alarm on the SIS transmitter?
False – Why give the operator an alarm that isn't reliable or won't be believed? Find an alternative monitoring plan.

Re-alarm on SIS Bypass?
Neutral – Bypass and shift changeover procedures exist, but do we follow them 100%? This is a facility decision. If used, re-alarm shortly after shift change.

PROSYS® Maximize Your Plant™ www.ProSys.com

ENHANCING PROCESS SAFETY MANAGEMENT INTEGRATION TO IMPROVE PROCESS SAFETY AND PROFITABILITY IN THE FUELS AND PETROCHEMICALS INDUSTRY

Thomas D. Watson, P.E.
TDWatson Consulting LLC
Pittsburgh, PA USA
twatson@tdwatson.com

Ronald D. Fuchs, P.E.
RD Fuchs Engineering LLC
Lake Jackson, TX USA
rdfuchs13@aol.com

Harold Phillippi, P.E.
Independent Process Safety Consultant
Charleston, SC USA
butch.phillippi@gmail.com

Keywords: PSM, Process Safety Management, Relief Systems, Incident Investigation, Mechanical Integrity.

Abstract

Process Safety Management (PSM) in the Fuels and Petrochemicals industry has the paradox of being well established and yet constantly challenged to improve its effectiveness and impact on process safety and profitability. Such a paradox is a natural consequence of an industry exhibiting a positive process safety culture that maintains a sense of vulnerability and sees the imperative to improve process safety. This paper addresses the frequently asked question, “How do we continue to improve our organization’s process safety culture?” and presents opportunities and examples for organizations to enhance their existing PSM systems and culture by further integrating PSM elements both within an organization’s established PSM systems and its other systems, processes, and procedures. The paper illustrates integration and enhancement opportunities using Relief System Design Basis (RSDB) documentation, a component of the PSM element - Process Safety Information (PSI). Illustrations show RSDB integration with the PSM elements of Mechanical Integrity (MI), Process Hazard Analysis (PHA), and Incident Investigation (II). The paper then illustrates opportunities to increase profitability by highlighting RSDB integration with partial downtime throughput opportunities and improved project definition. The illustrations challenge organizations that truly “own” a process safety culture to look for additional opportunities to further enhance and integrate established PSM systems into their organization to further improve safety and profitability.

1. Introduction

The Fuels and Petrochemicals Industry in partnership with governing regulatory agencies have established effective Process Safety Management (PSM) systems to handle hazardous materials and energies over the past several decades. Examples include the U.S. Occupational Health and Safety Administration (OSHA) PSM Standard and the European Commission Seveso II Directive. The Center for Chemical Process Safety (CCPS) offers an extensive reference list of regulatory/industry/system requirements.[1] The catalyst for these industry systems have often been the tragic circumstances around industry incidents and catastrophes. Today, PSM in the Fuels and Petrochemicals Industry has the paradox of being well established and yet constantly challenged to improve its effectiveness and impact on process safety and profitability. Such a paradox is a natural consequence of an industry exhibiting a positive process safety culture that maintains a sense of vulnerability and sees the imperative to improve process safety.[2] The vulnerability and sense of urgency are well founded as the industry continues to experience preventable incidents. The Marsh Report states the 100 largest property damage losses in the hydrocarbon industry from 1974 to 2013 had a combined property damage cost of approximately US$34 billion.[3] Organizations demonstrating a committed process safety culture continually challenge and address the question, "How do we improve our organization's process safety culture?"

Organizations that have successfully managed the PSM implementation and sustainment phases have already experienced and moved past the common misconception that process safety and profitability have conflicting objectives. These organizations further realize they must move beyond a "separate but equal" PSM system established among their current business management systems, and fully integrate PSM into their systems to further improve their organization's impact on process safety and profitability. Recent efforts in the Fuels and Petrochemicals Industry to improve process safety through management system integration include industry efforts such as:

- The American Fuel and Petrochemical Manufacturers (AFPM) "Advancing Process Safety Programs," which promotes sharing PSM learnings across member organizations of AFPM
- The CCPS publication containing guidelines for integrating management systems and metrics to improve process safety performance.[4]

This paper identifies and presents specific examples and opportunities for organizations to continue to enhance their existing PSM systems and process safety culture by further integrating PSM elements both within an organization's established PSM systems and its other business systems, processes, and procedures. The paper illustrates integration and enhancement opportunities using Relief System Design Basis (RSDB) documentation, a component of the PSM Process Safety Information (PSI) element. Specifically, the examples illustrate RSDB integration with the PSM elements of:

- Mechanical Integrity (MI)
- Process Hazard Analysis (PHA)
- Incident Investigation (II)

RSDB integration with other business processes also present opportunities to directly improve profitability. Two examples presented here include RSDB integration with:

- Production planning (partial downtime throughput opportunities)
- Improved project definition

The following sections provide a general introduction to RSDB and illustrate the five integration opportunities in more detail.

2. An Introduction to RSDB and its Relationship to PSM

Within the Fuels and Petrochemicals Industry, many processes involve highly hazardous chemicals. To adequately assess and address a process' hazards an organization must adequately define the Process Safety Information of the process. Process Safety Information (PSI), includes information regarding the process' hazards, technology, and equipment.[5] Examples of hazard information include toxicity and permissible exposure limits. Examples of technology information include a process' chemistry and operating limits. Finally, examples of equipment information include materials of construction and the Relief Systems Design Basis (RSDB). There are many references for what constitutes RSDB and how to effectively manage RSDB documentation.[6] The American Petroleum Institute states RSDB documentation should demonstrate that all pressure-containing equipment has been identified and the relief requirements adequately analyzed. Documentation should include specific engineering guidance, methodology, analysis, and reference information that collectively reflects Recognized and Generally Accepted Good Engineering Practices (RAGAGEP). [7]

RSDB is a key component of PSI, but RSDB is also an important component in maintaining other Process Safety Management (PSM) elements such as Mechanical Integrity (MI), Process Hazard Analysis (PHA) and an Incident Investigation (II). Furthermore, RSDB can be a significant aspect of process production constraints and project opportunities associated with processes. The next sections discuss integrating RSDB into the aforementioned PSM elements, production planning, and project development processes.

3. RSDB Integration with Mechanical Integrity (MI)

Integrating Relief System Design Basis (RSDB) analysis with Mechanical Integrity's (MI's) Risk Based Inspection (RBI) through a combined risk assessment can identify acute process equipment vulnerabilities. Mechanical Integrity (MI) activities ensure the proper design, installation, operation, and maintenance of process equipment. Risk Based Inspection (RBI) is one component of an effective MI program that links risk assessment and mitigation activities with appropriate inspection and process control activities. RSDB analysis, on the other hand, identifies the applicable relieving scenarios and required relieving rates affecting pressure-containing process equipment to ensure the relieving scenarios do not expose the equipment to operating conditions outside of design limits. The American Petroleum Institute's Recommended Practice (RP) 581 identifies the interdependency of the Pressure Relief Device (PRD) with the fixed equipment the PRD is protecting.[8] RP 581 evaluates PRD criticality to set mechanical integrity activities such as inspection frequency. The RBI methodology combines the PRD's anticipated demand rate with the probability of failure on demand of the PRD to determine an overall risk for the PRD and the process equipment the PRD protects. While the API RP 581 methodology is sound, when the RSDB documentation is not available or the RSDB analysis has identified deficiencies in the PRD design, the RBI methodology develops shortcomings that should be addressed.

As an example, consider a process vessel containing a flammable hydrocarbon liquid. An RBI of the vessel defines a risk associated with the vessel, the vessel's PRD and the anticipated overpressure scenarios. The RBI analysis is predicated in part, however, on the PRD adequately protecting the vessel in the anticipated overpressure scenarios should the PRD open. The RSDB documentation identifies fire as the only applicable overpressure scenario but concludes the PRD is undersized. The RSDB can provide additional insight into the level of overpressure that would occur (and the anticipated consequence). The additional insights would significantly impact the RBI risk assessment and potentially warrant a reassessment of inspection and mitigation actions for the PRD and the protected vessel.

The example illustrates how integrating RSDB with MI's RBI can identify acute equipment vulnerabilities and aid in further prioritizing MI efforts and RSDB deficiency resolution, including risk mitigation efforts. Consequently, integrating both RSDB and MI can further enhance PSM integration and improve process safety and profitability.

4. RSDB Integration with Process Hazard Analysis (PHA)

Integrating RSDB with PHA can reduce costs and improve the effectiveness of both the PHA and the RSDB. As most readers are aware, a Process Hazard Analysis (PHA) in the United States and many other countries, is a requirement of a Process Safety Management (PSM) program, (for example, 29 CFR 1910.119 requires PHAs and periodic revalidations). No matter which methodology a PHA employs [Hazard and Operability study (HAZOP), "what-if," Failure Modes and Effects Analysis (FMEA), etc.], capable teams must perform the analysis. The teams typically range from 4 to 8 (or more) persons, consisting of owner's personnel and often outside consultants/specialists. No matter who is present, the participants represent a necessary and significant staff resourcing cost. Furthermore, each PHA finding should be well documented, especially those requiring additional evaluation and stewardship before the findings are declared either a confirmed issue or not. The PHA finding documentation and corresponding follow-up/stewardship also represent a significant staff resourcing cost. Finally, actions required to address the confirmed issues, whether facilities changes, work process changes, or administrative changes represent significant costs.

With the PHA costs sufficiently identified, now consider how integrating RSDB with PHA reduces costs and improves PHA and RSDB effectiveness. PHAs always identify questions and concerns about the adequacy of the over (or under) pressure protection systems as well as items such as Maximum Allowable Working Pressure (MAWP), hydrotest pressure, materials of construction, etc. Furthermore, PHAs require the most recent drawings, heat and material balances, and other Process Safety Information (PSI). Similarly, the most recent RSDB should have many (if not all) of these items assembled and documented, with any changes since the most recent RSDB tracked and provided as a part of the facility's Management of Change (MOC) program. The overlap of PSI and resources between RSDB and PHA is substantial. Consequently, completing RSDB analysis prior to and integrating it with the PHA process and follow-up activities introduces cost savings. Common savings occur relating to over (or under) pressure findings. If properly completed and documented, the RSDB can provide the PHA participants with immediate feedback regarding the adequacy of pressure protection devices, which in most cases are code items and must be addressed. A benefit of having a quality RSDB done prior to the PHA is that the over or under pressure concerns can be quickly resolved. On many occasions, no action item follow-up work is necessary. This reduces costs both during the PHA and the PHA follow-up. Conversely, the PHA serves as an audit check of the RSDB as a capable team reviews the RSDB basis as needed.

As a quick example, a PHA team questioned the adequacy of an exchanger shell's design pressure during a blocked-in condition. The maximum pressure generated from a blocked-in condition from a manual valve closure was greater than the design pressure by approximately 10 percent. The PHA team referenced the RSDB. The RSDB previously identified the same issue and investigated the situation in more detail. The RSDB identified the exchanger's MAWP to be approximately 20 percent more than the noted design pressure, and the hydrotest pressure was based on 1.5 times the MAWP. The U-1 form that was part of the RSDB package clearly indicated this. The RSDB package also noted the exchanger shell was adequate based on ASME VIII, Appendix M, M-5.7, in this situation, because the pressure was below 116% of MAWP and it would be immediately noted by operators, the valve closure was not identified as an issue and the PHA follow-up item was closed. Because the PHA utilized the RSDB, the PHA saved costs on discussion and documentation of an action item and the necessary follow-up and tracking of a code related item. Conversely, the PHA team validated the RSDB, enhancing PSM integration and improving process safety and profitability.

5. RSDB Integration with Incident Investigation (II)

Incident Investigation (II) is also a mainstay of any effective personnel or Process Safety Management (PSM) program. II is an opportunity to learn from mistakes, system failures, equipment failures, and/or overlooked vulnerabilities. II is also an opportunity to evaluate the effectiveness of preventive and control measures installed to prevent or mitigate an incident. In the CCPS Vision 20/20 Characteristics of Companies with Great Process Safety Performance the authors write: "To reduce incidents, employers and employees must enthusiastically support a culture that is driven to learn from many sources including benchmarking, near misses and incidents, and jobs done well."[9] For incidents involving release from a relief device and/or a flaring event, II intersects Relief System Design Basis (RSDB) and together they provide a learning opportunity that enhances PSM and improves process safety.

Yogi Berra said; "When you come to a fork in the road, take it." When an incident occurs investigate it. Definitions may vary for what constitutes an incident. Indeed, there are legal requirements for investigation of safety and environmental incidents. These form the baseline for what organizations must do but do not limit organizations from doing more. For instance, some organizations with very effective PSM programs investigate all flaring events. The organization calling the event an incident, a near miss, or flaring event is least important, while the organization's learning opportunity from the event is most important.

By integrating RSDB with II organizations can do real case study evaluation of the RSDB's assumptions and technical predictions. Integration can help answer such questions as:

- Did the scenarios of the RSDB represent the incident that occurred?
- Did the relief valve effectively handle a release rate lower than the controlling case without issues such as chattering?
- Were the release rate, pressure limitation, and system temperature change what the calculations predicted they would be?
- Did the flare handle the relieving event without an environmental release or safety issue? For example: flare smoking, toxic release, or high temperature exposure of personnel and adjacent equipment.

RSDB integration with II may facilitate getting to the root cause of the incident. The RSDB contains valuable information about the relief system response and may help identify the original process design intent. If the relief system response was not as intended, the relief system may be the cause of the incident. Additionally, if there are layers of protection designed to make flaring or release valve opening an infrequent event but flaring is occurring often, the preventing layers of protection may need further evaluation.

The RSDB and II integration may also help identify additional inspections and corrective actions. In this case II also integrates Mechanical Integrity (MI). For example, damage to the relief system may have occurred from too-high or too-low temperature or pressure. Mechanical damage resulting from corrosive chemicals or relief valve chattering may have occurred. Additionally, the RSDB may shed light on damage that the incident caused to other process equipment. Finally, if the RSBD does not accurately predict what will occur during such an incident there should be a corrective action to change the RSDB and possibly modify the relief system. Consequently, the II serves to further validate the RSDB and the RSDB enhances the II. An important point to note: incorporating RSDB into II requires someone knowledgeable in RSDB be on the II team.

In conclusion, a relief device release or flaring event II that does not consider the RSDB leaves a valuable tool unused. Integrating RSDB with II enhances PSM integration and improves process safety and profitability by gaining additional benefit from both RSDB and II.

6. RSDB Integration with Production Planning

Opportunities often present themselves in complex facilities to ensure process safety and increase profitability by integrating Relief System Design Basis (RSDB) with production planning. Many facilities integrate processing units in a complex manner. Such facilities often have multiple production constraints preventing individual processing units from running maximum capacities simultaneously. Production constraints may include downstream processing capacity, feed qualities, processing unit downtimes, permitting limits, or even facility RSDB constraints. When a facility RSDB constraint limits production, understanding the relationship between other production constraints and the facility RSDB constraint becomes critical to ensure process safety and optimal profitability. Hence the need and opportunity to integrate RSDB with production planning.

Before presenting RSDB and production planning integration examples, there are a few points to note. First, RSDB analysis for an individual processing unit typically establishes the unit's safe operating window at a maximum capacity. A facility RSDB, however, reflects multiple processing units operating simultaneously. Second, due to the myriad of production constraints a complex facility may have, the facility RSDB often reflects a limited set of facility production constraints (often with a very conservative basis). Third, in some instances, the facility RSDB may constrain various processing units to a fraction of their maximum production capacity. Finally, when production constraints setting the facility RSDB change, production planning needs to evaluate alternative production options that the facility RSDB does not adequately reflect.

In one example, a complex facility relief system constraint of excessive relief system backpressure for low set point relief devices exists. The excessive backpressures result from a potential utility failure scenario impacting multiple processing units. This facility RSDB constraint limits the facility's production. When the processing unit with the low set point relief devices is down for maintenance, however, the facility RSDB constraint relaxes. Thus, opportunities present themselves for other processing units to increase production. In another example, a complex facility schedules a portion of the facility relief system maintenance downtime with processing units having a substantial impact on the facility relief system constraint. During the downtime, however, the startup timing for the relief system is delayed due to discovery work and opportunities arise to increase profitability by minimizing production cuts within a newly defined facility RSDB constraint.

7. RSDB Integration with Project Development

Integrating Relief System Design Basis (RSDB) with projects presents opportunities to improve project definition, increase project profitability (through project cost savings), and enhance Process Safety Management (PSM). Having a preliminary well documented RSDB at the on-set of a project — often called the Front End Engineering Design (FEED) stage — will identify the various scenarios that should be a part of the sizing of not only the individual relief devices, but also the relief device collection system functional requirements. The potential costs of the project's impact on the relief devices and systems can then be reviewed and optimized in coordination with the project's functional equipment. The following examples best illustrate these points.

In a larger project a liquid feed drum was required. The feed drum's initial design was 50 psig, and the feed sources ranged from 35 psig to 100 psig. Because the feeds to the drum were greater than the drum's proposed design pressure, the overpressure device and corresponding system had to be designed for liquid overfill. All the sources that were greater than 50 psig represented an overfill potential of around 70,000 barrels a day, and consequently the relief device and the corresponding collection system size and costs were unattractive. Upon further investigation and review of the options, the project team increased the design pressure of the feed drum to 110 psig, which had minimal cost differential when compared to the necessary relief system design. Thus, the 110 psig design was chosen and the relief device was then sized for fire and some potential back-flow on stoppage of the feed pumps. Cost savings were in the millions of dollars.

A second project involved design and installation of equipment that had to be tied into the flare system. A preliminary RSDB was done early in the project. Upon analysis of some typical global scenarios such as loss of power, loss of cooling water, etc., the new project's primary relief device(s) would require increasing the collection system's piping and flare size. Furthermore, the sizing of the relief device and piping alone had a large estimated cost.

The relief device's size was driven by the main tower's selected design pressure and steam reboiler pressure available. The project team, in coordination with the RSDB personnel, were tasked with optimizing the reboiler and the relief system. During the optimization phase, the team identified 2 key items: 1) the reboiler steam had only one pressure available, but it could be let down to a lower pressure, and 2) at a slightly lower pressure the steam could easily provide the available heat necessary for the process.

Additional investigation by the team revealed that the tower material and thickness had not initially taken advantage of the potential MAWP. The material thickness needed was ~0.82 inches, and 0.875 inches was to be selected. This allowed for a MAWP higher than design. However, because the steam pressure was reduced, good engineering practice would require that the design consider failure of the steam pressure control valve.

Failure of the steam pressure control valve would provide sufficient heat to overpressure the tower based on the new design pressure and the relief device to the flare was still needed. To address this failure, the steam system (downstream of the pressure let-down valve) was provided with its own pressure relief valve which could be vented to atmosphere.

With the team's recommended changes noted above, the only scenario for the main tower relief device was fire, which had a lower cost of installation and did not require an update of the flare system. Having the RSDB done early in the project allowed the designers and project team to make some easy (paper) cost effective changes, and did not require any modifications to the existing collection and flare systems.

The examples above demonstrate organizations integrating RSDB during project development to improve project definition, reduce project cost, and even make processes inherently safer. Organizations realize further PSM enhancements by integrating a process unit's existing RSDB documentation with project development activities. In addition to the benefits illustrated above, organizations incorporate project impacts on a process unit's RSDB with minimal duplication of effort (minimal cost), and enhance the process unit's RSDB integrity. From an overall PSM perspective, the project development integration enhances both the PSM and project development system.

8. Conclusion

This paper presents opportunities for organizations to enhance their PSM systems and process safety culture by integrating Relief System Design Basis (RSDB) with the following PSM elements and business processes:

- Mechanical Integrity (MI)
- Process Hazard Analysis (PHA)
- Incident Investigation (II)
- Production planning
- Project development.

Organizations that truly "own" a process safety culture should use each successful opportunity implementation as a spring board to further enhance PSM integration and improve process safety and profitability.

9. References

1. CCPS, "Guidelines for Integrating Management Systems and Metrics to Improve Process Safety Performance", Appendix A, Center for Chemical Process Safety, American Institute of Chemical Engineers, New York, NY 2016.

2. CCPS, "Vision 20/20 Booklet – Committed Culture", Center for Chemical Process Safety, American Institute of Chemical Engineers, New York, NY 2016.

3. Marsh and McLennan Companies, "The 100 Largest Losses", 23rd edition (2014).

4. CCPS, "Guidelines for Integrating Management Systems and Metrics to Improve Process Safety Performance", Center for Chemical Process Safety, American Institute of Chemical Engineers, New York, NY 2016.

5. Occupational Health and Safety (OSHA) "Process Safety management of Highly Hazards Chemicals" 29CFR1910.119(d).

6. Thomas Watson, "AM-13-24 Considerations for Effectively Managing Emergency Relief Systems Design," American Fuels & Petrochemicals Manufacturers Annual Meeting, 2013.

7. American Petroleum Institute, "API Standard 521 – Pressure-relieving and Depressuring Systems", section 4.7.3, sixth edition (2014).

8. American Petroleum Institute, "API RP 581 – Risk-Based Inspection Technology, Part 1", Section 7, second edition (2008).

9. Center for Chemical Process Safety's Vision 20/20: "Characteristics of Companies with Great Process Safety Performance" (2013, McCavit, Berger, and Nara).

479098 Reactive Hazards Management: Lessons Learnt from Major Incidents

Abstract:

Chemical process industry has long suffered from major incidents due to lack of proper understanding of reactive hazards. The methyl-isocyanate leak in Bhopal, India, has been by far the worst industrial incident in history which led to the development of many process safety regulations. However, the formation and implementation of regulations has not prevented the occurrence of these incidents. Many incidents such as Concept Sciences Inc. where a hydroxylamine manufacturing unit was destroyed, the explosion at the Sterigenics International Inc., ethylene oxide sterilization facility, Bayer CropScience Pesticide Chemical Runaway Reaction Explosion and West Fertilizer Explosion have highlighted the importance of having a better understanding of the reactive hazards. The focus of this presentation is to identify different types of reactive hazards through examples of chemicals incidents and analyze how a better understanding of these hazards could have avoided these incidents.

479245 The Study of Safety Evaluation Technique for High Temperature Process

Abstract:

There are many accidents of a firing furnace and kneading machine by overheating and the abnormal injection of the product. When the gas which suddenly expanded by thermal decomposition destroys plant equipment and enters the explosion concentration range, a gas explosion is caused and damage spreads. The material which it is easy to decompose is invested by mistake by a firing furnace and has the trouble that the pressure of the furnace abnormally rises to in our factory. Also, troubles such as an explosion of the plumbing by the thermal decomposition of the polymer by the overheat, vent explosion by the thermal decomposition by the false injection of an additive having low heat stability has broken out with kneading machine

These troubles are caused by the thermal decomposition by a sudden temperature rise. The temperature program of the analytical instrument which is generally used by a thermal analysis is 10-20 /min. The conventional thermal analysis equipment cannot evaluate the temperature rise rate at the time of the trouble exactly to become than 20 /min. It becomes the problem that the slow temperature rise may be different from rapid heating up in a decomposing reaction.

We produced a device capable of quickly raising temperature to solve these problems.

This device is comprised of the vertical plumbing which it sealed and heating furnace, and it is very simple structure. The sample holder is fixed to the upper part in the plumbing by a magnet. And the holder drops in the heating zone by keeping a magnet away from the plumbing and is heated rapidly. The materials of the plumbing are SUS316L, and, as for the use upper limit temperature, 500 , the use upper limit pressure are 1MPa. Because the deterioration of SUS materials by the heat is intense when it is raised the temperature of the device to 750 , the plumbing is disposable.

The inside of the plumbing is replaced with inert gases such as nitrogen, argon. The maximum temperature rising rate is 150 /min (furnace temperature: 750).

We introduce an example of the trouble analysis of a firing furnace and kneading machine using this device.

[Case example 1] Study of firing furnace trouble

After burning with a new additive at 720 , abnormal pressure rise happened in a furnace, and a plant stopped. After measuring quantity of outbreak gas using the rapid heating device, it was recognized that gas of 7 times was generated and a gasification rate tripled in comparison with a conventional additive.

[Case example 2] Study of kneading machine trouble by overheating

The additive which had low heat stability was spent mistakenly in large quantities to a kneading machine, and a vent board exploded. After performing a rapid temperature rise examination under a kneading temperature condition, as for the pressure raising rate when an additive disintegrated, 1.8MPa/min, the quantity of gasification became 190L/kg. The additive concentration became (mixing ratio with the resin) more than at least 75%, and it was recognized that a large amount of additives were invested mistakenly.

Fortunately, this example does not become the big accident with resulting in injury or death. In this explosion example, a vent board penetrated a checker plate. It might become the casualty when there was a person near a kneading machine.

In comparison with the plant of the petrochemical and fine chemistry that heat risk analytical technique establishes, the firing furnace and kneading machine is often run without detailed risk assessment. The rapid heating device becomes the powerful tool to do the heat risk evaluation of these high temperature processes.

In future, it is going to be improved the rapid heating device changes the plumbing materials, and to use it to the temperature ranges more than 1,000 .

Handling uncertainty in LOPA and SIF design

Akshat Khirwal
IRESC
Unit 2801, Enterprise Square 3
39 Wang Chiu Road
Kowloon Bay
Hong Kong
Akshat.khirwal@irescglobal.com

Arjan Abeynaike, Venkatesh Sourirajan
IRESC
Arjan.abeynaike@irescglobal.com, Venkatesh.s@irescglobal.com

Keywords: Uncertainties, LOPA, SIL, SIF design, reliability

Abstract

Layer of protection analysis (LOPA) is a widely used semi-quantitative method for determining the reliability requirement for safety instrumented functions (SIFs). An advantage of LOPA is that it specifies a numerical reliability target - the average probability of failure on demand (PFD_{avg}). However, uncertainties in the input parameters and simplifications within the LOPA method lead to a margin of error in the target PFD_{avg} that is often not accounted for in the design of the SIF. Further uncertainties are introduced when carrying out a reliability analysis of the SIF design to ensure that the target PFD_{avg} is met. The result of overlooking such uncertainties is that the target PFD_{avg} may be set low and the calculation of the actual PFD_{avg} achieved by the design may be optimistic, leading to a SIF that is under-designed. The need to account for uncertainty is emphasized in the latest version of IEC 61511, the international standard for SIF design.

This paper investigates and highlights the sources of such uncertainties in LOPA and SIF reliability analysis. In particular, the quality of the data used as input parameters to LOPA and reliability models has a large effect on the accuracy of the results. These parameters include failure rates, conditional modifiers, beta factors for common cause failures, and proof test coverage factors. Available data for these parameters can be sparse and may not be representative of the conditions in which the SIF is applied. Where the confidence intervals of the data are available, these can be incorporated into the calculations to reach a more conservative result. Alternatively, a safety factor can be applied to try and capture all the uncertainties. In this approach, the target PFD_{avg} obtained from LOPA is reduced by the safety factor to give a more stringent target PFD_{avg} for the SIF design to meet. The methods for handling uncertainty are reviewed in this paper.

1 Introduction

SIL Determination is the process of assigning a Safety Integrity Level (SIL) to Safety Instrumented Functions (SIFs) following any of the methods i.e. Risk Graph, Risk Matrix or Layer of Protection Analysis (LOPA); as laid down in IEC 61511 and IEC 61508 [1] [2]. Of these methods, the semi-quantitative LOPA approach is increasingly being adopted for SIL Determination as compared to other qualitative approaches such as Risk Graph or Risk Matrix. An advantage of LOPA is that it specifies a numerical reliability target for a safety instrumented functions (SIF), which is expressed in terms of the target average probability of failure on demand (target PFD_{avg}), or target risk reduction factor (RRF, where RRF = 1/ PFD_{avg}). This target PFD_{avg} then forms the basis for design of the SIF wherein a reliability analysis is carried out to ensure that the target PFD_{avg} is met. However, uncertainties in the input parameters and simplifications within the LOPA method lead to a margin of error in the target PFD_{avg} that is often not accounted for in the design of the SIF. Further uncertainties are introduced when carrying out a reliability analysis of the SIF design. Without accounting for these uncertainties in the assessment, the SIF may be under-designed since LOPA may result in under prediction of the target PFD_{avg} or the reliability analysis may show that the target PFD_{avg} has been achieved although this may not be the case. This paper has reviewed the sources of uncertainties in the LOPA method and design of the SIF (SIF reliability analysis) and provides a way forward for handling such uncertainties.

2 Uncertainties in LOPA

Initiating event frequency, consequence severity, and likelihood of failure of Independent Protection Layers (IPLs) are the key parameters used in LOPA to approximate the risk of a scenario in case the SIF fails to act when the demand arises. In addition to the above, conditional modifiers [3] may also be used to factor in specific parameters pertaining to the demand on the SIF. The simplicity of LOPA allows it to be easily understood by engineers of all disciplines, leading to its widespread use. The drawback of this simplicity is the greater uncertainty in the results, as described in the following sub-sections. The governing equations and the LOPA worksheet used for assessing the scenarios discussed in this paper are referenced from IEC 61511-3 [1] and CCPS, Simplified Process Risk Assessment [4].

2.1 Initiating event frequency

The demand on any SIF may arise due to one or more events, each with a frequency in the range of once per year to once in plant life (for example, 30 years). There is some approximation involved in the selected initiating event frequency values especially when using generic databases. For instance, the source data in the generic database may not be appropriate for application to the facility under review or there may not be enough confidence in the dataset. Power failure or failure of other utilities such as cooling water or steam is a good example. The frequency of these failures from generic databases is typically $1x\ 10^{-1}$ per year (once in 10 years) [4]. However, in the author's experience, based on feedback from many operators, these values are likely to be somewhere between once per year to once in ten years. Similarly, the frequency of pump trip based on generic databases is $1x\ 10^{-1}$ per year, however operational experience suggests that a value in the range of once in 2 years to once in 3 years may be more appropriate. An analysis of the OREDA [5] data also provides a value close to once in 3 years. Additionally, when there are multiple demand scenarios for a particular SIF, failure to consider the cumulative frequency of all the demand scenarios can also lead to under-estimation of the overall initiating frequency. A simple approach is to consider a suitable approximation for the cumulative demand frequency [6] [7]. In addition, common cause events specific to the facility is also a contributor which needs to be identified. Without such considerations, the required target PFD_{avg} may be under-predicted. All of the above introduce uncertainties in the LOPA assessment noting that the initiating event frequency is the starting point of a LOPA assessment. Therefore, care must be taken in selecting an appropriate value for this parameter.

To better understand the dependence on the initiating event frequency, consider a typical distillation column as shown in Figure 1. There are many scenarios such as overhead condenser failure, reflux pump failure, reboiler control failure, etc. which may lead to a demand on the high high pressure SIF provided on the column. For the sake of brevity, only the case of Reflux Pump trip is used further in this example.

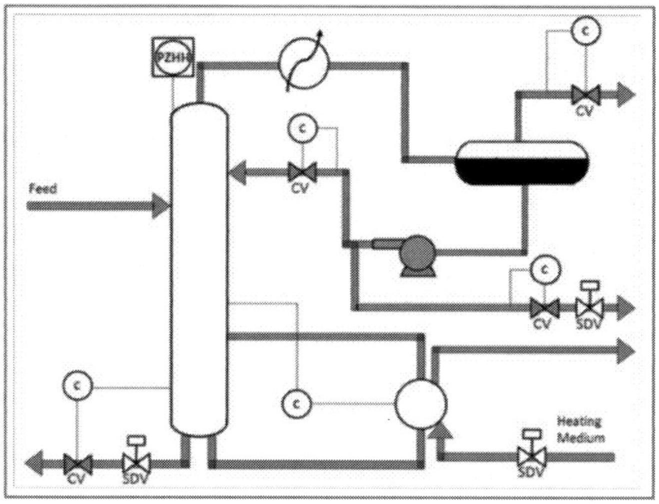

Figure 1. Typical Distillation Column

Assuming an initiating event frequency of 1×10^{-1} per year for pump trip and considering a Target Mitigated Event Likelihood (TMEL) of 1×10^{-5} per year for multiple fatalities along with an ignition probability of 0.1 and taking credit for pressure safety valve (PSV) on the column (PFD_{avg} of 1×10^{-2}), this would result in a SIL 1 with Risk Reduction Factor (RRF) 10 (target PFD_{avg} of 1×10^{-1}). However, if the initiating event frequency for pump trip is changed to 3.33×10^{-1} per year (once in 3 years), this translates to SIL 1 with RRF of 33 (target PFD_{avg} of 3×10^{-2}). This example demonstrates the dependence of initiating event frequency selection on the target PFD_{avg}.

2.2 Consequence Severity and Conditional modifiers

The TMEL assigned to the SIF is directly associated with the degree or the severity of the consequence assumed (e.g. single fatality: 1×10^{-4} per year, multiple fatalities: 1×10^{-5} per year). This in turn has a direct impact on the SIL assigned to the SIF as well as its target PFD_{avg}. Therefore, careful consideration must be given to the selection of the consequence severity during a LOPA review. For instance, the impact area or hazard zone due to a loss of containment event can be determined using consequence modelling [7], the result from which can be used to assign the severity (e.g. single fatality vs multiple fatalities). Additionally, this can be used to determine the relevant conditional modifiers such as occupancy factor within the impact zone. This approach is more reliable than making coarse assumptions which may introduce uncertainties in the analysis. Such refinement can also be applied to other modifiers such as ignition probability where using a more specific value representative of the hazardous fluid and/or the facility features may be appropriate as compared to use of generic values.

If we revisit the example of typically distillation column presented in Section 2.1; considering an initiating event frequency of 3.33×10^{-1} per year and assuming a TMEL of 1×10^{-4} per year (single fatality), an ignition probability of 0.1 and taking credit for PSV on the column (PFD_{avg}

of 1×10^{-2}), this would result in a RRF of 3 (target PFD_{avg} of 3×10^{-1}), which is below SIL 1 requirement. However, if a higher severity (TMEL: 1×10^{-5} per year corresponding to multiple fatalities) is selected based on consequence modelling results and an ignition probability of 0.3 is selected based on refinement, the assigned SIL will increase significantly to SIL 2 with RRF 100 (target PFD_{avg} of 1×10^{-2}). Although this example shows an increase in the assigned SIL, the application of detailed assessment for determining severity could also show a reduction.

2.3 Independent Protection Layers

Independent Protection Layers (IPLs) are devices, systems or actions that prevent the realization of an undesired consequence (e.g. the consequence the SIF is safeguarding against). Each IPL has an associated PFD_{avg} which is assigned and used in the LOPA methodology for SIL Determination. For example, process deviation alarm with sufficient time for operator intervention has a PFD_{avg} of 1×10^{-1}, an independent BPCS control has a PFD_{avg} of 1×10^{-1} while a PSV has a PFD_{avg} of 1×10^{-2}.

2.3.1 Effect of Common Cause Failures

One of the fundamental assumptions in the LOPA approach is that these IPLs are completely independent and do not share any common cause failures (CCF). In reality, multiple protection layers may be impacted or their performance may be affected due to similar environmental conditions or deviations from desired process parameters. Corrosion or deposition leading to simultaneous degradation of a pressure safety valve and a shutdown valve is one such example. Other examples of CCF include scenarios where multiple PSVs are required to meet total relief requirements, or where an alarm and control, although independent safeguards, both reside on the BPCS. Additionally, dual check valves for preventing backflow could also be impacted by CCF. Although such scenarios may take a period of time to develop and the likelihood may be low, such CCF can have a direct impact on the PFD_{avg}. For example, consider a case where the safety system comprises a SIF and an IPL and the target PFD_{avg} for this system is 1×10^{-3}. The PFD_{avg} of the IPL is 5×10^{-2}. If the SIF and IPL fail independently only, then the target PFD_{avg} required of the SIF is $(1 \times 10^{-3}) / (5 \times 10^{-2}) = 2 \times 10^{-2}$. However on inclusion of CCF, even if a low probability of CCF is assumed (1% of the PFD_{avg} of the IPL), the target PFD_{avg} for the SIF then becomes 1×10^{-2}.

The authors do acknowledge that for the purpose of time-effective LOPA review, it may not be practical to dwell deeper into CCF for IPLs as it may require an in-depth analysis (for which sufficient details may also not be available at the time of LOPA review). However, it is important to be aware of the inherent uncertainties introduced in the analysis by not accounting for the CCF associated with IPLs.

2.3.2 Effect of Multiple Protection Layers

There is another inherent uncertainty associated with IPLs apart from CCF. The PFD_{avg} for any protection layer (whether mechanical protection, alarm with operator response, BPCS or SIF) is not static but increases over time until a required test or maintenance activity is conducted to check for faults [4]. This relationship between PFD and time is shown graphically in Figure 2. In LOPA, the PFD_{avg} values of the IPLs are multiplied together to estimate the PFD_{avg} of the overall safety system [4]. This calculation, while simple to perform, may tend to underestimate the overall PFD_{avg}. In a more quantitative analysis of reliability, the time-dependent PFDs of each protection layer are multiplied together to yield a result similar to Figure 3, which shows the PFD of the safety system. The PFD_{avg} for the system can then be calculated.

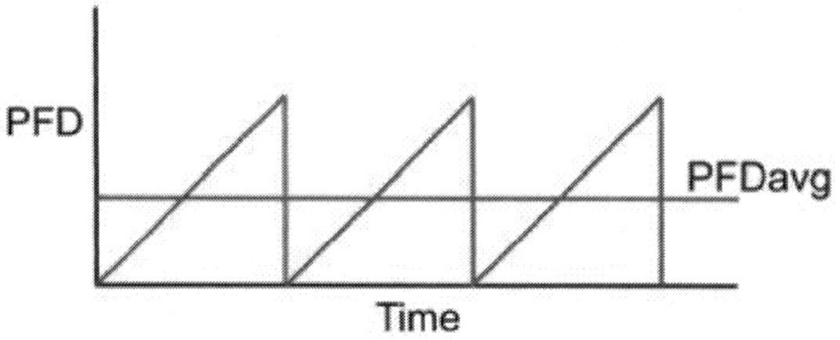

Figure 2. PFD as a function of time for a single protection layer. Periodic testing / maintenance was assumed to detect all faults in this example.

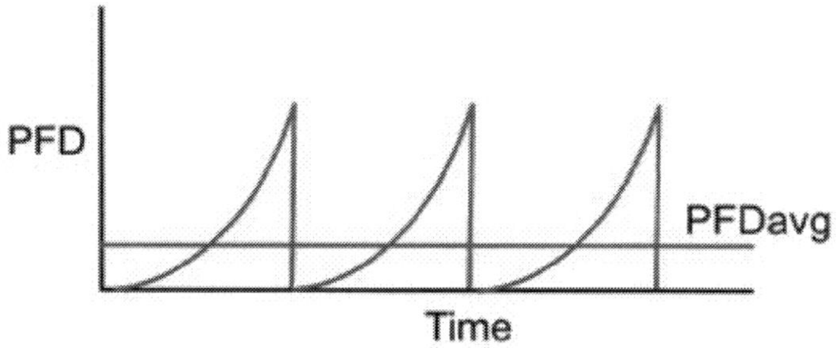

Figure 3. PFD as a function of time for a safety system with two protection layers (one SIF and one other IPL). Proof testing was assumed to detect all faults in this example.

To illustrate the difference in the results provided by LOPA and a more rigorous analysis, the same example from Section 2.3.1 is used. LOPA estimates the PFD_{avg} of the SIF to be 2×10^{-2} (excluding CCF), considering one IPL with a PFD_{avg} of 5×10^{-2} per year and a target overall PFD for the system of 1×10^{-3} (see calculation in Section 2.3.1). Using the PDS method of reliability analysis [8] gives a SIF PFD_{avg} of 1.5×10^{-2}, i.e. LOPA overestimates the target PFD_{avg} by 33%. As the number of protection layers increases, this error becomes more significant, as shown in Table 1. For two or more IPLs with a SIF, the error in the target PFD_{avg} for the SIF is at least 100% using the PDS method; i.e. the LOPA value for target PFD_{avg} is double that given by the PDS method. This gross overestimation in the target PFD_{avg} for the SIF suggests that the LOPA method may not be sufficiently accurate where two or more IPLs are considered. In such cases a more rigorous analysis may be conducted outside of the LOPA session (refer Section 3). Such rigorous approach, if adopted, may also help reduce the error for cases where only one IPL is applicable.

Table 1: Effect of the number of IPLs on the error in PFD_{avg} for a safety system as calculated by LOPA

Number of IPLs	Error in target PFD_{avg} for SIF
0	0%
1	33%
2	100%
3	220%
n	$\frac{2^{n+1}}{n+2} - 1$

2.4 Assessing the cumulative uncertainty for multiple parameters in LOPA

The above sections have discussed how the uncertainty of each individual parameter affects the target PFD_{avg} calculation. In practice, however, the cumulative effect of the uncertainties for multiple parameters also needs to be considered. As a simple illustration and keeping in line with the discussion above, the same example of the distillation column high high pressure SIF is used. As shown in the table below, the changes in various parameters results in a significant difference in the target PFD_{avg} requirements. One additional parameter presented in the table below is the use of PFD_{avg} of 3 x 10^{-2} for IPLs considering multiple PSVs are required to meet relief requirements. As expected, the required RRF is much more stringent when the uncertainties are modelled. However, as highlighted in earlier sections, depending on the SIF under review, in some cases, the requirements may also be less stringent upon further refinement.

Table 2: Effect of cumulative uncertainty of multiple parameters in LOPA

Description*	Initiating Event Frequency	IPL	Ign. Prob.	Total Mitigated Event Frequency	TMEL	Target PFD_{avg}	RRF
Case 1	1.00E-01	1.00E-02	1.00E-01	1.00E-04	1.00E-04	1.00E+00	1
Case 2	3.33E-01	1.00E-02	3.00E-01	1.00E-03	1.00E-04	1.00E-01	10
Case 3	1.00E-01	1.00E-02	1.00E-01	1.00E-04	1.00E-05	1.00E-01	10
Case 4	3.33E-01	1.00E-02	3.00E-01	1.00E-03	1.00E-05	1.00E-02	100
Case 5	1.00E-01	3.00E-02	1.00E-01	3.00E-04	1.00E-04	3.33E-01	3
Case 6	3.33E-01	3.00E-02	3.00E-01	9.00E-04	1.00E-04	1.11E-01	9

3 Approaches for handling uncertainty in LOPA

Based on the various modes of introduction of uncertainties in the LOPA analysis as discussed in the preceding sections, the question that arises is whether the direct use of target PFD_{avg} from LOPA as input to SIF design is optimal or is it desirable to investigate possible ways to refine the target PFD_{avg} from LOPA to ensure the SIF is not under-designed. Some ways to refine the target PFD_{avg} are discussed in the following paragraphs.

One proposed approach for dealing with uncertainty without compromising the simplicity that makes LOPA an attractive method is to conduct a more rigorous risk assessment outside of the LOPA session for high consequence / high risk scenarios to confirm that the SIF reliability target PFD_{avg} obtained from LOPA is sufficient. Such an assessment may include a quantitative reliability analysis such as a Fault Tree Analysis or Markov Model to obtain a more accurate estimate of the required target PFD_{avg}. These methods can also take into account common cause failures and the time dependency of PFD. In fact the most recent version of IEC 61511 [1] requires that a quantitative methodology be used for cases where the required risk reduction is greater than 10,000 (target PFD_{avg} from LOPA is equal to or lower than 1×10^{-4} per year). By using LOPA as a screening tool, this strategy can ensure that high consequence / high risk scenarios receive the more rigorous assessment they deserve, while for lower risk scenarios the more time-efficient LOPA can be considered sufficient.

Alternatively, a number of different cases can be considered for each LOPA scenario, such as in Table 2. Each case considers different values for the various parameters used in the LOPA calculation, resulting in a range of RRFs, from the more conservative to the more liberal. Taking Table 2 as an example, the results range from an RRF of 1 to 100. A final RRF at some point in between these two extreme cases may be selected for the SIF and carried forward into the SIF design. In this way, a level of uncertainty can be accounted for without being overly conservative.

Another approach is to introduce a "Safety Factor" to the reliability target set during LOPA. In this approach, it is recommended that the target Risk Reduction Factor obtained from LOPA should be increased by a safety factor to give a more stringent target for the SIF design to meet. For instance, if the target based on results from LOPA is RRF 100, the SIF design can conservatively consider a target PFD_{avg} associated with RRF 300. Similarly, if the target is RRF 500, then SIF design may consider RRF 800. However, when the RRF is at or close to borderline values, the SIF design may consider the next interval, e.g. for RRF 800 and above, the SIF design may consider RRF 1300 or alternately the RRF used can be justified by conducting a more rigorous quantitative analysis as mentioned above. Some engineering judgement should be applied when selecting this safety factor depending on the level of conservatism adopted in the initial LOPA assessment. As can be inferred from Table 2 above, when uncertainties are accounted for, the target PFD_{avg} can actually vary by one order of magnitude. Applying a safety factor to the results will therefore account for the uncertainties.

4 What PFD_{avg} to assume when Risk Graph Method is adopted for SIL Determination?

Risk Graph Method [1] is the alternate method commonly used for SIL Determination. Unlike the semi-quantitative LOPA approach, which specifies a numerical reliability target (PFD_{avg}) for the SIF in addition to the assigned SIL, the Risk Graph approach relies on the qualitative definitions for the parameters involved to deduce the assigned SIL without setting an actual numerical target (PFD_{avg}). Furthermore, this target PFD_{avg} value from Risk Graph is provided as a range. Hence, where Risk Graph method is used, it is not an uncommon practice to use the upper bound of the PFD_{avg} associated with the assigned SIL. For example, the LOPA method may provide an RRF of 40 (PFD_{avg} of 2.5×10^{-2} per year) for a SIL 1 function, while the same SIL 1 function following the Risk Graph method may adopt the upper bound RRF of 10 (PFD_{avg} of 1×10^{-1} per year).

Consider the same example of a distillation column as discussed in Section 2. If the column high high pressure SIF is assessed using the Risk Graph approach assuming that a trip of Reflux Pump could be expected once a year, taking credit for the pressure safety valve on the column as an IPL (credit of 100) and taking no credit for occupancy and avoidance; the resulting analysis show that Risk Graph method also determines a SIL 2 which is similar to the results from LOPA are accounting for uncertainties. The key difference being the overall PFD_{avg} of 3.33×10^{-3} per year (RRF 300) obtained from the LOPA which will be more stringent than the PFD_{avg} of 1×10^{-2} per year (RRF 100) in case the upper bound value of SIL 2 is used.

The above example shows that using the output from the Risk Graph directly may lead to under-prediction of the target PFD_{avg} and thereby leading to under design of the SIF. The concept of "Safety Factor" as discussed in Section 3 may therefore also be applied where Risk Graph is used. Based on this, it is recommended that the SIF design can use the mid-point of the upper bound and lower bound values based on PFD_{avg} range applicable to the SIF corresponding to the assigned SIL. The safety factor may also be selected on a case by case basis depending on the severity of the associated consequences (for example, using a value above the mid-point of upper and lower bound may be justified for the most severe consequences).

5 Uncertainties in SIL reliability analysis

The uncertainties in terms of obtaining an appropriate target PFD_{avg} for a SIF using LOPA methodology are discussed in Section 2. It is however, worth noting that potential for introduction of uncertainties into the analysis is not limited to this step alone. Moving on in the safety life cycle, the next step after LOPA involves a reliability analysis to ensure that the target PFD_{avg} is met for each SIF. This activity is commonly termed as "SIL Verification" in the industry, but strictly with reference to IEC 61511, it is considered within the domain of "SIS Design and Engineering". The target PFD_{avg} that is considered for the reliability analysis should be the same as the target PFD_{avg} that was calculated in LOPA (a safety factor may be applied as described in Section 3). Where Risk Graph methodology is applied, the target PFD_{avg} can be a mid-point value in the assigned SIL band as suggested in Section 4.

This reliability analysis also involves a number of input parameters, some of which may introduce uncertainties into the analysis. It is important to understand and evaluate the nature of these uncertainties associated with input parameters such as failure rate data for SIF components, beta factor for common causes and proof test coverage factors in SIF reliability analysis as discussed in the subsequent sub-sections. In this section, PFD_{avg} results that were calculated using exSILentia software are presented to illustrate the effects of the input parameters on the PFD_{avg}. The numerical PFD_{avg} results are only applicable for the specific systems and assumptions used in the calculations.

5.1 Failure Rate Data

Failure rate data for the individual SIF components is the basis of the reliability analysis. It is therefore of utmost importance that the data used is based on sufficient sample size and is representative of the conditions in which the SIF is applied. The quality of the data used as input parameters to reliability models has a large effect on the accuracy of the results.

Ideally, an appropriate method for determining the failure rate is to collect field data from a large, randomized sample of units. The operational time until failure should be recorded for each unit. Such data mining however; is a long term project, requiring the co-operation of multiple operators, ideally from a wide range of different facilities and operating environments. For this reason, such studies are rare and normally "generic data", i.e. data applicable for a broad type of component (such as pressure transmitter or shut-down valve) is used rather than data for a specific model or a specific environment. The OREDA database [5] is one example, which provides such generic data. Alternately, some vendors may commission a field study to collect failure data specific to their components or build their own failure data based on reported failures. However, given the smaller sample size as well as the gaps in ensuring that each failure is reported appropriately by the operating facilities, there will be uncertainties in the reported data and these values may tend to be on the optimistic side. For example, while the failure rate for a ball valve from a generic data source is 9.8×10^{-7} per hour [9], several vendors of ball valves report failure rates of less than 1.0×10^{-7} per hour. Another issue is that such data may only be sourced from a limited number of facilities operating in a specific environment and hence, this data may not be applied to a range of facility types or operating environments.

One approach to iron out these uncertainties is to conduct a Failure Mode and Effect Analysis which is a workshop activity bringing together a group of experienced personnel (operations, maintenance, instrumentation, design, etc.) for brainstorming the possible failure modes associated with each component and its associated failure rate using operational experience and field data. The quality of such an exercise is highly dependent on the experience of the participants and their engineering judgement. Hence, even though conducting such an exercise will be fruitful, some margin of error is still expected.

5.2 *Beta Factor*

Typically, the overall reliability of a SIF is estimated based on both independent and dependent failures. For functions with redundant components, multiple components may fail simultaneously due to a common failure mode (e.g. stress, maintenance errors, etc.). These dependent failures are the percentage of the failures attributed to the common causes and are denoted as Beta Factor in the reliability analysis.

Taking note of the uncertainties in failure data for components as highlighted in earlier sections, it is worth highlighting that the chances of availability of detailed field data for beta factors covering a large sample size is even lower, thereby leading to a greater degree of uncertainty. IEC 61508 [2] advocates a method for estimation of the beta factor using a questionnaire and a scoring system. Based on the scoring system, typically the beta factor value ranges from 1 - 10%. This is a somewhat subjective approach. In reality, beta factors higher than 10% have also been reported in the industry [10]. This may however represent an extreme operating environment pertaining to a particular facility. Therefore, some engineering judgement is required.

It is to be noted that beta factor has a direct impact on the PFD_{avg} achieved for systems with redundant components. Since common cause failures are often the dominating contributor to PFD_{avg}, an increase in beta factor leads to a significant increase in PFD_{avg}. This relationship can be seen in the PFD_{avg} results given in Figure 4, for SIFs with various configurations (1oo2, 2oo3, etc.). Hence, selection of a low beta factor may lead to underestimating the PFD_{avg} and potentially also under design of a SIF. For configurations without redundancy (e.g. 2oo2), the beta factor has little impact on the PFD_{avg}.

In the author's experience, some references and guidelines from operating companies provide recommended beta factor values. However, taking note of the findings presented in this section, it should be ensured that such recommended values have a sound basis and are as accurate as possible. Over-estimating beta factor value may lead to over-design of the SIF which in turn also has an associated cost impact. Conversely, under-estimating the beta factor may lead to SIF being under-designed.

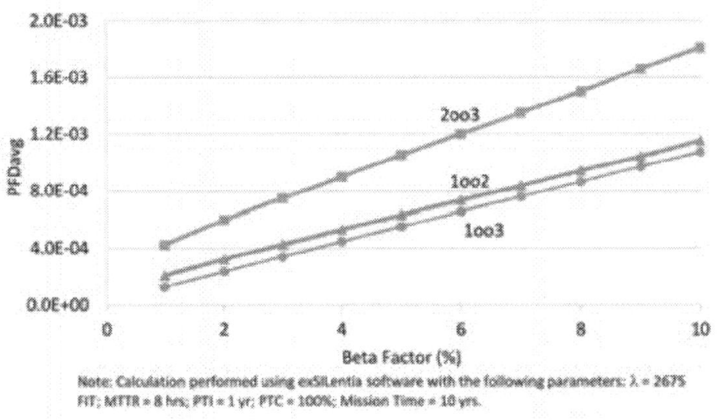

Figure 4. Impact of Beta Factor on PFD_{avg} calculation

5.3 *Proof Test Interval*

A proof test is performed periodically to detect failures and restore the system / component to an "as good as new" condition. The actual proof test interval may be governed by factors associated with SIF design and operating philosophy specific to a facility. However, the selected interval forms the basis of SIF design since the reliability of the SIF can be compromised with regard to the desired target PFD_{avg} in case the proof test interval used for SIF design is not followed. The uncertainty in this regard lies in whether the recommended proof test interval is rigidly followed or is only conducted on as-need basis in the actual operational phase. Operators may tend to postpone a shutdown for testing purposes if it may result in a loss of production, thereby compromising the SIF reliability. The emphasis to rigidly adopt the recommended proof test intervals therefore rests with the Operating Company and the kinds of safety culture they advocate or follow.

5.4 Proof Test Coverage

One of the important parameters associated with proof tests is the coverage factor which represents the fraction of the potential failures that will be identified during a full proof test. A perfect proof test (i.e. coverage factor of 100%) is unlikely. As far as the authors are aware, there is also no field data available to determine the effectiveness of proof tests. Vendors may recommend a coverage factor based on a detailed FMEA exercise for the associated components. Such an FMEA can identify which failure modes will be successfully captured by a proof test, and thus estimate the coverage factor. Proof test coverage factors can sometimes be lower for components with good diagnostic coverage because the remaining failure modes that are undetected by diagnostics are more difficult for a proof test to detect. In the author's experience, typical coverage factors range from 80 - 99% for sensors and logic solvers and 70 - 80% for final elements (e.g. shutdown valves). While this is currently the best approach for determining the coverage factor, the uncertainty in the result is usually not estimated.

The proof test coverage factor has a significant impact on the calculated PFD_{avg} of a SIF element, as can be seen in Figure 5. For example, for an element with a 1oo1 configuration, decreasing the coverage factor from 90% to 80% resulted in a 46% increase in the PFD_{avg}. Given this effect, caution should be exercised when selecting coverage factors for use in SIF design since they will impact the risk reduction that can be achieved. The actual test performance should ideally be verified to match the assumptions (this becomes especially critical when higher factors e.g. 90% or above are used).

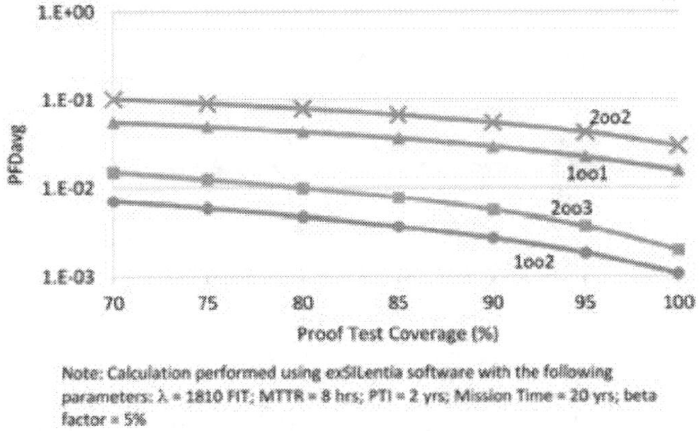

Figure 5. Effect of Proof Test Coverage Factor on PFD_{avg} for various voting configurations

An alternative method for considering failures that are not detected by a proof test is to include a "probability of test independent failures", or P_{TIF}. This approach, which is advocated in the

PDS method [8], differs from the proof test coverage approach in that P_{TIF} is a constant contributor to the PFD_{avg}, whereas the effect of proof test coverage on the PFD_{avg} increases over time. Even when using P_{TIF}, however, there remains uncertainty in the value used for this parameter, with implications on the accuracy of the calculated PFD_{avg}.

5.5 SIF Operational Life

Operational life of a SIF refers to the life time of the various components of the SIF, sometimes also denoted as mission time. This also serves as a key input in SIF design. In the author's experience, typically a mission time in the range of 20 to 30 years is assumed. Lower mission times such as 5 or 10 years may be impractical in terms of actual implementation on site since this implies that the corresponding components will be replaced or completely overhauled after a 5 or 10 year period, which also has a significant cost impact. This assumption on operational life of the SIF has a direct impact on the risk reduction achieved by a SIF, provided that all other parameters are kept constant. Figures 6 and 7 show that a higher mission time is likely to result in a higher PFD_{avg} (or in other terms, a lower risk reduction). Figure 7 shows that the relationship between mission time and PFD_{avg} is almost linear, with a steeper gradient at a lower proof test coverage. This shows that the mission time has a greater impact on PFD_{avg} when the proof test coverage is lower. If the proof test coverage is taken as 100%, the mission time has no effect on PFD_{avg}. However, as discussed in Section 5.4, 100% proof test coverage is not likely to be realistic.

While operators may typically consider the cost of replacing equipment when deciding upon mission time, consideration should also be given to the effect that mission time will have on the reliability of SIFs. A shorter mission time can help SIFs to meet the target PFD_{avg} and may even allow a lower level of redundancy to be used for the SIF components. This is particularly relevant for SIL 3 rated SIFs, which may require a high level of redundancy as well as high reliability of components, resulting in a high capital cost. Reducing the mission time may help optimize the capital cost of the SIF. A cost benefit analysis may be conducted to justify optimization of the mission time. However, some engineering judgement must be exercised in order to keep the mission time within practical limits. In this regard, 15 years may be considered as a practical lower limit for mission time but this may vary on a case by case basis also depending on the owner's operating philosophy. In such cases, it is important to be aware that in case the capital replacement is not performed after 15 years, this will potentially leave the system exposed to higher probability of failures.

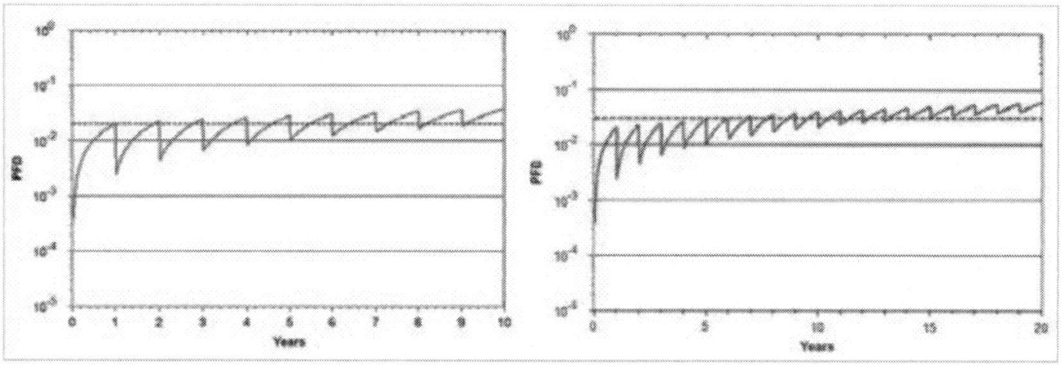

Figure 6. PFD_{avg} vs SIF Operational Life / Mission Time (Years)

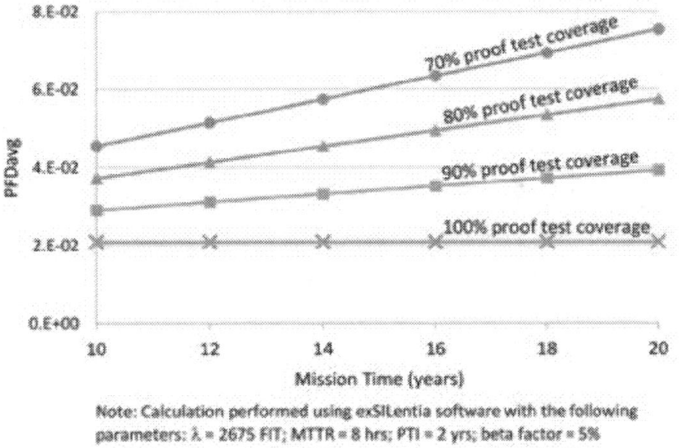

Figure 7. Effect of Mission Time on PFD_{avg} for a SIF with 1oo1 configuration

5.6 Assessing the cumulative uncertainty for multiple parameters in SIF Reliability Analysis

The above sections discuss how the uncertainty of each individual parameter affects the PFD_{avg} calculation. In practice, however, the cumulative effect of the uncertainties for multiple parameters also needs to be considered. As a simple illustration, Table 3 presents PFD_{avg} values calculated for a high pressure SIF with 1oo2 component configuration, using three different combinations of beta factor and proof test coverage, representing a best case, base case and worst case scenario. The beta factor was varied between 1% and 10%, while the proof test coverage was varied between 70% and 90%, which are ranges that can be reasonably expected for these parameters. The PFD_{avg} for the worst case scenario was more than double that of the base case and more than five times that of the best case. In these scenarios, beta factor was found to be the main contributor to the variation in PFD_{avg}, as the uncertainty in the beta factor may be +100% / -60%, whereas the proof test coverage may typically have an uncertainty of only ±13%.

Table 3: PFD_{avg} for a high pressure SIF in three scenarios

Scenario	Beta Factor	Proof Test Coverage	PFD_{avg}	Variation from base case
Best Case	1%	90%	2.93E-04	-70%
Base Case	5%	80%	9.88E-04	0
Worst Case	10%	70%	2.10E-03	+113%

Note: Calculation performed using exSILentia software with the following parameters: λ = 600 FIT; MTTR = 8 hrs; PTI =3 yrs; Mission Time = 15 yrs.

6 Conclusion

In this paper, the authors have highlighted multiple modes through which uncertainties are introduced into the LOPA review and subsequently in the reliability analysis for SIF design. Through working examples, this paper demonstrated that without accounting for such uncertainties, the SIF can easily be under-designed or over-engineered. The emphasis on accounting for such uncertainties is also highlighted in the most recent edition of IEC 61511. This paper investigated further into the nature of uncertainties associated with various input parameters associated with LOPA and SIF reliability analysis including approaches using which such uncertainties can be accounted appropriately.

7 Acknowledgement

The authors wish to acknowledge the support received from IRESC including some of the information included in this paper, as well as the contribution from Ms. Nicole Yeung.

8 References

[1] The International Electrotechnical Commission (IEC), Functional Safety – Safety Instrumented Systems for the Process Industry Sector, IEC-61511, Second Edition

[2] The International Electrotechnical Commission (IEC), Functional Safety of Electrical/ Electronic/ Programmable Electronic Safety Related Systems, IEC-61508, First Edition

[3] Guidelines for Enabling Conditions and Conditional Modifiers in Layer of Protection Analysis, CCPS

[4] Layer of Protection Analysis, Simplified Process Risk Assessment, CCPS

[5] Offshore and Onshore Reliability Data (OREDA), Volume 1 – Topside Equipment, 6th Edition, 2015

[6] Akshat Khirwal, Venkatesh S., Consideration of Cumulative Frequency of Demand Scenarios in SIL/LOPA Review, Hazards Asia Pacific, Kuala Lumpur, Malaysia, 2015

[7] Akshat Khirwal, Venkatesh S., Inherently Safer Design & Robust Protection Layers for High Consequence Hazards, Mary Kay O'Connor Process Safety Center, 19th Annual International Symposium, College Station, Texas, USA, 2016

[8] Reliability Prediction Method for Safety Instrumented Systems, PDS Method Handbook, SINTEF, 2010 edition

[9] Safety Equipment Reliability Handbook, Exida, Third Edition, 2007

[10] S. Hauge et al., Common cause failures in safety-instrumented systems: Using field experience from the petroleum industry. Reliab. Eng. Sys. Saf. 151 (2016), 34-45.

479264 Fundamental Research at Purdue Process Safety Research Center

Abstract:

Fundamental Research at Purdue Process Safety Research Center

Significant industrial incidents continue to occur such as fires, explosions and gas releases resulting in serious injuries, loss of life, and damage to the environment and facilities. Such incidents are not solely germane to the oil & gas industry, but occur in a wide variety of industries including agriculture, pharmaceuticals, and manufacturing. Two years ago the 'Purdue Process Safety and Assurance Center' (P2SAC) was established within the School of Chemical Engineering to conduct fundamental research to prevent such incidents. The presentation will address the four research projects the Center is currently pursuing with funding from its initial Sponsors: BP, Chevron, ExxonMobil, Honeywell, Eli Lilly and Shell.

The initial projects include:

- **optimal placement of gas detectors to prevent fires and explosions**: the research uses CFD-based dispersion simulations and rigorous mathematics to perform optimal placement over hundreds of thousands of leak scenarios and potential detector locations.

- **design & synthesis of catalysts to prevent undesired hazardous byproducts**: zeolite catalysts are widely used in the refining industry and certain structures can promote undesired byproducts leading to potential over-pressures and explosions. Zeolite synthesis and characterization methods are being developed.

- **real time process optimization to reduce risk**: Novel continuous manufacturing processes can reduce the risk related to powder handling. Continuous manufacturing, as with pharmaceuticals, requires efficient process monitoring and control.

- **application of inherently safer separation technology** to significantly reduce processing volume, solvent use, and extent of unit operations. Advanced mixed solvent extraction & simulated moving bed techniques are used to recover polycarbonates and flame retardants from plastic waste.

Indirect benefits from the Center are the depth of the core Chemical Process Safety course required of all undergraduates, as well as undergraduate process safety research initiatives in such as areas as dusts, reactive chemicals and nano-materials.

Current focus is on growing the Center and encouraging participation by a wide variety of industries such as pharmaceuticals, agriculture and manufacturing, in addition to oil & gas, and chemicals.

10-13-16

479277 Bringing New Life to Process Safety

Abstract:

<>Abstract:

Whilst risk cannot be eliminated, it can be better managed. The world of Process Safety Management continues to evolve as organizations find better ways of managing risks. In the simplest form, managing the risk is to reducing inherent process risk to the tolerable level.

First step in managing risks is to identify source of Hazards and quantifying risk associated to Hazards. Traditionally organizations heavily rely on expert judgment and brainstorming methodologies like HAZOP for finding operational and design risks. In addition, quality of such analysis are directly related to the precision of assumptions and information from operation and maintenance of the equipment under control.

In this session we will explore how organizations are using new techniques such as dynamic risk visualization, cumulative risk techniques, operational risk assessments and cyber Hazop's to advance the boundaries of process safety management.

This paper will explore how existing systems and data sources, risk visualization and intelligence techniques are being used to bring static process safety data to life. Flat "1 dimensional" information such as lists, forms and databases are now being transformed into "2 dimensional" dynamic information such as plot plans, barrier models, risk matrix, bow ties etc. that provide greater context of relationships between information.

This information will resonate with engineers and technician who rather working with meaningful information of operation and maintenance systems instead of some abstract numbers and concepts that need extensive expertise in the reliability engineering.

We also will look at how advances in Operational Risk Assessments and Cumulative Risk allow operators to determine in real time if the overall cumulative risk is tolerable before actions are taken, devices are removed from service, maintenance activities are deferred etc. In other words, leading indicators and metrics will be in disposal of operators to proactively facilitate decision making for managing risk. This could avoid incidents that developing in the operation due to degradation of control and safety systems or deviations from initial operation and maintenance procedures and may lead to severe incidents.

And finally, since new technologies and architectures for instrumentation, control and safety systems introduced new risks of cyber intrusions and attacks that need to be considered in the risk management and the world of security standards (ISA 62443-3-2 Security Risk Assessment and System Design) and safety standards (ISA-TR84.00.09-2013 Security countermeasures related to Safety Instrumented Systems and Associated IACS) advanced in the last few years, we will look at how Cyber Process Hazard Analysis (PHA) techniques are being applied to provide the same systematic approach to security as traditionally applied to safety.

"Good process safety management does not happen by chance and require constant active engagement", in this paper we suggested novel approaches that can revive and improve the process safety.

479367 Developing an Effective System for Action Item Resolution

Abstract:

PSM action items are are regularly identified through many different means in a typical chemical processing facility. Knowing what to do with these action items and how best to proceed is no easy task. Not all action items are created equally, or even with the same goal in mind. An action item identified in a PHA may present a direct hazard to an employee, while an action item generated from a pressure relief systems study may present a documentation concern, a deviation from current practices, a direct hazard to an employee, or any combination thereof. Many facilities have a system in place for shepherding action items to completion, but these systems typically assume all action items are created equally. In this paper, we will demonstrate the importance of having a system that handles each action item in the most effective way; from evaluating the nature of the concern, considering the risks associated with the action item, developing the action plan, to completing the action plan. We will also cover whose input should be considered at each stage in the process to help ensure the best solutions possible are developed.

13TH
GLOBAL
CONGRESS
ON PROCESS
SAFETY

Where Does Management of Change (MOC) Begin?

Juliana Schmitz
Praxair, Inc.
Av. Pastor Martin Luther King Jr., 126, bloco 10/ala A,
Corporate Shopping Nova América, Rio de Janeiro, RJ, Brazil
juliana_schmitz@praxair.com

Patti Jones
Praxair, Inc.
175 E Park Dr, Tonawanda, NY, 14150, USA
patti_jones@praxair.com

Gabriel Drummond
Praxair, Inc.
Av. Pastor Martin Luther King Jr., 126, bloco 10/ala A,
Corporate Shopping Nova América, Rio de Janeiro, RJ, Brazil
gabriel_drummond@praxair.com

Prepared for Presentation at
American Institute of Chemical Engineers
2017 Spring Meeting and 13th Global Congress on Process Safety
San Antonio, TX
March 26 – 29, 2017

Where Does Management of Change (MOC) Begin?

Juliana Schmitz
Praxair, Inc.
Av. Pastor Martin Luther King Jr., 126, bloco 10/ala A, Corporate Shopping Nova América, Rio de Janeiro, RJ, Brazil
juliana_schmitz@praxair.com

Patti Jones
Praxair, Inc.
175 E Park Dr, Tonawanda, NY, 14150, USA
patti_jones@praxair.com

Gabriel Drummond
Praxair, Inc.
Av. Pastor Martin Luther King Jr., 126, bloco 10/ala A, Corporate Shopping Nova América, Rio de Janeiro, RJ, Brazil
gabriel_drummond@praxair.com

Keywords: MOC, engineering, process safety

Abstract

Management of Change is often affiliated with an operating facility. However, several projects have the common challenge of being developed within the constraints of an aggressive schedule, considering the time from project kick-off until unit start-up. In order to comply with the deadlines, early releases of engineering design documentation become subject to changes. During project development, these changes may come as scope changes, supplier updates, etc. that may affect more than one engineering discipline and any on-going construction/assembly activities. Another change source may be non-conformances identified during the construction/assembly phase. In this case, considering project milestones and costs, an option taken into account is to leave the system or portion the way it is instead of re-working to match the original design. For all of the given cases, a robust Engineering Management of Change (EMOC) process must be in place throughout the project life cycle to guarantee modifications are properly identified, communicated, and evaluated by technical experts for possible effects on process and design safety prior to implementation, or at a minimum, prior to startup of the system/subsystem. In addition, an EMOC process gives the opportunity to analyze the reasons for the modifications in order to avoid increased costs and design errors on future projects, leading to improved quality control. This paper presents some previous accidents related to management of changes, and addresses EMOC implementation, work process and elements of a successful EMOC program.

1 Introduction

Preliminary design activities begin early in the process to define scope, cost and product delivery requirements. Changes are a natural part of these efforts.

As the project progresses through the engineering detail design phase, a process hazard analysis (PHA) is conducted. At this moment, a multidisciplinary team evaluates if the process is safe and if any modifications are required. The project team is informed of the revised documentation and proceeds with each skill activity.

Subsequent changes may occur as, for example: updated supplier documentation, the team that will effectively operate the plant in the future may raise a new need for the project, some may be identified during detail design requiring changes and change requests during the construction phase. Any modification after the PHA may not be properly communicated to the adequate professionals and analyzed, resulting in a possible unsafe condition.

This paper focuses on project execution phases until plant startup and turnover to operations where the Management of Change (MOC) work process begins. It also explores the challenges identified when developing an Engineering Management of Change (EMOC) work process and shares an approach taken within Praxair, Inc.

2 Why is the Engineering Management of Change Important?

Process Safety is a relatively new engineering area, being developed from the early 60's and mostly based on catastrophic incidents, which negatively affected the industry. Kerin [5] confirms this point of view and lists a series of landmark events, their key learnings and influences in process safety. These events had different causes, mostly related to poor management of various safety areas, such as hazard identification, training, maintenance, management of change (MOC) and others.

The numerous and notable MOC related accidents that happened in the industry over the last century showed the world the need of a well-developed and maintained MOC procedure.

2.1 Titanic, 1912

The sinking of the Titanic, in 1912, is a well-known catastrophic incident. "The design of the ship included 44 water tight compartments giving rise to the perception that the ship was unsinkable and in the event of an accident would be its own lifeboat." [2] An accelerated construction schedule was the catalyst in making changes that proved to be fatal. A robust management of change process and a cultivated safety culture may have prevented the incident.

2.2 Flixborough, 1974

Venart [3] describes the Flixborough accident, which occurred on June 1st, 1974, causing 28 fatalities and several property damages near the Nypro plant in North Lincolnshire, UK. In this plant, there was a process area responsible to produce caprolactam, an intermediary for the Nylon production. Caprolactam production was conducted through the oxidation of the cyclohexane, a highly flammable chemical. There were six reactors in series where this oxidation reaction was performed.

Two months before the explosion, a crack was observed in the 5th reactor of the chain. With the objective of reducing the impact in production, the responsible plant personnel decided to connect directly the 4th and 6th reactors while the 5th was removed for maintenance. To proceed with the change, a "dog-leg" pipe was used to connect the reactors 4 and 6, while the original installation considered a straight pipe between these reactors. This is a modification that clearly changed the characteristics of fluid flow between reactors 4 and 6. The dog-leg line support was a temporary installation, made of scaffolding bars. These changes were never evaluated in detail and during start-up. On June 1st, the bellows connected to the reactors flanges failed due to an overstress and tons of cyclohexane was released into the atmosphere. With the vapor dispersion, an ignition source was found in the plant, and a vapor cloud explosion occurred resulting in fatalities, as well as significant property damage. [4]

2.3 CONDEA Vista Company, 1998

U.S. Chemical Safety and Hazard Investigation Board [5] promotes a discussion about the reaction vessel explosion in CONDEA Vista Company, on October 13th, 1998. In this unit, linear alkyl benzene was produced by mixing aluminum chloride and hydrocarbons. Around 3 months before the incident the process was modified, involving a mixing of powdered aluminum with hydrogen chloride to form the aluminum chloride. After this change was implemented, the bottom nozzle of the reactor got plugged due to the formation of a sludge residue, which the operators were not able to reach and remove during maintenance. Considering this scenario, the chemist of the site and the process engineer decided to use water to dissolve the sludge and to absorb the heat generated due to an exothermic reaction between the water and the sludge. This process was started and once it was apparently under control, the process engineer and chemist left the plant.

The shift supervisor decided to make a new change and inject steam at the nozzle. The process supervisor who was not in the plant agreed with the new procedure. At the shift turnover, the day shift supervisor talked with the night shift supervisor about the steam injection. The night shift supervisor took responsibility to inject steam and oriented an operator to execute this procedure.

After a few minutes of continuous steam injection, the reactor exploded, leaving three workers injured and property damage estimated in $13 million USD. Among other shortcomings related to the catalyst change that resulted in sludge formation, U.S. Chemical Safety and Hazard Investigation Board **[5]** affirms that this accident highlights the value of having an authorization or approval step as part of an MOC system for abnormal situations. If such a procedure had been in place, a technical manager would have reviewed the proposed procedure involving steam and may have detected its deficiencies.

2.4 Prevention

Among others, these accidents demonstrate the importance of Management of Change in process safety. This was emphasized when MOC was included as one of the main pillars of the Process Safety Management (PSM) standard, issued by the U.S. Occupational Safety and Health

Administration and of the Risk Management Plan of the Environmental Protection Agency (EPA).

However, not only changes performed after the plant startup will result in safety accidents. Engineering Management of Change (EMOC) is also a key area to prevent accidents and should be addressed in a proper manner by industrial companies.

One example of a poor EMOC related event can be an updated drawing sent by an equipment supplier during the project execution phase indicating a decrease of a vessel Maximum Allowable Working Pressure (MAWP). If this modification is not communicated to the proper professionals, the pressure relief device set point designed for the equipment may not be adjusted as required, which can lead to lack of vessel overpressure protection and possible vessel rupture.

Another example can be a change of a pipe routing during project phase, without revision of the flexibility study. This could result in pipe over stress, leading to a line rupture and energy release.

Several other examples of poor EMOC related accidents could be discussed showing proper management of changes during engineering is indispensable for the safety of the plant, workers and environment. Figure 1 indicates some sources of modifications that could impact the safe startup/operation of the system.

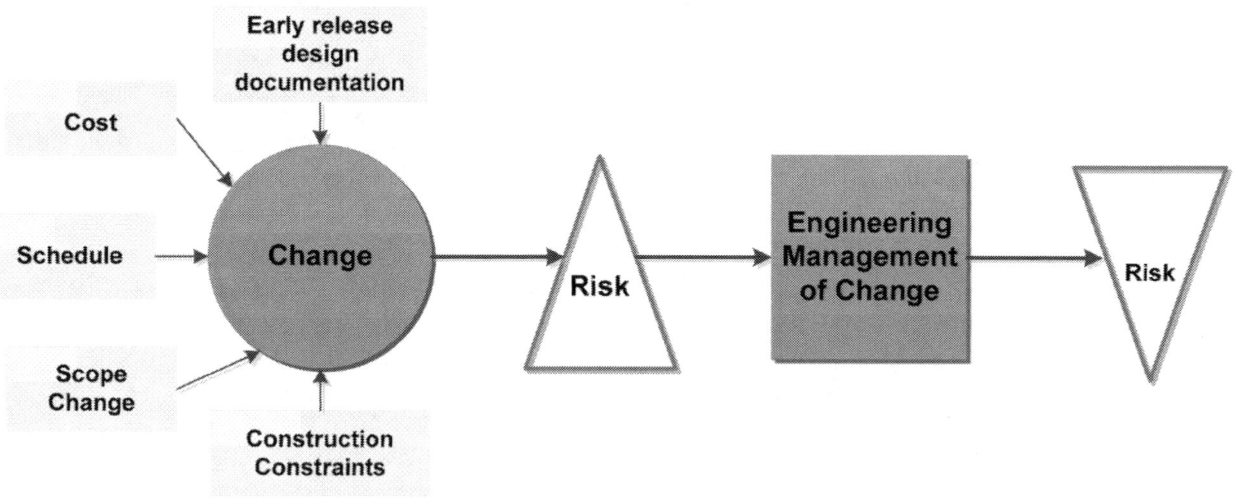

Figure 1 Integrated management of change system

Unfortunately, EMOC use is not as widespread as MOC, which still gives space for industrial accidents to happen. The main purpose of defining a work process for managing changes, even during the project development phases, is to guarantee all changes are adequately communicated, reviewed, new hazards are identified and analyzed and a mitigation plan is defined to ensure that a safe installation and operation is delivered to the customer.

3 EMOC Implementation

A change is known as a deviation from the original design. Modifications may come as scope changes, supplier updates, or other sources, and they may affect more than one engineering discipline and any on-going construction/assembly activities.

"Changes in construction projects are very common and likely to occur from different sources, by various causes, at any stage of a project, and may have considerable negative impacts on item such as costs and schedule delays." [6] If there is no formalized change management process, impacts not only on cost and schedule may be observed, but also process safety events, as mentioned on the previous section of this paper.

According to CCPS [7], the level of detail covered by the management of change system should be based on

- The hazards or risks of the process
- The existing process safety culture at the location

The company should develop a system for the control of modifications implemented on the project under design, construction, commissioning or startup phases. This work process should include approval of the change by a qualified professional or team, depending on the complexity of the hazards associated.

Based on the hazards involved in the specific process, the type of changes that need evaluation by an engineering expert from the appropriate discipline, as well as changes that do not, shall be defined when designing the specific EMOC work process for a certain company. For example; changes that can affect safety systems, critical operating parameters, shutdown set points, relief valve settings, materials of construction, etc. should undergo EMOC approval. Minor corrections to documentation or clarifications may not.

The management of change work process may not be the same in every industry and this does not mean one is better than another. The culture of the company and the location may require different applications of the MOC activities. [7]

3.1 Critical Phase

Changes during construction inherently introduce unexpected risk, especially under schedule and cost pressure. Some changes that can affect process safety may not be obvious to construction personnel. A simple yet important example is relocating a support on the discharge of a relief valve due to interference. Another may be substituting flange bolt material. Regardless of the origin of the change, evaluation and approval should take place prior to starting up the system/subsystem. Identification of all sources which can generate an engineering change must be considered as a natural part of the overall work process.

4 Proposed EMOC Work Process

Typically, during the engineering phase, several design safety meetings are conducted, such as P&ID Reviews, Layout Reviews, PHAs and FSSs. These reviews shall be conducted with the participation of all engineering disciplines related to the plant design. After these project landmark meetings, several changes may occur and their evaluation is a critical part of risk management throughout the project life cycle. At this moment, after the main safety reviews are performed, the EMOC work process is expected to begin.

As shown on Figure 2, all changes related to the project design are identified and communicated by the professional who initiated the modification, to a single point of contact within the project team.

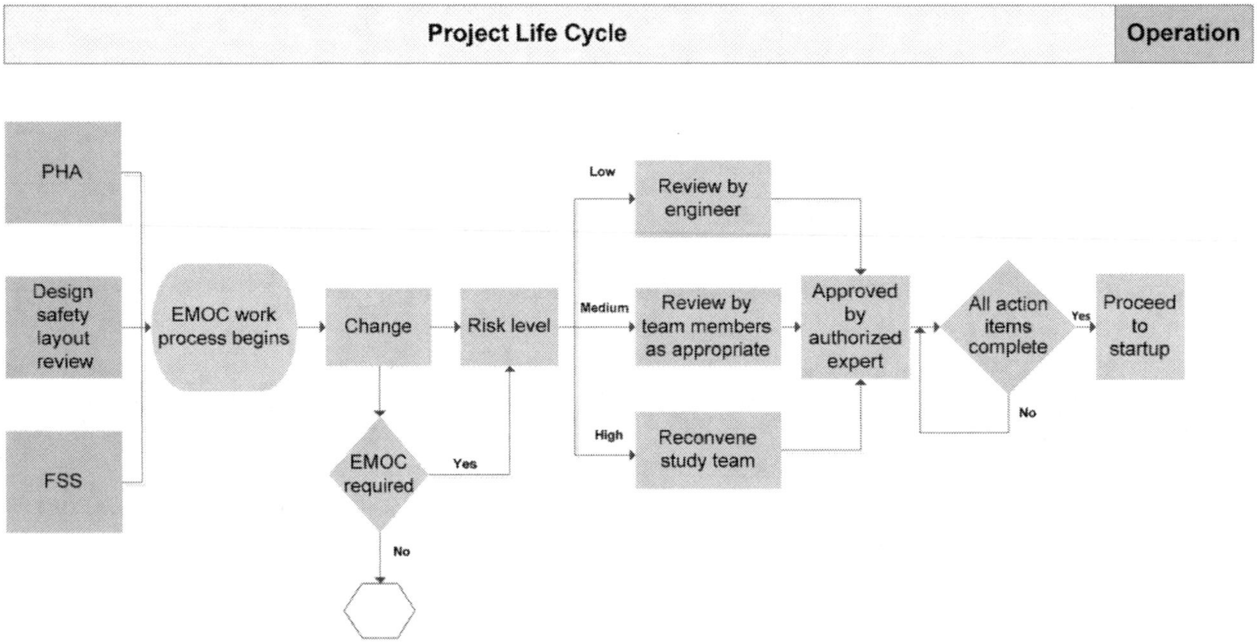

Figure 2 High-level EMOC Workflow Diagram

In cases where a modification is only a correction, clarification or replacement in a kind, there is no need to go through the full EMOC work process. The change can be recorded in a simple spreadsheet containing the type of change, a brief explanation and a mitigation plan to make sure nothing has been missed.

The modification should then be classified as low, medium or high risk per the EMOC owner and the level of review is defined based on the associated risk. The risk ranking criteria shall be described on the company's EMOC program; e.g.:

- Low: addition of a local pressure indicator on the design for maintenance purposes only.
- Medium: manual isolation valve removal, while valve not indicated at PHA as part of a hazard scenario.

- High: customer addition of a tie in point near the pipeline battery limit, which could lead to misdirected or reverse flow, with potential for process safety impact.

After reviewing the change, an approval should be required by a Subject Matter Expert (SME) before proceeding to change implementation and mitigation plan. The plant will be allowed to start-up only after all EMOC items were reviewed and approved.

It will be responsibility of the company implementing EMOC to determine which kind of changes will require a complete review, the risk categories that will be available to be assigned, both qualitatively and/or quantitatively and the required level of review according to these risks. In the example presented in Figure 2, a low risk results in a review by an engineer, a medium risk results in a review by the team members and a high-risk change will require the engineering team involved in the HazOp, Design Safety Layout review or the FSS evaluations to reconvene.

Several different approaches are possible, as long as they are simple, easy to understand by those responsible for implementation and provide a robust EMOC work process.

5 Elements of a Successful Engineering Management of Change Program

Successful EMOC programs define the key elements applicable to their industry. Some will be common such as commitment from leadership, roles and responsibilities, etc. Included below are some elements to take into consideration.

- Commitment from Leadership;
- Roles and responsibilities as they apply to specific skill sets (i.e. process engineering, controls system engineering, manufacturing, construction management, etc.);
- Clear definition of changes that must undergo engineering evaluation, including examples;
- Definition of changes that are not considered EMOC related;
- Risk level associated with the change;
- Approvers limited to subject matter experts;
- A streamlined work process focused on function over form, aligned with the various phases of the project life cycle;
- Identification of change sources;
- In process verification at predetermined milestones;
- Robust training that includes internal and external examples accompanied by a test with feasible scenarios;
- Associated PSI updated accordingly;

- Auditable;
- Evergreen
  - Periodic calibration of the work process;
  - Input from those responsible to implement the process;
  - Captures internal data to enhance understanding of what constitutes a change that requires EMOC review.
- Lessons learned captured and implemented on future projects;
- Leverage key learnings from external events in where MOC was identified as the cause or a contributing factor.

6 Conclusion

An aggressive schedule may lead to early release of design documentation that is still subject to change, which could result in the execution of PHA studies earlier than the optimal period. Although the early study may provide an opportunity to identify key risks earlier in the process, a significant number of action items and changes will probably occur, which may affect the integrity of the PHA.

A well-defined and implemented EMOC program is an essential part of risk management. The methodology applied allows systematic control of project changes which helps to ensure process, personnel and environmental safety. An additional benefit is facilitating a proactive means to analyze the underlying cause for unplanned changes. These lessons learned can assist on future projects to manage cost and improved quality control.

The main purpose of the management of change is to avoid loss of primary containment (LOPC), especially of hazardous chemicals, which could lead to catastrophic consequence. Once the EMOC process is successfully implemented, the reduction of quality issues will become a natural part of the process, resulting in a safer and higher quality facility/assembly/operation. An effective Engineering Management of Change work process is critical to the safe commissioning and startup of a chemical plant.

7 References

[1] T. Kerin. The evolution of process safety standards and legislation following landmark events – What have we Learnt?, Process Safety Progress 35 (2016), 165-170.

[2] CCPS. *Incidents that Define Process Safety*, Center for Chemical Process Safety, American Institute of Chemical Engineers, New Jersey, 2008.

[3] J.E.S Venart, Flixborough: The explosion and its aftermath. Process Safety and Environmental Protection 82 (B2): 105 – 127 (2004).

[4] C. Sadee, D.E. Samuels and T.P. O'Brien, The Characteristics of the explosion of cyclohexane at the Nypro (UK) Flixborough plant on June 1974, Journal of Occupational Accidents, 1 (1976/1977) 203 – 205.

[5] U.S. Chemical Safety and Hazard Investigation Board, Management of Change (No. 2001-04-SB) (2001).

[6] Q. Hao et all, Change Management in Construction Process, International Conference on Information Technology in Construction, Santiago, Chile, 2008

[7] CCPS. *Guidelines for Management of Change*, Center for Chemical Process Safety, American Institute of Chemical Engineers, New Jersey, 2008.

479400 Effectively Utilizing Calarp/RMP/PSM Contractors to Assist in Optimizing Process Safety Culture, Compliance with Standards, and Workforce Involvement

Abstract:

Since the inception of Occupational Safety and Health Administration (OSHA) Process Safety Management (PSM) in 1992, facilities have frequently contracted process safety consultants to satisfy regulatory needs, as well as assist in complying with industry best practices.

The primary objective of this paper is to provide tangible suggestions for effectively utilizing process safety contractors for assisting in optimizing process safety culture, compliance with regulatory requirements and industry best practices, as well as tips to improve workforce involvement and coordination. The core of this paper will detail various management styles of the prevention program and an evaluation of influences on process safety culture based on varying degrees of involvement from the facility and usage of contractors. This paper aims to provide an in-depth analysis of the pros and cons of contractor involvement and its efficacy relative to the scale of the facility and intricacy of corporate structure based on anecdotal evidence and industry experience.

Key topics include:

- Overview of different types of process safety culture in relation to prevention program management and contractor usage,
- The Challenge - Striking an optimal balance between contractor use and facility involvement whilst maintaining economic viability,
- The Challenge for Multi-Facility Corporations - Ensuring changes in corporate standards are successfully communicated to all children facilities ranging from documentation updates and organizational changes,
- Suggestions and Improvements - Implementation of effective prevention program management systems to ensure workforce involvement and accountability, as well as practical allocation of contractor resources to accomplish critical tasks whilst balancing facility resource commitment.

A Streamlined Approach for Full Compliance with SIF Implementation Standards

William G. Bridges, President
PROCESS IMPROVEMENT INSTITUTE, INC. (PII)
1321 Waterside Lane, Knoxville, TN 37922
Phone: (865) 675-3458
Fax: (865) 622-6800
e-mail: wbridges@piii.com

Art Dowell III, Principal Engineer
PROCESS IMPROVEMENT INSTITUTE, INC. (PII)
2437 Bay Area Blvd PMB 260
Houston, TX 77058
Phone: 713-865-6135
e-mail: adowell@piii.com

Prepared for Presentation at
13th Global Congress on Process Safety
San Antonio, TX
March 27-29, 2017

UNPUBLISHED

A Streamlined Approach for Full Compliance with SIL Implementation Standards

William G. Bridges, President
PROCESS IMPROVEMENT INSTITUTE, INC. (PII)
e-mail: wbridges@piii.com

Art Dowell III, Principal Engineer
PROCESS IMPROVEMENT INSTITUTE, INC. (PII)
e-mail: adowell@piii.com

Keywords: Safety Instrumented System, SIS, Safety Integrity Level, SIL, LOPA, Layer of Protection Analysis, Independent Protection Layers, IPLs, human factors

Abstract

Many companies put FAR too much redundant effort into determining what SIL (safety integrity level) is needed and then verifying the SIF (safety instrumented function) design will give the SIL targeted. This paper shows how to apply the qualitative definition of independent protection layers (IPLs) within the setting of a process hazard analysis (PHA) to get most of the gain from Layer of Protection Analysis (*LOPA)* without doing a LOPA (without using numerical values). We show how we use a PHA team to identify when a SIF is needed and to select the proper target SIL. This portion of the SIL evaluation and the identification and labeling of the IPLs during the PHA/HAZOP does not take any longer than a normal PHA/HAZOP, once the right habits are established. Note that this approach eliminates the need for a separate SIL Evaluation Study to identify the SIFs and select the target SIL. Then, this paper describes how to perform the SIL Verification and Safety Requirements Specification (SRS) remotely, again without the need for a redundant team meeting. This approach has been used at many sites and for thousands of SIFs.

Background

Typically, hazardous consequences, their causes, and safeguards are identified in a PHA/HAZOP (process hazard analysis / hazard and operability analysis)[1]. The PHA may determine if additional protection layers are required or if additional analysis is required.[2]

In many organizations, a separate LOPA (layer of protection analysis)[3] meeting is held to determine which HAZOP safeguards are independent protection layers (IPLs) and to determine if additional IPLs are needed to meet the risk tolerance criteria. If SIFs are needed, the required risk reduction (PFD, probability of failure on demand) is determined in LOPA, which then sets the SIL.

Some organizations may even have a separate SIL evaluation study, which is certainly redundant to a well-run PHA and is wasteful if the PHA is properly staffed and managed and/or if any subsequent LOPA are performed well.

Fundamentals of SIL Assessment

The lifecycle requirements for safety instrumented functions are specified in industry standards IEC 61511 (ANSI/ISA 84.00.01-2004, Part 1)[4,5]. The required steps to specify the SIS (safety instrumented system) are:

1. Safety Instrumented Function (SIF) identification.
2. Determining the Safety Integrity Level (SIL) for each SIF.
3. Designing the SIF to meet the required SIL.
   SIL Verification Calculation (actually, this calculation is iterative with step 3, but the end calculation is a deliverable that proves 3 is correct). The SIL standards allow the following methods to use to determine the required SIL (ANSI/ISA 84.00.01-2004, Part 3, Section 3.8)[4]:
   - Fault Tree Analysis (FTA), Full Quantitative Risk Analysis (QRA)
   - LOPA – simplified quantitative analysis
   - Qualitatively within PHA (HAZOP, etc.)

     "A qualitative method may be used as a first pass to determine the required SIL of all SIFs. Those which are assigned a SIL 3 or 4 by this method should then be considered in greater detail using a quantitative method to gain a more rigorous understanding of their required safety integrity." – *ANSI/ISA 84.00.01-2004, Part 3, Section 3.8*[4]

Table 1 compares risk analysis approaches for Steps 1 and 2.

FTA and QRA are very detailed and labor-intensive and would be required for complicated systems, particularly where there is not complete independence between safeguards.

LOPA is a simplified analysis tool that requires fewer resources, but is heavily dependent on the requirement that all the safeguards be completely independent.

However, for many processes, there are a number of scenarios (cause leading to a consequence) where the PHA team can readily determine sufficient independent protection layers are already in place.

Table 1: Comparison of Risk Analysis Approaches

Approach	Assessment Methods	Risk Judgment Method	Risk Judgment Method	Estimated Range of the Results
Qualitative Only	HAZOP, FEMA	Expert Voting, focusing on site data	Capable >95% of time	Plus or minus 1/2 order of magnitude
Simplified Quantitative	LOPA, Risk Graph	Multiplication of statistical averages of general failure rate data; with broad assumptions on management systems	Needed on about 5% of the scenarios	Plus or minus 1 order of magnitude
Full Quantitative	FTA, ETA, QRA, HRA		Needed for less than 0.01% of the scenarios	Plus or minus 1 order of magnitude

Figure 1 contrasts the typical approach to SIL assessments with the optimized streamlined approach.

Typical SIL Determination versus Streamlined Approach

In the typical approach,

- **Step 1**: The PHA/HAZOP is performed using a multidisciplinary team of engineers, operators, instrumentation staff, maintenance staff, and perhaps vendors. Then in a separate SIL study, a multidisciplinary team of engineers, instrumentation staff, maintenance staff, and perhaps vendors brainstorm the hazard scenarios (again) and decide which are candidates for SIFs. A semi quantitative approach, such as RiskGraph, or layer of protection analysis, determines if an SIF is required.
- **Step 2:** The RiskGraph dictates the required SIL, or the LOPA compares the mitigated risk to the risk tolerance criteria and determines the SIL from the order-of-magnitude risk reduction needed.

In contrast, in the streamlined approach,

- **Step 1:** The PHA/HAZOP is performed using a multidisciplinary team of engineers, operators, instrumentation staff, maintenance staff, and perhaps vendors (to this point the same as the typical approach). Within the PHA/HAZOP, the team estimates the risk of each scenario using qualitative judgment (based on experience, knowledge, and memory of site-specific data). The PHA/HAZOP team then qualitatively determines if the best risk reduction method is an SIF.
- **Step 2:** The PHA/HAZOP team qualitatively determines the SIL needed (typically by judging the level of redundancy needed based on the value they place on each IPL and the new or modified SIF needed)

Figure 1: Comparison of the Typical and the Optimized Streamlined Approach from PII for SIL Assessments (Steps 1 and 2)

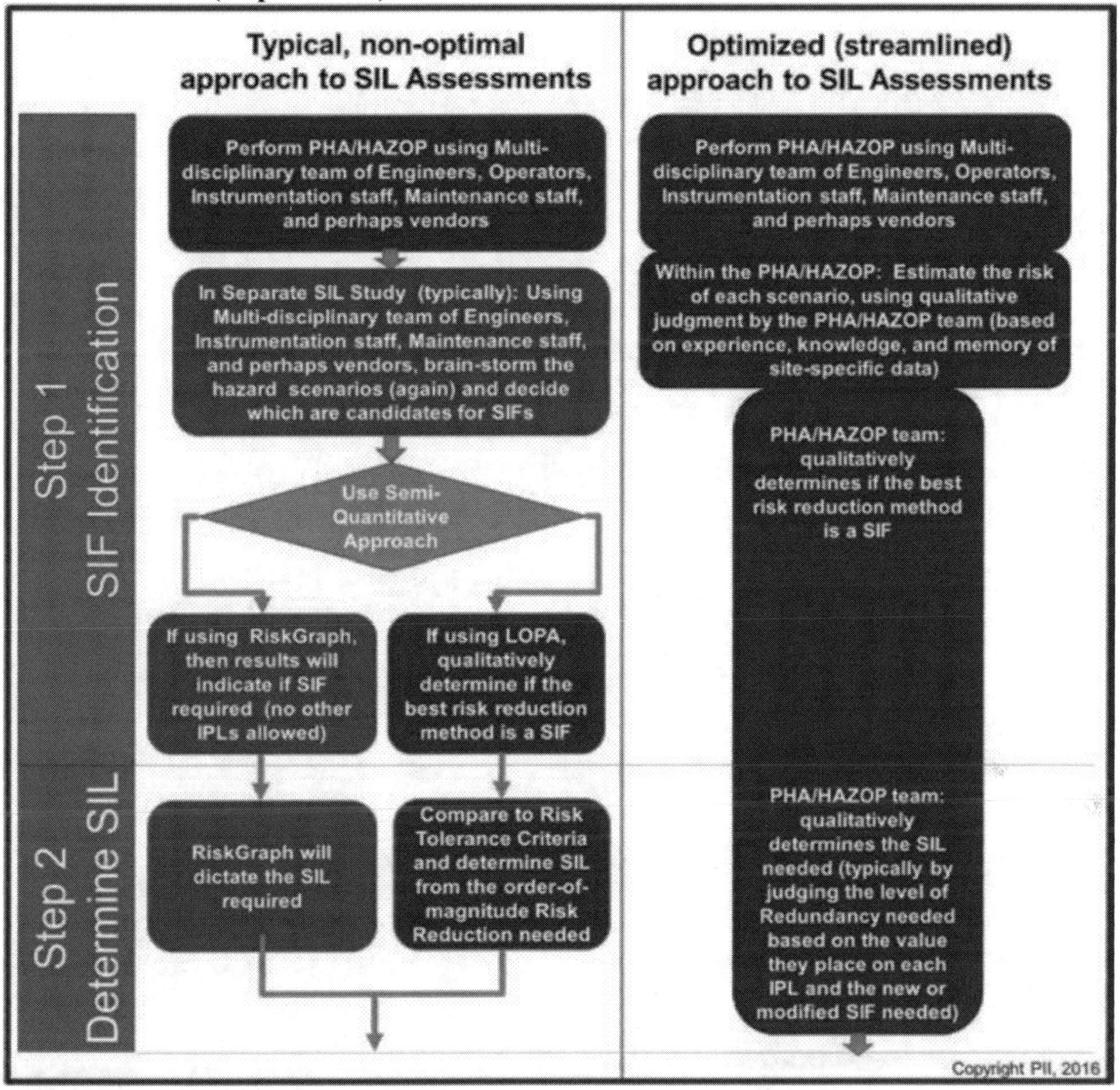

Figure 2 also contrasts the typical approach to SIF design and verification with the streamlined approach. Steps 3 and 4 are iterative.

In the typical approach,

- **Steps 3 and 4**:
  - Decide on basic architecture of SIF, from experience with other SIFs.
  - Decide on vendors of components
  - Provide full design of SIFs from experience

- Perform trial SIL verification calculations using software such as exSILentia™ using actual component data
- If the target SIL is achieved, issue the SIL verification calculation report and the safety requirement specification (SRS)
- If the target SIL is not achieved, revise the design and recalculate.

Figure 2: Comparison of the Typical and the Optimized Streamlined Approach from PII for SIL Assessments (Steps 3 and 4)

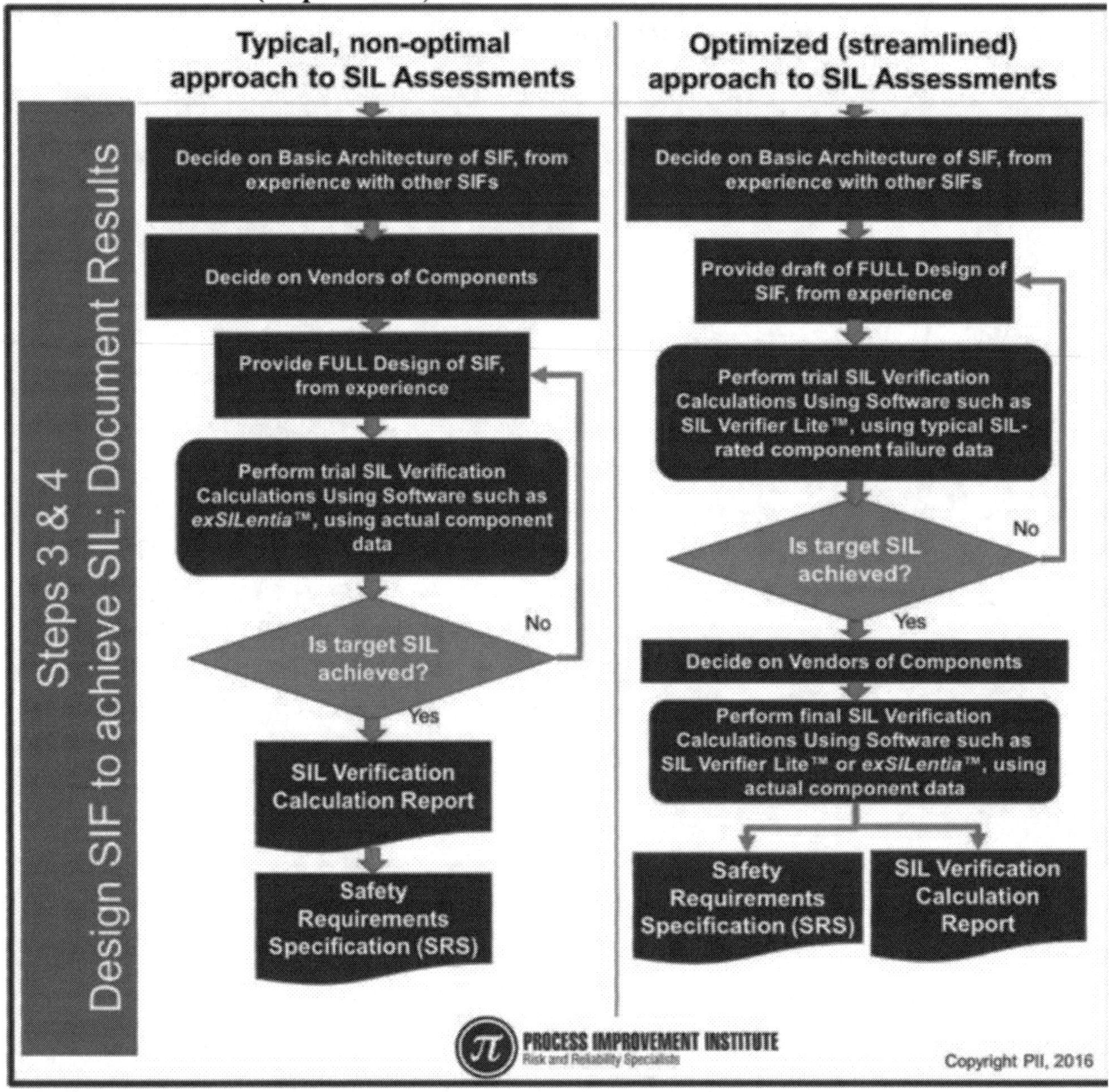

In the streamlined approach,

- **Steps 3 and 4**:
  - Decide on basic architecture of SIF, from experience with other SIFs.

- Provide draft of full design of SIF, from experience.
- Perform trial SIL verification calculations using software such as SIL Verifier Lite™ using typical SIL-rated component failure data.
- If the target SIL is not achieved, revise the design and recalculate.
- If the target SIL is achieved,
    - Issue the SIL verification calculation report and the safety requirement specification (SRS).
    - Decide on vendors of components.
    - Perform final SIL Verification Calculations Using Software such as *SIL Verifier Lite*™ (from PII) or *exSILentia*™ (from exida) using actual component data.
    - Issue the SIL verification calculation report and the safety requirement specification (SRS).

The advantage of the streamlined approach is determination of the need for an SIF and of its SIL quicker and with fewer resources than the typical approach.

Requirements for the Qualitative Streamlined Approach for SIL Determination

For the qualitative streamlined approach to be used effectively, there are important requirements for the PHA/HAZOP team.

- PHA/HAZOP team leader is knowledgeable and proficient in LOPA.
- PHA/HAZOP team members have the following information in memory:
    - Consequence severity.
    - Initiating cause frequency.
    - Independent protection layer (IPL capability).
    - Risk tolerance criteria.

An experienced PHA team, who is knowledgeable in the process technology, can effectively and efficiently analyze a scenario and mentally perform a layer of protection analysis. The team determines the consequence severity and the initiating cause frequency. A highly competent team understands which safeguards are truly independent protection layers and can judge the risk reduction provided by each. Then the team can determine if additional IPLs are required to meet the risk tolerance criteria. For some scenarios, an SIF may be required and the team can determine the required probability of failure on demand for the SIF and can thus determine the required SIL.

A best practice is that the PHA team recommends the functional description and the SIL for the proposed SIF. The functional description does not specify the details of the SIF design, rather it specifies what process variables should be considered and what action should be taken to detect the upset and to prevent the consequence. For example, the functional description may say "monitor the level of a vessel and stop the flow into the vessel to prevent overflow".

If the PHA team is uncertain, or if the scenario is complex, then the PHA can recommend a detailed LOPA be done for the scenario.

These conclusions are based on more than 8000 PHA/HAZOPs, 3000 LOPAs, and about 100 QRAs and HRAs. We have observed PHA participants becoming knowledgeable about LOPA and IPL requirements. The participants then began to apply the principles of LOPA spontaneously in the PHA. With good leadership, the PHA team could then easily move to the full streamlined approach.

The experience and competency of the PHA leader and the PHA team is extremely important. If the PHA team is not comfortable with the principles of LOPA, and especially the principles of IPLs, the streamlined approach is not appropriate. Likewise, the PHA team must have the required information and understanding in its memory. Otherwise, the qualitative approach can degenerate into the "arm wrestling" arguments that PHA teams used qualitatively to determine SIL requirements before the introduction of LOPA.

Suggestions for the Streamlined Approach for SIF Design

Likewise, there is a streamlined approach for the SIF design. Organizations have developed a recipe book of typical SIF designs for SIL 1, SIL 2, and SIL 3. Depending on the required SIL, the designer can choose a design from the recipe book (as described in Figure 2, "from experience"). The recipe book provides a starting point for the detailed SIF design. Figure 3 shows a small sample of SIF designs that could be included in a recipe book.

Figure 3: Typical SIF Architectures for Information

Typical SIL 1

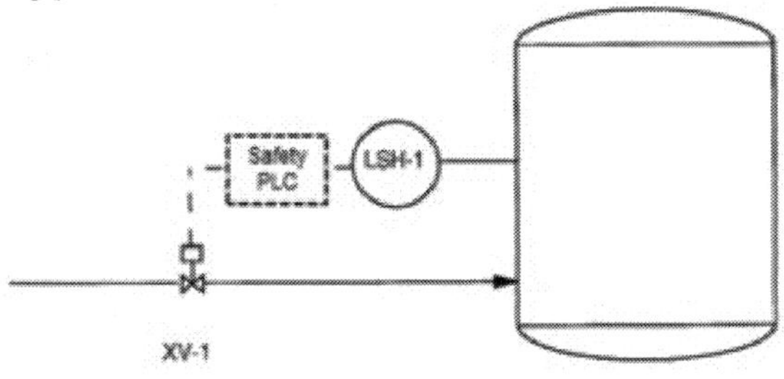

Typical SIL 2

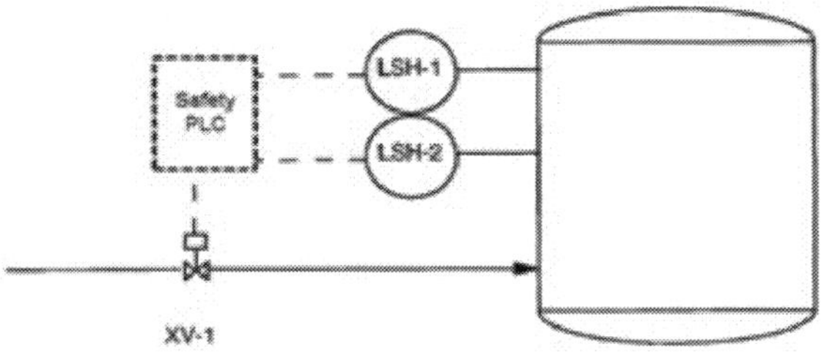

Typical SIL 3

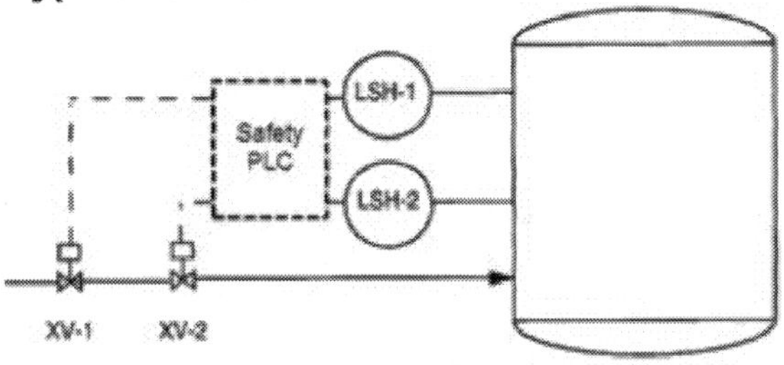

Case Study 1

An example of the streamlined approach is summarized in Table 2 for a facility with storage spheres (in China; the PHA and other analyses were performed in 2014). The table shows two deviations from the PHA. IPLs are identified and existing SIFs are assigned an SIL, based on the architecture. (Note that the achieved SIL for each of the SIFs (existing or recommended) must be confirmed by a SIL verification calculation that includes the failure rate of the components, the voting architecture, and the proof test interval.)

For the high-level deviation, the high-level SIF was assigned SIL 1. The overflow through the pressure equalization line to other spheres was determined to be an IPL.

For the low level deviation, the low level indication and low level alarm were determined not to be an IPL because they are part of the initiating cause. The PHA team concluded that feeding from two spheres at all times is an IPL for this facility because of the unlikelihood for both spheres to have low level at the same time. The PHA team also thought that an additional SIF level alarm with operator response to switch tanks within 60 minutes could be a possible IPL, if the action of the operator is quick enough. The team wrote a recommendation to ensure that the operator response could be an IPL.

In this case study, the PHA team was able to determine in the PHA meeting which safeguards were IPLs. They also determined the nominal SIL for existing SIFs (to be confirmed in a later SIL verification). And the team determined that operator response could be an IPL if there was a documented procedure and an annual drill. For these two deviations, the PHA team did the work that would be done in a later LOPA meeting in the typical approach.

Next, the SIL Verification was performed for the SIL 1 SIF (and all other SIFs in the unit). This SIL Verification was accomplished using exSILentia™ software and the analysis and documentation took less than 2 hours.

Thus, the entire requirements for a SIL identification, SIL target level determination, and SIL Verification were accomplished very quickly compared to typical approaches.

Table 2: Storage Sphere PHA

No.: 2 XXXX storage spheres xxx-T-XX A/B/C/D/E/F/G/H/I/J/K/L (1 of 12)					
#	**Dev.**	**Causes**	**Consequences**	**Safeguards**	**Recommendations**
2.1	High level	Too much flow to one sphere from XX Plant (through their pump; about 40 bar MDH)	High pressure (see 2.5)	High level SIF with level sensors voted 2oo2, to close inlet valve - **SIL 1** Overflow thru pressure equalization line to other spheres (through normally open [NO] valve) - **IPL**	
2.2	Low level	Failing to switch from the sphere with low level in time (based on level indication)	Low/no flow - Liquid from spheres through high pressure product pumps to the vaporizer (see 4.2) Low/no flow - Unqualified liquid from spheres back to Plant (see 6.2)	Level indication and low level alarm, inspected each year, per government regulation **(not IPL; part of the cause)** 9 other spheres with possibly enough level to switch to Feeding from two spheres at all times, so unlikely for BOTH spheres to have low level at the same time - **IPL** Two level indication from SIS level transmitter, with low level alarm, with more than 60 min available to switch tanks (SIF driven alarm and response) - **possible IPL, if action of the operator is quick enough**	Rec 4. Make sure the Human IPL of response to low level in all spheres and tanks is described in a trouble-shooting guide (like an SOP) and practiced once per year per unit operator. This will make this response a valid IPL.

Case Study 2

In 2014 and 2015, an identical approach to that of Case Study 1 (the streamlined approach of this paper) was performed for a large gas producer in South America. In that work, the PHAs for more than 500 nodes plus all procedures of all operating modes was completed in about 10 weeks of PHA meetings. The PHA team identified more than 800 SIFs, along with their target SILs, using the approach in Steps 1 and 2.

Next, staff within PII but separate from the PHA team performed about 60 LOPA to clarify certain issues, some related to SIFs. But less than 5% of the SIFs were established with LOPA; 95% were established with the PHA alone.

Finally, staff separate from the PHA performed SIL Verification of the 800+ SIFs, using exSILentia™. The verification was for a combination of SIL 1 and SIL 2 SIFs; a couple of SIL 3 SIFs were also analyzed and debated. The relatively few LOPAs took about 2-3 hours each (due to the complexity of the 5% of scenarios that went to LOPA) and each SIL Verification took about 2-3 hours to perform and document.

Caution – the issue of human factors for SIL 2 and SIL 3 SIFs[6]

There is an important aspect of important aspect of SIFs and the possible achieved SIL that is not addressed in this paper. Relying on a high integrity SIF, without accounting for human error during interventions, is also a waste of resources. You may believe that you have reduced the risk by a factor of 100 for a SIL 2 SIF, or a factor of 1000 for a SIL 3 SIF, when in fact the human factors during commissioning and proof testing may degrade the overall risk reduction factor to about 10. If the human factor is accounted for in the SIF design phase and the SIL verification phase, then the human error can also be prevented to allow the higher reduction in risk that is targeted.

Conclusions

Based on experience in a multitude of PHAs, LOPAs, QRAs, and HRAs, we have seen that experienced, competent PHA teams with an experienced, competent leader can effectively apply the principles of LOPA to many scenarios during the PHA meeting. The team can determine the approximate SIL of existing SIFs, the team can determine which safeguards are truly IPLs, and the team can recommend additional IPLs, including SIFs with specific SILs. If the scenario is too complex, or the PHA team is uncertain, the team can recommend a detailed LOPA. The streamlined qualitative makes better use of resources and time than the typical approach with separate meetings for PHA and LOPA.

It is critical that the PHA leader is experienced and competent in LOPA. It is critical that the PHA team has in its memory the data for consequence severity, initiating cause frequency, IPL requirements, and the risk tolerance criteria.

Acronyms Used

AIChE– American Institute of Chemical Engineers
CCPS – Center for Chemical Process Safety (an AIChE technology alliance)
HAZOP – Hazard and Operability Analysis
HRA – Human Reliability Analysis
IEC – International Electrotechnical Commission
IEF – Initiating Event Frequency
ETA – Event Tree Analysis
FMEA – Failure Mode Effect Analysis
FTA – Fault Tree Analysis
HRA – Human Reliability Analysis
IPL - Independent Protection Layer
LOPA – Layer of Protection Analysis
PHA – Process Hazard Analysis
PII – Process Improvement Institute, Inc.
QRA – Quantitative Risk Analysis
SIF – Safety Instrumented Function
SIL – Safety Integrity Level
SIS – Safety Instrumented System
SRS – Safety Requirements Specification

References

1. *Guidelines for Hazard Evaluation Procedures*, 2008, CCPS/AIChE.

2. Bridges, W., & Dowell, A., "Identify SIF and Specify Necessary SIL, and other IPLs, as part of PHA/HAZOP," *12th Global Congress on Process Safety*, AIChE, 2015.

3. *Layer of Protection Analysis: Simplified Process Risk Assessment,* 2001, CCPS/AIChE.

4. *Functional Safety: Safety Instrumented Systems for the Process Industry Sector - Part 3: Guidance for the Determination of the Required Safety Integrity Levels*; ANSI/ISA 84.00.01 Part 3, 2004.

5. IEC 61511, *Functional Safety: Safety Instrumented Systems for the Process Industry Sector - Part 1: Framework, Definitions, System, Hardware and Software Requirements*, International Electrotechnical Commission

6. Bridges, W., and Thomas, H., "Accounting for Human Error Probability in SIL Verification Calculations," *8th Global Congress on Process Safety,* Houston, AIChE, April 2012.

479509 The Art of the Audit: Being Audit Ready, Everyday

Abstract:

Have you ever made an appointment for an annual physical and suddenly join a gym? We all know we should be exercising every day, but it becomes more important before going in for that checkup. In reality, not exercising has consequences to your health and not your doctors, so why do we do this? To impress them, instead of doing it to take care of ourselves? This phenomena of doing things you do not normally do in preparation for an event is unfortunately how too many of us treat audits. We hear an auditor is coming and end up running around trying to organize paperwork, convince the operators to clean up the plant, and everyone in management becomes much more attentive. Does this behavior really set the proper tone to develop a safety culture? Auditors are there to check up on our compliance of rules that benefit only us to follow, particularly in the field of safety.

A successful operation will be 'Audit Ready' every day. 'Audit ready' means that operations are in compliance with rules, personnel are safe and exhibit safe behaviors, and all of the team members understand why they perform the functions of their job. Compliance tools, personnel awareness and routine self-audits are three key topics in becoming ready for an audit every day.

Personnel awareness is among the most vital areas to ensuring safe and effective operations, as well as successful audits. Audits involve people from across almost all departments, and as such mirror the requirements of multifunctional teams in everyday operations.

Compliance tools are important to track work that is being completed, and create convenient locations to store data which proves compliance. This can include tracking the progress of MOCs through weekly notifications, using databases to track when procedures need to be reviewed, and more. Visibility of what needs to be accomplished is important.

Routine self-audits help us to find gaps in compliance, and reduce complacency. These can include a simple spot check of one area of compliance, or be more comprehensive, and there are pros and cons to both. A spot check keeps everyone on their toes and takes a short enough time such that they can be done more frequently.

Ensuring sustainable records and checking everyday habits will go a long way to creating a safe operating environment, and with that a workforce that is audit ready, every day.

479546 Economic Justification for Better Maintenance in a Safety System

Abstract:

It is not difficult to think of numerous ways in which human factors might impact functional safety. For example, imperfect repair, improper calibration, faulty installation, etc. can all contribute to decreases in functional safety performance. However, if actions are to be taken to mitigate these impacts then it is essential to have some quantitative measure of how this impacts the PFDavg, so that the actions' effectiveness can be assessed. We will show how a simple measure system called the Site Safety Index™ (SSI) is used to adjust safety metrics, including the PFDavg and the MTTFS, on a site specific basis. The lifecycle economic impact of these metrics is then used to show how improved operations and maintenance can be justified. Economic justification for better maintenance can be easily verified through this approach being further mindful of the safety culture.

479547 How Important Is Realistic Failure Rates for Safety Instrumented Functions?

Abstract:

A given Safety Instrumented Function design must be verified to meet the required SIL level by calculating probability of failure on demand. However, this does require realistic failure rate data for each device. Fortunately, many device manufacturers are getting their products certified per IEC 61508 and many of the certificates now have failure rate data. Other manufacturers supply analysis reports with failure rate data. But how good is this data supplied by the manufacturers? All such data must be checked to make certain it is applicable for the process industries as some data may have been derived based on machine safety or automotive applications.

This paper will show some examples of manufacturer provided failure rate data and a methodology created to validate device type failure rate data for the process industries.

479917 Enabling Sustainable Relief System Management Programs through Independent Reviews

Abstract:

Overpressure protection and flare systems usually represent the last line of protection for personnel and the environment in industrial facilities operating under high temperatures and pressures. During the design phase of either Greenfield or Brownfield projects, assessing the basis for major relief systems and making clear recommendations to reduce the risks associated with each system has helped companies realize substantial safety and economic benefits. Independent and safety focused reviews, with an emphasis on value added solutions has enabled organizations to set the right foundation for a sustainable relief system management program. This, in turn, has helped enable the facilities in meeting the ever-changing regulatory needs in a timely manner.

This paper will give a typical breakdown of the workflow process for each of the entities involved in the project - the client, the contractor, and the independent reviewer. Four distinct work activities are typically identified for such a review - development of preliminary overpressure protection, engineering design of relief systems, validation of the design, and validation of as-built documentation. After each stage, the output from the independent analysis is compared with the contractor's work and updates are performed before continuing to the next stage. This paper will also give an overview of these stages and discuss the various steps and value added for each stage of the project.

Jack Rabbit II: Experimental Large-Scale Chlorine Release Trials

Mark Whitmire[1], Shannon Fox[2], Thomas Spicer[3], Leo Stockham[4], Steven Hanna[5], Joseph Chang[6], Michael D. Sohn[7], Thomas Mazzola[8], Ronald Meris[9], Damon Nicholson[10], Andy Byrnes[11]

[1]Noblis, Falls Church, VA, USA; [2]DHS S&T Chemical Security and Analysis Center, Aberdeen Proving Ground, MD, USA; [3]University of Arkansas, Fayetteville, AR, USA; [4] Leidos, Albuquerque, NM, USA; [5]Hanna Consultants, Kennebunkport, ME, USA; [6]ANSER, Falls Church VA, USA; [7]Lawrence Berkeley National Laboratory, Berkeley CA, USA; [8] Engility, Lorton, VA, USA; [9]DTRA, Fort Belvoir, VA, USA; [10]Dugway Proving Ground, UT, USA; [11]Utah Valley University, Provo, UT USA

INTRODUCTION

Chlorine is a potent toxic inhalation hazard (TIH) chemical, and each year millions of tons of it are transported in bulk via road, water, and rail. Consequently, an accidental or deliberate chlorine release near a populated area may cause a considerable number of fatalities, and would create other health, safety, and environmental problems. Hazard prediction models are inconsistent with the evidence and observations from chlorine disasters, and the understanding of such releases is otherwise insufficient to guide and inform an effective emergency response. So beginning in 2010, DHS and its Health, Safety and Environment (HSE) partners and stakeholders planned the Jack Rabbit (JR) Program. The program was led by the DHS Chemical Security Analysis Center (CSAC) located at Aberdeen Proving Grounds-Edgewood Area MD.

OVERVIEW

The Jack Rabbit (JR) program is comprised of a series of projects that includes JRI (2010), JRII Phase 1 (2015), and JRII Phase 2 (2016). The JRI (Fox and Storwold, 2011) project was completed to develop, test, and evaluate a mechanism for the controlled, rapid release of liquefied, pressurized gases (specifically, ammonia and chlorine), to observe the transport and dispersion of a disseminated vapor and aerosol cloud, and to investigate chemical deposition and reactions with water and soil. The project also evaluated instruments, test methods, and strategies that may be used to study more industrial scale tests. Using either chlorine or ammonia, two 'pilot' tests and eight 'record' tests of either 1 or 2 tons were completed. For chlorine, among other findings, the results demonstrated that downwind transport and turbulent mixing are initially resisted by a dense persistent gas and aerosol cloud, that source phenomena were non-linear with increasing release volumes, and that the reactivity with soil containing water and organic matter is an important removal mechanism.

JACK RABBIT II

JRII leveraged and extended the work of JRI with controlled chlorine field experiments on a scale corresponding to railcars and tank-trucks; that is, 5 to 20 tons each. The goals were to collect data on the release source, measure chemical reactions with the environment, observe and evaluate exposure effects on equipment and infrastructure, and assess urban impacts using a Mock Urban Environment (MUE) or an unobstructed dissemination and downwind dispersion environment, both located on the Urban Test Grid (UTG) at Dugway Proving Grounds UT. Data was collected in real time via ground based and unmanned aerial vehicle systems, video cameras, and spectroscopic instruments, in situ point detectors, path integrated detectors, and concentration and dosage determination instruments. The data was thoroughly and qualitatively reviewed and shared with all project participants in prescribed and common formats. The generated data and findings will improve the understanding of and operational hazard prediction modelling for TIH releases, and lead to more effective emergency response and training, national preparedness, and mitigation strategies.

URBAN TEST GRID (UTG)

The UTG (Nicholson, Hedrick, and Lian, N; 2017) was the designation for the JRII chlorine release site surveyed and built specifically for the JRII tests; it was at Dugway Proving Grounds west of Granite Mountain on Goodyear Road. It included the playa and adjacent support areas, concrete pad, gravel pad, and surveyed grid extending 11 km downrange and aligned roughly south to north.

The UTG included a circular, 0.5 ft. deep, 82 ft. diameter, rebar reinforced concrete disseminator vessel pad with 3 embedded temperature sensor stations, and a 1 inch steel lip to contain chlorine liquid. The center of the circular pad was the center of the UTG site, Northing 4445633.945, Easting 288109.182 (Latitude, 40.134347; Longitude, -113.487076). The concrete pad rested on a 24 inch deep, 400 ft. × 600 ft. gravel pad level with the concrete pad and symmetric about it.

Figure 1. Chlorine release from the disseminator on the concrete pad, with CONEX container array on the gravel pad of MUE, looking upwind (south) from atop the 2 x 3 CONEX container stack. The dense cool cloud remains low as it moves downwind and laterally around and through the Mock Urban Environment made from CONEX containers.

Winds predominate from approximately 165° from June to September, so the UTG was oriented about a centerline from that direction. The UTG included the playa within a 90° angle bisected by the UTG centerline with vertex at the disseminator vessel location, and extending to the 11 km arc. The "Near Field" was the UTG region from the disseminator up to and including the 2 km arc and inside the 90°

angle; the "Extended Field" was the UTG region past the 2 km arc to the 11 km arc and inside the 90° angle.

The Mock Urban Environment (MUE) was constructed on the gravel pad and surrounding the concrete disseminator pad using a staggered row array of 86 CONEX containers (CONtainer EXpress shipping containers, either 18 or 40 ft. long) to observe and study the transport and dispersion of dense gas around and above urban structures. The array included a two wide by three high (2 x 3) stack of six 20 ft.-CONEX containers located directly downwind of the source, and two 2-axle trailers nearby with insulation, dry wall, and trailer skirting for infiltration studies. Aside from the CONEX containers and trailers, up to seven vehicles were included in the array. Three fire trucks, one ambulance, and three cars were located on the north edge of the gravel pad during Trials 1-3. During Trial 4, four vehicles were placed on the playa past the 250 m arc; during trial 5, three vehicles were moved between the rows of CONEX containers but adjacent to the concrete disseminator pad, and three vehicles remained on the playa past the 250 m arc.

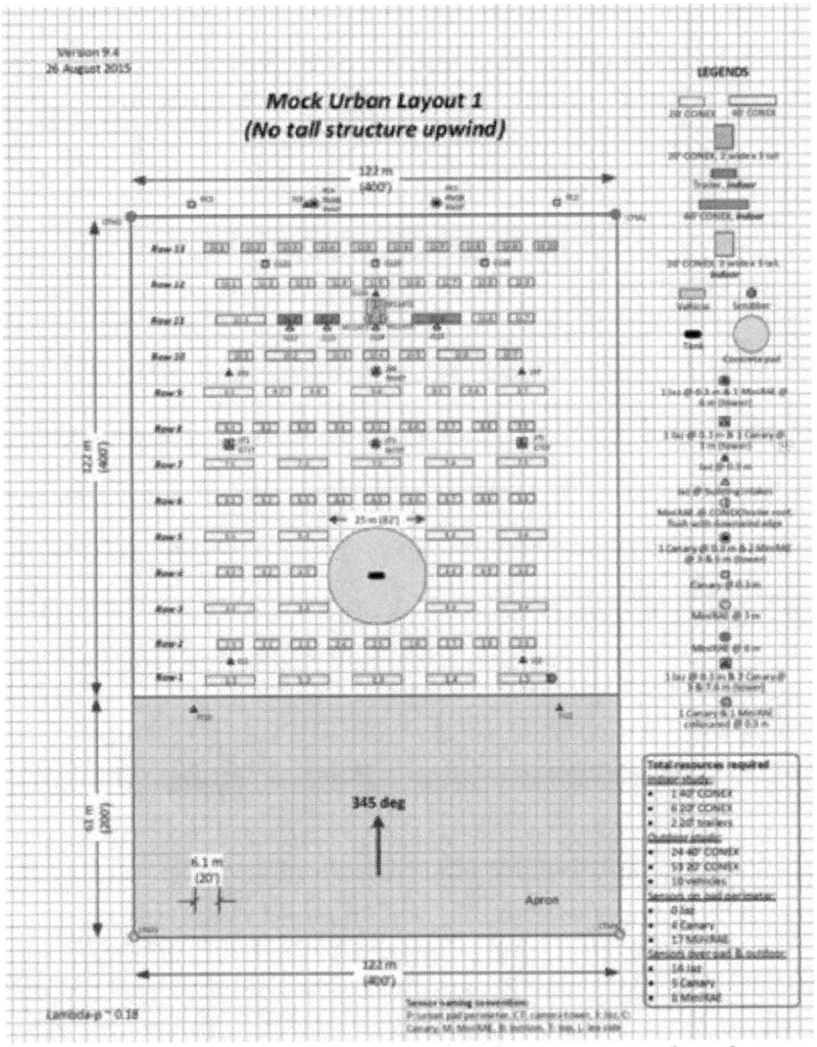

Figure 2 Mock Urban Environment (MUE) schematic showing gravel pad around circular pad for Chlorine disseminator; CONEX containers and instrument locations are also shown.

Instrument locations for the UTG "Near Field" and "Extended Field" were surveyed, recorded, and reported. Point sensors included about 170 MiniRAE 3000s equipped with volatile organic compound

(VOC) photoionization detectors; about 60 ToxiRAE Pro units; a Gasmet™ DX-4000 (FTIR) gas analyzer; 28 Ultraviolet (UV) Canary units for UTG monitoring and indoor studies; and 16 Ocean Optics Jaz instruments for UTG monitoring and indoor studies. Standoff Detectors included two Cerex Monitoring Solutions UV Sentry chlorine-specific integrated path detector, three Ultraviolet (UV) Light Detection and Ranging (LiDAR) systems for monitoring the moving chlorine gas cloud, and elastic backscatter LiDAR systems for monitoring the moving aerosol cloud. A GRIMM Aerosol portable laser aerosol spectrometer and dust monitor was also used for particle sizing model using laser scattering techniques. Other equipment included remotely operated high-definition (HD), high-speed (HS), and FLIR® IR Camera SC660 micro-bolometer cameras positioned throughout the test grid to visualize and record the chlorine release and resulting plume.

Meteorology equipment included 34 Portable Weather Information Display Systems (PWIDS) collecting data at 2 m; three 32 m towers each equipped with sonic anemometers collecting data at heights between 2 and 32 m; and 31 3D ultrasonic anemometer to gather wind and turbulence statistics, and fluxes of heat and momentum. Energy Balance Station (EBS) provided in situ measurements of the surface vertical fluxes of sensible heat, latent heat, net radiation, and soil surface heat flux. The MiniSODAR™ high-frequency Doppler acoustic sounding system designed to measure the atmospheric vertical wind profile from 15 to 200 m. Numerical gridded forecast meteorology using embedded observations and real-time meteorological data from the test grid were used for HPAC modelling leading up to each trial and to determine "GO/NO GO" test status.

DOWNWIND DISPERSION AND TRANSPORT ENVIRONMENT

For tests in 2016, and other than two vehicles, a CONEX container, and a modular office trailer used for follow-up infiltration experiments, the UTG was cleared of the simulated buildings and obstructions used in 2015. The project goals were to monitor and collect the cloud concentration data from the initial phase of a very dense, two-phase cloud near the source to dispersion of the vapor cloud farther downwind and up to 11 km away using point detectors and stand-off spectroscopic instruments.

DISSEMINATION

The disseminator vessel for use as the chlorine release source during the tests was located at the center of the concrete pad with its major axis perpendicular to the UTG centerline. The 2000 gal. tank was mounted in a 3-dimensional dynamic mass measurement load cell system. Other vessel mounted instrumentation included a redundant system for determining the remaining mass of chlorine in the vessel, differential pressure sensors on the vertical axis at various depths in and below the vapor space, guided wave radar liquid level measurement, and instrumentation for absolute pressure and direct contact temperature profiles inside the vessel. At 80-90% operating capacity, the vessel could contain from 8.5 to 10 tons chlorine.

Each release was accomplished using a blind flange with exploding bolts rated to safely hold the pressure of a vessel loaded with liquid chlorine at ambient temperature. To blow the flange and release the chlorine, the bolts were remotely detonated; when the bolts broke, the blind flange was blown off with the aid of the chlorine weight and head pressure, and chlorine flowed through the vessel's circular opening. A quick release valve was not used to simulate the release because of the likelihood of internal flashing flow in the piping and valves; that is, the mass release rate would be less than what would be observed from a breach of containment. In 2015, every release was directly down (180°) through a six inch hole. In 2016, each release was either directly down (Test 6); at 135° and downwind (Test 7), or directly up (Test 8). After Tests 7 and 8 any liquid chlorine remaining in the vessel was discharged via a remotely operated valve in the bottom of the tank. Before inert gas purging and chlorine refill operations, the ejected blind flange was replaced using standard bolts. The last release was from a tanker truck that had been removed from service, and containing up 19 t chlorine. The tanker truck's skin was breached with a remotely activated explosive shape charge.

Figure 3. Test Release 6; 10 Tons chlorine on August 31, 2016. A moment after the release the liquid chlorine may be seen splashing onto the concrete pad. As the chlorine aerosolizes and vaporizes it cools the surroundings and condenses water vapor.

OBSERVATIONS AND FINDINGS

From the JRII trials the program observed that:

- Upon breaching the tank, liquid chlorine exits the tank and rapidly flashes to a two phase aerosol and vapor cloud with a liquid layer deposited on the pad, ultimately all vaporizing and transporting downwind.
- The escaping chlorine was found to auto-refrigerate to its -34 degree Celsius boiling point and lower due to further evaporative cooling outside the tank.
- The force of the escaping chlorine jet generated strong initial turbulence and momentum to drive the expanding cloud over nearby Conex structures.
- Evacuation of the tank during 5-ton releases took approximately 35 seconds.
- Evacuation of the tank during 9-ton releases took approximately 50 seconds.
- Structures were observed to channel the escaping and expanding cloud laterally.
- Significant upwind movement of the chlorine clouds was observed due to the momentum of the escaping gas, expansion of the gas, and gravity-slumping.
- Visible clouds were observed to persist in UTG for approximately 20-30 minutes depending upon release amount and winds.
- Long visible clouds observed to stretch from UTG to approximately 2 km as downwind dispersion progressed.

- Data sets from Jack Rabbit II have been quality-assured, finalized, and recently released, enabling in-depth studies to begin on cloud concentrations, movement, and behavior to be quantified.

EMERGENCY RESPONSE EXPERIMENTS

For each test, researchers from Utah Valley University placed two "Witness Boards" on surveyed arcs adjacent to the disseminator in the urban environment to observe the effect of liquid chlorine and high concentrations of chlorine gas (approaching 25%) on common building components, urban surfaces, and fire equipment. Go-Pro® and HD color surveillance cameras captured the exposure on video. The selection of the test materials emphasized high organic content (creosote treated telephone pole and railroad tie, road asphalt, shingles, rubber, and bare wood), but copper, aluminum, galvanized steel, and carbon steel coupons were included. The copper and carbon steel surfaces began to be discolored 1-2 hours after the exposure, and the chlorine sometimes dissolved the petroleum based materials.

INDOOR INFILTRATION STUDIES

The Defense Threat Reduction Agency (DTRA) is evaluating various hazardous airborne contaminant applications for transition to DOD CBRN consequence models. Their current indoor application models presume that any contaminant is inert and neutrally buoyant, thus the models may not be useful for predicting the indoor effects of a dense, reactive gas like chlorine. Lawrence Berkeley National Laboratories (LBNL) proposed a series of experiments to DTRA and the JR program to assess the applicability of the models for predicting the indoor concentration of chlorine in the event of an outdoor chlorine release.

LBNL successfully completed a series of indoor infiltration experiments in 2015 in support of the DTRA effort. The LBNL experiments were completed to understand and characterize the dominant infiltration pathways for reactive dense gases into buildings, the uptake of such gases into structures, and the re-emission of them from the structures after the peak of the plume had passed. Three single-story CONEX structures, a single three-story CONEX structure, and 2 modular office trailers placed on the gravel pad were used to represent indoor office, school, or home environments. Follow-on studies were completed in 2016 using a single-story CONEX structure at the same, but unobstructed site. The CONEX structures were configured for controlled experiments of airflow and transport in single- or multi-story structures, and modified to include insulation and temperature-control. Chlorine penetration into and through the structure, and transfer of it across the building envelope was monitored via controlled artificial "leaks" and exhaust fans. The model offices were furnished with realistic insulation, surface materials, windows, and HVAC system characteristics, thus the simulated modular offices helped to relate the data from the controlled CONEX structures to real buildings. The data may be used for calibration, verification and/or validation of the indoor model, and to support DOD concepts of operation for sheltering in the event of an outdoor CBRN release.

PROGRAM STATUS

The program is entering a new phase after completing field testing. In 2017, the program will be processing and reporting data from 2015 and 2016, and transitioning it for permanent data storage, and to stakeholders. CSAC will also be presenting a JR overview, narrative, and plans in presentations to interested groups. The program will be proposing, designing, managing, and performing small and large scale experiments during chamber testing, and reducing and analyzing data to demonstrate or elucidate the reaction of chlorine with various substrates to suggest large-scale toxic inhalation hazard (TIH) chemical release mitigation strategies, inform emergency response strategies that may reduce the impact to affected populations and infrastructure, calculate the value of modeling parameters, and otherwise support stakeholders interests.

ACKNOWLEDGEMENTS
This research has been supported by the US Department of Homeland Security (DHS) and the US Defence Threat Reduction Agency (DTRA). Additional support (funding, personnel and instruments) is coming from numerous partners, with the list growing with time. We appreciate guidance from many scientists who are members of the planning groups and/or have provided comments on the scientific approach.

REFERENCES

1. Nicholson, D., Hedrick, A., and Lian, N., Final Data Report for Jack Rabbit (JRII), 2017

2. Fox, S. and D. Storwold, 2011: Project Jack Rabbit: Field Tests. Chemical Security Analysis Center, Science and Technology Directorate, U.S. Department of Homeland Security. CSAC 11-006, 162 pp.

479394 Functional Safety - Pitfalls and Good Practices

Abstract:

The implementation of effective functional safety is valuable in ensuring that safety critical control and protective systems are appropriately specified, designed, installed and maintained. Through the International Electro-technical Commission (IEC) 61508 and 61511 suite of functional safety standards, the concepts of the Safety Lifecycle and Safety Integrity Levels (SIL) are now well known. However, DNV GL's experience from numerous projects across different industry sectors suggests that there remain challenges to be overcome.

DNV GL has conducted a number of Functional Safety Assessments (FSAs) on various electrical/ electronic and programmable electronic safety systems in the process sector. The FSAs are a mandatory element of IEC 61511 which provide an independent judgment on the integrity of the safety system and should be performed by competent independent Functional Safety Practitioners. At least one FSA must be performed on a Safety Instrumented System and should be completed prior to the introduction of hazards. Through DNV GL's experiences in functional safety assessments this paper will discuss;

- How to avoid common mistakes in the management and implementation of functional safety;
- Examples of good practice in the application of functional safety;
- How good practice can help optimize test regimes, increase plant availability and reduce maintenance workload whilst ensuring the system continues to provide the required risk reduction.

General Method for Uncertainty Evaluation of Safety Integrity Level (SIL) Calculations – Part 2 Analytical Methods

Raymond "Randy" Freeman
S&PP Consulting

For Presentation at the American Institute of Chemical Engineers
2017 Spring Meeting in San Antonio, Texas -- March 26-30, 2017

Abstract

The IEC 61511 standard requires a verification calculation that a proposed design for a safety instrumented function (SIF) achieves the desired safety integrity level (SIL). The evaluation of the safety integrity level of a new or existing safety instrumented system requires detailed calculations based on the failure rates of the device and the planned maintenance/testing cycle for the system. The failure rates of the devices are often taken from standard failure rate tabulations of equipment. The maintenance and testing plans are developed based on plant experience. All of the data used in the SIL calculations are uncertain. This paper develops a general method for uncertainty analysis of the SIL calculations. The general method is based on the application of probability theory - variance contribution analysis (VCA) – to the equations presented in ISA TR 84.00.02-2115. An example is worked to demonstrate the methodology.

Background

The calculation of the probability of failure on demand (PFD) is a common engineering task when designing an interlock or safety system that is to be in compliance with IEC 61511 [Ref. 1]. The calculation of the PFD is often done using approximate equations defined in the ISA TR84.00.02 technical report [Ref. 2]. The simplified equation method in the ISA report is commonly used and is based on the use of reliability block diagrams where the field sensors, Safety Instrumented System (SIS) logic solver and final control elements are considered independent of each other in the sense of not sharing common devices or systems. The PFD is then calculated using the failure rates of the devices, planned test intervals, vendor supplied estimates on diagnostic coverage of the devices and an allowance for the potential for common cause failures. Almost all of these parameters are uncertain. The failure rate data is often taken from generic data sources which show wide ranges in the observed values.

Because of the uncertainty in the parameters, the design engineer makes allowances in the design by the use of safety factors or rules of thumb to improve the chances that the final interlock installation will work as intended. Since each engineer has a different set of safety factors and rules of thumb, two designs may differ significantly in the way a hazard is controlled.

A more formal method for handling the underlying uncertainty in the calculation of the PFD of an interlock is needed. Previously, Freeman and Summers [Ref. 3] published an uncertainty analysis of the PFD of an interlock. Two different methods were used in this analysis:

- Monte Carlo Simulation
- Variance Contribution Analysis (VCA)

Monte Carlo Simulation requires that the engineer build a model of the interlock using specialized computer software. The use of VCA requires that the sensitivity of the interlock model be determined either by numerical methods or by direct analytical calculations. The Freeman paper demonstrates that VCA can be used for the uncertainty analysis. However, the paper does not present a complete analysis method that can be applied to any system defined in the ISA technical report TR84.00.02. The goal of this paper is to develop a general set of analytical equations that will allow VCA to be used in uncertainty analysis of any interlock developed per the IEC 61511 standard.

Review of Interlock Design

The IEC standard looks at an interlock as a series of three major components (see Figure 1). First is the sensor set which sends an indication of an abnormal event to a logic solver. The logic solver determines is the signal from the sensor meets the conditions required to activate (trip) the interlock. If the interlock is to be activated, a signal is sent to the final control elements to take action (stop flow, close valve, etc) to prevent a process safety event from occurring.

Based on the devices selected the design engineer then evaluates whether the proposed interlock design meets the design criterion for probability of failure on demand. Typically, the design engineer is given the target PFD as a statement such as "provide a SIL-2 interlock to stop flow on high level in a vessel." A SIL-2 interlock requires a PFD of at most 0.01 or a risk reduction factor of at least 100. The needed risk reduction is often determined in a Layer of Protection Analysis (LOPA) [Ref. 4] and represents the managements decision on how risk is to be managed in a system. The resulting SIL-2 interlock design must have a high likelihood of achieving the target risk reduction as the LOPA team may be relying on it to be part of an overall risk reduction plan to prevent a process safety incident.

The ISA technical report (TR 84.00.02) [Ref. 2] provides shortcut methods for the evaluation of the PFD of an interlock design. Tables 1 and 2 are taken from the ISA technical report [Ref. 2]. Typical parameters need to compute the PFD include:

- DC is the diagnostic coverage;
- DI is the diagnostic interval;
- TI is the proof test interval,
- λ^D is the dangerous failure rate;
- MTTR is the mean time to restore the system to operation
- β is the common cause failure parameter that is always is between 0 and 1

In practice most if not all of these parameters are uncertain. Using parameter values obtained from plant records, vendor data or generic data bases the design engineer proceeds to develop the model for the interlock.

What is needed is a means to rapidly evaluate the impact of parameter uncertainty on the interlock PFD. The remainder of this paper applies the methods of variance contribution analysis (VCA) to determine the mean (expected value) and the standard deviation of the interlock PFD for a given design.

Table 1. Simplified PFD_{avg} formulas for Non-Repairable System without considering CCF, Diagnostics or MTTR.			
Configuration	**Function**	**PFD based on "Average before" failure rate**	**Appendix A Equation Number**
1oo1	F_1 =	$\left[\lambda^D \times \frac{TI}{2}\right]$	A-1
1oo2	F_2 =	$\left[(\lambda^D)^2 \times \frac{TI^2}{4}\right]$	A- 2
1oo3	F_3 =	$\left[(\lambda^D)^3 \times \frac{TI^3}{8}\right]$	A-3
2oo2	F_4 =	$\left[\lambda^D \times TI\right]$	A-4
2oo3	F5 =	$\frac{3}{4} \times \left[(\lambda^D)^2 \times TI^2\right]$	A-5
3oo3	F6 =	$3 \times \left[\lambda^D \times \frac{TI}{2}\right]$	A-6

Where TI is the proof test interval, λ^D is the dangerous failure rate.

Table 2. Simplified PFD_{avg} Formulas for Repairable System considering CCF, Diagnostics and MTTR			
Configuration	**Function**	**PFD based on "Average before" failure rate**	**Appendix A Equation Number**
1oo1	$F_7 =$	$\left[\frac{(1-DC)\times\lambda^D\times TI}{2}+\frac{DC\times\lambda^D\times DI}{2}+\lambda^D\times MTTR\right]$	A-24
1oo2	$F_8 =$	$\left[\frac{(1-DC)\times(1-\beta)\times\lambda^D\times TI}{2}+\frac{DC\times(1-\beta)\times\lambda^D\times DI}{2}+(1-\beta)\times\lambda^D\times MTTR\right]^2+\left[\frac{(1-DC)\times\beta\times\lambda^D\times TI}{2}+\frac{DC\times\beta\times\lambda^D\times DI}{2}+\beta\times\lambda^D\times MTTR\right]$	A- 25
1oo3	$F_9 =$	$\left[\frac{(1-DC)\times(1-\beta)\times\lambda^D\times TI}{2}+\frac{DC\times(1-\beta)\times\lambda^D\times DI}{2}+(1-\beta)\times\lambda^D\times MTTR\right]^3+\left[\frac{(1-DC)\times\beta\times\lambda^D\times TI}{2}+\frac{DC\times\beta\times\lambda^D\times DI}{2}+\beta\times\lambda^D\times MTTR\right]$	A-26
2oo2	$F_{10} =$	$2\times\left[\frac{(1-DC)\times\lambda^D\times TI}{2}+\frac{DC\times\lambda^D\times DI}{2}+\lambda^D\times MTTR\right]$	A-27

Table 2. Simplified PFD_{avg} Formulas for Repairable System considering CCF, Diagnostics and MTTR			
Configuration	**Function**	**PFD based on "Average before" failure rate**	**Appendix A Equation Number**
2oo3	F_{11} =	$3 \times \left[\frac{(1-DC)\times(1-\beta)\times\lambda^D \times TI}{2} + \frac{DC\times(1-\beta)\times\lambda^D\times DI}{2} + (1-\beta)\times\lambda^D\times MTTR \right]^2 + \left[\frac{(1-DC)\times\beta\times\lambda^D\times TI}{2} + \frac{DC\times\beta\times\lambda^D\times DI}{2} + \beta\times\lambda^D\times MTTR \right]$	A-28
3oo3	F_{12} =	$3\times\left[\frac{(1-DC)\times\lambda^D\times TI}{2} + \frac{DC\times\lambda^D\times DI}{2} + \lambda^D\times MTTR\right]$	A-29

Review of Variance Contribution Analysis (VCA) Methodology

The mean and variance of a function of random variables can be approximated using the method described by Haugen [Ref. 5] and applied by Freeman [Ref. 3, 6, 7]. Define an arbitrary function of a set of random variables, x_i, as:

Let

$$Y = F(x_i) \qquad \text{(Eq 1)}$$

The mean of Y can be estimated using the following approximation:

$$E(Y) = F[\,E(x_i)] \qquad \text{(Eq 2)}$$

Where:
E(Y) = expected value of random variable Y = mean of Y
$E(x_i)$ = expected value of random variable x_i = mean of x_i

The variance of Y can likewise be estimated as:

$$V(Y) = \sum_{i=1}^{n} \left[\frac{\partial Y}{\partial x_i}\right]^2 V(x_i) \qquad \text{(Eq 3)}$$

Where:

V(Y) = variance of random variable Y as defined above in Equation 1

$V(x_i)$ = variance of random variable x_i as defined above in Equation 1

Note that the variance is simply the square of the standard deviation. Using the variance will simplify the mathematics that is described below. The contribution of each independent random variable to the overall variance in the function is:

$$V(Y \text{ from } x_i) = \left[\frac{\partial Y}{\partial x_i}\right]^2 V(x_i) \qquad \text{(Eq 4)}$$

The relative contribution of each term to the overall variance V(Y) is a measure of the importance in the uncertainty in the particular random variable, x_i. In effect, this is a sensitivity analysis combined with a uncertainty evaluation. The variance contribution combines the sensitivity in the answer to changes in the uncertain random variable, x_i, with a measure of the uncertainty in the random variable, x_i. The overall variance in Y is found by summing the sensitivity weighted variances from each random variable.

Recommended Interlock PFD Uncertainty Analysis Method

Previously, Freeman and Summers [Ref. 3] suggested a framework for the inclusion of uncertainty analysis in the calculations completed for a new interlock per the ISA TR [Ref. 2]. The following uncertainty analysis method has been expanded to incorporate critical decisions that the process management must make in the design process.

1. Complete the interlock design using the methods outlined in IEC 61511 [Ref. 1].

2. Review with the process system management and determine if the proposed interlock should be considered repairable or non-repairable. A simple flow chart for this decision making is presented in Figure 2. The basic question is: "can the interlock be repaired safely while the process operates." This is a management question and management should be the one that decides the answer to this important question.

3. Create interlock performance equation as the mathematical model for the combination of sensor, logic solver and final control elements using the methods outlined in ISA technical report (TR84.00.02) [Ref. 2]. Equations needed to evaluate the uncertainty of the models specified in the ISS report are developed in Appendix A of this paper. For non-repairable systems, Table 3 can be used. For more complex systems such as non-repairable redundant systems with the potential for common cause failures, use the repairable equations of Table 4 and set DI, DC, and MTTR all equal to zero. For systems where common cause failures (CCF), Diagnostics and repair are to be considered, use the recommendations of Table 4. There are design situation where the equations developed in Appendix A will not exactly apply. Specifically, designs where the system contains redundancy subject to common cause failures (CCF) that should be considered non-repairable during operation. The failure models and the equations needed to evaluate the uncertainty in these systems are developed in Appendix B to this paper.

Table 3. Roadmap for Mean and Variance of Non-Repairable System Without Considering CCF, Diagnostics and MTTR			
Configuration	**Function**	**Mean PFD Using Appendix A Equation**	**PFD Variance Using Appendix A Equation**
1oo1	F_1 =	A-9	A-18
1oo2	F_2 =	A- 10	A- 19
1oo3	F_3 =	A-11	A-20
2oo2	F_4 =	A-12	A-21
2oo3	F_5 =	A-13	A-22
3oo3	F_6 =	A-14	A-23

Table 4. Roadmap for Mean and Variance of Repairable System Considering CCF, Diagnostics and MTTR			
Configuration	**Function**	**Mean PFD Using Appendix A Equation**	**PFD Variance Using Appendix A Equation**
1oo1	F_7 =	A-30	A-44
1oo2	F_8 =	A- 31	A- 86
1oo3	F_9 =	A-32	A-94
2oo2	F_{10} =	A-33	A-48
2oo3	F_{11} =	A-34	A-102
3oo3	F_{12} =	A-35	A-50

Note that in all of the calculations indicated by the equations referenced in Table 4, the expected value of any the random variables is used to complete the calculations.

4. Define the uncertainty in the parameters and variables of the interlock model specified in step 2. The uncertainty can be given as the upper and lower range of the possible values (uniform probability distribution), as the upper, lower and recommended values (triangular distribution), or as a mean and standard deviation (normal distribution). See the example above for guidance in the evaluation of safety instrumented system interlocks.

5. Compute the expected value of each variable in the interlock performance equation. The equations for the mean and variance for the uniform, triangular and normal probability distributions are presented for various probability distributions in Vose [Ref. 8]. The example interlock calculations used a triangular distribution to represent the uncertainty in the parameters.

6. Compute the expected value or mean of the interlock PFD using the mean value of each of the variables in Step 5. See Tables 4 and 5 for recommended equations.

7. Compute the sensitivity of the result from the interlock performance equation by use of the partial derivative of the basic interlock performance equation with respect to each of the variables as presented in Appendix A.

8. Compute the variance of the interlock performance equation PFD by use of the variance contribution using equations from Tables 3 or 4. This entails multiplying the variance of each of the uncertain variables in the basic interlock performance equation by the square of its sensitivity (obtained in step 7), as evaluated at the variable mean. Sum the resulting terms to obtain the overall variance of the PFD in the interlock performance equation. See Tables 4 and 5 for recommended equations.

9. Determine the level of risk that the owner/operator wishes to take that the final interlock will not work. Note that this is a management decision not an instrument engineer decision! In this paper, the 95% level of risk reduction has been used:
    - 5% chance of failure or a 95% chance of the interlock achieving the desired risk reduction

10. Assuming that the interlock owner operator wishes to take a low risk (5%) of the interlock failing to achieve its design target PFD, compute the 95% upper confidence limit on the computed PFD by use of the standard normal factor, Z, [Ref. 9] as:

$$Z = \left[\frac{xi - E(x)}{\sigma}\right] \qquad \text{(Eq 5)}$$

Where:

σ = standard deviation of the PFD of the interlock of interest from the interlock performance equation obtained from step 7. Note that the variance of a random variable is the square of the standard deviation of the random variable.

E(x) = the expected value of the PFD of the interlock of interest from the interlock performance equation obtained from step 5

For the 95% upper limit, Z = 1.645. Rearranging Eq. 5 allows for the direct calculation of the corresponding value of the 95% upper confidence limit on the PFD as:

$$X95\% = 1.645\ \sigma + E(x) \qquad \text{(Eq 6)}$$

Where:

X95% = the upper 95% limit on the computed PFD of the interlock of interest from the interlock performance equation.

Compare the 95% upper confidence limit on the PFD of the interlock of concern with that established as the desired PFD for risk reduction. If the 95% confidence of the RRF is greater than the desired RRF, the design is complete. If not, revise the design or change inspection test intervals to achieve the desired RRF. If it is not possible to achieve the desired target RRF economically, revisit the LOPA study accordingly to incorporate better information obtained in the uncertainty analysis. Improve the integrity of the LOPA IPLs or identify additional IPLs to drive the risk to a tolerable level. Continue this process until the computed RRFs are greater than the desired RRFs for risk reduction and risk management.

Example Interlock Problem

Previously, Freeman and Summers [Ref. 3] published an example in the use of VCA to determine the likelihood that the interlock would provide the risk reduction desired by the management and the LOPA team. The process system is shown in Figure 3. The process uses a compressor to increase the pressure of a process stream prior to additional processing. The gas being compressed is toxic and flammable. Of concern is a slug of liquid being sent to the compressor. If a liquid slug is sent to the compressor, significant damage to the compressor is expected with probable seal damage and a subsequent release of flammable and toxic material into the work area. A large fire and/or explosion could result if the release were to be ignited. If the release is not ignited, the nearby workers could be exposed to the toxic gas resulting in death or injury. A Layer of Protection Analysis (LOPA) review of this system has been completed. Among several recommendations, the LOPA team recommended the installation of a SIL-2 high level interlock in the Compressor Knock Out Drum to stop the compressor prior to liquids entering the system.

Figure 1 shows a simplified diagram for the interlock. Three level sensors are provided in the Compressor Knock Out Drum. The SIS logic solver will use 2oo3 voting to detect high level in the Compressor Knock Out Drum. The SIS logic solver will also monitor the difference in level signal from each of the three level sensors and will activate an alarm if the deviation is excessive. Two independent methods of stopping the compressor are provided. The SIS will directly signal the motor controller on the compressor to stop. In addition, the SIS logic solver will also signal two additional relays to open the power supply to the compressor motor. These two different shutdown will both be activated in the event of high level in the Compressor Knock Out Drum. Either one of the two shutdowns is capable of stopping the compressor by turning off the electric power supply to the motor.

Models

The first step in the calculation of the "goodness" of an interlock is to establish the model to be used in the calculations. Note that the sensors are 2oo3 voting and the final control elements are each 1oo1. Appendix A presents the equations for various models that can be used for describing this system.

The overall probability of failure on demand (PFD) of the interlock is given as:

PFD = PFDs + PFDsis + PFDfce (Eq 7)

Where:

PFD = Probability of failure on demand of the interlock as a whole

PFDs = Probability of failure on demand of the sensors (voting as 2oo3)

PFDsis = Probability of failure on demand of the SIS logic solver

PFDfce = Probability of failure on demand of the final control elements.

Since there are two final control elements arranged in series, the PFDfce = sum of the PFDs of the final control elements (Relay PFD and MCC PFD).

PFDce = PFDr + PFDmcc (Eq 8)

Where:

PFDr = Probability of failure on demand of the two relays voting as 1oo2 to shutdown gas compressor.

PFDmcc = Probability of failure on demand of the MCC to shutdown the gas compressor

For this example, the following selections are made to model the performance of the interlock.

Model for Sensors (2oo3)

The sensors are considered repairable as one sensor can be replaced while the other two function and provide continuous functionality of the interlock. There are three sensors that will be used in a 2oo3 voting system. From Appendix A, using Equation A-7, the model for the sensors becomes:

$$PFDsavg = 3\times\left[\frac{(1-DCs)\times(1-\beta s)\times\lambda^{Ds}\times TIs}{2}+\frac{DCs\times(1-\beta s)\times\lambda^{Ds}\times DIs}{2}+(1-\beta s)\times\lambda^{Ds}\times MTTRs\right]^2+$$

$$\left[\frac{(1-DCs)\times\beta s\times\lambda^{Ds}\times TIs}{2}+\frac{DCs\times\beta s\times\lambda^{D}\times DIs}{2}+\beta s\times\lambda^{Ds}\times MTTRs\right] \quad \text{(Eq 9)}$$

Where:

PFD_{savg} is the average probability of failure on demand of the sensors

DC_s is the diagnostic coverage for sensor failure

DI_s is the diagnostic interval for the sensors

$MTTR_s$ is the mean time to restore the sensors to functionality given a sensor failure

TI_s is the test interval for the sensors

β_s is the common cause failure parameter

λ^{Ds} is the failure rate to a dangerous condition for the sensors

MTTR is the mean time to restore the system from the time that failure occurs

Model for SIS Logic Solver

Use a fixed probability of failure on demand as specified by the vendor. Unless detailed design information is provided by the SIS logic solver vendor, this will be the normal default condition for most studies. For this problem a typical PFD of 1.30×10^{-4} was selected to represent the SIS Logic Solver.

Model for Final Control Elements

There are two separate paths to shutdown the gas compressor. First is by the SIS logic solver commanding the MCC to shutdown power to the the gas compressor motor. The second is for the SIS logic solver to issue a shutdown command to two interposing relays (R1 and R2) which will cause the power to the gas compressor motor to stop. Two different models are needed to the final control elements. These two subsystems are considered non-repairable in this analysis,

Model for Interposing Relays (1oo2)

There are two interposing relays (R1 and R2 in the interlock). From Appendix A, use Equation A-25 setting parameters DC=DI=MTTR=0 for the non-repairable interposing relays, the model becomes:

$$PFDravg = \left[\frac{(1-\beta r)\times\lambda^{Dr}\times TIr}{2}+\right]^2+\left[\frac{\beta r\times\lambda^{Dr}\times TIr}{2}+\right] \quad \text{(Eq 10)}$$

Where:

PFD_{ravg} is the average probability of failure on demand of the relays voting 1oo2 to shutoff the gas compressor.

TI_r is the test interval for the relays

β_r is the common cause failure parameter

λ^{Dr} is the failure rate to a dangerous condition for the relays

Model for MCC (1oo1)

From Appendix A and using equation A-1 for the non-repairable MCC, the model becomes:

$$PFDmccavg = \frac{\lambda^{Dmcc} * TImcc}{2} \quad \text{(Eq 11)}$$

Where:

PFD_{mccavg} is the average probability of failure on demand of the MCC to shutoff the gas compressor.

TI_{mcc} is the test interval for the MCC

λ^{Dmcc} is the failure rate to a dangerous condition for the MCC

Data

The calculation of the PFD of the interlock requires a set of data to be used to represent the system. Tables 5, 6, and 7 are taken from the Freeman-Summers paper [Ref. 3] and presents the data used to represent the interlock system. Note that these data were originally taken from generic data sources and do not represent any particular device or system.

Table 5. Uncertainty Data for Level Sensors Used in Example Interlock

(All variable probability distributions assumed to be triangularly distributed)

Variable	Min	Mode	Max	Mean	Variance
λ^{Ds}- Fail Dangerous Rate	2.84×10^{-3} Yr^{-1}	5×10^{-3} Yr^{-1}	8.5×10^{-3} Yr^{-1}	5.45×10^{-3} Yr^{-1}	1.36×10^{-6} Yr^{-1}
DC_s – Diagnostic Coverage *	0.8	0.9	0.99	0.897	1.51×10^{-3}
DI_s – Diagnostic Interval **	5.71×10^{-5}	5.71×10^{-5}	5.71×10^{-5}	5.71×10^{-5}	0
TI_s – Test Interval	4 Yr	5 Yr	6 Yr	5 Yr	5.56×10^{-2} Yr^2
β_s- Common Cause Failure Fraction *	0	0.02	0.1	0.04	4.67×10^{-4}
$MTTR_s$ - Mean Time to Restore ***	1.37×10^{-3} Yr	8.22×10^{-3} Yr	1.92×10^{-2} Yr	9.59×10^{-3} Yr	1.34×10^{-5} Yr^2

* Unit less

** 0.5 hours, assumed to be deterministic

***Min of 12 hr, Mode of 72 hours, Max of 168 hrs

Table 6. Uncertainty Data for Relays Used in Example Interlock (All variable probability distributions assumed to be triangularly distributed)					
Variable	**Min**	**Mode**	**Max**	**Mean**	**Variance**
λ^{Dr}- Fail Dangerous Rate	8.76×10^{-9} Yr^{-1}	2.00×10^{-3} Yr^{-1}	4.73×10^{-2} Yr^{-1}	1.64×10^{-2} Yr^{-1}	1.19×10^{-4} Yr^{-2}
DC_r – Diagnostic Coverage *	NA	NA	NA	NA	NA
DI_r – Diagnostic Interval*	NA	NA	NA	NA	NA
TI_r – Test Interval	1 Yr	1 Yr	2 Yr	1.33 Yr	0.056 Yr^2
β_r- Common Cause Failure Fraction	0	0.02	0.1	0.04	4.67×10^{-4}
$MTTR_r$ - Mean Time to Restore*	NA	NA	NA	NA	NA

* Not used in relay model

Table 7. Uncertainty Data for MCC Used in Example Interlock (All variable probability distributions assumed to be triangularly distributed)					
Variable	**Min**	**Mode**	**Max**	**Mean**	**Variance**
λ^{Dr}- Fail Dangerous Rate	1.74×10^{-4} Yr^{-1}	1.31×10^{-3} Yr^{-1}	3.00×10^{-2} Yr^{-1}	1.05×10^{-2} Yr^{-1}	4.76×10^{-5} Yr^{-2}
DC_r – Diagnostic Coverage*	NA	NA	NA	NA	NA
DI_r – Diagnostic Interval*	NA	NA	NA	NA	NA
TI_r – Test Interval	1 Yr	1 Yr	2 Yr	1.33 Yr	5.6×10^{-2} Yr^2
β_r- Common Cause Failure Fraction*	NA	NA	NA	NA	NA
$MTTR_r$ - Mean Time to Restore*	NA	NA	NA	NA	NA

* Not used in MCC model

Uncertainty Analysis Results

Using the VCA method to estimate the PFD of the interlock design yields the results shown in Table 8.

Table 8. Results of VCA on Example Interlock Design

Subsystem	**Mean PFD**	**Variance of PFD**
Sensors	6.41E-5	1.7657E-9
Logic Solver	1.34E-4	0
Relays	5.46E-4	2.0333E-7
MCC	6.98E-3	4.52E-5
Totals	**7.73E-3**	**4.54E-5**

Note: Calculations are carried to an adequate number of places to allow for the resulting PFD to be determined. Rounding to significant number of figures is done at the end.

The mean PFD of 0.00773 implies a mean risk reduction factor of:

RRF = 1/PFD = 1/0.00773 = 129 (Eq 11)

The variance of 4.54E-5 implies a standard deviation in the PFD of

Std Dev = $(\text{Variance})^{1/2}$ = 0.006737 (Eq 12)

The corresponding 95% level of confidence in the PFD:

X95% = 1.645 std Dev + Mean PFD (Eq 13)

X95% = 1.645 (0.006737) + 0.00773= 0.01881 (Eq 14)

The RRF for 95% certain PFD is

RRF95% = 1/0.01881 => 53 (Eq 15)

This is essentially the same result previously reported by Freeman and Summers [Ref. 3] using either Monte Carlo Simulation or numerical approximation methods for the VCA sensitivities. The calculated PFD at the 95% level of 0.01881 indicates that there is only a 5% chance that the interlock will provide an RRF worse that 53. Since this level is only SIL-1 capable and not SIL-2 capable as desired by management, a revised design will be needed to achieve the desired risk reduction or a different protective measure will be needed to control risk.

Acknowledgement

This paper is an expanded version of a paper entitled ''General Method for Uncertainty Evaluation of Safety Integrity Level (SIL) Calculations'' presented at the Mary Kay O'Connor 2016 Process Safety Symposium, October 26, 2016, College Station, TX. The author wishes to thank those individuals who gave comments and suggestions for improving this article.

References

1. International Society of Automation, Functional Safety: Safety Instrumented Systems for the Process Sector—Parts 1, 2, and 3, ANSI/ISA 84.00.01, 2004 [USA implementation of IEC 61511].
2. International Society of Automation, *Safety Integrity Level (SIL) Verification of Safety Instrumented Functions*, ISA TR84.00.02, Research Triangle Park, NC. (2015).
3. Freeman, R. And Summers, A, "Evaluation of Uncertainty in Safety Integrity Level Calculations," *Process Safety Progress*, Vol 35, No 4, pp 341-348, December 2016. Published Wiley Online Library (wileyonlinelibrary.com). DOI 10.1002/prs.11805, 23 January 2016
4. Center for Chemical Process Safety, *Layer of Protection Analysis – Simplified Process Risk Assessment*, American Institute of Chemical Engineers, New York, 2001
5. Edward B. Haugen, *Probabilistic Approaches to Design*, John Wiley, New York, 1968
6. R.A. Freeman, "Quantifying LOPA Uncertainty," *Process Safety Progress*, Vol 31, No. 3, pp 240-247, 2012
7. R. A. Freeman, "Simplified Uncertainty Analysis of Layer of Protection Analysis Results," *Process Safety Progress*, Vol. 32, No 4, pp 351-360, December 2013, Published online in Wiley Online Library (wileyonlinelibrary.com) DOI 10.1002/ prs11585.pdf, 3 June 2013
8. David Vose, *Risk Analysis – A Quantitative Guide*, 3rd Edition, John Wiley, 2008
9. Paul L. Meyer, *Introductory Probability and Statistical Applications*, John Wiley, New York, 1972

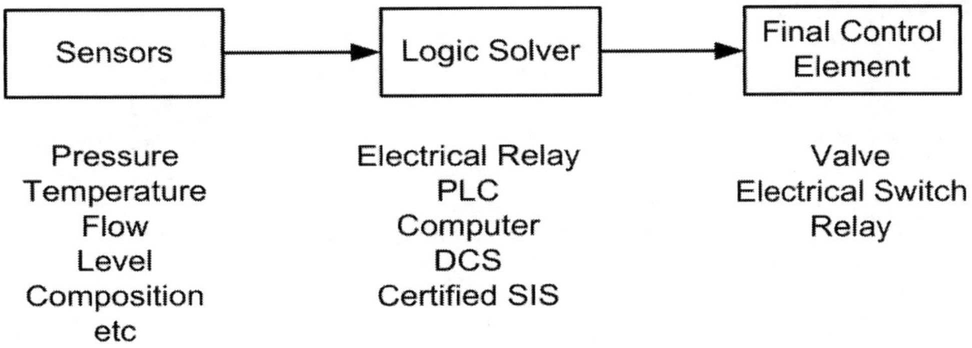

Figure 1. Typical Components of an SIS Interlock

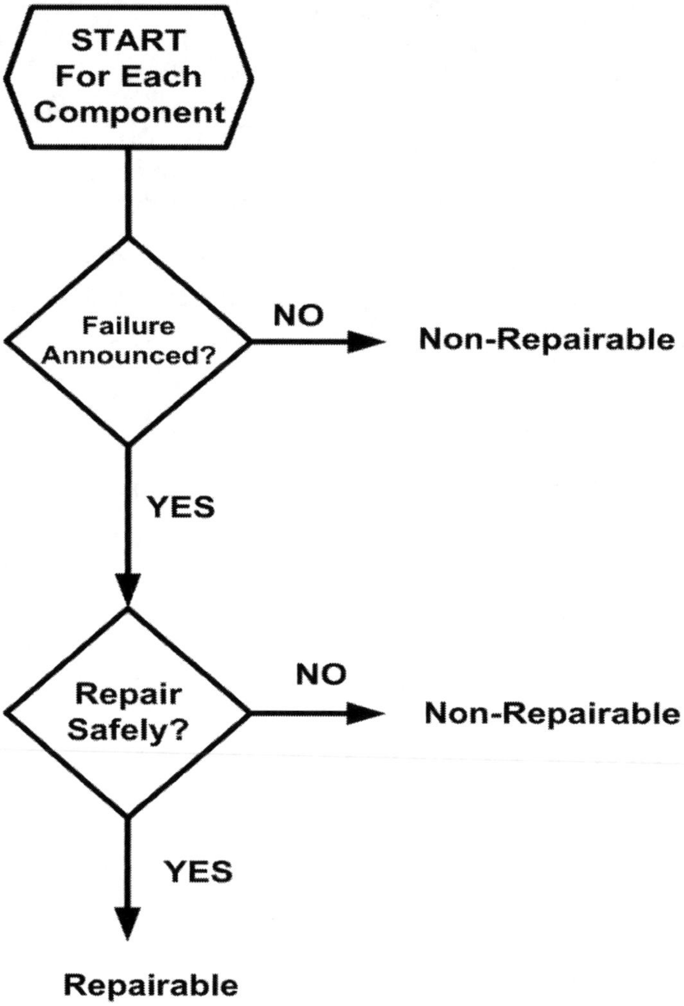

Figure 2. Decision Tree for Determination of Repairable or Non- Repairable

Figure 3. P&ID Sketch for Example Interlock

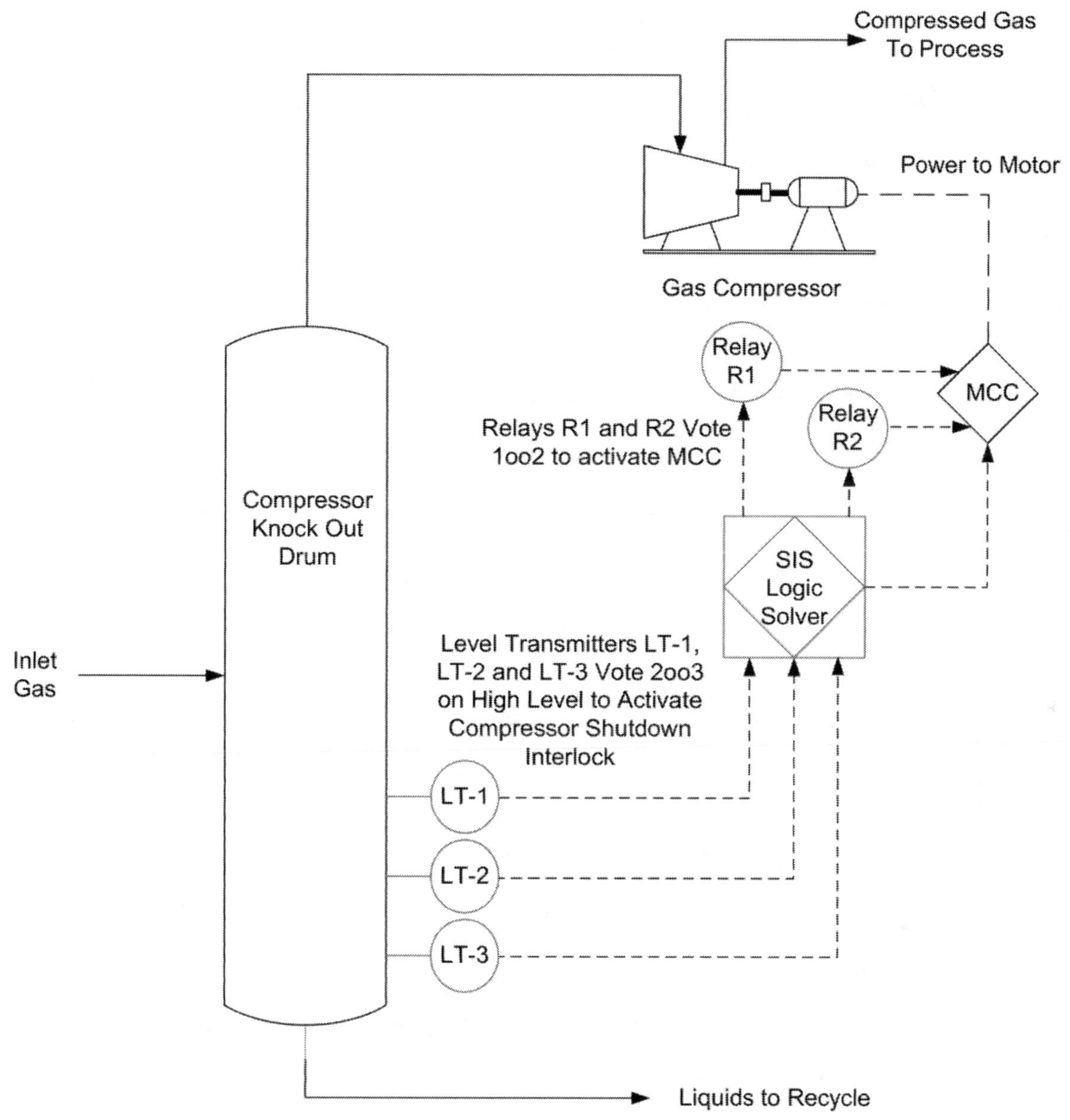

APPENDIX A -- DEVELOPMENT OF UNCERTAINTY EQUATIONS

This appendix develops the equations needed to evaluate the uncertainty in the SIL PFD as computed using the methods outlined in the ISA Technical Report [Ref. 2]. This appendix is divided into two sections:

- Non-Repairable Systems
- Repairable Systems

The uncertainty equations for other configurations not covered in the ISA report are developed in Appendix B.

NON-REPAIRABLE SYSTEMS

For systems that are considered non-repairable, the simplified equations of Table A.1 (taken from the ISA Technical Report [Ref. 2]) are used for the analysis.

Table A.1 Simplified PFD_{avg} formulas for Non-Repairable System without considering CCF, Diagnostics or MTTR.

Configuration	Function	PFD based on "Average before" failure rate	Equation Number
1oo1	F_1 =	$\left[\lambda^D \times \frac{TI}{2}\right]$	A-1
1oo2	F_2 =	$\left[(\lambda^D)^2 \times \frac{TI^2}{4}\right]$	A- 2
1oo3	F_3 =	$\left[(\lambda^D)^3 \times \frac{TI^3}{8}\right]$	A-3
2oo2	F_4 =	$\left[\lambda^D \times TI\right]$	A-4
2oo3	F5 =	$\frac{3}{4} \times \left[(\lambda^D)^2 \times TI^2\right]$	A-5
3oo3	F6 =	$3 \times \left[\lambda^D \times \frac{TI}{2}\right]$	A-6

Where TI is the proof test interval, λ^D is the dangerous failure rate.

The expected value of the probability of failure on demand is found by calculating the PFD using the expected value (mean) of the random variables.

Let y a function of some random variables, x_i, as:

$$y = F(x_i) \quad \text{(Eq A-7)}$$

The mean of y can be estimated using the following approximation:

$$E(y) = F[E(x_i)] \quad \text{(Eq A-8)}$$

Where:

E(y) = expected value of random variable y = mean of y

$E(x_i)$ = expected value of random variable x_i = mean of x_i

For the configurations defined in Table A.1, the corresponding expected PFD are presented in Table A.2.

Table A.2 Expected Value of PFD_{avg}formulas for Non-Repairable System without considering CCF, Diagnostics or MTTR.

Configuration	Function	Expected PFD based on "Average before" failure rate	Equation Number
1oo1	$E(F_1) =$	$\left[E(\lambda^D)\times\frac{E(TI)}{2}\right]$	A-9
1oo2	$E(F_2) =$	$\left[(E(\lambda^D))^2\times\frac{E(TI)^2}{4}\right]$	A- 10
1oo3	$E(F_3) =$	$\left[(E(\lambda^D))^3\times\frac{E(TI)^3}{8}\right]$	A-11
2oo2	$E(F_4) =$	$\left[E(\lambda^D)\times E(TI)\right]$	A-12
2oo3	$E(F_5) =$	$\frac{3}{4}\times\left[(E(\lambda^D))^2\times E(TI)^2\right]$	A-13
3oo3	$E(F_6) =$	$3\times\left[E(\lambda^D)\times\frac{E(TI)}{2}\right]$	A-14

Where E(x) is the expected value of random variable x.

The variance of the PFD is found by taking the weighted sum of the variance of the random variables. The weighting function is the sensitivity of the PFD with respect to random variable. In mathematical terms the variance of a function may be found in terms of the variance of the random variables as:

Once again let

$$y = F(x_i) \qquad \text{(Eq A-15)}$$

The variance of Y can likewise be estimated as:

$$V(y) = \sum_{i=1}^{n} \left[\frac{\partial y}{\partial x_i}\right]^2 V(x_i) \qquad \text{(Eq A-16)}$$

Where:

V(y) = variance of random variable y as defined above

$V(x_i)$ = variance of random variable x_i as defined above

The sensitivity of y with respect to a random variable x_i is:

$$\text{Sensitivity of y with respect to } x_i = \left[\frac{\partial y}{\partial x_i}\right] \qquad \text{(Eq A-17)}$$

For the configurations defined in Table A.1, the corresponding variance of the PFD are presented in Table A.3.

Table A.3 Variance of PFD_{avg} formulas for Non-Repairable System without considering CCF, Diagnostics or MTTR.			
Configuration	**Function**	**Variance in Function F_i based on "Average before" failure rate**	**Equation Number**
1oo1	$V(F_1) =$	$\left[\frac{E(TI)}{2}\right]^2 V(\lambda^D) + \left[\frac{E(\lambda^D)}{2}\right]^2 V(TI)$	A-18
1oo2	$V(F_2) =$	$\left[E(\lambda^D)^2 \frac{E(TI)^2}{2}\right]^2 V(\lambda^D) +$ $\left[E(\lambda^D)^2 \frac{E(TI)}{2}\right]^2 V(TI)$	A- 19
1oo3	$V(F_3) =$	$\left[3 \times E(\lambda^D)^2 \frac{E(TI)^3}{2}\right]^2 V(\lambda^D) +$ $\left[\frac{3}{8} E(\lambda^D)^3 E(TI)^2\right]^2 V(TI)$	A-20
2oo2	$V(F_4) =$	$E(TI)^2 V(\lambda^D) + E(\lambda^D)^2 \times V(TI)$	A-21
2oo3	$V(F_5) =$	$\left[\frac{3}{2} \times E(\lambda^D) \times E(TI)^2\right]^2 V(\lambda^D) +$ $\left[\frac{3}{2} \times E(\lambda^D)^2 \times E(TI)\right]^2 V(TI)$	A-22
3oo3	$V(F_6) =$	$\left[\frac{3}{2} \times E(TI)\right]^2 V(\lambda^D) +$ $\left[\frac{3}{2} \times E(\lambda^D)\right]^2 V(TI)$	A-23

Note that for the calculation of the variance functions, V(Fi), the random variables are evaluated at the expected value (mean).

REPAIRABLE SYSTEMS

For systems that are considered repairable, the simplified equations of Table A.4 are used for the analysis. The expected value of the probability of failure on demand (PFD) is found by substituting the expected value of each of the random variables into the corresponding equation. The expected value of the PFD for each of the system configurations is presented in Table A.5

Table A.4 Simplified PFD_{avg} Formulas for Repairable System considering CCF, Diagnostics and MTTR

Configuration	Function	PFD based on "Average before" failure rate	Equation Number
1oo1	$F_7 =$	$\left[\frac{(1-DC)\times\lambda^D\times TI}{2}+\frac{DC\times\lambda^D\times DI}{2}+\lambda^D\times MTTR\right]$	A-24
1oo2	$F_8 =$	$\left[\frac{(1-DC)\times(1-\beta)\times\lambda^D\times TI}{2}+\frac{DC\times(1-\beta)\times\lambda^D\times DI}{2}+(1-\beta)\times\lambda^D\times MTTR\right]^2+\left[\frac{(1-DC)\times\beta\times\lambda^D\times TI}{2}+\frac{DC\times\beta\times\lambda^D\times DI}{2}+\beta\times\lambda^D\times MTTR\right]$	A- 25
1oo3	$F_9 =$	$\left[\frac{(1-DC)\times(1-\beta)\times\lambda^D\times TI}{2}+\frac{DC\times(1-\beta)\times\lambda^D\times DI}{2}+(1-\beta)\times\lambda^D\times MTTR\right]^3+\left[\frac{(1-DC)\times\beta\times\lambda^D\times TI}{2}+\frac{DC\times\beta\times\lambda^D\times DI}{2}+\beta\times\lambda^D\times MTTR\right]$	A-26
2oo2	$F_{10} =$	$2\times\left[\frac{(1-DC)\times\lambda^D\times TI}{2}+\frac{DC\times\lambda^D\times DI}{2}+\lambda^D\times MTTR\right]$	A-27

Table A.4 Simplified PFD_{avg} Formulas for Repairable System considering CCF, Diagnostics and MTTR			
Configuration	**Function**	**PFD based on "Average before" failure rate**	**Equation Number**
2oo3	F_{11} =	$3\times\left[\frac{(1-DC)\times(1-\beta)\times\lambda^D\times TI}{2}+\frac{DC\times(1-\beta)\times\lambda^D\times DI}{2}+(1-\beta)\times\lambda^D\times MTTR\right]^2+\left[\frac{(1-DC)\times\beta\times\lambda^D\times TI}{2}+\frac{DC\times\beta\times\lambda^D\times DI}{2}+\beta\times\lambda^D\times MTTR\right]$	A-28
3oo3	F_{12} =	$3\times\left[\frac{(1-DC)\times\lambda^D\times TI}{2}+\frac{DC\times\lambda^D\times DI}{2}+\lambda^D\times MTTR\right]$	A-29

Where:

DC is the diagnostic coverage;

DI is the diagnostic interval;

TI is the proof test interval,

λ^D is the dangerous failure rate;

MTTR is the mean time to restore the system to operation

β is the common cause failure parameter that is always is between 0 and 1

Table A.5 Expected PFD Formulas for Repairable System considering CCF, Diagnostics and MTTR			
Configuration	**Function**	**PFD based on "Average before" failure rate**	**Equation Number**
1oo1	$E(F_7)$ =	$\left[\frac{(1-E(DC))\times E(\lambda^D)\times E(TI))}{2}+\frac{E(DC)\times E(\lambda^D)\times E(DI)}{2} + E(\lambda^D)\times E(MTTR)\right]$	A-30
1oo2	$E(F_8)$ =	$\left[\frac{(1-E(DC))\times(1-E(\beta))\times E(\lambda^D)\times E(TI)}{2}+\frac{E(DC)\times(1-E(\beta))\times E(\lambda^D)\times E(DI)}{2}+(1-E(\beta))\times E(\lambda^D)\times E(MTTR)\right]^2 + \left[\frac{(1-E(DC))\times E(\beta)\times E(\lambda^D)\times E(TI)}{2}+\frac{E(DC)\times E(\beta)\times E(\lambda^D)\times E(DI}{2})+E(\beta)\times E(\lambda^D)\times E(MTTR)\right]$	A- 31
1oo3	$E(F_9)$ =	$\left[\frac{(1-E(DC))\times(1-E(\beta))\times E(\lambda^D)\times E(TI)}{2}+\frac{E(DC)\times(1-E(\beta))\times E(\lambda^D)\times E(DI)}{2}+(1-E(\beta))\times E(\lambda^D)\times E(MTTR)\right]^3 + \left[\frac{(1-E(DC))\times E(\beta)\times E(\lambda^D)\times E(TI)}{2}+\frac{E(DC)\times E(\beta)\times E(\lambda^D)\times E(DI)}{2}+E(\beta)\times E(\lambda^D)\times E(MTTR)\right]$	A-32

Table A.5 Expected PFD Formulas for Repairable System considering CCF, Diagnostics and MTTR			
Configuration	**Function**	**PFD based on "Average before" failure rate**	**Equation Number**
2oo2	$E(F_{10})$ =	$2\times\left[\frac{(1-E(DC))\times E(\lambda^D)\times E(TI))}{2}+\frac{E(DC)\times E(\lambda^D)\times E(DI)}{2}+E(\lambda^D)\times E(MTTR)\right]$	A-33
2oo3	$E(F_{11})$ =	$3\times\left[\frac{(1-E(DC))\times(1-E(\beta))\times E(\lambda^D)\times E(TI)}{2}+\frac{E(DC)\times(1-E(\beta))\times E(\lambda^D)\times E(DI)}{2}+(1-E(\beta))\times E(\lambda^D)\times E(MTTR)\right]^2+\left[\frac{(1-E(DC))\times E(\beta)\times E(\lambda^D)\times E(TI)}{2}+\frac{E(DC)\times E(\beta)\times E(\lambda^D)\times E(DI)}{2}+E(\beta)\times E(\lambda^D)\times E(MTTR)\right]$	A-34
3oo3	$E(F_{12})$ =	$3\times\left[\frac{(1-E(DC))\times E(\lambda^D)\times E(TI))}{2}+\frac{E(DC)\times E(\lambda^D)\times E(DI)}{2}+E(\lambda^D)\times E(MTTR)\right]$	A-35

The variance of the PFD of the repairable systems is found in the same manner as that in the non-repairable cases. Once again let:

$$y = F(x_i) \quad \text{(Eq A-36)}$$

The variance of Y can likewise be estimated as:

$$V(y) = \sum_{i=1}^{n} \left[\frac{\partial y}{\partial x_i}\right]^2 V(x_i) \quad \text{(Eq A-37)}$$

Where:

$V(y)$ = variance of random variable y as defined above

$V(x_i)$ = variance of random variable x_i as defined above

The sensitivity of y with respect to a random variable x_i is:

In the case of the repairable systems, there are several more potentially uncertain or random variables:

- DC is the diagnostic coverage;
- DI is the diagnostic interval;
- TI is the proof test interval,
- λ^D is the dangerous failure rate;
- MTTR is the mean time to restore the system to operation
- β is the common cause failure parameter that is always is between 0 and 1

We must evaluate the partial derivative of the PFD function with respect to each and then combine them using equation A-37. The partial derivatives of function F7 with respect to each random variable are found as follows

$$\frac{\partial F_7}{\partial DC} = \frac{-\lambda^D \times TI}{2} + \frac{\lambda^D \times DI}{2} \quad \text{(Eq A-38)}$$

$$\frac{\partial F_7}{\partial \lambda^D} = \frac{(1-DC)\times TI}{2} + \frac{DC \times DI}{2} + MTTR \quad \text{(Eq A-39)}$$

$$\frac{\partial F_7}{\partial TI} = \frac{(1-DC)\times \lambda^D}{2} \quad \text{(Eq A-40)}$$

$$\frac{\partial F_7}{\partial DI} = \frac{DC \times \lambda^D}{2} \quad \text{(Eq A-41)}$$

$$\frac{\partial F_7}{\partial MTTR} = \lambda^D \qquad \text{(Eq A-42)}$$

We can now compute the variance of function F7 as:

$$V\left(F_7\right) = \sum_{i=1}^{n} \left[\frac{\partial F_7}{\partial x_i}\right]^2 V(x_i) \qquad \text{(Eq A-43)}$$

$$V\left(F_7\right) = \left[\frac{-\lambda^D \times TI}{2} + \frac{\lambda^D \times DI}{2}\right]^2 \text{V(DC)} + \left[\frac{(1-DC)\times TI}{2} + \frac{DC\times DI}{2} + MTTR\right]^2 \text{V}(\lambda^D) +$$

$$\left[\frac{(1-DC)\times\lambda^D}{2}\right]^2 \text{V(TI)} + \left[\frac{DC\times\lambda^D}{2}\right]^2 \text{(DI)} + \left[\lambda^D\right]^2 \text{V(MTTR)} \qquad \text{(Eq A-44)}$$

Equation 44 represents the variance of the probability of failure on demand of the 1001 configuration when the system is repairable. We note the following relationships between the 1001, 2oo2 and 3oo3 configurations:

$F_{10} = 2\ F_7$ (Eq A-45)

$F_{12} = 3\ F_7$ (Eq A-46)

We can directly determine the variance of functions F_{10} and F_{12} from the properties of the variance operator, V(X).

$V(F_{10}) = V(2\ F_7)$ (Eq A-47)

$V(F_{10}) = 4\ V(F_7)$ (Eq A-48)

$V(F_{12}) = V(3\ F_7)$ (Eq A-49)

$V(F_{12}) = 9\ V(F_7)$ (Eq A-50)

The determination of the variance of functions F_8, F_{10}, and F_{11} is done in a similar manner. To simplify the presentation of the derivation of variance of functions F_8, F_{10}, and F_{11}, we introduce two functions H and Q as:

$$\text{H} = \left[\frac{(1-DC)\times(1-\beta)\times\lambda^D\times TI}{2} + \frac{DC\times(1-\beta)\times\lambda^D\times DI}{2} + (1-\beta)\times\lambda^D\times MTTR\right] \qquad \text{(Eq A-51)}$$

$$\text{Q} = \left[\frac{(1-DC)\times\beta\times\lambda^D\times TI}{2} + \frac{DC\times\beta\times\lambda^D\times DI}{2} + \beta\times\lambda^D\times MTTR\right] \qquad \text{(Eq A-52)}$$

We note the following relationships:

$F_8 = H^2 + Q$ (Eq A-53)

$F_9 = H^3 + Q$ (Eq A-54)

$F_{11} = 3\,H^2 + Q$ (Eq A-55)

The variance of F_8, F_9 and F_{11} are found as:

$V(F_8) = V(H^2 + Q)$ (Eq A-56)

$V(F_9) = V(H^3 + Q)$ (Eq A-57)

$V(F_{11}) = V(3\,H^2 + Q)$ (Eq A-58)

We will need the sensitivity of F_8, F_9 and F_{11} to each of the potential random variables.

$$\frac{\partial F_8}{\partial x} = \frac{\partial (H^2 + Q)}{\partial x} = \frac{\partial (H^2)}{\partial x} + \frac{\partial (Q)}{\partial x} \qquad \text{(Eq A-59)}$$

Likewise

$$\frac{\partial F_9}{\partial x} = \frac{\partial (H^3 + Q)}{\partial x} = \frac{\partial (H^3)}{\partial x} + \frac{\partial (Q)}{\partial x} \qquad \text{(Eq A-60)}$$

$$\frac{\partial F_{11}}{\partial x} = \frac{\partial 3(H^2 + Q)}{\partial x} = 3\frac{\partial (H^2)}{\partial x} + 3\frac{\partial (Q)}{\partial x} \qquad \text{(Eq A-61)}$$

Using the chain rule for partial derivatives, we now write:

$$\frac{\partial F_8}{\partial x} = 2H\frac{\partial (H)}{\partial x} + \frac{\partial (Q)}{\partial x} \qquad \text{(Eq A-62)}$$

$$\frac{\partial F_9}{\partial x} = 3H^2\,\frac{\partial (H)}{\partial x} + \frac{\partial (Q)}{\partial x} \qquad \text{(Eq A-63)}$$

$$\frac{\partial F_{11}}{\partial x} = 6H\frac{\partial (H)}{\partial x} + \frac{\partial (Q)}{\partial x} \qquad \text{(Eq A-64)}$$

We now evaluate the derivatives of function H with respect to each potential random variables:

- DC is the diagnostic coverage;
- DI is the diagnostic interval;

- TI is the proof test interval,
- λ^D is the dangerous failure rate;
- MTTR is the mean time to restore the system to operation
- β is the common cause failure parameter that is always is between 0 and 1

$$\frac{\partial(\mathrm{H})}{\partial DC} = \frac{-(1-\beta)\times\lambda^D\times TI}{2} + \frac{(1-\beta)\times\lambda^D\times DI}{2} \quad \text{(Eq A-65)}$$

$$\frac{\partial(\mathrm{H})}{\partial TI} = \frac{(1-DC)\times(1-\beta)\times\lambda^D}{2} \quad \text{(Eq A-66)}$$

$$\frac{\partial(\mathrm{H})}{\partial\lambda^D} = \left[\begin{array}{l}\frac{(1-DC)\times(1-\beta)\times TI}{2} + \\ \frac{DC\times(1-\beta)\times DI}{2} + (1-\beta)\times MTTR\end{array}\right] \quad \text{(Eq A-67)}$$

$$\frac{\partial(\mathrm{H})}{\partial MTTR} = (1-\beta)\times\lambda^D \quad \text{(Eq A-68)}$$

$$\frac{\partial(\mathrm{H})}{\partial\beta} = \left[\begin{array}{l}\frac{(1-DC)\times(-1)\times\lambda^D\times TI}{2} + \\ \frac{DC\times(-1)\times\lambda^D\times DI}{2} + (-1)\times\lambda^D\times MTTR\end{array}\right] \quad \text{(Eq A-69)}$$

$$\frac{\partial(\mathrm{H})}{\partial DI} = \frac{DC\times(1-\beta)\times\lambda^D}{2} \quad \text{(Eq A-70)}$$

In a similar manner we evaluate the partial derivatives of function Q with respect to each potential random variables.

$$Q = \left[\frac{(1-DC)\times\beta\times\lambda^D\times TI}{2} + \frac{DC\times\beta\times\lambda^D\times DI}{2} + \beta\times\lambda^D\times MTTR\right] \quad \text{(Eq A-71)}$$

- DC is the diagnostic coverage;
- DI is the diagnostic interval;
- TI is the proof test interval,
- λ^D is the dangerous failure rate;
- MTTR is the mean time to restore the system to operation
- β is the common cause failure parameter that is always is between 0 and 1

$$\frac{\partial(Q)}{\partial DC} = \frac{(-1)\times\beta\times\lambda^D\times TI}{2} + \frac{\beta\times\lambda^D\times DI}{2} \quad \text{(Eq A-72)}$$

$$\frac{\partial(Q)}{\partial TI} = \frac{(1-DC)\times\beta\times\lambda^D}{2} \quad \text{(Eq A-73)}$$

$$\frac{\partial(Q)}{\partial\lambda^D} = \left[\frac{(1-DC)\times\beta\times TI}{2} + \frac{DC\times\beta\times DI}{2} + \beta\times MTTR\right] \quad \text{(Eq A-74)}$$

$$\frac{\partial(Q)}{\partial MTTR} = \beta\times\lambda^D\times MTTR \quad \text{(Eq A-75)}$$

$$\frac{\partial(Q)}{\partial\beta} = \left[\frac{(1-DC)\times\lambda^D\times TI}{2} + \frac{DC\times\lambda^D\times DI}{2} + \lambda^D\times MTTR\right] \quad \text{(Eq A-76)}$$

$$\frac{\partial(Q)}{\partial DI} = \frac{DC\times\beta\times\lambda^D}{2} \quad \text{(Eq A-77)}$$

We can now determine the sensitivity of the functions F8, F9 , F11 to the random variables of interest. Restating equation A-62 for sensitivity of F8 with respect to the random variables.

$$\frac{\partial F_8}{\partial x} = 2H\frac{\partial(H)}{\partial x} + \frac{\partial(Q)}{\partial x} \quad \text{(Eq A-78)}$$

For F_8 we find

$$\frac{\partial F_8}{\partial x} = 2\mathrm{H}\frac{\partial(\mathrm{H})}{\partial x} + \frac{\partial(\mathrm{Q})}{\partial x} \qquad \text{(Eq A-80)}$$

$$\frac{\partial F_8}{\partial DC} = 2\left[\frac{(1-DC)\times(1-\beta)\times\lambda^D\times TI}{2} + \frac{DC\times(1-\beta)\times\lambda^D\times DI}{2} + (1-\beta)\times\lambda^D\times MTTR\right]\times$$
$$\left[\frac{-(1-\beta)\times\lambda^D\times TI}{2} + \frac{(1-\beta)\times\lambda^D\times DI}{2}\right] +$$
$$\frac{(-1)\times\beta\times\lambda^D\times TI}{2} + \frac{\beta\times\lambda^D\times DI}{2} \qquad \text{(Eq A-79)}$$

$$\frac{\partial F_8}{\partial TI} = 2\left[\frac{(1-DC)\times(1-\beta)\times\lambda^D\times TI}{2} + \frac{DC\times(1-\beta)\times\lambda^D\times DI}{2} + (1-\beta)\times\lambda^D\times MTTR\right]\times\left[\frac{(1-DC)\times(1-\beta)\times\lambda^D}{2}\right] +$$
$$\frac{(1-DC)\times\beta\times\lambda^D}{2} \qquad \text{(Eq A-81)}$$

$$\frac{\partial F_8}{\partial MTTR} = 2\left[\frac{(1-DC)\times(1-\beta)\times\lambda^D\times TI}{2} + \frac{DC\times(1-\beta)\times\lambda^D\times DI}{2} + (1-\beta)\times\lambda^D\times MTTR\right]\times$$
$$\left[(1-\beta)\times\lambda^D\right] + \beta\times\lambda^D\times MTTR \qquad \text{(Eq A-82)}$$

$$\frac{\partial F_8}{\partial \beta} = 2\left[\frac{(1-DC)\times(1-\beta)\times\lambda^D\times TI}{2} + \frac{DC\times(1-\beta)\times\lambda^D\times DI}{2} + (1-\beta)\times\lambda^D\times MTTR\right]\times$$

$$\left[\left[\frac{(1-DC)\times(-1)\times\lambda^D\times TI}{2} + \frac{DC\times(-1)\times\lambda^D\times DI}{2} + (-1)\times\lambda^D\times MTTR\right]\right] +$$

$$\left[\frac{(1-DC)\times\lambda^D\times TI}{2} + \frac{DC\times\lambda^D\times DI}{2} + \lambda^D\times MTTR\right] \qquad \text{(Eq A-83)}$$

$$\frac{\partial F_8}{\partial DI} = 2\left[\frac{(1-DC)\times(1-\beta)\times\lambda^D\times TI}{2} + \frac{DC\times(1-\beta)\times\lambda^D\times DI}{2} + (1-\beta)\times\lambda^D\times MTTR\right]\times\left[\frac{DC\times(1-\beta)\times\lambda^D}{2}\right] +$$

$$\frac{DC\times\beta\times\lambda^D}{2} \qquad \text{(Eq A-84)}$$

$$\left[\frac{\partial F_8}{\partial \lambda^D}\right] = 2\left[\frac{(1-DC)\times(1-\beta)\times\lambda^D\times TI}{2} + \frac{DC\times(1-\beta)\times\lambda^D\times DI}{2} + (1-\beta)\times\lambda^D\times MTTR\right]\times\left[\frac{(1-DC)\times(1-\beta)\times TI}{2} + \frac{DC\times(1-\beta)\times DI}{2} + (1-\beta)\times MTTR\right] +$$

$$\left[\frac{(1-DC)\times\beta\times TI}{2} + \frac{DC\times\beta\times DI}{2} + \beta\times MTTR\right] \qquad \text{(Eq A-85)}$$

Using the sensitivities for F8 calculated above, the variance in F8 due to uncertain or random variables is found as:

$$V(F_8) = \left[\frac{\partial F_8}{\partial DC}\right]^2 V(DC) + \left[\frac{\partial F_8}{\partial TI}\right]^2 V(TI) + \left[\frac{\partial F_8}{\partial \lambda^D}\right]^2 V(\lambda^D) +$$

$$\left[\frac{\partial F_8}{\partial MTTR}\right]^2 V(MTTR) + \left[\frac{\partial F_8}{\partial \beta}\right]^2 V(\beta) + \left[\frac{\partial F_8}{\partial DI}\right]^2 V(DI) \qquad \text{(Eq A-86)}$$

Using the equation A-63, we now determine the variance of F_9.

$$\frac{\partial F_9}{\partial x} = 3\mathrm{H}^2 \frac{\partial(\mathrm{H})}{\partial x} + \frac{\partial(\mathrm{Q})}{\partial x} \qquad \text{(Eq A-87)}$$

$$\frac{\partial F_9}{\partial DC} = 3\left[\frac{(1-DC)\times(1-\beta)\times\lambda^D\times TI}{2} + \frac{DC\times(1-\beta)\times\lambda^D\times DI}{2} + (1-\beta)\times\lambda^D\times MTTR\right]^2 \times$$
$$\left[\frac{-(1-\beta)\times\lambda^D\times TI}{2} + \frac{(1-\beta)\times\lambda^D\times DI}{2}\right] +$$
$$\frac{(-1)\times\beta\times\lambda^D\times TI}{2} + \frac{\beta\times\lambda^D\times DI}{2} \qquad \text{(Eq A-88)}$$

$$\frac{\partial F_9}{\partial TI} = 3\left[\begin{array}{l}\frac{(1-DC)\times(1-\beta)\times\lambda^D\times TI}{2}+\\ \frac{DC\times(1-\beta)\times\lambda^D\times DI}{2}+(1-\beta)\times\lambda^D\times MTTR\end{array}\right]^2\times\left[\frac{(1-DC)\times(1-\beta)\times\lambda^D}{2}\right]+$$

$$\frac{(1-DC)\times\beta\times\lambda^D}{2} \qquad \text{(Eq A-89)}$$

$$\frac{\partial F_9}{\partial MTTR} = 3\left[\begin{array}{l}\frac{(1-DC)\times(1-\beta)\times\lambda^D\times TI}{2}+\\ \frac{DC\times(1-\beta)\times\lambda^D\times DI}{2}+(1-\beta)\times\lambda^D\times MTTR\end{array}\right]^2\times\left[(1-\beta)\times\lambda^D\right]+$$

$$\beta\times\lambda^D\times MTTR \qquad \text{(Eq A-90)}$$

$$\frac{\partial F_9}{\partial \beta} = 3\left[\begin{array}{l}\frac{(1-DC)\times(1-\beta)\times\lambda^D\times TI}{2}+\\ \frac{DC\times(1-\beta)\times\lambda^D\times DI}{2}+(1-\beta)\times\lambda^D\times MTTR\end{array}\right]^2\times$$

$$\left[\left[\begin{array}{l}\frac{(1-DC)\times(-1)\times\lambda^D\times TI}{2}+\\ \frac{DC\times(-1)\times\lambda^D\times DI}{2}+(-1)\times\lambda^D\times MTTR\end{array}\right]\right]+$$

$$\left[\frac{(1-DC)\times\lambda^D\times TI}{2}+\frac{DC\times\lambda^D\times DI}{2}+\lambda^D\times MTTR\right] \qquad \text{(Eq A-91)}$$

$$\frac{\partial F_9}{\partial DI} = 3\left[\frac{(1-DC)\times(1-\beta)\times\lambda^D\times TI}{2} + \frac{DC\times(1-\beta)\times\lambda^D\times DI}{2} + (1-\beta)\times\lambda^D\times MTTR\right]^2 \times \left[\frac{DC\times(1-\beta)\times\lambda^D}{2}\right] + \frac{DC\times\beta\times\lambda^D}{2} \qquad \text{(Eq A-92)}$$

$$\left[\frac{\partial F_9}{\partial \lambda^D}\right] = 3\times\left[\frac{(1-DC)\times(1-\beta)\times\lambda^D\times TI}{2} + \frac{DC\times(1-\beta)\times\lambda^D\times DI}{2} + (1-\beta)\times\lambda^D\times MTTR\right]^2 \times \left[\frac{(1-DC)\times(1-\beta)\times TI}{2} + \frac{DC\times(1-\beta)\times DI}{2} + (1-\beta)\times MTTR\right] + \left[\frac{(1-DC)\times\beta\times TI}{2} + \frac{DC\times\beta\times DI}{2} + \beta\times MTTR\right] \qquad \text{(Eq A-93)}$$

Using the sensitivities for F_9 calculated above, the variance in F_9 due to uncertain or random variables is found as:

$$V(F_9) = \left[\frac{\partial F_9}{\partial DC}\right]^2 V(DC) + \left[\frac{\partial F_9}{\partial TI}\right]^2 V(TI) + \left[\frac{\partial F_9}{\partial \lambda^D}\right]^2 V(\lambda^D) + \left[\frac{\partial F_9}{\partial MTTR}\right]^2 V(MTTR) + \left[\frac{\partial F_9}{\partial \beta}\right]^2 V(\beta) + \left[\frac{\partial F_9}{\partial DI}\right]^2 V(DI) \qquad \text{(Eq A-94)}$$

Finally, in a similar manner the variance in F_{11} is computed as:

$$\frac{\partial F_{11}}{\partial x} = 6\mathrm{H}\frac{\partial(\mathrm{H})}{\partial x} + \frac{\partial(\mathrm{Q})}{\partial x} \qquad \text{(Eq A-95)}$$

$$\frac{\partial F_{11}}{\partial DC} = 6\left[\begin{array}{l}\dfrac{(1-DC)\times(1-\beta)\times\lambda^{D}\times TI}{2} + \\ \dfrac{DC\times(1-\beta)\times\lambda^{D}\times DI}{2} + (1-\beta)\times\lambda^{D}\times MTTR\end{array}\right] \times \left[\frac{-(1-\beta)\times\lambda^{D}\times TI}{2} + \frac{(1-\beta)\times\lambda^{D}\times DI}{2}\right] + \frac{(-1)\times\beta\times\lambda^{D}\times TI}{2} + \frac{\beta\times\lambda^{D}\times DI}{2} \qquad \text{(Eq A-96)}$$

$$\frac{\partial F_{11}}{\partial TI} = 6\left[\begin{array}{l}\dfrac{(1-DC)\times(1-\beta)\times\lambda^{D}\times TI}{2} + \\ \dfrac{DC\times(1-\beta)\times\lambda^{D}\times DI}{2} + (1-\beta)\times\lambda^{D}\times MTTR\end{array}\right] \times \left[\frac{(1-DC)\times(1-\beta)\times\lambda^{D}}{2}\right] + \frac{(1-DC)\times\beta\times\lambda^{D}}{2} \qquad \text{(Eq A-97)}$$

$$\frac{\partial F_{11}}{\partial MTTR} = 6\left[\begin{array}{l}\dfrac{(1-DC)\times(1-\beta)\times\lambda^{D}\times TI}{2} + \\ \dfrac{DC\times(1-\beta)\times\lambda^{D}\times DI}{2} + (1-\beta)\times\lambda^{D}\times MTTR\end{array}\right] \times \left[(1-\beta)\times\lambda^{D}\right] + \beta\times\lambda^{D}\times MTTR \qquad \text{(Eq A-98)}$$

$$\frac{\partial F_{11}}{\partial \beta} = 6\left[\begin{array}{l}\frac{(1-DC)\times(1-\beta)\times\lambda^D\times TI}{2}+ \\ \frac{DC\times(1-\beta)\times\lambda^D\times DI}{2}+(1-\beta)\times\lambda^D\times MTTR\end{array}\right]\times$$

$$\left[\left[\begin{array}{l}\frac{(1-DC)\times(-1)\times\lambda^D\times TI}{2}+ \\ \frac{DC\times(-1)\times\lambda^D\times DI}{2}+(-1)\times\lambda^D\times MTTR\end{array}\right]\right]+$$

$$\left[\frac{(1-DC)\times\lambda^D\times TI}{2}+\frac{DC\times\lambda^D\times DI}{2}+\lambda^D\times MTTR\right] \quad \text{(Eq A-99)}$$

$$\frac{\partial F_{11}}{\partial DI} = 6\left[\begin{array}{l}\frac{(1-DC)\times(1-\beta)\times\lambda^D\times TI}{2}+ \\ \frac{DC\times(1-\beta)\times\lambda^D\times DI}{2}+(1-\beta)\times\lambda^D\times MTTR\end{array}\right]\times\left[\frac{DC\times(1-\beta)\times\lambda^D}{2}\right]+$$

$$\frac{DC\times\beta\times\lambda^D}{2} \quad \text{(Eq A-100)}$$

$$\left[\frac{\partial F_{11}}{\partial \lambda^D}\right] = 6\left[\begin{array}{l}\frac{(1-DC)\times(1-\beta)\times\lambda^D\times TI}{2}+ \\ \frac{DC\times(1-\beta)\times\lambda^D\times DI}{2}+(1-\beta)\times\lambda^D\times MTTR\end{array}\right]\times$$

$$\left[\begin{array}{l}\frac{(1-DC)\times(1-\beta)\times TI}{2}+ \\ \frac{DC\times(1-\beta)\times DI}{2}+(1-\beta)\times MTTR\end{array}\right]+$$

$$\left[\frac{(1-DC)\times\beta\times TI}{2}+\frac{DC\times\beta\times DI}{2}+\beta\times MTTR\right] \quad \text{(Eq A-101)}$$

Using the sensitivities for F_{11} calculated above, the variance in F_{11} due to uncertain or random variables is found as:

$$V(F_{11}) = \left[\frac{\partial F_{11}}{\partial DC}\right]^2 V(DC) + \left[\frac{\partial F_{11}}{\partial TI}\right]^2 V(TI) + \left[\frac{\partial F_{11}}{\partial \lambda^D}\right]^2 V(\lambda^D) +$$

$$\left[\frac{\partial F_{11}}{\partial MTTR}\right]^2 V(MTTR) + \left[\frac{\partial F_{11}}{\partial \beta}\right]^2 V(\beta) + \left[\frac{\partial F_{11}}{\partial DI}\right]^2 V(DI) \qquad \text{(Eq A-102)}$$

PROCEDURE FOR DETERMINATION OF VARIANCE FOR REPAIRABLE 1oo2, 1oo3 AND 2oo3 SYSTEMS

Based on the above derivations we may now write the formulas for the variance of various configurations of repairable equipment.

Step 1. Determine the configuration of equipment to be studied.

Step 2. Evaluate Function H using the expected value of all random or uncertain variables, equation A-51

Step 3. Evaluate Function Q using the expected value of all random or uncertain variables, equation A-52

Step 4. Evaluate the sensitivity of function H with respect to the random variables using equations A-65 thru A-70.

Step 5. Evaluate the sensitivity of function Q with respect to the random variables using equations A-72 thru A-77.

Step 6. Evaluate the variance as:

a. For 1oo2 systems use equation A-86 for $V(F_8)$
b. For 1oo3 systems use equation A-94 for $V(F_9)$
c. For 2oo3 systems use equation A-102 for $V(F_{11})$

The end result of the above calculations is the determination of the mean and variance of the configuration used in the sensor, logic solver or final control element systems. Table 4 of the main body of this paper presents a cross reference roadmap for the determination of the mean and variance of various of the probability of failure on demand (PFD) of various hardware configurations. The mean and variance for the particular configuration is then returned to the overall calculations of the PFD of the interlock.

APPENDIX B -- UNCERTAINTY EQUATIONS FOR CONFIGURATIONS NOT COVERED IN ISA TR 84.00.02

The ISA Technical report [Ref. 2] does not define the calculation equations for the PFDavg for non-repairable systems where duplicated devices create the potential for common cause failures. This appendix derives the equations needed to evaluate the uncertainty for non-repairable systems with the potential for common cause failures.

To derive the needed functions for the non-repairable systems with common cause failure (CCF) potential, we start with the equations for the repairable system with common cause failure allowed (Table A.4). First we note that a system composed of only one set of components (1oo1) without duplication has no potential for a common cause failure. In addition, a review of the equations of Table 2 finds that systems 1oo1, 2oo2 and 3oo3 do not contain the common cause failure (CCF) parameter β. Therefore, systems 1oo1, 2oo2, and 3oo3 can be eliminated from consideration as common cause failures cannot lead to failure of the specified interlocks.

For the other situations [1oo2, 1oo3 and 2oo3] we note that no repair will be allowed during the mission of the non-repairable system. This observation implies that the diagnostic coverage (DC), the diagnostic interval (DI) and the mean time for restoration (MTTR) are all zero (0). We will set DC = DI = MTTR = 0

Substitution of the zero value for DC, DI and MTTR into the equations of Table A.4 yields the non-repairable system PFD equations where CCF is allowed. Table B.1 presents the results of these algebraic substitutions.

Table B.1 Simplified PFD_{avg}formulas for Non-Repairable System Allowing for CCF

Configuration	Function	PFD based on "Average before" failure rate	Equation Number
1oo2	F_{13} =	$\left[\frac{(1-\beta)\times\lambda^D\times TI}{2}\right]^2+\left[\frac{\beta\times\lambda^D\times TI}{2}\right]$	B-1
1oo3	F_{14} =	$\left[\frac{(1-\beta)\times\lambda^D\times TI}{2}\right]^3+\left[\frac{\beta\times\lambda^D\times TI}{2}\right]$	B-2
2oo3	F_{15} =	$3\times\left[\frac{(1-\beta)\times\lambda^D\times TI}{2}\right]^2+\left[\frac{\beta\times\lambda^D\times TI}{2}\right]$	B-3

Where TI is the proof test interval, λ^D is the dangerous failure rate.

The expected value of the probability of failure on demand is found by calculating the PFD using the expected value (mean) of the random variables.

Let y a function of some random variables, x_i, as:

$$y = F(x_i) \qquad \text{(Eq B-4)}$$

The mean of y can be estimated using the following approximation:

$$E(y) = F[E(x_i)] \qquad \text{(Eq B-5)}$$

Where:

$E(y)$ = expected value of random variable y = mean of y

$E(x_i)$ = expected value of random variable x_i = mean of x_i

For the configurations defined in Table A.1, the corresponding expected PFD are presented in Table B.2.

Table B.2 Expected Value of PFD_{avg} formulas for Non-Repairable System Allowing CCF			
Configuration	**Function**	**Expected PFD based on "Average before" failure rate**	**Equation Number**
1oo2	$E(F_{13}) =$	$\left[\frac{(1-E(\beta))\times E(\lambda^D)\times E(TI)}{2}+\right]^2 + \left[\frac{E(\beta)\times E(\lambda^D)\times E(TI)}{2}\right]$	B-6
1oo3	$E(F_{14}) =$	$\left[\frac{(1-E(\beta))\times E(\lambda^D)\times E(TI)}{2}+\right]^3 + \left[\frac{E(\beta)\times E(\lambda^D)\times E(TI)}{2}\right]$	B-7
2oo3	$E(F_{15}) =$	$3\times\left[\frac{(1-E(\beta))\times E(\lambda^D)\times E(TI)}{2}+\right]^2 + \left[\frac{E(\beta)\times E(\lambda^D)\times E(TI)}{2}\right]$	B-8

Where E(x) is the expected value of random variable x.

The variance of the PFD is found by taking the weighted sum of the variance of the random variables. The weighting function is the sensitivity of the PFD with respect to random variable. In mathematical terms the variance of a function may be found in terms of the variance of the random variables as:

Once again let

$y = F(x_i)$ (Eq B-9)

The variance of Y can likewise be estimated as:

$$V(y) = \sum_{i=1}^{n} \left[\frac{\partial y}{\partial x_i}\right]^2 V(x_i) \qquad \text{(Eq B-10)}$$

Where:

$V(y)$ = variance of random variable y as defined above

$V(x_i)$ = variance of random variable x_i as defined above

The sensitivity of y with respect to a random variable x_i is:

$$\text{Sensitivity of y with respect to } x_i = \left[\frac{\partial y}{\partial x_i}\right] \qquad \text{(Eq B-11)}$$

The variance of the PFD for the repairable cases 1oo2, 1oo3 and 2oo3 are presented in equations of Appendix A as:

- 1oo2, the variance is specified by equation A-86
- 1oo3, the variance is specified by equation A-94
- 2oo3, the variance is specified by equation A-102

These three equations are the basis upon which the equations for the non-repairable system with common cause failure (CCF) are developed.

Variance of PFD for Non-Repairable 1oo2 with CCF

To derive the variance for F_{13} we start with the general equation for the variance as:

$$V(F_{13}) = \left[\frac{\partial F_{13}}{\partial DC}\right]^2 V(DC) + \left[\frac{\partial F_{13}}{\partial TI}\right]^2 V(TI) + \left[\frac{\partial F_{13}}{\partial \lambda^D}\right]^2 V(\lambda^D) +$$

$$\left[\frac{\partial F_{13}}{\partial MTTR}\right]^2 V(MTTR) + \left[\frac{\partial F_{13}}{\partial \beta}\right]^2 V(\beta) + \left[\frac{\partial F_{13}}{\partial DI}\right]^2 V(DI) \qquad \text{(Eq B-12)}$$

The variance of a constant is zero. Thus, setting DC=DI=MTTR =0 results in the variance of these variables as becoming zero.

$$V(DC) = V(DI) = V(MTTR) = 0 \qquad \text{(Eq B-13)}$$

Thus, the variance for the 1oo2 case becomes:

$$V(F_{13}) = \left[\frac{\partial F_{13}}{\partial TI}\right]^2 V(TI) + \left[\frac{\partial F_{13}}{\partial \lambda^D}\right]^2 V(\lambda^D) + \left[\frac{\partial F_{13}}{\partial \beta}\right]^2 V(\beta) \qquad \text{(Eq B-14)}$$

The evaluation of the sensitive's of the PFD may now be taken from appendix A equations as:

$\left[\frac{\partial F_{13}}{\partial TI}\right]$ from equation A-81

$\left[\frac{\partial F_{13}}{\partial \lambda^D}\right]$ from equation A-85

$\left[\frac{\partial F_{13}}{\partial \beta}\right]$ from equation A-83

Substituting DC=DI=MTTR=0 into these sensitivity equations yields:

$$\frac{\partial F_{13}}{\partial TI} = 2\left[\frac{(1-\beta)\times\lambda^D\times TI}{2} + \right]\times\left[\frac{(1-\beta)\times\lambda^D}{2}\right] + \frac{\beta\times\lambda^D}{2} \qquad \text{(Eq B-15)}$$

$$\frac{\partial F_{13}}{\partial \lambda^D} = 2\left[\frac{(1-\beta)\times\lambda^D\times TI}{2} + \right]\times\left[\frac{(1-\beta)\times TI}{2}\right] + \left[\frac{\beta\times TI}{2}\right] \qquad \text{(Eq B-16)}$$

$$\frac{\partial F_{13}}{\partial \beta} = 2\left[\frac{(1-\beta)\times\lambda^D\times TI}{2}\right]\times\left[\frac{(-1)\times\lambda^D\times TI}{2}\right] + \left[\frac{\lambda^D\times TI}{2}\right] \qquad \text{(Eq B-17)}$$

Variance of PFD for Non-Repairable 1oo3 with CCF

To derive the variance for F_{14} we start with the general equation for the variance as:

$$V(F_{14}) = \left[\frac{\partial F_{14}}{\partial DC}\right]^2 V(DC) + \left[\frac{\partial F_{14}}{\partial TI}\right]^2 V(TI) + \left[\frac{\partial F_{14}}{\partial \lambda^D}\right]^2 V(\lambda^D) +$$

$$\left[\frac{\partial F_{14}}{\partial MTTR}\right]^2 \text{V(MTTR)} + \left[\frac{\partial F_{14}}{\partial \beta}\right]^2 \text{V}(\beta) + \left[\frac{\partial F_{14}}{\partial DI}\right]^2 \text{V(DI)} \qquad \text{(Eq B-18)}$$

The variance of a constant is zero. Thus, setting DC=DI=MTTR =0 results in the variance of these variables as becoming zero.

$$\text{V(DC)} = \text{V(DI)} = \text{V(MTTR)} = 0 \qquad \text{(Eq B-19)}$$

Thus, the variance for the 1oo3 case becomes:

$$\text{V}(\text{F}_{14}) = \left[\frac{\partial F_{14}}{\partial TI}\right]^2 \text{V(TI)} + \left[\frac{\partial F_{14}}{\partial \lambda^D}\right]^2 \text{V}(\lambda^D) + \left[\frac{\partial F_{14}}{\partial \beta}\right]^2 \text{V}(\beta) \qquad \text{(Eq B-20)}$$

The evaluation of the sensitive's of the PFD may now be taken from appendix A equations as:

$\left[\frac{\partial F_{14}}{\partial TI}\right]$ from equation A-89

$\left[\frac{\partial F_{14}}{\partial \lambda^D}\right]$ from equation A-93

$\left[\frac{\partial F_{14}}{\partial \beta}\right]$ from equation A-91

Substituting DC=DI=MTTR=0 into these sensitivity equations yields:

$$\frac{\partial F_{14}}{\partial TI} = 3\left[\frac{(1-\beta)\times\lambda^D\times TI}{2} + \right]^2 \times \left[\frac{(1-\beta)\times\lambda^D}{2}\right] + \frac{\beta\times\lambda^D}{2} \qquad \text{(Eq B-21)}$$

$$\frac{\partial F_{14}}{\partial \lambda^D} = 3\left[\frac{(1-\beta)\times\lambda^D\times TI}{2}\right]^2 \times \left[\frac{(1-\beta)\times TI}{2}\right] + \left[\frac{\beta\times TI}{2}\right] \qquad \text{(Eq B-22)}$$

$$\frac{\partial F_{14}}{\partial \beta} = 3\left[\frac{(1-\beta)\times\lambda^D\times TI}{2}\right]^2 \times \left[\frac{(-1)\times\lambda^D\times TI}{2}\right] + \left[\frac{\lambda^D\times TI}{2}\right] \quad \text{(Eq B-23)}$$

Variance of PFD for Non-Repairable 2oo3 with CCF

To derive the variance for F_{15} we start with the general equation for the variance as:

$$V(F_{15}) = \left[\frac{\partial F_{15}}{\partial DC}\right]^2 V(DC) + \left[\frac{\partial F_{15}}{\partial TI}\right]^2 V(TI) + \left[\frac{\partial F_{15}}{\partial \lambda^D}\right]^2 V(\lambda^D) +$$

$$\left[\frac{\partial F_{15}}{\partial MTTR}\right]^2 V(MTTR) + \left[\frac{\partial F_{15}}{\partial \beta}\right]^2 V(\beta) + \left[\frac{\partial F_{15}}{\partial DI}\right]^2 V(DI) \quad \text{(Eq B-24)}$$

The variance of a constant is zero. Thus, setting DC=DI=MTTR =0 results in the variance of these variables as becoming zero.

$$V(DC) = V(DI) = V(MTTR) = 0 \quad \text{(Eq B-25)}$$

Thus, the variance for the 2oo3 case becomes:

$$V(F_{15}) = \left[\frac{\partial F_{15}}{\partial TI}\right]^2 V(TI) + \left[\frac{\partial F_{15}}{\partial \lambda^D}\right]^2 V(\lambda^D) + \left[\frac{\partial F_{15}}{\partial \beta}\right]^2 V(\beta) \quad \text{(Eq B-26)}$$

The evaluation of the sensitive's of the PFD may now be taken from appendix A equations as:

$\left[\frac{\partial F_{15}}{\partial TI}\right]$ from equation A-97

$\left[\frac{\partial F_{15}}{\partial \lambda^D}\right]$ from equation A-101

$\left[\frac{\partial F_{15}}{\partial \beta}\right]$ from equation A-99

Substituting DC=DI=MTTR=0 into these sensitivity equations yields:

$$\frac{\partial F_{15}}{\partial TI} = 6\left[\frac{(1-\beta)\times\lambda^{D}\times TI}{2}+\right]\times\left[\frac{(1-\beta)\times\lambda^{D}}{2}\right]+\frac{\beta\times\lambda^{D}}{2} \quad \text{(Eq B-27)}$$

$$\frac{\partial F_{15}}{\partial \lambda^{D}} = 6\left[\frac{(1-\beta)\times\lambda^{D}\times TI}{2}\right]\times\left[\frac{(1-\beta)\times TI}{2}\right]+\left[\frac{\beta\times TI}{2}\right] \quad \text{(Eq B-28)}$$

$$\frac{\partial F_{15}}{\partial \beta} = 6\left[\frac{(1-\beta)\times\lambda^{D}\times TI}{2}\right]\times\left[\frac{(-1)\times\lambda^{D}\times TI}{2}\right]+\left[\frac{\lambda^{D}\times TI}{2}\right] \quad \text{(Eq B-29)}$$

The evaluation of the functions for the variance are always done using the expected value of the variable. For example when the variable TI appears in an equation, the numerical evaluation of the function would be using E(TI) where E(TI) is the expected value of the random variable TI.

Comparison of Batch versus Continuous Process in Pharmaceutical Industry Based on Safety Consideration

Shiqi Chen
Mary Kay O'Connor Process Safety Center
Artie McFerrin Department of Chemical Engineering
Texas A&M University
College Station, Texas 77843-3122, USA Email address
shiqi_chen@tamu.edu

Yogesh Koirala, M. Sam Mannan
Mary Kay O'Connor Process Safety Center
Artie McFerrin Department of Chemical Engineering
Texas A&M University
College Station, Texas 77843-3122, USA Email address
ykoirala@tamu.edu, mannan@tamu.edu

Prepared for Presentation at
American Institute of Chemical Engineers
2017 Spring Meeting and 13th Global Congress on Process Safety
San Antonio, TX
March 26 – 29, 2017

Comparison of Batch versus Continuous Process in Pharmaceutical Industry Based on Safety Consideration

Shiqi Chen
Mary Kay O'Connor Process Safety Center
Artie McFerrin Department of Chemical Engineering
Texas A&M University
College Station, Texas 77843-3122, USA Email address
shiqi_chen@tamu.edu

Yogesh Koirala, M. Sam Mannan
Mary Kay O'Connor Process Safety Center
Artie McFerrin Department of Chemical Engineering

Keywords: Continuous Process, Hazard Identification, Pharmaceutical Manufacturing

Abstract

As opposed to the petro-chemical and bulk chemical industry, where continuous processes are widely applied, the pharmaceutical industry still primarily relies on traditional batch process due to the complexity of product, multi-step operation and low-volume production. Considering these conditions, the versatile batch process is more appropriate. Nowadays, driven by the contradiction between increasing demand for drugs and inefficient batch production mode, there is a trend in pharmaceutical industry, that is the transformation from traditional batch process to novel continuous process. Related projects and research that is aimed at analyzing this transition are conducted in worldwide, and the scale of these studies ranges from lab-scale reactions to overall arrangement of the factories.

Although continuous pharmaceutical process is thriving, the safety issue in this field is not promoted at the same time. Since the continuous pharmaceutical process is a novel technology, little information can be provided to evaluate its safety level. Moreover, process conditions are usually intensified for continuous process comparing to batch process. It also may bring potential risks and make continuous manufacturing inappropriate for some of pharmaceutical productions.

This research provides a comprehensive comparison for batch versus continuous pharmaceutical process by application of Dow's Fire and Explosion Index. In addition to this conventional safety evaluation, influences from production efficiency and specialties in pharmaceutical production are integrated into the comparison. Production of 2-methyl benzimidazole and peracetic acid via batch and continuous processes are conducted in this research. Via these integrative and systematic studies, safety levels of batch and continuous processes is analyzed and compared. The ways in which process conditions, production efficiency, and other requirements influence safety level for different production modes are illustrated.

1 Introduction

Continuous process is widely applied in petro-chemical and bulk chemical industry for its high production rate, automated operation and saving in cost[1]. In contrast, the pharmaceutical industry still primarily relies on traditional batch process. This aspect stems from intrinsic limitations in active pharmaceutical ingredients (APIs) production. Complexity of medical substances means multistep synthesis. An average of 8.1 steps is needed for one API synthesis[2]. Another limitation is production volume. Demand for drugs are not comparable with most of the bulk chemicals. These limitations make batch process dominate pharmaceutical industry for a long time.

However, due to the gradual expansion of the pharmaceutical market, batch process is behind the time because of its low production rate caused by low yield and inefficient operation mode. Driven by this contradiction between increasing demand for drugs and inefficient production mode, many pharmaceutical manufacturers are trying to shift from a traditional batch process to a novel continuous process. Experimental and industrial trials that are aimed at this transitioning have been done and exhibit the practicability of this new production mode. Several companies such as Lonza, Phoenix Chemical, and Corning make significant progress in this area[3-5]. Novel continuous process exhibits great potential for the pharmaceutical industry.

"Which process should be applied?" and "Is there enough benefit to move forward?" are the questions that are raised when an innovative process is introduced. To answer these questions, comprehensive comparison between batch process and continuous process is required.

This comparison should be specific in the early stages. For example, for a given substance, based on its intrinsic properties and demand in market, reasonable comparison is required to make a selection between batch and continuous process. After composing a conclusive summary that is based on number of different specific cases, the result of these comparisons can be modified and applied to generate a practical process screening methodology.

For the questions mentioned above, economic benefits, safety and environmental impacts should all be considered to get a reliable answer. In the batch versus continuous process comparisons, related economic analysis and environmental analysis have been done by many researchers[6-8]. However, there remains gaps in research and understanding of safety considerations in comparison of batch versus continuous process. Therefore, the need arises for related comparison within safety consideration and systematic methodology for safety evaluation.

In the following sessions, the development in continuous pharmaceutical process, the previous studies in process screening, selecting and comparing, and concept of inherent safety assessment are discussed. The statement of research objective, the description of methodology and results of case studies are illuminated as well.

2 Literature Survey

To decide whether to head to novel continuous process or not, evaluations of batch and continuous process are in demand for pharmaceutical companies.

In preliminary stage of the evaluation, fundamental information about reaction kinetics, heat transmission and mass transfer is collected and analyzed. The objective of this investigation is looking into the technical feasibility of chosen reaction. After these basic assessments for intrinsic properties of reaction, far-reaching analyze in economic, environmental and safety aspect can be achieved. In this more comprehensive comparison based on overall picture, more factors such as expenditure, wastewater treatment and loss control measure should be covered. Among these factors, which factor should be selected as criterion, how these factors interact, and what's the correlation between these factors and comparison results are questions require to be answered.

To answer these questions, some researchers put efforts in individual comparisons of manufacturing for specific active pharmaceutical ingredient (API). Most of these studies focus on economic advantage of continuous process. Spencer D. Schaber et al.[12] estimated the capital, operating and the overall cost for production of a given API from synthesis to tablet formulation by integrated continuous and batch pharmaceutical manufacturing respectively. Based upon the equal annual yield, the result shows that the capital expenditures for continuous production could be markedly lower than those of batch mode. Differences in operating and overall cost are not such significant but potential saving by material handling and labor in continuous process is explicitly illustrated in the study. Hessel, V. et al. compared continuous vs. batch pharmaceutical manufacturing for production of ibuprofen and artemisinin on the standpoint of cost and environmental impact. Capital expenditure and operating expenditure savings are up to 57.0% and 51.6% respectively for ibuprofen, while capital expenditure and operating expenditure savings are up to 19.6% and 29.3% respectively for artemisinin[6, 8]. These study shows the potential economic benefits in application of continuous pharmaceutical processes.

In addition to process comparison, some researchers developed general criterions or created systematic methodologies for process selection. Dominique M. Roberge et al.[13] classified reactions used in the fine and pharmaceutical industry into 4 categories according to kinetic properties. Based on this classification, the very fast reactions (reactions time less than 1s) and the fast reactions (reactions occurring from 1s to10min) would benefit the most from continuous process. These two types of reactions occupy 44% of all reactions investigated. Ryan L. Harman and Jonathan P. McMullen[14] developed a decision roadmap of flow process for use in lab-scale. Considering objectives of the study, the intrinsic properties of the chemistry and requirements for mixing, heat transferring, related questions are asked at the various nodes in this flow map to get the final choice. Gary S. Calabrese and Sergio Pissavini[15] established an conceptual methodology to evaluate applicability of continuous reactor in the form of reaction properties test. They measured applicability of flow reactor via series of questions. These questions covered issues in reaction properties and some requirements on process. Three "zones" that tagged with different level of applicability are defined. Different questions are included for each "zone". For any given reaction, the more answers with "yes" in the "zone", the higher possibility of this reaction to be at the level of applicability that the "zone" stands for.

3 Problem Statement

Although advantages of continuous process in pharmaceutical manufacturing are illustrated by many studies, it is still too early to claim that continuous process is the right direction to go forward. Several gaps in the literature survey are required to be focused on.

Firstly, most of process selection methodologies are confined to analyzing separate properties of reaction taken in process, rather than evaluation in a systematic way. For example, small inventory is usually identified as one of significant advantage of continuous process, however, it is possible that to achieve similar yield in the corresponding batch process, the reaction in continuous process requires more intensified conditions like higher temperature, higher pressure, and higher concentration of hazardous chemicals. Selection and comparison by independent and individual parameters without integration is not enough.

Secondly, existing comparisons between batch and continuous processes mainly focus on economic aspect, while lacking combination of safety issue and other important aspects from real production. Although the driving force for the application of this novel process is the economic interests, safety issues directly determine its feasibility. A choice between batch and continuous process needs to be made based on business performance within acceptable safety levels. Those comparisons that merely consider the profits are not enough.

Thirdly, the existing studies are limited to fixed production system. Potential problems in a different scale are not considered. In the pharmaceutical industry, gradually increasing production scales is required which is different from the bulk chemical industry. Hence, safety of process conditions needs to be guaranteed for all scale production. Comparison only based on fixed scale is not comprehensive.

Therefore, the primary objective of this study is to provide a comprehensive and systematic comparison between batch and continuous process used in pharmaceutical industry. Then on the basis of this analysis, this study will evaluate how main factors considered in Dow F&EI impact the safety level for these two different processes. Finally, this study will provide support to further improve existing methodology for process screening and selection for pharmaceutical industry.

It is worth mentioning that there are other risks such as chemical exposure for pharmaceutical manufacturing, however, this study mainly focuses on potential fire, explosion and reactivity incident. In addition, comparison in this study focuses on intrinsic properties of the reaction and process which are the major hazards of the reaction system. Therefore, other factors like loss control measures and emergency equipment are supposed to be effective for both batch and continuous systems.

4 Methodology

To measure the realistic fire, explosion and reactivity potential of batch and continuous process, Dow's Fire and Explosion Index (F&EI) methodology is applied as hazard index in this study, since it is the most widely used hazard index that recognized by the chemical industry[18].

From the first edition of Dow's Fire & Explosion Index Hazard Classification Guide in 1964, this index has been continuously improving though the past 50 years. The last version is the seventh edition that published in 1994. The purposes of this index include forecasting quantitative damage of potential explosion, reactivity incidents and fire; determining hazardous equipment which is possible to give rise to incidents in the system; conveying this F&EI risk potential to related managements and organizations. Since the aim of this study is to identify major hazard that affect selection, application of Dow F&EI will be mainly focus on its function of hazard identification.

In the Dow's Fire & Explosion Index Hazard Classification Guide, economic analysis is confined to financial loss after an incident. Correlation between safety and economic gain from production is not built. Actually, this kind of connection could be established via yield of reactions and geometry and inventory of units, since these factors take important role in both safety assessment and process gain. In the current study, this correlation between safety and profit is constructed on the foundation of Dow's Fire & Explosion Index.

5 Case Study I: Benzimidazole Derivative Synthesis

5.1 overview

Benzimidazole derivative is an important type of intermediates in pharmaceutical industry. It is widely exhibited in a variety of pharmaceutical substance, such as proton pump inhibitors, antimicrobials, antivirals, anticancer, anti-inflammatory, hormone modulators as well as depressants, antidiabetics and so on[22]. Famous drug with benzimidazole nucleus includes Omeprazole and Albendazole. Omeprazole is used to treat gastroesophageal reflux disease and peptic ulcer disease[23], and Albendazole is an effective drug in treatment of various parasitic worm infestations[24].

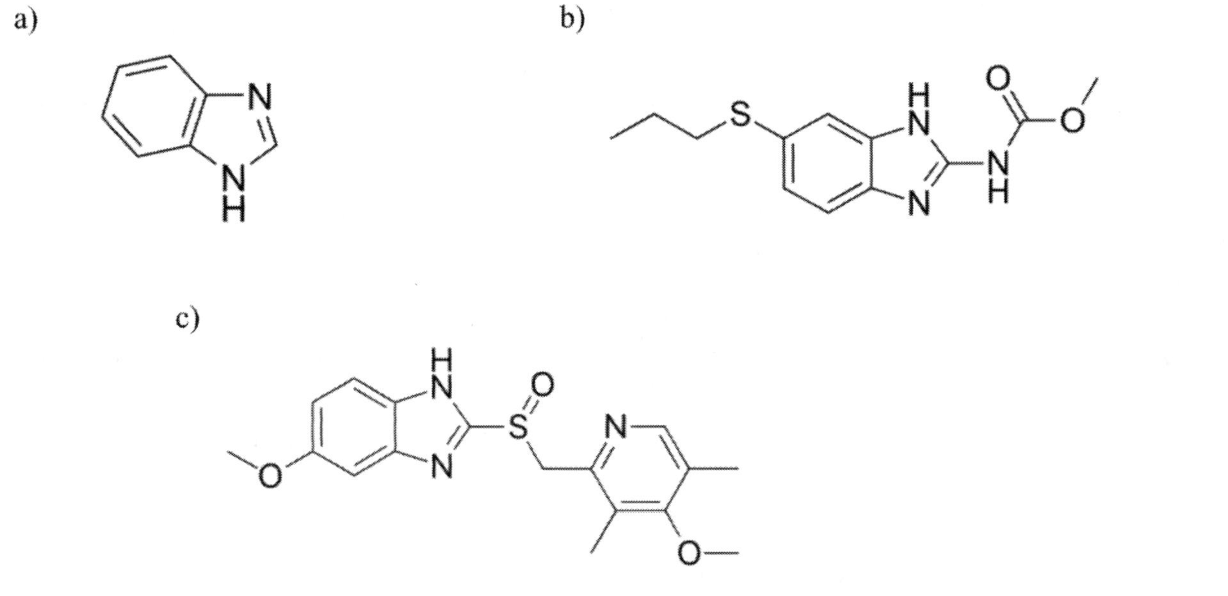

Figure 1. a) Molecular Structure of Benzimidazole, b) Molecular Structure of Albendazole, c) Molecular Structure of Omeprazole

2-methyl benzimidazole is a pharmaceutical-potential substance that belongs to this benzomidazole ring system. The condensation of o-phenylenediamines with carboxylic acids is one of the most common synthesis route for 2-methyl benzimidazole[25]. Conditions and production comparisons of o-phenylenediamines condensation by batch vs. continuous processes are showed in Table 1. These fundamental parameters are used for safety evaluation by Dow's F&EI in the following study.

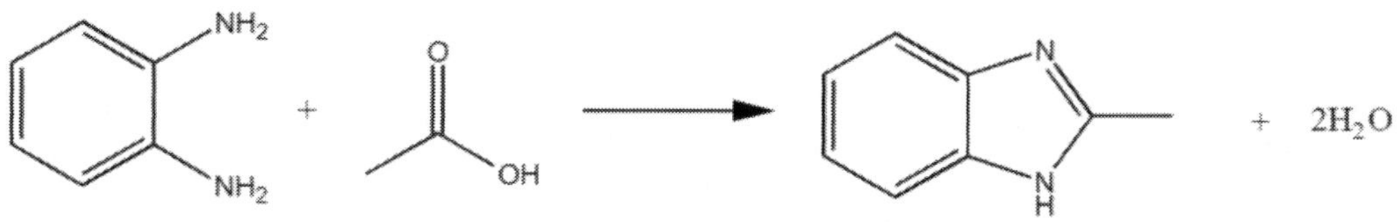

Figure 2. Synthesis of 2-methyl Benzimidazole by Condensation of o-phenylenediamine

Table 1. Production Conditions of Batch and Continuous Processes for Synthesis of 2-methyl benzimidazole

	Batch Process	Continuous Process
Temperature (℃)	200	270
Pressure (psi)	145	1885
Reaction Time (min)	5	0.5
Yield (%)	98	94
Substrate Concentration (M)	5	1
Reaction Volume (ml)	1000	4

In order to concentrate on study in intrinsic differences between two processes, and simplify the hazard identification in F&EI, several assumptions are adopted:

1. The reaction mass is perfect mixed in reactors;
2. Adjunct cooling systems in both processes are in perfect performances;
3. Emergency equipment is same and in perfect performances in both processes;
4. Scalabilities of both processes are good enough that reaction conditions remain same in all scales.

5.2. Safety Comparison Result

The comparison is conducted based on material properties and process features. Related explanation is stated below.

5.2.1. comparison on material

In this study, impacts from intrinsic properties of reactants are same for both processes. Material factors of all substances are listed in Table 2. According to Dow's Fire and Explosion Index Hazard Classification Guide, impact from the most hazardous material dominates the material factor of the whole process, therefore only impact from acetic acid is considered for both processes. In addition, although temperatures and composition are different in two processes and may lead to different chemical properties, these features are neglected in this part and contained in process comparison.

Table 2. Material Factor for Batch and Continuous Reactor

	Batch Reactor	Continuous Reactor
o-phenylenediamine	10	10
2-methylbenzimidazole	1	1
Acetic Acid	14	14

5.2.2. comparison on process

First of all, it's worth mentioning that albeit lots of distinctions exist between batch and continuous processes, comparisons in this study are confined to synthesis in reactor on account of its core role in the whole process: operation mode of reactor – continuously or intermittently – determines whether the process is continuous or not from the start. Therefore, the reactor is selected as the pertinent process unit without conventional unit screening procedure.

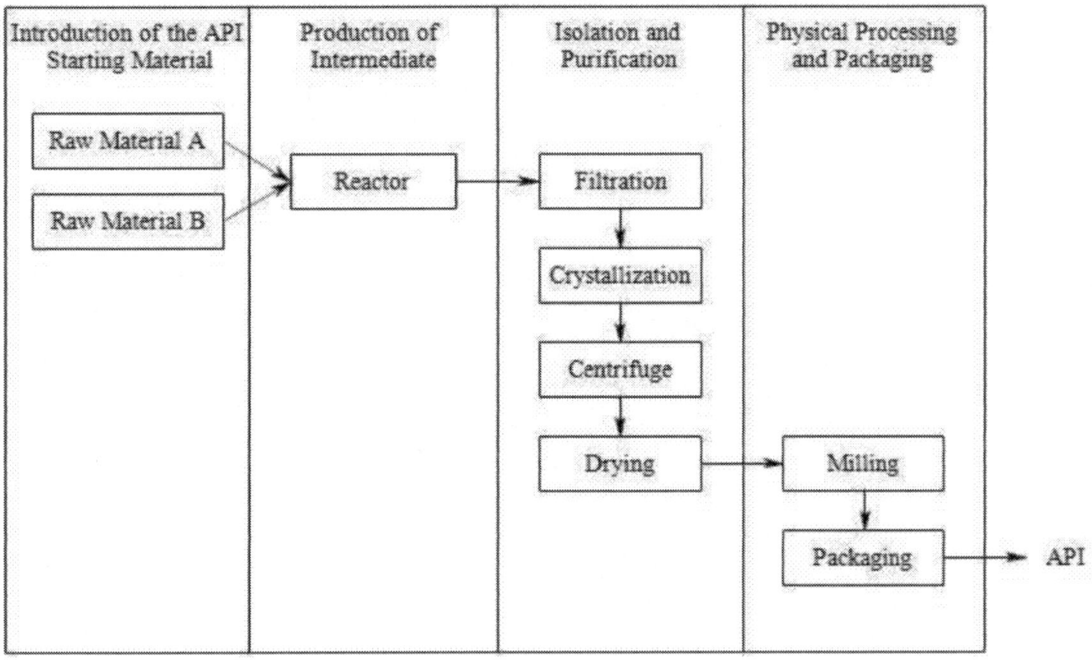

Figure 3. Procedure for Pharmaceutical Production

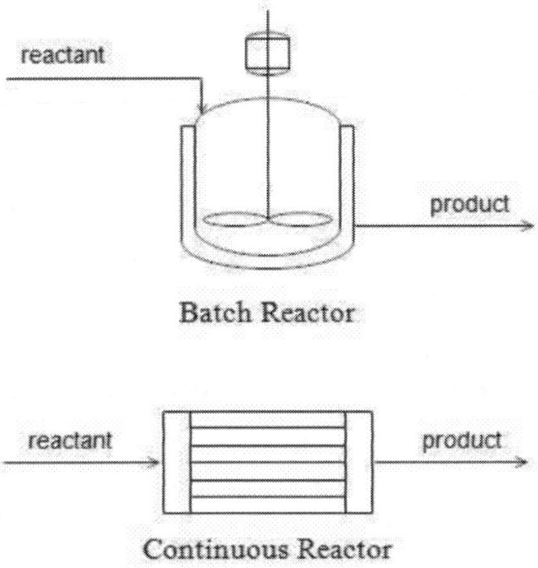

Figure 4. Differences in Structure between Batch and Continuous Reactors

On the foundation of safety evaluation by Dow's Fire & Explosion Index, quantitative judges between batch and continuous process are illustrated through comparison in sensitivity and productivity within safety consideration.

This sensitivity analysis focus on correlation between safety level and inventory of reactor. Inventory of unit plays an important role in the safety. In addition, this sensitivity analysis can also provide supportive information for scaling up procedure.

Inventory of unit plays an important part in the safety via quantity of flammable or unstable material. This potential is considered in both the General Process Hazards (F1) and the Special Process Hazards (F2) according to Dow's F&EI Hazard Classification Guide. In general, more the flammable or unstable material, higher the risk of fire and explosion within the process. For different unit (process unit or storage unit) and different phase (liquid, gas or solid), different correlation formula between inventory and penalty is given in the Special Process Hazards (F2) part of the Dow's F&EI Guide. Moreover, other issues such as whether these materials are processed indoor or outdoor, what's the temperature to handle these materials influences the safety level as well. These questions are included in the General Process Hazards (F1) part.

In this sensitivity analysis, F&EI that combines both the general and the special process hazards is expressed as a dependent variable that changes with the variation of total inventory of reactor. Other operation conditions remain the same for different inventory. Correlations between the F&EI and material inventory for batch and continuous process are shown in the Figure 5.

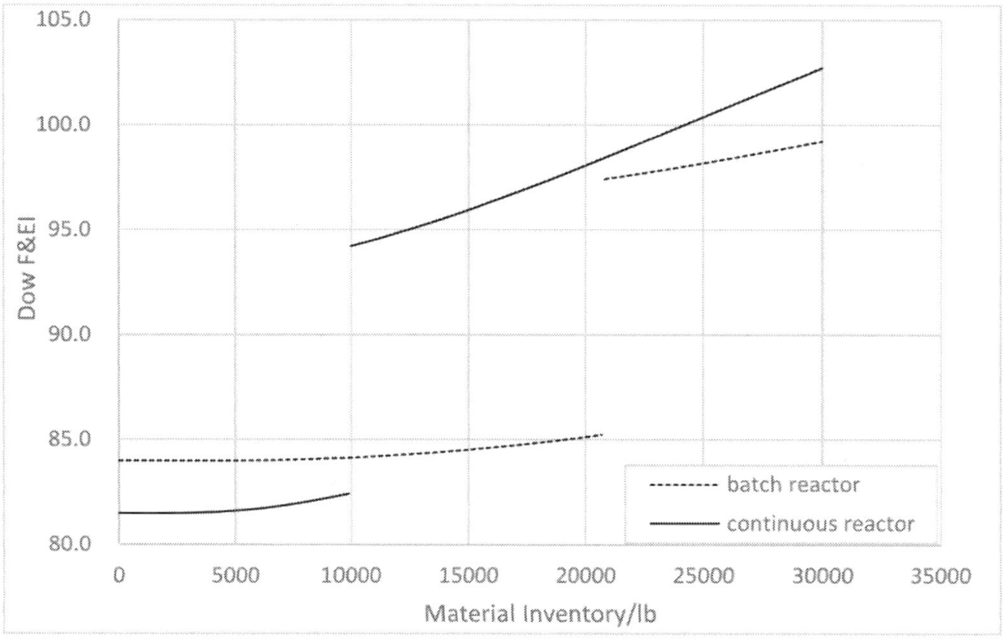

Figure 5. Analysis of Sensitivity to Inventory for Batch and Continuous Reactors Based on 2-methyl Benzimidazole Synthesis

for 0 lb < Inventory < 10000 lb:

F&EI of batch reactor is slightly greater than continuous reactor. This difference mainly comes from difference in usage of stirrer and reaction pressure. Due to requirement for homogeneous mixture, stirrer is necessary in batch reactor, while such a stirrer is not needed (or not allowed) in a continuous tubular reactor. Thus, stirrer, as a hazardous rotating equipment, adds extra penalty to batch process. As for difference in pressure, higher penalty is given to continuous process for its intensified condition. From the result, influence from rotating equipment is greater than that from pressure in this case.

Another observation is that, the magnitude of the difference in the F&EI between two reactors decreases with the growing inventory. This trend stems from the increasing impact from quantity of hazardous material. When inventory approaches zero, difference in F&EI is mainly caused by stirrer and distinct pressure aforementioned. As inventory increases, influence from unstable material extends. This influence depends on composition of mixture, or more specifically, concentration of acetic acid that defines the Material Factor (MF). Based on information of reactions, molar concentrations of acetic acid in batch and continuous reactor are 8.31M and 15.66M respectively. Thus, for similar total inventory, penalty from hazardous material in continuous reactor is greater than batch reactor.

when 10000 lb < Inventory < 20833 lb:

F&EI of continuous reactor is signally higher than batch reactor, and this difference grows along with the increasing inventory. In this range, part of influences come from rotating equipment, pressure and increasing inventory that mentioned above. More importantly, quantity of flammable and unstable liquids handled above boiling point exceeds threshold of 10,000lb for continuous reactor, therefore give a vertical rise to F&EI for continuous reactor, as shown in the Figure 5. This threshold is illustrated clearly in Dow's F&EI Hazard Classification Guide: when quantity of flammable and unstable liquids above its boiling point is less than 10,000 lb, a penalty of 0.60 is determined. A penalty of 0.90 is given when this liquids quantity above its boiling point is greater than 10,000 lb. In this case study, operation temperature of continuous reactor (270℃) is higher than boiling point of both o-phenylenediamine (257℃) and acetic acid (118℃), while operation temperature of batch reactor (200℃) merely higher than boiling point of acetic acid (118℃). Therefore, for inventory in the range of 10,000lb to 20833lb, total mass in continuous reactor is defined as unsafe, while merely acetic acid mass is defined as unsafe in the batch reactor. This divergence leads to different penalty in this range of inventory.

when 20833 lb < Inventory < 30000 lb:

F&EI of batch reactor drastically increases. However, F&EI of continuous reactor is still slightly greater than batch reactor, and the magnitude of this difference increases with the growing inventory.

This vertical rise in the F&EI of batch reactor is also caused by critical quantity of material above the boiling point. When total quantity in batch reactor goes beyond 20,833lb, quantity of flammable and unstable substance - acetic acid - also goes beyond threshold of 10,000 lb. Thus, penalty from material above boiling point is similar for both of processes.

The higher F&EI of continuous reactor originated from quantity of flammable and unstable material in this range of inventory. Since higher concentration of acetic acid is applied in continuous reactor, more proportion of substance is identified as unsafe for continuous reactor, thus higher penalty is given. This explanation is similar to that in range of low inventory (< 10,000 lb). However, unlike appearance in the low inventory range, influence from these flammable and unstable materials exceeds impact from pressure and stirrer. Therefore, continuous reactor becomes more dangerous for this range of total inventory.

It's worth mentioning that higher inventory is not considered here. Upper limit of inventory (30,000 lb) is set based on the general highest inventory of reactor used in pharmaceutical manufacturing.

Degree of hazard for batch versus continuous reactor used in this case study is shown in Table 3. In the range of inventory investigated, batch reactor is identified as moderate hazardous for a broader range of inventory, while continuous reactor is identified as intermediate hazardous for a broader range of inventory. Even so, It's worth mentioning that the F&EI values for both reactors are in a relative safe range (F&EI > 128 indicates heavy even severe hazard).

Table 3. Degree of Hazard for Batch and Continuous Reactors

Material Inventory X	Batch Reactor	Continuous Reactor
X < 15,152 lb	Moderate	Moderate
15,152 lb < X < 20,833 lb	Moderate	Intermediate
20,833 lb < X < 30,000 lb	Intermediate	Intermediate

In summary, F&EI for both batch and continuous reactors increase as material inventory increases. Moreover, F&EI of continuous reactor is more sensitive to change of inventory comparing to batch reactor. This higher sensitivity caused by comprehensive influence from higher concentration of unstable and flammable material, higher operation temperature and higher pressure it applied.

Evaluation in this part mainly focuses on safety of batch versus continuous process base on productivity considerations. Emphasis on productivity scale of this study primary comes from flexibility required for pharmaceutical production. Pharmaceutical industry is highly supply driven. Requirement on production rate is changed according to demand of market all the time. Therefore, better understanding on correlation between safety and productivity provides practicable support for research in process selection.

To approach this target, safety level is evaluated for the process at the same productivity capacity. In this part, F&EI is regarded as indicator for safety evaluation as above. Annual production is set as indicator for productivity. Related formula is shown below.

General calculations for productivity capacity are:

$$\text{Annual Production} = \text{Product Yield} \times \text{Annual Operation Time}$$

$$\text{Product Yield} = \text{Mass Flow of Reagent} \times \text{Conversion}$$

Mass flow is supposed to be proportional to reactor volume as set in the laboratory trial.

According to definition of fine chemical, annual production of fine chemical is limited to 1,000 tons per year[26]. Therefore, 1,000 tons per year is set as the upper limit in this evaluation.

As for product yield and annual operation time, the former is provided in Table 1, and expression for the latter is formed referring to the normal operation time[27].

Annual operation time for batch reactor is:

$$\text{Annual Operaton Time} = 300\ \text{day/yr} \times 24\ \text{hr/day}$$

Annual operation time for continuous reactor is:

$$\text{Annual Operation Time} = 8000\ \text{hr/yr}$$

Normally, in pharmaceutical industry, multi products are produced in one production line. Therefore, the same product cannot occupy the producing line for the whole year. In this study, 2-methyl benzimidazole is assumed to be produced in 2 months of one year.

In addition, circulating time in batch reactor need to be considered. According to the literature[11], the ratio of reaction time to total operation time for this reaction is shown below. Excepted reaction, other operations include filling, cleaning and cooling and other additional work.

$$\frac{\text{Reaction Time}}{\text{Total Operation Time}} = 0.185$$

Based on these formulas and assumptions, correlation between annual productions and F&EI is shown in the Figure 6.

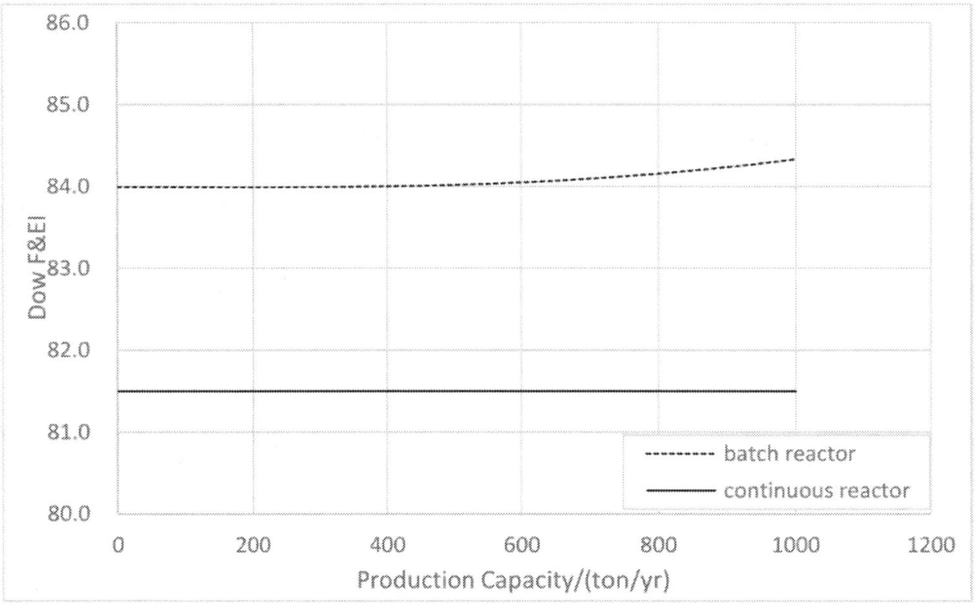

Figure 6. Analysis of Safety Based on Production for Batch and Continuous Reactors Based on 2-methyl Benzimidazole Synthesis

According to the Figure 6, F&EI value is constant in the range of practicable annual production (0 ~ 1000 tons per year). Plus, the F&EI for both reactors corresponds to a moderate level of hazard (61 < F&EI < 96).

This low F&EI resulted from relatively low demand for production. According to the sensitivity analysis, F&EI for both batch and continuous reactor increase as material inventory increases. Both processes could be intermediate hazardous once its inventory is higher than a specific value. However, these values are unapproachable in practical pharmaceutical manufacturing. Since demand for fine chemical, always less than 1,000 tons per year, confines scale of production.

Another observation is that, the F&EI of continuous reactor is always lower than that of batch reactor for same production. Plus, slight rise appears for batch reactor when production capacity exceeds 500 tons per year. These appearances predicate consistent superiority in safety for continuous reactor than batch reactor. Explanation is stated below:

Firstly, as stated in the sensitivity analysis, settled elements, such as operation pressure, temperature and use of rotating equipment, take major account for the difference at small-scale production. Advantages of continuous process in these aspects determine its superiority in small-scale pharmaceutical production.

Secondly, continuous reactor possesses higher space-time yield compared to batch reactor. This advantage stems from the intrinsic property of continuous operation mode - the low residence time and high flow throughput. That is to say, it costs fewer time and lower inventory for continuous reactor to produce same amount of product than batch reactor. These benefits in production efficiency influence safety level indirectly but significantly: Smaller inventory means fewer unstable materials in process, and shorter operation time means less chance to fail. This point is not considered in separate safety evaluation, but can be clearly illustrated by correlation between production capacity and F&EI. In this case, when demand on production growing, demand on inventory grows faster for batch reactor than continuous reactor. This faster rise in inventory lead to faster rise in amount of unstable material in process so as to the faster rise in F&EI value. It explains why slight rise appears for batch reactor when production capacity exceeds 500 tons per year.

In fact, the comparable batch and continuous reactor are rarely at the same level of volume. Referring to literature, for commercial production of fine chemical, the volumes of continuous reactor are usually in a range of 0.1 to 3 liter, while the volume of batch reactor is usually around the range of 2 to 10 cubic meters[6]. For this case, based on assumption of same annual production, ratio of batch reactor inventory and continuous reactor inventory is as much as one hundred.

6 Case Study II: Oxidation with Hydrogen Peroxide

6.1. overview

Hydrogen peroxide is one kind of widely used oxidation agent in pharmaceutical production. Typical reaction involving hydrogen peroxide includes Baeyer–Villiger oxidations for synthesis of lactone[9], N-oxidation of alkyl pyridine for synthesis of alkyl pyridine N-oxidant[28] and benzylic hydro-peroxide rearrangement for synthesis of Brivanib alaninate[29].

This common oxidation agent is also used in production of peracetic acid. Peracetic acid is produced via oxidation of acetic acid by hydrogen peroxide with sulfuric acid as the catalyst. Conditions for peracetic acid production by batch vs. continuous process are showed in Table 4[30].

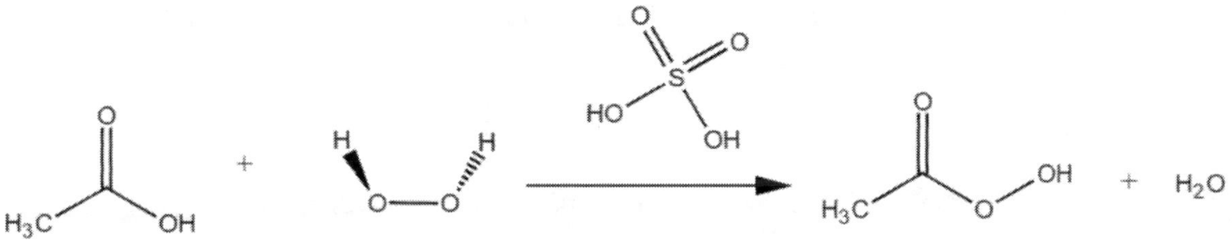

Figure 7. Synthesis of Peracetic Acid by Oxidation of Acetic Acid

Table 4. Production Conditions of Batch and Continuous Process for Synthesis of Peracetic Acid

	Batch Process	Continuous Process
Temperature (℃)	60	80
Pressure (psi)	14.5	14.5
Reaction Time (min)	30	15
Yield (kg/h)	170	20
Acetic Acid Concentration (M)	7.3	7.3
Reaction Volume (L)	4000	10

Assumption for this case study is listed below:

1. The reaction mass is perfect mixed in reactors.
2. Since the temperature for decomposition of hydrogen peroxide in peracetic acid synthesis reaction is higher than 120 ℃ [31], which is larger than operation temperature for both processes in the case study, decomposition of hydrogen peroxide is assumed to be inexistent.
3. Sulfuric acid is dissociated completely to H^+ and HSO_4^-, in addition, concentration of H^+ is assumed to be constant of 0.67 mol/L during the reactions for both processes.
4. Influence from sulfuric acid is not considered in safety evaluation.
5. Emergency equipment and cooling system are perfectly performed for both of processes.
6. Scalabilities of both processes are good enough that reaction conditions remain same in all scales.

6.2. safety comparison result

The comparison is conducted based on material property and process feature. Related explanations are stated in the following paragraph.

6.2.1. comparison on material

In this case, impact from material within the reactor is same for both of processes. Material factors for reactants involved are listed in Table 5. According to Dow's Fire and Explosion Index Hazard Classification Guide, influence from the most hazardous material dominates the material factor. Although material factor values are same for hydrogen peroxide and peracetic acid, since concentration of hydrogen peroxide is higher than peracetic acid, hydrogen peroxide is chosen to be the dominant material. Therefore, only impact from hydrogen peroxide is considered for both processes. Change on substances' property from temperatures are neglected in this part and reconsidered in process comparison.

Table 5. Material Factor for Batch and Continuous Reactor

	Batch Reactor	Continuous Reactor
Acetic Acid	14	14
Hydrogen Peroxide	24	24
Peracetic Acid	24	24

6.2.2. comparison on process

The major difference between these two production processes come from distinctions in reaction conditions and reactor constructions. These differences are shown in Table 4. Based on safety evaluation by Dow's Fire & Explosion Index, quantitative judges between batch and continuous process are illustrated through comparison in sensitivity and productivity within safety consideration.

Procedure for sensitivity comparison is the same as the first case study. Correlations between the F&EI and material inventory for batch and continuous process are shown in the Figure 8.

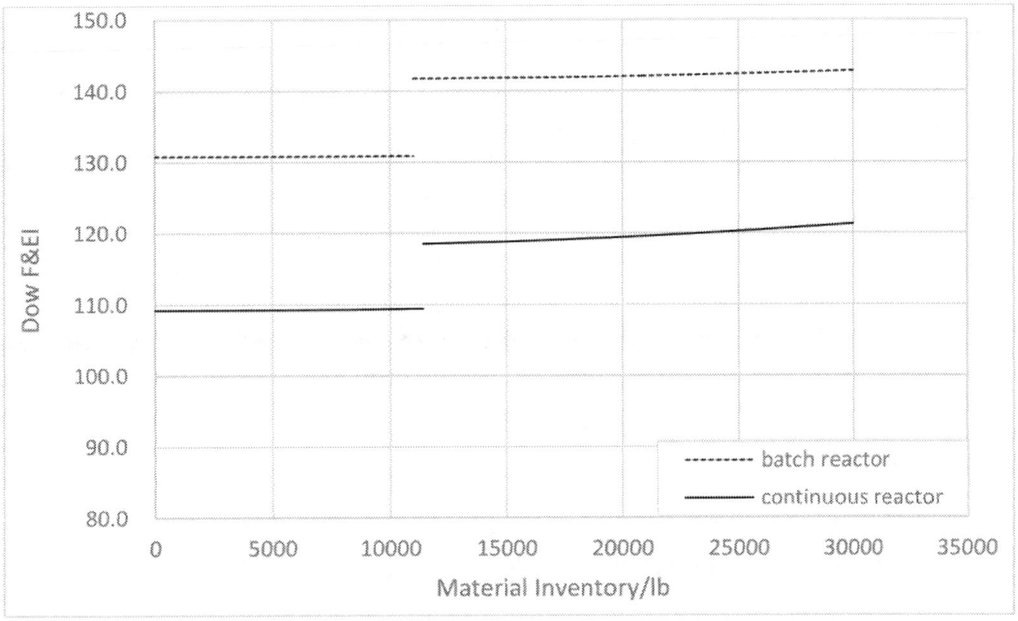

Figure 8. Analysis of Sensitivity to Inventory for Batch and Continuous Reactors Based on Peracetic Acid Synthesis

for 0 lb < Inventory < 11000 lb:

F&EI of batch reactor is larger than continuous reactor. This difference is almost caused by usage of stirrer in batch reactor. Application of such a rotating equipment increases penalty for batch process.

when 11000 lb < Inventory < 11430 lb:

F&EI of batch reactor is still higher than continuous reactor, but this difference grows drastically due to the sharp transition in F&EI of batch reactor. This transitions are caused by quantity of flammable liquids that handled above flashing point exceeds threshold of 10,000lb. This threshold is illustrated clearly in Dow's F&EI Hazard Classification Guide: when quantity of flammable liquids above their flashing point is less than 10,000 lb, a penalty of 0.30 is determined. A penalty of 0.45 will be given when this quantity of flammable liquids above their flashing point is larger than 10,000 lb. For peracetic acid production, operation temperature for batch reactor (60℃) and continuous reactor (80℃) is higher than flashing point of both acetic acid (39℃) and peracetic acid(40.5℃). Therefore, the value of inventory for higher penalty is determined by compositions of peracetic acid and acetic acid in reactors. Since concentrations of these two materials is slightly higher for batch comparing to continuous reactor, batch reactor approaches this transition in F&EI at a smaller total inventory.

when 11430 lb < Inventory < 30000 lb:

F&EI of continuous reactor exceed the transition caused by quantity of unsafe material above flashing point. However, it is still lower than F&EI of batch reactor.

Compared to the first case study, value of slope for both processes is similar low. It results in the consistent superiority of continuous reactor in safety level compared to batch reactor. This similarity in slopes comes from similarity in operation conditions. Differences only appear in operation temperature and hydrogen peroxide concentration. These differences are not such significant that lead to huge divergence between slopes. Thus, difference in F&EI value between two reactors does not change along with increasing inventory.

Degree of hazard of this case study is exhibited in Table 6. Although marked transitions appears for both reactor, safety levels for two reactors do not change based on scaling up of reactor size. The safety levels are majorly decided by settled parameters, such as operation pressure and usage of stirrer. These parameters do not change with inventory as variable. Hence, inventory does not play a significant role in judgement on degree of hazard.

Table 6. Degree of Hazard for Batch and Continuous Reactors

Reactor Type	Batch Reactor	Continuous Reactor
Degree of Hazard	Heavy	Intermediate

In sum, F&EI for both batch and continuous reactor increase as material inventory increases due to the increases of quantity above flashing point. However, since operation conditions are relatively mild and similar for these two reactors, both reactor do not exhibit high sensitivity when inventory is growing gradually.

For evaluation based upon productivity, assumption for practical production are set as following:

1. Confined by the conversion of this reaction route and volume of reactor, upper limit for annual production is settled to be 580 tons per year.
2. Same as the first case study, referring to normal operation time for this two operation mode[27], annual operation time for batch reactor is 8760 hour per day, and annual operation time for continuous reactor is 8000 hour per day.
3. Peracetic acid is assumed to be produced for 2 months in one year.
4. According to the literature[30, 32], the ratio of reaction time to total operation time for this reaction is 0.143

Based upon these formulas and assumptions, correlation between annual productions and F&EI is shown in the Figure 9.

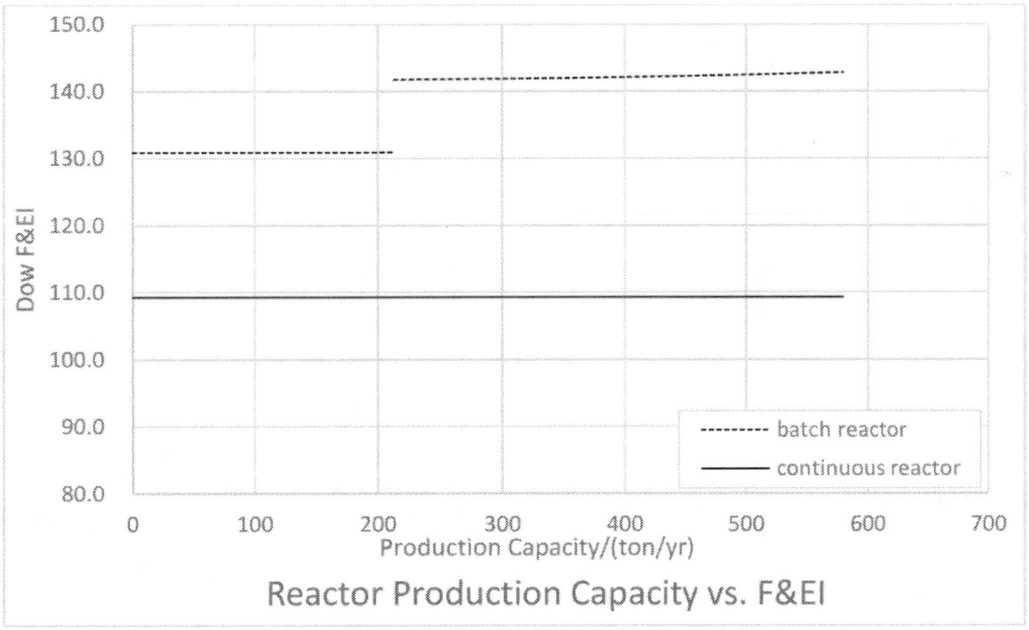

Figure 9. Analysis of Safety Based on Production for Batch and Continuous Reactors Based on Peracetic Acid Synthesis

According to the Figure 9, F&EI is stabilized at 109 in the range of practicable annual production for continuous reactor. For batch reactor, the F&EI value rise drastically when the annual production is higher than 220 tons per year.

For the batch production mode, relatively low production efficiency leads to substantial increase in reactor volume when demand on production grows. This increase in reactor volume is so significant that exceed the threshold for large quantity of flammable and unstable material above flashing point. Therefore, the F&EI value jump from 131 to 143 when the annual production is higher than 220 tons per year.

For continuous production mode, high production efficiency causes only a few change in volume hence only few change in F&EI in as well. This difference in F&EI between batch and continuous reactor means that, to produce the same amount of peracetic acid in the given period, the volume of continuous reactor is much smaller than batch reactor.

7 Result Summary

Figure 10 represents the comparisons of two case studies. The X-axis represents two different case studies, and the Y-axis represents the average Dow's F&EI value which can be used to define the degree of hazard.

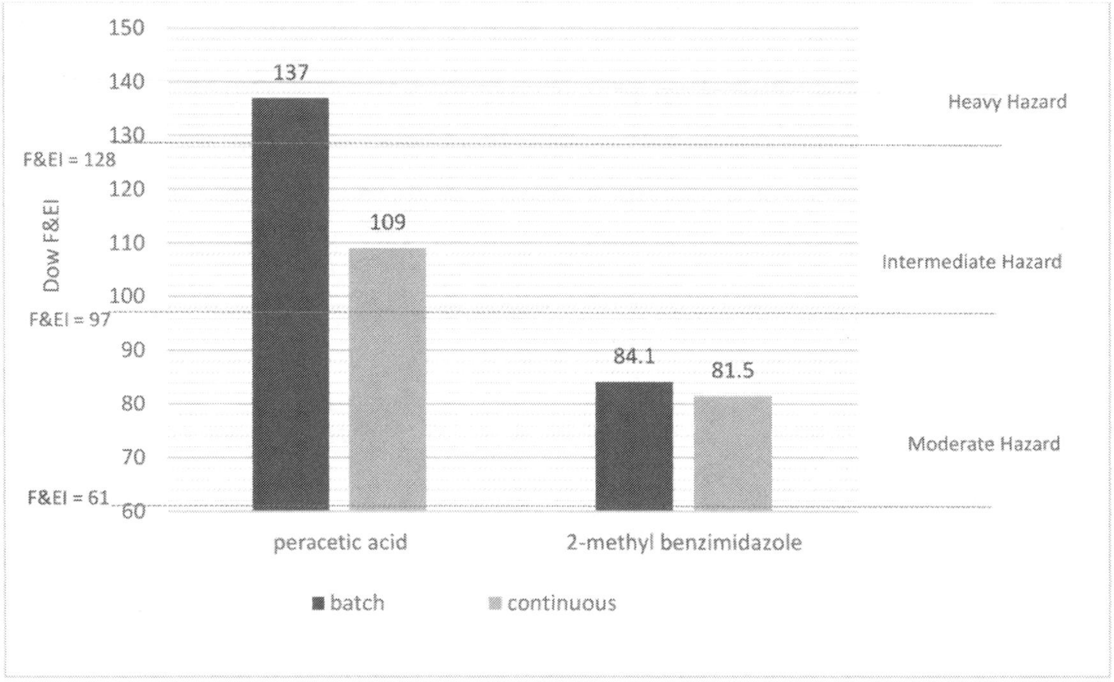

Figure 10. Comparison of Safety Level by Batch and Continuous Productions for Two Case Studies

Regardless of the reactor type, the safety level is predetermined by properties of the synthesis reaction. Although distinctions in F&EI appear when using different reactors for both cases, peracetic acid production is generally more hazardous than 2-methyl benzimidazole production, no matter which reactor it uses. This higher level of danger comes from the intrinsic properties, which consist of the flammability and reactivity of the chemicals involved in the synthesis of peracetic acid.

Taking batch and continuous reactors into consideration, distinction in F&EI comes from the differences in operation conditions and production efficiency. These varying factors such as temperature, pressure, and yield do not influence F&EI as individual factors. Instead, they are correlated and impact the F&EI as an ensemble. Difference in these ensemble decides the variance in F&EI value between reactors, then determines to which extent the selection of reactor can make a difference. For this study, the variance in F&EI value between batch and continuous reactor is greater for peracetic acid production (variance in F&EI = 28) than 2-methyl benzimidazole production (variance in F&EI = 2.6). Therefore, selecting a reactor is more important for peracetic acid comparing to 2-methyl benzimidazole production.

The importance of choosing a reactor is different for the two cases, the F&EI value for a continuous reactor is lower than a batch reactor for both of these cases. This consistency exhibits the superiority of a continuous reactor in safety.

8 Conclusion

A comprehensive comparison between the batch and continuous process used in the pharmaceutical industry based upon Dow's F&EI is made in this study. Two typical pharmaceutical productions, the production of 2-methyl benzimidazole and the production of peracetic acid are analyzed. Safety levels for batch and continuous reactors are compared based on both inventory and annual production being used as variables. The conclusions on the foundation of these two case studies are stated below:

1. The comparison of batch versus continuous processes in the pharmaceutical industry is complex. It's determined by reaction properties, operation conditions, structures of equipment, production efficiency, scale of production, and many other factors. To get a conclusive comparison between these two production modes, more systematic studies based on the integrated batch and continuous process need to be conducted for safety consideration.

2. Just focusing on the reactor in which part of API synthesis occurs, the continuous reactor is more sensitive to inventory in general. The magnitude of this sensitivity is determined by operation conditions such as operation temperature, operation pressure and concentration of hazardous material. This sensitivity to inventory might lead to problems for continuous production in a relatively large scale.

3. However, when considering practical pharmaceutical production, which is always in a small scale (no larger than 1000 tons per year), hazardous large-volume continuous reactor is not necessary. In addition, the space time yield of continuous production mode is usually higher than the batch production mode, application of a continuous reactor is relatively safer when compared to batch reactors.

9 References

1. Plumb, K., Continuous processing in the pharmaceutical industry: changing the mind set. *Chemical Engineering Research and Design* **2005,** *83* (6), 730-738.

2. Laird, T., What Type of Reactions Do Process Chemists Use on Scale? *Organic Process Research & Development* **2006,** *10* (5), 851-852.

3. Braune, S.; Poechlauer, P.; Reintjens, R.; Steinhofer, S.; Winter, M.; Lobet, O.; Guidat, R.; Woehl, P.; Guermeur, C., Selective nitration in a microreactor for pharmaceutical production under cGMP conditions. *Chimica oggi* **2009,** *27* (1), 26-29.

4. Proctor, L. D.; Warr, A. J., Development of a Continuous Process for the Industrial Generation of Diazomethane1. *Organic process research & development* **2002,** *6* (6), 884-892.

5. Roberge, D. M.; Gottsponer, M.; Eyholzer, M.; Kockmann, N., Industrial design, scale-up, and use of microreactors. *Chemistry Today* **2009,** *27* (4), 8-11.

6. Hessel, V.; Vural Gürsel, I.; Wang, Q.; Noel, T.; Lang, J., Potential analysis of smart flow processing and micro process technology for fastening process development: use of chemistry and process design as intensification fields. *Chemical Engineering & Technology* **2012,** *35* (7), 1184-1204.

7. Schaber, S. D.; Gerogiorgis, D. I.; Ramachandran, R.; Evans, J. M.; Barton, P. I.; Trout, B. L., Economic analysis of integrated continuous and batch pharmaceutical manufacturing: a case study. *Industrial & Engineering Chemistry Research* **2011,** *50* (17), 10083-10092.

8. Jolliffe, H. G.; Gerogiorgis, D. I., Plantwide design and economic evaluation of two continuous pharmaceutical manufacturing (CPM) cases: ibuprofen and artemisinin. *Computers & Chemical Engineering* **2016,** *91*, 269-288.

9. Gutmann, B.; Cantillo, D.; Kappe, C. O., Continuous - Flow Technology—A Tool for the Safe Manufacturing of Active Pharmaceutical Ingredients. *Angewandte Chemie International Edition* **2015,** *54* (23), 6688-6728.

10. Wakami, H.; Yoshida, J.-i., Grignard exchange reaction using a microflow system: from bench to pilot plant. *Organic process research & development* **2005,** *9* (6), 787-791.

11. Damm, M.; Glasnov, T. N.; Kappe, C. O., Translating high-temperature microwave chemistry to scalable continuous flow processes. *Organic Process Research & Development* **2009,** *14* (1), 215-224.

12. Schaber, S. D.; Gerogiorgis, D. I.; Ramachandran, R.; Evans, J. M. B.; Barton, P. I.; Trout, B. L., Economic Analysis of Integrated Continuous and Batch Pharmaceutical Manufacturing: A Case Study. *Ind Eng Chem Res* **2011,** *50* (17), 10083-10092.

13. Roberge, D. M.; Ducry, L.; Bieler, N.; Cretton, P.; Zimmermann, B., Microreactor technology: A revolution for the fine chemical and pharmaceutical industries? *Chem Eng Technol* **2005,** *28* (3), 318-323.

14. Hartman, R. L.; McMullen, J. P.; Jensen, K. F., Deciding Whether To Go with the Flow: Evaluating the Merits of Flow Reactors for Synthesis. *Angew Chem Int Edit* **2011,** *50* (33), 7502-7519.

15. Calabrese, G. S.; Pissavini, S., From Batch to Continuous Flow Processing in Chemicals Manufacturing. *Aiche J* **2011,** *57* (4), 828-834.

16. Kletz, T. A., What you don't have, can't leak. *Chemistry and Industry* **1978,** *6*, 287-292.

17. Kletz, T. A., *Plant design for safety: a user-friendly approach.* Taylor & Francis: 1991.

18. Fire, D., Explosion Index Hazard Classification Guide. *AICHE New York* **1994**.

19. Lawrence, D. Quantifying inherent safety of chemical process routes. © Duncan Lawrence, 1996.

20. Heikkilä, A.-M., *Inherent safety in process plant design: an index-based approach.* VTT Technical Research Centre of Finland: 1999.

21. Gentile, M.; Rogers, W.; Mannan, M., Development of a fuzzy logic-based inherent safety index. *Process Safety and Environmental Protection* **2003,** *81* (6), 444-456.

22. Bansal, Y.; Silakari, O., The therapeutic journey of benzimidazoles: a review. *Bioorganic & medicinal chemistry* **2012,** *20* (21), 6208-6236.

23. omeprazole. https://www.drugs.com/monograph/omeprazole.html.

24. albendazole. https://www.drugs.com/monograph/albendazole.html.

25. Patil, A.; Ganguly, S.; Surana, S., A systematic review of benzimidazole derivatives as an antiulcer agent. *Rasayan J Chem* **2008,** *1* (3), 447-460.

26. Patt, R.; Kordsachia, O.; Süttinger, R.; Ohtani, Y.; Hoesch, J.; Ehrler, P.; Eichinger, R.; Holik, H.; Hamm, U.; Rohmann, M., Ullmann's encyclopedia of industrial chemistry. Wiley: 2002.

27. Annual Production. http://www.eng-tips.com/viewthread.cfm?qid=389883.

28. Pineda-Solano, A.; Saenz-Noval, L.; Nayak, S.; Waldram, S.; Papadaki, M.; Mannan, M. S., Inherently safer reactors: Improved efficiency of 3-picoline N-oxidation in the temperature range 110–125° C. *Process Safety and Environmental Protection* **2012,** *90* (5), 404-410.

29. LaPorte, T. L.; Spangler, L.; Hamedi, M.; Lobben, P.; Chan, S. H.; Muslehiddinoglu, J.; Wang, S. S., Development of a Continuous Plug Flow Process for Preparation of a Key Intermediate for Brivanib Alaninate. *Organic Process Research & Development* **2014,** *18* (11), 1492-1502.

30. Ebrahimi, F.; Kolehmainen, E.; Turunen, I., Safety advantages of on-site microprocesses. *Organic Process Research & Development* **2009,** *13* (5), 965-969.

31. Kadla, J. F.; Chang, H., The reactions of peroxides with lignin and lignin model compounds. ACS Publications: 2001.

32. Ebrahimi, F.; Kolehmainen, E.; Oinas, P.; Hietapelto, V.; Turunen, I., Production of unstable percarboxylic acids in a microstructured reactor. *Chemical engineering journal* **2011,** *167* (2), 713-717.

478238 Risk Based Decision Making Methods for Evaluating Complex Technologies, a Comparative Analysis on Pipelines and Railroad for Crude Oil Transport

Abstract:

Decision making for long-term capital intensive projects involve large number of uncertainties. Traditional risk assessments are based on probabilities which are estimated from limited data sets and provide limited flexibility for complex technologies. Further, the environment and specific conditions under which the data is obtained may be unknown and yield to erroneous extrapolations. The method proposed in this work utilizes a novel method for estimation of the risk based on the net present value of technologies and provides the basis for a decision support tool based on the expected value theorem. This is demonstrated using the case of the safety and economic crisis in onshore crude oil transport in the continental United States. The exponential growth of crude oil production in the continental United States has led to crisis in the mid-stream industry with existing pipeline infrastructure under pressure to service the increased production. This fact is reflected in the 4000% increase in the carloads in a span of five years from 2009 to 2013. This has been compounded by the volatile fluctuation in crude oil price from $100 to $30 over the past few years. This has put enormous constraints on capital decision making. Since railroad infrastructure albeit aged, already exists in many regions, loading and unloading crude oil is relatively easy and their connection to the refining centers along the Gulf of Mexico apart from sites in the east and west coast make it an option to many producers. In this paper a novel decision making model is proposed using the concept of 'Net present value' of a technology to evaluate the option between railroad and as suitable mid-stream alternatives for the transportation of crude oil. The model is built on using a prescriptive decision making technique for the quantification of factors affecting the decision, incorporating also the utility of wealth of the decision maker. Monte-Carlo simulation is further used to obtain results and trends based on variation of initial parameters. This analysis can provide a basis for making decisions given the complex environment of crude oil transport operations and can be extended to a variety of geographies given that they satisfy the requirements of the model. The method can also be further extended to other technology evaluation given appropriate factors can be identified to build the model.

479492 Key Modeling Parameters and Process Safety Information for Effective Atmospheric Dispersion Modeling

Abstract:

Dispersion modeling is an important part of Quantitative risk assessment (QRA) documentation. Dispersion modeling can be performed using commercially available software. Variety of modeling parameters and Process Safety Information (PSI) data are needed for atmospheric dispersion modeling. Some of the parameters include weather, facility geographical location, flammability and toxicity data of the service fluid, radiation intensity, software tool, and model. Some PSI data needs include process and instrumentation diagrams (PIDs), Process Flow Diagrams (PFDs), relief system evaluation documentation, Heat and Material Balance (H&MB), and equipment data sheets. This paper describes the key parameters and their selection for effective dispersion modeling.

479373 Implementation of Hazard Mitigation Solutions: Consequence Vs. Risk-Based Building Specifications

Abstract:

Implementation of Hazard Mitigation Solutions: Consequence vs. Risk-Based Building Specifications

Travis Holland, Joshua Bruce-Black

Baker Engineering and Risk Consultants

3330 Oakwell Court, Suite 100

San Antonio, TX 78218

tholland@bakerrisk.com, jbblack@bakerrisk.com

Abstract

There are various strategies to mitigate occupant vulnerability and risk after completion of a consequence based facility siting study (FSS) or quantitative risk assessment (QRA). One potentially cost-effective mitigation strategy is to focus on reducing the occupant vulnerability and risk to personnel by upgrading existing buildings or designing new buildings. A building specification is commonly used to relay a small set of building design parameters based on the results of a consequence based FSS to engineers or contractors. However, with the industry shift towards risk based studies (QRAs), there has been a growing perspective that the information required to develop an appropriate building specification is more complicated given the increased number of variables involved in a QRA. Using the development of a new control room specification as an example, this paper will compare and contrast the steps and benefits/drawbacks involved in developing an appropriate building design basis employing a consequence and risk based approach. This paper will highlight how establishing tolerance criteria, emergency response strategy, personal protective equipment (PPE), and building occupancy early in the project definition stage promotes effective streamlined communication in the specification and reduces the differences between consequence and risk-based building specifications.

Generalization of Modeling Along-Wind Dispersion

Jessica M. Morris
Tom Spicer, Ph.D., P.E.
Ralph E. Martin Department of Chemical Engineering
University of Arkansas, Fayetteville, AR
Jmm065@uark.edu

Prepared for Presentation at
American Institute of Chemical Engineers
2017 Spring Meeting and 13th Global Congress on Process Safety
San Antonio, TX
March 26 – 29, 2017

Generalization of Modeling Along-Wind Dispersion

Jessica M. Morris
Tom Spicer, Ph.D., P.E.
Ralph E. Martin Department of Chemical Engineering
University of Arkansas, Fayetteville, AR
Jmm065@uark.edu

Keywords: along-wind, dispersion, finite duration, time-varying, atmosphere, releases, modeling

Abstract

The method to model along-wind dispersion is an important aspect of currently used commercial atmospheric dispersion models when considering time-limited or time-varying releases of toxic or flammable materials. Past wind tunnel experimental data has shown the validity of this approach. Inclusion of the effects of along-wind dispersion has proven to be critically important to modeling available field-scale data with current models for such time-varying releases. Many investigators have considered modeling along-wind dispersion from a theoretical point of view as well as basic parameterization of available field test data. This paper reviews past work and proposes a non-dimensionalized parameterization which shows improved agreement with available field-scale data.

1 Introduction

Continued world-wide industrial development has brought the wide spread use of industrial chemicals, many of which are hazardous. Whether released accidentally (or intentionally), air borne hazardous chemicals effect large populations quickly as evidenced by several industrial chemical accidents (e.g., Bhopal[1], Flixborough[2], Seveso[3]). Understanding and modeling hazardous chemical releases is vital to protecting the public. Many researchers have worked to assess these hazards using physical and computational models. Predicting the potential impact of hazardous gas releases in the atmosphere is imperative to properly determine where transport, storage, and use of such chemicals should be located. In the case of an actual loss of containment, understanding where air borne chemicals can travel is important to determine the proper response to an emergency.

While models exist to address these questions, there are opportunities to improve modeling methods particularly for (realistic) finite duration and time varying hazardous gas releases, which depend strongly on parameterizing the effects of along-wind dispersion (the elongation of the cloud in the along-wind direction). Modeling methods for along-wind dispersion are frequently based on established theoretical approaches which provide guidance for analyzing currently available field scale data. This paper considers experimental data and established theoretical methods to consider how the effects of along-wind dispersion can be improved.

2 Theoretical Description

2.1 Theoretical Models

Along-wind dispersion can be calculated under many different conditions and assumptions. There have been many established theories accounting for different conditions and assumptions. Scientists choose the along-wind dispersion coefficient as either a function of time or distance. Majority of scientists choose the along-wind dispersion coefficient as a function of the friction velocity. Some of the most prominent theories about along-wind dispersion are discussed below.

2.2 Batchelor

Batchelor (1964)[4] determined the Lagrangian Similarity Hypothesis. This hypothesis relates Eulerian and Lagrangian quantities when deriving theoretical solutions to problems. Applying known properties of fluid flow to the atmosphere, Batchelor was able to establish a generalized equations under neutral stability conditions, with no restraints on maximum height, for center line concentration at ground level and wind speed dependence with height. Batchelor derived many equations that are the foundation for modern theoretical equations commonly utilized. Batchelor's relationship between turbulence in a constant stress region on a boundary layer is a function of the friction velocity and time. This relationship and the Lagrangian Similarity Hypothesis serve as a template for along-wind dispersion equations to come.

Release height can be interpreted differently on its effect on dispersion. Restating Batchelor's similarity theory, "the statistical properties of the velocity of a marked fluid particle at time, t, after release at the ground depend only on friction velocity, u_* and t." This theory is then extended to the case of an elevated release: "The statistical properties of the velocity of a marked particle at time, t, after release at height, h, are the same as those of a particle released at the ground (z=0) at the instance $-t_1$, provided $t \gg t_1$ where t_1 is expected to be of the order of magnitude of the time-scale of the turbulence at height h, that is, of order h/u_*". Under Batchelor's similarity theory, after a sufficient amount of time, the height of release can be ignored.

2.3 Chatwin

Chatwin (1968)[5] was the first mathematician to theoretically derive a full equation with numerical values for the along-wind dispersion coefficient. He also derived the shear stress component of the along-wind dispersion equation. Chatwin used Batchelor's similarity theory along with the assumptions of the ability of turbulence to be described as an eddy diffusivity to solve for along-wind dispersion, σ_x. He makes further assumptions of neutral stability, ground release, and an unbounded boundary layer. The generalized equations for both overall along-wind dispersion, σ_x , and wind shear, σ_{xs} , by Chatwin are as followed

$$\sigma_x = 0.803\frac{u_* t}{\kappa} \quad (1)$$

$$\sigma_{xs} = 0.596\frac{u_* t}{\kappa} \quad (2)$$

where u_* is the friction velocity and κ is the van Karman's constant, approximately equal to 0.41.

2.4 Van Ulden

Van Ulden (1992)[6] derived an equation under slightly different dispersion definitions. Van Ulden made the distinction between absolute and relative dispersion. Wheatley and Chatwin were able to authenticate their equations with the assumption of a hypothetical atmosphere: where no large horizontal eddies exist. Taking into consideration this distinction of absolute and relative dispersion, van Ulden derived a new equation for σ_x, the total variance of the concentration distribution in the wind direction

$$\sigma_x{}^2 = \sigma_c{}^2 + \sigma_d{}^2 \quad (3)$$

where σ_c is the deterministic part (or centroid variance), and σ_d is the random part (or diffusive variance). The total longitudinal variance, σ_x, is dependent on three separate quantities: centroid variance, diffusive variance due to shear effects, and direct dispersion. These three variables were able to be solved for shear, centroid, and diffusive effects respectively as a function of friction velocity and time

$$\sigma_s = 0.5\frac{u_* t}{\kappa} \quad (4)$$

$$\sigma_c \simeq 0.54\frac{u_* t}{\kappa} \quad (5)$$

$$\sigma_d = 0.67\frac{u_* t}{\kappa}. \quad (6)$$

Under the assumption that $\sigma_c \simeq \sigma_s = 0.5\frac{u_* t}{\kappa}$, these variables can be substituted into equation (3) to get the total longitudinal variance. An exact equation for σ_x is obtained:

$$\sigma_x = 0.84\frac{u_* t}{\kappa} \quad (7)$$

Van Ulden not only derived an along-wind dispersion equation under neutral conditions from a ground release in an unbounded boundary layer, but also for an along-wind dispersion equation for very stable conditions. Under very stable conditions, the wind speed profile and eddy diffusivities change. When applying the new constraints for wind speed and eddy diffusivities in a different stability class, the total variance of concentration distribution in the wind direction is shown to be:

$$\sigma_x = \{(\frac{3}{4} - \frac{16}{9\pi})\frac{5u_*{}^3 t^3}{kL}\}^{1/2} \simeq 0.43(\frac{5u_*{}^3 t^3}{kL})^{1/2}. \quad (8)$$

where L is the Monin-Obukov length.

2.5 Summary

The relationship between advection cloud speed, time, and distance to determine the along-wind diffusion coefficient is complex. Changing conditions such as stability class, surface roughness, wind speed, function of distance or time, release height, and other parameters all have an effect on determining the along-wind diffusion coefficient. With the varying conditions, not all the equations are able to be integrated together into an overarching equation meeting all conditions. Different assumptions or criteria result in diverse equations for the same diffusion coefficient. An equation that takes into account all of these parameters is desired.

3 Correlation of Field Data by Hanna and Franzese

The 12 field and wind tunnel tests mentioned prior were analyzed by Hanna and Franzese to determine a suitable along-wind dispersion coefficient that resulted in an equation comparable to Chatwin's theoretical equation[5Error! Bookmark not defined.]. Results of the data and the predicted equation are shown below in Figure 1.

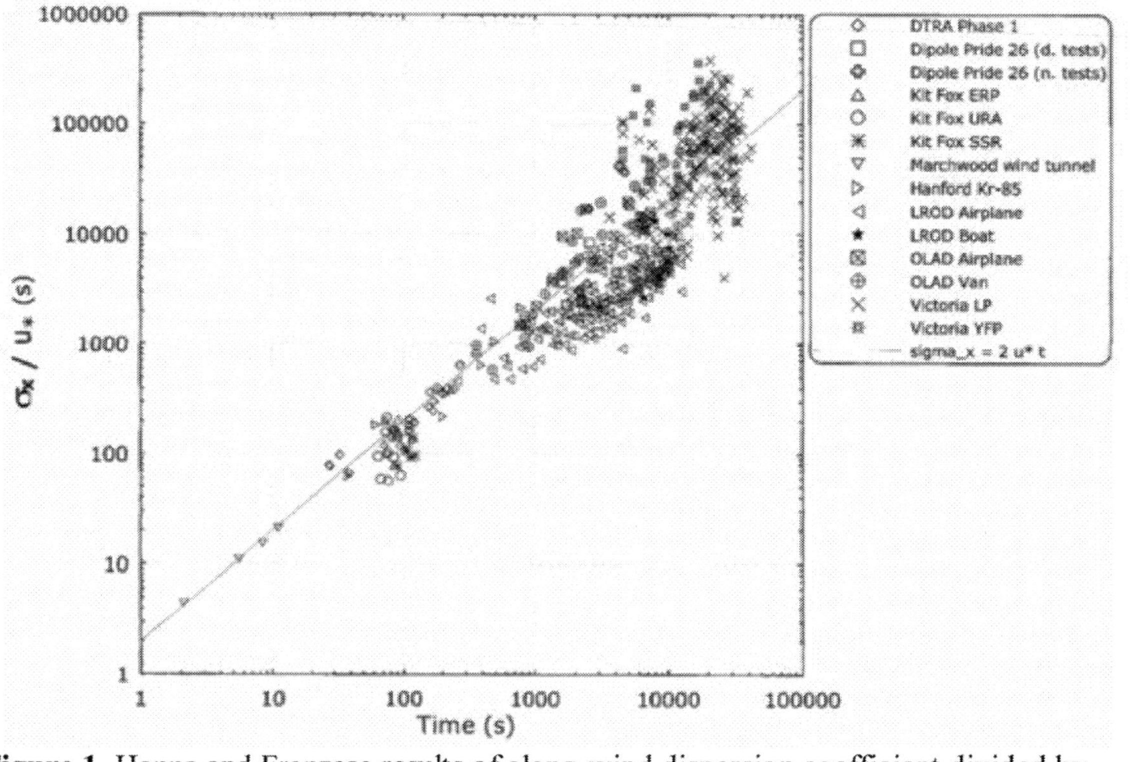

Figure 1. Hanna and Franzese results of along-wind dispersion coefficient divided by friction velocity and plotted vs time. Line represents $\sigma_x = 2u_*t$.[8]

4 Reconsideration of Field Data Using Dimensionless Groups

Figure 1 shows a correlation of the along-wind dispersion coefficient with the friction velocity as a function of time. While this is linear, their data can be up to a factor of 10 away from the predicted equation. There is also a noticeable trend of data beneath the predicted line when time is less than 10,000 seconds and above the predicted line when time is greater than 10,000 seconds. This is believed to be an effect of the near field vs. the far field. This equation for the along-wind dispersion coefficient does not take into effect the near field and far field which results in a very large portion data over predicted from 1,000-10,000 seconds and a large portion of data under predicted from 10,000 seconds and above. An improved equation to improve the correlation accounting for the error and trends is desired.

A non-dimensionalized equation was created to better predict the along-wind dispersion coefficient. The parameters of the non-dimensionalized equation were based off theory and assumptions regarding trends seen with atmospheric dispersion and along-wind dispersion. The non-dimensionalized equation allows for the along-wind dispersion coefficient to be predicted based on wind speed, distance, and stability class for each test in addition to the previous parameters of time and friction velocity.

The non-dimensionalized equation takes into account multiple theories and trends. Batchelor's Lagrangian Similarity Theory predicts σ_x to be a function of friction velocity, u_* , and time, t, while ignoring the release height[4]. Van Ulden predicts separate equations for both neutral and stable conditions[6]. Surface roughness has been shown to have an effect on wind speed[7]. The overall non-dimensionalized equation for along-wind dispersion is shown below

$$\frac{\sigma_x}{x} = \left(\frac{ut}{x}\right)^p \left(\frac{u_*}{u}\right)^q C_1 \qquad (9)$$

where x is the distance in meters and p, q, and C_1 are all dimensionless constants. The $\left(\frac{ut}{x}\right)$ term accounts for the effect of wind speed, u, time, t, and distance, x. The $\left(\frac{u_*}{u}\right)$ term is to take into effect the wind speed, u, and friction velocity, u_*, which ultimately represents the stability class.

Data was accumulated and analyzed by Stephen Hanna and Pasqual Franzese in 1999 from 11 field tests and 1 wind tunnel test[8]. The accumulation of these 12 tests produced 446 data sets over varying conditions. Other tests were accumulated and stored in the Modeler's Data Archive[9] for future reference. The following tests were analyzed in hopes of a better fit for along-wind dispersion in atmospheric modeling. Of the 446 data sets, only six data points were not used in the analysis due to lack of recorded friction velocity and/or wind speed. Reference heights for recording the wind speed from each of the data sets vary. A constant reference height of 10m was implemented across all data sets for a more standardized data analysis. Data sets used in this analysis are described below.

4.1 DTRA Phase 1

The DTRA Phase 1 tests were carried out from the 9th -26th of September in 1996 at the Dugway Proving Ground on Pad 11 producing 23 ensemble averages[10]. Propylene was instantaneous released from air cannons at ground level. Each air cannon produced 0.36kg of propylene in a period of 0.2-0.4 seconds. DigiPIDs and Ultra-Violet Ion Collectors were both used at distances of 200 m, 300 m, 400 m, 800 m, and 1200 m along a fixed sampling line 1.5m above the ground. Increasing distances resulted in an increased number of air cannons to result in an increased mass of propylene for the increased distance. 1 air cannon was used for distances of 200 m and 300 m, 2 air cannons for 400 m, 4 air cannons for 800 m, and 8 air cannons for 1200 m. Wind speed is referenced at a height of 2m which ranged from 2-7 m/s. The Great Salt Lake Desert produced a surface roughness of less than 1mm.

4.2 Dipole Pride

Dipole Pride tests were grouped into day and night tests from the 4th -20th of November in 1996 at the Department of Energy Nevada Test Site – Yucca flat. SF_6 was released from 2 vertically mounted, pressurized cylinders on the back of a 5-ton flatbed truck. These point sources released 8-21.6 kg of mass in a duration of 1-3 seconds[11]. 90 whole air samplers, with 15 minute time averaging, and 6 continuous TGA-4000 SF_6 analyzers were placed in 3 lines at distances of 1 km, 10 km and 20 km[12]. Wind speeds were referenced at a height of 10 m resulting in wind speeds of 3-5 m/s during the day and 2-5 m/s during the night. Surface roughness at the Yucca flat was around 32 mm. The 23 total tests produced 10 adequate day releases and 5 adequate night releases.

4.3 Kit Fox (ERP, URA, SSR)

All Kit Fox releases took place at the National Spill Test Facility at the Nevada Test Site. The Equivalent Roughness Pattern (ERP) and Uniform Roughness Array (URA) tests took place from the 24th -31st of August in 1995 whereas the Smooth Surface Rough (SSR) tests took place the 11th -15th of September in 1995.[13] The tests were similar in all conditions other than surface roughness. The Kit Fox ERP tests had a surface roughness of 0.2 m, the Kit Fox URA tests had a surface roughness of 0.02 m, and the Kit Fox SSR tests had a surface roughness of 2 mm[14]. Carbon Dioxide was released from a ground level area source with dimensions of 1.5 m x 1.5 m x 1 m at a rate of 1 m/s resulting in 1.5 kg/s – 4 kg/s being released[15]. Concentrations were measured at distances of 25 m, 50 m, 100 m, and 225 m. 84 high and low infrared concentration sensors, solid state infrared CO_2 sensors, and sample bag Nova sensors, were all used to detect concentrations of CO_2 with an averaging time of around 20 seconds[16]. Wind speeds were referenced at a height of 2 m which resulted in wind speeds of 2-3 m/s for the ERP and SSR test and 3-4 m/s for the URA tests. All tests took place right before sunset which resulted in lower wind speeds with neutral to stable stability classes. The ERP and SSR tests resulted in 6 sufficient trials each and the URA tests resulted in 9 sufficient trials to be used in this analysis.

4.4 Hanford Kr-85

The Hanford Fr-85[17] tests took place from 18 August to 8 November 1967 at the Battelle Pacific Northwest Laboratory. A vial containing Krypton 85 at ambient pressure was crushed by a guillotine-like device at ground level, instantaneously releasing a 1 m puff of the radioactive gas. Concentration was detected by 64 halogen-quenched Geiger-Muller tubes at a distance of 200 m and an elevation of 1.5 m above the ground. 24 halogen-quenched Geiger-Muller tubes were positioned on 6 towers at a distance of 800 m at elevations of 0.8 m, 4.6 m, 10.7 m and 21.3 m. The time averaging associated with the Geiger-Muller tubes was 4.8 seconds. 8 trials were performed, but only 6 releases remained within the boundary of the array of sensors. The wind speed was taken at a reference height of 1.5 m which resulted in wind speeds of 1-8 m/s. The roughness was around 30 mm due to the sagebrush and steppe grass.

4.5 LROD

The Long Range Overwater Dispersion (LROD)[18] tests took place from 13th -26th of July in 1993 at the Pacific Missile Range Facility in Kauai, Hawaii. A crosswind line source of pressurized, liquid SF_6 was released from a high pressure hose from the back of a plane at an elevation of 90 m at a rate of 9.6 g/meter and a speed of 129 m/s over water. A total duration of the release of SF_6 was around 13 minutes for the 100 km distance. Concentration was measured at ground level from boats along with planes at various elevations using electron capture detectors (ECD) and TGA-4000 whole air samplers. The averaging time was around 30-120 seconds for the sequential bag samples. Noise associated with the continuous analyzer resulted in limited use. Concentration was detected from the plane by flying parallel to the dissemination line and 45 km south of the sampling line (5 km, 15 km, 30 km, 60 km, and 100 km). The plane, equipped with a continuous SF_6 analyzer, would fly to the dissemination line then back to 25 m. It would slowly ascend from 25 m to 2500 m for various heights. Testing over water resulted in a surface roughness of 0.02-0.86 mm. A reference height of 10 m was used for wind speed which resulted in speeds of 3-11 m/s. The LROD tests produced 11 ensemble averages.

4.6 OLAD

The Over Land Along-wind Dispersion (OLAD)[19] tests were similar to the LROD tests, except over land. These tests took place from the 8th -25th of September in 1997 at the Dugway Proving Ground, West Desert Test Center. SF_6 was released from both plane and truck line sources. The plane released 100 kg of SF_6 at an elevation of 100 m from a N_2 pressurized tank at a rate of 33.3 kg/min for a distance of 20 km. The truck released 15 kg of SF_6 at an elevation of 3 m from a mounted tank at a rate of 1.5 kg/min for a distance of 10 km. Concentrations were recorded with TGA-4000 whole air samplers, with time averaging of 15 minutes, and 2 continuous electron capture detector (ECD) analyzers at the end of each line at distances of 2 km, 5 km, and 10 km for the truck releases and 10 km, 15 km, and 20 km for the plane releases. Wind speed was measured at a height of 2 m which resulted in speeds of 0.5 – 7 m/s. The surface roughness was measured around 30 mm. These tests resulted in 3 ensemble averages for the aircraft release and 8 surface ensemble averages for the truck release.

4.7 Marchwood wind-tunnel

The Marchwood[20] wind tunnel tests are the only tests that took place in a wind tunnel. A mixture of propane and helium, resulting in neutral buoyancy, was released from a 15 mm ground level point source. The mixture was released for a duration of 0.5 – 12 seconds. 150-300 releases were summarized into 4 ensemble averages. A single FID measured the concentration with a 5 ms sampling interval at locations of 1 m, 3 m, 5 m, and 7 m. Wind speeds ranged from 1-4 m/s at neutral stability class. Surface roughness was measured at 0.3 mm for the wind tunnel.

4.8 Oceanside

The Oceanside[21] tests took place at the shoreline of Oceanside and Del Mar in Southern California. 20 µm particles of green and yellow fluorescent pigment (FP) were released by plane, boat, and land with standardized Dugway Proving Ground equipment. For the plane releases, the DPG model D-1 released 1500 g/min of FP for a duration of 10 minutes at an elevations of 61 m, 122 m, and 152 m over a 40 km distance. For the boat releases, a DPG Mark IV was used to release 110 g/min for a duration of 2 hours at sea level over 40 km. For instantaneous land releases, the DPG Mark IX was used at three different inland locations to release 10-50 g of FP instantaneously at ground level. Concentration of FP were recorded from rotorod samplers, sequential samplers, vertical samplers, 100 m square grids, dense sampling lines, and metronics drum impact samplers. Time averaging ranged from 5 minutes at coastal regions to 15 minutes at inland conditions. Surface roughness ranged from 30-50 m due to the coastal shoreline. The wind speed reference height varied from 8-120 m which resulted in wind speeds ranging from 1-5 m/s.

4.9 Fort Wayne

Fort Wayne[22] releases took place in the Summer and Fall of 1963 in Fort Wayne, Indiana. An aerosol of fluorescent pigment (FP) was released via 2 aircrafts in the form of an elevated, 91-244 m, line source. Dry green and yellow FP were released from the planes via FP dispensers supplied by the Dugway Proving Ground. The amount of release was measured by the difference in weight, before and after. The release was upwind of the 180,000 population urban setting with a river running through the city and agriculture surrounding. Rotorods, Gelman throw-away plastic filter holders, and Gelman paper tape samplers were used for concentration measurements of the FP. The tape provided an averaging time of 5 minutes where the filter holders had an averaging time of 30 minutes. Wind speed was measured at the release height and resulted in speeds ranging from 5-16 m/s.

4.10 Short Range Diffusion Experiment Series

The Short Range Diffusion Experiment Series[23] took place in 1979 in Japan. A 200 m x 200 m vacant lot covered in turf and surrounded by trees was used for the releases. NO_x was released instantaneously from a balloon at an elevation of 1.5 m. Chemiluminescence NO_x meters were used to detect concentration with a sampling time of <2 minutes. Sample lines were chosen at distances of 60 m and 100 m. Wind speeds were referenced at heights of 0.5 m, 3 m, and 9 m which resulted in speeds of 1-2 m/s.

4.11 Results and Discussion

A multivariable regression analysis, also known as multiple regression, is an extension of linear regression[24]. A regression analysis determines the relationships among variables.

With a multivariable regression analysis, the relationships between multiple independent variables can be determined. A regression analysis is a useful tool in understanding the changes of one variable with respect to others. The form of a typical multi-variable regression analysis is shown below

$$Y = a + b_1 x_1 + b_2 x_2 + \cdots + b_n x_n \qquad (10)$$

A multi-variable regression analysis can be applied to the non-dimensionalized equation. The non-dimensionalized equation is rearranged with the natural log of each variable to perform the multi-variable regression analysis. This equation is shown below

$$ln\left(\frac{\sigma_x}{x}\right) = p\, ln\left(\frac{ut}{x}\right) + q\, ln\left(\frac{u_*}{u}\right) + C_2 \qquad (11)$$

where $C_2 = \ln(C_1)$. A multivariable regression analysis with known data is used with this equation to determine the constants for p, q, and C_1. An analysis is done for the overall data and categorized into stability classes using macros in Excel[25].

Multiple parameters were analyzed for optimal results using the multivariable regression analysis. Data was quantified and analyzed based on individual tests, surface roughness, friction velocity, Monin-Obukhov length, distance, time, near field, and far field.

Data from all 12 experimental data sets referenced above were analyzed with a multi-variable regression analysis to determine appropriate exponents and a constant for an optimum non-dimensionalized equation. While many parameters were originally analyzed for the optimum non-dimensionalized equation, the quantification of near field and far field as a function of time was chosen as the most prominent parameter. The optimum non-dimensionalized equation was parameterized by near field with time less than 10,000 seconds and far field with time greater than 10,000 seconds. These equations are shown below in Table 1. The ratio, α, of the along-wind dispersion coefficient, σ_x, for the data vs σ_x for the predicted non-dimensionalized equation is used for comparison of the difference in equations. A non-parametric confidence interval was determined for the non-Gaussian distribution of α.[26] Hanna and Franzese's along-wind dispersion coefficient was analyzed in the same manner in Table 1.

Table 1. Comparison of along-wind dispersion equations with 90% confidence intervals

Model	Equation	90% Confidence Interval of $\alpha = \frac{\sigma_x\,(predicted)}{\sigma_x\,(data)}$	Range of Confidence Interval
Hanna and Franzese	$\sigma_x = 2u_* t$	$1.63 < \alpha < 1.88$	26%
Near Field Non-Dimensionalized	$\frac{\sigma_x}{x} = 1.72\left(\frac{ut}{x}\right)^{1.18}\left(\frac{u_*}{u}\right)^{1.10}$	$1.16 < \alpha < 1.31$	16%
Far Field Non-Dimensionalized	$\frac{\sigma_x}{x} = 0.05\left(\frac{ut}{x}\right)^{0.67}\left(\frac{u_*}{u}\right)^{-0.27}$	$0.85 < \alpha < 1.05$	20%

From Table 1, the range of the 90% confidence intervals for each of the equations is shown. The non-dimensionalized equations have a tighter correlation of the predicted values. The 90% confidence intervals shows that Hanna's predicted along-wind dispersion equation has a trend over predict the σ_x values. An interesting result from the multi-variable regression analysis is the determination of the coefficient for the $\left(\frac{u_*}{u}\right)$ term. The -0.27 exponential value essentially confirms that the stability class has no effect on the along-wind dispersion coefficient after a specific amount of time. A discontinuity is understood between the near field and far field non-dimensionalized equation and is currently being evaluated.

The results of the non-dimensionalized predicted σ_x values were divided by the friction velocity and plotted against the original data to determine their relationship. This relationship is shown below in Figure 2.

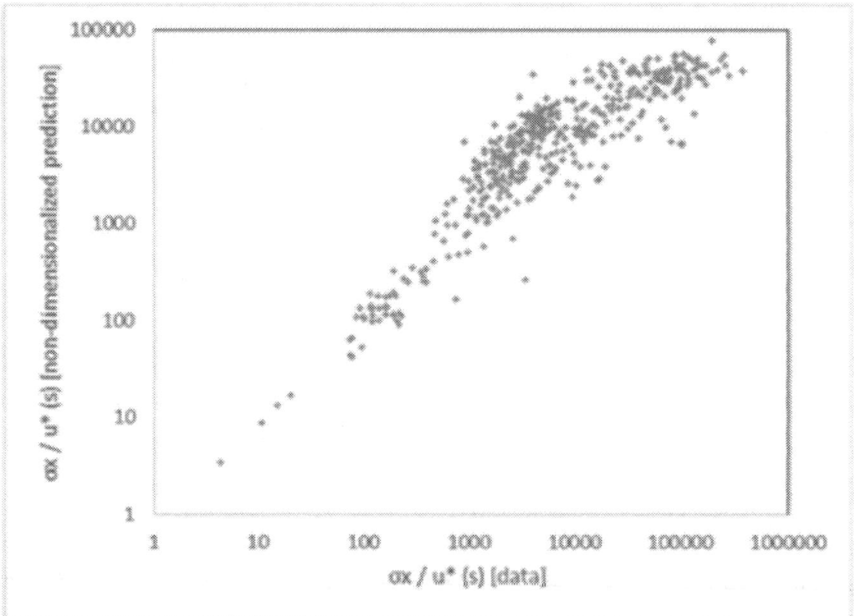

Figure 2. Along-wind dispersion coefficient divided by the friction velocity of the non-dimensionalized modeled values vs the original data.

As shown in Figure 2, the correlation between the data and non-dimensionalized predicted values shows a 45° line. This correlates a good fit for the predicted σ_x values when compared to the original σ_x values.

A visual representation of the non-dimensionalized predicted σ_x values, Hanna and Franzese's σ_x values, and the original σ_x values as a function of time are all shown below in Figure 3.

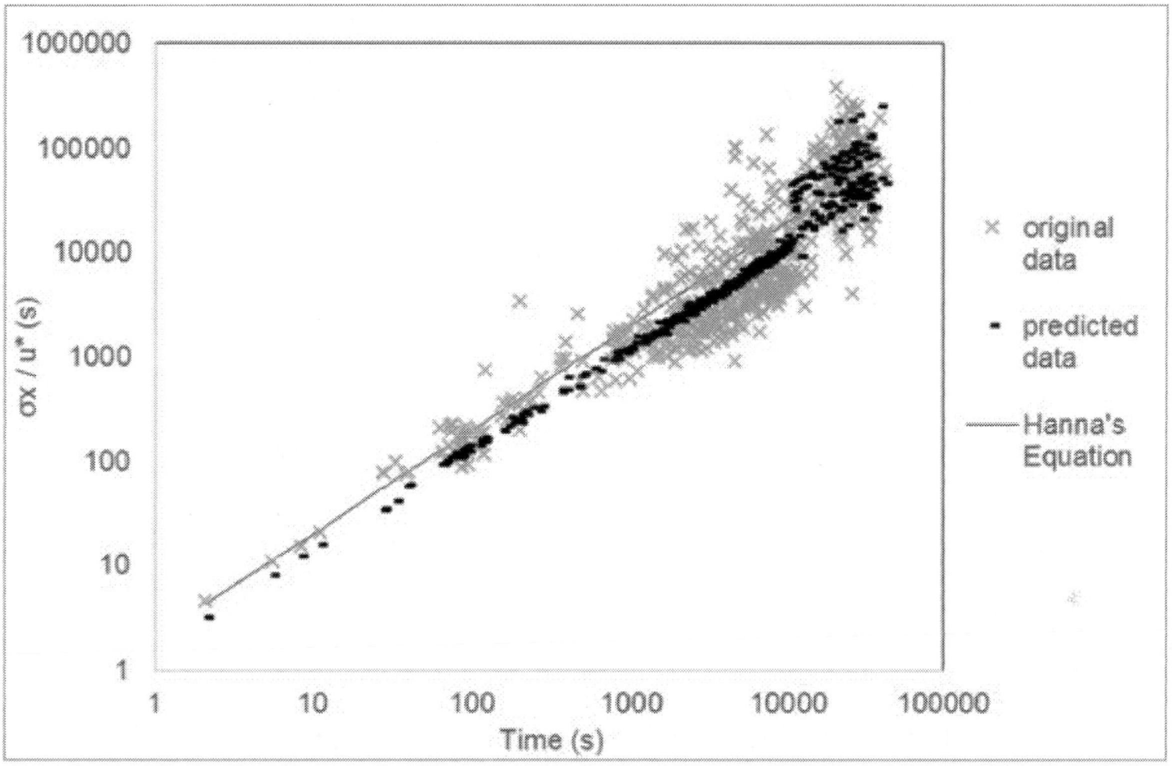

Figure 3. Time vs. the along-wind dispersion coefficient divided by the friction velocity as a function of the original data, non-dimensionalized predicted data, and Hanna's predicted data.

From this figure, the predicted values from both Hanna and Franzese's predicted data and the non-dimensionalized predicted data are shown in comparison with the original data. The non-dimensionalized equation takes into account additional parameters, other than time, which results in the spread of σ_x values as a function of time and additional parameters in comparison to the single line by the $\sigma_x = 2u_* t$ along-wind dispersion equation. The non-dimensionalized equation also takes into effect the near field and far field. This is clearly seen at times greater than 10,000 seconds where the σ_x values are spread over a wider range. Overall, the non-dimensionalized equation for along-wind dispersion proves better than the previous $\sigma_x = 2u_* t$ correlation.

5 Summary

Along-wind dispersion is critical when modelling toxic, flammable, or hazardous time-limited or finite-duration releases into the atmosphere. While many models exist from a theoretical standpoint or parameterization of experimental data, there is no overarching correlation to predict the along-wind dispersion coefficient. This paper took into effect established theoretical equations validated with experimental data to determine a better equation to model the effects of along-wind dispersion. A successful non-dimensionalized equation parameterized by the near field and far field was determined and validated against available field-scale data which showed improvement in comparison to previous equations. The non-dimensionalized equation for along-wind dispersion solved for in this paper will improve the existing atmospheric modeling with along-wind dispersion.

6 Acknowledgments

We gratefully thank our colleagues from DNV GL, Henk Witlox and Maria Fernandez, who provided insight and expertise that greatly assisted the research. We also thank Steven R. Hanna and Pasquale Franzese for sharing their accumulated data for further analysis.

7 References

[1] Boybeyi, Zafer, Sethu Raman, and Paolo Zannetti. "Numerical investigation of possible role of local meteorology in Bhopal gas accident." *Atmospheric Environment* 29.4 (1995): 479-496.

[2] Høiset, S., et al. "Flixborough revisited—an explosion simulation approach." *Journal of hazardous materials* 77.1 (2000): 1-9.

[3] De Marchi, Bruna, Silvio Funtowicz, and Jerome Ravetz. "Seveso: A paradoxical classic disaster." *The long road to recovery: Community responses to industrial disaster* (1996): 86-120.

[4] Batchelor, G. K. "Diffusion from sources in a turbulent boundary layer." *Arch. Mech. Stosow* 3.6 (1964): 661-670.

[5] Chatwin, P. C. "The dispersion of a puff of passive contaminant in the constant stress region." Quarterly Journal of the Royal Meteorological Society 94.401 (1968): 350-360.

[6] Van Ulden, A. P. "A surface-layer similarity model for the dispersion of a skewed passive puff near the ground." *Atmospheric Environment. Part A. General Topics* 26.4 (1992): 681-692.

[7] DNV GL. DNV GL Theory Manual for Unified Dispersion Model. London UK 2015.

[8] Hanna, Steven R., and Pasquale Franzese. "Alongwind dispersion—a simple similarity formula compared with observations at 11 field sites and in one wind tunnel." *Journal of Applied Meteorology* 39.10 (2000): 1700-1714.

[9] Chang, Joseph C., and Steven R. Hanna. "Modelers' Data Archive – A Collection of Atmospheric Transport and Dispersion Data Sets." (2010).

[10] Biltoft, C., Phase I of DSWA transport and dispersion model validation study. DPG-FR-97-058, (1997): 156.

[11] Biltoft, C., Dipole Pride 26: Phase II of DSWA transport and dispersion model validation study. DPG-FR-98-001, (1998): 130.
[12] Watson, T. B, R. E. Keislar, B. Reese, D. H. George, and C. A. Biltoft, The DSWA Dipole Pride 26 field experiment. NOAA Tech. Memo. ERL ARL-225, (1998): 99.
[13] King, S. Bruce. The Kit Fox Field Demonstration Project and Data Set. *International Conference and Workshop on Modeling the Consequences of Accidental Releases of Hazardous Materials.* (1999).
[14] Spicer, T. and Havens, J. Description and Analysis of Atmospheric Dispersion Tests Conducted by EPA. *International Conference and Workshop on Modeling the Consequences of Accidental Releases of Hazardous Materials.* (1999).
[15] Sheesley, D. et al.. Chemical Dispersion Modeling Project, 1995 Kit Fox Field Demonstration DOE Nevada Hazardous Spill Center. Volume I – Experiment Description and Data Processing. (1998).
[16] Hanna, S. R., and K. W. Steinberg, Studies of dense gas dispersion from short-duration transient releases over rough surfaces during stable conditions. *Air Pollution Modeling and Its Applications XI,* Plenum Press, (1996): 481–490.
[17] Nickola, P. W., J. D. Ludwick, and J. V. Ramsdell Jr., An inert gas tracer system for monitoring the real-time history of a diffusing plume or puff. *J. Appl. Meteor.,*9, (1970): 621–626.
[18] Bowers, J. F., G. E. Start, R. G. Carter, T. B. Watson, K. L. Clawson, and T. L. Crawford, Experimental design and results for the Long-Range Overwater Diffusion (LROD) Experiment. DPG/JCP-94/012, (1994): 531.
[19] Biltoft, C., S. D. Turley, T. B. Watson, G. H. Crescenti, and R. G. Carter, Over-Land Atmospheric Dispersion (OLAD) test summary and analysis. WDTC Doc. WDTC/JCP-99/048, (1999): 38.
[20] Robins, A. G., and J. E. Fackrell, An experimental study of the dispersion of short-duration emissions in a turbulent boundary layer. *Air Pollution VI,* C. A. Brebbia, C. F. Ratto, and H. Powers, Eds., WIT Press, (1998): 697–707.
[21] Smith, and B. L. Niemann, Shoreline diffusion program, Oceanside, CA. Vols. I and II. MRI-64-FR-860, (1969): 230 and 456.
[22] Hilst, G. R., and N. E. Bowne, A study of the diffusion of aerosols released from aerial line sources upwind of an urban complex. Vols. I and II. Rep. DA-42-007-AMC-38®, (1966): 231 and 583.
[23] Sato, J., F. Kimura, and T. Yoshikawa, The longitudinal spread of puff in the short range diffusion experiment. *Pap. Meteor. Geophys.,*32, (1981): 155–162.
[24] Draper, Norman Richard, Harry Smith, and Elizabeth Pownell. *Applied regression analysis.* Vol. 3. New York: Wiley, (1966).
[25] Davis, Richard A. "Practical Numerical Methods for Chemical Engineers: Using Excel with VBA". Lexington, KY, (2015).
[26] Conver, W. J. "Practical Nonparametric Statistics". Wiley, New York, (1971).

478500 Review and Analyze the Effects of Parameters for H_2s Gas Mixture Dispersion Models: Degadis and CFD Models

Abstract:

Due to the increasing demands of energy, natural gas explorers and developers are interested in exploring sour gas fields, which have a high concentration of hydrogen sulfide (H_2S). Because H_2S is highly corrosive and could reduce the heating values of natural gas, H_2S needs to be removed from natural gas before transfer. Then the removed H_2S gas will be converted to sulfide as the products in the Claus process. The H_2S mixture (*e.g.*, H_2S and CO_2) may cause corrosion to pipelines and thus, could lead to H_2S gas mixture release.

H_2S mixture behaves as a heavy gas, which travels down to the ground causing harm to the local population and the environment. In this paper, the DEnse GAs DISpersion (DEGADIS) model and the Computational Fluid Dynamics (CFD) model (*e.g.*, ANSYS Fluent) are implemented for the H_2S mixture simulation, and assumptions in the models are also studied. The effects of topography and meteorological parameters such as atmospheric temperature, wind speed, and humidity are investigated. Finally, the simulation results from the DEGADIS model and the CFD model for flat terrain with constant wind velocity are compared.

The simulation results show that the DEGADIS model, which is suitable for flat terrain and constant wind conditions, can be applied to simple terrain geography and stable atmospheric conditions. Whereas the CFD model, which considers unsteady wind speed and turbulence near the obstacles, can be utilized for complex topography. The series of simulation results can provide guidance for the risk assessment of H_2S mixture releases under different topographies and meteorological conditions.

478998 Considerations When Justifying the Purchase of an Operator Training Simulator

Abstract:

Highly skilled plant operators ensure higher levels of plant safety, reliability and profitability. An Operator Training Simulator accelerates both the time to competence and raises the competency level of an operator. The ARC Advisory Group recently surveyed companies who have invested in Operator Training Simulators (OTS). Two critical results from the survey are that over sixty five percent of those companies report fewer abnormal situations, fewer trips, and incidence avoidance attributable to the use of OTS. Over sixty percent of these companies report improved safety and reduced risk and lower liability attributable to the use of the OTS.

Many leading companies have embraced the use of Operator Training Simulators across their Enterprise however many facilities and companies have yet to embrace the idea. The most common reason given for not investing in such a solution is that the cost of an OTS cannot be justified. The nuclear industry mandates that a nuclear power plant must have an OTS whereas the American Petroleum Institute only recommends the use of Training Simulators. The Process industries overall will benefit by the greater adoption of training simulators and this paper discusses the different ways that can be used to justify the investment in an OTS.

479500 Consequence Analysis of Gas Explosion in Underground Common Utility Tunnels

Abstract:

The purpose of this study is to figure out the effects of blast overpressure in gas piping leakage in underground common utility tunnels through the explosion simulation tool FLACS (Flame Acceleration Simulator) and find and apply methods that can reduce the risk.

Common utility tunnels are facilities to jointly bury pipes in underground spaces. Placing gas piping in common utility tunnels has the advantages of reducing the risk of corrosion and preventing the physical damage due to civil engineering works and excavating work on the ground. However, when an explosion has occurred in a common utility tunnel, the consequences could be larger in that it is a closed space. Nevertheless, studies on underground common utility tunnels are currently limited to fire accidents. Therefore, risks due to explosions should be quantitatively studied.

Therefore, in this study, the effects of explosions were analyzed assuming cases where gases leaked from gas piping in underground common utility tunnels exploded. In addition, blast overpressures were evaluated for diverse scenarios regarding ignition sources, leakage locations, and discharge rates and the results were statistically derived. Blast overpressures high enough to cause dangerous situations of the underground common utility tunnels were observed. Methods that can reduce the risk, that is, methods that can reduce the frequency of explosions, and methods for designs of internal structures of common utility tunnels that can mitigate the consequences will be presented.

479158 Air Cooler Explosion Analysis Using CFD

Abstract:

Air coolers or fin-fans are located in most process plants. They cool process fluids using forced air flow over radiators containing the fluid. Air coolers initially appear to offer many features that would result in a significant explosion source should a flammable cloud reach the cooler. The radiator coils are closely spaced pipes which will accelerate flames. The metal box represents confinement and the turbulent air flow produced by the fans will accelerate flames similar to how congestion produces turbulence ahead of a flame front. Also, the flow of air can draw rich flammables near the ground up into the air cooler.

This study examines the severity of an air cooler explosion using computational fluid dynamics (CFD). The commercial software FLACS is used to examine the parameters mentioned above (congestion, confinement, and turbulence) and their effect on explosion severity. Comparisons between FLACS and the Multi-Energy Method are made and recommendations provided for assessing air coolers in non-CFD facility siting studies.

Revisions to the QMEFS Vapor Cloud Explosion Model

Jeffrey D. Marx and Benjamin R. Ishii
Quest Consultants Inc.®
908 26th Avenue N.W.
Norman, OK 73069
jdm@questconsult.com / bri@questconsult.com

Prepared for Presentation at
American Institute of Chemical Engineers
2017 Spring Meeting and 13th Global Congress on Process Safety
San Antonio, TX
March 26 – 29, 2017

Revisions to the QMEFS Vapor Cloud Explosion Model

Jeffrey D. Marx and Benjamin R. Ishii
Quest Consultants Inc.®
908 26th Avenue N.W.
Norman, OK 73069
jdm@questconsult.com / bri@questconsult.com

Keywords: vapor cloud explosion (VCE), Baker-Strehlow-Tang (BST) model, estimating flame speeds

Abstract

The Quest model for estimating flame speeds (QMEFS) was introduced in 2007, has since been published, and has been used by Quest and other companies to provide a detailed method for vapor cloud explosion (VCE) predictions. QMEFS provides a set of parameters that predict a flame speed, which then is used with the Baker-Strehlow-Tang (BST) blast curves to predict overpressure and impulse. The original intent of the QMEFS model was to provide better characterization of confined or congested areas, as well as fuel reactivities, which fit between the low, medium, and high categories offered by the BST model, so that the large differences in predictions between categories could be eliminated. In this way it provided a more refined system for predicting the consequences of a VCE, while remaining anchored within the flame speeds provided by the BST matrix.

In the years since QMEFS' publication, Baker has added to the BST flame speed matrix. In addition, use of the model has highlighted some of the areas where the model could be improved. This paper shows several ways in which the model has been enhanced to encompass a wider range of conditions than are covered by the BST model.

1 Introduction

Any release of a flammable fluid in a petrochemical facility has the potential to generate a flammable vapor cloud that, if ignited, could produce a vapor cloud explosion (VCE). Most VCEs that generate damaging levels of overpressure originate in what is called a potential explosion site (PES), where confinement and congestion contribute to flame acceleration and the generation of overpressure. When flammable vapors enter the PES and are ignited, the possibility of human injury/death, asset damage, or event escalation becomes a concern. The concern for human injury or death is most often addressed in the form of a building siting study. Because people are somewhat less likely to be injured or killed when outside, as compared to when inside a building, the siting study focuses on the potential impacts to buildings within and around petrochemical facilities. It then becomes the task of process safety professionals to estimate the potential for VCE events, and their resulting overpressure impacts on buildings.

The Baker-Strehlow-Tang (BST) model and the TNO Multi-energy (ME) model use blast curves to estimate the overpressure impacts generated by an exploding vapor cloud. Both approaches require the user to estimate the strength of the explosion as a function of the reactivity of the flammable material and the degree of confinement or congestion present in the cloud. This information is then used to determine which strength curve (in the case of the TNO model) or flame speed curve (in the case of the BST model) is used to calculate the overpressure of the explosion as a function of distance from the center of the explosion. It is not clear, however, how best to choose the correct curve when modeling an explosion.

There have been several papers published regarding blast curve selection for the ME model. These methods are generally presented as a qualitative ruleset which acts as an index into which of the 10 curves should be used. The BST model provides a simple set of guidelines that result in a selection of a flame speed, which corresponds to an overpressure vs. distance relationship. Three parameters are used to determine the flame speed: reactivity of the flammable gas, the degree of confinement of the flammable cloud, and the degree of obstruction due to obstacles within the flammable cloud. These parameters are represented by a set of what are effectively low, medium, and high choices for each parameter.

While the BST model provides reasonable guidance on choosing the explosion parameters, there are still areas that could be improved. One problem is that the BST flame speed matrix includes large jumps in flame speed between categories of confinement, reactivity, or congestion. This was first addressed by Baker in a 1998 paper [1] where a new confinement category, 2½-D, was added for those situations that were more confined than the 3-D case, but less so than the 2-D case. The flame speeds used for the 2½-D confinement were simply the arithmetic average of the flame speeds for the 2-D and 3-D cases for a given reactivity and congestion class. Even with this extension, large discontinuities remained among the categories for flame speed according to the prescribed methodology. These discontinuities drive the need for a new method to determine flame speed based upon quantifiable properties of the flammable gas and its surroundings that varies smoothly across the range of conditions that are found in actual process plants.

The creation of the QMEFS model [2] improved upon the basic BST scheme by combining it with the GAMES correlations [3] and providing a numerical resolution to the BST matrix. Integration of the GAMES model allows the strength of the explosion to be defined by numeric input parameters and avoids the low/medium/high categorizations.

2 Parameters Affecting Flame Speed

With the incorporation of the GAMES correlations, the resulting explosion flame speed is characterized by five parameters:

- Laminar burning velocity (LBV) is used as the characteristic property for fuel reactivity

- Volume blockage ratio (VBR) and average obstacle diameter define the level of congestion
- Confinement is characterized as the number of confining planes, or walls, that are available to confine the expanding gases.
- Flame run-up distance is used to characterize the flame acceleration path

The last part of explosion characterization is the explosive energy of the fuel/air mixture, which is defined by the gas concentration, the combustion energy of the fuel, and the volume occupied by the fuel/air mixture.

2.1 Reactivity

Fuel reactivity is a measure of the propensity of the flame front to accelerate and create overpressures or potentially undergo a deflagration-to-detonation transition (DDT). The BST model originally classified reactivity as high, medium, or low based on the fuel in the fuel-air mixture. The original rule set [1] defined propylene oxide, ethylene oxide, and hydrogen (or materials with a 0.8 m/s LBV or larger) as high reactivity; methane and carbon monoxide were classified as low reactivity, and everything else as medium reactivity. According to the current BST model, materials having a laminar flame speed greater than 0.75 m/s are considered high reactivity (to accommodate ethylene being high reactivity) while those having a laminar flame speed below 0.4 m/s are considered low reactivity [1], although some BST publications list the low boundary as 0.45 m/s. In 2016, the BST categories were expanded to include a very-low category for fuels like ammonia, which has an LBV in the range of 0.07 m/s to 0.15 m/s [4].

In the experimental studies that form the basis of the BST model, ammonia, methane, propane, and ethylene were used to define the very low, low, medium, and high reactivity categories. These categories produce confusion due to how they create boundaries between the BST categories. For example, the LBV of ethylene, depending on the cited reference, ranges between 0.64 and 0.83 m/s. With the current definition of 0.75 m/s as the high reactivity boundary, this makes ethylene a "borderline" fuel – one that may either be defined as medium or high reactivity. However, ethylene is explicitly categorized as a high reactivity material, as their experimental work used ethylene as the high reactivity material [5]. This then begs the question: what about ethylene oxide (LBV 1.0 m/s) or acetylene (LBV 1.6 m/s)? These two materials are clearly more reactive than ethylene, but are still categorized as high reactivity. The BST model effectively says that an ethylene explosion will be as severe as an acetylene explosion, when all other parameters are held constant.

2.2 Congestion

In the original BST model, low obstacle density was defined as having an area blockage ratio (ABR) of less than 10%, while high obstacle density was defined as an ABR of 40% or greater, and everything in between is considered medium [6]. Later BST guidelines have used the volume blockage ratio (VBR) as the parameter for classifying obstruction [5]. In practice both blockage ratios will affect how fast a flame accelerates, but, for a uniform obstacle field, the two are related simply by the pitch-to-diameter ratio of the obstacles. If the obstacles included in an ABR are not repeated quasi-uniformly throughout the obstacle field, then their effect would be more accurately portrayed by VBR.

The classifications of low, medium, and high are often too coarse for proper assignment of congestion to a particular PES. In the experimental programs that helped to define the BST model, VBRs of 1.5%, 4.3%, and 5.7% were used to represent the low, medium, and high categories. As with other VCE parameters, the differences between these categories leaves significant room for variation between the categories. In addition, no definition of 0% VBR is provided, nor is any relationship to VBRs higher than 5.7%.

2.3 Confinement

The effect of the confinement of the flammable cloud is taken into account by determining the number of dimensions in which the burning gas may expand. 3-D expansion allows the burning cloud to expand freely in all directions and results in the slowest flame acceleration and lowest overpressures. 2-D expansion, such as a flame between two flat plates, generates higher overpressures because the combustion gases have fewer directions in which to expand resulting is a higher flame acceleration.

Confinement is included in the BST model by identifying the number of dimensions that are available to the products of combustion for expansion. Expansion into free space (except for the plane of the ground) is considered 3-D expansion, expansion between two parallel planes is considered 2-D expansion, and expansion in a pipe is considered 1-D expansion. The 1-D case was removed in the more recent publications discussing the BST model [5]. To handle the case of a frangible or partially-confining plane, such as a very closely spaced pipe rack, the BST model added a 2.5-D classification which simply averaged the 2-D and 3-D flame speed results [5].

While the classification is fairly straightforward, especially after the 2.5-D category was added, some situations are still difficult to define. These include partial walls, pieces of equipment that may form more confinement than congestion, or surfaces that are porous such as grated decks.

2.4 Other Factors

Several researchers [5, 7, 8] have acknowledged that the overall dimensions of the flammable vapor cloud before ignition directly affect the final flame speed and consequent overpressures of the vapor cloud explosion. Since a flame will accelerate until it reaches a maximum sustainable value (or undergoes a deflagration to detonation transition, a DDT), the maximum dimension of a flammable cloud is expected to be an important variable in the creation of overpressure. As a point of reference, the length available for flame acceleration in the more recent BST tests was 15 meters [5].

In addition, research [7, 8] suggests that the scale of obstacles within the congested area also affects the maximum flame speed that may be achieved. As a flame front moves around and past obstacles, the turbulence that is generated can increase the flame surface area and accelerate combustion. The characteristic obstacle diameter for the BST tests was 2 inches (0.0508 meters); other test series (including the MERGE/EMERGE tests, varied the average obstacle diameter).

2.5 *Parameters Comparison*

The BST parameters discussed above are listed in Table 1, along with the corresponding numerical values that are equivalent to those applied in the QMEFS model. When the numerical values in Table 1 are applied in the QMEFS model, the results will match the predictions of the BST model.

Table 1. BST Flame Speed Parameters

BST Parameter	BST Category	Model Parameter	Corresponding Parameter Value
Reactivity	Very-Low (e.g., Ammonia)	S_l	0.08 m/s
	Low (e.g., Methane)		0.37 m/s
	Medium (e.g., Propane)		0.43 m/s
	High (e.g., Ethylene)		0.75 m/s
Obstacle Density	Low	*VBR*	0.015
	Medium		0.043
	High		0.057
Expansion	3-D	*nPlanes*	1
	2.5-D		1.5
	2-D		2

3 Model for Estimating Flame Speed

The QMEFS model was created to overcome some of the limitations described above. By incorporation of the GAMES correlations and the overpressure/impulse curves from the BST method, a model that provides the capability for more detailed descriptions of explosion scenarios has been created. Thus, QMEFS incorporates the modeling methodologies and experimental data sets that have been used in both the BST model and in the GAMES project.

3.1 *Fundamental Correlations*

The fundamental correlation is based on correlations developed from the GAMES project [3]. These correlations related overpressure to parameters based on the MERGE and EMERGE experiments [7,8]. These correlations can be combined with acoustic theory to relate flame speed to explosion parameters [2] to produce the equations below.

For no confining surfaces other than the ground (3D expansion):

$$2.4 * \frac{M_f^2}{1+M_f} * p_0 = 0.84 * \left(\frac{VBR*L_f}{D}\right)^{2.75} * S_l^{2.7} * D^{0.7} \tag{1}$$

For confinement between two flat planes (2D expansion):

$$2.4 * \frac{M_f^2}{1+M_f} * p_0 = 3.38 * \left(\frac{VBR*L_f}{D}\right)^{2.25} * S_l^{2.7} * D^{0.7} \tag{2}$$

where:

- VBR = volume blockage ratio
- L_f = maximum distance a flame may propagate in the obstructed region (i.e., the run-up distance), m
- D = average obstacle diameter, m
- S_l = laminar burning velocity (LBV) of the flammable gas, m/s
- p_0 = the ambient pressure, bara
- M_f = the flame speed relative to a fixed observer, expressed as a Mach number

To correct the flame speed to account for confinement in spaces other than one or two planes, a curve fit of the ratio of burned cloud to unburned cloud radii versus the number of confining planes was made. A curve fit was generated with an expansion ratio (α) equal to 7, a typical expansion ratio for common hydrocarbon fuels in air. This is also the value assumed in the derivation of portions of the BST model [9]. The equation resulting from this curve fit is:

$$NPF = \frac{1}{0.5035 - 0.0757 \cdot nPlanes} - 1.338 \tag{3}$$

where:

- NPF = flame speed correction factor
- $nPlanes$ = number of confining planes

For true 3-D spherical expansion, $nPlanes = 0$. For a typical explosion at grade level, $nPlanes = 1$. For 2-D expansion, such as a flame propagating between a floor and a ceiling, $nPlanes = 2$. For 1-D expansion, such as a flame front in a pipe, $nPlanes = 4$. Planes that are not completely solid or rigid may be accounted for using a fraction of a plane.

The flame speed correction factor, *NPF*, does not fully account for increases in flame speed as the number of confining planes increases. This is accomplished by applying the following factor to the flame speed when *nPlanes* is equal to 2:

$$\beta = \frac{M_{f,2D}}{M_{f,3D} \cdot NPF(nPlanes = 2)} \tag{4}$$

This can be implemented for nPlanes =1 to nPlanes = 4:

$nPlanes = 1$

$$M_f = M_{f\,3D} * NPF \tag{5}$$

$1 > nPlanes < 2$

$$M_f = M_{f\,3D} * NPF * \beta \tag{6}$$

$nPlanes >= 2$

$$M_f = M_{f\,3D} * NPF * [1 + (\beta - 1) * (nPlanes - 1)] \tag{7}$$

3.2 Flame Speed Limits

The equations above are implemented in the QMEFS model to define the flame speed (M_f) and then coupled with the latest BST flame speed matrix [4]. One limitation to the GAMES correlations is that they can predict unrealistic flame speeds. This is a direct result of the correlations fitting the data within the scope of the MERGE and EMERGE tests, and not being designed to extend beyond that scope. By coupling with the BST model, this problem is partially resolved because the BST matrix provides a set of upper limits to flame speeds (and by extension, the explosion strength).

Upon examination, it can be seen the GAMES correlations will predict higher and higher flame speed values as parameters such as L_f or S_l, increase. In reality, for a given obstacle configuration, geometry, and flammable gas mixture, there is a limit to the flame speed that can be achieved. This flame speed may be either subsonic or the cloud may undergo a deflagration-to-detonation transition (DDT) in which the flame front becomes a detonation propagating at roughly the Chapman-Jouguet (C-J) detonation velocity for the flammable mixture. For most common flammable hydrocarbons in air, this speed is roughly 1800 m/s or M_f= 5.2. For purposes of this model, any flame that accelerates to a calculated velocity greater than M_f = 3.0 is considered to have undergone DDT [10, 11] and the flame speed is set to the C-J velocity, M_f= 5.2.

The flame speeds suggested by the latest BST model are applied as the upper limit flame speeds to be used in this model, as they have been "scaled up" to account for industrial scale flammable clouds [5] and account for DDTs.

The result of these correlations is a model that estimates the flame speed based on *VBR*, *D*, S_l, L_f and the number of confining planes. The resulting flame speed is compared to the published BST model, which provides a matrix of flame speeds as a function of reactivity, obstacle density, and flame expansion. The BST matrix values are used as maximum flame speed values for the set of parameters given in Table 1. Values between the BST matrix elements are calculated by linear interpolation (as was done for Baker's 2½-D flame expansion category). This methodology provides an extended, systematic approach for estimating flame speeds resulting from the combustion of a flammable cloud in an obstructed and/or confined region. Predicted flame speeds are used with the existing BST blast curves to produce estimates of overpressure at a distance from the explosion source.

3.3 Expansion of the BST Matrix

The range of the QMEFS model is limited by the upper and lower bounds of the BST matrix elements for congestion, confinement, and fuel reactivity. Through application of this model to various petrochemical projects, the need to expand the matrix became obvious. As described above, the model is built to provide predictions for the *nPlanes* (confinement) parameter in the range of 1.0 to 4.0 (the model is not validated nor trusted above this value). Values of average obstacle diameter and flame run-up distance are built into the GAMES correlations, so naturally are accounted for within reasonable limits. This leaves the congestion (VBR) and fuel reactivity parameters as places to potentially expand the model.

The intent of model expansion is to widen the range of congestion and reactivity inputs so that it removes questions about its use in the "below low" and "above high" regions. With proper expansion of the model described above, the predicted flame speed following ignition of a flammable cloud may then be used with the BST blast curves to estimate the overpressure impacts in the area surrounding a vapor cloud explosion.

To accomplish this expansion, additional categories were added to the BST matrix for congestion and reactivity. This follows Baker's own expansion into the **very-low reactivity** category when ammonia explosion experimental results were published [4].

For a **very-high reactivity** category, hydrogen was assumed as the characteristic fuel, and represents a true upper bound for LBV. Expansion to the very-high category, for parts of the matrix with high flame speeds is simple because DDTs are expected in these conditions already. For other areas, published data was required for the basis of the expansion.

In the case of the **very-low congestion** category, open air (3-D flame expansion) explosion tests were performed by Harris and Wickens [12] as well as Sato and Iwabuchi [13] for a variety of materials. The **very-high congestion** category, several of the BFETS series of tests were used [14] due to their use of a VBR in the 10% range.

The expanded matrix applied in the new QMEFS model is presented in Table 2. The latest BST flame speed matrix values are outlined by bold lines in Table 2. Values outside these areas have been added as part of the QMEFS expansion.

While a 1-D confinement is not expected to be applied in large-scale industrial scenarios, the *nPlanes* = 5 (1-D) confinement category is included in this model to provide an interpolation point beyond *nPlanes* = 2 (2-D flame expansion).

Table 2. Expanded Flame Speed Matrix

Confinement	Reactivity	Congestion				
		Very-Low	Low	Medium	High	Very-High
1D	Very-High	DDT	DDT	DDT	DDT	DDT
	High	DDT	DDT	DDT	DDT	DDT
	Medium	1.029	1.029	1.765	2.265	DDT
	Low	0.5	0.5 *	1.029	2 *	DDT
	Very-Low	0.023	0.023	0.124	0.168	0.303
2D	Very-High	DDT	DDT	DDT	DDT	DDT
	High	0.588	0.588	DDT	DDT	DDT
	Medium	0.47	0.47	0.66	1.6	DDT
	Low	0.079	0.079	0.47	0.66	1.244
	Very-Low	0.008	0.008	0.049	0.069	0.130
3D	Very-High	0.5	DDT	DDT	DDT	DDT
	High	0.06	0.36	DDT	DDT	DDT
	Medium	0.03	0.11	0.44	0.5	1.084
	Low	0.025	0.026	0.23	0.34	0.678
	Very-Low	0.003	0.003	0.024	0.036	0.073

* Values adjusted from BST publication for model consistency

4 Application

It is helpful to test the QMEFS model outside of the published BST matrix, in the areas where the QMEFS matrix has been expanded. Large scale hydrogen experiments were performed in a hemispherical test rig with no congestion. The test volume was 300 m^3 with a base of 10.4 meters diameter [13] and center ignition. The tests were modeled with the latest BST model and the expanded BST model. The model parameters listed in Table 3 were applied to these calculations. Figure 1 presents the overpressure in relation to distance from center of the fuel-air mixture, for the test results and both BST and QMEFS predictions. The BST model does not have a category for a hydrogen vapor cloud with no congestion, thus the scenario falls into the high fuel reactivity and low congestion portion of the matrix. The result is an underprediction of the overpressure. The BST high fuel reactivity works well for fuel such as ethylene (LBV = 0.76 m/s), but will often underpredict the impacts of a hydrogen (LBV = 3 m/s) explosion. The expanded matrix allows a higher fuel reactivity category and a lower congestion category, and consequently a better prediction of the explosion impacts. As seen in Figure 1, the QMEFS result is a slight overprediction of the overpressure.

Table 3. Modeling Parameters for an Unconfined Hydrogen Explosion

Parameter	BST	Expanded QMEFS
Volume [m^3]	300	300
nPlanes	1	1
Reactivity	High	Very-High
VBR	N/A	0
Congestion	low	N/A
Run-up distance [m]	N/A	5.2

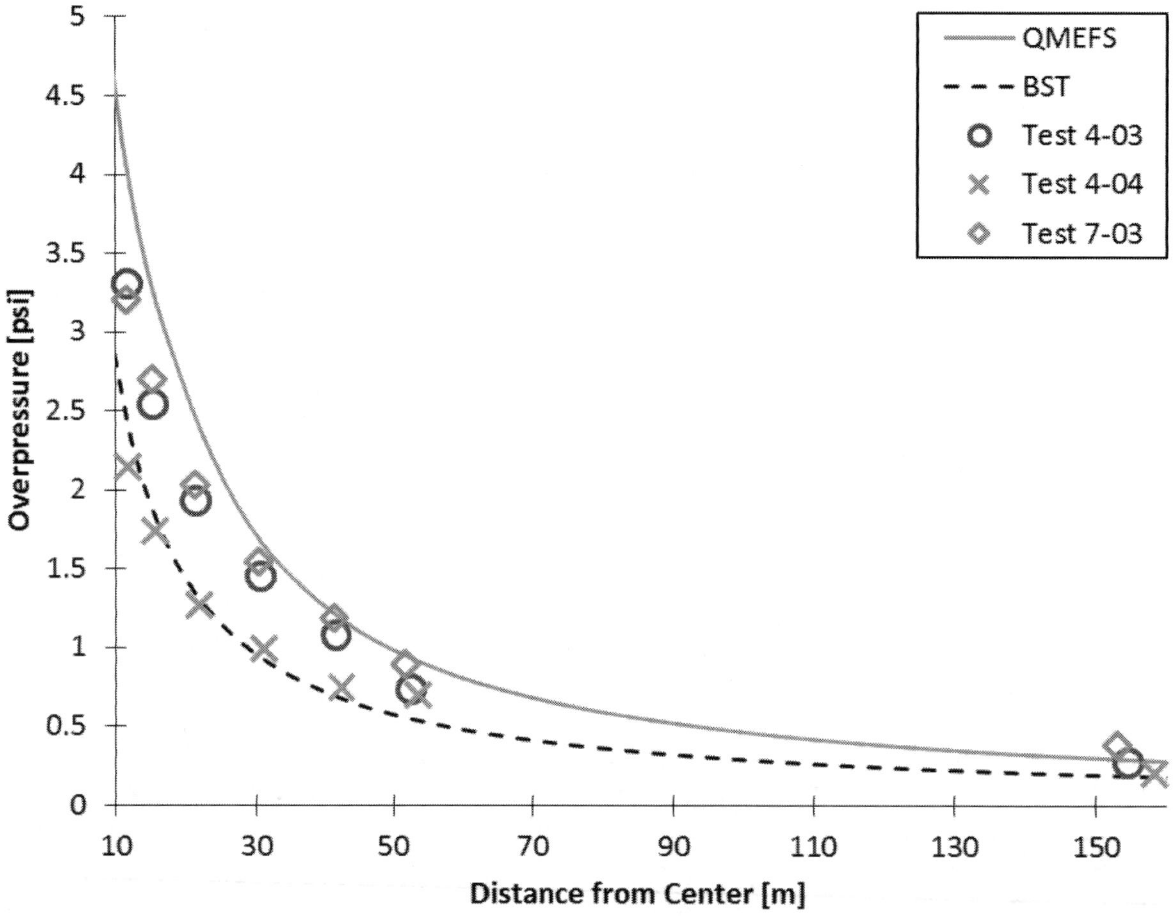

Figure 1. Overpressure vs. Distance for Open-Air Hydrogen Tests

As discussed in the paper, the distance that is available for the flame to accelerate, i.e. the run-up distance, can have a significant effect on the flame speed attained in a flammable gas cloud. The flame speeds presented in the original Baker-Strehlow (BS) model [6] were generated in a test rig whose largest dimension was less than 6 feet (1.8 meters) [5]. The flame speeds presented in the 2005 BST paper are based on tests where the largest dimension was 48 feet (14.6 meters) with the published flame speed results "scaled up" to account for the maximum size of a typical industrial plant [5]. One test of the QMEFS model is to determine the flame speed versus run-up distance for the test configurations used in the newest BST model when specific parameters are varied.

Figure 2 shows the results for the 3-D flame expansion (*nPlanes* = 1), medium reactivity (S_l = 0.43 m/s) case. The curves plotted in Figure 2 show six VBR values – the high (5.7%), medium (4.3%), and low (1.5%) congestion values used in the BST experiments, one intermediate value to show how the model behaves as the VBR is adjusted, a fifth value (1%) below the BST low category to demonstrate the behavior in the "less-than-low" congestion range, and the sixth value (10%) above the BST high category to demonstrate the behavior in the "higher-than-high" congestion range.

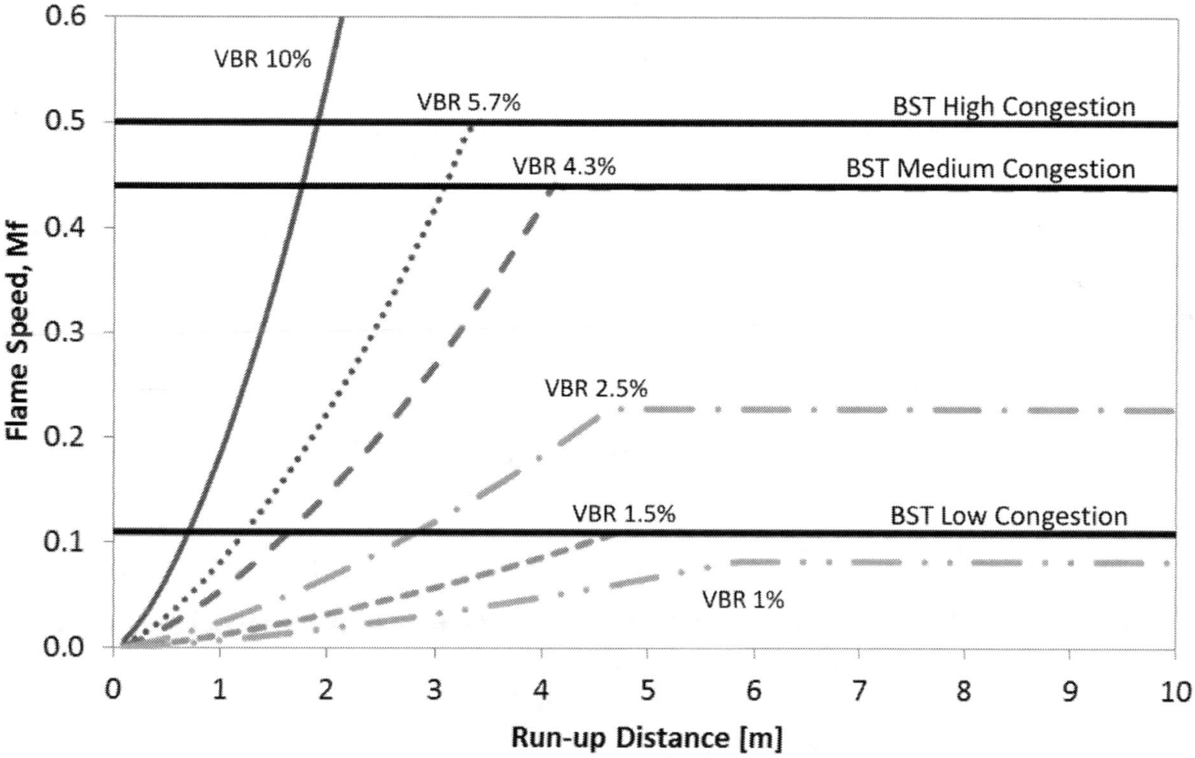

Figure 2. Flame Speed vs. Run-Up Distance; 3-D, Propane, D = 2"

Figure 3 demonstrates how flame speed varies with *nPlanes* and LBV. The basis of the figure is an explosion involving a medium VBR (0.043) and a 4-inch average obstacle diameter. The *nPlanes* parameter is varied between 1.0 (3-D flame expansion) and 4.0 (the maximum value recommend for use in the QMEFS model). The curves plotted in Figure 3 show five materials with various LBV values – ammonia (0.08 m/s), methane (0.37 m/s), propane (0.43 m/s), ethylene (0.76

m/s) and ethylene oxide (0.91 m/s). In the BST model ethylene oxide and ethylene are grouped together into the high category, but these two fuels have different burning properties as can be seen with their LBV values. Thus, by accounting for the LBV of the fuel, the new model provides a finer resolution for flame speed. In addition, as seen in Figure 3, the QMEFS model provides more resolution for the flame expansion parameter through the use of the *nPlane*s variable.

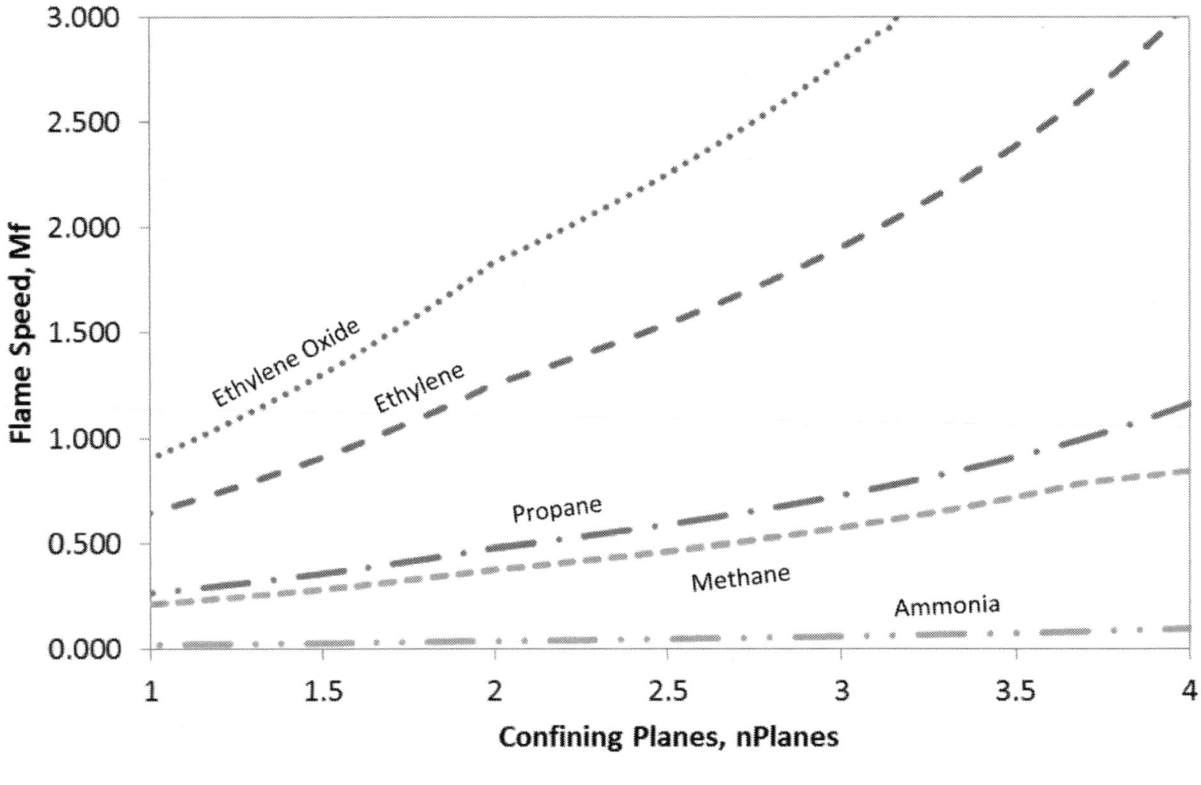

Figure 3. Flame Speed vs. Confining Planes; Medium VBR, D = 4"

5 Conclusions

The model described in this paper provides an improved method to describe the characteristics of a vapor cloud explosion over a wide range of conditions. It combines elements of the work conducted by Baker to develop the BST model, as well as the European MERGE/EMERGE projects; thus incorporating data from the two largest, modern vapor cloud explosion test projects.

Because the BST categories are resolved into numeric ranges, a higher resolution solution space and a clearer set of measureable inputs are achieved. With the ability to model the reactivity of a flammable gas cloud based on laminar flame speed instead of a low, medium, or high classification, the model is able to more accurately describe a wide range of flammable gases and mixtures. Expansion of the constraining flame speed categories to very-low and very-high then provides an even wider range of possibilities.

With the QMEFS matrix expanded to congestion (VBR) categories of very-low and very-high, the model provides a wider range of predictive capability for explosion scenarios. These expansions and enhancements are still confined by the flame speeds in the BST system, and are applied within the set of curves for overpressure and impulse. Thus, with the QMEFS model presented here, process safety experts have a more versatile tool to predict VCE impacts in petrochemical plants.

6 References

[1] Baker, Q.A., C.M. Doolittle, G.A., Fitzgerald, and M.J.Tang, "Recent Developments in the Baker-Strehlow VCE Analysis Methodology," *Process Safety Progress*, v.17, No.4 (1998).

[2] Melton. T.A. and Marx J.D., "Estimating Flame Speeds for Use with BST Blast Curves," Process Safety Progress, v. 28, March, (2009).

[3] Mercx, W.P.M., A.C. van den Berg, and D. van Leeuwen, A*pplication of correlations to quantify the source strength of vapour cloud explosions in realistic situations*. Final report for the project: 'GAMES', TNO report PML 1998-C53, Rijswijk, The Netherlands (1998)

[4] Thomas, K.J., Malik. D.R., Downes, A.M., Rodges, S., "Ammonia Vapor Cloud Explosion Testing and Implications for Facility Siting Studies, Consequence Analyses and Risk Assessments," *50th Loss Prevention Symposium*, AIChE, April, (2016).

[5] Pierorazio, A.J., J.K.Thomas, Q.A.Baker, and D.E.Ketchum, "An Update to the Baker-Strehlow-Tang Vapor Cloud Explosion Prediction Methodology Flame Speed Table," *Process Safety Progress*, v.24, no.1 (2005).

[6] Baker, Q.A., M.J. Tang, E. Scheier, and G.J. Silva, "Vapor Cloud Explosion Analysis," *28th Loss Prevention Symposium*, AIChE, April, (1994).

[7] Mercx, W.P.M., editor, *Extended Modelling and Experimental Research into Gas Explosions*, Final summary report of the project EMERGE, CEC contract EV5VCT930274, European Commission, Directorate General XII, Brussels, Belgium (1997).

[8] Mercx, W.P.M., A.C. van den Berg, C.J. Hayhurst, N.J. Robertson, and K.C. Moran (2000), *Developments in Vapour Cloud Explosion Blast Modeling*, Journal of Hazardous Materials 71 (2000) 301-319.

[9] Tang, M.J. and Q.A.Baker, "A New Set of Blast Curves from Vapor Cloud Explosion," *Process Safety Progress*, v.18, no.4 (1999).

[10] Oran, E.S. and V.M. Gamezo, "Origins of the deflagration-to-detonation transition in gas-phase combustion," *Combustion and Flame*, 148 (2007).

[11] Vasil'ev, A.A., "Estimation of Critical Conditions for the Detonation-to-Deflagration Transition," *Combustion, Explosion, and Shock Waves*, v.42, no. 2 (2006).

[12] Harris, R.J. Wickens, M.J., "Understanding Vapor Cloud Explosions – An Experimental Study," The Institute of Gas Engineers 55th Autumn Meeting, (1989).

[13] Sato, Y., Iwabuchi, H., Groethe, M., Merilo, E., Chiba, S., "Experiments on Hydrogen Deflagration," Journal of Power Sources v.159 (2006).

[14] Health & Safety Executive, "Explosions in Full Scale Offshore Module Geometries Main Report," Offshore Technology Report – OTO 1999 043. Prepared by BG Technology, April, (2000).

479444 Do We Need a Quantitative Risk Assessment (QRA) If My Consequence Analysis Facility Siting Presents a Problem?

Abstract:

There are three steps that a regular facility siting study (FSS) can go through. The first step is the basic separation table approach descrived in API 752. The second step is the consequence analysis facility siting and the third and final one is the quantitative risk assessment. It turns out, however, that the vast majority of the consequence analysis FSS studies quickly demonstrate that the impact to buildings can be more significant that what have been defined as acceptable. For such cases, the analysis normally turns into the QRA, exceedance curves, building structural assessment, etc. The idea of this paper is to cover a intermediate step in early stages to use computational fluid dynamics (CFD) technique in the early stage of the analysis without compromising the time schedule and the budget, this would include dispersion, radiation and explosion modeling. The more accurate results obtained with CFD modelling lead to cloud sizes which are mainly less conservative than traditional methods. The objective of this paper is to go a setp beyond a previous analysis for the dispersion using CFD, but rather make a full evaluation of a FSS using CFD.

Proposed Method for Investigating the Reactivity of Chlorine with Environmental Materials under Relevant and Controlled Conditions

Audrey Feuvrier, PhD.
Ralph E. Martin Department of Chemical Engineering
University of Arkansas, Fayetteville, AR
audrey.feuvrier@uark.edu

Tom Spicer, Ph.D., P.E.
Ralph E. Martin Department of Chemical Engineering
University of Arkansas, Fayetteville, AR
tos@uark.edu

Prepared for Poster Presentation at
American Institute of Chemical Engineers
2017 Spring Meeting and 13th Global Congress on Process Safety
San Antonio, TX
March 26 – 29, 2017

Proposed Method for Investigating the Reactivity of Chlorine with Environmental Materials under Relevant and Controlled Conditions

Audrey Feuvrier, PhD.
Ralph E. Martin Department of Chemical Engineering
University of Arkansas, Fayetteville, AR
audrey.feuvrier@uark.edu

Tom Spicer, Ph.D., P.E.
Ralph E. Martin Department of Chemical Engineering
University of Arkansas, Fayetteville, AR

Keywords: Chlorine reactivity, chlorine release, dry deposition, Jack Rabbit II

Abstract

Many common toxic industrial chemicals (TICs) such as chlorine and ammonia are very reactive with commonly encountered materials in the environment. The amount of TIC material reacted in the environment is an important factor in the impact of a release. Typically characterized with a deposition rate in atmospheric dispersion models, the reaction rate and total deposition quantities have predominately been studied in field scale experiments. Laboratory experiments have also been undertaken, but past investigations have inadequately quantified the available turbulence which can importantly impact surface reaction rates. The state of the art description of surface deposition represents the process as a series of resistances including the effect of atmospheric turbulence and surface reaction(s) depending on the surface material (substrate). Sponsored by the Chemical Security Analysis Center (CSAC) of the U.S. Department of Homeland Security and Transport Canada, an experimental program is underway to test potential substrates under known inlet gas concentrations with levels of turbulence that are comparable to those of the atmosphere. The objective is to develop a test methodology for subjecting a substrate to a reactive gas flow of known TIH concentration with turbulence levels consistent with those in the atmosphere. With data from repeat experiments, deposition of a reactive TIH chemical can be quantified with the proposed experimental protocol.

1 Introduction

Estimating the quantity of a Toxic Industrial Chemical (TIC) removed from the environment through chemical processes is critical to proper consequence assessment of accidental (or intentional) releases, particularly in urban areas [1]. TIC removal mechanisms play an important role in the rational assessment of risk, as these phenomena may significantly and quickly reduce the TIC concentration near a release [2,3], particularly for a reactive chemical such as chlorine. Typically characterized as dry deposition, reactions of chlorine with the environment was not included in the computational models used to predict the consequences of large releases of chlorine in the past [2], but new efforts are underway to characterize chlorine reactivity and incorporate such effects in consequence and risk assessments.

While species like sulfur dioxide and iodine have been the subject of extensive experimental studies [3], studies about deposition involving chlorine are scarce and show a great deal of variability. The high reactivity of chlorine as well as its toxicity make it difficult to study in a laboratory environment, and consequently, many of the studies are conducted as field studies [4]–[6], which restricts test conditions to a limited set of atmospheric conditions. In one set of laboratory experiments, Hill [7] studied the effect of deposition of several TICs on an alfalfa canopy in a chamber where humidity, light, and wind speed were controlled. He showed that chlorine deposition is rapid on alfalfa and that chamber air velocity has a significant effect on the chlorine uptake, but the level of turbulence in the chamber is unknown. Other experimental studies gave promising results such as [8]–[10], but these studies involved no other movement of the flow than the one produced by the mixing device or the circuit used to monitor the concentration level. The state of the art description of surface deposition, [11], represents the process as a series of resistances including the effect of atmospheric turbulence and surface reaction(s) depending on the surface material (substrate).

In this context, an experimental program, sponsored by the Chemical Security Analysis Center (CSAC) of the U.S. Department of Homeland Security and Transport Canada is underway to test potential substrates in a controlled environment. The project includes the design and characterization of a mixing chamber as well as development of a protocol for the measurement of chlorine removal rate for different samples of soil and vegetation. Concentration, velocity, and turbulence measurements will be made in the working section to confirm that the flow is uniform and consistent. It is also desired that the flow in the working section of the apparatus is consistent with the atmospheric flow with target turbulence intensities on the order of 10%. Working section flow speed will be variable, with a maximum in the section of 8 m/s, and expected velocities between 0.5 to 3 m/s. Passive flow conditioning will be used to eliminate non-uniformities in the flow. Recognizing that chlorine gas concentrations as high as 10% or 100,000 ppm may be used, apparatus materials of construction will be carefully chosen to resist damage and also to not remove significant amounts of chlorine during a test. Finally, to limit the hazards involved with the use of chlorine at high concentration level, the apparatus will need to fit under a 6 ft long (about 1.8 m) fume hood.

In the following, the proposed designs for the apparatus and its main elements are introduced. The choice of the mixer, fan, and materials will be discussed. In the second part of the article, the future protocol of measurement will be presented. Focus will be put on the means of measurement used and the characterization of the chamber. The steps to determine chlorine removal rates for several samples types under different environmental conditions will be considered.

2 Proposed design

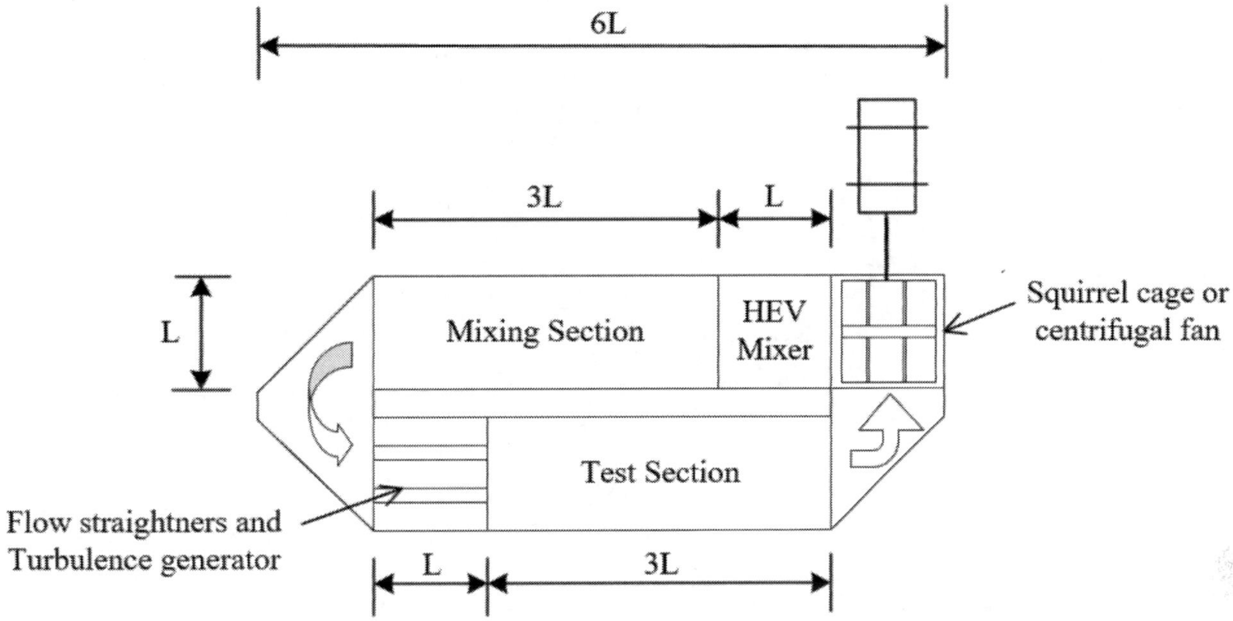

Figure 1. Preliminary apparatus design

Figure 2 shows the preliminary design of the apparatus following the criteria laid down previously using a simple closed return design. The test or working section is placed under the mixing section to facilitate access to the test section through a lab hood sash. The characteristic length, L, chosen to fit in a standard 6 ft hood, will be between 0.25 and 0.3 m, giving a total volume for the apparatus of between 0.16 and 0.28 m^3. A standard lecture bottle contains 454 g of chlorine, which would be sufficient to provide chlorine for 8 to 14 tests depending on the length L based on a maximum concentration of 100,000 ppm. The use of lecture bottles limits the quantity of chlorine required in the lab during the experiments and effectively eliminates the hazard associated with the storage of large quantities of chlorine on site. These volume values are approximate because it may be convenient to use a circular conduit for mixing and a square cross-section for the working section. A circular conduit reduces the required volume of the mixing section (with some minor reduction in power consumption), and a working test section with flat surfaces facilitates optical measurements during characterization and sample placement in the testing phase.

2.1 Mixer and flow conditioner

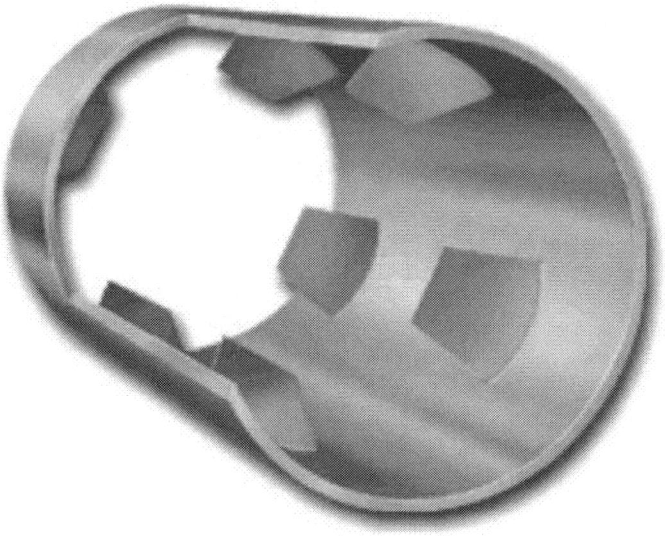

Figure 2. Typical High Efficiency Vortex (HEV) mixer [12].

Figure 3 shows a typical High Efficiency Vortex (HEV) mixer which is placed downstream of the fan. This type of mixer was selected because it provides efficient mixing with turbulent flow with minimal pressure drop. For a Kenics™ HEV mixer, Figure 4 shows the relative coefficient of variation, COV_R , defined as the quotient between the outlet and inlet coefficient of variation, as a function of the Reynolds number (defined as $U_\infty L/\upsilon$ where U_∞ represent the characteristic velocity in the tunnel, L is the characteristic length and υ is the kinematic viscosity of the gas). The coefficient of variation for the mixing of two fluid represents the quotient of the standard deviation of the concentration and the mean concentration. Therefore, the lower the COV_R, the better the mixture quality. The gray zone on Figure 4 represents the range of Reynolds number of this study. Based on Myers et al [13], the pressure drop for our (custom made) apparatus was estimated to be between 1.7 and 17.3 Pa, making it negligible. The HEV mixing process rely on the production of hairpin vortices downstream of the blades of the mixer combined with a pair of counter rotating longitudinal vortices [14]. A mixing section downstream of the device and equal to three times the length of the mixer is recommended to provide for sufficient time for the vortices to complete the mixing process and consequently obtain the predicted COV_R. Additional turbulence generated between the mixing section and the test section will only improve the COV_R before the flow enters the test section..

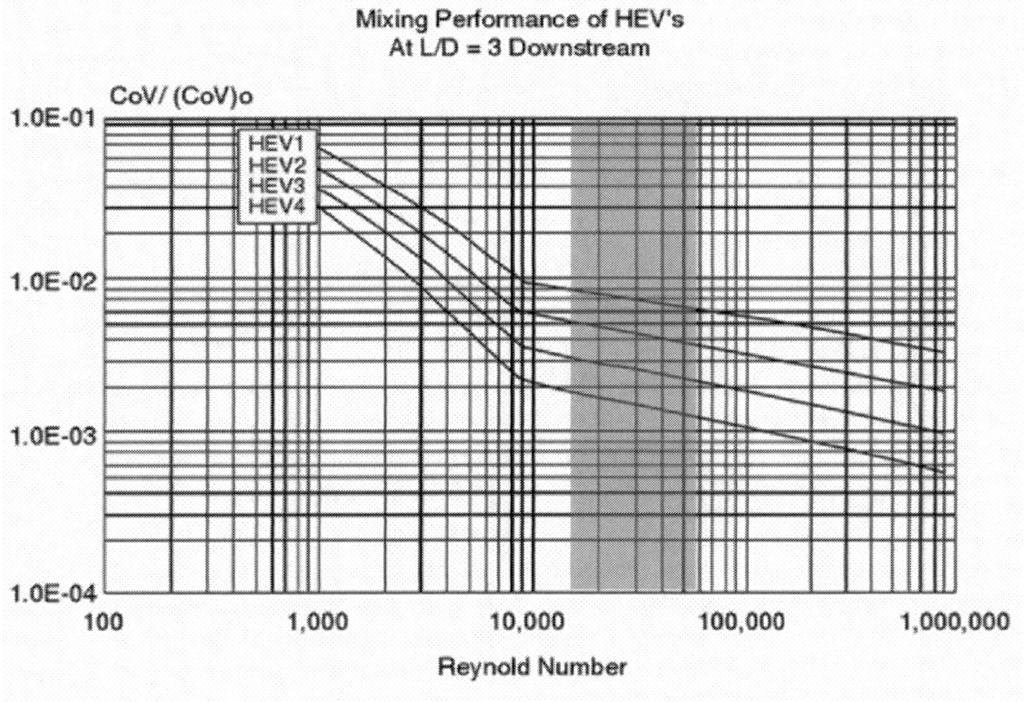

Figure 3. Relative coefficient of variation (COV_R) vs. Reynolds Number and number of tabs row for the Kenics HEV, [12].

The corners currently consist of two 45° bends with a short duct between them, and the 45° bends are preferred to 90° bends to prevent the accumulation of gases in the dead space. To help maintain good flow distribution in the channel, sets of vanes will be placed in each bend. Operating at low wind speed allows us to consider simple circular cross sectional shapes for the vanes [15].

After the two first corners, the flow conditioner section is planned to eliminate large eddies that might be present in the flow ensuring uniformity of the flow and simultaneously raising the turbulence intensity up to 10%. To achieve this, we plan to use a combination of screens or perforated plates. Samples will be placed in the test section through a removable side with provision for a tray in the floor of the test section to accommodate soil and/or plant roots. After experiments, ventilation of the apparatus will be achieved through two hatches on each bend between the mixing and flow conditioner sections.

2.2 The fan

On Figure 2, the motor of the fan is represented outside of the apparatus because chlorine would be expected to react and corrode any of its exposed surfaces. The motor shaft will be supported by Nylon or Teflon bearings located in the side of the apparatus to isolate the motor from chlorine exposure. A centrifugal (squirrel cage) fan is being considered to allow placement of the fan above the apparatus. The fan blades and shaft exposed to chlorine will be treated to limit damage due to chlorine exposure as discussed below.

2.3 Building materials

During the first phase of the experimentation, the apparatus will only use a mixture of air and an inert gases will be used for optic velocity and turbulence measurements and concentration measurements (including a propylene tracer). During this preliminary phase, the structure of the test section will be made with plywood, but two of its walls will be made with polycarbonate to allow visualization and optical measurements of the velocity in the section.

In the second phase of the experimentation involving chlorine, all elements in contact with the test mixture must be made with a material or coated with a material capable of resisting high chlorine concentrations. In addition to extending the workable lifetime of the apparatus, reducing the potential for chlorine to react with materials in the test chamber is also desired so that the reduction in chlorine gas concentration can be attributed to reaction with the sample tested as opposed to the chamber itself. In the case of the fan blades and shaft, a commercial coating is planned (such as Cerakote or titanium). Titanium is known to be highly reactive with dry chlorine, however 1% of water may be enough for passivation after mechanical damage to titanium under normal conditions [16]. For the mixing section, a metal or plastic (PVC) duct will be used since no optical access is required. The structure of the corners and the test section will be made with plywood. In the second phase, polycarbonate may be replaced by plywood. The flow straighteners will likely be made of a suitable metal. All surfaces except the fan blades and shaft are planned to be coated with Viton™, a coating material widely used in applications with chlorine in the chemical industry. We are currently evaluating whether the Viton™ coating under consideration will adhere sufficiently to plywood, and if it does not, then the entire apparatus may need to be fabricated from sheet metal with all internal surfaces painted with Viton™.

3 Protocol for future experimentations

3.1 Experimental resources and characterization of the mixing chamber

Several instruments will be used during the characterization of the chamber and concentration measurement. During both phases of the experimental measurements, the temperature, pressure and humidity of the ambient air will be monitored.

For the characterization of the chamber, the first step will be verifying that the flow entering the test section is uniform and fully mixed through visualization. The working section will be equipped with LED lights and a ROSCO 1500 fogger machine will provide the fog. The fog will be introduce downstream of the fan, at the same point planned for injection of the gases. Video recordings of the fog in the working section will be made with several velocities. After visualization experiments, velocity measurements will be made with a 2D-LDV (Laser Doppler Velocimetry) system using an Argon Ion 300 mW air-cooled laser. This single point technique is non-intrusive and allows simultaneous measurement of two components of the velocity with a good spatial and temporal resolution. Finally, the concentration measurements will be made using an Aurora Scientific mini-PID (photo ionization detectors) The PID measurement method relies on photoionization of a volatile organic compound (in this case a propylene tracer). Small access points will have to be made in the test section for the PID. In the characterization phase, a simulant gas mixture (using sulfur hexafluoride) with be used to reproduce the molecular weight of chlorine. Sulfur hexafluoride is non-toxic, non-flammable, non-reactive and can be used in the PID system.

In conclusion, the characterization of the mixing chamber will assess the quality of the mixing and the flow in the working section, the steps are listed below :

1. Visualization of the flow going in the test section.
2. Velocity profiles taken in the test section will ensure the uniformity of the flow and that the turbulence intensity level is respected.
3. Concentration profiles will provide information on the uniformity of the concentration of the simulant gases in the chamber.

3.2 Concentration measurements and evaluation of the reactivity of chlorine with different samples

After the characterization of the working section, the apparatus will be modified to undergo tests with high concentration of chlorine. The changes have been described in section 2.3. Furthermore, the tunnel will have to allow the access of the JAZ sensors in order to measure the concentration of chlorine. As with characterization of the chamber, the evaluation of the reactivity of chlorine with different samples will request several steps listed hereunder.

1. Characterization of the response of the apparatus to chlorine : Tests will be done without samples, so that the chlorine concentration decay due to the apparatus itself can be measured. A correction factor will be calculated and implemented in the following concentration measurements. Multiple tests will be done, in order to ensure of the repeatability of the measurements.
2. Removal rate estimation : Samples will be placed in the tray, allowing the removal rate of these samples to be estimated through concentration measurements.
3. Analysis of the results : The measurement of the concentration decay in the chamber and the study of the samples put in contact with chlorine will provide valid information in order to calculate the removal rate of chlorine for these different samples. Analytical techniques for determining the amount of chlorine uptake by the test material will depend on the material.

4 Conclusion

In this article, the design of an innovative apparatus or mixing chamber and its main elements have been presented in details. One of the main difficulties encountered was to scale the device to fit under a six feet long fume hood to limit the hazards involved with the use of chlorine at high concentration level in the laboratory. One other obstacle was to find materials and coating suitable and able to resist chlorine in the long run. The future means and procedures of characterization and measurement have been introduced as well. Once build and characterized, this apparatus will provide new data sets for chlorine deposition on vegetal samples and small objects in conditions similar to the atmospheric environment. In the end, this study aim at the improvement of the understanding and computational modeling of toxic inhalation hazards and the consequences to affected population and infrastructure.

5 Aknowledgment

This project is supported by the Chemical Security Analysis Center (CSAC) of the U.S. Department of Homeland Security and Transport Canada. The authors wishes to thank Katherine Elmore for her assistance with this project.

6 References

[1] M. B. Dillon, "The role of deposition in limiting the hazard extent of dense-gas plumes," *J. Hazard. Mater.*, vol. 164, no. 2–3, pp. 1293–1303, 2009.

[2] S. Hanna, S. Dharmavaram, I. Zhang, J., Sykes, H. Witlox, S. Khajehnajafi, and K. Koslan, "Comparison of Six Widely-Used Dense Gas Dispersion Models for Three Actual Railcar Accident," in *Process Safety Progress*, 2008, vol. 27, no. 3, p. 248–259.

[3] S. P. Arya, *Air pollution meteorology and dispersion*, 6th ed. 1999.

[4] J. P. Dimbour, A. Dandrieux, and G. Dusserre, "Reduction of chlorine concentrations by using a greenbelt," *J. Loss Prev. Process Ind.*, vol. 15, no. 5, pp. 329–334, 2002.

[5] G. Dusserre and J. Ollivier, "Small scale field experiments of chlorine dispersion," *J. Loss Prev. Process Ind.*, vol. 15, pp. 5–10, 2002.

[6] J. D. Hearn, R. Weber, R. Nichols, M. V. Henley, and S. Fox, "Deposition of Cl_2 on soils during outdoor releases," *J. Hazard. Mater.*, vol. 252, pp. 107–114, 2013.

[7] A. C. Hill, "Vegetation: A Sink for Atmospheric Pollutants," *J. Air Pollut. Control Assoc.*, vol. 21, no. 6, pp. 341–346, Jun. 1971.

[8] J. Hearn, J. Eichler, C. Hare, and M. Henley, "Cl_2 deposition on soil matrices," *J. Hazard. Mater.*, vol. 237–238, pp. 307–314, 2012.

[9] J. Hearn, J. Eichler, C. Hare, and M. Henley, "Effect of soil moisture on chlorine deposition," *J. Hazard. Mater.*, vol. 267, pp. 81–87, 2014.

[10] D. Brown, "The removal of toxic gases from the air by water, plants and soils.," 2006.

[11] M. L. Wesely and B. B. Hicks, "A review of the current status of knowledge on dry deposition," *Atmos. Environ.*, vol. 34, pp. 2261–2282, 2000.

[12] J. R. Couper, W. R. Penney, and J. R. Fair, *Chemical process equipment revised 2E: selection and design.* Gulf Professional Publishing, 2009.

[13] K. J. Myers, A. Bakker, and D. Ryan, "Avoid agitation by selecting static mixers," *Chem. Eng. Prog.*, vol. 93, no. 6, pp. 28–38, 1997.

[14] W. J. Gretta and C. R. Smith, "The Flow Structure and Statistics of a Passive Mixing Tab," *J. Fluids Eng.*, vol. 115, no. 2, p. 255, 1993.

[15] R. H. Perry, D. W. Green, and J. O. Maloney, *Perry's chemical engineers' handbook.* McGraw-Hill, 2008.

[16] Timet corporation, "Corrosion resistance of titanium," 1997.

Fire Proofing Cost Reduction Measures for LNG Plant

Raminaidu Girada
Senior Process Safety Engineer, Bechtel Oil, Gas & Chemicals, Inc.
3000 Post Oak Boulevard, Houston, TX 77056
rgirada@bechtel.com

Jegan Babu Arumugakan Thuraiswamy
Senior Process Safety Engineer, Bechtel Oil, Gas & Chemicals, Inc.
3000 Post Oak Boulevard, Houston, TX 77056
jbarumug@bechtel.com

Nino Nicotra
Process Safety Engineering Chief, Bechtel Oil, Gas & Chemicals, Inc.
3000 Post Oak Boulevard, Houston, TX 77056
anicotra@bechtel.com

Prepared for Presentation at
American Institute of Chemical Engineers
2017 Spring Meeting and 13th Global Congress on Process Safety
San Antonio, TX
March 26 – 29, 2017

Fire Proofing Cost Reduction Measures for LNG Plant

Raminaidu Girada
Senior Process Safety Engineer, Bechtel Oil, Gas & Chemicals, Inc.
3000 Post Oak Boulevard, Houston, TX 77056
rgirada@bechtel.com

Jegan Babu Arumugakan Thuraiswamy
Bechtel Oil, Gas & Chemicals, Inc.
3000 Post Oak Boulevard, Houston, TX 77056
jbarumug@bechtel.com

Nino Nicotra
Process Safety Engineering Chief, Bechtel Oil, Gas & Chemicals, Inc.
3000 Post Oak Boulevard, Houston, TX 77056
anicotra@bechtel.com

Keywords: Consequence Modeling, Liquefied Natural Gas (LNG) & Liquefied Petroleum Gas (LPG) and Safe Design

Abstract

The current industry practice in designing fireproofing requirements for LNG facilities follows the traditional approach of "Liquid Pool Fire". The common industry practice for fire proofing design criteria defines a fire potential equipment (FPE) as the equipment that handles flammable liquid above a specific threshold volume. The FPE generates fire scenario envelope whose dimension ranges are recommended by API 2218. Equipment and structural supports that falls inside the fire envelope are considered for fire proofing.

LNG plants are handling products with very low boiling point, and any leak to atmosphere results in an instant flashing into vapor phase or aerosols. The results from our recent works on pool fire consequence modelling has proved that most of the currently considered fire potential equipment seldom create pool fire. This consequence modeling results clearly demonstrates that the current fire proofing design approach is overdesign, that is not effective. The apparent saving in man-hours for not modeling the liquid release will result in a considerable amount of engineering efforts and material cost being spent on the design and installation of fire proofing for equipment and structure with potentially no real benefits to the inherent safety of the process plant. Considering the current economic trend, a change in approach using consequence modelling will effectively result in considerable cost savings in major LNG projects.

1 Introduction

Currently in LNG projects, fireproofing is considered for equipment supports, pipe rack support, structural supports and other auxiliary critical hydrocarbon carrying pipe supports within a fire proofing zone to improve its structural integrity during a fire. The principal value of fire proofing is realized during the early stages of a fire by providing additional time to fire fighters to control or extinguish a fire thus by delaying additional loss of containment which may escalate the incident. The fireproofing requirement is determined by identifying the fire potential equipment and the associated fireproofing zones. Fire potential equipment is defined as an equipment holding flammable liquid above a specific threshold volume, which will have the potential to create a liquid pool and subsequent pool fire if ignited. Per API 2218, the fireproofing zone is defined for every fire potential equipment, that extends 20 ft. to 40 ft. (6 m to 12 m) horizontally and 20 ft. to 40 ft. (6 m to 12 m) vertically from the source of liquid fuel. As a typical approach most projects consider fireproofing zones that extend 30 ft. (9m) horizontally and 30 ft. (9m) vertically from the source.

The above mentioned qualitative approach does not reflect the realistic possibility of pool fire scenario. Therefore, a quantitative analysis may be performed to analyze whether a pool fire is realistic for equipment handling multiple refrigerants and LNG. This analysis has been performed on some process equipment handling multiple refrigerants and LNG using Canary software by Quest Consultants.

2 General Technical Guidance

2.1 Scope of Fire Proofing

Fire scenario envelopes for an LNG plant are based on pool fire scenarios. Jet fires are typically not considered as credible for defining fire scenario envelops for fireproofing as described below:

- Jet fires are handled by Prevention, Intervention and Protection. Prevention is by designing the facility in compliance with general fire prevention activities such as those included in NFPA 59A and in the broad application of Process Safety Management(PSM). Once a pressurized jet fire occurs, the intervention and protection can be achieved by a high flow rate firewater stream directed on the point of impingement. This has been proved as an effective mitigation measure in preventing escalation with Jet fires. This will be achieved by strategically locating the fire water monitors around high risk process area, where jet fire is foreseen as a credible scenario.

- Emergency isolation and depressurization system will be provided to lower the pressure of specific isolated sections of the plant that may be involved in a localized jet fire scenario and to de-inventory of gas to flare.

- Efforts on similar LNG projects to extend the fire proofing systems for jet fire scenarios led to enormous impractical level of fireproofing requirement. This could also introduce other hazards such as corrosion.

- Jet fire represents a significant risk or concern for personnel life, working on offshore installations whereas property protection is the basis of pool fire for on-shore LNG facility or petroleum refinery or petrochemical facilities.

2.2 Pool Fire Formations

A pool fire may result via a number of scenarios and it begins typically with the release of flammable material from process equipment. If the material is liquid, stored at a temperature below its normal boiling point, the liquid will collect in a pool. The geometry of the pool is dictated by the surroundings (i.e., diking), but an unconstrained pool in an open, flat area is possible, particularly if the liquid quantity spilled is inadequate to completely fill the diked area. If the liquid is stored under pressure above its normal boiling point, then a fraction of the liquid will flash into vapor, with un-flashed liquid remaining to form a pool in the vicinity of the release.

The pool of flammable liquid may be ignited creating a pool fire. If the release of flammable material from a pressurized process equipment continues, then a jet fire is also likely. If the ignition source occurs at the very beginning of the release, then inadequate time is available for the liquid to form a pool and only a jet fire will result.

Pressurized liquefied gases such as LNG, methane, ethylene and propane will in general disperse as mists or vapor, but may possibly form a small pool if the source operates at low pressure conditions. An exception has to be made for butanes, pentanes and heavier hydrocarbons, which always create pool.

Refer to the following **Figure 1** for pictorial view of the pool fire formation.

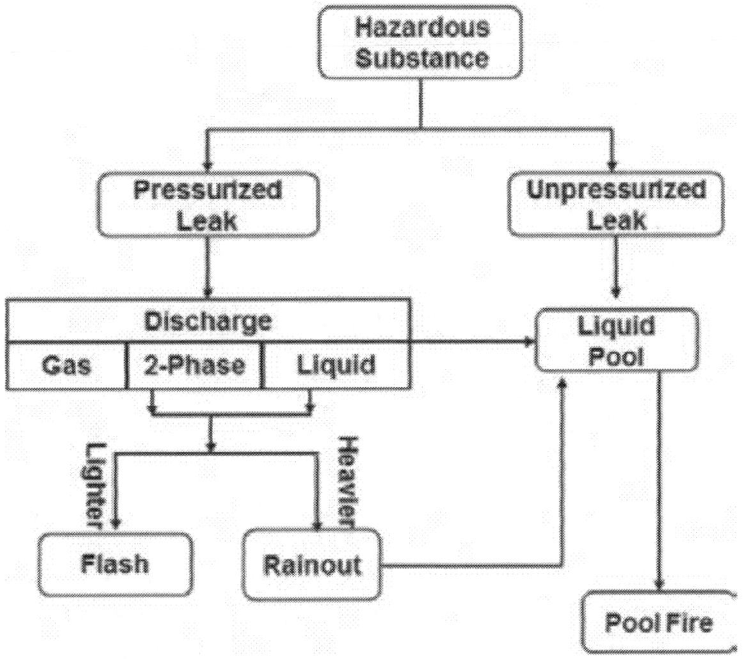

Figure 1: Pool Fire Formation

2.3 Determination of Pool Fire scenario

This section provides an overview of the methodology for determining pool fire existence.

In case of accidental release of flammable materials such as Pentanes and heavier hydrocarbons create liquid pool irrespective of their operating conditions. However, the lighter hydrocarbons such as butane and propane may create liquid pool only under specific operating conditions. The potential for creating liquid pool is based on certain parameters as described below:

- **Butanes**

  Butane releases potentially create liquid pool except for high pressure releases and slight sub cooling of release. Further consequence analysis is required to check if a liquid pool is created from the release.

- **Propane and Ethylene**

  Ethylene and propane liquids may or may not pool, depending on conditions. It has been found that a pool formation can be correlated on several parameters: (1) vessel operating pressure, (2) size of rupture hole for self-leakage vessel, (3) the amount of subcooling, which is also important but the assumption is the liquid will be slightly subcooled, and (4) confinement of *fire hazard area*. Together, these variables establish the size of the pool.

  Higher pressure release are more likely to vaporize and mist, and low pressure releases are more likely to pool. Based on a slightly subcooled liquid at pressure, the analysis is divided into three regimes (1) no liquid pools, (2) highly likely to form a significant pool fire, and (3) possible pool fire. Depending on the size of the release, slope, temperature and composition, a consequence model may be necessary to determine if a pool fire is warranted.

- **LNG**

  Similar to propane and ethylene liquids, LNG may or may not pool depending on several parameters: (1) vessel operating pressure, (2) size of rupture hole, (3) the amount of subcooling, and (4) confinement.

Therefore, a quantitative approach was performed in the following section.

3 Pool Fire Case Study

In this case study, the following light flammable fluids are modelled: methane, propane, ethylene and LNG. Based on the current fire proofing design approach a total of 28 equipment of the LNG plant that handles the above fluids are qualified as Fire Potential Equipment. All those leakage scenarios are modelled using Canary modelling tool, based on its operating condition.

3.1 Leak Scenarios

To provide a spill rate using CANARY, one has to postulate a leak scenario.

Typical hole size choices range from small (3-10mm) to full bore ruptures (diameter of pipe). Hole size selection can define the general level of risk (larger, high consequence releases are significantly less frequent than small, low consequence release).

CCPS book of "Guideline for Fire Protection in Chemical, Petrochemical, and Hydrocarbon Processing Facilities" defined hole sizes as small (3-10 mm), medium (10-50 mm), large (50-150 mm), and full-bore ruptures. Discussion around these hole sizes also points out that the large and rupture releases are not always the worst-case events due to release duration and dosage effects that should be discounted for.

The Canadian Standard Association (CSA) standards Z276 specifies design spills which define the potential extent of hazard zones that are not allowed to impact the public. Z276 defines, among other (smaller) release scenarios, that the design spill should be "The maximum flow of LNG that could be spilled, from the largest branch connection, 60 mm (2-inch) or smaller..."

Based on the above references, 2-inch is considered as an appropriate hole size for consequence modeling. Therefore, the pool fire modeling has been performed for 2-inch hole size. However, sensitivity analysis has been done considering 6-inch hole to check if larger hole size can result in pool formation. The modeling results for both 2-inch and 6-inch are presented below.

The release elevation was considered to be constant at 1 m height (the lowest height is deemed to result in higher consequences). The release directions in all scenarios were assumed to be horizontal. The consequence modeling input data shown below were used for the calculations. All scenarios were modeled using CANARY software developed by Quest. The software is widely used in industrial consequence modelling studies.

3.2 Atmospheric Conditions

The following more stringent atmospheric conditions that favors/sustains the pool scenario are considered:

Wind Speed: 2 m/s

Stability Class: F

Ambient temperature: 80 °F

3.3 Liquid Methane Release at High Operating Pressure

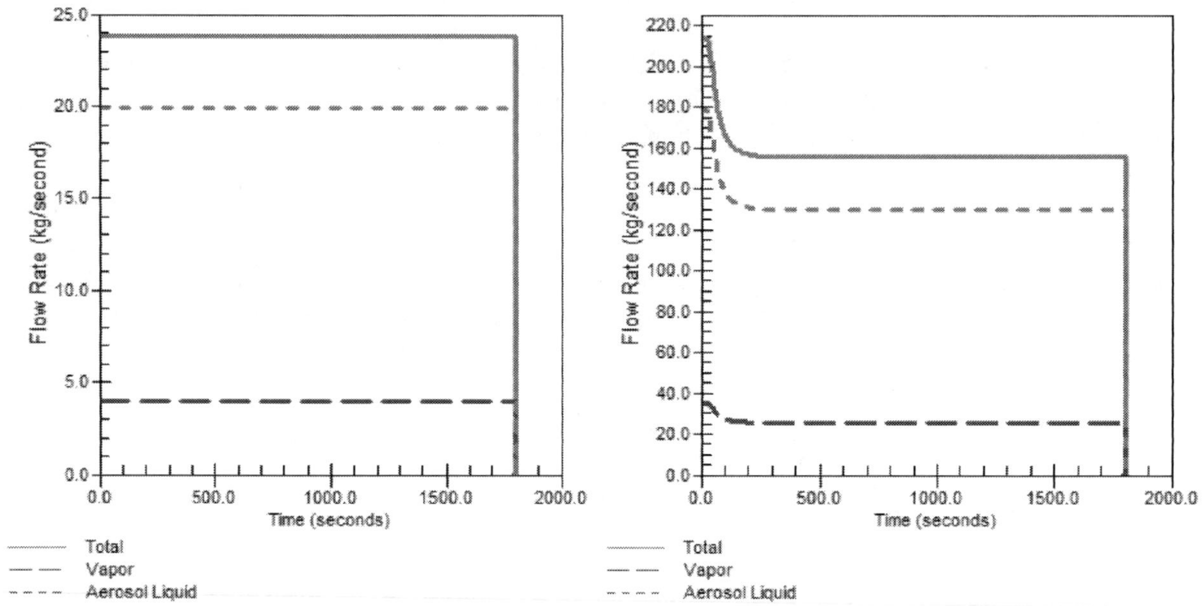

Figure 2: Liquid Methane Release – 2-inch (left figure) & 6-inch (right figure)

Consequence modeling for a liquid methane release was performed at specific process conditions for 2-inch and 6-inch hole size. As shown in the above figures, most of the release is flashing into aerosol liquid and remaining release is in vapor phase. No liquid pool is generated from the liquid methane release.

3.4 Liquid Propane Release

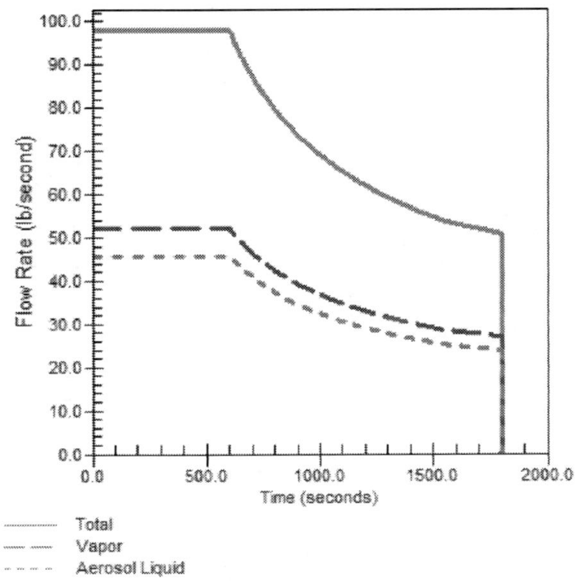

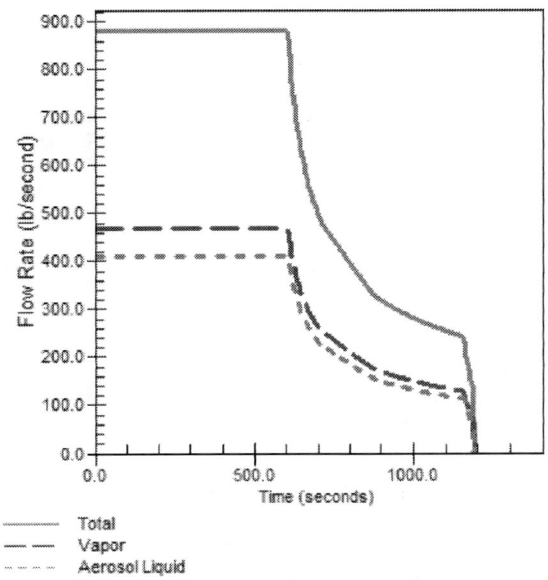

Figure 3: Propane Release – 2-inch (left figure) & 6-inch (right figure)

Consequence modeling for a propane release was performed at specific process conditions for 2-inch and 6-inch hole size. As shown in the above figures, the release is flashing into aerosol liquid and vapor phase. No liquid pool is generated from the propane release.

3.5 Liquid Ethylene Release

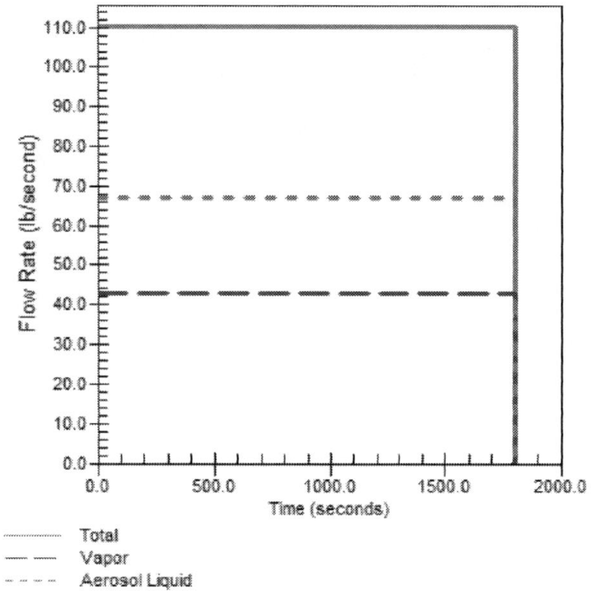

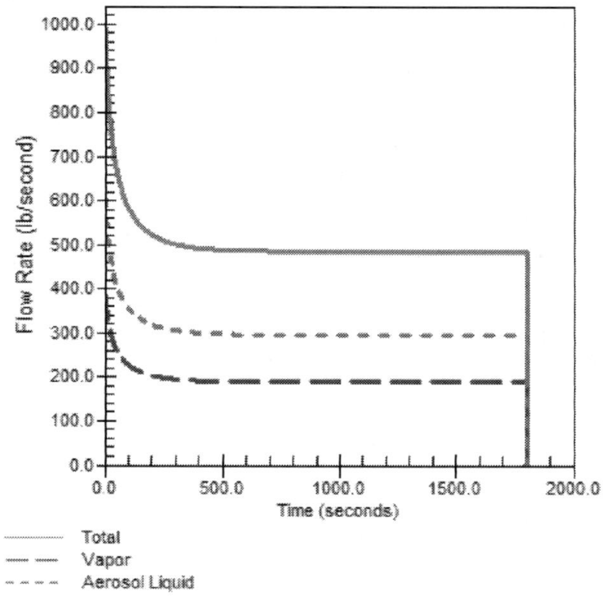

Figure 4: Ethylene Release – 2-inch (left figure) & 6-inch (right figure)

Consequence modeling for ethylene release was performed at specific operating process conditions for 2-inch and 6-inch hole size. As shown in the above figures, the release is flashing into aerosol liquid and vapor phase. No liquid pool is generated from the refrigerant release i.e. Ethylene release.

3.6 LNG Release at Low Operating Pressure condition

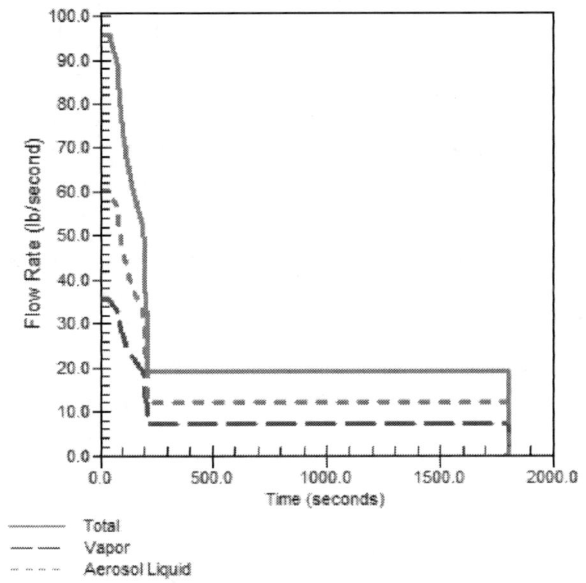

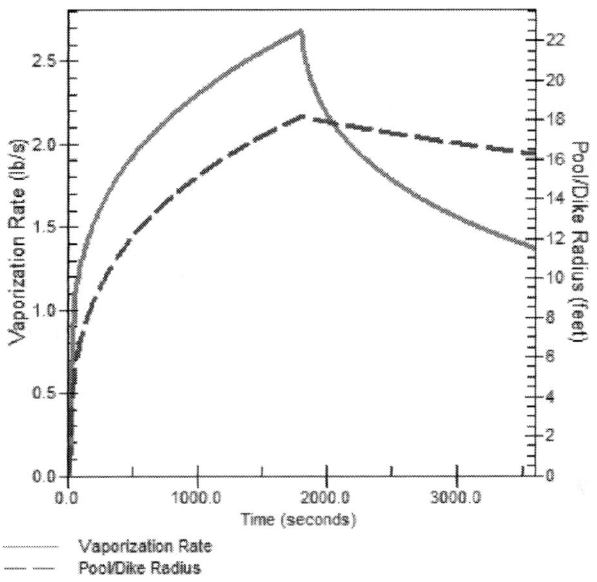

Figure 5: Liquefied Natural Gas Release – 2-inch (left figure) & 6-inch (right figure)

Consequence modeling for a liquefied methane was performed at the process conditions of an equipment for 2-inch. and 6-inch hole size. As shown in the above left side figure, the release for 2-inch hole size is flashing into aerosol liquid and vapor phase, without creating any pool. However, as shown in the right side figure, a release from 6in. hole size from the same equipment is creating a liquid pool of 16 ft. radius.

4 Conclusions

Consequence modeling results showed that out of the total twenty-eight (28) equipment of LNG liquefaction plant that were normally considered as Fire Potential Equipment (FPE) based on specific threshold volume, thirteen (13) equipment that handles methane, propane, ethylene at some specific operating conditions (e.g. low or medium or high pressure) did not create any liquid pool. Instead they flash along forming a large fraction of aerosol liquids, which never creates liquid pool.

The pool fire modeling was performed for a 2-inch release and a sensitivity analysis was carried out for 6-inch release to check the possibility of liquid pool formation for larger size releases for all the 28 equipment. The 6-inch release did not make a major difference in pool fire modeling results except for one equipment which contain LNG at low operating pressure condition. As stated earlier, thirteen (13) out of twenty-eight (28) equipment had not produced a liquid pool irrespective of the release size.

One (1) out of the remaining fifteen (15) equipment, that handles LNG at lower pressure condition did not generate liquid pool at 2-inch release, however it has generated liquid pool for a larger size (6-inch) release. Therefore, it is recommended to perform the consequence modeling for larger hole size to check the liquid pool formation.

The consequence modeling proved that 46% of the total equipment containing liquid such as methane or propane or ethylene or LNG had not produced a liquid pool. Therefore, considering the current economic trend, consequence modeling based approach for determining fireproofing requirements in conjunction with API 2218 requirement can be used in major LNG projects to justify considerable cost savings.

5 References

[1] J.D. Marx and A. Nicotra, "Is a Two-Inch Hole Adequate for Siting Study?", 12th Global Congress on Process Safety, American Institute of Chemical Engineers, Houston, Texas, 2016.

[2] API. "Fireproofing Practices in Petroleum and Petrochemical Processing Plants", American Petroleum Institute, 2013.

[3] CCPS (2003), "Guideline for Fire Protection in Chemical, Petrochemical, and Hydrocarbon Processing Facilities", Center for Chemical Process Safety of the American Institute of Chemical Engineers, 3 Park Avenue, New York, 10016-5991. (ISBN 0-8169-0898-2).

[4] CAN/CSA Z276, "Liquefied natural gas (LNG) - Production, Storage, and Handling", National Standard of Canada, 2015.

13TH GLOBAL CONGRESS ON PROCESS SAFETY

Offshore Units Safety Management Systems Analysis:

SGSO x SEMS II

Mauricio Longo Braz Pessanha
Latec/ UFF - Universidade Federal Fluminense
Niterói-RJ, Brazil
maulbp2@gmail.com

Marcelo Jasmim Meiriño
Latec/ UFF - Universidade Federal Fluminense
Niterói-RJ, Brazil
marcelo@latec.uff.br

Prepared for Presentation at
American Institute of Chemical Engineers
2017 Spring Meeting and 13th Global Congress on Process Safety
San Antonio, TX
March 26 – 29, 2017

Offshore Units Safety Management Systems Analysis:

SGSO x SEMS II

Mauricio Longo Braz Pessanha
Latec/ UFF - Universidade Federal Fluminense
Niterói-RJ, Brazil
maulbp2@gmail.com

Marcelo Jasmim Meiriño
Latec/ UFF - Universidade Federal Fluminense

Keywords: Management System, Safety, SGSO, SEMS

Abstract

Industry has been increasingly demanded regarding safety. Its challenge is to keep its continuity in a horizon of growing operations and external demands. In the energy field, and specifically oil & gas production, this challenge means guaranteeing onshore and offshore operability in desired safety levels. Historically, safety improvements come after major incidents, and the institution of safety management systems was one of these improvements. Nowadays, it is noted a constant effort from regulators to keep industry safer, including the institution of regulations that require safety management systems from the regulated. Companies, progressively, have to meet this scenario of new requirements and expectations that forms towards it. Thereby, the problem to the industry lies in achieving required safety levels, knowing that at each new incident – notably major events, that, unfortunately, have happened – the regulations can be reviewed and bring new demands and requirements. Allying incidents learning with safety management, the goal of this paper is to do a critical analysis of the Operational Safety Management System (SGSO), instituted in Brazil by National Agency of Petroleum, Gas and Biofuels (ANP), comparing its management practices with the American regulation, Safety and Environmental Management System (SEMS II). As a result, a better understanding of SGSO and SEMS II was possible, however, even though there are little differences in their requirements, it was noted that both regulations are very similar.

1 Introduction

1.1 Initial Considerations

History reveals that major incidents (like Bhopal and Chernobyl) motivated changes that made huge impact (and improvement) in industry's safety. [1]

And safety management systems are some good examples of such improvements. Usually, a company ends up structuring a risk management system to comply with internal and external safety demands. And after that, the natural path is that risk management systems evolved, with highlight to the PSM – Process Safety Management, from 1992 by OSHA – Occupational Safety and Health Administration. [2]

In 1993, standard API RP 75 – American Petroleum Institute Recommend Practice 75 (Recommended Practice for Development of a Safety and Environmental Management Program for Offshore Operations and Facilities) recommended the adoption of a SEMP – Safety and Environmental Management Program. [3]

Years later, in 2010, former MMS – Minerals Management Service proposed the SEMS – Safety and Environmental Management System, with a mandatory adoption of that SEMP from API RP 75. It had a later review, known as SEMS II. Nowadays, the American regulator is known as BSEE – Bureau of Safety and Environmental Enforcement. [4]

In Brazil, according to ANP – Petroleum, Natural Gas and Biofuels National Agency [5], the need of changes in the regulatory sector "became evident after Deepwater Horizon accident in the Gulf of Mexico, in April 2010".

And with the goal "to stablish requisites and guidelines to the implementation and operation of a operational safety management system", ANP issued in December 7, 2007 the Technical Regulation of the Offshore Oil and Natural Gas Drilling and Production Installations Operational Safety Management System, known as the SGSO. [6]

1.2 The Problem

The industry itself has been increasingly demanded in terms of safety of its operations. Its greatest challenge is the operational continuity in a horizon of growing production, operations and external demands. In the energy field, and specifically, offshore oil & gas production, this challenge revealed itself in guaranteeing operation in the desired safety levels.

As industry evolves in new exploration frontiers, its technological challenges modify and the risks of its activity also change and may eventually rise. The adaptations to these scenario should be made safely. [5]

Then, as each new incident occurs – notably major incidents that, unfortunately, may happen – regulations are revised and bring new requirements. So, comparing regulations from different countries may represent tendencies that may become future needed changes. Canto [7] suggested that regulations based in PSM practices were compared. His questionings involved analyzing requirements, identifying critical success factors and gathering the ones that had major influence in safety improvement. American regulation from BSEE, face this country´s importance in oil exploration and production in the world, is a strong international reference in terms of comparison.

1.3 Objective

In this context, the main goal of this article was to analyze the Brazilian regulator management system SGSO (Operational Safety Management System) by comparing it to the American regulator system SEMS (Safety and Environmental Management System). In order to do so, the following questions were proposed:

1 - Which are the main approaches in safety management systems?

2 - Which are the main similarities and differences between SGSO and SEMS?

2 Theoretical Aspects

2.1 Safety and Incidents Context

The performance in HSE – Health, Safety and Environment – presents itself as a competitive advantage of great importance. A look at recent history shows a frank technological evolution in industry, whose modernization in processes is accompanied by an improvement in the safety of its operations. However, safety learning usually happens in a tragic way, as the major incidents in the last decades were the ones that motivated several changes that made impact (and improvement) in industry´s process safety. [1]

Reinforcing the importance of human factors in safety, it was noted that [8], as a result of several industrial accidents, companies made considerable efforts looking forward to reach excellence in HSE performance, not only to reduce the number of incidents but also the undesirable consequences to environment and personnel. A great number of improvements was made in techniques, management and thereafter acting in human factor, whether they were related to behavior, attitude or culture, all of them important to the HSE performance of any organizational.

The driving force to developing process safety [2] has been primarily based in catastrophic events, mainly from 1970 to 2000. Based on the cumulative impact of fatalities and economical losses, besides the impact on process safety itself, a list of the top ten greatest incidents in history was made, including in the offshore area Piper Alpha (July 6th 1988: fire and explosion) and Macondo (April 20th 2010: blowout). These accidents show the fragility of safety inside industrial environment, and it was something perceived by governments all over the world.

The main reference on process safety guidelines itself, CCPS – Center for Chemical Process Safety – was created in 1985 after Bhopal incident with the initiative of AIChE – American Institute of Chemical Engineers and the pressure of the American government and also the world´s industrial community. [9]

By affirming "incident prevention is the main focus of all industrial safety areas, in any industry", Sanders [10] adds that this prevention is no only "something that saves lives, but also avoids significate financial losses to any organization". Kletz [11] concluded that the understanding what went wrong in past events is not only relevant but is also fundamental to prevent similar events in the future, where, even these events may have occurred in different sites, their causes may reveal themselves as important to other areas and the lessons learned may fully be applied to all industrial processes. [11]

2.2 Safety Management Systems

The management of each organization is an instrument of administration that allows the execution, in an ordained way, of activities that are inserted in a certain process, aiming the minimization os losses (incidents) and that achieves regularly the goals defined by the own organization. To minimize these losses, management must have a important focus: safety. [1]

Regarding the technology, according to BS 8.800 [12] apud Correia [13], management systems are the "set of dynamically related elements that interact between them to function as a whole, having the function of directing and controlling an organization with a determined purpose". BS 8.800 [12] standard defines management systems as a "set, in any level of complexity, personnel, resources and procedures, whose components interact in a organized way, to allow a task to be performed or to attain, or keep, one result". Santos [14] mentions that management is crucial to the elimination of deficiencies.

BS 8.800 shares with series ISO 9.000 and 14.000 common principles of management systems. [15] However, alerts to the fact that human factors inside organizations (including culture and policy) may decrease the efficiency of any system. He mentions that for the adoption of a safety management system it should be addressed to attend all levels, and be understood by everyone, making incident prevention a part of productive processes e the goals of the organization. Nevertheless, what usually happens is that the companies set a risk management system to comply with external and internal safety requirements. [16]

Literature [17] does not point out the best model to implement a safety management system, but there is convergence between them in the definition of a safety policy, action planning, deviation verification and correction followed by a critical analysis of the system´s functioning.

This approach is in accordance with the PDCA cycle – Plan, Do, Check, Act – from integrated management systems. Both BS-8800, from 1996, and OSHAS 180001, from 1999, have as basic element the pursuit of continuous improvement by using Quality tools, such as PDCA. [8]

2.2.1 PSM

Several industrial areas apply process safety and management system knowledge, mostly the ones that are linked to the production of hazard products. [18] From that came the PSM – Process Safety Management, OSHA standard CFR (Code of Federal Regulations) 2910.119, issued in February 24th 1992 by OSHA. [9] As in the name, PSM brought process risk management requirements, focusing in hazard products in refineries and chemical plants. Its program emphasized technologies, procedures and management practices, for chemical and petrochemical industries. Indeed, all oil industry could use these precepts in its operation, as they are valid for process safety, which applies to many other industries.

PSM was a mark [19], emphasizing risk management in processes that dealt with hazard products, integrating technology, procedures and management practices in a total of fourteen (14) elements:

- Process Safety Information;
- Process Hazard Analysis;
- Operating Procedures;
- Training;
- Contractors;
- Mechanical Integrity;
- Hot Work;
- Management of Change;
- Incident Investigation;
- Compliance Audits;
- Trade Secrets;
- Employee Participation;
- Pre-startup Safety Review;
- Emergency Planning and Response.

2.2.2 RBPS

CCPS was one the greatest catalysts of the development of process safety knowledge in the last 30 years. Its guidelines were important tools to the creation of risk management systems and programs through all industry. [9]

The RBPS – Risk Based Process Safety that CCPS proposed contained 04 (four) pillars that defined its structure – commit to process safety, understand hazards and risk, manage risk and learn from experience – in an approach that consisted of 20 (twenty) safety elements inside those pillars. [9], [20], [21]

2.2.3 Safety Case

The Piper Alpha accident, in 1988 at UK, initiated the application of the Safety Case approach in North Sea water operations. The learnings from Cullen Report, that resulted from the accident, were a very important base to worldwide offshore activity regulators develop norms, technical texts and good practices that contributed to incident prevention. [22]

At UK, it was issued "The Offshore Installations (Safety Case) Regulations 1992", that started to be implemented in 1993. This document oriented the preparation of Safety Cases and authorities notifications. In 2006, it was "revised" – "The Offshore Installations (Safety Case) Regulations 2005". Safety Case has been successfully applied at the UK [15], and it is a document that contains information regarded to safety and health management and also to the control of major incidents, containing several items specifically detailed. [23], [24]

2.2.4 API RP 75

USA adopted standard API RP 75, a recommended practice that suggested the use of a SEMP, composed of thirteen (13) sections, detailed in Table 2. [3]

2.2.5 SEMS

Some years later, in 2006, MMS American agency, renamed BOEMRE – Bureau of Ocean Energy Management, Regulation and Enforcement, in 2010, proposed SMS regulation. [25]

After intense industry questioning, the implementation of SEMS was only required as of 2011, highly motivated by Macondo accident, in 2010. BSEE – Bureau of Safety and Environmental Enforcement (former BOEMRE) made SEMS mandatory, and increased its role and power as regulatory and enforcer. [26]

The PSM of SEMS is composed of the same thirteen (13) sections [25] of API RP 75, called as elements in the FR – Federal Register. In April 2013, the regulation was revised, therefore becoming known as SEMS II. This review empowered the existing SEMS model, with the best practices in safety management, and incorporated ideas of comments received by the time of the original SEMS publication. SEMS II brought six (06) additional requirements [26], some of them already mentioned in 2011 by BSEE [27]:

- JSA – Job Safety Analysis;

- ASP – Audit Service Providers;

- SWA – Stop Work Authority;

- UWA – Ultimate Work Authority;

- EPP – Employee Participation Plan;

- Reporting Unsafe Conditions.

2.2.6 SGSO

At Brazil, the regulation of many sectors Works by means of "state companies" under special regimen, that are public legal entities of indirect administration, being ANP one of them, which has also a strong enforcement role, focusing highly in the area of fuel quality. [28]

With the goal "to establish requirements and guidelines to implementation and operation of a Operational Safety Management System", ANP issued in December 7th 2007 the Resolution Number 43, elaborated by the Superintendence of Operational Safety and Environment (SSM) of the Agency, which contained the Technical Regulation of the Operational Safety Management System of Oil and Natural Gas Production and Drilling Offshore Installations – known as the SGSO. It aimed operational safety of drilling and production offshore installations through the adoption of seventeen (17) management practices (MP). [6]

The Resolution stablishes safety criteria for E&P – Exploration and Production activities with elements that allow the Agency to enforce, educate and guide economical agents, with prevention measures and violation conducts repression. [29]

According to the Agency, the Resolution was based in "ostentatious study of regulatory framework" of countries such as Norway, Canada, USA, Australia and United Kingdom. Major offshore incidents occurred in Brazil (Campos Basin), like the sinking of P-36 platform (March 18th 2001) and the loss of stability of P-34 platform (October 13th 2002) were also considered.

Its PSM is composed of seventeen (17) MP disposed in four (04) chapters, detailed in chapter 4 and Table 2. [6]

A comparison between ISO 9.000:2000, ISO 9.000:1994, ISO 14.000 and BS 8800 [31], showed that the management elements are basically the same, allowing their grouping by concepts similarity, in a proposal of integrated system that identified divergent requirements and united the common ones.

Regarding safety management systems, the tendency is of having even more similarities. Following these concept and reasoning, a comparison of the structures of some PSM, by elements, chapters, practices or sections, is shown in Table 1.

There is also a convergence between the same basic themes from main standards, with small differences in nomenclature. [15] It occurs in some fundamental elements for the implementation of management systems, as being usually the same, like for example, leadership, definition of a clear and objective policy, high administration commitment and planning.

The critical factors for success of the operational safety of oil and gas offshore drilling and production platforms in Brazil identified by Canto [7] – legal compliance evaluation, risk analysis and identification, mechanical integrity and management of change – are all contemplated in most of the safety management systems, although with variations or different approaches. He suggested that new regulations based in the PSM practices, such as SGSO and SEMS, were compared, to identify possible tendencies in new regulations or reviews in the existing ones.

Table 1. Comparison of some PSM main structures PSM. Source: the Author (2015)

Name	**PSM**	**API RP 75 (SEMP)**	**RBPS**	**SGSO**	**SEM / SEMSII**
Institution	OSHA	API	CCPS (AIChE)	ANP	MMS - BOEMRE / BSEE
Date	February 1992	May 2004	March 2007	December 2007	October 2010 / April 2013
Micro Structuring	14 elements	13 sections	20 elements	17 management practices	13 elements / 13 elements + 6 requirements
Macro Structuring			4 pillars	4 chapters	

3 Methodology

In this article, the deepening in the context of other safety management systems was not intended (like Oceania or Europe); not even other national regulations – like the ones that involve onshore production, refining or pipeline – neither requirements of Resolution Number 43 (that defines the SGSO) but do not address specifically the safety management system itself.

So, both SGSO and SEMS regulation were compared by their practices and the results are shown in chapter 4.

4 Results

4.1 Regulation's Comparison

It was possible to verify a strong relation between both regulations. Based on SGSO, each of its MP was analyzed and related to SEMS II. The result of this comparison is shown in Table 2.

In SGSO, the item "general provisions" defines the goal of the Regulation ("to establish requirements and guidelines to the implementation" of a SGSO), besides defines several terms (what is an "installation", an "incident", "operator" etc.). It also mentions the coverage of the Regulation, with which installations it covers, together with its activities and lifecycle, noting also the exceptions (pipelines, onshore installations and offshore installations in transit). The Regulation lists the seventeen (17) MP and even requirements that involve documentation, such as the DSO (Operational Safety Documentation). It is an item with direct relation with the element "General" of the SEMS, where twelve (12) elements are mentioned, with the need of the development of a SEM, and that the contractors should be familiar with the operator´s SEMP. The principles, objectives, scope and definitions (these ones are included in Appendix D of API RP 75) are listed.

Chapter 2 ("Leadership, Personnel and Management") of SGSO has nine (09) practices. MP #1 "Safety Culture, Commitment and Managerial Responsibility" has no direct relation with SEMS elements. It describes the need of the definition of values and a safety policy, communication system, organizational structure and managerial responsibility.

MP #2 "Personnel Involvement" has a relation with requirement "Employee Participation Plan". In SGSO, the requirements deal with activities related to employee participation in the management system and in the operational safety, that is exactly what the SEMS element is about. The requirement "Unsafe Work Conditions Report" has a relation with this MP too. This element empowers all workers to report BSEE safety or environmental violations and also hazard situations.

MP #3 "Qualification, Training and Personnel Performance" has direct relation with element "7-Training" of SEMS. SGSO defines training requirements so that the employees are able to perform their tasks related to their functions, along with awareness, specifics and general training, and also the need of records and verification of these trainings. SEMS has the need of establishing training programs that consider also contractors, periodical updates and refresher trainings, communication of changes in trained procedures and items from other standards, like API RP T-2 e 2-D, for example.

MP #4 "Work Environment and Human Factors" does not have a direct relation with SEMS' elements. It describes the need of the work environment to consider human factors in its lifecycle.

MP #5 "Contractors' Selection, Control and Management" also does not have a direct relation with SEMS' elements. It describes the need of establishing criteria for contractors' selection and performance evaluation, with operators' responsibilities, including contractors' training (and this specific requirement is part of SEMS' element "7-Training").

MP #6 "Performance Monitoring and Continuous Improvement" is another MP that does not have a direct relation with SEMS elements. It describes the need to establish performance indicators and goals to evaluate the efficiency of the management system, in a way to promote continuous improvement, involving procedures, monitoring, records and controls. A element that has similarities in some requirements in SEMS is element "13-Records and Documentation", but only in the part of maintaining safety records.

MP #7 "Audit" has a direct relation with requirement "Audit Service Providers". SGSO defines requirements to evaluate the implementation of the SGSO, with audit plans and action plans to treat non-conformances. These audits are the operator´s responsibility, even if not conducted by it. To BSEE, SEMS programs must be audited by an accredited audit service provider – ASP. Element "12-Audit of Safety and Environmental Management Program Elements" has a relation with MP #7, and its requirements deal with some details of the audit plan, like frequency, team, plan and report.

MP #8 "Information and Documentation Management" has direct relation with element "13-Records and Documentation". SGSO requires control procedures and documentation access in everything related to operational safety, considering development, updating, distribution, control and information integrity. It also considers guaranteed access to these documentation and everything necessary to comply with the regulation. SEMS is more detailed and exemplifies some records that must be maintained, mentioning also the question of organization, review and confidentiality of documents. Element "2-Safety and Environmental Information" has a direct relation with MP #8, because it brings requirements of safety and environmental information keeping to each installation, including design data (process and equipment). It has some relation with construction and design, but is an item more relevant with safety questions.

MP #9 "Incident Investigation" has direct relation with element "11-Incident Investigation". SGSO details the conduction of investigation, including what the investigation procedures must contain, like team dimensioning, work´s start, report preparation, corrective and preventive actions, and also an annual incident report for the installation to be sent to the Agency. SEMS has similar and succinct requirement. Basically, it defines questions and basic items regarding the investigation, but also for "follow-up", in which the conclusions of the investigation are implemented in similar ones inside the organization.

Chapter 3 ("Installations and Technology") has five (05) practices. MP #10 "Project, Construction, Installation and Deactivation" does not have a direct relation with SEMS´s elements. It describes requirements to promote safety in the phases prior to operation, being them project, construction, installation and deactivation. SEMS has element "9-Pre-Startup Review", which deals with construction and equipment requirements, besides also safety information, risk analysis and training, all to the pre-startup review. It does not involve installation and deactivation phases.

MP #11 "Operational Safety Critical Elements" has direct relation with element "8-Assurance of Quality and Mechanical Integrity of Critical Equipment". SGSO has requirements about the identification of these elements (defined as "essential to prevention or mitigation or which, in case of failure, may provoke an operational incident") – categorized in equipment, systems or procedures – and the need of stablishing contingency procedures or alternative controls in case these elements are degraded or out or operation. MP #13 "Mechanical Integrity" has also direct relation with this element. It establishes requirements to plan and control activities such as inspection, test, maintenance and material supply, to the mechanical integrity of the installation and its activities safe conduction. In the other hand, SEMS element 8 has requirements for critical equipment design, production, installation, maintenance, test and inspection, but does not specifically address procedures or systems.

MP #12 "Hazard Identification and Analysis" has direct relation with element "3-Hazards Analysis". SGSO defines type, methodology and requirements to the execution of analysis, reports and to the results (recommendations and implementation, assessment during lifecycle). SEMS, in a similar way, brings requirements to the methodology of these analysis (including references of standards like API RP 14J and 14C, studies' prioritization and personnel qualification), like periodicity and reports.

MP #14 "Great Emergencies Planning and Management" has direct relation with element "10-Emergency Response and Control'. SGSO requires emergency situations planning, resource management, communication and conduction of emergency drills, besides the response itself (emergency plans, what they should address and their need of being reviewed). SEMS, also in a similar way, addresses the emergency planning, control center and drills.

Chapter 4 (Operational Practices) ha three (03) MP. MP #15 "Operational Procedures" has direct relation with element "5-Operating Procedures". SGSO requires procedures to be prepared (with clear instructions, specific to perform activities in a safe way, availability, review) including simultaneous operations and startup/ deactivation. Although it mentions start-up, it is not related to element "9-Pre-startup Review" that simply requires procedures to be in place and adequate. SEMS element 5 addresses the content of procedures (including them to consider human factors) – operating limits, environmental questions and operational safety (personnel exposure) – and their periodic review.

MP #16 "Management of Change" has direct relation with element "4-Management of Change". SGSO requires the operator to assure permanent or temporary changes to be evaluated and managed so that the risk of these changes remain in acceptable levels. That includes control procedures, like the description of the change (reason, specifications), hazards evaluation and impacts, documentation updating (and procedures), training, communications, authorizations and process documentation and filing. SEMS defines changes with examples, including specifically change in personnel (which SGSO also addresses), and has similar requirements.

Finally, MP #17 "Safe Work Practices and Control Procedures in Special Activities" has direct relation with element "6-Safe Work Practices". SGSO has requirements to special activities in the installation, basically addressing what a work permit does. That includes documentation, controls, approvals, precaution measures, hazard mitigation and evaluation. SEMS is similar, containing some examples and specifying hazardous material control and contractor selection, also referring to standard API RP 76. The requirement "Job Safety Analysis" also is related to this MP, bringing additional requirements to the conduction of these job safety analysis.

In the comparison with SGSO, one (01) element and two (02) requirements from SEMS II do not have a MP associate: "9-Pre-Startup Review", "Stop Work Authority" and "Ultimate Work Authority". Regarding the element, there are no SGSO formal pre-startup requirements, as this element is very specific and does not emphasize other phases like installation and deactivation, having some relation with the phase of construction. SGSO also does not have requirements regarding the need of this formal authorities, and it allows the organizations to have their own work practices on these matter, what could be related to item 17.2.1.2 (about additional precaution and mitigation measures that could be required to perform a job safely". MP #17 requires work controls and permissions to be stablished and "be approved in the proper installation management/ supervision level" and only regarding work permit.

The comparison showed that, from the seventeen (17) MP from SGSO, twelve (12) have direct relation with an element or requirement from SEMS II. The item "General Dispositions" (that is not an MP) has also relation with element "1-General" from SEMS II. Therefore, only five (05) MP do not have one analogue element or requirement in SEMS II.

On the other side, based on SEMS II, from the thirteen (13) elements, only one (01) – "9-Pre-Startup Review" – does not have direct relation with a MP from SGSO. And from the former´s six (06) requirements, two (02) do also not have direct relation with SGSO´s MP's – "Stop Work Authority" and "Ultimate Work Authority".

Table 2. Similarity between SGSO and SEMS II. Source: the Author (2015)

Name	**SGSO**	**SEM / SEMSII**
Institution	ANP	BSEE
Data	December 2007	April 2013
Micro Structure	17 management practices	13 elements + 6 requirement
Analogy	**(management practice)**	**(element ou requirement)**
YES	Chapter 1: General Dispositions	1- General
NO	Chapter 2: Leadership, Personnel and Management; 1- Safety Culture, Commitment and Management Responsibility	No direct analogue
YES	2- Personnel Involvement	Employee Participation Plan (+) Unsafe Work Conditions Report
YES	3- Personnel Qualification, Training and Performance	7- Training
NO	4- Work Environment and Human Factors	No direct analogue
NO	5- Contractor´s Selection, Control and Management	No direct analogue
NO	6- Performance Monitoring and Continuous Improvement	No direct analogue
YES	7- Audits	Auditing – conducted by Audit Service Providers accredited by BSEE-approved accreditation bodies (+) 12- Audit of Safety and Environmental Management Program Elements
YES	8- Information management and documentation	13- Records and Documentation (+) 2- Safety and Environmental Information

YES	9- Incident Investigation	11- Investigation of Incidents
NO	Chapter 3: Installations and Technology 10- Project, Construction, Installation and Deactivation	No direct analogue
YES	11- Operational Safety Critical Elements	8- Assurance of Quality and mechanical Integrity of Critical Equipment
YES	12- Hazard Identification and Analysis	3- Hazards Analysis
YES	13- Mechanical Integrity	8- Assurance of Quality and mechanical Integrity of Critical Equipment
YES	14- Great Emergencies Planning and Management	10- Emergency Response and Control
YES	Chapter 4: Operational Practices 15- Operational Procedures	5- Operating Procedures
YES	16- Management of Changes	4- Management of Change
YES	17- Safe Work Practices and Special Activities Control Procedures	6- Safe Work Practices (+) Job Safety Analysis
NO	No direct analogue	9- Pre-Startup Review
NO	No direct analogue	Stop Work Authority
NO	No direct analogue	Ultimate Work Authority

4.2 Analysis

4.2.1 Question 1: Which are the main approaches in safety management systems?

Some of the main approaches in safety management systems have to do with: risk management of hazard products, that was the program of OSHA, the PSM, from 1992; the safety case, a documentation of the safety levels that help in regulatory questions, from 1988; management systems for safety and health, like ISO, BSI and OHSAS, and that were supported by quality tools like PDCA. BS 8.800 and OHSAS 18.001, for example, dated from 1996 and 1999, and risk based process safety, by CCPS, part of AIChE, in 2007.

In Brazil, national regulator (ANP) instituted in 2007 SGSO with safety management practices that were based in "ostentatious study of regulatory framework" of other countries (including USA). API RP 75, from 2004, is a standard that had great influence from OSHA´s PSM, and brought a series of sections that made part of a safety and environmental management program. It was a base for SEMS, from BSEE (American regulator), in 2010, creating a safety management system.

4.2.2 Question 2: Which are the main similarities and differences between SGSO and SEMS?

Differences: SGSO dates from 2007, therefore its previous than SEMS, from 2010 (and its review SEMS II, from 2013). The first one is divided in seventeen (17) management practices, and since its implementation, has not been revised. The second has thirteen (13) elements, which were added to six requirements in the review in 2013.

Only five (05) MP from SGSO do not have a similar pairing in SEMS II: MP #2 "Safety Culture, Commitment and Managerial Responsibility", MP #4 "Work Environment and Human Factors", MP #5 "Contractor´s Selection, Control and Management", MP #6 "Performance Monitoring and Continuous Improvement" and MP #10 "Project, Construction, Installation and Deactivation". As for SEMS II, it has only one (01) element and two (02) requirements that do not have a similar pairing in SGSO: element #9 "Pre-Startup Review" and requisites "stop work authority" and "ultimate work authority".

Similarities: Both have application in offshore area for production and drilling. There are also a direct relation and pairing between several MP and elements from each one. These requirements are very common in many PSM systems, like: management of change, risk analysis, incident investigation, training, auditing, documentation, operational procedures and mechanical integrity.

In a summary, it is important to note that they are very similar regulations, and this is a reflex of the influence of PSM in both. However, there are differences in the requirements that one has and the other does not. It shows that SGSO has some focus on aspects like work environmental aspects, performance monitoring and also human factors. SEMS, in the other hand, is more detailed in work practices and authorities, and also in pre-startup.

5 Conclusion

In the safety management area, industry tries to reach desirable safety levels that are regulated by external parts which, within time and incident occurrence, end up being changed and eventually more restricted.

This paper defined one and answered the questions that were proposed, based in theoretical references that addressed the context of safety management, approaching also the area of "learning from incidents" – that influenced in the creation, implementation and evolution of some of the main management systems.

In the area of oil & gas offshore production, the analysis of operational safety management system (SGSO) of the Brazilian regulator (ANP) was performed, allied with the management system (SEMS II) of the American regulator (BSEE). The methodology involved bibliographic review of relevant references in the theme, comparing both regulations and analyzing their differences and similarities.

The regulation's comparison showed that there are little differences between both. Thus, the main conclusion lies in this aspect: noticing that safety regulations may be, generally, very similar, and few are the items that one may think that should be changed, in terms of being be more specific, detailed, prescriptive or even obsolete or outdated. Complying with SGSO or SEM appears to bring companies to similar safety levels in the countries they operate.

6 References

[1] M. S. M. Bezerra. "A padronização de procedimentos como estratégia de sistematização do conhecimento: o caso da implantação do manual de segurança em uma empresa de energia", UFF – Universidade Federal Fluminense, Niterói, RJ, Brazil, 2011.

[2] M. S. Mannan, A. Y. Chowdhury, O. J. Reyes-Valdes, "A portrait of process safety: From its start to present day", Hydrocarbon Processing 91 (6), January 2012.

[3] API – American Petroleum Institute." API Recommended Practice 75 - Recommended Practice for Development of a Safety and Environmental Management Program for Offshore Operations and Facilities". 3rd edition. Washington, D.C. (USA). May 2004.

[4] I. Sutton. "Analysis of the SEMS II Safety Management Rule". Offshore Technology Conference, Houston, TX (USA). 2013

[5] ANP – Agência Nacional do Petróleo, Gás Natural e Biocombustíveis. BDEP ONLINE – Informativo do Banco de Dados de Exploração e Produção da Agencia Nacional do Petróleo, Gás Natural e Biocombustíveis, 2012. Ano 5. Nº 19. Available at http://www.bdep.gov.br. Accessed on November 13, 2014.

[6] ANP – Agência Nacional do Petróleo, Gás Natural e Biocombustíveis. "Resolução Nº 43". Brazil, December 07, 2007.

[7] L. S. Canto. "Análise do sistema de gerenciamento da segurança operacional: uma abordagem aplicada às plataformas de perfuração e produção de petróleo e gás no Brasil." UFF – Universidade Federal Fluminense, Niterói, RJ, Brazil, 2013.

[8] R. Theobald. "Proposta de Princípios Conceituais para a Integração dos Fatores Humanos à Gestão de SMS: o Caso da Indústria de Petróleo e Gás.", UFF – Universidade Federal Fluminense, Niterói, RJ, Brazil, 2005.

[9] R. J. Willey; D. A. Crowl; W. Lepkowski. "The Bhopal Tragedy: Its influence on Process and Community Safety as Practiced in the United States." Journal of Loss Prevention in the Process Industries, n.18, pp.365-374, 2005.

[10] R. Sanders. "Chemical Process Safety: Learning from Case Histories." Boston: Butterworth-Heinemann. USA, 342 pp., 1999.

[11] T. A. Kletz. "O que houve de errado? Casos de desastres em indústrias químicas, petroquímicas e refinarias." Makron Books. Brazil, 279 pp., 1993.

[12] BS 8800 - British Standards Institution. "Guide to Occupational Health and Safety Management Systems." London, UK, 1996.

[13] W. F M. Correia. "Proteger: Modelo para Implementação de Sistema de Gestão de Segurança do Trabalho" UFE – Universidade Federal de Pernambuco, Recife, PE, Brazil, 2007.

[14] A. G. dos Santos. "A Inserção da Dimensão Comportamental nos Atuais Sistemas de Gestão de Segurança do Trabalho." UFF – Universidade Federal Fluminense, Niterói, RJ, Brazil, 2009.

[15] M. de P. Oliveira. "Um estudo de Caso da Gestão de Segurança Industrial de uma Plataforma de Petróleo Offshore." UFF – Universidade Federal Fluminense, Niterói, RJ, Brazil, 2008.

[16] J. A. Klein. "Two Centuries of Process Safety at Du Pont." Process Safety Progress, v.27, n.1, pp.114-122, June 2009.

[17] L. R. B. Andrade. "Sistemática de Ações de Segurança e Saúde no Trabalho para Laboratórios de Pesquisa com Atividades de Nanotecnologia." UERGS – Universidade do Estado do Rio Grande do Sul, Porto Alegre, RS, Brazil, 2013.

[18] M. C. Meneghin. "Avaliação do Processo de Produção de Cachaça em Pequenas Empresas em Relação às Boas Práticas de Fabricação." UEP – Universidade Estadual Paulista Júlio de Mesquita Filho, Araraquara, SP, Brazil, 2012.

[19] V. A. da Silva. "O Planejamento de Emergência em Refinarias Brasileiras: Um Estudo dos Planos de Refinarias Brasileiras e uma Análise de Acidentes em Refinarias no Mundo e a Apresentação de uma Proposta de Relação de Cenários Acidentais para Planejamento." UFF – Universidade Federal Fluminense, Niterói, RJ, Brazil, 2003.

[20] AIChE Academy - 20 Elements of Risk Based Process Safety. Available at http://www.aiche.org/academy/courses/ela120/20-elements-risk-based-process-safety-rbps Accessed on November 20, 2015.

[21] CCPS – Center for Chemical Process Safety. "Process Safety Boot Camp". Class notas. Rio de Janeiro, RJ, Brazil. May 09, 2011.

[22] J. E. M. França. "Alocação de fatores humanos no gerenciamento de riscos de sistemas complexos offshore". UFRJ – Universidade Federal do Rio de Janeiro, Rio de Janeiro, RJ, Brazil, 2014.

[23] HSE. "A Guide to the Offshore Installations (Safety Case) Regulations 1992: Guidance on Regulations." Liverpool, UK. 92 pp. HSE Books, 1992.

[24] HSE. "A Guide to the Offshore Installations (Safety Case) Regulations 2005 (Legal)." Liverpool, UK, 93 pp. HSE Books, 2006.

[25] FEDERAL REGISTER 75 FR 63609 (2010). Final Rule: 30 CFR Part 250. Oil and Gas and Sulphur Operations in the Outer Continental Shelf – Safety and Environmental Management Systems. Department of the Interior, Agency Bureau of Safety and Environmental Enforcement (BSEE). Federal Register / Vol. 75, No. 199/ Friday, October 15, 2010 / Rules and Regulations. Available at https://www.gpo.gov/fdsys/pkg/FR-2010-10-15/pdf/2010-25665.pdf Accessed on November 13, 2014.

[26] FEDERAL REGISTER FR-2013-04-05 (2013). Final Rule: 30 CFR Part 250. "Oil and Gas and Sulphur Operations in the Outer Continental Shelf – Revisions to Safety and Environmental Management Systems." Department of the Interior, Agency Bureau of Safety and Environmental Enforcement (BSEE). Federal Register / Vol. 78, No. 66/ Friday, April 5, 2013 / Rules and Regulations. Available at https://www.gpo.gov/fdsys/pkg/FR-2013-04-05/pdf/FR-2013-04-05.pdf Accessed on November 13, 2014.

[27] FEDERAL REGISTER 76 FR 56683 (2011). Proposed Rule: 30 CFR Part 250. "Oil and Gas and Sulphur Operations in the Outer Continental Shelf – Revisions to Safety and Environmental Management Systems." Department of the Interior, Agency Bureau of Safety and Environmental Enforcement (BSEE). Federal Register / Vol. 76, No. 178/ Wednesday, September 14, 2011 / Proposed Rules. Available at https://www.gpo.gov/fdsys/pkg/FR-2011-09-14/pdf/2011-23537.pdf Accessed on November 13, 2014.

[28] H. P. de O Galvão. "Os Conflitos de Competência Normativa do Estado Regulador Brasileiro no Setor Administrado pela ANP." UFRN – Universidade Federal do Rio Grande do Norte. Natal, RN, Brazil, 2010.

[29] ANP – Agência Nacional do Petróleo, Gás Natural e Biocombustíveis. "05/05/2010 – ANP Adota Medidas para Reforçar Segurança Operacional das Plataformas Offshore no Brasil". Available at: http://www.anp.gov.br/?pg=23548&m=anp%20adota%20medidas&t1=&t2=anp%20adota%20medidas&t3=&t4=&ar=0&ps=1&1447437766651 Accessed on November 13, 2014.

[30] ANP – Agência Nacional do Petróleo, Gás Natural e Biocombustíveis. "BDEP ONLINE – Informativo do Banco de Dados de Exploração e Produção da Agencia Nacional do Petróleo, Gás Natural e Biocombustíveis. Ano 3 Nº 9." Available at: www.bdep.gov.br Accessed on November 13, 2014.

[31] E. J. M. Coelho. "Sistema de Gestão Integrada: Qualidade, Saúde e Segurança e Meio Ambiente." UNICAMP – Universidade Estadual de Campinas, Campinas, SP, Brazil, 2000.

Melhoria Em Revisão De Segurança De Pré Partida Atavés Da Utilização Da Revisão Por Sub Processos Durante o Comissionamento De Unidades De Processo

Eduardo de Maio Francisco
DuPont do Brasil S/A
eduardo.m.francisco@dupont.com

Antonio José Barreto de Oliveira Júnior
DuPont do Brasil S/A
antonio.junior@dupont.com

Manoel Canuto dos Santos Júnior
DuPont do Brasil S/A
manoel.s.canuto@dupont.com

Lucas dos Santos Andrade de Amorim Almeida
DuPont do Brasil S/A
lucas.almeida@dupont.com

Prepared for Presentation at
American Institute of Chemical Engineers
2017 Spring Meeting and 13th Global Congress on Process Safety
San Antonio, TX

March 26 – 29, 2017

UNPUBLISHED

Melhoria Em Revisão De Segurança De Pré Partida Atavés Da Utilização Da Revisão Por Sub Processos Durante o Comissionamento De Unidades De Processo

Eduardo de Maio Francisco
DuPont do Brasil S/A
eduardo.m.francisco@dupont.com

Antonio José Barreto de Oliveira Júnior
DuPont do Brasil S/A
antonio.junior@dupont.com

Manoel Canuto dos Santos Júnior
DuPont do Brasil S/A
manoel.s.canuto@dupont.com

Lucas dos Santos Andrade de Amorim Almeida
DuPont do Brasil S/A
lucas.almeida@dupont.com

Keywords: PSSR, Commissioning

Abstract

The main objective of this paper is to suggest a methodology and their strengths based on an inherently safer approach of PSSR, named as "PSSR by SOP", in order to production units to document the overall operability profile in terms of Process Safety Management before start up based on PSSR (Pre Start Up Safety Review) Checklist, developed by Du Pont.

A second important benefit is to provide an efficient alternative to follow a Du Pont Corporate recommendation that is: "PSSRs may also be conducted for the following circumstances to help ensure that all relevant aspects of process safety have been completed prior to returning to full operations (e.g. after a major shutdown or turnaround where significant or extended maintenance or repair activities occurred (i.e., emphasizing the field portion of the PSSR process))."

This paper intents to present a systemic analysis of "PSSR by SOP/SSOP" ("SOP" means "Operational System and "SSOP" means "Sub operational System) recently performed successfully several times in Du Pont Latin America manufacturing sites, which had as main goal an inherently safer startup of Process Units, based on Commissioning methodology, as how to perform "PSSR by SOP/SSOP", including demonstration of main tools applied (e.g. PSSR as a tool to disseminate PSM elements basic concepts and how to apply PSSR basic concepts to other SHE activities).

1. Introduction

In accordance to DuPont Corporate Process Safety Management (PSM) system definition, the Pre-Start-up Safety Review (PSSR) provides a final checkpoint for new and modified equipment to confirm that all appropriate elements of PSM have been addressed satisfactorily and the facility is safe to start up, and for new equipment project, a planning for success with the PSSR begins with assembling a competent project team. Effective project management, including careful planning and coordination of all PSM elements - DuPont PSM (Process Safety Management) model, it is important to achieve a smooth start-up.

PSSR procedure is the final "layer of protection" to identify gaps for a safe start up, regardless to the type of the system (process system, distribution system, machinery and equipment reinstall after repair in kind procedure), as well as if all PSM elements as Safety, Health and Environmental (SHE) aspects were properly managed and applied according to DuPont standards.

As a basis to generate all necessary evidences, getting a final PSSR approval for each PSSR scenario, DuPont on its Camaçari site, has developed a control methodology centered on commissioning management techniques.

Commissioning management is the knowledge to deliver an installation for a startup condition & active operation. Commissioning management is the process of assure that all systems and components of an industrial plant are designed, installed, tested, operated, and maintained in accordance to the operational requirements, based on operability requirements. Operability requirements are the capacity of a facility to meet specified performance requirements while operating in a stable and reliable performance.

Some examples of operability requirements, aligned with DuPont PSSR general concepts, are:

(a) All operating systems are delivered to the process operator, free of pending issues, ready to a safe start up.

(b) The documentation required for operation and maintenance team is updated and available to the Process Operator.

(c) The operation team has been trained on the Technology Package;

(d) Temporary structures were removed, the facilities are ready for normal work and safe energy control has been delivered to the operator.

2. Commissioning overview

According to Francis[1], plant commissioning and project handover is possibly the shortest process in the asset life cycle of our assets. It's, however, a critical time and a period that can be quite confusing and difficult to manage.

Never before this period and never again throughout the life span of an asset (operational site) are there such a concentration of concurrent activities and an accumulation of stressed people with different expectations and influences.

- What is involved in the process?
- When does commissioning start and when does it end?
- How do we manage this process to the best advantage?
- Is it too late to have any significant positive impact on asset life?
- Can poor commissioning have an adverse impact on reliability, integrity and life?
- How do differing expectations, influences and constraints affect the outcomes?
- Do sound commissioning principles apply to ongoing minor projects, modifications and scheduled plant shutdowns?

According to Francis[1], activities performed on a construction site after installation and before start-up are called Commissioning. The objective of the commissioning process is to bring the plant into production with a minimum of problems. During the commissioning, there is a finishing of construction, and a concentrated focus of machine vendors and a phasing in of maintenance and production activities. This complex operation in the life cycle of a facility, when it changes from the Construction / Acquire Phase to the Operate / Maintain phase, is shown in Figure 1 below:

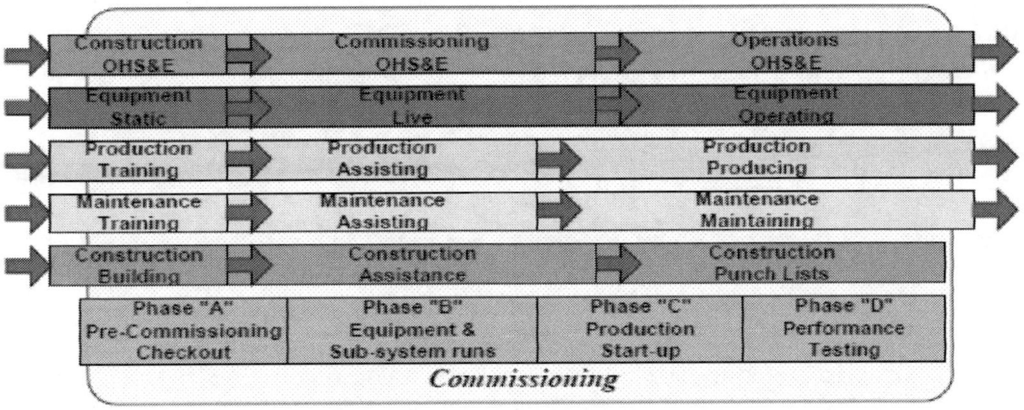

Figure 1: Commissioning phases

This picture illustrates that the roles of people involved in construction and plant operations change in nature during commissioning along with many key activities such as construction, maintenance and SHE.

The installed equipment too changes from dormant to live, dirty to clean and untidy to orderly. It is this phasing effect that makes it difficult to place the commissioning process in either of the main Asset Life Cycle phases on either side (Construct/Acquire and Operate/Maintain):

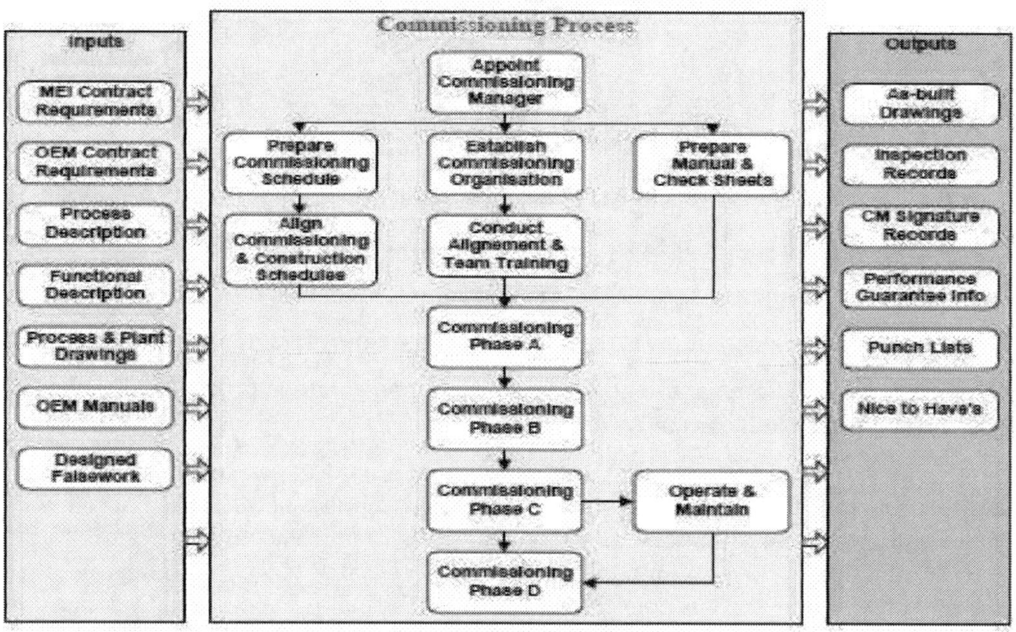

Figure 2: Commissioning phases

The commissioning process is depicted in simple terms in Figure 2 above. Although the process flow here is really concerned with the short term of the commissioning activity it can be seen from the list of inputs that the complete process of commissioning commences very early in design and is re-visited at critical stages during the Plan / Design and Construct / Acquire asset life phases.

3. How does commissioning methodology support PSSR?

Commissioning is an important tool to support an inherently safer approach of PSSR. On DuPont, that methodology combination is named “PSSR by SOP“. The main goal is helping technical board documenting overall operability before facility’s start up.

Based on Francis[(1)] view, commissioning is the time when you first see the conceptual plant in its physical form and when you realize what you have got, what you haven’t got and understand the gap between what you wanted and what you will live with. It is the moment of truth, a time of good news and bad news but also a time when through good management we can still have an influence on the ongoing asset life cycle.

A strategic approach begins by establishing commissioning goals. These may include:

- Secure an efficient and quick start-up of production facility (start-up curve).
- Validate that the project construction team has installed according to the design requirements.
- Ensure 100% mechanical, electrical and automation tests done before production start-up.
- Clarify management processes and responsibilities before handover.
- Demonstrate and document that all plant and process systems are operational.
- Identify deficiencies and make corrections.
- Adjust or modify equipment for best operability and maintainability.
- Maintain cost, time, quality and SHE control to defined standards.
- Phase out of construction and phase in of operations.
- Complete handover documentation.
- Ensure operations receive the appropriate hands on training and exposure during this time.
- Progress commissioning in accordance with project requirements and long-term asset goals.

The way to cover some of these goals is create evidences for small pieces of the facility defined as "SOP" (operational system), as described below:

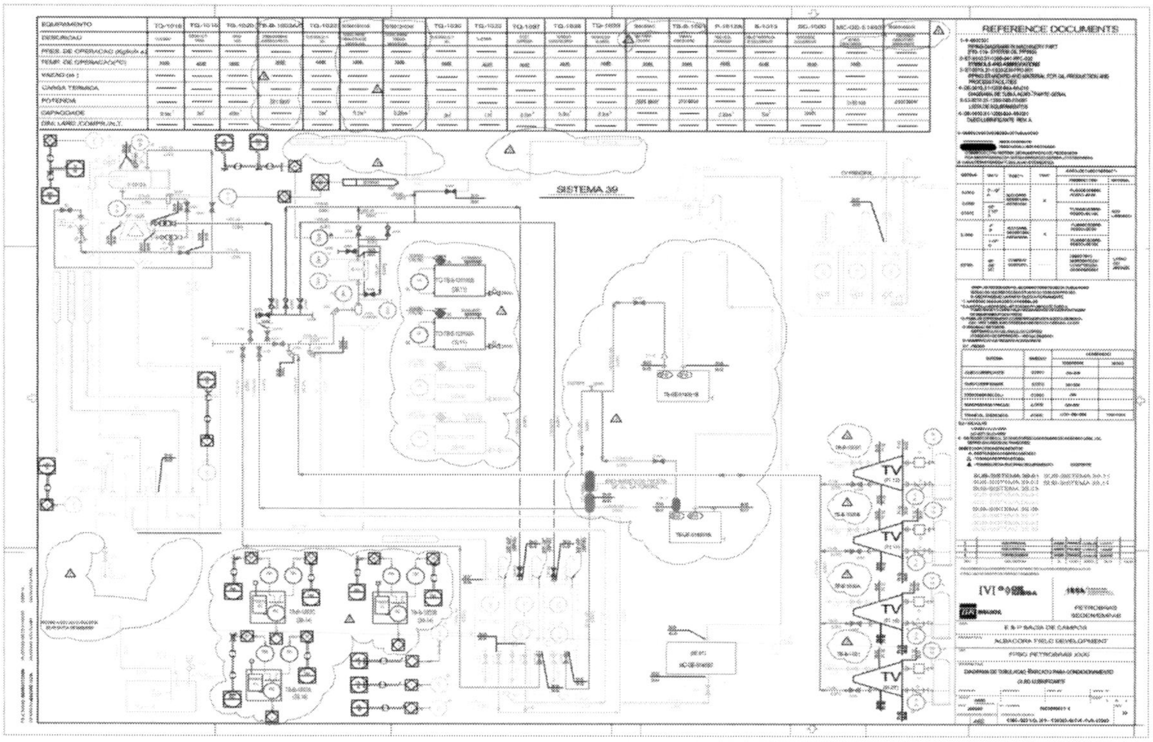

Figure 3: "SOP" (Operational System)

Each region identified on Figure 3 is named "SOP", and each one of them has an operational function based on operability performance. Operability is the capacity of facility to meet specified performance requirements while operating in a safe, stable, and reliable manner.

In order to perform operability overview for every single possible facility change, and according to DuPont standard, PSSRs may also be conducted for the following circumstances to help ensure that all relevant aspects of process safety have been completed prior to returning to full operations:

• Restarting of an idled or mothballed process.

• Significant projects involving "replacement in kind" equipment applications (e.g., installation of a reactor and agitator, storage tank, transfer pipeline, or ventilation system).

• After a major shutdown or turnaround where significant or extended maintenance or repair activities occurred (i.e., emphasizing the field portion of the PSSR process). Sites may alternatively use process-specific start-up procedures and safety checklists for start-up after these activities.

Based on precedence diagram method (Figure 4), all PSSR scenarios will crosscheck all operability factors, by SOP, as follows:

• All operating systems are delivered to the process operator, free of pending issues;

• The documentation required for the operation and maintenance teams is updated and available to the user;

• The operation team has been trained on the Technology Package;

• Temporary structures were removed, the facilities are ready for normal work and safe energy control has been delivered to the operator.

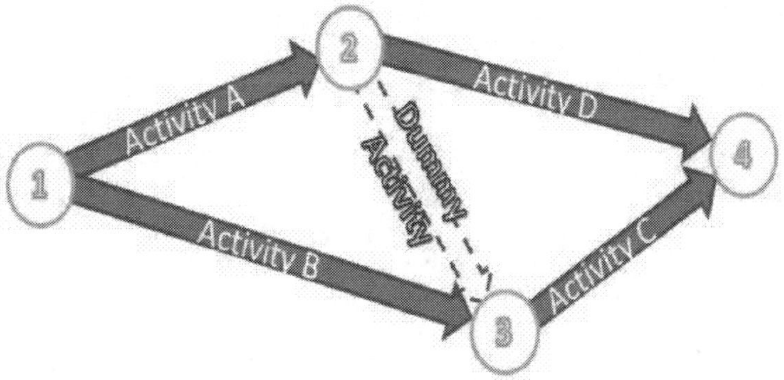

Figure 4: precedence diagram

4. Conclusions

PSSR is a safety review before running a typical operational system. Check of Safety, Health and environmental aspects are covered by that procedure, e.g.:

- Check of Elements of Management System.
- Check of legal requirements accomplished.
- Statement that the operation or activity can be safely performed.

And all SHE aspects should be supported by commissioning concepts. Sound commissioning principles certainly apply to ongoing minor projects, modifications and scheduled plant shutdowns. In many industries shutdowns are infrequent and of relatively long durations (weeks) resulting in a natural tendency to employ project management techniques and sound commissioning and handover processes.

Other industries, however, have more frequent and smaller duration shuts (hours / days) and the pressure to produce often results in the sound commissioning principles being bypassed. Unfortunatelly this has the same effects as project commissioning in that it will affect the performance and life of the assets.

The same sound principles need to be applied to these operational aspects including the appointment of an Operation Leader (or a Commissioning Manager) for all shuts. Even the smallest of "projects" require the same change management and commissioning principles and practices.

The PSSR process by SOP commissioning review is a tool to educate all stakeholders, particularly senior management, in the importance of life cycle considerations and the importance of each phase. Project specialists are notoriously poor at developing any understanding of the equipment life cycle.

Their focus is different for obvious reasons and centers on the project time and cost budget. It is often said that quality is a given but this is only so if the correct input is applied. In all aspects it is important to take a long-term strategic asset view to achieve best benefit from the commissioning process as well as have an inherently safer start up.

Commissioning is not a controlled ongoing situation that most are used to in industry and neither is it a controlled steady change as in a project, rather it is a constantly changing environment with errors, omissions, oversights, defects and physical changes coming to the forefront. There can never be enough communication, particularly face-to-face and particularly between combatants that may normally communicate only infrequently.

Special effort is required to achieve an integrated effort from all of the participants and this area requires alert commissioning management. Therefore, Commissioning is Quality Assurance in Building Engineering.

Looking ahead, based on operability overview before PSSR, the PSSR general procedure could be spread to other disciplines (e.g. PSSR before initiating the operation of a new warehouse, PSSR before new mode of product transportation etc.). A deeper assessment can be found at Figure 5 attached below:

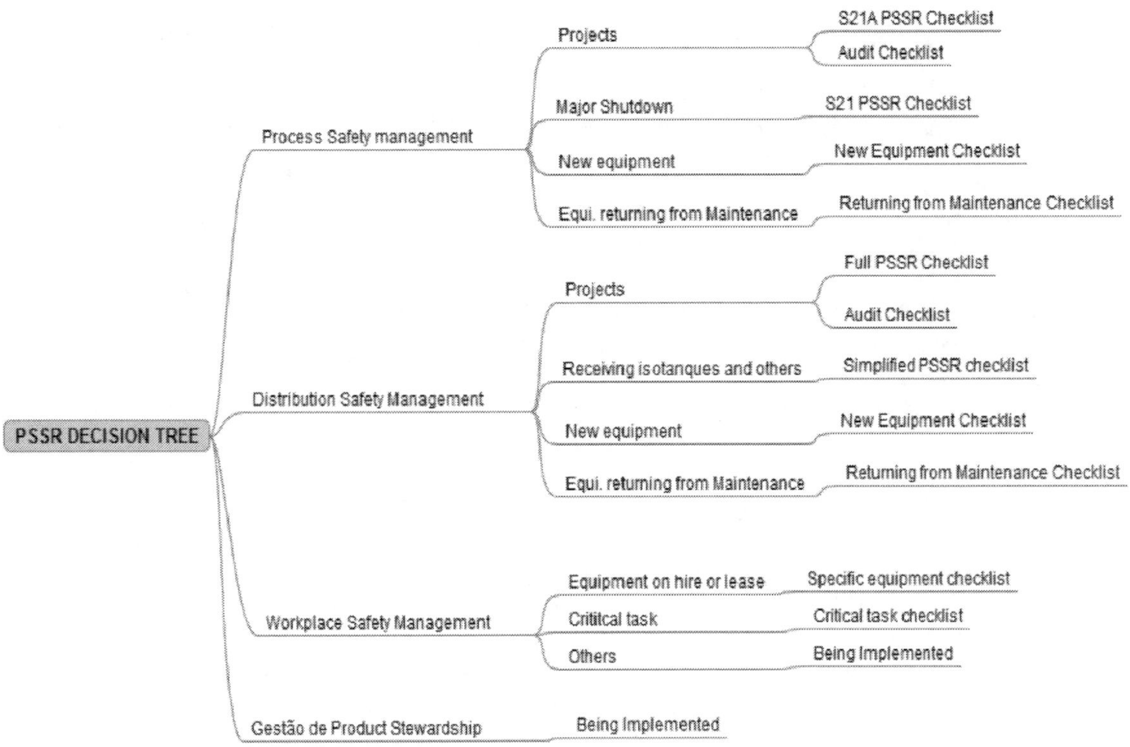

Figure 5: mind map – PSSR decision tree

5. References

[1] Francis, Ross, Inaugural World Congress on Engineering Asset Management, Australia, July 2006.

[2] Beale, Christopher,"Handling Uncertainty", The Chemical Engineer, May 2006.

[3] Gowland, Richard, "Uncovering the Unknown" The Chemical Engineer, March 2013.

[4] Leggett, D.J., Risk Management and Process Safety for the Toll Manufacturer, Process Plant Safety Symposium, October, 1998, Houston Texas.

[5] The DuPont PSM (Process Safety Management) standard.

Avaliação da Segurança Funcional em Intertravamentos, Alarmes e Controles de Segurança *

Quão eficiente são seus projetos em segurança funcional?

Eloise Roche, Monica Hochleitner, and Angela Summers
SIS-TECH Solutions, LP
Paper id: #478122

Palavras-chave: Avaliação de erros humanos, Sistema de Gerenciamento da Segurança, Inspeção Periódica, Intertravamento de Segurança, Alarmes de Segurança, Sistemas Instrumentados de Segurança

Resumo

O retorno de investimento (ROI) em projetos de Intertravamentos, Alarmes e Controles de Segurança (do termo em Inglês *safety controls, alarms, and interlocks* – SCAI) podem ser negativamente impactados quando causados por falhas humanas, que podem ocorrer durante quaisquer atividades do ciclo de vida de segurança, mesmo por profissionais competentes. Práticas de projeto, instalação, testes, manutenção e de operação são frequentemente repetidas, reduzindo o ROI a cada instalação defeituosa. A avaliação da segurança funcional – do termo em Inglês *functional safety assessment* (FSA) – é uma ferramenta utilizada para identificar e corrigir defeitos antes que uma simples falha humana permita que um evento perigoso se propague, independente do capital desembolsado no equipamento SCAI instalado.

Resultados significativos podem ser obtidos quando FSA são periodicamente conduzidas durante o ciclo de vida do elemento SCAI utilizado, de forma que informações críticas estejam disponíveis quando necessário. Este trabalho discutirá a abordagem internacionalmente reconhecida das cinco diferentes etapas de FSA realizadas ao longo do ciclo de vida de segurança, como proposto pelas normas de referência. Também é feita uma revisão do propósito e conteúdo da avaliação de segurança funcional em cada um desses estágios, bem como o melhor momento para realização de cada avaliação de modo a preservar recursos do projeto e assegurar a segurança do processo. Por último, é apresentado um estudo de caso para ilustrar como a falha em realizar a avaliação da segurança funcional de modo efetivo, e no momento adequado, contribuiu para a ocorrência de um incidente com resultados catastróficos e de alto custo.

1 Introdução

É comum que riscos à segurança do processo ainda permanecem, mesmo depois de práticas de projetos inerentemente seguros serem adotadas no planejamento do processo e da operação. A redução de risco residual é então implementada através da implementação de sistemas de controle e salvaguardas independentes, específicas e efetivas. As salvaguardas mais comuns baseiam-se em Intertravamentos, Alarmes e Controles de Segurança (SCAI). Para que um projeto de SCAI seja executado com sucesso, é necessário um alto investimento de recursos, tipicamente envolvendo centenas de horas de engenharia em análise dos cenários perigosos, identificação das lacunas em segurança funcional e em determinar a melhor forma de reduzir os riscos.

Diversas normas industriais cobrem o detalhamento e gerenciamento de SCAI, com maior ênfase nos sistemas instrumentados de segurança (SIS), incluindo aquelas publicadas pela ISA, IEC, NFPA, API, entre outras. A norma ANSI/ISA 84.00.01 [1] é reconhecida pela OSHA como boas práticas[1] de engenharia para SIS [2,3]. A IEC 61511 [4] foi adotada pelos norte-americanos nas versões mais recentes da ANSI/ISA 84.00.01, que também é amplamente referenciada em países que não possuem regulamentação específica para segurança de processo industrial. A IEC 61511 lista requisitos essenciais para um FSA. Até recentemente, os requisitos para SCAI eram mais genéricos e normalmente expressos de forma a atender aos principais critérios das camadas de proteção independentes (IPL). Atualmente, a norma ANSI/ISA 84.91.01 [5] e a versão preliminar da norma ISA 84.91.03 [6] fornecem requisitos para o gerenciamento do ciclo de vida do SCAI. Todas essas normas [1,4,5,6] são unânimes em considerar que a FSA é um requisito essencial para assegurar a redução de risco reinvidicada durante a análise de riscos e perigos – do termo em Inglês *hazard and risk analysis* (H&RA). Tem-se observado ser uma prática eficiente avaliar ambos, SIS e SCAI, como parte de uma mesma atividade.

Toda FSA, independente da fase em que acontece, é parecida em diversos elementos chave: precisam de um planejamento antecipado que suporte sua completa execução; demandam procedimentos escritos que tratam como a avaliação será realizada; cada FSA deve contar com ao menos um profissional que conduzirá a avaliação, profissional este que precisa ser independente da equipe que mantém o sistema que está sendo avaliado; e o plano da FSA deve definir como a equipe terá acesso às informações pertinentes. Por último, o plano da FSA inclui um processo para tratar e corrigir de modo satisfatório e em tempo hábil todos os desvios e anomalias detectados. A falha em rapidamente solucionar desvios negativos da avaliação pode resultar em consequências indesejadas.

2 FSA em seus diferentes estágios

Não basta a mera existência de normas baseadas em desempenho para SCAI e SIS. Os profissionais envolvidos em tais projetos precisam ser competentes o suficiente nos fundamentos por trás dos requisitos *baseados em desempenho* para interpretá-los e aplicá-los corretamente. O planejamento de recursos deve contabilizar as competências necessárias nas diferentes fases do projeto, revisões detalhadas e soluções adequadas dos requisitos para que o projeto seja executado com uma boa relação de custo e eficiência. Quanto mais tarde são identificadas as lacunas (para se atender as exigências das normas) , mais provável que impactem de forma significativa no cronograma e no custo (Figura 1).

O propósito das FSA é assegurar que cada sistema SCAI esteja em conformidade com as normas aplicáveis e de acordo com sua especificação dos requisitos de segurança (SRS) muito após a partida do projeto e transferência para operação. As FSA são atividades dinâmicas, que periodicamente avaliam quão bem os sistemas SCAI continuam atendendo às necessidades da unidade operacional. Instrumentação, programas aplicativos e procedimentos são suscetíveis a mudanças ao longo das fases de operação e

[1] Boas práticas aqui refere-se ao termo em Inglês *recognized and generally accepted good engineering practice* (RAGAGEP).

manutenção. Se a realidade da operação e manutenção é diferente das premissas de projeto, a probabilidade de ocorrência de eventos indesejados pode ser maior do que o tolerável. As FSA são essenciais para sustentar o plano de gerenciamento de risco e para atingir o ROI estimado para o projeto.

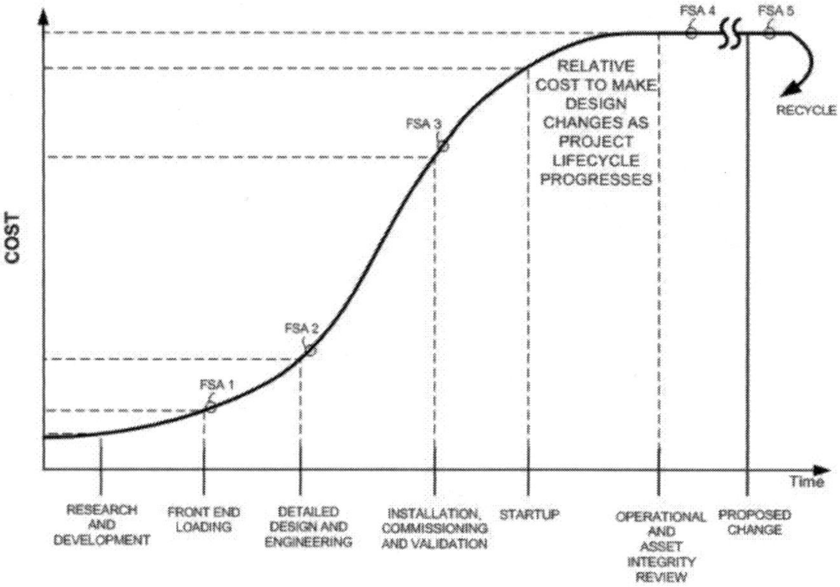

Figura 1: Custo relativo das mudanças em função da fase do projeto (adaptado do original) [7]

O plano de execução do projeto tipicamente estabelece os momentos para a FSA nos estágios 1 a 3. A FSA no estágio 4 ocorre repetidas vezes ao longo da vida da unidade, enquanto no estágio 5 a FSA é conduzida como parte de uma modificação ou desativação. A Tabela 1 apresenta os momentos sugeridos para cada estágio de FSA e respectivo propósito. Cada estágio baseia-se nos estágios anteriores. Um programa de FSA robusto previne a propagação de erros de uma fase do projeto para a próxima. O adiamento de avaliações pode resultar em retrabalho de alto custo.

Tabela 1 – Proposta dos momentos para realização das FSA

	Atividade do Projeto	Momento de Realização	Propósito
1	Avaliação da independência e dos limites de redução de risco conforme H&RA	Imediatamente após o estudo de análise de riscos inicial e documentação da especificação funcional do SCAI	Garantir o tratamento das lacunas de redução de risco e minimizar o potencial de atraso do projeto
2	Revisão do detalhamento do projeto	Imediatamente após a conclusão do projeto detalhado e antes do início dos processos de compra, atividades de programação e instalação	Garantir que o projeto atende aos requisitos de redução de risco e minimizar as chances de ultrapassar o orçamento
3	Revisão de segurança anterior à partida (PSSR)	[EXIGIDA] Após completer a instalação, pré-comissionamento, validação e desenvolvimento de todos os procedimentos do sistema mas	Confirmar que o sistema instalado atende ao documento SRS, existência dos procedimentos e

		ANTES dos perigos interentes ao processo estarem presentes	treinamento das equipes envolvidas
4	Revisão da Operação e Manutenção	[EXIGIDA] Periodicamente	Confirmar o desempenho do sistema instalado
5	Avaliação da mudança proposta	[EXIGIDA] Antes de se iniciar a implementação da mudança proposta	Determinar quais tarefas do ciclo de vida de segurança (se existir) devem ser revistas em função da mudança proposta

Não é rara a confusão entre o que se deve realizar para atender as normas de referência: uma avaliação de segurança funcional ou uma auditoria de segurança funcional, especialmente quando se trata de uma instalação existente. Basicamente, na FSA o avaliador faz uma investigação detalhada das informações associadas a cada dispositivo de proteção e função de segurança para determinar se o sistema atinge o desempenho necessário como projetado, instalado, operado, inspecionado, mantido e testado. Por sua vez, o auditor examina os registros da planta e realiza verificações pontuais – ou *spot checks* – para determinar se os procedimentos e práticas existentes são realmente seguidos. O que se evidencia é que sempre há uma sobreposição entre as pessoas que fazem essas atividades, bem como nas informações que são avaliadas e auditadas. É comum que uma auditoria seja realizada em conjunto com uma FSA no estágio 4. Para mais detalhes sobre auditorias de segurança funcional, consultar o artigo *"How Effective are Your Safety Controls, Alarms, and Interlocks? The Importance of Functional Safety Auditing."* [8].

3 Conteúdo das FSA

Cada estágio de FSA depende de um conjunto distinto de documentos de entrada e avaliam diferentes aspectos para determinar se o SCAI é aceitável. Na prática, as FSA são geralmente realizadas com base em listas de verificação detalhadas ou outras ferramentas de auxílio criadas para uso do profissional realizando a avaliação, que por sua vez deve comprovar extensa experiência no projeto e gerenciamento do SCAI (ou SIS). Procedimentos detalhados para a realização da FSA ajudam a assegurar que os requisitos aplicáveis sejam tratados e que exista registro claro de cada desvio encontrado, seja ele positivo ou negativo.

3.1 Avaliação dos riscos e perigos (H&RA): independência e limites da redução de risco (Estágio 1)

O estágio 1, conforme mostrado na Tabela 2, determina que o plano de gerenciamento de risco proposto atende às normas e está de acordo com o SRS desenvolvido antes que uma quantidade de recursos de engenharia seja gasto. O estágio 1 tem como foco o H&RA e consequente documentação de SCAI, deixando a revisão do detalhamento do projeto e *hardware* para estágios posteriores. Uma exceção frequente é a avaliação dos processadores programáveis de lógica, pois os mesmos tendem a ter um longo prazo para fornecimento e de modo geral são selecionados e adquiridos muito antes do SRS ser concluído. O impacto no custo e cronograma do projeto que o erro na especificação da unidade de processamento da lógica pode causar é substancial.

Tabela 2 – Documentos chave de entrada e tópicos de avaliação para o FSA no estágio 1

Documentos chave de entrada	Lista dos itens típicos de avaliação
• Plano de segurança funcional • P&IDs ou Diagramas de Fluxo do Processo preliminares • Narrativas de controle • Diagramas preliminaries da infraestrutura de redes de informação conectadas ao sistemas de controle de processo e SCAI • Documentação do H&RA inicial, incluindo a identificação e classificação de cada função SCAI associada a eventos de perda • SRS para todos os sistemas SCAI • Restrições de instalação e configuração da unidade de processamento da lógica conforme manual de segurança	• Premissas adotadas para frequência das falhas do controle de processo (também chamado sistema de controle básico de processo) • Redução de risco reinvidicada para cada salvaguarda instrumentada, tais como intertravamentos, alarmes e controles de segurança • Redução de risco total reinvidicada para as salvaguardas instrumentadas em função do evento iniciador do desvio de processo • Redução de risco máxima reinvidicada para cada unidade de processamento da lógica • Independência física e funcional entre cada SCAI, evento iniciador do desvio de processo e de qualquer outra salvaguarda identificada para todo evento de perda • Avaliação inicial das vulnerabilidades do sistema de segurança da informação do processo • Nível de conclusão do documento SRS para cada salvaguarda instrumentada, incluindo os requisitos de processo e requisitos de segurança da informação iniciais • Consistência entre P&ID (ou Diagrama de Fluxo do Processo) e narrativa de controle com H&RA e detalhes do SRS • Plano do sistema de gerenciamento e competências estão contidos no planejamento de segurança

3.2 Avaliação do detalhamento do projeto (Estágio 2)

O estágio 2, conforme mostrado na Tabela 3, é conduzido na parte final do detalhamento do projeto. Uma quantidade significativa dos recursos de automação e do cronograma do projeto são colocados em risco se a maior parte da compra, implementação ou desenvolvimento da lógica de aplicativos é iniciada antes da verificação do projeto de SCAI quanto a estar tecnicamente correto para atender à segurança funcional necessária. Recomenda-se a revisão dos H&RA anteriores a medida que o projeto dos equipamentos e controle do processo estão próximos da conclusão para assegurar que o projeto do SCAI considera eventuais riscos introduzidos por modificações na fase final de projeto. Para melhores resultados, atualizações do H&RA devem ser incorporados ao detalhamento do SCAI antes do estágio 2 de avaliação.

Tabela 3 – Documentos chave de entrada e tópicos de avaliação para o FSA no estágio 2

Documentos chave de entrada	Lista dos itens típicos de avaliação
• Procedimentos e resultados da avaliação no Estágio 1 • Documentação e dados de referência atualizados do H&RA (por exemplo, restrições	• Recomendações do Estágio 1 foram tratadas de forma satisfatória • Consistência do SRS com quaisquer alterações do H&RA ocorridas após o Estágio 1

da unidade de processamento da lógica), incluindo acompanhamento das recomendações • SRS atualizado, incluindo tempo de resposta, intervalo dos testes funcionais, planos de manutenção preventiva, corretiva e inspeções, plano de controle de *bypass*, medidas compensatórias e requisitos de segurança dos programas aplicativos • P&ID finais • Diagramas de malha e folha de dados dos instrumentos • Diagrama atualizado da infraestrutura de redes de informação conectadas ao sistemas de controle de processo e SCAI • Diagramas lógicos, narrativas dos programas aplicativos do controle de processo e SCAI, matrizes de causa e efeito • Resultado das avaliações de risco à segurança da informação e especificação das medidas a serem tomadas, caso existam	• Independência suficiente entre cada SCAI e a(s) causa(s) de demanda para qualquer evento de perda, incluindo a possibilidade de causa comum, modo comum e falhas dependentes entre si • Justificativa da seleção do instrumento é adequada e rastreável • A tolerância a falha de hardware (HFT) foi atingida • Os resultados da verificação do nível de integridade de segurança (SIL) atingem suas metas • O SRS (incluindo a especificação dos requisitos do programa aplicativo) está completo e sem ambiguidade • Consistência entre H&RA e SRS atualizados e documentos finais de projeto, tais como P&ID, folhas de dados de instrumentos e projeto de automação • Descrição das interfaces de manutenção e equipamentos necessárias para suportar a validação inicial, os intervalos de testes funcionais demandados e o tempo médio para restauração (MTTR) estimado • Requisitos de integridade da cibersegurança atingidos ou medidas alternativas de segurança detalhadas foram identificadas • Representantes da operação e manutenção da planta confirmam as premissas utilizadas no estudo de H&RA, alocação de SCAI e detalhamento de SCAI

3.3 Parte da segurança funcional do PSSR (Estágio 3)

O estágio 3, conforme mostrado na Tabela 4, é claramente obrigatório tanto pelas normas internacionais como pela regulamentação de gerenciamento da segurança do processo – ao menos nos Estados Unidos. Usualmente este estágio é realizado como parte da revisão de segurança anterior à partida – do termo em Inglês *Pre-start-up Safety Review* (PSSR). O estágio 3 é concluído após o equipamento é instalado e a operação do SCAI é validada conforme o SRS, porém, antes das condições perigosas estarem presente. Uma vez identificados defeitos que podem oferecer algum risco à segurança, os mesmos devem ser corrigidos ou deve-se encontrar uma forma alternativa de compensar de maneira adequada tais riscos antes da partida do sistema. Caso contrário, os métodos de gerenciamento de mudança devem ser usados para aprovar qualquer aumento no risco operacional que se apresente fora dos critérios de risco tolerável da organização.

Tabela 4 – Documentos chave de entrada e tópicos de avaliação para o FSA no estágio 3

Documentos chave de entrada	Lista dos itens típicos de avaliação
• Procedimentos e resultados da avaliação nos Estágios 1 e 2, com registro da solução adotada em cada desvio encontrado • Documentação do estudo de H&RA e SRS final • Versão final dos P&ID com marcação *as-built* • Documentação final dos instrumentos (*as-built*) • Documentação final dos programas aplicativos	• Recomendações dos Estágios 1 e 2foram tratadas de forma satisfatória e não surgiu nenhum novo problema em função de mudanças (no H&RA ou detalhamento de SCAI) ocorridas após o Estágio 2 • Consistência do SRS com quaisquer alterações do H&RA ocorridas após o Estágio 2

• Registro da verificação e comissionamento da instrumentação • Registro detalhado dos testes de aceitação de fábrica (TAF) e testes de aceitação de campo (TAC) • Procedimentos de validação e registro dos resultados obtidos • Registros de treinamento da operação e manutenção • Procedimentos da operação e manutenção dos dispositivos SCAI (ex: manual de operação) • Resultados de avaliações para projeto, desenvolvimento ou ferramentas utilizadas em qualquer atividade do ciclo de vida de segurança	• Atividades de verificação e validação concluídas com resultados aceitáveis, correção de defeitos ou adoção de medidas compensatórias adequadas • Verificação das medidas necessárias para segurança da informação concluída com resultados aceitáveis ou correção de defeitos • Treinamento de todo o pessoal envolvido na operação de SCAI e nas ações esperadas pelo pessoal de operação e manutenção • Implementação complete dos procedimentos de SCAI • Documentos de SCAI atualizados conforme *as-built* após correção de defeitos identificados nas etapas de verificação e validação

3.4 Avaliação do desempenho da operação e manutenção (Estágio 4)

O estágio 4, conforme mostrado na Tabela 5, é conduzido periodicamente durante a vida do sistema SCAI para assegurar que o equipamento instalado oferece a redução de risco estimada no estudo de H&RA. Isso requer o exame detalhado dos parâmetros de confiabilidade para cada dispositivo SCAI. Dependendo do momento especificado no plano de segurança funcional, o estágio 4 de avaliação e a auditoria de segurança funcional podem acontecer simultaneamente. Quando da realização do estágio 4 devem ser consideradas as exigências da regulamentação local; a frequência de mudanças organizacionais na planta; a qualidade da disciplina operacional e dos sistemas de gerenciamento da segurança funcional anteriores à instalação; o número de funções SCAI e sua complexidade; e a extensão de mudanças nos equipmentos do processo e respectivos sistemas de controle.

Tabela 5 – Documentos chave de entrada e tópicos de avaliação para o FSA no estágio 4

Documentos chave de entrada	Lista dos itens típicos de avaliação
• Procedimentos e resultados da avaliação nos Estágios 1 a 3, com registro da solução adotada em cada desvio encontrado • Documentação do estudo de H&RA e SRS mais recente • Registros atualizados das etapas de validação e verificação • Registros de eventos de demanda do sistema de segurança (real ou espúria) • Lista de eventos de *bypass* • Registros de inspeções, testes e reparos • Registros e procedimento de Gerenciamento de Mudanças (MOC) com avaliação do impacto na segurança e requisitos nos dispositivos SCAI • Registros de treinamento dos indivíduos responsáveis pelas atividades do ciclo de vida de SCAI	• Prova documentada de que a verificação dos requisitos de gerenciamento da segurança permanecem atendidos • Prova documentada de que os requisitos de atividades da manutenção (ex: testes) e da operação (ex: gestão de desvios - *bypass*) permanecem atendidos • Taxa de demanda real do sistema SCAI, falha dos dispositivos SCAI e taxa espúria dos dispositivos SCAI são consistentes com as premissas adotadas durante a fase de projeto • Avaliação documentada da competência daqueles envolvidos nas atividades do ciclo de vida de SCAI • Representantes da operação e manutenção da planta reafirmam que estão de acordo com as premissas utilizadas no estudo de H&RA, alocação de SCAI e detalhamento de SCAI com base na experiência real da unidade de processo

3.5 Avaliação de propostas de mudanças e impacto no SCAI (Estágio 5)

O estágio 5, conforme mostrado na Tabela 6, acontece para assegurar que o impacto de qualquer mudança proposta no SCAI é compreendido *antes* de se iniciar qualquer alteração e que as atividades pertinentes do ciclo de vida de segurança sejam conduzidas durante o planejamento e execução da mudança. As modificações que desencadeiam o estágio 4 incluem aquelas que aumentam o número ou o tipo de demanda; ou que impactam na alocação da redução de risco para o SCAI.

Tabela 6 – Documentos chave de entrada e tópicos de avaliação para o FSA no estágio 5

Documentos chave de entrada	Lista dos itens típicos de avaliação
• Procedimentos e resultados da avaliação nos Estágios 1 a 4, com registro da solução adotada em cada desvio encontrado • Documentação do estudo de H&RA e SRS mais recente • Registros atualizados das etapas de validação e verificação • Revisão atual dos P&ID, programas aplicativos e folhas de dados de instrumentos • Descrição e justificativa da mudança proposta	• Revisão da instalação e dos documentos de informaçao da segurança do processo (PSI) para identificar se mudanças anteriores (que podem ter sido negligenciadas) podem impactar no escopo da mudança proposta • Avaliação do impacto na segurança funcional • Identificação da fase no ciclo de vida de segurança em que a atividade da mudança proposta deve ser iniciada • Planejamento da mudança, incluindo verificação, revalidação e atualização dos documentos de PSI • Aprovação da alteração e do planejamento da mudança

O profissional que realiza essa avaliação deve ter acesso aos relatórios dos estágios anteriores (1 ao 4) do sistema SCAI a ser modificado ou desativado. A inexistência de tais relatórios dificulta isolar a extensão e o impacto da modificação proposta. Isso pode demandar avaliações adicionais para assegurar que a mudança vai resultar em uma redução de risco aceitável, que atenda às normas correntes. Por exemplo, pode ser necessário realizar parte das avaliações dos estágios 1 a 3 que são relevantes para a modificação proposta para o SCAI, ao invés de se conduzir apenas a verificação e validação apropriada – e mais reduzida – para uma pequena alteração onde a função de segurança é bem documentada.

4 Consequências de uma FSA inadequada

O estudo de caso a seguir ilustra como o uso de atalhos e a não resolução de deficiências em tempo hábil contribuiram diretamente na sequência de eventos com resultados catastróficos. O presente trabalho não pretende tratar todas as causas descritas no relatório oficial deste incidente, mas sim concentrar-se nas deficiências diretamente relacionadas ao gerenciamento da segurança funcional do SCAI.

4.1 Gerenciando as mudanças. Estudo de Caso: Institute, 2008

Em Agosto de 2008 a reação exotérmica descontrolada em um vaso pressurizado de 17 toneladas na unidade de Metomil em Institute, West Virginia, resultou em duas mortes, oito feridos, evacuação da planta e 40.000 moradores colocados em abrigos por mais de três horas. Residências, comércio e veículos no raio de 11 quilômetros sofreram danos por sobrepressão. O tráfego nas ruas vizinhas e na rodovia interestadual foi interrompido por horas. Perdas financeiras somam 5,8 milhões de dólares em multas e processos até a data de hoje, além da distruição de equipamentos da planta e perdas por lucros cessantes.

4.1.1 Resumo do estudo de caso

Após diversos meses fora de produção para a substituição de um vaso para tratamento de resíduos e para a instalação de um novo sistema digital de controle distribuído (SDCD), era o momento de partir a unidade de metomil. Os testes de verificação do SDCD e dos procedimentos operacionais revisados ainda não estavam concluídos e os operadores não haviam sido treinados nas modificações de controle do processo de acordo com o novo sistema. As verificações parciais revelaram problemas na instrumentação e equipamentos de campo, porém esses não foram corrigidos. O uso de solvente para teste de integridade de linha; testes das funções de sistema de controle; calibração de instrumentos e sintonia das malhas de controle; testes das funções de segurança, bem como para preparar os equipamentos – inclusive o vaso de tratamento de resíduos – para operação conforme os procedimentos da empresa, também não havia sido realizado. Mesmo com o conhecimento de todas essas deficiências, foi tomada a decisão de partir a planta. Amostras de rotina revelaram que a concentração de metomil nos equipamentos a montante da unidade estava duas vezes acima do limite de operação, indicando a existência de problemas operacionais relevantes. Mesmo assim a partida não foi interrompida. O vaso imediatamente a jusante do vaso de tratamento de resíduos não permitia coleta de amostras, impedindo identificar a causa de qualquer distúrbio.

Na noite do incidente, solvente contendo metomil foi bombeado para dentro do vaso de tratamento de resíduos sem que este tivesse sido preenchido com solvente limpo e aquecido até a temperatura minima de operação, como definido nos procedimentos de operação da planta. A Figura 2 mostra o esquema do processo simplificado. Um intertravamento de vazão minima de recirculação deveria forçar a quantidade adequada de solvente limpo para o vaso, no entanto, este intertravamento foi deixado em *bypass* pelos programadores da lógica no SDCD. Um segundo intertravamento de segurança deveria impedir a alimentação para o vaso de tratamento de resíduos em função da temperatura, porém este também estava em *bypass*, como tornou-se prática usual entre os operadores. Quando os operadores iniciaram a recircuçação, a temperatura subiu como esperado. No entanto, os operadores não fizeram a leitura da amostra inicial com a concentração de metomil no vaso de tratamento de resíduos antes de iniciar o controle automático da unidade, conforme escrito no procedimento. Por fim, o conteúdo do vaso atingiu a temperatura crítica de decomposição. A vazão de recirculação foi interrompida abruptamente por conta de uma malha *split range* configurada incorretamente, que também não fora testada. Mesmo que essa malha de controle estivesse funcionando corretamente, ela não teria como compensar o rápido aumento de temperatura resultante da reação de decomposição descontrolada.

Um alarme de pressão alta disparou e o SDCD indicava uma leitura superior à pressão máxima de operação segura, que continuava a subir. Dois operadores foram enviados (para o campo) para determinar a causa da pressão elevada. O que não se percebeu, no entanto, é que já não havia tempo suficiente para os operadores investigarem a causa do alarme e abandonarem a área para uma distância de segurança. O sistema de alívio de emergência foi dominado pelo gás Gerado pela reação de decomposição do metomil devido a concentração inicial aproximadamente 20 vezes maior do que os limites de projeto. Poucos minutos depois o vaso de tratamento de resíduos explodiu violentamente. Estima-se que a energia da explosão foi equivalente a cerca de 8 kg de TNT. Monitores de O_2 para detector o nível de toxicidade próximo à unidade de metomil não estavam operacionais, impedindo que os investigadores determinassem a possível exposição das equipes de resgate a químicos liberados durante o incidente.

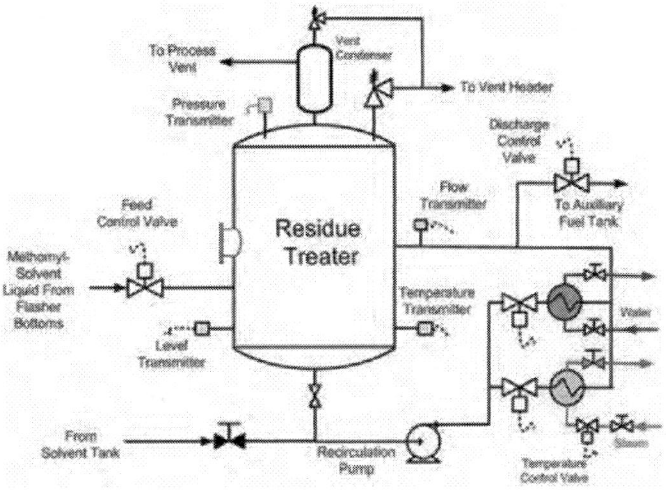

Figura 2: Esquema do processo de Institute [9]

4.1.2 Conclusão do estudo de caso

O relatório do Conselho de Segurança Química dos Estados Unidos (CSB) afirma explicitamente que "inspeção e auditorias de gerenciamento de segurança de processos são projetadas para expor falhas potencialmente perigosas nos procedimentos e funcionamento das empresas e para assegurar a operação segura de equipamentos. Isto não foi feito antes da partida da unidade de processo de metomil " [9]. Todas as pessoas da unidade devem compreender que a modificação em instrumentos, programação da lógica ou de procedimentos que fazem parte dos intertravamentos, alarmes e controles de segurança é certamente uma mudança que pode ter impacto direto na segurança, desencadeando múltiplas oportunidades de inspeção. A Tabela 7 retrata o estágio onde vários defeitos de implementação poderiam ter sido identificados através de uma FSA.

Tabela 7 – Relação entre FSA e importantes lacunas de instrumentação e controle no incidente de Institute

Defeito de segurança funcional	Estágio de avaliação aplicável
Falha na amostragem imediatamente após o vaso conforme recomendação de estudo H&RA anterior	1
Procedimento de MOC inadequado, revelando verificação do sistema de controle, calibração, sintonia e atualização de procedimentos incompletos	3, 4, e 5
Treinamento inadequado do sistema de controle configurado no novo SDCD antes da partida	3
PSSR incompleto [11]	3
Uso da senha de supervisão rotineiramente durante partidas para permitir *bypass*	3 e 4
Intertravamento de segurança para garantir recirculação minima deixada em *bypass* pelos programadores do SDCD	3

Intertravamento de segurança para garantir temperatura minima do vaso de tratamento de resíduos colocada em *bypass* pela operação	3
Alarme de pressão alta inadequado para um evento de reação descontrolada	2 e 3
Padrão de desvio dos procedimentos de operação durante partidas (inclusive procedimentos de segurança)	4

Neste incidente os desvios na segurança funcional envolveram até o nível gerencial da organização. Por este motivo "É preciso que exista um forte aliado na esfera de liderança apoiando o processo de auditoria necessário para assegurar que as EGS [normas e diretrizes de engenharia] sejam utilizados" [10].

5 Conclusão

A disciplina de automação tem um papel crucial tanto no controle regulatório de processo como na proteção de pessoas, meio ambiente e ativos da planta de processo. A sustentabilidade da automação segura é essencial para operações bem-sucedidas, produtivas e seguras. Procedimentos de MOC, gerenciamento de alarmes, verificação, validação e avaliações de segurança funcional bem como controle de desvios (*by passes*) são amplamente reconhecidos como itens críticos nos sistemas de gerenciamento para operação segura. Diversos eventos em segurança de processo evidenciam como deficiências em sistemas de gerenciamento de segurança contribuem para a ocorrência de incidentes. A robusta execução de FSA – em seus diferentes estágios – permite identificar e corrigir falhas. Quando executadas nos momentos e frequências recomendados, as FSA reduzem a necessidade de mudanças em fases avançadas do projeto de inerente alto custo. Uma FSA, independente do estágio em que é realizada, vai revelar se o sistema instalado atende às necessidades de redução de risco da planta. Caso não atenda, a FSA documenta o que está errado, o que precisa mudar e por que. O procedimento escrito para cada FSA deve assegurar que todos os desvios identificados – negativos ou positivos – e suas justificativas sejam claramente documentados, com respectivas recomendações que devem ser prontamente resolvidas. Uma avaliação eficaz deve ser conduzida por pessoal que não participe ou tenha participado do projeto e gerenciamento do sistema sob análise. A equipe da FSA deve contar ainda com o apoio da alta administração para garantir que suas recomendações sejam priorizadas, tanto em tempo de resolução como em custo do investimento necessário. É claro que tudo pode ser corrompido por erros humanos, por isso, auditorias de rotina são necessárias para detectar possíveis falhas no planejamento e execução das FSA, prática comum nos sistemas de gestão

6 Referências bibliográficas

[1] ANSI/ISA. 2004. Functional Safety: Safety Instrumented Systems for the Process Industry Sector - Part 1: Framework, Definitions, System, Hardware and Software Requirements, ANSI/ISA-84.00.01-2004 (IEC 61511 Mod). Research Triangle Park: ISA.

[2] OSHA. 2005. "2005 - 11/29/2005 - Use of ANSI/ISA S84.00.01-2004 Parts 1-3 (IEC 61511 MOD) to comply with OSHA's Process Safety Management standard." https://www.osha.gov/pls/oshaweb/owadisp.show_document?p_table=INTERPRETATIONS&p_id=25164

[3] OSHA. 2016. "2016 - 05/11/2016 - Recognized and Generally Accepted Good Engineering Practices in Process Safety Management Enforcement." https://www.osha.gov/pls/oshaweb/owadisp.show_document?p_table=INTERPRETATIONS&p_id=30785

[4] IEC. 2016. Functional safety: Safety instrumented systems for the process industry sector - Part 1-3. IEC 61511. Geneva: IEC.

[5] ANSI/ISA. 2012. Identification and Mechanical Integrity of Safety Controls, Alarms and Interlocks in the Process Industry, ANSI/ISA-84.91.01-2012. Research Triangle Park: ISA.

[6] ISA. [draft Rev 5] 2016. Functional Safety: Safety Controls, Alarms, and Interlocks for the Process Sector, ANSI/ISA-84.91.03. Research Triangle Park: ISA.

[7] CCPS. 2016. Guidelines for Safe Automation of Chemical Processes. New York, NY: Center for Chemical Process Safety.

[8] Hochleitner, M. e Roche, E. 2016. "*How Effective are Your Safety Controls, Alarms, and Interlocks? The Importance of Functional Safety Auditing*." 12th Global Congress on Process Safety, Houston, TX, Abril 11-13, 2016.

[9] CSB. 2008. Relatório de investigação - Pesticide Chemical Runaway Reaction and Pressure Vessel Explosion at Bayer CropScience. Relatório 2008-08-I-WV. Washington, D.C.: U.S. Chemical Safety Board.

[10] Raney, G. e Summers, A. [1999]. "Common Cause and Common Sense, Designing Failure Out of Your Safety Instrumented Systems (SIS)," ISA Transactions, 38, páginas 291-299

[11] CCPS. 2007. Guidelines for Performing Effective Pre-Startup Safety Reviews. New York, NY: Center for Chemical Process Safety.

Research on Design of Comprehensive Risk Assessment System for Urban Refinery

Abstract: With the rapid urbanization process in contemporary China, many previously remote areas, where chemical plants are located, are increasingly more densely populated. The subsequent safety and health protection management become even more challenging. Therefore, establishing a comprehensive and systematic model to manage the risk of urban refineries is urgent for the safety of the public. In this paper, the comprehensive risks, including inherent risk, transport risk and urban activities' risk on enterprise are assessed. A risk assessment model and criteria for the acceptable level of risks are constructed subsequently. The model has considered the comprehensive risk of the urban refineries, which can provide a reference for the country to implement the quantitative risk analysis of urban refineries in densely populated areas.
Keywords: the Urban Refinery; Risk Assessment; Comprehensive Risk Assessment System; the Acceptable Criteria

1. Introduction

With the acceleration of industrialization and urbanization in China, the petrochemical enterprises in the remote areas are gradually surrounded by sensitive areas such as residential areas, hospitals, and schools, forming the phenomenon of "urban refinery"[1]. The situation not only affects the safety of normal production of the refinery but also threatens the safety of lives and properties of residents in the surrounding sensitive areas.

A series of dangerous chemical accidents for example Chongqing chemical plant chlorine leak explosion on April 15, 2004, PetroChina Jilin biphenyl plant particularly serious explosion accident on November 3, 2005, and Sinopec Donghuang oil pipeline particularly serious leakage explosion accident on November 22, 2013 and Tianjin Port Ruihai company dangerous goods warehouse particularly major fire and explosion accident on August 12, 2016, not only caused a great social shock, but also exposed the serious safety problems to the surrounding people brought by the urban refineries. The Urban refinery has become a hot topic of society and also the major problems to be solved urgently in China's industrialization and urbanization process.

For the existence and development of such enterprises and in response to the increasingly prominent contradictions of lives between urban refinery and the surrounding residents, the Ministry of Industry "highly hazardous chemical production industry in populated area relocation and transformation work plan(exposure draft)"[2], the State Council [2016] No. 88"Dangerous chemicals safety comprehensive management program"[3]and many relevant documents issued by local governments all put forward the plans for the relocation of dangerous chemicals enterprises. However, there are so many problems faced by the enterprise relocation such as the lack of perfect relocation policies of the government, difficulties in land acquisition, complexities in approval procedures, problems of raising funds, and difficulties of staff replacement and enterprise technological transformation, and so on for the urban refinery. Relocation undoubtedly threatens the survival of enterprises. the Now the primary problem to be solved is how to ensure that dangerous chemicals companies live and develop safely and harmoniously with the surrounding city without the relocation. While the first and the critical step whichever road the urban refineries choose to develop is to assess the risks of urban refineries scientifically, comprehensively and objectively through the quantitative risk assessment and understand the vulnerabilities of risks of urban refineries. Then conduct effective risk management on each vulnerability to prevent accidents and protect the safety of production and the safety of lives and properties of residents surrounding the urban refineries. Therefore, it is of great practical significance to study the content, procedure, and technology of risk assessment of urban refinery.

2. The risks of the urban refinery

The risks of urban refineries include the inherent risk of dangerous chemicals, the road transport risk and the impact of urban activities on refinery risks.

The petrochemical industry is extremely dangerous and is likely to cause accidents like dangerous chemicals leakage, fire, explosion, poisoning and so on due to its characteristics such as the complex process, flammability and explosive, toxic and harmful and corrosive and etc.[4]· Hazards are collected in urban refineries, such as hazardous equipment, materials and so on. And the root cause of risks is that the existence of hazardous chemicals. The origin of the urban refinery risk is the hazardous characteristics which are inherent by dangerous chemicals such as explosion, flammability, toxicity, corrosion, and radioactivity, are induced under certain conditions in the process of transportation, storage, production, operating, using and disposal and so on, to lead to a series of accidents as well as cause personal injuries, property damages or environmental pollution. While the highly dense urban population, the highly concentrated social economy, and great asset density also increase the vulnerability of urban security. With the gradual merging of refineries and cities, it will be vulnerable for the region of high population and property density to be attacked and damaged, and also the consequences of the accident will be expanded due to population aggregation and intensive buildings.

At the same time, a large number of dangerous goods are transported by tankers through the road. In recent years, the land use planning around the traffic road becomes more and more intensive and the number of vehicles also increases. These objectively increase the probability of road accidents and the severity of the consequences of accidents. Compared with the road transport of general dangerous chemicals, road transport routes on both sides of urban refineries are surrounded by the distribution of staff gathered in sensitive targets such as schools, residential areas, hospitals and etc.. Drivers and passengers on urban road are more intensive and they are closer to the dangerous chemicals transport vehicles than surrounding residents. What's more, the buildings and the asset density around the refinery are more intensive with the urbanization. Once the dangerous chemicals road transport accidents occur, it will result in casualties and property damages immeasurable. Once the leakage of dangerous chemicals occurs in the transport process of environmentally sensitive areas, it will not only bring a huge health threat to the surrounding people but also results in long-term and extremely bad environmental pollution to the soil and rivers. Dangerous chemicals road transport is a typical "low probability but high consequence" accident[5]. The previous accident cases show that accidents may bring serious casualties and environmental pollution which is often catastrophic, and also will bring bad social impact. The occurrence of any dangerous chemicals accidents will produce a negative impact on the image of urban refineries, and further, squeeze the living space of urban refinery. The accidents are affected by terrain, environment, time and other factors, so where and when accidents occur are also uncertain. In addition, due to the fact that the nature of different types of dangerous chemicals also determines the occurrence of different types of accidents in the transport process, so it will bring great difficulties to rescuers. At the same time, people gather in the surroundings and roads, so emergency rescue gets more difficult. If the accident occurred near the welfare homes, hospitals, nursing homes, kindergartens and other places, it would also bring difficulties to the emergency rescue because of the injured patients and young and old staff concentrated and self-help poor.

In addition, after the expansion of urbanization, because the refinery is in the city and it will be intertwined with urban activities, some urban activities are bound to affect the inherent risks and road transport risks, thereby increase risks of urban refineries or get it generate new risk points. Among them, the impact of urban activities on urban refineries is mainly reflected in the ignition probability of leakage by traffics and citizens activities and pipelines occupied by illegal facilities. Since underground oil and gas pipelines and municipal pipelines near the refinery overlap, it is common that pipelines are plugged or destroyed by construction activities of non-refinery operators or their contractors. If the toxic substances leak into the water supply pipelines, it will affect the domestic water threatening the health of urban residents. What's more, generally the road around urban refinery is municipal roads and there are usually many vehicles and pedestrians, but these vehicles aren't equipped with effective fire prevention caps when entering the production area. Also, the engine exhaust pipe of these vehicles running across municipal roads is always with a high-temperature flue gas, and even with sparks out of vehicles. And these vehicles are more prone to vehicle collision, anchored, rear-end and other traffic accidents. So they all may be the source of ignition that ignites flammable materials. The presence of these ignition sources not only increases the probability of fire and explosion in the refinery but also greatly increases the individual risk and social risk of the surrounding residents. People gather around urban refineries and many activities take place here, so they may affect the risks of urban refineries, while these risks then, in turn, affect the surrounding residents. Moreover, in the temptation of huge economic interests, some criminals take risks to steal oil and gas through punching on the pipelines, or stealing ancillary facilities like the pipeline instruments and valves or even maliciously damage the pipeline and its ancillary facilities. These situations in areas around urban refinery where especially the economic and social development and social security are relatively poor will be even worse. The illegal acts of these criminals not only bring a heavy burden to the refinery but also threaten public safety seriously.

Based on the analysis above, it is known that urban activities have cross effects on the probability of inherent hazards and the consequences of road transport accidents. Therefore, when carrying out inherent risks and road transport risk assessment, we should take into account the impact of urban activities on their risks.

3. Research on Risk Evaluation Technology of the Urban Refinery

The risk assessment of urban refinery mainly consists of three aspects includeing the risk assessment of inherent risk, road transport risk, and urban activities risk. At the same time, urban activities will intersect with refinery and road transport. Therefore, it is necessary to consider all aspects of risk comprehensively.

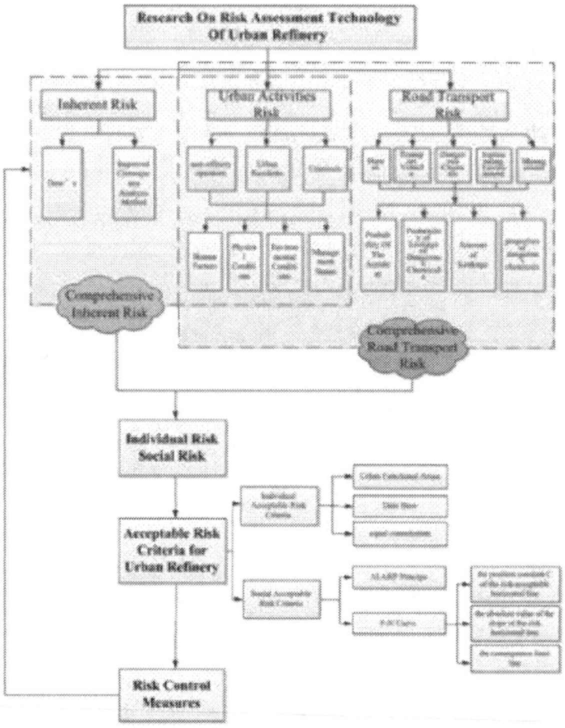

Figure 1 Research on urban refinery risk assessment technology roadmap

3.1 Urban activities risk assessment

As far as we know, the related facilities of urban refinery mainly include the main facilities in the main production area and tank area as well as the extension facilities such as the out-of- plant pipelines connected with the refinery, the inter-plant pipelines and the dangerous chemicals transportation road and so on. Urban activities refer to any activities carried out by residents within the city, including economic activities, political activities, cultural activities and social activities. Because the refinery is located in the city and transport routes of dangerous chemicals also pass through the municipal streets, they will inevitably intersect with urban activities, thereby increase the overall risk of urban refinery or generate new risk. The specific aspects of activities that affect the overall risk of the refinery are 1) damage to the construction activities of non-refinery operators or their contractors;2) traffic activities of urban residents;3) illegal damage to the urban refinery-related facilities by criminals. Then the impact of these aspects on the refinery's risk is reflected in different forms of the main refinery facility or its extension facilities.

The impact of urban activities on the overall risk of the refinery is of complexity, large risk uncertainty and serious consequences of accidents. Based on the relevant theories of accident control from ergonomics, it can be seen that accidents are related with the result of four aspects together including people's unsafe behaviors, the insecure state of the materials, the insecurity of the environment and defects of management. So the following analysis on the impact of urban activities on refinery risk can be carried out by considering these four factors.

Table 1. Analysis on the Impact of Urban Activities on Refinery Risk

Influencing Factors	**Analysis**
Human Factors	The main body of any city activities is the individual or a group of people or organizations, so people in the city activities on the risk of refinery play a unique role. Human factors can be divided into three categories. The first category is the surrounding public, mainly referring to the residents around the urban refinery, permanent residents and temporary population. Their quality and the relationship with the urban refinery reflects their protection and safety behavior on facilities of the urban refinery. The second category is the surrounding production and operation units. The possibility of damage by third-party construction is determined by their safety behavior of the safety awareness. The blind construction, the wrong way of construction under the condition of not finding the accurate status of underground pipelines, not only may lead to damage to pipelines but also may continue to lead to serious accidents under further construction in case of oil and gas leakage. The third is the government. The possibility of refinery risks influenced by activities like urban refinery-related facilities are affected by pipelines is usually determined by the local government's attention on it. The government plays an important role in public-government-third-party construction units. If the government supports the development of urban refinery, then relevant plans can be taken into account, and when there are punching and surface-loaded pipelines, the refinery can rely on the government to establish the joint law enforcement team and carry out measures to reduce the occurrence of such phenomena.
Physical Conditions	In the human-machine-material-environment-management system, the material refers to the relevant facilities of the urban refinery. For the main facilities and extended facilities of the refinery, its own facilities have the ability to prevent the impact of urban activities, such as the overburden thickness above the pipelines and the wall of the refinery, to a certain extent, to prevent them from damaging by the third parties. In addition, the use of signs easy to identify facilities identification and warning devices, not only can guide the construction correctly, but also can be used as identification signs and detection basis for the pipelines lands whether they are occupied or not[6]. What's more, when damage activities like a leakage occur, the safety warning and alarm system of the pipelines and plant can issue alarm information opportunely and start the emergency plan to prevent further expansion of the accident.
Environmental Conditions	On the one hand, the impact of the region's social environment should be considered into environmental factors such as the security situation in the region, economic development, etc. If the region's security situation is better, and the economy is relatively good, then it may be not easy to produce more damage to the interests of others, destroy public facilities and public property. On the other hand, it is necessary to consider the surrounding environment of

	urban refineries, such as the frequency of population activities and the construction of buildings, roads, and railways. consider the surrounding environment of urban refineries, such as the frequency of population activities and the construction of pipelines surface-loaded by buildings, roads, and railways. In general, the more complex the surroundings of the refinery and the more frequent the activities are, the greater the likelihood of damage to the refinery-related facilities is. And the greater the population density and the greater the traffic are, the bigger the ignition probability of leakage of the refinery is.
Management Status	The management factors here mainly refers to the management of urban refineries, which can effectively respond to the impact of urban activities on the risks of refinery through the implementation of a good safety management system, and effective safety management methods. Management factors can be divided into two parts. The first part is the internal management which can effectively reduce the occurrence of third-party construction damage through the adoption of pipe network inspection, standardization of the monitoring and coordination work with third-party construction units and the preparation of effective emergency rescue plans. The second is the external management, which refers to improve the public's protection awareness for the public property through the promotion of education so that they can properly understand the urban refinery, and then coordinate the related work of refinery to avoid the situation like pipelines are surface-loaded and related facilities are deliberately destroyed.

Through the analysis of the impact of urban activities on the overall risk of the refinery, we can know that it involves a number of aspects, both indicators of nature and the society. Thus indicators of the system should be established following by disciplines of scientificity, integrity, applicability and combination of qualitative and quantitative.

Based on the impact of urban activities on the overall risk of refinery characterized by uncertainty and diversity, it is also difficult to determine the quantitative risk. However, the cloud model can combine the vaguer qualitative language description with the scientific quantitative calculation, and transform the qualitative information expressed in the language into the range and distribution of the quantitative data[7], so that the risk level can be scientifically and reasonably evaluated. The universality of normative cloud model in natural and social disciplines has been validated and applied in the fields of data mining and knowledge representation, and the application of complex system performance evaluation is becoming more and more extensive. But it has not been more widely used in the field of risk assessment. Therefore, we can apply the cloud model to the risk assessment of the urban activities on the basis of the characteristics and performance of the refinery's risk, so as to obtain more accurate and consistent evaluation of human language and thinking.

3.2 Inherent risk assessment

Based on the understanding of the characteristics of the urban refinery, the main types of accidents are known as fire, explosion, and poisoning. Therefore, it can be assumed that there are only three categories including flammable, explosive and toxic dangerous chemicals. But there are so many kinds of dangerous chemicals and also great in number. It is neither practical nor necessary to deal with a large number of dangerous chemicals and treat them all as inherent risks. The focus of the research on the risk of urban refinery should be determined first.

In contrast to general corporate risk studies, the risk of urban refinery should be studied from the overall refinery, highlighting characteristics of risks of the refinery rather than being limited to a single area or a single hazard source. Therefore, the research of urban refinery should focus on those chemicals which may cause major fires, explosions or toxic leakage, and bring serious harm to the public, or cause significant losses to the property, serious pollution to the environment and especially those that may lead to group death in an accident, that is, a major dangerous source. What's more, there should be a stricter screening of accident scenarios compared to conventional quantitative risk assessments.

In addition, because the refinery is encircled in the city, and it is bound to be affected by the city activities which affect the frequency of inherent hazards and the consequences of accidents, thereby increasing the risk of urban refineries or to generate new risk. Specific aspects of the activities that affect the risk of the refinery are: 1) damage by the construction activities of non-refinery operators or contractors; and 2) intentional damage to the facilities associated with the urban refinery. The impacts of these aspects on the risk of refineries are reflected in different forms of the inherent hazards of urban refinery or their extended facilities. Specific analysis can be carried out in accordance with the analysis of section 3.1 Urban Activities Risk Assessment.

In the risk assessment of dangerous sources in the urban refinery, the risk of them can be sorted by the method of Dow's Hazard Classification, which ranks the danger of the dangerous source initially through the assessment of risks of them. However, the Dow's has shortcomings which can not assess casualties caused by accidents, nor take into account the damage of different types of devices. As one of the key contents of the study on the risk of the urban refinery, it is necessary to consider the casualties of personnel in the accident. Therefore, it is necessary to study more the casualties and damage of equipment in accidents of dangerous sources. While the method of accident consequence assessment takes into account the physical and chemical properties of dangerous chemicals, the number, and the external environment. It provides methods calculating the range of influence by accidents under different casualties and the damage of different types of equipment. Therefore, by means of the accident consequence assessment and through calculating the risk range of the accident, casualties and equipment' damage caused by accident can be assessed.

At present, the analysis of consequences of dangerous sources is based on the "worst-case" assumption[8], but it is uncertain. Therefore, the method should be improved to obtain more practical results. First of all, dangerous sources should be decomposed. Assuming that the device contains dangerous materials A and B, respectively with a variety of hazardous characteristics. Then the device is decomposed into a device containing only A and only B. Then calculate consequences. If A is also flammable, explosive and toxic, the probabilities of accidents of fire, explosion and poisoning can be determined according to the event tree. The accident analysis model is used to obtain these three kinds of damage effects above at a certain spatial distance. Then conduct the damage effects conversion. According to the principle of "categorize per the main hazard", the material A is classified and then the types of accidents are identified according to the main hazards of equipment. Next other types of damages to equipment are converted into the main types of accidents based on theoretical models and data of damage effects. For example, benzene is a flammable liquid and the main type of accidents is fire, but benzene is also toxic, so the toxic damage effect should be converted into the thermal radiation damage effect by using a certain method. The above methods which integrate damage effects of accidents' consequences through the conversion can also be applied to B. Finally, damage effects are added together. If damage effects of accidents' consequences are basically the same between equipment A and B, the damage range can be calculated according to the corresponding criteria. Otherwise, the conversion of damage effects of accidents' consequences should be conducted and then results obtained can be added together.

3.3 Road transport risk assessment

Road transport of dangerous chemicals for the urban refinery are related with a number of departments. There are different types of dangerous chemicals and complex environment along transport routes, so factors affecting risks are also numerous and complicated. From perspectives of human, machine, material, environment and management, factors of road transport of dangerous chemicals affecting risks consist of five aspects including human, transport vehicles, dangerous chemicals, the surrounding environment, and management. They respectively affect the severity of the risk from the probability and the consequence. The risk assessment factors of road transport of urban refinery are related to employees, driving vehicles, safety management, road conditions, surrounding environment and so on. There is more uncertainties and randomness. Therefore, in the process of risk assessment, we should establish a risk assessment procedure while is scientific, reasonable and operational for road transport of dangerous chemicals in urban refinery based on the risk identification of specific objects and relevant requirements of national laws and regulations.

In the quantitative risk assessment of road transport for dangerous chemicals, it is very important to determine the accidental probability as well as leakage of road transport for dangerous chemicals. And there are two main aspects which should be considered about the accidental probability of road transport for dangerous chemicals. One is the probability of leakage for dangerous chemicals caused by traffic accidents. The other is the probability of leakage under the premise of the absence of traffic accidents caused by damage, corrosion and overpressure of transport equipment or dangerous chemicals packaging damage and so on, that is, non-traffic accidents[9].

What's more, leakage accidents are not only related to types of the region and road, but also inherent characteristics of the road, the regional meteorological conditions, traffic conditions and safety management status of transport enterprises, drivers' quality and vehicles and urban activities and so on[10], whose status bad or good affect probability to a certain extent. Therefore, after determining the basic accidental probability for the leakage of road transport for dangerous chemicals, it should amend it to conform to the actual situation of the assessed road transport of dangerous chemicals. To this end, it can be amended from the following two aspects. The first category of amended indicators should be taken into account the status of safety management of enterprises, the quality of drivers and the condition of vehicles, and urban activities of the probability of the accident. The second category should be considered inherent characteristics of roads, meteorological conditions, and traffic conditions.

And the severity of accidental consequences of road transport for dangerous chemicals mainly depends on chemical properties and the amount of the leakage. Accidents of road transport for dangerous chemicals are of typically low probability but high consequences. The consequences are often casualties, properties damages, and environmental pollution. The risk can be measured by the number of exposed population and casualties. The number of the population exposed in the affected area is the key to assess the consequence of dangerous road traffic accidents due to the particularity of the population distribution around the urban refinery. For environmental pollution, it should mainly take into account the damage by the leakage of dangerous chemicals for rivers, wetlands and other natural reserves of destruction. For rivers passing through the city are often the local water source, once they are polluted, it will seriously affect the normal production and life of the local urban residents and destroy the local ecological balance. Therefore, based on the risk characteristics of road transport of dangerous chemicals for the urban refinery, it is necessary to focus on assessing the casualties and environmental pollution caused by accidents.

4. Research on acceptable risk criteria of urban refinery

The nature of acceptable risk criteria is the response to the question of "how safely is safe enough"[11], which is a very important part of the risk assessment for the urban refinery. From its position in a risk assessment flow diagram, it can be seen that after QRA only the scientific and reasonable risk criteria is determined, then it can provide decisions for risk control so that the risk of the urban refinery can be controlled. The risk associated with the urban refinery can be expressed in a variety of forms, where the most commonly used expressions of casualties are an individual risk and social risk. According to the US EPA regulations[12], small groups of the population can accept the risk level of 10^{-5}~$10^{-4}a^{-1}$, and the acceptable risk level of the social crowd is 10^{-7}~$10^{-6}a^{-1}$. The maximum acceptable level for catastrophic accidents in French refineries is $10^{-4}a^{-1}$. The chemical industry risk level statistics is $8.33x10^{-5}a^{-1}$. It can be seen that different countries not only have different standards, but also different groups or industries have targeted standards. Therefore, the risk criteria of urban refinery should integrate and coordinate impacts by the objective risk and subjective risk.

Due to the locations, urban refineries are different, at which the elements of the city are also the subjects of potential risk. Thus for urban refinery, the subjects of potential risk can be classified according to the type of urban functional areas[13], which can be classified into the urban refinery area and the non-urban refinery area. The non-urban refinery area includes the residential areas, commercial areas including shopping malls, hotels, entertainment venues, cultural and educational areas including schools, kindergartens, administrative offices, medical service areas including hospitals, welfare homes, nursing homes, etc. and a military management area, etc. Then individual acceptable risk criteria for different functional areas can be set targeted. Considering the particularity and sensitivity of urban refinery, it is necessary to limit the risk level of urban refinery more stringent. According to "Individual Acceptable Risk Criteria and Social Acceptable Risk Criteria for Dangerous Chemicals Production and Storage Installations (for Trial Implementation)" standard which is used to determine the external safety protection distance of the newly built, the reconstructed, the expanded and in-service production and storage equipment for onshore dangerous chemicals, the study is going to suggest to set an individual risk criteria base value IR_{base}. On the other hand, urban refinery is surrounded by high-sensitive places and particularly high-density places and involves more stakeholders. According to the principle of equal consultation, it is suggested that through the negotiation between risk-related stakeholders the limit 2/3 could be used as a guarantee of quality boundaries. So the consultation values of risk would adopt 1/3 as a floating range, so as to get the negotiation scope of individual risk:

$$\text{Risk Negotiation Upper Limit:} \quad IR_{\max} = IR_{base} \bullet (1 + 1/3)$$

$$\text{Risk Negotiation Lower Limit:} \quad IR_{\max} = IR_{base} \bullet (1 - 1/3)$$

Social risk is a further complement to the individual risk considering the distributed population density around the source of danger in order to avoid the occurrence of catastrophic accidents beyond the acceptable level. The social risk usually set three areas including an unacceptable area, a tolerable area and an acceptable area based on the ALARP principle with the F-N curve. There are three parameters determining the acceptable criteria of social risk for urban refinery: the position constant C of the risk acceptable horizontal line, the absolute value of the slope of the risk horizontal line, and the consequence limit line. The individual acceptable criteria can be used as the starting point for the socially acceptable criteria, ie the position constant C of the risk acceptable horizontal line is the individual acceptable criteria. Since the social risk criteria do not distinguish the subjects of potential risk, the median value of individual acceptable risk of each functional area can be used to reflect the average risk and be identified as the position constant of the risk acceptable horizontal line of the F-N curve. According to the relevant studies, the tolerable risk value is generally two orders of magnitude bigger than the acceptable risk value, so the risk tolerable level position constant is 100C. The absolute value of the slope of the risk-horizontal level is also known as the aversion coefficient, generally 1 or 2. By the constriction of the economy, technical capacity and natural environment and other factors in different areas, the slope values in China and many other countries are usually 1, that is, neutral risk[14]. If using aversion risk, then it will greatly increase the costs of risk control for society as well as the difficulties in practical applications. Therefore, the absolute value of the slope of the risk-horizontal level is taken by 1 in the study. The consequence limit line indicates that it is unacceptable that the probability of occurrence can not be accepted even though it is extremely lower if the consequences of the accidents exceed a certain degree. The establishment of the consequence limit line is based on the people-oriented principle to control the consequences of the accidents within a certain range, and reduce the number of deaths as much as possible. In Order 40 "Interim Provisions on the Supervision and Administration of Major Dangerous Sources of Dangerous Chemicals" issued on December 11, 2011 and standard 13 "Individual Acceptable Risk Criteria and Social Acceptable Risk Criteria for Dangerous Chemicals Production and Storage Installations (for Trial Implementation)" issued on May 7, 2014 by China National Security Administration, they all get the social risk acceptable criteria value from Hong Kong, China[15] and the consequence limit line is set as 1000. According to the statistics of the number of deaths of dangerous chemicals in China from 2005 to 2015, and combining with the actual situation and the issued acceptable criteria of social risk in China, it is suggested that the consequences limit line be set as 200 and set a strict examination area of 200 to 1000 referring to the Social Risk Acceptable Criteria in Hong Kong, which is set aside for the development of special areas. The risks in the area are not necessarily acceptable and need strict review based on the development of economic, social and technical level[16].

5. Conclusion

Due to the rapid urbanization process and outdated safety planning, the urban refineries occur and the risks brought by them raise concerns in all communities. Under current policies and regulations, the relocation may threaten the survival of the urban refinery enterprises. It is also pointed out that the safety should be enhanced for dangerous chemical production enterprises in the densely populated areas on the basis of quantitative risk assessment. From the perspective of quantitative and qualitative risk assessment, the study takes the the comprehensive risk of the urban refinery including the risk to the surroundings from the inherent origin dangers of the enterprises, the risk of dangerous chemicals transport and the impact of urban activities on the risk of the enterprises as the objects of the assessment. And the corresponding risk assessment models are set up through the specific analysis on the objects of the assessment. The research was carried out as follows:

(1) The research analyzes the risks to cities caused by urban refineries, and points out the comprehensive risk assessment on urban refinery should include three aspects: inherent risk, road transport risk, and urban activities risk.
(2) Following a detailed analysis of the impact of urban refineries on urban areas, the study puts forward the corresponding risk assessment methods for different assessment objects and a comprehensive risk assessment is carried out.
(3) Based on the principles of equal consultation, ALARP and people-oriented, the study established the methods to set up acceptable risk criteria for the urban refineries.

6. Acknowledgements

The work is supported by the National Natural Science Foundation of China (21406271) and the International Cooperation Program for Innovative Talents of the China Scholarship Council (liujinmei [2016] 7988). Thanks for the funding.

References

[1] Lin Wenqiang. Predicament and countermeasure of the urban refinery[J].Journal of Sinopec Management Institute, 2013, 15(4): 9-12.

[2] Chen Yimiao. the chemical industry relocation and transformation by national efforts[N]. Industry in China, 2015-12-08(A03).

[3] Dangerous chemicals safety comprehensive management program[J]. Bulletin of the State Council of the People 's Republic of China, 2016(35):94-101.

[4] Zhang Jianping. Study on prevention measures against accidents in Lanzhou petrochemical company[D]. Lanzhou University, 2009.

[5] Wen Caixia. Dangerous chemicals risk assessment of road transport in Shandong province[D]. Dalian Maritime University, 2008.

[6] Zhang Xiaosong, Niu Yanan, Li Yongwei. Current investigation and treatment methods of hidden danger of encroachment on city natural gas pipelines[J]. Gas &Heat, 2010, 30(9): 22-26.

[7] Du Xiangyu, Yin Quanjun, Huang Kedi. Transformation between qualitative variables and quantity based on cloud models and its application[J]. System Engineering and Electronics, 2008, 30(4): 772-776.

[8] Sun Dongliang, Jiang Juncheng. Discussion on the Several Problems in Quantitative Risk Analysis of Chemical Industry Park[J]. Industrial Safety and Environmental Protection, 2010, 36(5): 50-51.

[9] Ren Changxing. Hazardous materials transportation by road: risk-analysis-based optimal routing methodology[D]. Nankai University, 2007.

[10] Shen Xiaoyan. Research on safety Evaluation of the transportation enterprise of dangerous goods on road[D]. Chang'an University, 2006.

[11] Starr C. Social benefit versus technological risk[J]. Readings in Risk, 1969: 183-194.

[12] Hu Erbang, Peng Lishun. Practical techniques and methods for environmental risk assessment[J]. 2000.

[13] Wei Lijun, Duo Yingquan, Wu Zongzhi. Study on the method and procedure of urban safety planning for major hazard installation[J]. Journal of Safety Science and Technology, 2005, 1(1): 15-20.

[14] Starr C, Whipple C. Risks of risk decisions[J]. Science, 1980, 208(4448):1114-1119.

[15] Li Quandong. Risk analysis of road liquid hazardous materials transportation[D]. Beijing Jiaotong University, 2010.

[16] Nathwani J S, Lind N C, Pandey M D. Affordable safety by choice: the life quality method[J]. INSTITUTE FOR RISK RESEARCH, WATERLOO, ON(CANADA). 245, 1997: 1997.

Study on On - line Monitoring Technology of Oil Tank Grounding

Abstarct:After the oil tank grounding construction is completed,its change will no longer be displayed.As time goes by, the resistivity of the soil is changing,and metal components are slowly being corroded by acid-containing components of the soil.Thus,the grounding resistance will change from time to time, the grounding will be gradually increased. It requires to monitor the grounding device with the seasonal variation law through certain technical methods.On-line monitoring system of grounding resistance is studied,mainly by the grounding resistance acquisition sensor system, wireless or wired network data transmission system, on-line remote monitoring recording system and other components.The on-line monitoring function of oil tank is realized.

Keywords:The oil tank; Grounding construction; Grounding resistance; On-line Monitoring

1、Current status of grounding construction detection

There are many factors that affect the tank grounding resistance: the grounding electrode size (length and thickness), shape, quantity, buried depth, surrounding material, geographical environment, soil resistivity. In order to ensure a good grounding of equipment, the current main use of portable instruments to measure the grounding resistance. Such as ZC-8, ZC-29, digital 4105, single clamp and other grounding resistance tester.Oil and gas companies, petrochemical enterprises and other enterprises, carry out comprehensive grounding resistance testing every two years. Each enterprise has nearly ten thousand ground points, there is a huge amount of testing work. In order to better reflect the running status of the grounding device and reduce the workload of manual detection, it is necessary to research the grounding resistance on-line detection technology.The operation status of monitoring grounding device is implemented, and the on-line monitoring's function of oil tank grounding device is achieved by on-line detection system of grounding resistance.

2、Study on On - line grounding resistance Monitoring Technology

2.1 Measurement principle of the on - line grounding resistance monitoring

Currently, there are three grounding resistance sensor which are available, voltammetry, three stage method, clamp method. The voltammetry method is simple in design but requires large energy loss,it is easy to be affected by the outside world, and there is a huge amount of computation work. Three stage method is not complicated in design, there are lots of practical applications. But the measurement accuracy is slightly worse, the auxiliary grounding performance directly affect the accuracy of measurement.

The basic principle of measuring the grounding resistance on line is that the sensor can give an exciting pulse signal to be measured at first.A pulse potential E will be induced , under the action of the potential E will be measured in the circuit current I. The sensor measures the E and I. And the measured circuit resistance can be obtained by the formula R=E/I. It's better than the first two methods in measurement accuracy, and the auxiliary grounding is not demanding. Appropriate auxiliary ground and sensor coils are designed, as well as took favourable shielding measures. Design principles: solid, reliable, small size, suitable for use in the wild and harsh environment.

2.2 Element of the on - line grounding resistance monitoring

The on - line grounding resistance monitoring consists of the following parts: monitor, RS485 signal line and DC12V power line and a signal conversion unit, a wireless transmission unit, Internet / wired transmission and wireless receiving unit, concentrator, intelligent management device, alarm receiving equipment, monitoring platform etc.

The grounding device resistance's change is analyzed based on The variation of the resistance time, soil, weather conditions and other objective parameters. According to the different grounding device components, the mathematical model and the grounding resistance numerical model are built.On this basis, a low power MCU is used as the core device of data acquisition and data processing in the front end, and the circuit of analog-digital conversion, storage, time and position is formed; Research on the micro-power detection and micro-processing device selection, solar power is used to provide the power of front-end system. Research on High Reliability, Ad-Hoc Network and Micropower Wireless Communicators. Integration of the above units, and installed in explosion-proof sealed of tank chassis, to ensure the safe and reliable operation of equipment.

The computer workstation is taken as the hardware environment, the most advanced simulation tools are used as the software platform to realize the automatic detection of the grounding resistance. The following functions can be realized: System management area image import and visual image location functions, including the choice of map file conversion format, import, automatic magnification, etc. Field name setting of host computer; connection timeout setting; polling interval setting; user registration setting; permission assignment (including group permission assignment); password management; The backup path (including backup database, restore database); map management (including add, modify the icon sub station sub station coordinates, delete sub station icon); server settings (including database server settings, regional server settings); Module management (including various sub-modules such as communication, alarm, voice, power dialing, audio file format conversion, voice manual recording, outside channel settings, all kinds of file path settings); short message number; data browsing; data inquiry; export report; serial port setting; select patrol port setting; alarm disposal; alarm release; limit setting; device designation; device characteristics; thunderstorm day system; fault handling and maintenance and so on.

In addition, the computer operating system can be realized on site management and superior management department two level system management.

2.3 Network structure

"Grounding network on-line detection system" can be used independently, can also be formed into a wired network system or wireless network system.

2.3.1 Independent installation

The network can be set up by using independently. Alarm threshold value is set by the monitor. The power supply can be replaced by 2 batteries when installed independently. The solar battery board is used for charging the battery, and the battery needs to be placed in the protective box.

2.3.2 Wired Network System

The wired network system uses the RS485 communication protocol to transmit data. It consists of concentrator, monitoring software, power adapter, intelligent management terminals and other components, and it is suitable for close to ground resistance monitoring.

2.3.3 Wireless Network System

The wired network system uses the RS485, GSM / GPRS and ZigBee communication protocol to transmit data. It consists of GSM / GPRS, ZigBee transceiver module, SIM communication card, monitoring software, power adapter, intelligent management terminal and other components. It is suitable for remote grounding resistance monitoring, and the distance is not restricted.

2 Technical parameter Settings

The technical parameters of the on-line monitoring system for oil tank grounding resistance are set as shown in table 1.

Table1. Technical parameter of grounding on-line monitoring system

power supply	Monitoring instrument：12VDC
Resistance Range	0.01Ω～200Ω
resolution ratio	0.001Ω
indication range	0.00Ω～500Ω
precision	±2%rdg±3dgt(20℃±5 ℃，below70%RH)
Connection identifier	12VDCThe power adapter Green---RS485 Positive signal ； Yellow---RS485 Negative signal ；

communication mode	Wired Network：the RS485 communication protocol Wireless Network： the RS485, GSM / GPRS and ZigBee communication protocol
Network points	Wired Networ：1 ~ 99 ground points, scalable Wireless Networ：1 ~ 99 ground points, scalable
Communication distance	Wired Networ：1500m Wireless Networ：No Limit
Working temperature and humidity	-20℃～60℃；10%RH～90%RH
The error of Temperature and humidity	Not more than 5%
Ground interference current	Should be avoided
External magnetic field	＜40A/m
External electric field	＜1V/m
Single measurement time	0.5 s
Power consumption	10W
Installation	The ground wire passes through the center hole of the monitor
levels of protection	The circuit board and the sensor are completely closed.
Installation requirements	Avoid rain, flood-proof installation
power supply mode	External power supply or solar panels and accumulator -powered
Choose the device	Accumulator：12V12AH，To provide power for the monitor, the accumulator installed in the protective box。
	The solar panels ：12V/15WCharge the accumulator.

3、Run the Experimental Monitoring Data

The on-line monitoring system was used to collect the data of No.091 earthing tank of the on-site No. 3 oil tank, and the monitoring operation was carried out. Field installation is shown in Figure 4. From September 15, 2015 to February 20, 2016, the data of Grounding point No. 091 of oil tank No. 3 was collected as shown in Table 2 and Figure 5.

The system monitoring data is stable through the series of monitoring data can be seen , the error is small, it has the purpose of real-time tracking detection.

Table2. Data collection talbe for 3# oil tank

The serial number	The parameter name	The set value	Collection value	Sign	Collection time
1	Resistance [Ω]	Early Warning[10/0] Alarm[150/0]	4.0	Normal parameter	2015/9/15 9:30
2	Resistance [Ω]	Early Warning[10/0] Alarm[150/0]	4.0	Normal parameter	2015/9/15 11:30
3	Resistance [Ω]	Early Warning[10/0] Alarm[150/0]	4.0	Normal parameter	2015/9/15 14:30
4	Resistance [Ω]	Early Warning[10/0] Alarm[150/0]	4.0	Normal parameter	2015/9/15 16:30
5	Resistance [Ω]	Early Warning[10/0] Alarm[150/0]	4.0	Normal parameter	2015/9/16 9:30
6	Resistance [Ω]	Early Warning[10/0] Alarm[150/0]	4.1	Normal parameter	2015/9/16 11:30
7	Resistance [Ω]	Early Warning[10/0] Alarm[150/0]	4.0	Normal parameter	2015/9/16 14:30
8	Resistance [Ω]	Early Warning[10/0] Alarm[150/0]	4.0	Normal parameter	2015/9/16 16:30
9	Resistance [Ω]	Early Warning[10/0] Alarm[150/0]	3.9	Normal parameter	2015/9/19 9:30
10	Resistance [Ω]	Early Warning[10/0] Alarm[150/0]	4.0	Normal parameter	2015/9/19 11:30
11	Resistance [Ω]	Early Warning[10/0] Alarm[150/0]	4.1	Normal parameter	2015/9/19 14:30
12	Resistance [Ω]	Early Warning[10/0] Alarm[150/0]	4.0	Normal parameter	2015/9/19 16:30
13	Resistance [Ω]	Early Warning[10/0] Alarm[150/0]	4.1	Normal parameter	2015/9/21 9:30
14	Resistance [Ω]	Early Warning[10/0] Alarm[150/0]	4.0	Normal parameter	2015/9/21 11:30
15	Resistance [Ω]	Early Warning[10/0] Alarm[150/0]	4.0	Normal parameter	2015/9/21 14:30
16	Resistance [Ω]	Early Warning[10/0] Alarm[150/0]	4.0	Normal parameter	2015/9/21 16:30

17	Resistance [Ω]	Early Warning[10/0] Alarm[150/0]	4.0	Normal parameter	2015/9/26 9:30
18	Resistance [Ω]	Early Warning[10/0] Alarm[150/0]	4.0	Normal parameter	2015/9/26 11:30
19	Resistance [Ω]	Early Warning[10/0] Alarm[150/0]	3.9	Normal parameter	2015/9/26 14:30
20	Resistance [Ω]	Early Warning[10/0] Alarm[150/0]	4.0	Normal parameter	2015/9/26 16:30
21	Resistance [Ω]	Early Warning[10/0] Alarm[150/0]	4.0	Normal parameter	2015/10/11 9:30
22	Resistance [Ω]	Early Warning[10/0] Alarm[150/0]	4.0	Normal parameter	2015/10/11 11:30
23	Resistance [Ω]	Early Warning[10/0] Alarm[150/0]	4.0	Normal parameter	2015/10/11 14:30
24	Resistance [Ω]	Early Warning[10/0] Alarm[150/0]	4.1	Normal parameter	2015/10/11 16:30
25	Resistance [Ω]	Early Warning[10/0] Alarm[150/0]	4.0	Normal parameter	2015/10/20 9:30
26	Resistance [Ω]	Early Warning[10/0] Alarm[150/0]	4.0	Normal parameter	2015/10/20 11:30
27	Resistance [Ω]	Early Warning[10/0] Alarm[150/0]	4.0	Normal parameter	2015/10/20 14:30
28	Resistance [Ω]	Early Warning[10/0] Alarm[150/0]	4.0	Normal parameter	2015/10/20 16:30
29	Resistance [Ω]	Early Warning[10/0] Alarm[150/0]	4.0	Normal parameter	2015/10/27 9:30
30	Resistance [Ω]	Early Warning[10/0] Alarm[150/0]	3.9	Normal parameter	2015/10/27 11:30
31	Resistance [Ω]	Early Warning[10/0] Alarm[150/0]	3.9	Normal parameter	2015/10/27 14:30
32	Resistance [Ω]	Early Warning[10/0] Alarm[150/0]	4.0	Normal parameter	2015/10/27 16:30
33	Resistance [Ω]	Early Warning[10/0] Alarm[150/0]	4.0	Normal parameter	2015/11/3 9:30
34	Resistance [Ω]	Early Warning[10/0] Alarm[150/0]	3.9	Normal parameter	2015/11/3 11:30
35	Resistance [Ω]	Early Warning[10/0] Alarm[150/0]	3.9	Normal parameter	2015/11/3 14:30
36	Resistance [Ω]	Early Warning[10/0] Alarm[150/0]	4.0	Normal parameter	2015/11/3 16:30
37	Resistance [Ω]	Early Warning[10/0] Alarm[150/0]	4.0	Normal parameter	2015/11/16 9:00
38	Resistance [Ω]	Early Warning[10/0] Alarm[150/0]	4.0	Normal parameter	2015/11/16 9:30

39	Resistance [Ω]	Early Warning[10/0] Alarm[150/0]	4.0	Normal parameter	2015/11/16 10:00
40	Resistance [Ω]	Early Warning[10/0] Alarm[150/0]	4.0	Normal parameter	2015/11/16 10:30
41	Resistance [Ω]	Early Warning[10/0] Alarm[150/0]	3.9	Normal parameter	2015/11/16 11:30
42	Resistance [Ω]	Early Warning[10/0] Alarm[150/0]	4.0	Normal parameter	2015/11/16 13:30
43	Resistance [Ω]	Early Warning[10/0] Alarm[150/0]	4.1	Normal parameter	2015/11/16 14:30
44	Resistance [Ω]	Early Warning[10/0] Alarm[150/0]	4.1	Normal parameter	2015/11/16 16:30
45	Resistance [Ω]	Early Warning[10/0] Alarm[150/0]	4.0	Normal parameter	2015/12/6 9:00
46	Resistance [Ω]	Early Warning[10/0] Alarm[150/0]	4.0	Normal parameter	2015/12/6 9:30
47	Resistance [Ω]	Early Warning[10/0] Alarm[150/0]	4.0	Normal parameter	2015/12/6 10:00
48	Resistance [Ω]	Early Warning[10/0] Alarm[150/0]	4.0	Normal parameter	2015/12/6 10:30
49	Resistance [Ω]	Early Warning[10/0] Alarm[150/0]	4.0	Normal parameter	2015/12/6 11:30
50	Resistance [Ω]	Early Warning[10/0] Alarm[150/0]	3.9	Normal parameter	2015/12/6 13:30
51	Resistance [Ω]	Early Warning[10/0] Alarm[150/0]	3.9	Normal parameter	2015/12/6 14:30
52	Resistance [Ω]	Early Warning[10/0] Alarm[150/0]	4.0	Normal parameter	2015/12/6 16:30
53	Resistance [Ω]	Early Warning[10/0] Alarm[150/0]	4.0	Normal parameter	2016/1/17 9:30
54	Resistance [Ω]	Early Warning[10/0] Alarm[150/0]	4.0	Normal parameter	2016/1/17 11:30
55	Resistance [Ω]	Early Warning[10/0] Alarm[150/0]	4.0	Normal parameter	2016/1/17 14:30
56	Resistance [Ω]	Early Warning[10/0] Alarm[150/0]	4.0	Normal parameter	2016/1/17 16:30

4、Conclusion

It can make up the disadvantages by on-line technology research of grounding resistance of oil tank, such as heavy workload, not timely detection and other shortcomings.To fill the gaps in the on-line detection of grounding resistance.

The oil tank grounding resistance on-line examination system has the analysis function of time, soil, weather conditions and other objective parameters of the grounding device resistance variation. Different grounding device components for the tank network, the numerical model of grounding resistance is constructed. On this basis, the low power consumption is used as the core component of the data acquisition and data processing. Supplemented by analog-to-digital conversion, storage, time, location and other circuits, constitute the front-end part. The method of micro power consumption detection and micro power consumption is adopted, and the power supply of the front end system is powered by solar energy. Wireless communicator which is highly reliable, ad hoc network and micro-power is used. In summary, it consists of the grounding resistance acquisition sensor system, wireless or wired network data transmission system, online remote monitoring and recording system. The on-line monitoring function of oil tank grounding is realized.

The on - line grounding resistance monitoring with a fast response function, not saturated, it can realize real-time detection, and test the amplitude of the ground resistance; self protection up to 120kA (8/20us).

The detection error of the grounding resistance on-line detection system and the standard grounding resistance tester is 3.3%, which is less than 5%, through the comparative test.

References:

[1]章长东，陈祖贤，等. 实用接地技术. 电世界 1996 增刊. [ZHANG C D, CHEN Z X. Practical Grounding Technology, electrical word, 1996 supplement.]

480436 A Study of Catastrophic Incident Warning Signs to Prevent Incidents in the Yeosu Chemical Complex

Abstract:

The hazard warning signs are early indicators that something is wrong or about to go wrong. We can prevent the incident and loss event, if we recognize and adequately measures on these hazard waring sings in a timely manner. If there are no apparent consequences from the deviation during process operation and maintenance, we accept those new practices and substitute the original practice. If we look and act the process safety risk factors cause the incident in the refinery and chemical plant, major incident can be prevented through eliminated or decreased risk element. in this study, a survey for the catastrophic incident warning signs are conducted to look specifically potential hazard element of refinery and chemical plant in the Yeosu chemical complex. Major incidents warning sign self-assessment checklist which was published by CCPS "Recognizing catastrophic incident warning signs in the process industry" was collect the hazard element caused incident occurred in the process industry through investigation was used for survey. Through this survey, the major incident warning sing in the process industry was founded by process safety manage element, each company and facility can use those signs for incident prevention activity. In addition, proposed what activities required to eliminate root cause of those warning signs.

Key words: Process safety, Major incidents, Warning signs

Risk Management Program (RMP) for Chemical Industry in Korea

Junheon YOON
National Institute of Chemical Safety
90, Gajeonbuk-ro, Yuseong-gu, Daejeon, 34111, Republic of Korea
soiljh@korea.kr

Byungchul MA
Chonnam National University/National Institute of Chemical Safety
90, Gajeonbuk-ro, Yuseong-gu, Daejeon, 34111, Republic of Korea
anjeon@korea.kr

Yi YOON
National Institute of Chemical Safety
90, Gajeonbuk-ro, Yuseong-gu, Daejeon, 34111, Republic of Korea
Justdoit0726@korea.kr

Prepared for Presentation at
American Institute of Chemical Engineers
2017 Spring Meeting and 13th Global Congress on Process Safety
San Antonio, TX
March 26 – 29, 2017

Risk Management Program (RMP) for chemical industry in Korea

Junheon YOON
National Institute of Chemical Safety
90, Gajeonbuk-ro, Yuseong-gu, Daejeon, 34111, Republic of Korea
soiljh@korea.kr

Byungchul MA
Chonnam National University/National Institute of Chemical Safety

Yi YOON
National Institute of Chemical Safety

Keywords: Risk management plan (RMP), Chemicals control Act, Chemical accidents. Precautionary Chemicals of Accident (PCAs)

Abstract

Nevertheless, Korea Government has endeavored for public safety against chemical accidents in the chemical industry, Chemical accidents in Korea continues to rise. Korea government came to implement the Risk Management Plan(RMP) of Chemicals Control Act in 2014. The RMP is to minimize damage to local communities and the environment by making a quick response to a chemical accident. The RMP consists of three components: accident prevention program, off-site consequence analysis, and emergency response program. While South Korea's chemical accident management systems have so far been focused on accident prevention within establishments, the RMP extends the focus to the community and the surrounding environment. So the RMP more stresses not only prevention but also preparation and response against accidents.

1 Introduction

If a hazardous chemical like chlorine were leaked from a company, huge damage to the local community and the environment are occurred. The company had complied with the Process Safety Management System (PSM) and properly maintained the facilities and equipment that handled hazardous chemicals. When chlorine began to leak and spread outside, however, the company poorly responded and eventually inflicted serious damage to the local community and crops in the neighboring area. Compare to the PSM, RMP is more focus on the emergency plan and risk communication with local community. So, RMP is a fundamental guideline to define each bodies role for managing chemical accident related to Precautionary Chemicals of Accident (PCAs).

The RMP system has been enacted in Article 41 of the Chemicals Control Act to regulate facilities that handle a specified amount or more of PCAs. PCAs are the 69 chemicals listed in CCA have properties like high flammable, high explosive, very responsive, or high acute toxicity.

The RMP consists of three parts such as accident prevention program, off-site consequence analysis, and emergency response programs. The accident prevention program includes basic information of chemicals, process safety and safety management plan. The off-site consequence analysis comprehends accident scenarios, effect range determination, and effected factors within the effect range. The emergency response programs are focused on the establishment of an emergency response system, the damage minimization plan, the community evacuation plan, and the damage recovery plan.

The RMP system has been implemented since 2015, but most establishments had difficulty in understanding the system's purposes and details. In particular, some establishments that are also subject to the Process Safety Management System (PSM) looked at the RMP system from a narrow viewpoint, complaining that both systems are similar and largely overlapped with each other. In this article, we introduced basic concept and role of RMP to achieve more broaden understanding about this system.

2 Operation of RMP

2.1 Component of RMP

The RMP consists of three categories (accident prevention, off-site consequence analysis, and emergency response program) and 11 subcategories as shown in Table. 1. The accident prevention program includes basic information of chemicals, process safety and safety management plan. The off-site consequence analysis comprehends accident scenarios, effect range determination, and effected factors within the effect range. The emergency response program focused on the establishment of an emergency response system, the damage minimization plan, the community evacuation plan, and the damage recovery plan.

The category of accident prevention consists of the list of PCAs and information on their hazards, the list of PCAs-handling facilities and the current accident-control facilities and equipment, information on PCAs-handling facilities, data on process risk analyses, process operation procedures and attention points, information on the person in charge of the operation and workers in PCAs-handling facilities, plans for education/training sessions and self-checking activities to prepare against chemical accidents, and other considerations for safety management of PCAs.

The category of off-site consequence analysis includes scenarios of chemical spills/leaks and plans for emergency measures during chemical accidents, and identification of locals, products/crops and environmental media within the effect range during chemical accidents.

Lastly, the category of emergency response is comprised of the safety management organization including authorized personnel for the emergency contact system and shutdown during chemical accidents; the community evacuation plan (including the workers of nearby establishments) during chemical accidents; and plans to minimize, eliminate and recover from damage of chemical accidents.

Table 1. Three Categories and eleven subcategories of the RMP

Sub-Category	Category
1. List of APSs and information on their hazard	Accident Prevention
2. List of APS-handling facilities, current accident-control facilities and equipment	
3. Information on APS-handling facilities, data on process risk analyses, process operation procedures and attention point	
4. Person in charge of the operation and workers in PCAs-handling facilities	
5. Plans for education/training sessions and self-checking activities to prepare against chemical accidents	
6. Safety management organization including authorized personnel for the emergency contact network and shutdown during chemical accidents	Emergency Response
7. Scenarios of chemical leaks/spills and plans for emergency measures during chemical accidents	Off-site Risk Analysis
8. Identification of locals, products/crops and environmental media within the effect range during chemical accidents	
9. Community (including the workers of nearby establishments) dispersion plan during chemical accidents	Emergency Response
10. Plans to minimize, eliminate and recover from damage of chemical accidents	
11. Other considerations for safety management of PCAs	Accidental Prevention

2.2 Submission and approval of RMP

Anyone who handles a specified amount or more of PCAs is obliged to prepare the RMP. A "specified amount" falls into a "manufactured/used amount" and a "stored/stocked amount." The manufactured/used amount means the maximum quantity of PCAs that can be manufactured or used a year. The stored and stocked amount means the maximum quantity of PCAs that can be kept and stored in facilities such as storing places and storage tanks. PCAs and are listed in Chemicals Control Act

If PCAs are mixed or diluted, only the amounts that are equal to or more than the range specified by Attached Table 10 of the Enforcement Rule (based on PCAs-specific quantity) should be included in the calculation of the specified amount. For example, anyone who manufactures/uses 1,500,000kg or more of a mixture containing 1 % or more formaldehyde annually or who stores/stocks it in a storage tank with a maximum capacity of 200,000 kg is subject to the preparation of the RMP.

Those who will prepare the RMP should first take both of the hazardous chemicals safety training session (16 hours) provided by the Korea Chemicals Management Association, etc. Then, they should take the risk management planner training session (16 hours) organized by the National Institute of Chemical Safety (NICS).

The RMP can only contain subcategories assigned for each level as shown in Fig. 1. When no habitants are identified within the effect range during the chemical accident and no chemical accident has taken place for the past five years, the RMP is allowed to include only the first, second, fourth, fifth, sixth and eighth of the 11 subcategories. Establishments subject to similar systems such as the Process Safety Management System (PSM) and the Safety Management System (SMS) are allowed to prepare only part of the process safety information of the third subcategory.

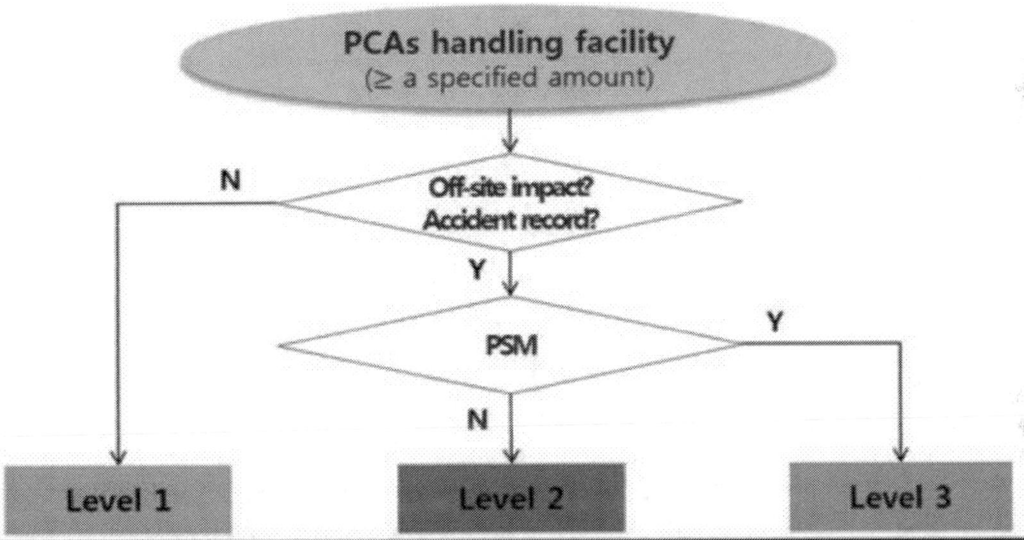

Class	Component	RMP Level 1	RMP Level 2	RMP Level 3
Accident prevention	• Basic information	O	O	O
	• Process safety information	-	△(semi)	O
	• Safety management plan	O	O	O
Off-site assessment	• Accident scenario	-	O	O
	• Impact range	-	O	O
	• Population	O	O	O
Emergency response	• Emergency response system	O	O	O
	• Damage minimize plan	-	O	O
	• Inhabitant dispersion plan	-	O	O
	• Restoration plan	-	O	O

Figure 1. Categories and subcategories of the Risk Management Plan preparation assigned for each level.

Submitted RMP is assessed by the NICS belong to the Ministry of Environment. After receiving the Risk Management Plan, NICS should assesses it within 30 days (excluding weekends and public holidays). When NICS completes the review, it should notify the establishment of the result, which can be "Approval," "Conditional approval" or "Disapproval". "Approval" is granted when the RMP meets the criteria of assessment. "Conditional approval" is granted when the RMP fails to meet some of the criteria of assessment but this failure has insignificant effect on safety and complementary measures can be made before the facilities are installed. "Disapproval" means the RMP fails to meet the criteria of review and the company have to resubmit new RMP make up for the weak components.

All company have to resubmit the RMP every 5 years after the previous final approval date. Although the first submission (or resubmission) was made, the RMP should be revised and resubmitted if the establishment is subject to one of the followings. In this case, the revised RMP should be submitted in the same way as the first submission.

- The establishment is required to gain permission for business modification to hazardous chemicals in accordance with Paragraph 1(1) of Article 29 of the Enforcement Rule of the CCA, and handles more than the specified amounts of PCAs.
- The total capacity of PCAs storing facilities increases by 50 % or more, or the annual amount of manufactured or used PCAs increases by 50 % or more.

2.3 Public notification of RMP

Any company approved RMP should open their information based on the notification report format in the Enforcement Rule. The report includes the company name, location (address), phone number, information on hazardous chemicals (types, hazards, and risk of accidents), and emergency responses information (effect range, accident-control equipment, how to deliver alarms, what people should do, a list of organizations for emergency contact and their phone numbers). The establishment should notify the report to locals within the effect range (of an alternative accident scenario) once or more a year.

As shown in Fig. 2, the company should notify public using two ways. First, the company should post the report on the NICS public notification system (http://icis.me.go.kr/rmp_notice/main.do) within one month after approval. When the company upload their report on the system, that information is opened to the public after final consent of the authorized person of NICS. Second, the company should serve notification report to locals within three months after endorsement using one of below ways; letter (via either post or email), public hearing or presentation, deliver to representatives of community. After public notification, all relevant documents including the notice, the list of notified persons and notifying ways should be kept properly.

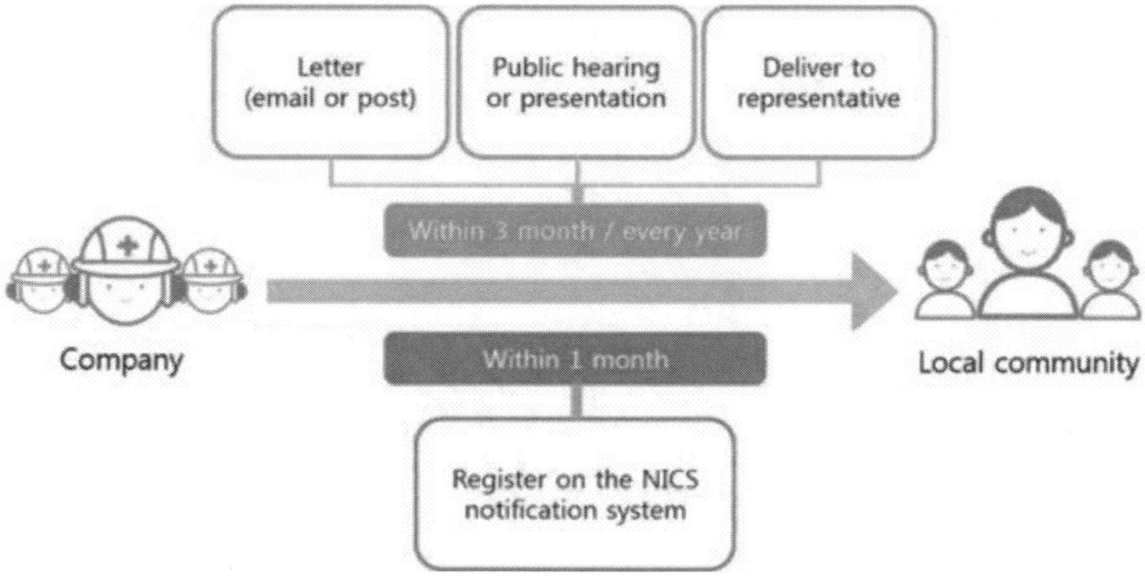

Figure 2. Statutory period and notifying ways of RMP after approval.

2.4 Penalties for noncompliance with RMP

RMP is a basic plan to respond emergency situations. It is accordingly important to maintain proper operation system in RMP. To emphasize the importance of RMP management, CCA included some penalties related with RMP activities.

It is important to follow the PCAs management criteria (general criteria and specific criteria) specified in Attached Table 9 of the Enforcement Rule. In particular, it is essential to comply with paragraph C of the general criteria, the RMP should be kept in the establishment and PCAs should be managed in accordance with the RMP. If a company fails to meet these criteria, representative of that company will face no more than five years in prison or no more than 100 million won (100,000 USD) in fines in accordance with Paragraph 6 of Article 58 of the CCA.

CCA also defines several penalties related to RMP submission. If the establishment fails to fulfill their duty as below, in accordance with Paragraphs 7 to 9 of Article 58 of the CCA, no more than five years in prison or no more than 100 million won (100,000 USD) in fines will be imposed to the owner.

- Fail to submit the RMP on time
- Submit a false RMP
- Fail to notify their RMP to public on time
- Fail to take emergency measures in accordance with RMP

In addition, those who do not revise or supplement the RMP submitted will face no more than one year in prison or no more than 30 million won (30,000 USD) in fines in accordance with Paragraph 5 of Article 61 of the CCA.

Those who handle a specified amount or more of PCAs and intend to gain new permission for business or revised permission for business due to the modification, they should submit the RMP approved by NICS to the local Environmental office in accordance with Paragraph 1(3) of Article 28 and Paragraph 2 of Article 29 of the Enforcement Rule of the CCA. Those who fail to comply with it or gain permission with false information will face no more than one year in prison or no more than 30 million won (30,000 USD) in fines in accordance with Paragraph 4 of Article 61 of the CCA.

3 Conclusion

To success the RMP operation, the harmonized systems among company, government, and local community are needed. A company has a duty to prepare the RMP, and the government body assess it. After the RMP is granted approval the establishments should provide local emergency response organizations with emergency response information in the RMP to prepare emergency. The establishments should also inform local communities in advance about how to handle hazardous chemicals and respond to accidents. When accident occurred, local community should response based on the information provided from the company to minimize the adverse effect.

Traditionally chemical accident is take placed, the communication between company and local community is a serious problem to minimized adverse effect. If the company had implemented the RMP system properly, the situation might have been quite different. If the company had followed the RMP, it could have informed the local community and response organizations about the hazard and risk of toxic chemicals sufficiently in normal circumstances to ensure they are well aware of how to behave when a chemical accident occurs. During the accident, the company could have quickly issued emergency alarms and take a shelter or evacuated safely. The locals in cooperation with government agencies and other organizations based on the community evacuation plan. It could also have minimized the dispersion of toxic gases into the atmosphere by rapidly containing leaking points and using accident-control equipment including portable water spray systems in accordance with scenario-specific emergency measures.

It is expected that the RMP system will largely contribute to protecting locals and preserving the environment from chemical accidents. To ensure the RMP system is well established as early as possible, the government and industry need to join forces - the government should improve the system constantly, and the industry should comply with the system seriously.

4 References

[1] National Institute of Chemical Safety, Available at http://nics.me.go.kr/main.do Accessed on February 4, 2017

[2] National Institute of Chemical Safety, Available at http://icis.me.go.kr/rmp_notice/Main.do Accessed on February 3, 2017

[3] Ministry of Environment. Regulation for Preparing and Evaluating Process of Risk Management Plan (No 2014-256), Ministry of Environment, Sejong, Republic of KOREA, 2014.

[4] J.H. Yoon, Y. Yoon, B.C. Ma, M.S. Kim, H.J. Huh, and T.K. Ryu, "RMP and ORA: new paradigm for safety management of the chemical industry in Korea" proceeding of the 31th International Congress on Occupational Health, SS024, June 2015.

480415 Stochastic Programming and Atmospheric Dispersion Modeling Dispersion Modeling for Optimal Placement of Gas Detectors

Abstract:

Tragic accidents like the Buncefield fire are harsh reminders of the need for proper detection and mitigation in case of the emergence of incidents. Installing gas detectors at appropriate locations are one of the indispensable conditions for the implementation of emergency response plans. With strong global interest, optimal placement of gas detectors based on Computational Fluid Dynamics (CFD) simulations is developed. In this research, we introduce investigations aimed at optimizing the placement of gas detectors (fixed and mobile) and using tools for calculating atmospheric dispersions. There are significant uncertainty to the various factors to be considered: process conditions, the impact of surrounding geometries on dispersion, weather conditions, physical limitation to land use, etc. The uncertainty associated with different leak scenarios is captured through process specific CFD simulations using a package for rigorous modelling and simulation of gas dispersion. Using simulation results from the dispersion modeling, a multi-scenario, mixed-integer linear programming formulation is developed to generate optimal placement of gas detectors by minimizing the expected number of detection over all scenarios; this verifies our studies can be effectively applicable on any processes. The result of this study can help to place mobile sensors as well as fixed point-type or area sensors for better tracking of gas releases based on real-time monitoring of concentration data. Adoption of IoT in relation to cyber-physical systems is also discussed.

Key words: Chemical process safety, Hazardous material release, Source tracking, Accident response

479655 New Approach to Using CFD Modeling for Chlorine Releases in Seoul

Abstract:

Reinforced control of chemicals and chemical accidents, so called Chemical Control Act (CCA) was initiated when hydrogen fluoride leaked from a chemical plant in Gumi, S. Korea in 2012. This incident gave rise to greater social demand for a system to prevent and respond to chemical accidents. As part of this, consequence analysis is done for chlorine which is one of the most widely used chemicals in the world, especially for water purification plants near populated areas. Therefore, when a chlorine release occurs in a water purification plant, the damage would fatally spread to the residents and widely affect people in the residential area.

In this study, CFD (Computational Fluid Dynamic) simulations are performed for a possible Cl_2 leak scenario in the urban area of Seoul, S. Korea where the population density is very high and numerous buildings exist near the plant in operation. FLACS is used to predict the dispersion results for the area whose size is around 5 by 3 km. In fact how precisely implementing 3D geometries is the key for successful 3D simulation. For that a methodology is suggested to rapidly implement geometry by importing CAD files provided by the government agency, and processing them. One accidental release from 1 ton of trailer was simulated with 2 different weather conditions and 3 different wind directions in order to show how far evacuation distance should be expected.

479657 RMP and ORA: A New Paradigm for Environmental Safety Management of Chemical Industry in Korea

Abstract:

Korea experienced a massive chemical dispersion disaster on September 27, 2012, which occurred at the Gumi National Industrial complex in the southern city of Korea. About 8 tons of hydrogen fluoride gas leaked as the valve of tank lorry was opened due to a operator's mistake, resulting in 5 casualties and about 3,600 medical treatment, causing 17.7 billion KRW of damage to enterprises, and spoiling the crops on 323.8ha of land. The accident had triggered new chemical management policy in Korea; The Revised Chemicals Control Act introduced Korea Risk Management Plan (K-RMP) and Off-site Risk Assessment (ORA) to improve safety management system for habitant and environment. Any company which manufactures, uses, or stores hazardous chemicals should submit ORA report to a governmental agency, while K-RMP only applies to the Precautionary Chemicals of Accidents (PCAs). The purpose of the ORA is to estimate the risk level of each chemical facility affect to habitat and environment. It implies gathering and analyzing information related to facility, toxicity, population, and preliminary hazard assessment is an essential process. Consequence analysis and likelihood estimation results are also needed to assess the risk. K-RMP is similar to that of the U.S., while K-RMP reinforces the emergency response planning.

This research was supported by Basic Science Research Program through the National Research Foundation of Korea (NRF) funded by the Ministry of Education (2009-0093816).

478517 Cause Analysis of Recent Chemical-Accidents and Preventive Measures in Korea

Abstract:

Cause Analysis of Recent Chemical-Accidents and Preventive Measures in Korea

Hyup Lee

Korea Occupational Safety and Health Agency

#400, Jongga-ro, Jung-gu, Ulsan, 44429, Republic of Korea

klee2077@kosha.or.kr

Hyung-Sub Lee

Korea Occupational Safety and Health Agency

#400, Jongga-ro, Jung-gu, Ulsan, 44429, Republic of Korea

leehyung@kosha.or.kr

Won-Baek Yang

Korea Occupational Safety and Health Agency

#400, Jongga-ro, Jung-gu, Ulsan, 44429, Republic of Korea

yang59@kosha.or.kr

Although several chemical accident prevention systems such as PSM(Process Safety Management) and RMP(Risk Management Plan) have been implemented, a number of chemical accidents still constantly occur at a plant in Korea.

This study describes the current overview of Korean chemical industry with the trend of occurrence of chemical accidents in Korea. In particular, the study analyzes 100 cases of major chemical accidents, occurred from 2010 to the first-half 2016 in Korea. The analysis includes the type of chemical accidents, sources of ignition, sources of chemical equipment, causes of accident(equipment/substance/man-made), working situation by date and time, scale of plant and employees, existence of hazardous substances, and any causalities including contractor's employees. Ultimately, the study draws six preventative measures from the result of the analysis as follows: Firstly, an employer shall educate and train his/her employees, especially for subcontractors and small & medium-sized enterprises, to improve knowledge and raise awareness of safety and health. Secondly, an employer shall reinforce the inspection and monitoring to clarify any proper work permit and safety procedure during maintenance & repair work. Thirdly, an employer shall not put raw materials(substances) into the batch reactor through a manhole in any potential explosive atmosphere. Fourthly, an employer shall ensure bonding & earthing in order to avoid static electricity shock. Fifthly, an employer shall remove any hazardous substances and install a blind patch on the connected pipeline before cleaning the inside of a vessel and/or a tank. During the cleaning work, an employer shall monitor the existence of any toxic or flammable gas regularly. Finally, an employer shall change a gasket periodically and ensure hot bolting on the pipe flanges in high pressure and high temperature situations.

Key words : chemical accident, fire & explosion, major (industrial) accident, cause analysis, preventive measures

The Study of Thermal Hazard Evaluation of Polymerizing Substance at Storage

Motohiko Sumino, Akemi Endo
Safety Technology Laboratory, MCHC R&D Synergy Center, Inc.
1000, Kamoshida-cho Aoba-ku, Yokohama 227-8502 JAPAN
Sumino.motohiko@mw.mchc-rdsc.co.jp

Prepared for Presentation at
American Institute of Chemical Engineers
2017 Spring Meeting and 13th Global Congress on Process Safety
San Antonio, TX
March 26 – 29, 2017

The Study of Thermal Hazard Evaluation of Polymerizing Substance at Storage

Motohiko Sumino, Akemi Endo
Safety Technology Laboratory, MCHC R&D Synergy Center, Inc.
1000, Kamoshida-cho Aoba-ku, Yokohama 227-8502 JAPAN
sumino.motohiko@mw.mchc-rdsc.co.jp

Keywords: thermal hazard evaluation, polymerizing substance, Polymerization-inhibitor consumption mechanism

Abstract

The polymerizing substances that initiate polymerization by heat, light, acid, have the potential risk to generate big polymerization heat. Therefore polymerization-inhibitor is added to prevent polymerizing occurrence, but accident will sometimes occur because polymerization reaction starts at the time of abnormality and irregular situation in chemistry process. In thermal hazard evaluation of polymerizing monomers, it's necessary to understand sufficiently the mechanism until onset of polymerizing. But evaluation is not sometimes carried out correctly because the influence of experimental condition of thermal analysis hasn't been understood sufficiently. So we carried out a study for quantitative analysis of the factors affecting the thermal behavior of the polymerizing substances. By this study, thermal hazard of polymerizing substances can be evaluated correctly, and it's possible to apply to set the appropriate storage condition.

1 Introduction

In Japan, there was an accident at an acrylic acid middle tank in 2012. The explosion resulted in the death of one firefighter and the explosion around the tank also caused a big damage. After this accident, the cause investigation was carried out, and then it was pointed out that thermal hazard evaluation of acrylic acid was not enough. Importance of detailed estimation of the thermal hazard during polymerizing substances in storage has been widely recognized in Japan since this accident.

In general, when the thermal hazard evaluation of reactive substances in the storage is carried out, kinetic analysis by using thermal analysis data is conducted. Furthermore, temperature rise is calculated by using kinetic parameters. When mechanism of decomposition and reaction are based on kinetic theory of Arrhenius type, this method is available. On the other hand, it is difficult to apply this method simply to polymerizing substances, because they pass through the polymerization –inhibitor consumption reaction before polymerization reaction occurs.

Therefore, we aimed to find out the enough measurement method for thermal behavior of polymerizing substances, and to evaluate thermal hazard of them at the storage. In this paper, we carried out a study on the consumption mechanism of the polymerization inhibitor and the polymerization hazard evaluation technique by using the thermal analysis.

2 Hazard of polymerizing substances at the storage and management standard

2.1 Runaway reaction mechanism of polymerizing substances at the storage

The polymerization inhibitor contributes to a polymerization delay and inhibits polymerization reaction to be started from decomposition of a few monomers in the storage early days. Thus, the polymerization reaction does not occur, and the temperature does not rise. However, after polymerization inhibitor disappeared after a certain time, exothermic reaction by polymerization reaction occurs and the temperature rises, and it leads to runaway reaction. On the other hand, the temperature rises by occurrence of slight decomposition at the time of the reactive substances storage. So the temperature is rising gradually, and it leads to runaway reaction. Figure1 shows a temperature rise image when polymerizing substances and reactive substances reach the runaway reaction. When it evaluates the polymerization runaway reaction, it is necessary to evaluate the two regions. One is the temperature does not rise by the effect of polymerization inhibitor; the other is the temperature rise by exothermic polymerization reaction. At the storage, time until polymerization inhibitor is consumed is longer enough than time to runaway reaction after polymerization start. So evaluation and management of time until polymerization inhibitor is consumed are important.

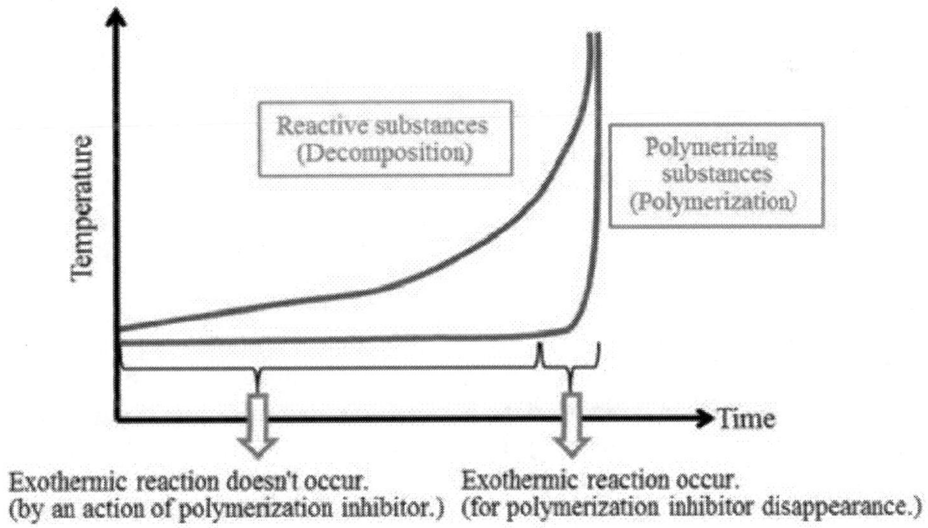

Figure1. Image of the difference of thermal runaway reaction of polymerizing substances and reactive substances.

2.2 Recommendation control criterion of methacrylic acid and methacrylate esters

The management guidelines at storage may be recommended by the group consisting of companies which produces polymerizing substances. The management guideline for methyl methacrylate (MMA) as a model used in this study also is proposed by the group of manufacturing companies. Table 1 shows the management guidelines for methacrylic acid and methacrylate esters. Criteria shown in table 1 are a general concept that can be applied to many substances, have become more conservative. Therefore to set the storage condition, it's necessary to evaluate the hazard according to the kind of ester and the concentration of polymerization inhibitor.

Table 1 Recommendation control criterion of methacrylic acid and methacrylate esters [1),2)]

Material	Mathacrylic Acid	Methacrylate Esters
Storage temperature	18-40 °C	Below 40 °C (preferably below 30 °C)
Oxygen concentration	5-21%	5-21%
Inhibitor	MEHQ, HQ	MEHQ, HQ,BHT
Emergency Condition	The temperature has reached 55 °C or if the rate of temperature rise has exceeded 2K/hour.	The temperature has reached 55 °C or if the rate of temperature rise has exceeded 5K/hour.
Emergency Procedure	Addition and mixing of phenothiazine (PTZ). *PTZ concentration should be in 200-1000ppm.	Addition and mixing of phenothiazine (PTZ).

It is known that MMA is oxidized automatically. The polymerization inhibit mechanism of polymerization inhibitor by references is as follows. At first monomer produce radical, and formed radical react to oxygen and inhibitor, and to generate hydroperoxide, radical are trapped. Thus, even if monomer produce radical, polymerizing starting is obstructed to inactivate them. Therefore, oxygen is necessary at storage, and, as for the oxygen concentration, 5-21% are recommended. (Ref. Table 1)

2.3 Problem of a conventional method

When ramp test by thermal analysis as traditional method of thermal hazard analysis is applied for thermal hazard evaluation of polymerizing substances, there is a possibility that polymerizing onset temperature is measured highly. This is because polymerization inhibitor control polymerization reaction until certain high temperature. But after polymerization inhibitor disappeared, there is a possibility that polymerization reaction begins even if ambient temperature, so there is risk of underestimation at the time of conventional method use. It is necessary to evaluate accurate induction time until polymerization occurs. The reason is many tests are needed because the kind of and the amount of polymerization inhibitor are related to polymerizing occurrence. It's also one of factors that storage test at storage temperature comes in a long period.

2.4 Objective and examination item of this paper

In this study, it is intended to establish simplified technique to evaluate the thermal hazard of polymerizing substances. In this report, we report two following examination items.

I. Study about the influence factor to act on result of thermal analysis of polymerizing substances and about the consumption mechanism of polymerization inhibitor

When polymerization reaction occurs, it is thought that polymerization inhibitor disappear. Since time until polymerization occurs is presumed that the amount of polymerization inhibitor and the heat history have influenced, so concentration of polymerization inhibitor and heating rate in ramp test may influence a measurement result. In addition, because the polymerization inhibitor need oxygen, an atmosphere and filling fraction in the container may have an influence on the result, too. Therefore we compare the influence of these items from results of thermal analysis, suggest the suitable measurement condition for thermal hazard evaluation of polymerizing substances.

II. Study on the simplified evaluation method for induction time until polymerization reaction

It is necessary to measure induction time at the storage temperature to evaluate the polymerization reaction hazard at storage, but several months are needed for one test. Therefore, simplified method that induction time at storage temperature is calculated is required.

In this paper, we will study about estimation method for induction time from the results obtained by isothermal measurement with thermal analysis and the storage examination with oven at higher temperature than storage temperature.

3 Experiment

3.1 Sample

MMA is used as for polymerizing substance. And IA which is alkyl phenol type and was often used for long time storage is used as for polymerization inhibitor. Concentration of IA is 2.5ppm. Figure2 shows the structural formula for each.

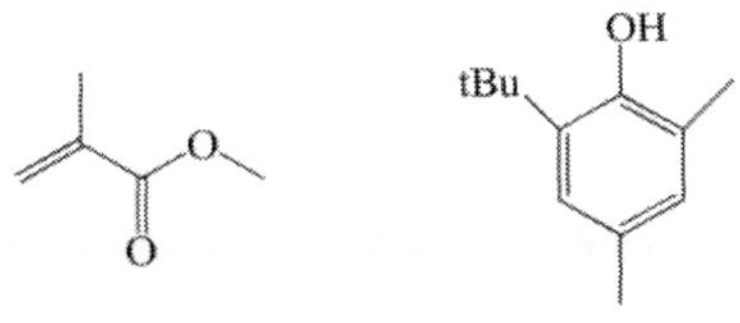

MMA (Methyl methacrylate) — Inhibitor (IA)

Figure2. Experimental sample

3.2 Device

Polymerizing substances have the possibility that polymerization reaction is accelerated by contact with the metal. Therefore we used Calve type calorimeter C80 made by SETARAM which could attach a glass container in sample container.

3.3 Experimental Condition

3.3.1 Study about the influence factor to act on result of thermal analysis

Standard condition is defined and a factor which we wanted to confirm the influence is only changed. And we considered the influence that the factor gives from result of thermal analysis. A standard condition and the measurement range are shown in Table 2.

Table 2 C80 experimental condition

Factor	Standard Condition	Change Condition
Atmosphere in Container	Air	3% O_2/N_2, N_2
Temperature Range	30-270 °C	Don't change
Heating Rate	1K/min	0.5K/min, 2K/min
Sample Mass	0.2g	2g
Concentration of Polymerization Inhibitor	2.5ppm	250ppm, 2300ppm

3.3.2 Study on the simplified evaluation method for induction time until polymerization reaction

Induction time until polymerization reaction is measured at the constant temperature using C80 and oven. In the temperature range where time to polymerization was a few days, C80 is used. And in the temperature range where more than one week needed, oven test is carried out. In oven test, sample container of C80 was installed in oven and time until solution will be solidified or the viscosity rose was measured as induction time. The examination conditions of each measurement are as follows.

＜C80＞
Isothermal Temperature : 75 °C, 80 °C, 85 °C, 90 °C
Sample Mass : 0.2g
Atmosphere in Container : Air
＜Oven test＞
Constant Temperature : 55 °C, 60 °C
Sample Mass : 0.2g
Atmosphere in Container : Air

4 Results

4.1 Study about the influence factor to act on result of thermal analysis

Results of C80 measurements are shown in Table 3.

Table 3 Results of C80 experiments

Experimental Condition				C80 Results	
Atmosphere	Ramp rate [K/min]	Sample mass [g]	Concentration of Inhibitor [ppm]	Onset temperature [°C]	Heat of reaction [J/g]
Air	1	0.2	2.5	112.5	533
Air	1	0.2	2.5	108.5	556
3%O_2	1	0.2	2.5	116.8	387
N_2	1	0.2	2.5	120.3	54
N_2[a)]	1	0.2	2.5	124.0	35
Air	0.5	0.2	2.5	102.3	621
Air	2	0.2	2.5	116.7	447
Air	1	2	2.5	110.5	581
Air	1	0.2	250	152.5	518
Air	1	0.2	2300	186.7	119

a) The sample which bubbled by nitrogen before measurement was used.

4.1.1 C80 results under standard condition and confirmation of repeatability

Results of thermal behaviors of two C80 measurements under same condition are shown in Figure3. It is thought that measurement repeatability and accuracy is enough, because the two thermal behaviors is same and heat of reaction from C80 measurement is equal to reference value (544J/g).

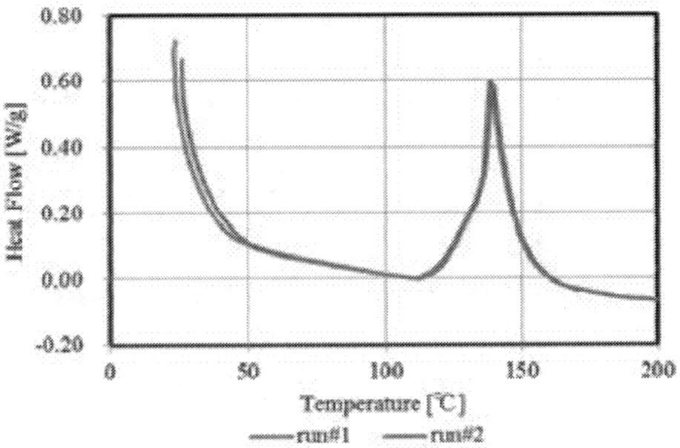

Figure3. C80 results of MMA

4.1.2 Influence of atmosphere in the container

Results of thermal behaviors of C80 measurements when atmosphere in the container is changed between air, 3%O_2, N_2 are shown in Figure4. Concentration of oxygen in the sample container influenced thermal behavior, and when concentration of oxygen became low, onset temperature was higher and heat of reaction became small. In addition, the measurement using the sample which bubbled N_2 before the measurement to reduce dissolved O_2 in a liquid had decreased heat of reaction more, so it was considered that dissolved O_2 was important. It was confirmed by quantitative analysis that around 80% MMA is existed in the sample after C80 measurement in N_2 atmosphere. So it was thought that polymerization reaction did not progress in N_2 atmosphere during C80 heating.

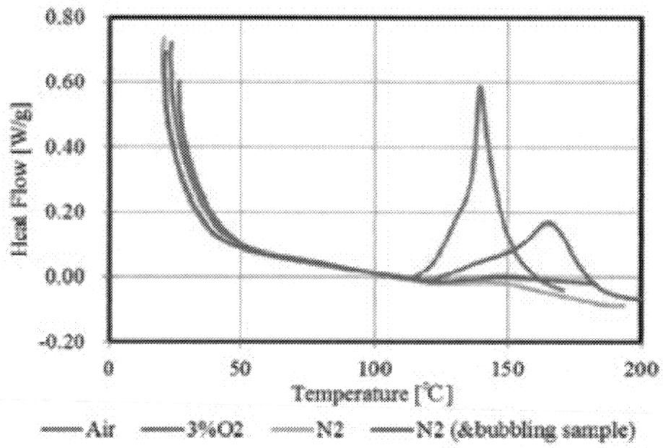

Figure4. Comparison of C80 results by the difference in atmosphere

4.1.3 Influence of heating rate

Results of thermal behaviors of C80 measurements when heating rate is changed between 0.5-2.0K/min are shown in Figure5. When heating rate became slow, onset temperature was lower and heat of reaction became big. Figure6 shows the C80 results which represented time scale. If heating rate is slow, time during exothermic reaction gets longer and maximum heat release rate tends to become big.

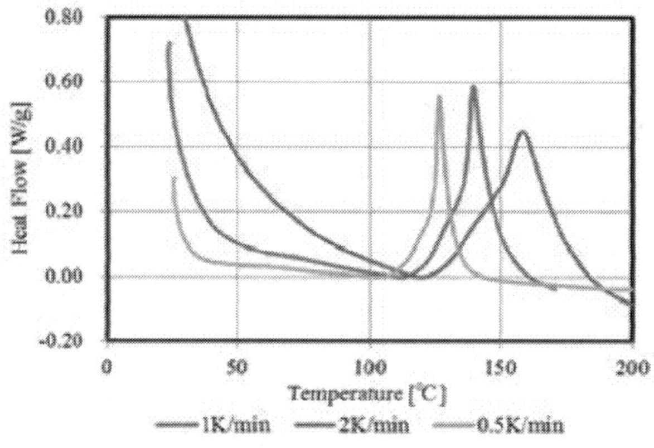

Figure5. Comparison of C80 results by the difference in ramp rate

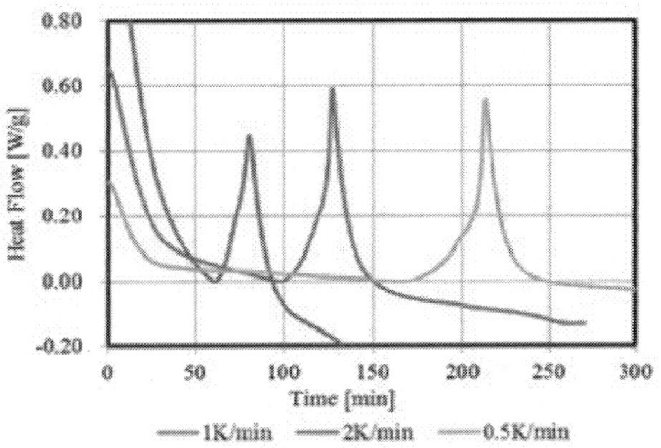

Figure6. Comparison of C80 results by the difference in ramp rate (Time scale)

4.1.4 Influence of sample mass

Results of thermal behaviors of C80 measurements when sample mass is changed between 0.2g or 2g are shown in Figure7. Even if sample mass is changed between this range, neither onset temperature nor heat of reaction changed a lot. But the tendency for the maximum heat release rate to become big was seen, when sample mass was small. Here, since the internal volume of sample container is 5.7mL, the filling fraction is 3.5-36%, and the ratio of the gas phase/liquid phase is set to 1.8-28.

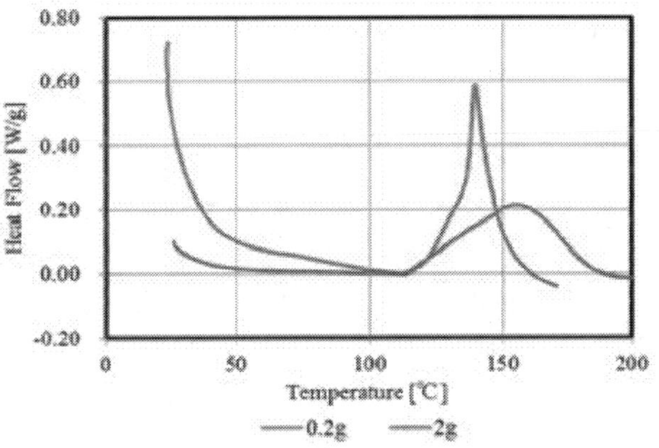

Figure7. Comparison of C80 results by the difference in sample mass

4.1.5 Influence of concentration of polymerization inhibitor

Results of thermal behaviors of C80 measurements when concentration of polymerization inhibitor is changed between 2.5-2300ppm are shown in Figure8. There was the tendency that onset temperature became higher, when concentration of polymerization inhibitor was high.

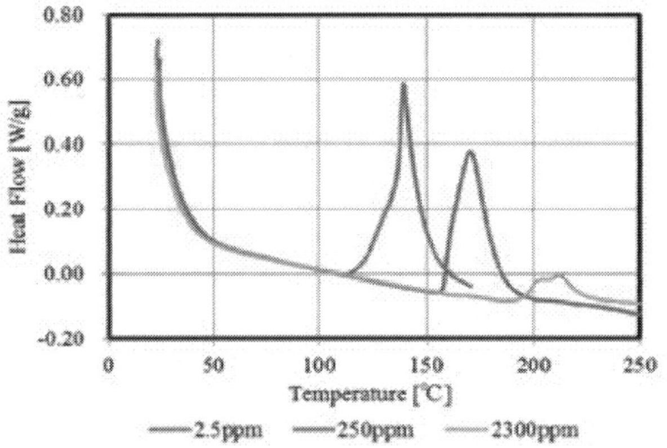

Figure8. Comparison of C80 results by the difference in concentration of polymerization inhibitor

4.2 Study on the simplified evaluation method for induction time until polymerization reaction

Results of C80 measurements and oven test are shown in **Table 4**.

Table 4 Results of Induction time under isothermal condition

Temperature [°C]	Device	Induction Time	Heat of reaction [J/g]
90	C80D	1.7 hour	646
85	C80D	3.8 hour	687
80	C80D	13.7 hour	595
80	C80D	11.5 hour	592
75	C80D	21.0 hour	679
60	Oven	6 day	—
55	Oven	21 day	—

4.2.1 Results of Isothermal C80 measurement

Results of thermal behaviors of isothermal C80 measurements are shown in Figure9. Here, the isothermal start time is defined as when the temperature is reached to 0.1K lower than setting temperature. And time until an exothermic reaction begins was defined as induction time. Because the heat of reaction is equal to literature data, it is thought that the polymerization reaction progressed enough.

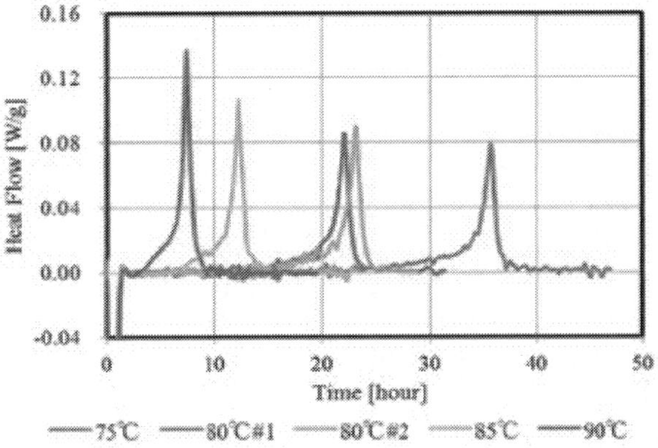

Figure9. Comparison of isothermal C80 results

4.2.2 Results of oven test

The temporal change of the sample of oven test at 60 °C is shown in Figure10. At early time of storage, the fluidity of sample was confirmed, but after a certain time passed, the sample solidified (or lost fluidity). In this test, the time until the sample solidified is defined as induction time.

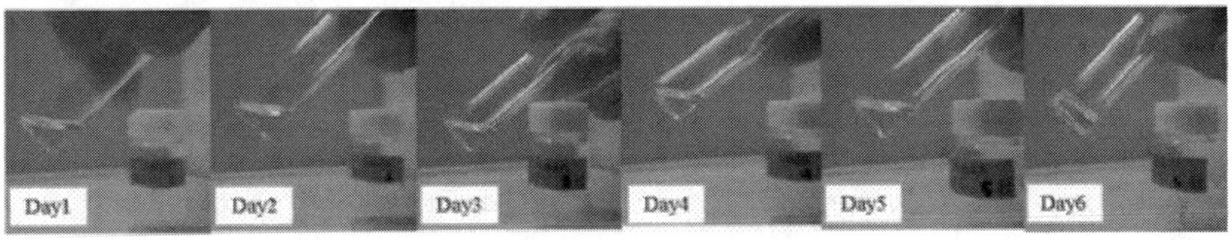

Figure10. The temporal change of the sample of oven test at 60 °C

5 Discussion

5.1 Polymerization inhibitor consumption mechanism[3), 4), 5)]

The mechanism until polymerization reaction of the MMA when polymerization inhibitor exists is showed on Figure11. When the inside of a container is the Air atmosphere, exothermic reaction occurred in C80 measurement. This is because the hydro peroxide generated by reaction (2.1) and (2.2) in Figure 11 decompose by heating and produce radical (reaction (3)), and acted as polymerization initiator. On the other hand, because the reaction (2.1) and (2.2) does not occur with the N_2 atmosphere, the reaction (3) does not occur, and the polymerization reaction does not occur. Exothermic reaction occurred in a N_2 atmosphere heating at 200 ° C or more in C80 measurement. This is presumed that monomer radical generated at the reaction (1) was accumulated and thermal polymerization occurred.

Figure 6 showed that smaller the heating rate made maximum heat release rate increase. This phenomenon can be explained by two next presumptions. The 1st is to be able to generate the hydro peroxide sufficiently by the reaction (2.1) because time until exothermic reaction starting is long. Another is that the peroxide is produced by reaction with oxygen during exothermic reaction accelerate polymerization reaction.

The difference of sample mass is connected directly with the quantity of oxygen of the gas phase, and gas phase relatively becomes small if there is much quantity of sample. Therefore because it leads to decrease of the oxygen partial pressure by consumption of oxygen, it is presumed that polymerizing reaction rate will be small.

In the case with high concentration of polymerization inhibitor, even if hydro peroxide produce radical by reaction (3), polymerization inhibitor capture the generated radical by reaction (4). Thus, because radical as a polymerization initiator functioning does not exist in the liquid phase, it is estimated that the polymerization reaction start temperature becomes high and heat release rate becomes small.

1. $M \rightarrow M\cdot$

2.1 $M\cdot \xrightarrow{O_2} MOO\cdot \xrightarrow{IA} MOOH$

2.2 $M \xrightarrow{O_2} MOOH$

3. $MOOH \rightarrow MO\cdot + \cdot OH$

3'. $MO\cdot \xrightarrow{IA} MOH$

$HO\cdot \xrightarrow{IA} HOH$

4. $MO\cdot + M \rightarrow MOM\cdot$

$HO\cdot + M \rightarrow HOM\cdot$

5.1 $\sim M\cdot \xrightarrow{M} \sim MM\cdot \rightarrow \rightarrow \rightarrow$

5.2 $\sim M\cdot \xrightarrow{O_2} \sim MOO\cdot \xrightarrow{M} \sim MOOM\cdot \rightarrow \rightarrow$

IA : Polymerization inhibitor

Figure11. Polymerization inhibitor consumption mechanism

5.2 Verification about the influence of oxygen

The estimated mechanism indicated in Figure11 is the reaction mechanism when oxygen and polymerization inhibitor existed. So to confirm the influence of oxygen, the next C80 experiments were carried out.

(A) The sample is heated until the point of onset temperature (heat up to 112 °C) by 1K/min under Air atmosphere. The atmosphere in the container is changed to N_2 after cooling and ramp test was carried out again. (This result is showed on Figure12.)

(B) The sample heated until the point of onset temperature (heat up to 109 °C) by 0.5K/min under Air atmosphere. And ramp test by 2K/min was carried out after cooling. (This result is showed on Figure13.)

Results of these C80 measurements are showed in Table 5 with compared results of measurements.

Table 5 Results of C80 experiments

Experimental Condition	C80 Results	
	Onset temperature [°C]	Heat of reaction [J/g]
Air, 1K/min	112.5	533
N_2, 1K/min	120.3	54
Preheat: Air, 1K/min, 30-112 °C => N_2, 1K/min, 30-300 °C	97.1	429
Air, 0.5K/min	102.3	621
Air, 2K/min	116.7	447
Preheat: Air, 0.5K/min, 30-109 °C => Air, 2K/min, 30-300 °C	110.8	453

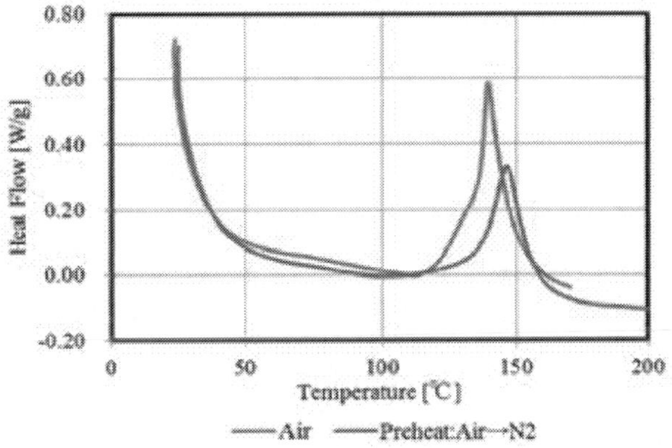

Figure12. C80 result of the sample pre-heated by the nitrogen atmosphere

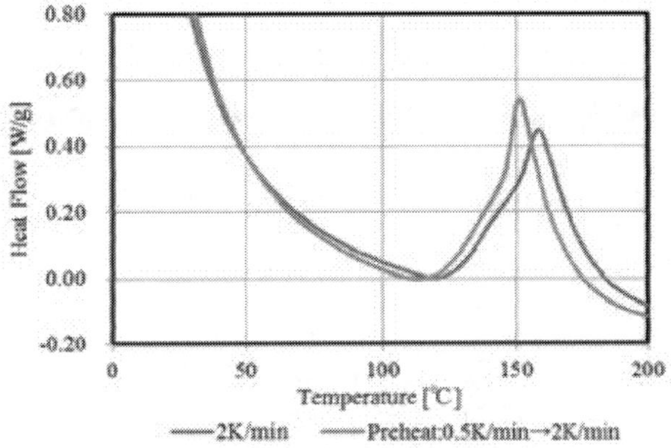

Figure13. C80 result of the sample pre-heated by low ramp rate

Even if gas phase is changed to N_2 atmosphere, thermal behavior of the sample which was heated to onset temperature in Air atmosphere was in agreement with the result measured in Air atmosphere. So, it was confirmed that polymerization reaction progressed without oxygen in a gas phase when hydro peroxide accumulated in liquid phase. In addition, heat of reaction and maximum heat release rate in the heated sample were smaller than those of the sample which was not heated. It is presumed that oxygen in gas phase influence the progress of the polymerization reaction after reaction starting.

Next, the thermal behavior by fast ramp rate (2K/min) by using the sample which was heated until onset temperature by slow ramp rate (0.5K/min) was shifted slightly lower than those of the sample which was heated by fast ramp rate (2K/min) from the beginning. But, because thermal behavior after polymerization occurred was almost same between two experiments, it was confirmed that thermal behavior was influenced in ramp rate during the polymerization reaction more than the heat history until the polymerizing occurrence. Therefore it is presumed that radical was generated during the polymerization reaction influence progress of polymerization reaction.

5.3 Measurement condition of thermal analysis for polymerizing substances

To capture radical generated from monomer, polymerization inhibitor need oxygen in monomer storage. Therefore thermal analysis at Air atmosphere is needed, and it is thought that the following factors influence to results.

I. Onset temperature is low and heat of reaction is big under oxygen existence.
II. Heat of reaction becomes larger as ramp rate is slow.
III. Heat release rate becomes big as quantity of sample is a little.
IV. There is a possibility that a sample with the heat history and the sample in which a certain period was kept is not influenced with measurement atmosphere.

From the above things, in order to evaluate the thermal hazard of polymerizing substances more accurately, it is thought that it is necessary to fill the following things.

i. The atmosphere in the container is Air.
ii. Slow ramp rate is better.
iii. Small amount of sample is better, but it's necessary to be the sample quantity which can be detected by device.
iv. The sample used for measurement is new.

5.4 Calculation of the induction time to polymerization reaction at the time of the storage

A relation between induction time measured by C80 and oven test and temperature is indicated on Figure14. Induction time measured by oven test is shorter than approximate straight lines calculated by C80 data. Slope of the line calculated from experimental data is quasi activation energy, and it is estimated that it tends to become small at low temperature. This reason is thought that generated hydro peroxide decompose gradually by more than 70 °C and consume polymerization inhibitor. (Reaction (3') in Figure11 occurs.) Therefore the consumption rate of the polymerization inhibitor is increased, and it is estimated induction time to polymerization becomes short. The influence on temperature of induction time more than 70 °C depends on the decomposition rate of hydro peroxide. On the other hand, the decomposition rate of monomer influence on induction time in low temperature. Therefore, it is thought that induction time from oven test shortened from calculation results by C80 data.

It's difficult to calculate accurate induction time at low temperature only from more than 70 °C. But it's possible to calculate a rough induction time at storage temperature to combine results of oven test and C80. Figure14 shows the polynomial fitting result from all experiments. From this result, induction time at 40 °C is 250 days. This value is time longer enough than a general storage period, so it is thought that thermal hazard of this sample at the time of storage is low.

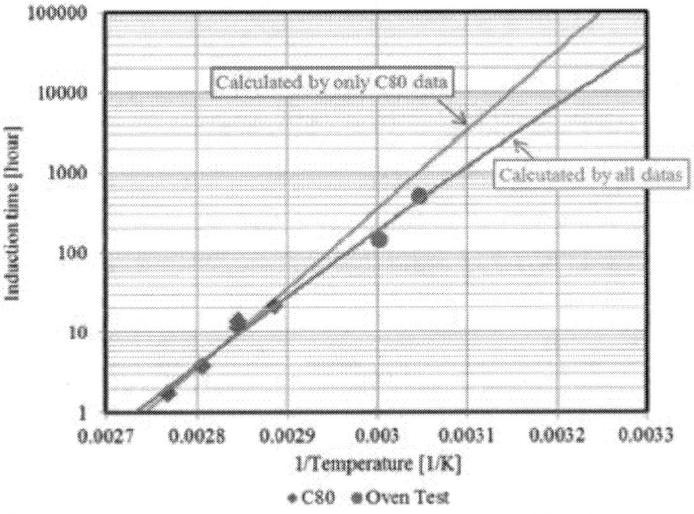

Figure14. Relation between induction time and temperature

5.5 Correspondence for thermal hazard at the time of the polymerizing substances storage

Under oxygen existence condition, if temperature rises, runaway polymerization reaction begins because generated peroxide decomposition. On the other hand, under absence of oxygen condition, peroxide does not generate, so it is thought that runaway polymerization reaction doesn't occur. However, when this sample is used, there is the risk that rapid reaction begins by exposure and so on because radical have been accumulated. Therefore, oxygen is needed at the time of storage, but it is necessary that the concentration of oxygen avoids an explosion range.

6 Conclusion

Our study objective is to evaluate accurate thermal hazard of polymerizing substances at the time of storage. Therefore in this report we carried out the examination of the factor which had an influence on the thermal analysis and the study of simplified evaluation method.

(1) We estimated the consumption mechanism of polymerization inhibitor from the thermal behavior by C80 measurement. And we clarified the setting of the experiment condition not

to underestimate the thermal hazard of polymerization substances. It became possible to evaluate the thermal hazard for every polymerizing substance, since thermal analysis can be carried out correctly by this study

(2) We carried out the calculation of induction time to polymerization at storage temperature from C80 isothermal experiment. However it was confirmed that this method will become underestimate, because generated hydro peroxide influences on the rate of consumption of polymerization inhibitor in C80 experimental temperature. Therefore, it was suggested that the examination in the temperature range that was not affected by the peroxide was necessary.

It's expected that essentially safer process condition is established by the correct evaluation method by using this study and that an accident is prevented before happens.

7 References

1) Methacrylic acid safe handling manual; Methacylate producers association, Inc. and Methacrylates sector group of the European chemical industry council

2) Methacrylate esters safe handling manual; Methacylate producers association, Inc. and Methacrylates sector group of the European chemical industry council

3) T. Matsumoto, "Effect of Monomer Peroxide on the Thermal Polymerization of Methyl methacrylate", Japanese journal of polymer science and technology, 26,286, 180-186 (1969)

4) Handbook of oxidation inhibitor, Taisei-sha (1976) (in Japanese)

5) Handbook of radical polymerization, NTS Inc. (2010) (in Japanese)

Natural Calamities and Challenges in preventing and mitigating impacts in Japanese refineries and petrochemical plants

Idemitsu Kosan Co., Ltd. Chiba Refinery
Safety & Environmental Protection Section.
2-1, Anesakikaigan, Ichihara-si,
Chiba, 299-0192, Japan

Abstract:
On March 11, 2011, Japan suffered the Great East Japan Earthquake of magnitude 9.0. It was the most powerful known earthquake to have hit Japan in recorded history. It also produced a massive tsunami wave that hit the coastal area of Japan. The earthquake and the tsunami left extensive damages to Japanese oil industry as well as to the nuclear power plants, and made us re-acknowledge the importance of plant reliability against natural calamities.

Back in 2003, Idemitsu's Hokkaido Refinery experienced an earthquake named the Tokachi-oki Earthquake that induced tank roof sloshings and a full-surface fire in a naphtha tank. As a result of the failure analysis for tank damages, some modifications such as lowering tank storage level and reinforcing floating roofs have been applied to tanks. The experience of this catastrophic event also triggered the necessity of further assessments on comprehensive plant reliability to withstand natural calamities.

This presentation shares our past experiences and current practices focusing on a plant reliability against natural calamities such as Earthquake ,Tsunami, etc..

Cyber Incident Exercise for Safety Protection in Critical Infrastructure

Yuitaka Ota
Nagoya Institute of Technology,
Department of Civil Engineering and Systems Management
Showaku, Gokiso, 4668555 Aichi, Japan
cjr17009@nitech.jp

Tomomi Aoyama and Ichiro Koshijima
Nagoya Institute of Technology,
Department of Architecture, Civil Engineering and
Industrial Management Engineering
{aoyama.tomomi,koshijima.ichiro}@nitech.ac.jp

Prepared for Presentation at
American Institute of Chemical Engineers
2017 Spring Meeting and 13th Global Congress on Process Safety
San Antonio, TX
March 26 – 29, 2017

Cyber Incident Exercise for Safety Protection in Critical Infrastructure

Yuitaka Ota
Nagoya Institute of Technology,
Department of Civil Engineering and Systems Management
Showaku, Gokiso, 4668555 Aichi, Japan
cjr17009@nitech.jp

Tomomi Aoyama and Ichiro Koshijima
Nagoya Institute of Technology,
Department of Architecture, Civil Engineering and
Industrial Management Engineering

Keywords: cyber-incident, personnel training, ICS-SIRT

Abstract

Many companies, especially those that own critical infrastructure (CI), must prepare processes to cope with serious incidents before they happen. Conventional safety countermeasures already prepared a priori to deal with expected problems, such as machinery malfunction, natural disasters, and human errors. Field operators also are well trained against such problems. In recent years, however, cyber-attacks have emerged as a "clear and present danger" and have rendered CI uncertain and unsafe through industrial control systems (ICSs). Thus, CI owners should now prepare countermeasures to ensure the safety and security of ICSs. Unfortunately, responding to situations without experience and developing adequate countermeasures is a difficult challenge. A certain resilience must be developed that gives the actors the ability to flexibly cope with a crisis and quickly recover to a safer state. In CI systems, field operators are the most important element for dynamically managing ICS emergency response.

In this paper, the authors would like to discuss the following two problems:

1. Simultaneous achievement framework of safety and security in ICSs

2. Personnel training methodology based on the above framework

Also, we present an illustrative example of the proposed framework and methodology based on exercises in which almost 200 CI personnel and security experts participated.

1 Introduction

1.1 Background

The menace of cyber-attack to industrial control systems (ICSs) has been increasing since Stuxnet was discovered in 2010. As a result, critical infrastructure (CI) is obliged to compromise by increasing resilience against such sophisticated cyber-attacks through ICSs. In 2016, a blackout due to a cyber-attack occurred in Ukraine [1]. In this case, restoration was rapidly achieved (about 1 hour) by manual operations learned from a previous attack in 2015 [2]. This case suggests that (i) cyber-attacks are a real threat for most ICSs and (ii) the human contribution is essential for responding to a cyber-attack.

It is essential to increase security to protect us from cyber-attacks. However, even if a company enhances cyber security, preventing all cyber-attacks is impossible. Critical infrastructure supports our everyday lives, so safely shutting down CI in response to a cyber-attack has significant impact on social and business activities. In fact, the result of such a shutdown often satisfies the intention of the attackers. Therefore, companies involved with CI must consider not only plant safety but also business continuity.

1.2 Problem Statement

Conventional countermeasures that already exist to deal with such cyber-attacks consider machinery malfunctions, natural disasters, and human mistakes in the quest to improve CI security. However, companies have not considered emergencies caused by the malfunction of ICSs caused by a cyber-attack. If a cyber-attack occurs, it may propagate not only cyber damage through the ICS network but also physical damages through the plant's physical structure. Thus, owners of CI should prepare countermeasures to ensure the safety and security of ICSs. In Ref. [3], E-ISAC makes the following implications:

"The attacks highlight the need to develop active cyber defenses, capable and well-exercised incident response plans, and resilient operations plans to survive a sophisticated attack and restore the system".

As an example of such an approach, for the 2020 Olympic and Paralympic Games, the Japanese Ministry of Economy, Trade and Industry has promoted the "Cybersecurity Management Guideline," which includes human resource development in the industrial sector [4].

In order to protect the safety of ICS from cyber-attacks, the following two are necessary:

1. Simultaneous achievement framework of safety and security in ICS

2. Personnel-training methodology should be adopted based on the framework

2 Cyber-Attacks on Industrial Control Systems

Fig. 1 shows a cyber security testbed and a virtual ICS network. The testbed (Fig. 1) heats water with a heater in the lower tank and circulates the heated water through a simple pipeline to the upper tank (using a pump). The testbed is also equipped with actual industrial control devices and controlled automatically. In this ICS network, OLE for Process Control (OPC) Servers collect and exchange process data, and monitor them by using Supervisory Control And Data Acquisition (SCADA) function included in the OPC Servers. OPC Servers collect various parameters from the testbed's sensor and SCADA gives instructions to the control equipment using the data of the parameters. The testbed is controlled by them. This ICS network is designed by the secure zoning method proposed by Hashimoto [5] to suppress the damage of cyber-attacks.

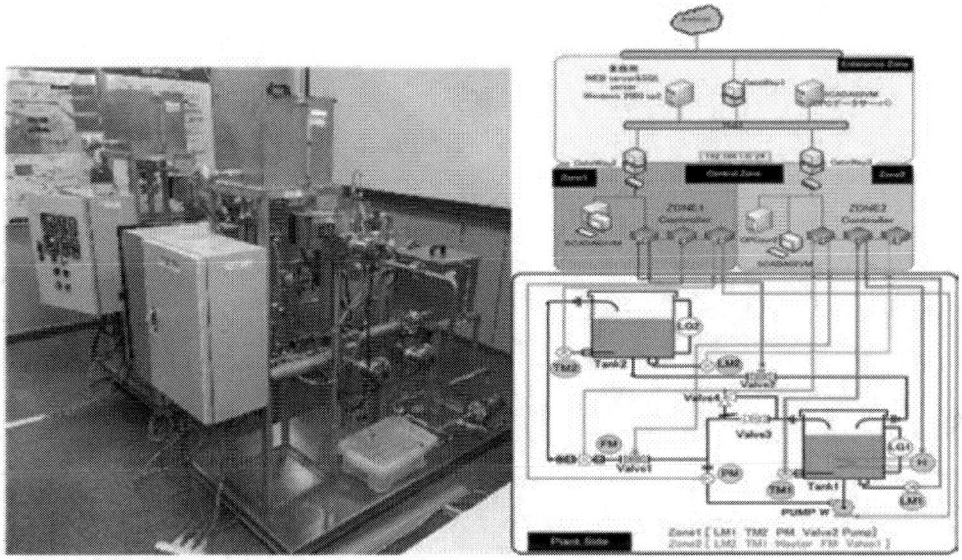

Figure1. Cyber Security Testbed and ICS Network.

The authors have demonstrated cyber-attacks against the testbed. According to the steps of the anatomy of a cyber-attack [6], the attacking procedure is determined as follows.

1) Attack Step 1: Reconnoitering and enumeration

The attacker executes the Armitage to launch Metasploit framework [7]. Then, the attacker executes the Nmap, which scans a target network (ICS-2 Network 192.168.12.0/24). After completing the scan, the attacker gets target information.

2) Attack Step 2: Intrusion and advanced attacks

According to the functions of the Armitage, the attacker ascertains an attack method and vulnerability in the Metasploit framework. The attacker exploits payloads, which execute inappropriate code in the use of the vulnerability. After sending the payloads, the attacker obtains administrator's permission for the OPC2 illegally.

3) Attack Step 3: Malware insertion

The attacker uploads a malware execution file to an OPC2 background process so as to execute a malware file. The configuration file of OPC2 was rewritten, and then the OPC2 was restarted. Resulting from the attack, the valve controlled by OPC2 shutdown.

4) Attack Step 4: Clean-up

The attacker deletes the malware file and the configuration file from OPC2 storage so as not to leave the cyber-attacks evidence, and finish the cyber-attack.

As the valve is opened, the stage of the testbed changes. Normally, the state transition of the testbed appears on the monitor of the operator (Fig. 2). The changing graph shows the liquid level of the upper tank. The liquid level is changing due to malfunction of the valve. The operator can notice the abnormality of the testbed due to the unusual process deviations from the steady state condition through the monitor. However, the attacker conceals the information about cyber-attack in order not to let anyone notice the cyber-attack. The monitoring screen of the testbed is concealed as shown in Fig. 3, while the cyber-attack causes serious accidents at the testbed.

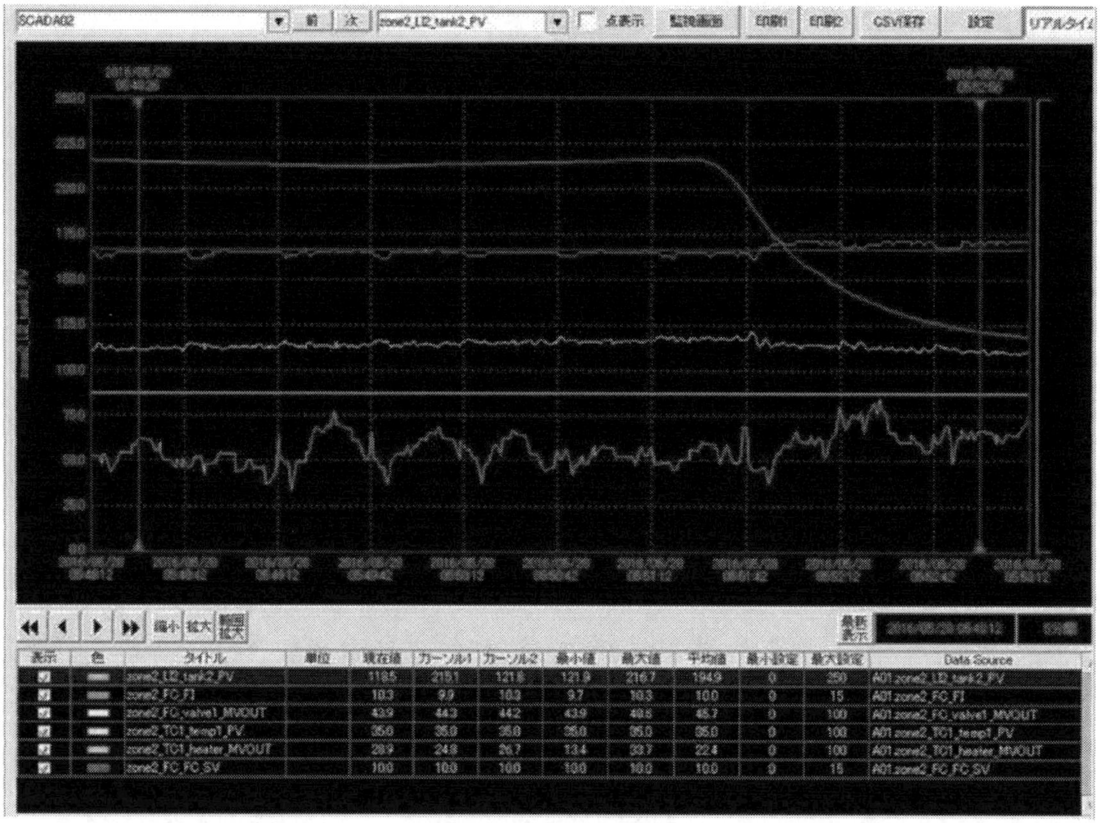

Figure 2. Monitoring Screen Shot in Operation (Safety Incident).

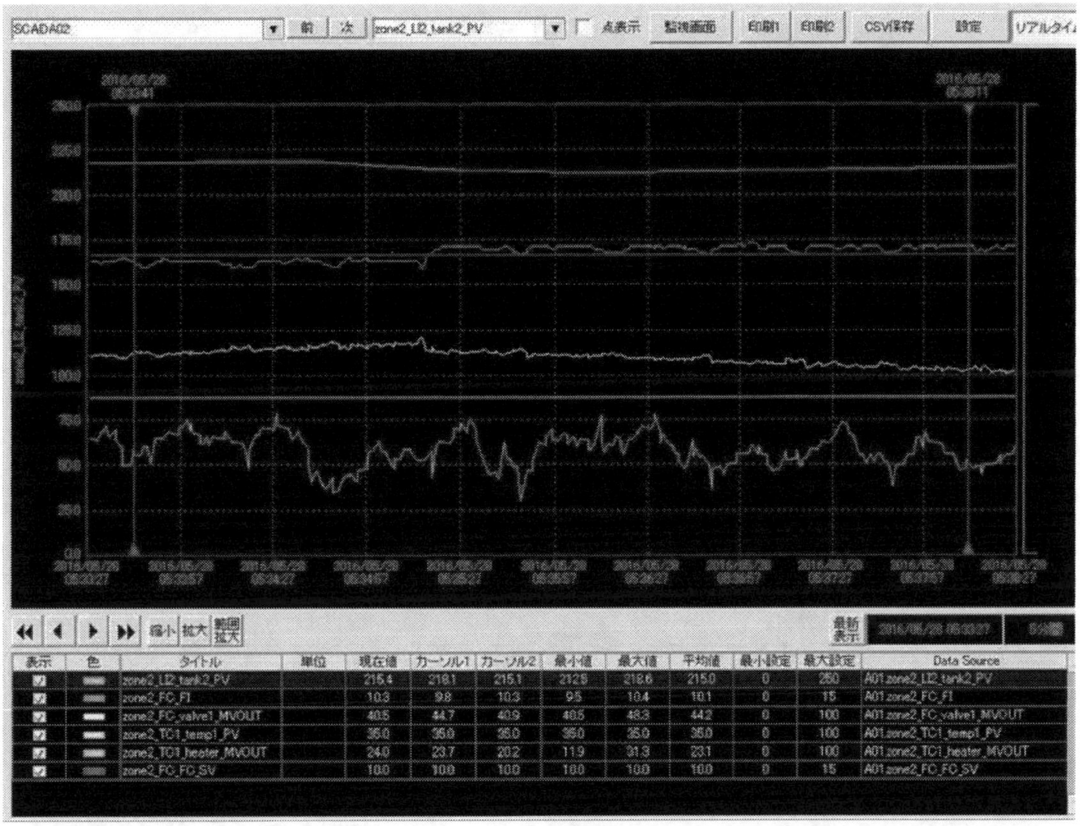

Figure3. Monitoring Screen Shot in Operation (concealed by the attacker).

This demonstration actually shows a possibility of safety incidents caused by cyber-attacks to ICS.

3 Framework of Safety and Security in Industrial Control Systems

To date, equipment malfunction, human error, etc. have been considered as causes of ICS malfunction. In addition to these sources of disruption companies must now add cyber-attacks as causes of ICS malfunction. As mentioned in the previous section, abnormal operation depends on the characteristics of the plant regardless of the cause of the ICS malfunction. In other words, the accident that occurs in a plant is the same regardless of whether the cause is a cyber-attack or another cause. Even if it is caused by cyber-attacks, the situation occurring at the plant is the same as what has been experienced up to now. Companies have countermeasures to the abnormality of the plant which they experienced so for. Therefore, even if a cyber-attack causes abnormal operation, the safety of a plant may be ensured by existing safety response.

However, there is a possibility that cyber-attacks will interfere with safety response (e.g. concealment of the information of the plant on monitor). We must consider where safety response is interfered by cyber-attacks. And even if the cause of abnormal situation in the plant is cyber-attacks, it is necessary to take response to eliminate the effect of cyber-attacks in order to take safety response. Therefore, if a cyber-attack causes abnormal operation, a response to rectify the situation is required in combination with a structure to add a security response to the safety response. The requirements for such a process are as follows:

- A cyber-attack manifests itself in an ICS as abnormal operation. Therefore, the safety of the plant must be immediately secured.
- The possibility of a cyber-attack must be verified to implement security response. Therefore, measures must be taken to investigate the cause of the abnormal operation.
- The safety response and the security response must be done at the same time.

A process that satisfies these requirements appears in Table 1 and involves six steps to cope with a cyber-attack.

Table 1. The process to Simultaneously Achieve Safety and Security in ICSs.

Step	Security response	Safety response
Detection of Events	Detection of activity on network different from usual	Detection of plant behavior different from normal operation
Preliminary Analysis and Identification	Determine whether to treat it as cyber incident	Determine whether to treat it as normal abnormality or equipment failure
Preliminary Response Action	Data collection for initial movement for defense, prevention of damage expansion and further cause analysis	Data collection for initial response for ensuring safety, propagation prevention of insecure state and further cause analysis
Incident Analysis	Understand technical details, root cause and the potential impact of cyber incident	Understand technical details, root cause and the potential impact of plant unsafe conditions
Response and Recovery	Recover the current situation of the affected part (soft, hard), prevent further damage, restore normal operation and prevent recurrence	Restore the current state of the affected equipment, prevent further damage and return to normal operation
Post-Incident Analysis	Confirm the effectiveness and efficiency of incident handling	Confirm effectiveness and efficiency of safety response

The six basic steps come from the cyber response for IT systems [8]. By building on these steps, the authors developed an ICS process that ensures the safety of the attacked plant that is controlled by the ICS.

4 Development of Exercise in Industrial Control Systems Business Continuity Plan

The purpose of the exercise is to "learn how to think about organizational collaboration to deal with cyber-attacks on ICSs." Therefore, the object of the exercise is as follows:

Organization: Organization concerned with administration of ICS

Organization concerned with administration of business

Response: Safety management (safety response), response to cyber-attack (security response).

Given the combination of organization and communication, exercises must satisfy the following three requirements for participants:

- Appropriate information must be gathered for those who determine the source of the attack. If necessary information cannot be collected, the person determining the source of the attack cannot formulate an appropriate response. As a result, the response may be delayed, and the requisite information. In other words, communication must be smooth. Therefore, the exercise must enable participants to understand the importance of communication when dealing with abnormal situations.
- Many companies are trying to build computer security incident response team (CSIRT) to respond to cyber incidents. However, CSIRT for IT systems cannot deal with problems related to ICSs. ICS-emergency response team (ICS-ERT) and ICS-security incident response team (ICS-SIRT) are necessary when considering the cooperation of the targeted organization. Thus, the exercise makes it clear to participants the need for ICS-ERT and ICS-SIRT.
- Many companies are preparing safety measures in case of abnormal operation of a plant. This safety response can also be used as a response to cyber-attacks. Thus, participants in the exercise must understand that the safety response is available in the case of a cyber-attack.

4.1 Design of Exercise

It is effective to construct a case-based exercise to satisfy the requirements as mentioned above. The following scenarios are necessary to conduct this exercise.

- Business continuity after cyber-attack
  In this scenario, participants must think about how organizations can cooperate to handle cyber-attacks. To make it easier for participants to imagine organizational collaboration, an organizational structure equivalent to that of the real company must be set up to the extent possible.

- Cyber-attacks
  This scenario requires participants to think about how to respond to incidents caused by cyber-attacks. Attacks should be as real as possible so that participants gain experience in dealing with realistic cyber-attacks.

- Plant operation during cyber-attack
  This scenario allows participants to understand the full impact of ICSs malfunction caused by a cyber-attack.

- Response to operational situation that becomes unsafe
  This scenario allows participants to understand how cyber-attacks affect the safety response.

4.2 Administration of Exercise

During the proposed exercise, participants should think about how it corresponds to a situation caused by a real cyber-attack and how this correspondence evolves over time. In the exercise, participants think about the reaction to the situation caused by the cyber-attack. If there are few coping people, the coping person cannot cope with the lack of resource. The reaction is thereby late. If the response is delayed, the attacker leads. If the attacker leads, the damage spreads. To prevent the damage spreads, it is necessary for a person coping with the situation caused by the cyber-attack to reconstitute an organization dynamically to avoid the attacker from leading.

To make effective responses, participants have to understand attacker's scenario. To ensure that participants understand the attacker's intention, the exercise is divided into three phases according to the attacker's scenario (Fig. 4).

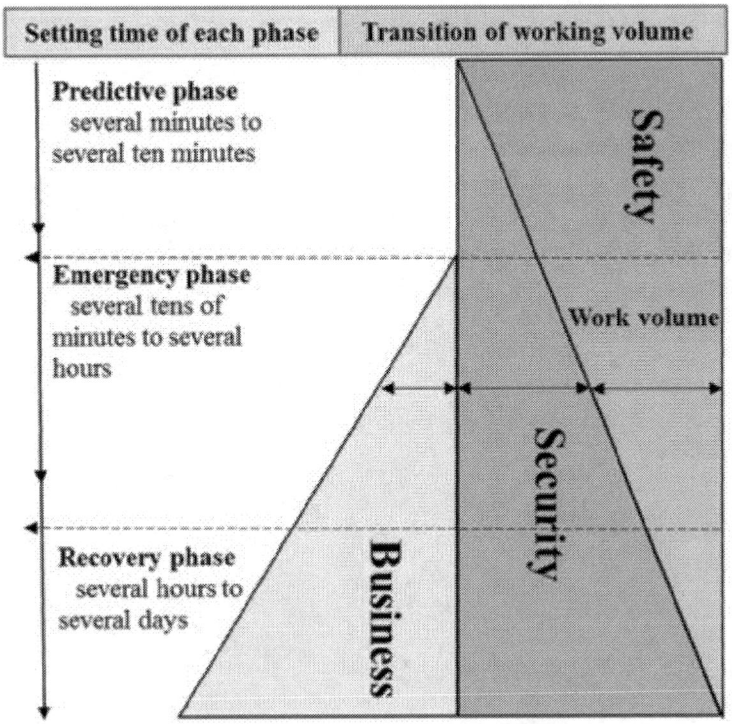

Figure4. Structure of Exercise with Workload Image for Safety, Security, and Business Continuity Activities.

The authors visualized the state in which the work volume changes over time (Fig. 4). Fig. 4 expresses the work volume as a function of time. The work volume is divided into safety, security, and business. By participating in the exercise, participants will understand how the work volume changes over time.

Predictive Phase: The purpose of this phase is to ensure the safety of plants threatened by cyber-attacks. In this phase, the participants examine the safety response obstructed by a cyber-attack. This phase corresponds to step 1 and step 2 of the framework.

Emergency phase: The purpose of this phase is to continue business. The participants consider about the security of the plant and how the exercise implicates to a real cyber-attack. They must also take into account how their business will be affected by the cyber-attack. In this phase, the participants consider practical measures taken to ensure business continuity throughout the company. This phase corresponds to step 2, step 3 and step 4 of the framework.

Recovery phase: The purpose of this phase is to restore own business to normal operation rapidly. The participants must find a way to nullify the influence of the cyber-attack so that the plant can return to normal operation. In addition, they must consider how business is affected by the temporary plant shut down. In this phase, the participants examine the startup procedure of a plant crippled by a cyber-attack. In addition, the participants examine methods to prevent the recurrence of similar cyber-attacks. This phase corresponds to step 4, step5 and step 6 of the framework.

4.3 Deliverables of Exercise

The typical deliverables of the exercise are workflow diagrams (Fig. 6), which become plans by considering "who" performs the action and "when." Therefore, the horizontal axis of the worksheet corresponds to the department that does the action and the vertical axis of the worksheet corresponds to the time line.

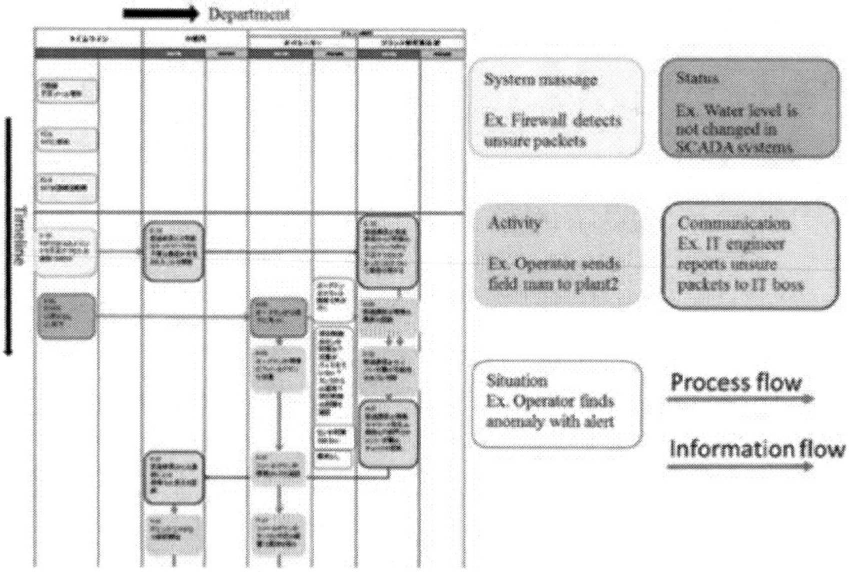

Figure5. Sample Workflow Diagram.

4.4 Implementing Method

This exercise is done in groups that consist of four to six people. To consider organizational correspondence, participants come from different departments. The exercise requires participants to think about systematic countermeasures and collaborative communication. Therefore, no specific role is given to group members.

The exercise consists of five steps: an introduction, explanation of prerequisites, group work, presentation of results, and open discussion. As mentioned in the previous section, the exercise is divided into three phases. Of the five steps, explanation of prerequisite, group work, and presentation of results occur in each phase as one cycle.

1) <u>Introduction of Exercise</u>

The facilitator explains the purpose of the exercise and how to proceed. The general scenarios of the exercise are introduced to the participants. At this step, participants understand the importance of the exercise and should therefore be motivated to apply themselves fully in the exercise. By doing so, participants can increase the benefit of the exercise.

2) Explanation of Prerequisites

Prerequisites are set for each phase. Prerequisites include the state of the plant, the state of the IT network, and the company situation. At the beginning of each phase, the facilitator explains the preconditions. At this point, participants watch a video to understand the preconditions (the video was created by the authors and reproduces the preconditions).

3) Group Work

The group work consists of workflows that add a security response to the safety response. An A0-size worksheet, colored sticky notes, and a marker are distributed to each group. A precondition and safe response are printed on each worksheet. After understanding the precondition and safety response written in the worksheet, the participants do the group work. In group work, if a safety response is deemed insufficient, participants add a response by writing the response on a sticky note and sticking it to the worksheet. The meaning of each sticky note depends on its color, so participants should use sticky notes of the same color to express similar activities. Next, consider the relationship between the added response and the safety response and draw a line with a marker between the two. Through this exercise, participants can visualize the response to cyber-attacks and the structure of the organization collaboration. Participants can debate about the various departments involved based on the worksheet (Fig. 6).

Figure6. An example of Team Discussion in Group Work.

4) Presentation

Each group presents their work flow created in the group work while displaying their worksheet to all participants. In this presentation, each group explains not only the added responses but also why they were added.

5) Open-Discussion

Participants share among themselves the knowledge gained through the exercise. Sharing the knowledge through discussion increases the benefit of the exercise for all participants. In addition, the administration and the participants can discuss whether the exercise was useful and whether the administration of the exercise was appropriate.

5 Trial Exercise

The developed exercise was carried out five times: in August 2015, March 2016, July 2016, September 2016, and December 2016.

5.1 Setting Exercise Condition

As mentioned in the previous section, the exercise consists of four scenarios, each of which achieves a purpose in the exercise. It is needed to make it possible for participants to use a knowledge obtained through the exercise for their company. Therefore, the exercise scenario was made based on a testbed (Fig. 1). The testbed's structure is kept simple so that participants can focus on the essence of the exercise.

- Business continuity after cyber-attack

This scenario uses a testbed to simulate a company responsible for district heating and cooling services. In addition, the exercise applies the organization system shown in Fig. 7 and the communication system shown in Fig. 8.

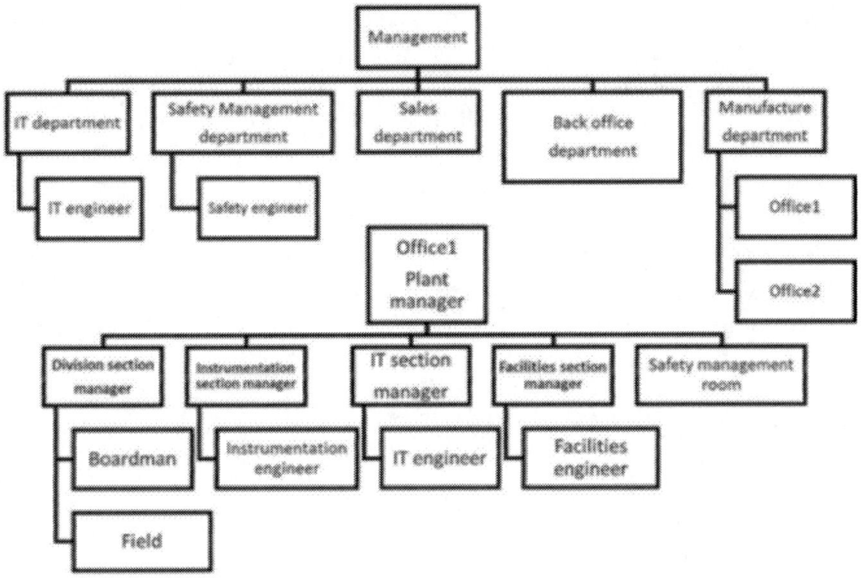

Figure7. Organization of Virtual Company.

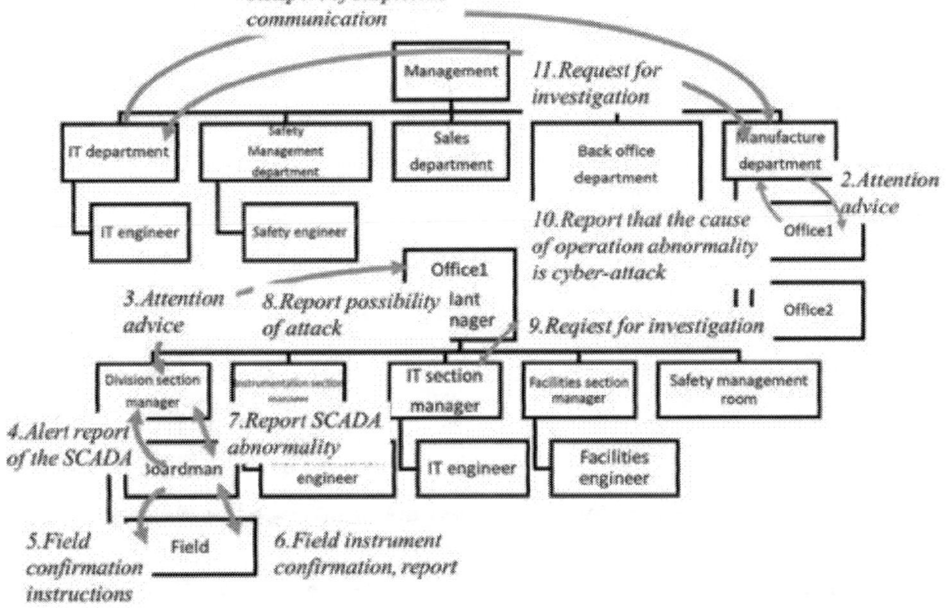

Figure8. Emergency Communication Management.

Emergency responses require a lot of effective and proactive communication (Fig. 8). As can be seen from Fig. 8, a lot of communication is done for emergency response. This communication is done in various departments, and it is difficult to understand where information is aggregated. In this communication, there is a possibility that appropriate information is not conveyed to personnel who judge response. As a result, the response may be delayed and the response to the emergency situation may be delayed. Therefore, participants must consider what type of organization is required to promote cooperation during the simulated cyber-incident. Toward this end, they must think about whom the participants can contact. By making a workflow chart, the participants can visualize some organized operation.

- Cyber-attacks

In this scenario, the testbed is subject to a cyber-attack.

- Plant operation during cyber-attack

In this scenario, the testbed is operated during a cyber-attack.

- Response to operational situation that becomes unsafe

This scenario simulates an abnormal operation of the testbed. The safe response to the situation is written in the workflow.

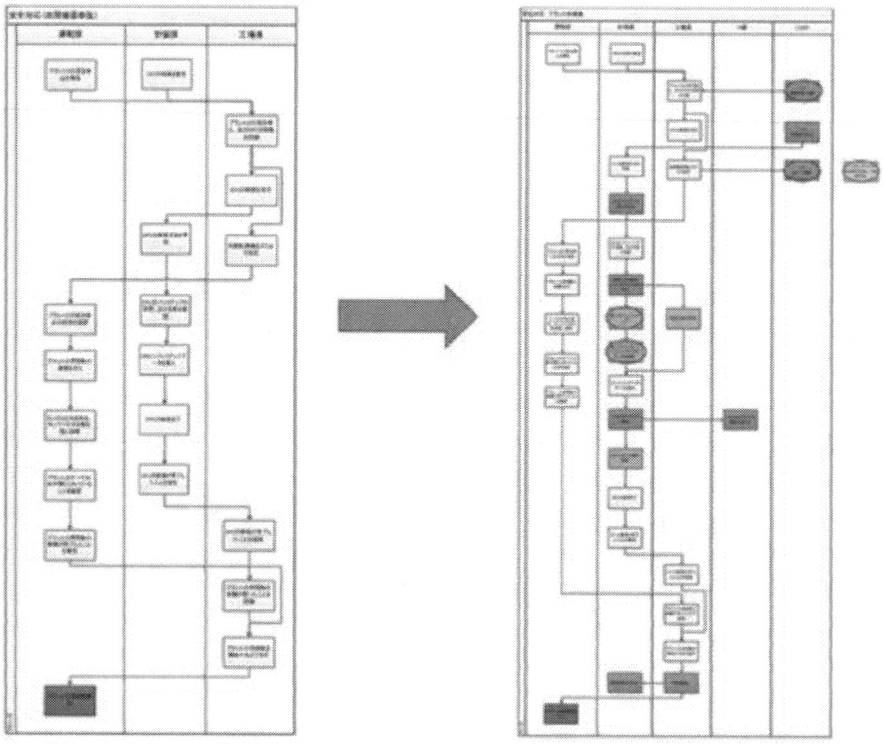

Figure9. The left panel shows safety response provided to participants. The right panel is security response created in group work.

Fig. 9 shows a sample operation defined in the exercise, which facilitates the analysis of each participant's workflow. This Figure shows participants added security response to safety response. The response is written in the box, and the bars represent communication such as information sharing and instruction.

By analyzing the workflow, we find in which section the information is gathered.

5.2 Setting Exercise Start-up Condition

If the safety responses given on each worksheet are properly executed, the purpose of each phase should be achieved. However, the written safety response does not consider cyber-attacks. Therefore, in each phase the participants should review the safety responses hindered by the cyber-attack and add responses as needed to overcome the hindrance.

1) Predictive Phase

After detecting suspicious communication in a section that monitors the network, the exercise begins with an alert for the status of the liquid in the plant. In this phase, the participants must ensure the safety of the plant. Once safety is ensured, participants must investigate the abnormal operation. In this phase, participants can recognize how different causes can influence the safety response.

2) Emergency Phase

This phase begins after the abnormal operation of the plant reveals a cyber-attack. In this phase, participants can recognize that the entire company must be mobilized to treat a situation caused by a cyber-attack.

3) Recovery Phase

This phase begins after the plant is stopped by a cyber-attack. In this phase, participants think about how to restart the plant. In this phase, participants can see how different causes affect the restoration of normal plant operation.

5.3 Exercise Evaluation by the participants

To date, a total of 200 professionals has participated this exercise. They expressed a mostly positive opinion about the exercise method and the administration method. Fig. 10 shows the level of satisfaction of the participants. According to this figure, the participants were mostly satisfied with the exercise.

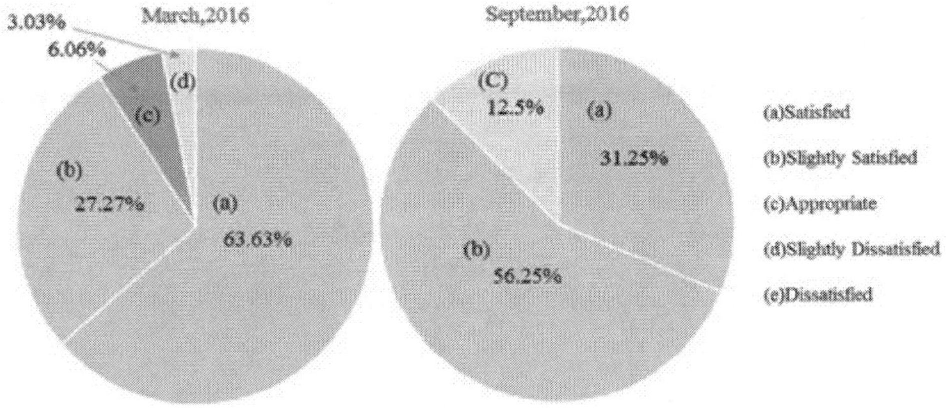

Figure10. Satisfaction of Exercise Participant.

Participants understood the purpose of the exercise and recognized its importance. Executing the exercise showed that the framework and human resource development method are effective in this environment. However, this exercise differs in many ways with respect to a real company. Thus, many problems can be expected if this framework is applied to a real company.

6 Concluding Remarks

In this paper, the authors explain the simultaneous achievement framework for the safety and security of ICS and examine exercises developed to train employees how to respond in the case of cyber-attacks.

In future plan, by analyzing the deliverables obtained in the trial exercises, we will be able to improve the accuracy of the framework. We found it necessary to identify the required dynamical transformation of organizational structures to accommodate the cyber-attack timeline. So, we derive the organizational structure and communication method for dynamical transformation of organizational structures. And we will develop a generic exercise package to be customized to extend this ICS-BCP exercise to various CI companies.

Acknowledgements

This research is partially supported by the Ministry of Education, Science, Sports and Culture, Grant-in-Aid for Scientific Research (A), No.16H01837 (2016) and Council for Science, Technology and Innovation (CSTI), Cross-ministerial Strategic Innovation Promotion Program (SIP), "Cyber- Security for Critical Infrastructure" (Funding Agency: NEDO), however, all remaining errors are attributable to the authors.

References

[1] The Center for Strategic Cyberspace + Security Science Available at http://cscss.org/CS/2017/01/19/ukraine-confirms-december-kiev-blackout-was-cyber-sabotage/ Accessed on January 29, 2017

[2] SANS Industrial Control Systems Security Blog, Available at https://ics.sans.org/blog/2016/01/09/confirmation-of-a-coordinated-attack-on-the-ukrainian-power-grid Accessed on January 29, 2017

[3] E-ISAC, Analysis of the Cyber Attack on the Ukrainian Power Grid (March 18, 2016)

[4] Japanese Ministry of Economy, Trade and Industry http://www.meti.go.jp/english/press/2015/1228_03.html Accessed on January 29, 2017

[5] Yoshihiro Hashimoto et.al. "Safety securing approach against cyber-attacks for process control system", Computers & Chemical Engineering, Vol.57. No.15, pp.181-186

[6] Dell Sonicwall, Anatomy of a cyber-attack, Dell software, 2012

[7] Metasploit Framework, http://www.metasploit.com/ Accessed on March 6, 2017

[8] 21st Century U.S. Military Documents: Cyber Incident Handling Program (Chairman of the Joint Chiefs of Staff Manual) – Computer Forensics, Malware and Network Analysis, CYBERCON

Waste Solvents to Trash Haulers: Lessons Learned from Hazardous Waste Accidents

Delmar "Trey" Morrison, Ph.D., P.E.
Exponent, Inc.
4580 Weaver Parkway, Suite 100, Warrenville, IL 60555, USA
tmorrison@exponent.com

Michael Stern, Ph.D., P.E.
Exponent, Inc.
Natick, MA, USA
mstern@exponent.com

Carmen H. Osorio-Amado, Ph.D.
Exponent, Inc.
Los Angeles, CA, USA
cosorio@exponent.com

Prepared for Presentation at
American Institute of Chemical Engineers
2017 Spring Meeting and 13th Global Congress on Process Safety
San Antonio, TX
March 26 – 29, 2017

Waste Solvents to Trash Haulers: Lessons Learned from Hazardous Waste Accidents

Delmar "Trey" Morrison, Ph.D., P.E.
Exponent, Inc.
4580 Weaver Parkway, Suite 100, Warrenville, IL 60555, USA
tmorrison@exponent.com

Michael Stern, Ph.D., P.E.
Exponent, Inc.

Carmen H. Osorio, Ph.D.
Exponent, Inc.

Keywords: Hazardous waste, incident investigation, chemical reactivity

Abstract

Process safety management (PSM) of hazardous chemicals is a core tenet of the chemical, oil, and gas industries. Organizations in these industries have increasingly woven the elements of PSM into their strategic vision, day-to-day operations, and interactions with contractors and vendors. This cultural evolution has, in part, been driven by major accidents in these fields. In these industries, the chemicals, their hazardous properties, and their potential interactions, are usually either well-defined or capable of being well-defined. Control and mitigation strategies for those chemicals can be developed based on this available knowledge. In contrast, companies that handle wastes have experienced catastrophic accidents due to the ill-defined nature of the hazards. This industry handles the cast-offs, dregs, and refuse, which makes identification of the hazards and prevention of incidents more challenging. How do you implement a PSM program when your input streams can vary due to processes at a plant you do not control or monitor? Does the EPA (Environmental Protection Agency) Resource Conservation and Recovery Act (RCRA) provide sufficient guidance of safely handling of wastes? The overriding theme in the incidents is that PSM is more complex to apply to unknown, mixed, and uncontrolled chemicals, both solid and liquid. To assist companies that handle wastes, this paper provides several case studies of fires and explosions involving multiple waste material handling processes at different facilities. The incidents involved numerous matrices from solid industrial wastes, EPA RCRA hazardous wastes, to waste solvents. An analysis of the lessons learned will be presented and used to provide realistic guidelines to reduce safety risks based on a pragmatic implementation of process safety management principles. The paper will also compare OSHA (Occupation Safety and Health Administration) PSM with EPA RCRA approaches to characterizing wastes versus managing the hazards, and will emphasize those elements that played critical roles in the accident case studies.

1 Introduction

This paper discusses several case histories of process incidents occurring at waste handling or processing facilities and compiles lessons learned from those accidents. Depending upon the source, the industry, and the regulatory classification of the waste, industrial waste may pass through a municipal waste transfer station to a landfill or be collected, aggregated and then incinerated by a RCRA (Resource Conservation and Recovery Act) [1] permitted hazardous waste Treatment, Storage, and Disposal Facility (TSDF). Managing waste is inherently more challenging than managing typical chemical process hazards where the identity and properties of the process chemicals can be effectively defined. While many types of hazardous waste facilities test for the properties of incoming waste streams, these tests can be challenging if the waste is phase separated, if the waste is still reacting and changing over time, or if the waste is incompletely identified by the generator. Similarly, investigations of accidents are complicated by the fact that wastes involved in the accident could have contained unknown chemicals with unknown properties.

Several case studies are presented in this paper. The accident locations range from waste transfer stations, waste storage facilities, waste treatment facilities, and a cement manufacturing facility using waste as a fuel source. The wastes involved in the accidents ranged from municipal waste, unregulated solid and liquid wastes, to regulated hazardous solid and liquid wastes. Significant fires and explosions occurred in these incidents. The overarching causes of these incidents were due to the gap between the true properties and the recognized properties of the wastes. While the task of characterizing waste streams may be challenging, the overall process safety and incident investigation principles remain similar. In this paper, we start with a typical decision tree analysis for screening chemical reactivity hazards and modify it for use for waste processing facilities. We will then discuss several case studies involving fires and explosions in waste handling and treatment and provide lessons learned.

2 Background

Application of Process Safety Management (PSM) principles in the chemical industry has been codified for highly hazardous chemicals above threshold quantities through Title 29 Part 1910.119 of the Code of Federal Regulation since 1992 [2]. The Center for Chemical Process Safety (CCPS) subsequently expanded on the process safety model presented by the regulations to develop twenty elements of risk-based process safety [3]. The overlap between the CCPS process safety model and the OSHA PSM regulatory elements (bolded) is represented in the list below (Table 1).

Table 1. Overlap between OSHA (bold) and CCPS PSM elements

1. Process Safety Culture	2. Contractor Management **(h) Contractors**
3. Compliance with Standards	4. Training and Performance Assurance **(g) Training**
5. Process Safety Competency	6. Management of Change **(l) Management of change**
7. Workforce Involvement **(c) Employee participation**	8. Operational Readiness
9. Stakeholder Outreach	10. Conduct of Operations
11. Process Knowledge Management **(d) Process safety information**	12. Emergency Management **(n) Emergency planning and response**
13. Hazard Identification and Risk Analysis **(e) Process hazard analysis**	14. Incident Investigation **(m) Incident investigation**
15. Operating Procedures **(f) Operating procedures**	16. Measurement and Metrics
17. Safe Work Practices **(k) Hot work permit**	18. Auditing
19. Asset Integrity and Reliability **(j) Mechanical integrity**	20. Management Review & Continuous Improvement

Deficiencies in many of these elements can be traced back to the root causes of hazardous materials incidents, as will be illustrated in the case studies in this paper. However, it is uncommon for TSDFs and other waste handling facilities to formally apply PSM to their processes. Usually, facilities follow a prescriptive approach to waste characterization and handling that is based upon the EPA (Environmental Protection Agency) regulations and relies heavily upon the waste generator's characterization of the waste properties [4]. This reliance is not unusual when considering the quantity of distinct and unique waste streams that an individual municipal facility or TSDF may handle and dispose.

The primary hazard identified in the case studies is delayed reaction leading to pressure generation, heat generation, and unintended ignition of packaging or the waste material itself. This is commonly referred to as spontaneous ignition or spontaneous combustion since a piloted ignition source is not necessary. Trash and municipal waste handling facilities are frequently susceptible to delayed fires due to spontaneous combustion. Such ignition events may be caused by unintentional mixing of incompatible chemicals or exothermic oxidation of self-heating materials, such as vegetable-derived oils. For example, the National Fire Protection Association (NFPA) estimated that 4,460 annual fires involving spontaneous combustion of trash occurred between 2005 and 2009 [5].

Recent studies have identified several trends in hazardous waste TSDF fires and explosions [6], [7], [8]. Incidents can occur in any stage of the process from initial storage, waste repackaging, or transfer to the final treatment stage (i.e., incinerator, calciner, or kiln). The consequences of a fire or explosion can accelerate rapidly, depending upon the nature of the initial waste and its proximity to surrounding waste materials, surrounding waste materials' properties, and the adequacy of fire protection and emergency response actions. The causes of fires and explosions typically derive from unknown or unrecognized chemical reactivity issues with the waste material in question.

2.1 Waste generation in the United States

According to the US EPA, 26,237 generators produced 33.6 million tons of hazardous waste, of which over 6 million tons were non-wastewater [9]. Of the 6 million tons, 26% is combusted for energy recovery, 19% is put into landfills, and 13% is incinerated. Over 76% of the non-wastewater hazardous waste is treated off-site by a TSDF.

The EPA statistics also show that 258.5 million tons of non-hazardous Municipal Solid Waste (MSW) was generated in the United States in 2013. While the per capita waste has slightly decreased since the year 2000, the total annual generation continues to climb due to population growth [10]. Approximately 89.4 million tons (35%) of the MSW were recycled in 2013. Another 13% of the total MSW was combusted with some amount of energy recovery. The remaining 52.6% was placed into landfills.

2.2 Resource Conservation and Recovery Act

A hazardous waste can be any waste material with a potential to harm human health or the environment, either by itself or through interaction with other factors. However, for regulatory purposes in the U.S., a waste material must meet specific criteria to be considered as a hazardous waste. These conditions, summarized in Figure 1, are defined by the EPA under the RCRA in Title 40 of the Code of Federal Regulations [1].

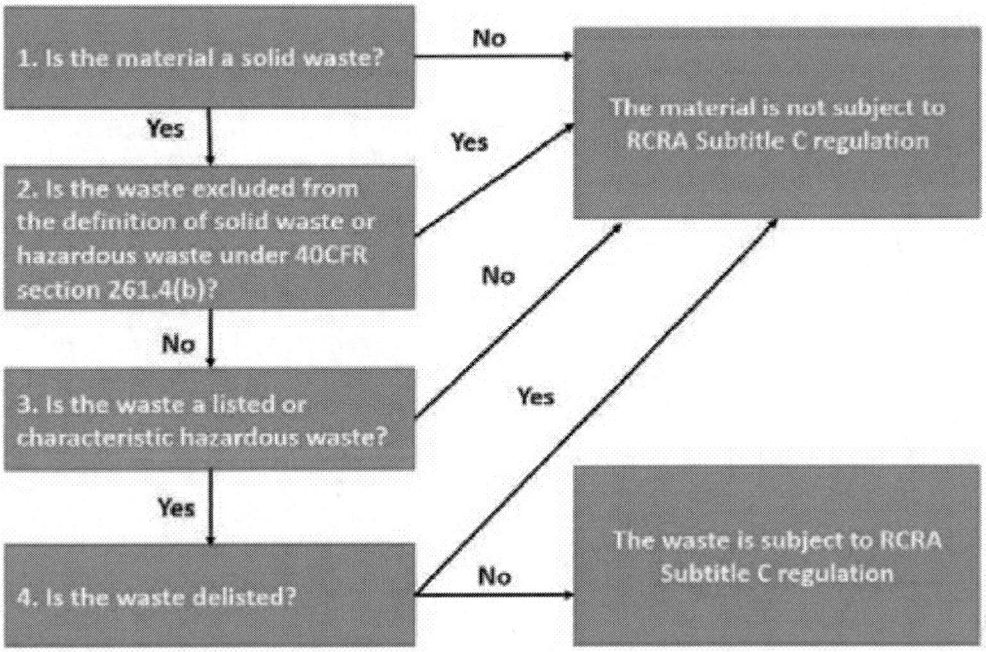

Figure 1. EPA's Hazardous waste identification process [11]

Per the EPA, the first condition of a hazardous waste is to be a solid waste, which paradoxically includes not only wastes that are physically solid, but also wastes that are liquid, semi-solid, or contained gaseous material. A hazardous waste is also required to meet certain characteristics based on its toxicity, ignitability, reactivity, and corrosivity, and needs to be listed in either the F, K, P, or U lists found at the 40CFR section 261 [12].

Some solid wastes are specifically excluded from RCRA regulatory compliance due to different reasons such as impracticability, economy impact, lack of information to justify applying the regulation, regulation by other laws, or they were removed (delisted) from this category. These exclusions refer to conditions (2) and (4) from the hazardous waste identification process shown in Figure 1. For example 40 CFR 261.4(b) excludes household waste and solid waste from commercial or industrial sources (that don't contain solid hazardous waste). It also excludes fly ash waste. These types of waste material may pose physical and chemical hazards, but they are not regulated under RCRA.

2.3 RCRA chemical compatibility testing

As part of the RCRA regulations, hazardous waste generators are required to classify their waste. When TSDFs receive waste, they must perform pre-acceptance analysis to confirm the waste's characteristics and identify incompatible wastes [13]. The EPA states "Compatibility testing may include determining water reactivity (e.g., foaming, heat generating, explosivity), oxidation-reduction potential, spot tests for cyanide and sulfide, among others" [14]. The EPA provides a list of some common potentially incompatible wastes in Appendix V to Part 264. When analysis is required, the EPA has published guidance on how to qualitatively evaluate the compatibility of wastes [15]. The guidance document uses a two-part approach: step-by-step compatibility analysis procedures and then a compatibility chart that considers 41 reactivity groupings. To simplify this analysis when chemical testing is not required, free computer software packages are available for performing quick assessments of chemical compatibility [16].

2.4 *Guidelines for evaluating chemical reactivity hazards*

According to the U.S. Chemical Safety Board (CSB), a chemical reactive hazard can be defined as "*a sudden event involving an uncontrolled chemical reaction with significant increases in temperature, pressure, or gas evolution that has the potential to, or has caused serious harm to people, property or the environment*" [17]. In order to decide whether a chemical can be considered a reactive hazard or not, the CCPS published a preliminary screening test based on a series of questions summarized in Figure 2 [18].

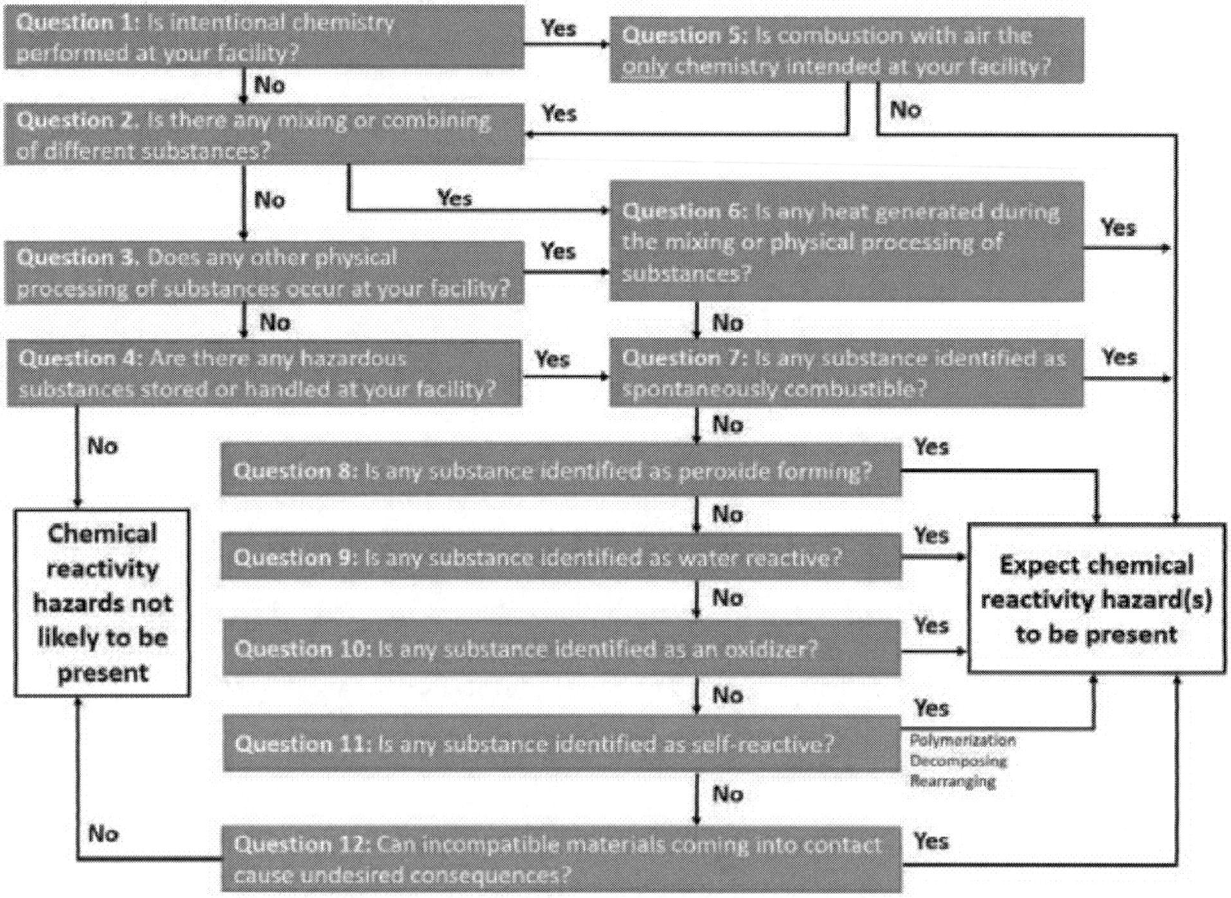

Figure 2. Preliminary screening for chemical reactivity hazards [18].

This test should be conducted on an ongoing basis, in particular when there have been changes in the process/conditions or a new chemical is introduced into the facility. If a chemical reactive hazard is expected to be present at the facility, the CCPS also suggests the implementation of a chemical reactivity management program structured consistent in Figure 3.

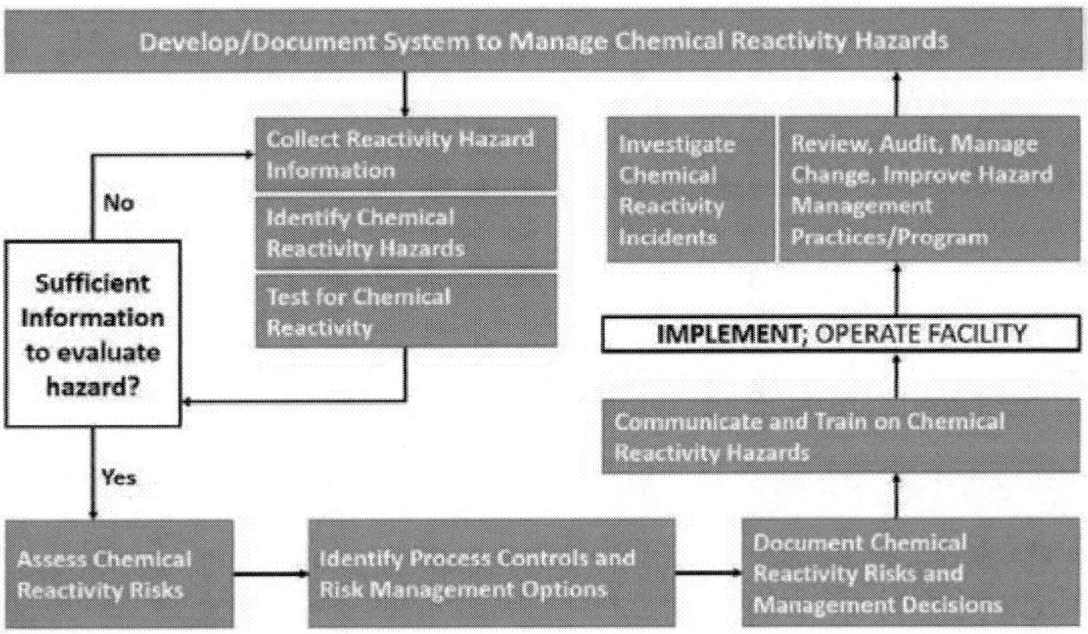

Figure 3. Flowchart for implementing chemical reactivity hazard management [18].

2.5 Why and how an event happened? Protocols for investigating reactive chemical incidents

Given the nature of fires and explosions, especially when involving hazardous waste materials, necessary evidence may be destroyed or lost during the incident or subsequent emergency response. Thus, conclusive determination of the chemistry and proximate causes may be impossible. The investigation process must rely upon the scientific method to develop hypothetical causes, test those causes, and determine the most likely causes and contributing factors.

Two commonly relied upon resources for performing incident investigations per the scientific method are NFPA 921 *Guide for Fire and Explosion* Investigations [19] and the CCPS publication Guidelines for Investigating Chemical Process Incidents [20]. Figure 4 shows the progression of an investigation as described in Chapter 4 of NFPA 921. Two essential concepts, inductive reasoning and deductive reasoning, are used to develop and test hypotheses, respectively. Inductive reasoning is using the analyzed data to develop a consistent hypothesis. Deductive reasoning is used to test the hypothesis by comparing it to all known facts of the accident and scientific literature. NFPA 921 cautions that "[t]he investigator does not have a valid or reliable conclusion unless the hypothesis can stand the test of a careful and serious challenge." Recent editions of NFPA 921 have also added cautionary language regarding the use of *negative corpus* also known as the process of elimination. Investigators should not confuse the lack of an alternative hypothesis for affirmative proof of a hypothesis with no supporting evidence (but that cannot be ruled out with the available information).

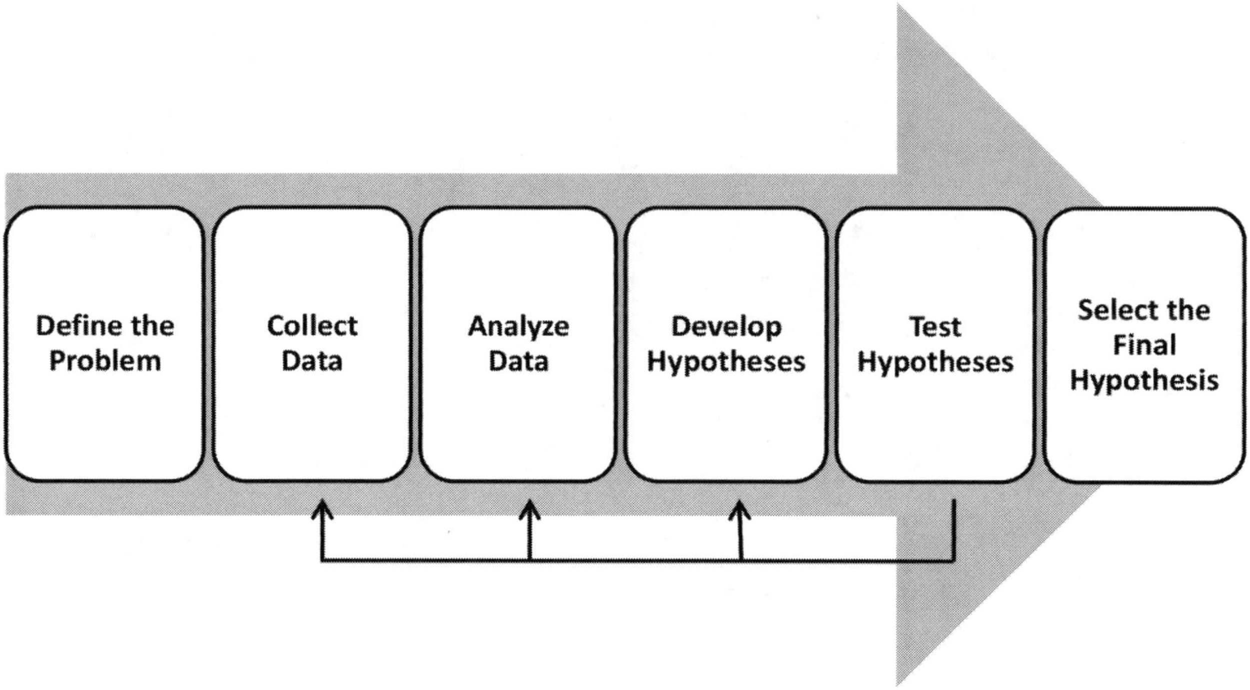

Figure 4. The scientific method of investigation.

The CCPS Guidelines text provides a similar scientific methodology for accident investigation but also offers information specific to industrial accident investigation. For example, information for designing incident management systems within a corporation is provided. Specific investigation and root cause analysis tools commonly employed for investigations, organized by the level of structure, are shown in Figure 5.

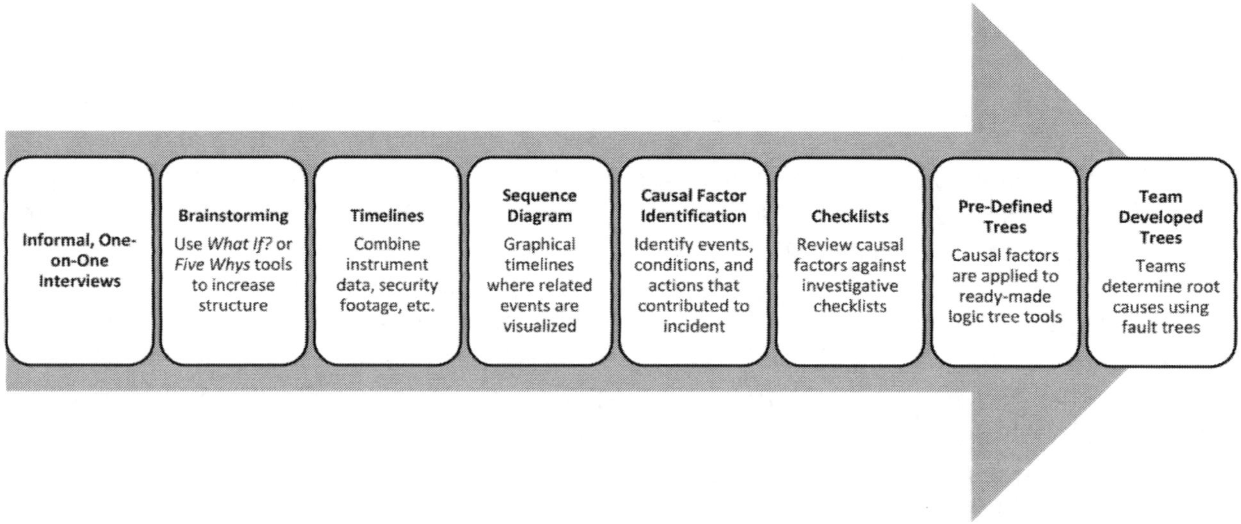

Figure 5. Investigation tools for process incident investigations.

The case studies below describe the causes and lessons learned from MSW handling, solvent reclamation, and TSDF incidents. All of the incidents were characterized by fires or explosions, which caused significant damage and posed potential for catastrophic injuries or fatalities to onsite personnel. Many of the incidents were investigated by external public agencies in addition to the company investigations. The authors also participated firsthand in the investigations of the incidents. Where possible, lessons learned from the investigation process as one element of PSM are shared.

3 MSW Transfer Facility Fires

Two fires, separated by three days, occurred at a MSW transfer station. The first fire involved a trailer of waste awaiting transfer to the landfill, and the second fire involved a different trailer and a large portion of the building and waste contained within. The facility was unsophisticated when considering the element of process safety management, which is understandable because it did not handle reactive materials. As a consequence, early investigation of the causes of the fires relied upon supposition and poor science to conclude that one waste stream was the cause of the fire. The incorrect conclusion adopted by the facility meant that the real cause went unaddressed until a later, thorough engineering investigation occurred.

The waste transfer station was a large, open warehouse structure with two sunken loading bays. The facility handled trash classified as municipal solid waste (MSW) and construction and demolition (C&D) debris. Waste materials were piled on the concrete and moved around using a front end loader. Different materials were commingled by the facility operators, both in piles and in the open trailers located in the loading bays. The commingled waste was periodically hauled to a municipal landfill. The facility did not accept RCRA hazardous waste or liquid wastes. The local regulations and the permit for the facility both acknowledged the reasonable possibility of "hot loads" - in other words, the receipt of loads of waste material that are undergoing self-heating or are already smoldering.

The first fire involved the contents and the rear of a trailer (Figure 6), which was located in a loading bay overnight. The trailer contained a mixture of bottom ash from a fluidized bed coal combustor and other unknown MSW and C&D materials. No formal investigation was conducted to attempt to determine the cause of the trailer fire. The waste material in the trailer was not fully extinguished or overhauled by the fire department, and the facility located the trailer away from the building so that it could eventually burn itself out. The fire witness statements indicated that the contents of the trailer continued to burn for the next several days. The fire damage patterns to the trailer are consistent with a fire originating at the rear wheels, perhaps due to overheated brakes. Three days after the initial fire, a second fire was discovered after a different trailer was loaded with similar waste materials from within the building and held overnight in the undamaged loading bay. The second fire burned to completion and destroyed the building.

Figure 6. Photograph of the trailer damage resulting from the first fire.

An early investigation of the second fire concluded that the combustor bottom ash was the equivalent of pure lime (CaO), caused both fires due to exothermic heat of hydration, and should have been classified as a RCRA hazardous waste. Pure CaO is referred to as “lime” or “quick lime.” The reaction of CaO with water vapor results in solid calcium hydroxide, $Ca(OH)_2$, while mixing with excess water creates an aqueous solution, according to the chemical reaction:

$$CaO_{(s)} + H_2O \rightarrow Ca(OH)_2$$

This reaction is exothermic, meaning that it generates heat, with a heat of reaction of -65.27 kJ/mole of CaO reacted [21]. The quantity of heat released is directly proportional to the quantity of CaO and H_2O undergoing the reaction.

The transfer station’s incorrect initial conclusion was based on the description of the waste by the generator as “agricultural lime,” which is commonly used to describe calcium carbonate ($CaCO_3$), hydroxide ($Ca(OH)_2$), and oxide (CaO) used in farming. Further, the early investigation concluded that the mischaracterization of the waste was a direct cause of the fires. A subsequent engineering investigation analyzed that conclusion and also identified several plausible causes including an electrical fire, spontaneous combustion of MSW or C&D, or re-kindling of the smoldering remains of the first fire after being transported across the facility.

Chemical analysis of the combustor bottom ash and a review of the literature indicated that the ash did not contain sufficient CaO to cause spontaneous combustion through hydration and was excluded under 40 CFR 261.4(b). The residual CaO in combustor tram will undergo hydration by reacting with water (H_2O) in either a vapor (e.g., atmospheric) or liquid form. The hydration reaction for residual CaO would run largely to completion within a few days when exposed to the outdoor atmosphere [22]. Comparison samples of fresh combustor bottom ash revealed that it contained approximately 10% CaO by weight.

If concentrated CaO is mixed with liquid water, the hydration reaction can lead to very high temperatures capable of igniting combustible materials. However, it is unlikely that these conditions existed in the current matter. The maximum temperature reached by the combustor ash via this reaction, if any unreacted CaO is present, will be tempered by the presence of liquid water and surrounding solid material (i.e., $CaCO_3$, $Ca(OH)_2$, $CaSO_4$, sand, and onsite waste materials). The water will absorb the released heat and act to cool the material as the water evaporates; the other solid species will act to absorb the liberated heat and increase in temperature.

The false conclusion that the ash waste was CaO, thus causing the fires, highlights the importance of precise descriptions for waste streams even if they are not bound to the RCRA regulation. Effective description can help investigators, who may be unaware of the precise waste compositions, more effectively assess the important properties of the waste stream after an accident. Similarly, investigators must be careful when examining the properties of non-RCRA waste streams as their descriptions may be more colloquial. Conclusions should not be drawn until a more detailed composition of the waste can be obtained through chemical analysis or discussion with the generator.

4 Solvent Recovery Plant Vapor Cloud Explosion

In 2009, a release of ignitable liquid and vapors, followed by catastrophic vapor cloud explosion and subsequent fires, took place in a solvent recovery plant. The explosion severely injured two employees, destroyed part of the plant (see Figure 7), and broke windows in neighboring facilities and residences. The explosion was investigated by the Chemical Safety and Hazard Investigation Board (CSB) [23].

The solvent recovery plant (Figure 8) was located at a facility that handled hazardous and non-hazardous waste materials that were received via tanker truck, drums, totes, and lab packs. The facility performed fuel blending, solvent recovery, and waste consolidation. Incoming dirty solvents were unloaded into tanks in the dirty tank farm. Clean solvent was recovered from the dirty solvents via one of three distillation units (Unit 1, Unit 3, and Unit 4). The recovery process involved the circulation of distillation bottoms back into the source tank in the dirty tank farm, while purified "clean" solvent was condensed and transferred to the clean solvent tank farm. Final waste liquids and sludge were shipped offsite to a waste incinerator as blended fuels.

At the time of the incident, the three Processing Units were being run by a single outside operator. Unit 1 was used to recycle a paint thinner material whose primary compound was acetone, while Unit 3 was processing a tetrahydrofuran (THF)/water mixture. Unit 4 worked as a closed circuit reflux-distillation unit where a mixture of THF and water near the azeotropic concentration was processed.

Figure 7. Aerial view of the solvent recovery plant after the incident from the CSB report [23].

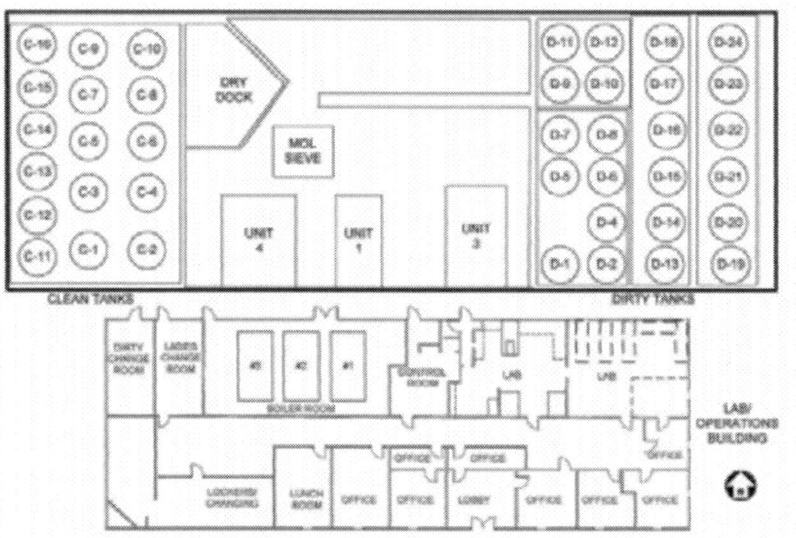

Figure 8. Facility layout (not to scale) [23].

Three of the six workers onsite reported hearing a loud noise like a pressurized release, accompanied by a strong solvent odor and a visible aerosol/or vapor cloud coming from the Dirty Tank Farm prior to ignition. Security camera footage from onsite and a nearby business supported the conclusion of a pressurized release, likely of Tetrahydrofuran (THF) solvent mixture; however, the exact composition and source of the flammable material released could not be determined.

The incident investigation concluded that the vapor cloud spread out from the Dirty Tank Farm, entered the laboratory/Operations Building, and ignited inside the Boiler Room causing, an initial explosion. Consequently, additional flammable material within the Dirty Tank Farm was also ignited causing a blast pressure wave (vapor cloud explosion) and subsequent pool fire that burned for several hours.

The CSB's findings from this incident included the following facility siting concerns:

- Lack of hazard analysis to determine the risks associated to the proximity of occupied buildings to processes: The most critical injured employees were at the Laboratory/operations building at the time of the incident. The nearby building was occupied with non-essential personnel during the day shift.
- Inappropriate area classification: Two boilers were in service in the Laboratory/Operation Building, where the ignition source was identified. The flammable vapor cloud was ingested and ignited by one of the boilers.

Although the facility was covered by the OSHA PSM standard, the CSB found that the TSDFs did not have industry-specific guidance for fire safety and facility siting.

5 Fires and Explosions in Storage Operations at TSDFs

Several fire incidents have occurred during storage of hazardous materials at TSDFs. The ultimate fate of hazardous materials is often destruction through incineration. The type of incinerator and local environmental emission limits dictate handling activities with the hazardous waste. To manage the limits on the heat of combustion for the incinerator, heavy metal emissions, and other factors, TSDFs commonly repackage wastes by either combining similar waste streams in the same container or by breaking up larger containers into smaller container sizes. For example, if the bulk heat of combustion of the 55-gallon drum of waste received by a TSDF is too high for the incinerator's operating limit, then the 55-gallon drum must either be metered (if a liquid) into the incinerator, or the drum must be subdivided into smaller containers (e.g., 30-gallon drums).

Thus, hazardous materials often pass through the following stages at a TSDF:

1. Receipt and characterization
2. Temporary storage
3. Repackaging – either bulk up or break down
4. Storage awaiting disposal
5. Final disposal

The waste generator must provide specific information on the hazardous waste that they are providing to the TSDF. The TSDF oftentimes works with the generator to help characterize the waste stream as part of the initial contracting process. The TSDF typically samples and performs basic characterization of individual wastes as they are received. However, this process is imperfect because the TSDF cannot be guaranteed that a set of samples from distinct locations in a waste container represent the bulk of the waste in that container. The potential deviation of actual properties from the results of this sample may grow significantly for larger-sized containers (e.g., a liquid tote or a 1 m^3 box), wastes that are heterogeneous, wastes with layers or pockets of different composition, or large volume wastes that are not completely sampled (e.g., sampling a subset of containers).

After initial contracting and waste specification, a TSDF will develop a plan for handling that waste stream, which will include sampling, characterization, and verification that as-received waste meets the contract specification. This process falls under Process Knowledge Management in the 20 elements of CCPS PSM. Deviations of as-received waste from the specification should be addressed under a Management of Change element, but the TSDF may not have a robust change management policy. Additionally, changes from the specification may not be identified during the characterization process as discussed above.

Incident investigation after a hazardous materials incident at a TSDF can be very challenging. A TSDF storage area may contain hundreds or even thousands of individual waste containers (see Figure 9). A fire or explosion in the storage area will destroy or damage the waste containers, displace waste containers, and mix the residue from involved containers. All these aspects make determination of the cause of the incident difficult. The likelihood of determination is usually directly related to whether the incipient stages of the fire or explosion were witnessed. The following three case studies provide incident summary and investigation results for a progressively larger TSDF fire incidents in order to characterize the difficulty in cause determination and lessons learned.

Figure 9. Example of TSDF storage warehouse.

5.1 Delayed Ignition - No Repackaging – Cause Undetermined

An investigation was performed on a fire that occurred in a small TSDF's storage bay. The facility handled a wide variety of wastes including flammables materials and acids. The facility included storage bays, laboratories, treatment equipment and office areas. In the storage bay where the fire occurred, several different types of containers were present including:

- Plastic buckets
- Plastic, steel, and paper fiber drums
- Steel encaged plastic totes known as intermediate bulk containers (IBCs)

The 55-gallon drums were placed on wooden pallets in sets of four. The pallets of 55-gallon drums and IBCs were stacked two or three levels high. A photograph of the bay after the fire is shown in Figure 10.

Figure 10. Photograph of storage area after fire.

Based on witness statements, the fire in the storage bay was preceded by a loud hissing sound and a pressurized release of a reddish dust/mist from a container near the center row of the image. The witness did not see the exact container where the release originated, but was able to place it within a few pallet stacks in the area. Immediately after the pressurized release, a fire ensued in the area. Due to fire suppression efforts, the fire damage was contained to the storage bay where it originated. The investigation focused on the adjacent rows containing the waste drums that were damaged. The exact location of each waste container in the neighboring pallet stacks was reconstructed based upon storage records, remaining containers, damage patterns, and witness statements about container placement. The origin was confirmed to be one pallet stack in the center row.

The containers in the center row had not been repackaged or disturbed from the time of receipt until the incident; therefore, commingling of incompatible wastes or mixing of a reactive pocket within the source drum were refuted as potential causes. Delayed decomposition of waste material in one of the 55-gallon drums is the likely source of the pressurization. Delayed decomposition may be the result of chemical incompatibility or thermal instability leading to a temperature rise, gas generating reaction, or both. Eventually, the pressure increased to the level that the source container ruptured. It was most likely that this release occurred from either a steel drum or a plastic drum given their ability to contain some degree of pressurization compared to a fiber drum. After the initial pressurized release and fire, several other containers were damaged and ruptured as a result of the growing fire.

Based on the photo-documentation of the scene, it was possible to identify several potential drums that showed evidence of pressurization and/or rupture. However, due to the extent of the damage, it was not possible to identify the serial number on all of the containers, and therefore, their origin and contents. Examination of the fire damage showed evidence of burned away paint, burned pallets, and melting of non-metal containers. Based on the damage patterns, it was possible to rule out some waste containers including a set of drums containing phosphoric acid. A ground-level area containing four drums was identified as the likely area of origin, but further specificity was not possible due to the extent of the damage and several other drums that could not be conclusively eliminated. In a regular facility, the containers of all the stored containers would be known, providing valuable information to incident investigators. In a waste handling facility, significantly less certainty is available about the exact contents of each container. The ability for many of the waste container to have been the source of the pressure release significantly complicated this specific investigation. The final determination as to which container was the source could not be determined given the degree of damage.

The extent of damage does not always preclude determination of the likely cause of a fire in storage. A similar TSDF facility experienced a fire in a storage bay, which consumed all of the hazardous waste and combustible containers in the area (see Figure 11). The point of origin of the initial fire could be more precisely placed than the incident just discussed because a nearby operator observed the location of the incipient fire at ground level at a specific pallet stack. The source of the fire was most likely a leak of fuming red nitric acid that spilled onto a wood pallet holding the drums. The drums were stacked on combustible wood pallets, and fuming nitric acid is a strong acid capable of igniting such materials. The facility did not identify the potential consequences of a spill of the acid; thus, a noncombustible pallet (i.e., steel) was not selected. Use of a what-if strategy for packaging and storage selection may have prevented the fire (but not necessarily the leak).

Figure 11. Another TSDF storage bay after extensive fire damage.

5.2 EQ Industrial Services Warehouse

A hazardous waste TSDF was complete destroyed due to a fire for which the initial cause was undetermined (see Figure 12). The magnitude of this incident forced thousands of local residents to be evacuated in two days. The CSB investigated the cause of the incident, and identified several hypothetical causes. Their recommendations focused on eliminating those hypothetical causes.

Figure 12. Facility after the incident [24].

Based on witness statements, a strong chlorine odor and plume of smoke came from the TSDF on the night of the incident. Initial firefighters responding to the scene reported that a small fire started in one of the hazardous waste storage bays and rapidly spread to the other locations of the facility, including a bay containing many 55-gallon drums of flammable solvents. The incident investigation revealed that the fire originated in a storage bay where containers of solid chlorine-based pool chemicals and unspent aircraft oxygen generators awaiting for final disposal.

Many incidents have occurred involving storage of chlorine-based pool chemicals (see for example [25]-[28]), and around the time of the incident, the NFPA was pursuing research into fire protection considerations for pool chemicals in warehouse settings [29]. Concentrated calcium hypochlorite or sodium dichloroisocyanurate containing pool chemicals pose potential thermal runaway concerns if contaminated with organic material or if stored at elevated temperature. Given their nature as solid oxidizers, pool chemicals would also serve to accelerate fire growth. The witness observations of a chlorine-odor associated with the smoke likely indicate that these chemicals were present near the fire origin, but the investigators could not conclude that these were cause of the fire.

Although the first material involved could not be determined due to the extent of damage, the CSB investigation findings focused on chemical oxygen generators [30]. The CSB concluded that chemical oxygen generators most likely contributed to the intensification of the fire, which quickly spread to an adjacent bay where flammable materials were stored. The investigation found that the unspent oxygen generators, coming from an aircraft maintenance facility, were not properly packaged by the aircraft maintenance personnel, and were misidentified as general oxidizer waste on shipping paperwork. A lesson learned from this incident was to consider oxygen generators that have exceed their service life as still posing a risk of heat and oxygen generation if accidentally actuated. Therefore, the CSB recommended that unspent oxygen generators should be actuated before they are transported [30].

5.3 Teris El Dorado Warehouse

This incident occurred in a warehouse at a TSDF that contained 4000 to 5000 drums of different wastes. The facility operated two rotary kiln incinerators for solid disposal and thermal oxidation for liquid incineration [31]. The incident was witnessed by an operator who saw a drum rupture, which quickly spread fire throughout the warehouse contents (see Figure 13). The entire contents of the warehouse were consumed, damaged, and/or released during the incident. No injuries or fatalities were reported; however, nearby residents were evacuated during the emergency response.

The investigation found that the fire was caused by spontaneous combustion of sodium chlorate solid waste recovered from a rail car accident site. This material was brought to the facility in $1m^3$ boxes to be incinerated shortly before the incident. However, the waste generator incorrectly profiled this material as containing only sodium chlorate in soil; the waste actually contained vegetative matter, rail car components, and portions of railroad ties. The organic contaminants are incompatible with the strong oxidizer and would act as fuel sources, allowing spontaneous ignition of the mixture. The material was repackaged into smaller drums and a portion was moved into the warehouse prior to the fire. The remainder of the material had not been relocated at the time of the fire. This residual material was isolated in a trailer onsite. The trailer containing the residual material underwent spontaneous ignition several days after the original fire incident, which supported the conclusion that the sodium chlorate waste material was the cause of the fire.

Figure 13. Aerial image during fire event [31].

Given the non-homogeneous nature of the waste material received, grab sampling of a single container was insufficient to fully characterize the mixed material. In contrast to liquid sampling, a thorough visual examination of the mixed, non-homogeneous waste material may have identified the presence of organic materials in the oxidizer and soil waste. Further, the use of "soil" in the waste analysis plan submitted by the generator may have triggered a further review by the TSDF since soil typically contains a significant organic component. It is likely that the repackaging activity mixed reactive sodium chlorate with fresh organic fuel materials that led to the delayed spontaneous combustion event. After the incident, the facility enhanced their material analysis and handling plans for wastes containing solid oxidizers.

6 Fires & Explosions during Incineration Processes

6.1 Explosion during Solid Waste Homogenization

An explosion occurred at an incineration facility that processed hazardous and non-hazardous solid and liquid wastes through thermal destruction in a rotary kiln. Drums of waste were homogenized in a nitrogen-inerted shredder. Drums were scheduled to be incinerated and assembled onto pallets based upon the waste characteristics. The system automatically moved individual pallets into an airlock, purged the airlock with nitrogen, then dumped the pallets into the already inerted shredder chamber. The shredder was used to shred steel drums as well as plastic drums. After shredding, the homogenized waste was conveyed to the rotary kiln via a screw conveyor.

The pallets, packaging materials, and waste materials are combustible materials, and flammable materials may also be processed based on the incinerator waste schedule. Due to the potentially flammable nature of the waste and the likelihood of mechanical sparks and heat generation from the shredder, the system was inerted with nitrogen gas. The nitrogen inerting function was performed by using a fixed timing of nitrogen addition. Although the system did not use an oxygen measurement control loop to dictate the duration of purging, it did use oxygen measurement as a permissive control for the automated conveyor movements and door opening between chambers in the system.

A central incinerator control room at the facility monitored several operating parameters, including the oxygen concentration and temperature within the inerted system. Since one of the primary safety mechanisms for the unit was a reduced oxygen atmosphere, the unit was not intended for processing oxidizing materials including solid oxidizers, oxygen containers/cylinders, explosives, and/or water reactive materials. During one waste load, an explosion occurred in the shredder chamber, which damaged the unit and caused explosion panels to open on the shredder chamber and airlock.

An approximation of the oxygen concentration data and shredder chamber temperature is provided in Figure 14. There was a lag noted in the oxygen sensor response due to the delay for gas to traverse the sampling leg to the sensor. The temperature measurement had less of a response lag; thus, the sudden temperature rise in the shredder chamber actually occurred coincidentally with the explosion and the opening of the explosion vents. On the night of the incident, an additional waste load was fed into the unit, and shredding commenced less than one minute after it was added. Approximately one minute after shredding began, the oxygen concentration started to increase from 2% to over 13% over a period of 20 seconds. According to the recorded data, the temperature in the shredder chamber suddenly increased at approximately the same time as the oxygen concentration increased. This temperature increase is consistent with the heat generated by the explosion within the shredder chamber. An engineering analysis concluded that the most likely source of the rapid oxygen influx was from an item in the waste stream that released oxygen when shredded. All potential sources of air via external sources were examined and rejected.

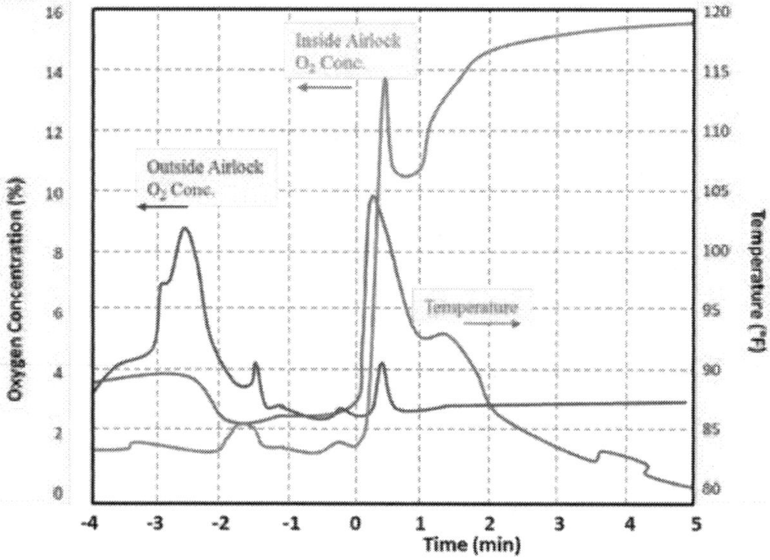

Figure 14. Process oxygen concentration and temperature during incident.

The explosion in the shredding system demonstrated the serious consequences of processing waste with unintended properties. In this case, a system that was intended to operate while inerted inadvertently contained compressed oxygen, resulting in a damaging explosion. While the waste was screened prior being fed into the shredder, the screening process did not identify and divert the oxygen-containing waste. In this case, the explosion mitigation system worked as intended by relieving the explosion pressure through explosion vents. The system was damaged, but the damage was not catastrophic, and there were no injuries.

6.2 Spontaneous Combustion at a Calciner

A fire occurred at a cement production facility that used an engineered solid fuel composited from MSW and other industrial wastes to co-fire in the calciner. The engineered fuel was a blended mixture of solid wastes including paper, plastic, and sawdust as well as non-hazardous waste liquids, slurries, and sludge. Because the waste streams possessed variable energy content, a qualifications process (including laboratory analysis) was used to determine the appropriate mixture for creating a consistent engineered feed. A block flow diagram of the shredding, blending, and mixing process is shown in Figure 15. The engineered fuel had the potential for self-heating due to containing oxidizing materials such as polymerizing agents and vegetable-derived oils. Material handlers inspected the stockpiles for external signs of high temperature due to self-heating and excavated the piles to identify internal high temperatures. Infrared pyrometers were used for surface temperature measurements. The temperatures were monitored with the handheld pyrometers and logged prior to the loading the material into trucks for transport to the cement production facility.

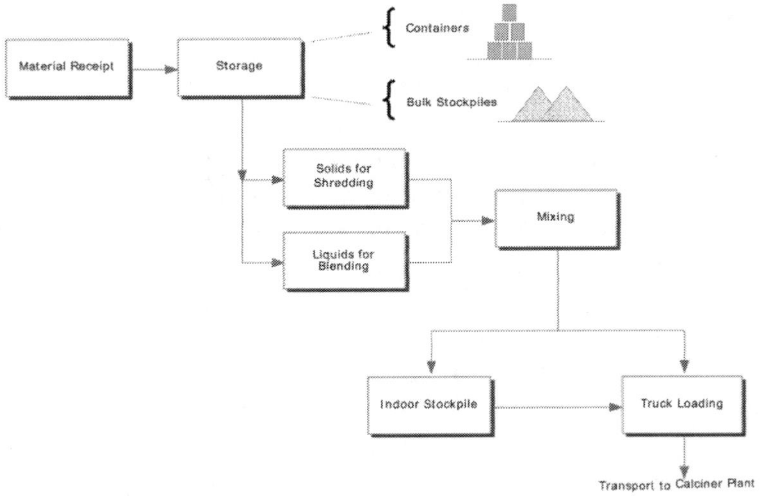

Figure 15. Block flow diagram of the engineered solids feed preparation process.

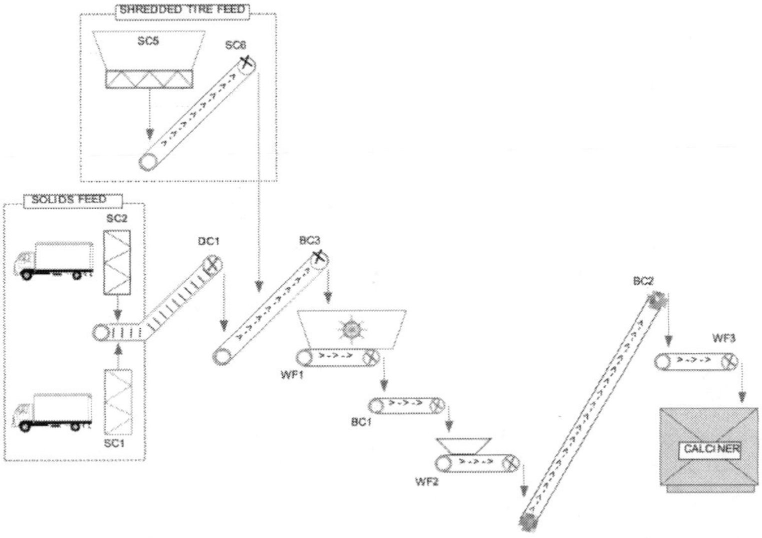

Figure 16. Conveyor flow diagram between truck delivery and the calciner.

The engineered fuel was transported to the cement production facility in tractor trailers for eventual feed into the calciner unit. A conveyor flow diagram is provided in Figure 16. The engineered fuel was unloaded into enclosed hoppers that discharged into horizontal screw conveyors. The horizontal screw conveyors discharged into a central drag conveyor that delivers the fuel to a belt conveyor which also received a separate shredded tire feed. The combined feed then traveled through an additional series of hoppers and conveyors before being deposited on a 1,600 feet long enclosed belt conveyor that climbed from ground level to the upper levels of the calciner structure. The belt of the long conveyor was originally a flame-resistant belt material but had been subsequently patched with non-flame resistant material. The total travel time of the engineered fuel was estimated to be 20-30 minutes by the cement facility's personnel.

A fire was discovered overnight soon after the conveyor system was restarted after a two-day outage. During that two-day period, the belts were left loaded with the engineered fuel and combined feed. When the kiln was restarted, the system was operated for approximately one hour then shut down due to an upstream clog during which a fire was discovered near the head section of the long conveyor. The belt failed and broke as a result of the fire.

An investigation into the fire cause determined that, while various friction-based ignition sources (belts, bearing, etc.) did exist within the conveyor system, the most likely cause of the fire was spontaneous ignition of the engineered feed. This was substantiated because three days after the fire, a stockpile of the engineered feed that had been fed to conveyor prior to the fire enflamed at the storage warehouse. Although staff had monitored stockpiles at the feed mixing facility for external signs of ignition, external methods can be insufficient to detect self-heating inside the pile. After exposing the self-heating pile to oxygen during transport and handling, self-heating may accelerate and lead to spontaneous ignition. The facility implemented a strategy that avoided leaving materials on conveyors for long periods of time. Through the use of conveyor interlock strategies and external dump locations, the system can be operated to empty conveyors in the event of an unintended shutdown.

6.3 TDI Waste Rail Tank Car

An explosion occurred at another TSDF cement plant in the liquid fuels rail tank car unloading area [6], [32]. As consequence, the tank ruptured and was propelled about 750 feet away. Other tank cars, as well as storage tanks located nearby, were also heavily damaged (Figure 17). No injuries or fatalities were reported; however, total property losses were estimated at nearly $8.2 million.

This facility incinerated liquid hazardous waste streams as supplementary fuel in rotary kilns, and used to receive several tank cars containing column bottoms waste from a toluene diisocyanate (TDI) manufacturing process. TDI is a monomer feedstock used in the manufacture of polyurethane polymers. The waste generator had stored tank cars containing this type of waste material for several years, and reprocessed them as the opportunity arose. Prior to the incident, several tank cars were shipped to the TSDF for incineration, and had been successfully emptied, with contents incinerated in the kilns. Despite the TDI waste was partially polymerized in most tank cars, the car's contents were non-homogeneous and did not have identical properties between individual tank cars.

Figure 17. Locations (1) and (2) indicate positions of the tank car's vessel before and after the explosion, respectively [33].

In order to decrease the viscosity of the polymerized TDI, so that it was pumpable to the kilns, the facility had successfully used external steam heating through the built-in steam jackets on the tank cars.. A schematic of the approximately 30,000 gallon tank car is provided in Figure 18. While attempting to unload the incident TDI material, the tank car vessel was steam-heated in two opportunities to ensure the waste mixture was sufficiently fluid to be pumped. After three unsuccessful unloading attempts, the shipment was rejected, but the tank car was left in the unloading location. The explosion incident took place two days after the last heating attempt.

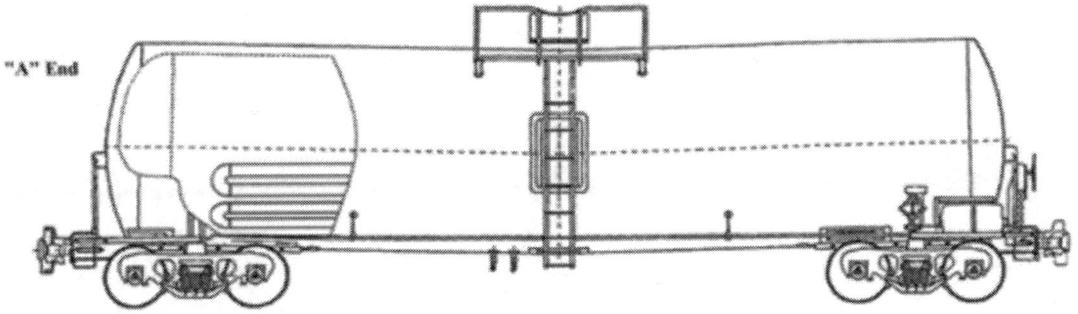

Figure 18. TDI tank car schematic with cutaway showing the external steam heating coils. [20]

Retained samples of the original material and residue ejected during the incident were analyzed, and the presence of self-polymerized TDI, TDI monomer, and ureas were determined. Thermal analysis of the materials indicated that the polymerized TDI and TDI monomer exhibited an onset temperature for thermal runaway that was much higher than possible with the steam heating system. A chemical hazard assessment revealed that the cause of the explosion was the runaway thermal decomposition of a contaminant mixed with the TDI waste. The TSDF operator relied on the waste generator for information regarding the waste composition and safe heating procedures. In this case, the waste generator supplied incomplete waste characterization data and inadequate instructions and warnings for heating and handling the TDI waste.

Four critical factors and lessons learned were identified from this incident [6] [20]:

(1) Use of inappropriate tank car design that was unsuitable for this service, creating difficulties for unloading of TDI solid waste.

(2) Storing of TDI waste for several years in a warm climate

(3) Providing inadequate instructions and warnings for unloading the TDI waste.

(4) Commingling an unknown contaminant with the TDI waste; this last factor was the most serious error in this incident.

7 Discussion and Conclusions

In the case studies presented above, hazardous properties that were not known to exist led to accidents. In several cases, the accidents were the result of a chemical reaction, leading to a release of heat or pressure that caused a storage vessel to fail. Chemical reactions due to the mixing of incompatible chemicals, storage of unstable chemicals, or heating of thermally unstable chemicals occurred in several of the case studies described. While characterization is a significant preventative safeguard for these types of failures, it may not always be possible to determine if a waste stream is completely stable based on testing; therefore, facilities may still need to consider the unlikely event of an exothermic or pressure-generating reaction within their waste streams. This may be accomplished by using separation distance or barriers between certain waste streams, fire protection systems, or fast turnaround from receipt through final processing.

In several incidents, oxidizers including oxygen tank, oxygen generators/tanks and sodium chlorate, are involved in the initiation of the incident or contribute to the severity of the incident. Because many waste streams contain flammable or combustible materials, enriched oxygen atmospheres or the presence of chemical oxidizers increases the likelihood and severity of a fire or explosion. While in many process operations, inerting atmospheres may be an effective and robust protective measure, due to the possibility of oxidizer ingress in mis-identified waste, additional protections such as explosion vents may be required. The following flowchart was created based on the cases presented in this paper, and may serve as a guideline for investigating suspected waste streams and their role on initiating a fire or explosion event.

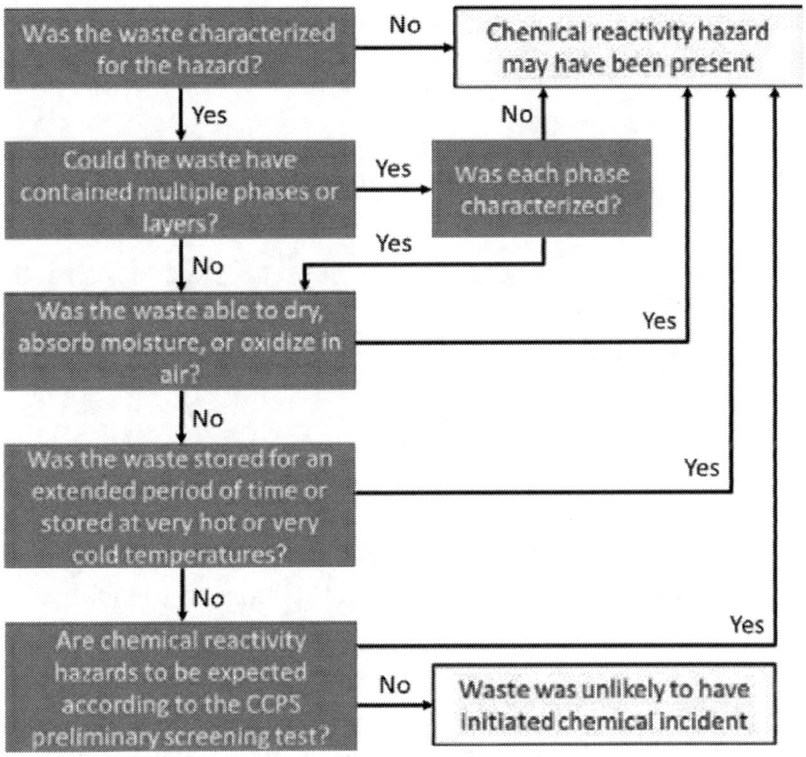

Figure 19. Role of suspected waste stream on initiating a fire or explosion.

8 References

[1] U.S. Environmental Protection Agency (EPA) Resource Conservation and Recovery Act, Title 40 of the Code of Federal Regulations.

[2] 29 CFR §§1910.119

[3] Center for Chemical Process Safety (CCPS). Guidelines for Risk Based Process Safety. Center for Chemical Process Safety, American Institute of Chemical Engineers, New York, NY, 2007.

[4] U.S. Environmental Protection Agency: Resource Conservation and Recovery Act (RCRA) Laws and Regulations, available at https://www.epa.gov/rcra. Accessed on February 15, 2017.

[5] Evarts, B. "Fires Caused by Spontaneous Combustion or Chemical Reactions," National Fire Protection Association, November 2011.

[6] Cox BL, Carpenter AR, Ogle RA. Lessons learned from case studies of hazardous waste/chemical reactivity incidents. Process Safety Progress 2014; 33(4):395–398.

[7] E.C. Buc. "Hazardous Waste Treatment, Storage, and Disposal Facility Fire Code Gap Analysis, Final Report," The Fire Protection Research Foundation, 2015.

[8] Environmental Protection Agency. Report on Emergency Incidents at Hazardous Waste Combustion Facilities and Other Treatment, Storage, and Disposal Facilities (TSDFs). EPA 1999

[9] U.S. Environmental Protection Agency (EPA): 2015 Biennial Report Summary, available at: https://rcrainfo.epa.gov/rcrainfoweb/action/modules/br/national/view. Accessed January 15, 2017.

[10] U.S. Environmental Protection Agency: Advancing Sustainable Materials Management: 2014 Fact Sheet. US EPA, November 2016.

[11] U.S. Environmental Protection Agency, Available at https://www.epa.gov/hw. Accessed on February 15, 2017.

[12] 40 CFR §§261

[13] 40 CFR §§264/265.17

[14] U.S. Environmental Protection Agency. Waste Analysis at Facilities that Generate, Treat, Store, and Dispose of Hazardous Wastes – Final: Guidance Manual (EPA 530-R-12-001). April 2015.

[15] Hatayama H.K., J. J. Chen, E. R. de Vera, R. D. Stephens, and D. L. Storm. A Method for Determining the Compatibility of Hazardous Wastes. U.S. Environmental Protection Agency, Washington, D.C., EPA/600/2-80/076 (NTIS PB80221005), 1980.

[16] National Oceanic and Atmospheric Administration (NOAA), "Chemical Reactive Worksheet," NOAA, available at http://www.aiche.org/ccps/resources/chemical-reactivity-worksheet-40. Accessed January 15, 2017.

[17] Davis E.M., D. Silva, and J. Murphy. The CCPS Chemical Reactivity Evaluation Tool. 8th Global Congress on Process Safety. April 2012.

[18] Center for Chemical Process Safety (CCPS). Essential Practices for Managing Chemical Reactivity Hazards. Center for Chemical Process Safety, American Institute of Chemical Engineers, New York, NY, 2013.

[19] National Fire Protection Agency. NFPA 921: Guide for Fire and Explosion Investigations

[20] Center for Chemical Process Safety (CCPS). Guidelines for Investigating Chemical Process Incidents. 2nd Ed. 2003

[21] Anthony, EJ, L Jia, M Caris, F Preto, and S Burwell, "An examination of the exothermic nature of fluidized bed combustion (FBC) residues," Waste Management Journal, 19 (1999).

[22] Serris, E, L Favergeon, M Pijolat, M Soustelle, P. Nortier, RS Gartner, T Chopin. "Study of the hydration of CaO powder by gas–solid reaction," Cement and Concrete Research 41(2011) 1078-1084.

[23] U.S. Chemical Safety Board (CSB). Veolia ES Technical Solutions, L.L.C. Case Study. Report 2009-10-I-OH. Washington, D.C. 2010

[24] U.S. Chemical Safety Board (CSB). EQ North Carolina Case Study. Report 2007-01-I-NC. Washington, D. C. 2008.

[25] Gray B.F. and B.W. Halliburton. 2000. "The thermal decomposition of hydrated calcium hypochlorite (UN 2880)." *Fire Safety Journal*. 35.3: 223-239.

[26] Gray B.F. 2002. Spontaneous Combustion and Self-Heating. In SFPE Handbook of Fire Protection Engineering, eds. P.J. DiNenno, D. Drysdale, C.L. Beyler, W.D. Walton, R.L.P. Custer, J.R. Hall and J.M. Watts, Quincy, Massachusetts: National Fire Protection Association, 211-228.

[27] Ogle R. A, Carpenter A. R. Toxic gas release caused by the thermal decomposition of a bulk powder blend containing sodium dichloroisocyanurate. Process Safety Progress 2003; 22:75–82.

[28] Ogle RA, Morrison DR, Carpenter AR, Su YS. Missed opportunities in reactive chemical hazard evaluations. Process Safety Progress, March, 2006, 25(1):2-7.

[29] Buc E.C. and D.J. Hoffman, "Development of an Enhanced Hazard Classification System for Oxidizers Research Project," The Fire Protection Research Foundation, One Batterymarch Park, Quincy, Massachusetts, April, 2006

[30] U.S. Chemical Safety Board (CSB). Safety Advisory Dangers of Unspent Aircraft Oxygen Generators (2007-I-NC-01-SA). 2007

[31] U.S. EPA, "Teris El Dorado Explosion," downloaded on March 13, 2017, https://response.epa.gov/site/site_profile.aspx?site_id=NRC745957.

[32] Ogle R.A, Carpenter AR, Morrison DR. Explosion of a railcar containing toluene diisocyanate waste. Process Safety Progress 2004 Dec; 23(4):316-320.

[33] National Transportation Safety Board. Rupture of a Railroad Tank Car Containing Hazardous Waste Near Clymers, Indiana. Hazardous Materials Accident Report NTSB/HZM-01/01. Washington, DC. 2001

479039 ExxonMobil Torrance Refinery FCC ESP Explosion

Abstract:

On February 18, 2015, an explosion occurred in the electrostatic precipitator (ESP) at the ExxonMobil Refinery in Torrance, California near Los Angeles. The explosion injured four workers caused significant property damage to multiple process units within the refinery, and resulted in an off-site accidental release of catalyst dust. As a result of the incident, the FCC unit was down for over one year. The explosion occurred when hydrocarbons from the FCC unit reached the energized ESP while the unit was idling to perform maintenance on equipment that had failed. Multiple failures contributed to the incident. During the ESP explosion, there was also a near miss release of hydrofluoric acid when a large piece of ESP debris fell within feet of a storage vessel storing thousands of gallons of modified hydrofluoric acid in the neighboring alkylation unit. If the storage vessel had failed due to impact from ESP debris following the explosion, hydrofluoric acid would have been released. This presentation will detail key findings from the CSB investigation into the incident.

Overfill to Overpressure – Investigation Findings and Contributing Events to the CAPECO Explosion

Scott Davis
GexCon US
Bethesda, MD
sgdavis@gexcon.com

Tom DeBold
Claudio Marsegan
Bryant Hendrickson
GexCon US
Bethesda, MD

Prepared for Presentation at
American Institute of Chemical Engineers
2017 Spring Meeting
13th Global Congress on Process Safety
San Antonio, Texas
March 26-29, 2017

Overfill to Overpressure – Investigation Findings and Contributing Events to the CAPECO Explosion

Scott Davis
GexCon US
Bethesda, MD
sgdavis@gexcon.com

Tom DeBold
Claudio Marsegan
Bryant Hendrickson
GexCon US
Bethesda, MD

Keywords: CAPECO, petroleum, overfill, bulk storage, explosion

Abstract

On October 23, 2009, a vapor cloud explosion occurred after an above ground gasoline storage tank was overfilled at the Caribbean Petroleum Corporation (CAPECO) tank farm facility in Bayamón, Puerto Rico. The blast registered a 2.9 on the Richter scale and sparked several fires throughout the facility that burned for another three days and damaged a total of 21 tanks before emergency responders were able to extinguish the flames.

Operations on the day of the incident included a ship transfer of unleaded gasoline to the CAPECO facility and the transfer was scheduled for four smaller capacity tanks. At approximately 10:00 pm, all of the unleaded gasoline was being transferred to tank 409 and a visible vapor cloud was noted during the walk around at 12:00 am on October 23, 2009. It was determined that tank 409 was overfilled by approximately 5,000 barrels (210,000 gallons) of gasoline, which caused gasoline to flow out of the tank vents near the top of the tank and cascade down the side forming a vapor cloud and liquid pool. This is equivalent to overfilling the tank by over 20 gasoline tanker trucks, which if 10% of the liquid formed the vapor cloud it would cover an area larger than 30 American football fields of a rich flammable mixture. The gasoline vapors mixed with the air forming an ignitable vapor cloud spanning a vast portion of the facility, which subsequently ignited neighboring tanks that burned for three days.

US regulations do not consider CAPECO and other bulk petroleum storage terminals as high hazard facilities, yet a large vapor cloud formed. This paper will present investigation findings and key lessons learned into the massive explosion and fire. This includes: effects of confinement and congestion in a seemingly open space that contributed to the incident; ship offloading and tank filling procedures that revealed significant operational deficiencies; failures to secure the confined drainage system; and level controls.

1 Introduction

On October 23, 2009, a vapor cloud explosion occurred after an above ground gasoline storage tank was overfilled at the Caribbean Petroleum Corporation (CAPECO) tank farm facility in Bayamón, Puerto Rico. The blast registered a 2.9 on the Richter scale and sparked several fires throughout the facility that burned for another three days and damaged a total of 21 tanks before emergency responders were able to extinguish the flames. The explosion and ensuing fires did not cause any fatalities; only a few minor injuries were reported. However, approximately 300 homes and business within 1.25 miles of the site reported damages [1].

GexCon was retained to perform an independent and objective investigation into the cause and origin of the explosion. Due to the nature of the investigation, some information provided to GexCon was confidential and could not be provided. Therefore, information provided in the reports of other agencies were used in the present analysis, and include: the ATF Investigation 764045-10-0011 Report [1]; U.S. Chemical Safety and Hazard Investigation Board Final Investigation Report – Caribbean Petroleum Tank Terminal Explosion and Multiple Tank Fires [2]; and the Puerto Rico Fire Department Fire Marshal Report [3] . This paper will present investigation findings and key lessons learned into the massive explosion and fire that occurred at the CAPECO facility. This includes: effects of confinement and congestion in a seemingly open space that contributed to the incident; ship offloading and tank filling procedures that revealed significant operational deficiencies; failures to secure the confined drainage system; and level controls.

We will first present a brief description of the facility, events leading up to the incident, and details of the explosion. Next, we will evaluate the conditions and contributing factors that lead to the explosion.

CAPECO Facility

The Caribbean Petroleum Corporation (CAPECO) facility was a petroleum storage terminal located in Bayamón, Puerto Rico. At the time of the incident, the petroleum storage terminal employed approximately 65 people. Prior to the gasoline overfill and ensuing explosion, the CAPECO facility (Figure 1.1) consisted of a tank farm of above ground storage tanks, offices, decommissioned refinery, waste water treatment plant and distribution piping that serviced the San Juan Bay. The CAPECO facility stored gasoline, diesel, fuel oil, and jet fuel at the time of the incident. The tank locations along with what fuel was stored in each can be found in Figure 1.2.

The tank farm was split by roads into three areas; the northern, central, and southern tank farms. The tanks were separated by dikes or berms designed to hold 110% of the largest tank capacity in that berm (see Figure 1.2) [3]. The southern tank farm contained eleven tanks, which included diesel and fuel oil tanks, divided by six berms. Jet fuel, diesel, and fuel oil were contained in the central tank farm. The northern tank farm held gasoline, diesel, and fuel oil. CAPECO estimated that 613,816 barrels (25,780,272 gallons) of gasoline, 428,260 barrels (17,986,920 gallons) of diesel, 360,496 barrels (15,140,832 gallons) of fuel oil, and 132,724 barrels (5,574,408) of jet fuel were present at the time of the incident [4].

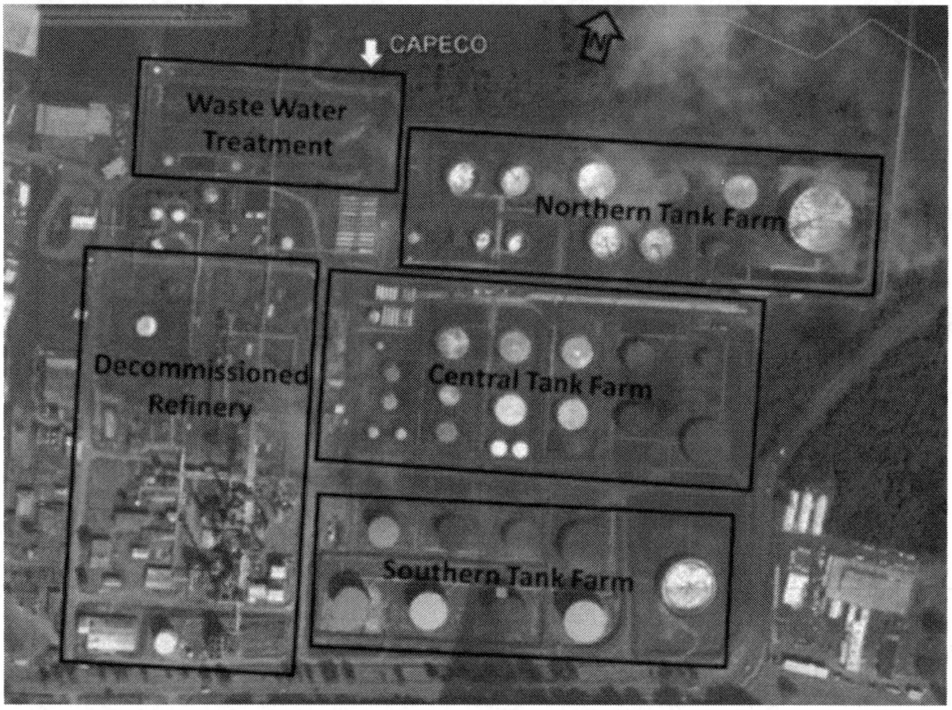

Figure 1.1: Facility Layout.

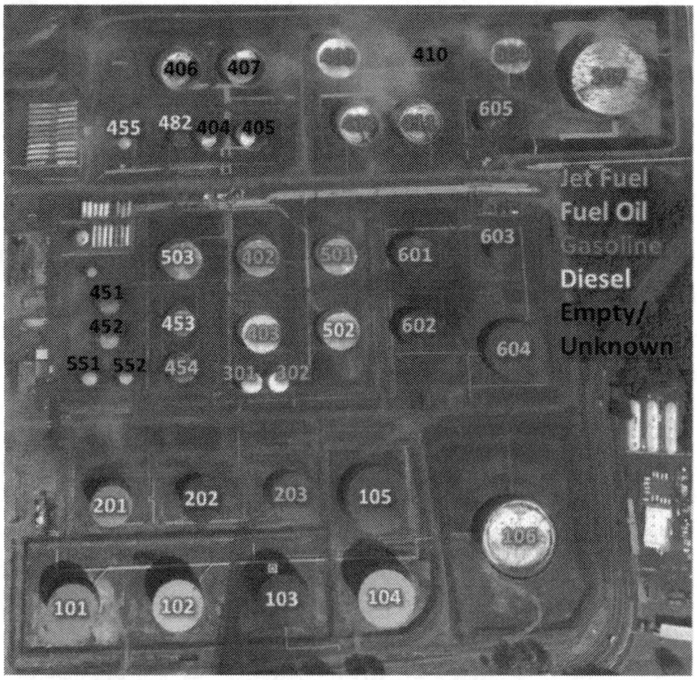

Figure 1.2: CAPECO tank location and inventory.

During fuel transfer operations, vessels would load/unload through the facility's 2 ½ mile pipeline which ended at a loading dock located in the San Juan Bay [2]. The terminal dock could accommodate one tanker of up to 75,000 tons. The transfers were made through six pipelines that connected to the facility transferring crude oil, FCC stock, fuel oil, gasoline, diesel, jet fuel and kerosene. The pipelines were equipped with remote operating valves that shutdown through: an electrical actuator; manually closing the valve; thermal shut-off switch set to 221°F (105°C); five push buttons in the operator's office, guards office, stairway to the main platform, fire pump building and Chiksan platform [5].

Events Prior to the Incident

Operations the day of the incident included: 1) A transfer of diesel fuel to the Puerto Rico Electric Power Authority Plant in Puerto Nuevo from tank 202; 2) A transfer of fuel oil to the Puerto Rico Electric Power Authority Plant in Palo Seco from tank 105; and 3) A transfer of gasoline from the Cape Bruny vessel to the CAPECO facility. Due to CAPECO's largest tank 107 (capacity 500,000 bbls – 21,000,000 gal) being used for a different quality gasoline, the transfer was scheduled for four smaller capacity tanks (see Figure 1.3) [6] .

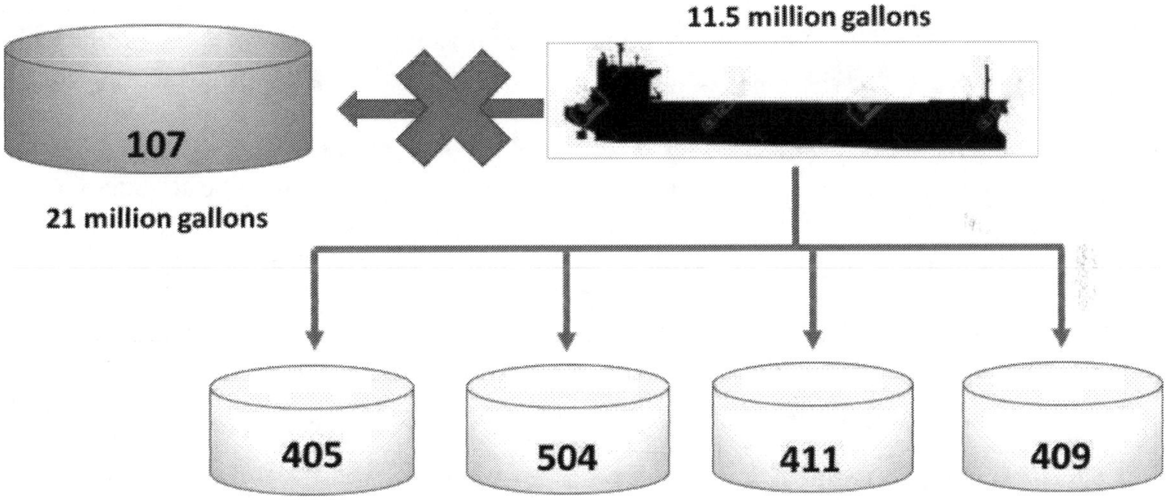

Figure 1.3: Cape Bruny transfer plan.

Pumping from Cape Bruny to the CAPECO facility began on October 21, 2009. Four tanks (Tank 405, 504. 409, and 411) in the northern tank farm received gasoline during the transfer. Initial pumping started at approximately 8:47 p.m. A sequence of operations can be found in Figure 1.4 [2].

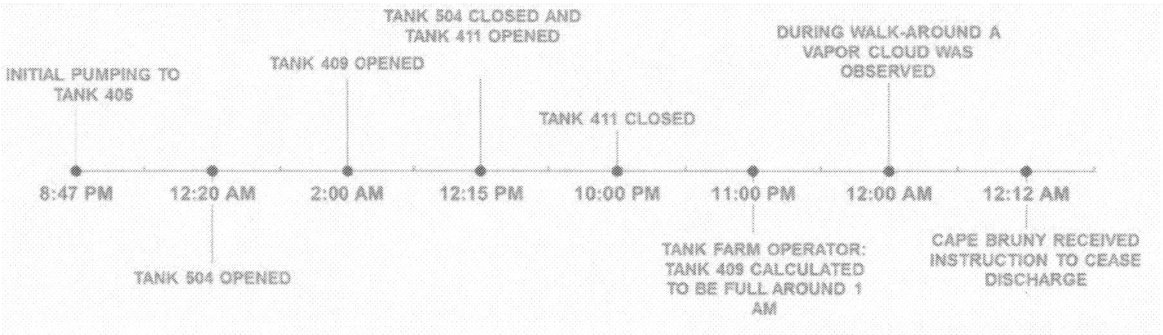

Figure 1.4: Transfer Operations [6].

Shortly after 11:00 p.m., the tank farm operator advised the supervisor in charge of the operations that night that the inspector found a difference between the side gauge, monitor console reading and the physical status of Tank 411 (already closed), and advised that the discrepancy was to be investigated [1].

ATF interviews determined that numerous operators and employees observed a vapor cloud starting at midnight. Tank 409 began to overfill between the 11:00 p.m. and 12:00 a.m. tank checks while the average pumping rate was approximately 11,134 bbls/hr (467,628 gal/hr) [7]. The overfilling of tank 409 caused gasoline to flow out of the tank vents near the top of the tank and cascade down the side forming a vapor cloud and liquid pool (as will be discussed in detail later). Tank 409 was contained in a berm with Tank 410 having a capacity of approximately 132,000 barrels (5,544,000 gallons) based on the 110% capacity requirement [3] . As the overfilling continued, gasoline (liquid and vapor) began to fill the containment area and expand towards the waste water treatment facility resulting in the white mist or vapor cloud that was seen in the facility by employees [6]. It was determined that approximately 5,082 barrels (213,444 gallons) of gasoline overflowed from tank 409 [7]. This is equivalent to overfilling the tank by over 20 gasoline tanker trucks, which if 10% of the liquid formed the vapor cloud it would cover an area larger than 30 American football fields of a rich flammable mixture.

The employees saw a white cloud extending approximately two to three feet above the ground by tank 404, and the white vapor cloud could be seen throughout the area between tanks 453 and 301, and near tanks 201 and 409 (Figure 1.5). The vapor cloud could only be seen in areas that were illuminated and extended approximately 200 yards wide by 400 yards long (183 m by 366 m) [1].

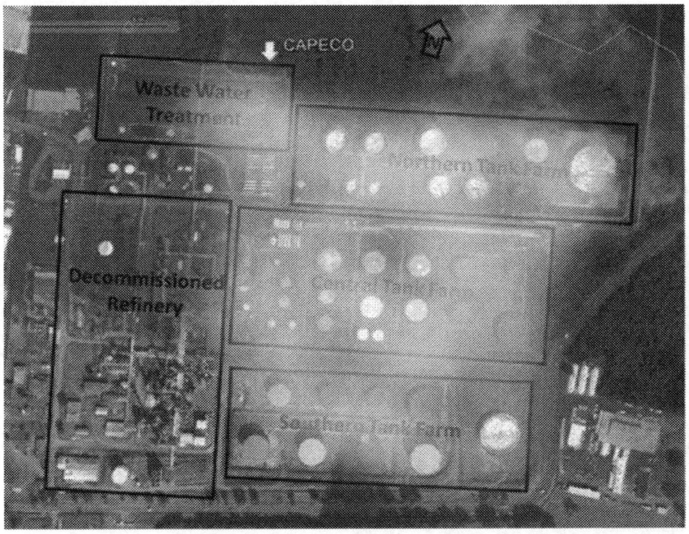

Figure 1.5: Approximate migration area of the vapor cloud.

Incident

At approximately 12:23 a.m. on October 23, 2009, the resulting vapor cloud from the overfill of gasoline ignited on the western side of the facility, away from the tank farm area. As the flame propagated (Figure 1.6 and Figure 1.8) towards the above ground storage tanks, a large explosion (Figure 1.8) occurred in the tank farm area that registered 2.9 on the Richter scale. Due to ignition of the large vapor cloud and ensuing explosion, many of the facility storage tanks were consumed by fire, which burned for another three days before emergency responders extinguished the flames [3].

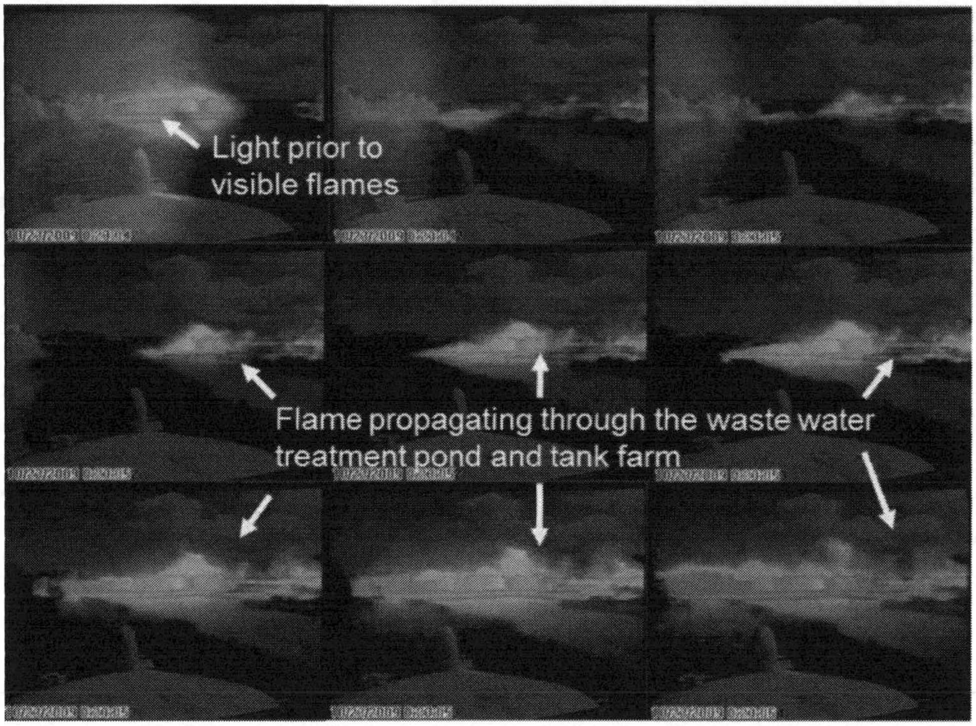

Figure 1.6: CAPECO security footage from camera 4. Visible light is seen prior to the flame propagation through the waste water treatment pond and tank farm.

Figure 1.7: Approximate propagation of the flame front prior to the explosion in the underground drainage as indicated by arrows. Camera locations and angles (red-camera 3 and blue-camera 4) at the first sign of ignition.

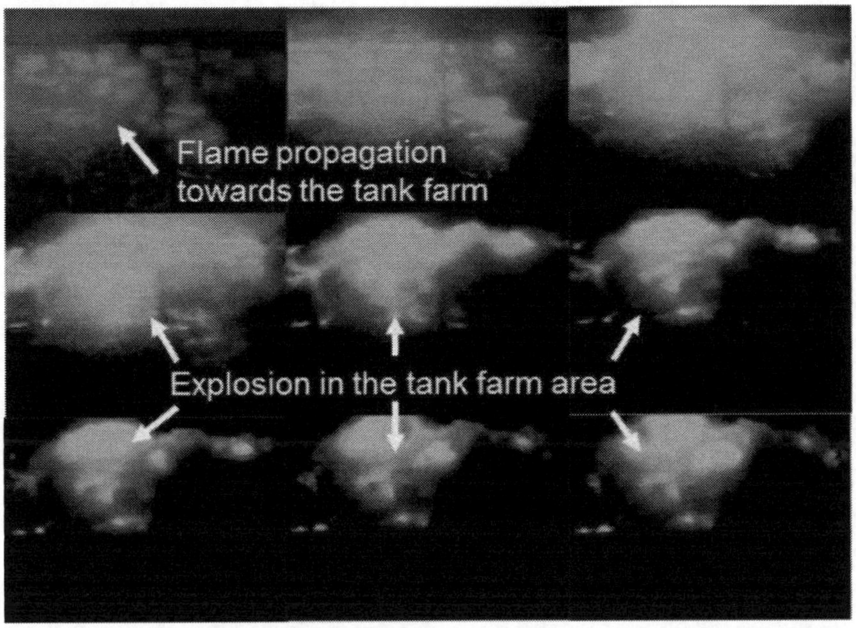

Figure 1.8: CAPECO security footage from camera 3 as the flash fire approached the tank farm from the west, leading to an explosion within the tank farm area (top-left to bottom-right).

Post Incident and Blast Damage

Emergency crews were alerted to the incident when a nearby citizen heard a large explosion and saw flames at the CAPECO facility [1]. At approximately 12:30 a.m. on October 23, 2009 the Bayamón and Cataño Fire Departments arrived at the CAPECO facility where they waited for the site fire chief to arrive approximately 45 minutes later. Eleven of the CAPECO tanks were damaged by the initial fire and explosion.

Firefighting efforts, as shown in Figure 1.9, lasted almost three days until approximately October 25, 2009 at 11:40 a.m. when the fires were extinguished [6]. Additional tanks were damaged by ensuing fires (see Figure 1.10 and Figure 1.11) [3] and when the fire was completely extinguished, the damage caused by the large gasoline vapor cloud explosion and fire included 21 tanks onsite. Both blast and thermal damage were observed on the tanks at the CAPECO facility (see Figure 1.12), consistent with the 11 tanks initially damaged by the large vapor cloud explosion and ensuing gasoline fire, and the others falling victim to the resultant fire [1].

Figure 1.9: Firefighting efforts after the incident [8].

Figure 1.10: Aerial view of the CAPECO facility after the initial gasoline vapor cloud explosion.

Figure 1.11: Secondary tank fires caused by the initial vapor cloud explosion and fire from the gasoline vapors.

Figure 1.12: Post incident damage to the tank farm.

2 Physics of vapor cloud explosions

Prior to the explosion at the CAPECO facility, tank 409 was overfilled and gasoline was being discharged from the overflow vents at the top of the tank. Recall that ignition and burning of liquid hydrocarbons occurs when the hydrocarbon is in the vapor state. A large vapor cloud developed resulting in the 'white cloud' described by CAPECO employees. As the vapor cloud grew from the continuous overflow, the gasoline vapors continued to mix with air forming a flammable mixture throughout the facility. This cloud found a competent ignition source in the western side of the facility and flames propagated towards the tank farm leading up to the main explosion event. This phenomenon is referred to as a vapor cloud explosion (VCE). The specifics on how the vapor cloud was formed and on the VCE will be discussed next.

Formation of vapor clouds

When evaluating the potential for large vapor cloud formation, which may lead to a massive explosion event, it is important to consider the mechanism by which a vapor and vapor clouds are formed. Recent experimental and modeling research has been performed to explore the generation of vapor clouds from overfilling gasoline storage tanks [9], [10]. The research determined that during a tank overfill, the gasoline would flow out of the ventilation holes at the top of the tank and over the deflector plate. The deflector plate channeled some of the escaped fuel onto the tank wall, but the rest ran over the top of the plate, fragmenting into droplets that cascaded through the air. Most of the fuel running down the wall hit a wind girder (a structural stiffening ring) and detached from the tank wall, creating a second cascade of droplets.

These conditions promoted the evaporation of the lighter components of gasoline (e.g., butanes, pentanes and hexanes). The free-fall of droplets leads to entrainment of air and mixing between the air and fuel vapor, and the formation of a rich fuel/air mixture. In addition, the wind conditions at the time of the overfill were calm, and had the wind speeds been higher, the evaporating gasoline vapor would be quickly diluted as it escaped the berm. Therefore, the overfill led to conditions that increased the break-up of gasoline into droplets, which significantly increased the evaporation rate of the lighter components of gasoline as compared to that from the pooled gasoline. Therefore, the overfill rate coupled with low wind speeds generated very large vapor clouds capable of filling a significant region of the CAPECO tank farm as seen in modeling shown in Figure 2.1.

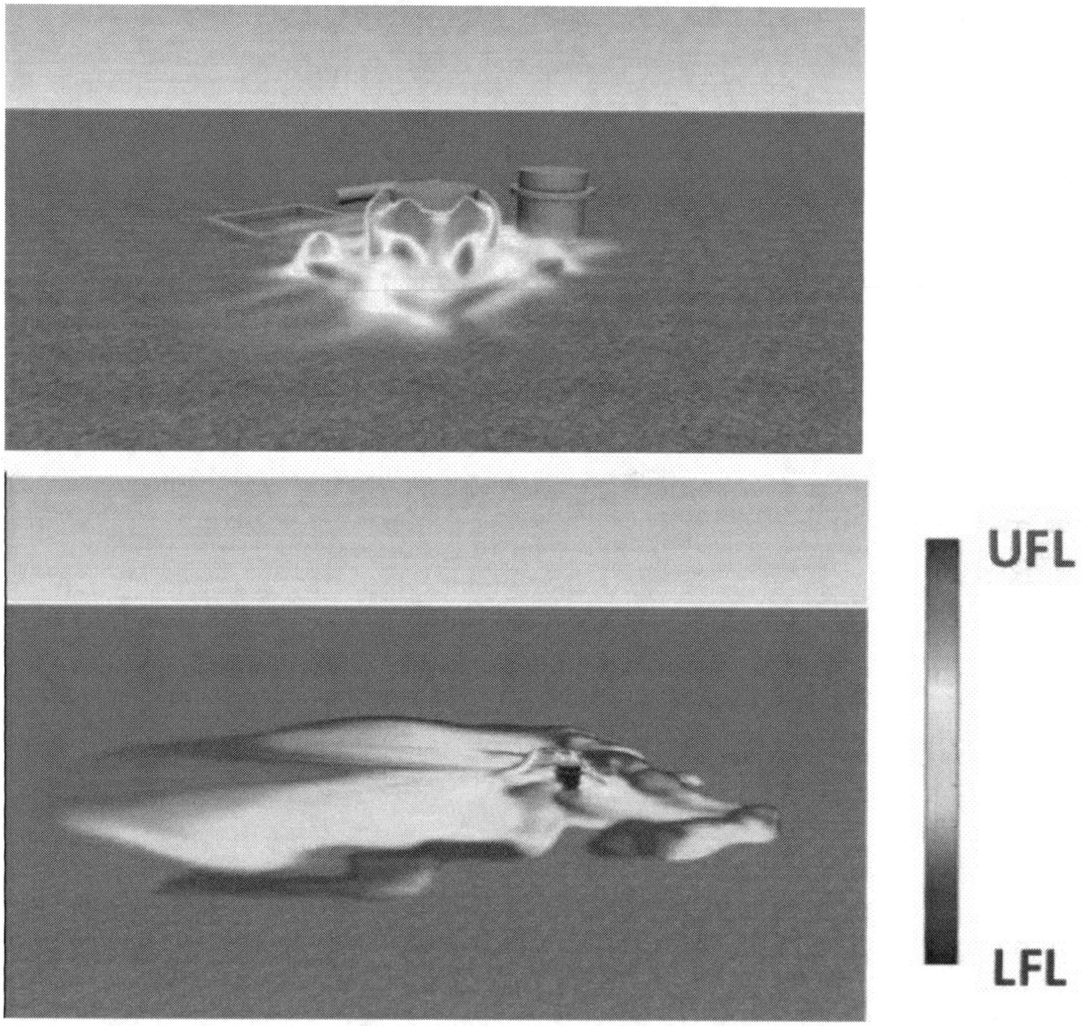

Figure 2.1: Vapor cloud formation and growth as gasoline initially cascades down the side of a storage tank and is dispersed.

Vapor cloud explosions

Vapor cloud explosions (VCEs) are oftentimes understood as "confined explosions", where a flammable mixture of gas (or vapor) and air is ignited within a confined structure or vessel. The heat released from the burning mixture causes the gases to expand and the pressure within the confinement increases above normal atmospheric pressure; this is referred to as "overpressure". This occurs until the envelope of the structure ultimately fails, similar to an ignition of a flammable mixture within an empty tank causing the roof to blow off. The sudden failure of the structure/vessel causes a shock or blast wave to form. However, conditions at CAPECO were mostly unconfined and open, except for the underground drainage system. An open and unconfined environment presents little to no resistance of an expanding flame front when a mixture is ignited; therefore, an overpressure is not expected if the gases are allowed to freely expand. The formation of a shock or blast wave in an open area cannot be explained in the same manner, and in fact, requires a unique set of circumstances.

Overpressures can indeed be created for unconfined vapor cloud explosions and require mechanisms that accelerate the combustion or burning process. The combustion rate for burning vapor/air mixtures is measured by how fast the flame propagates (flame speed) relative to the unburned mixture. For quiescent fuel/air mixtures the flame propagates at approximately 0.5 m/s and minimal overpressure is observed as the hot gases can expand in the unconfined environment. However, the flame propagation rate is extremely sensitive to turbulence in the flammable mixture into which the flame is burning. This turbulence can be caused by repetitive obstacles, (e.g. pipes, equipment, trees) within the vapor cloud itself. This results in a feedback loop, which has been extensively studied by Gexcon (see Figure 2.2), whereby the turbulence causes the flame to burn faster, which in turn pushes the unburned gases past the obstacles even faster creating higher turbulence levels, which in turn causes the flame to burn even faster. This results in the flame accelerating and can lead to very high propagation rates.

Figure 2.2: Flammable fuel air experiments for "unconfined" vapor clouds with no obstacles (top) and with trees (bottom). Clouds ignited on the left and maximum flame speeds with trees are six times larger than without.

The flame may propagate at such high speeds that the expanding gas ahead of the flame is actually compressed, which can ultimately result in a shock or blast wave. The strength of the blast wave will depend on the flame speeds achieved during the acceleration process.

If the congestion in the cloud is low, the flame speeds will remain low and will not generate a shock or blast wave (i.e., a "flash" or "whoosh" type sound), while relatively higher flame speeds can occur in high congestion areas, resulting in shock wave and "boom" type sound. Flame speeds between 100-150 m/s can generate significant overpressures, and those above 400 m/s can generate pressures well in excess of 1 barg, and can even transition to detonations. This phenomenon was precisely what occurred at the Buncefield explosion in 2005, whereby the flame accelerated into highly congested tree lines that extended over 100 meters. No confinement was found at the Buncefield site and the flame accelerations, and extremely high overpressures, were exclusively caused by the tree density [11].

In order to generate the massive explosion observed at the CAPECO facility, the resulting large vapor cloud needs to migrate into a congested (as described above) or confined region to accelerate the flame. Similar to Buncefield, the CAPECO facility had congestion that included numerous low-lying pipelines connecting the storage tanks, and vegetation to the north and east of the facility. During the post-incident scene investigation, thermal damage was found to extend into the tree line approximately 50 yards past the east property fence [1]. Unlike Buncefield, the CAPECO facility had additional long channels of confined drainage pipes that were not properly closed. Recall that the vapor cloud was ignited western side of the plant propagating towards the waste water treatment (see Figure 1.7) and it propagated east towards the tank farm and vegetation. Video analysis confirmed (see Figure 2.3) that while the main flame propagated above ground through the tank farm, a faster flame front traveled via the underground drainage pipes where a fireball exited the sump pump encasement at the northeast corner of the central tank farm well before the above ground flame.

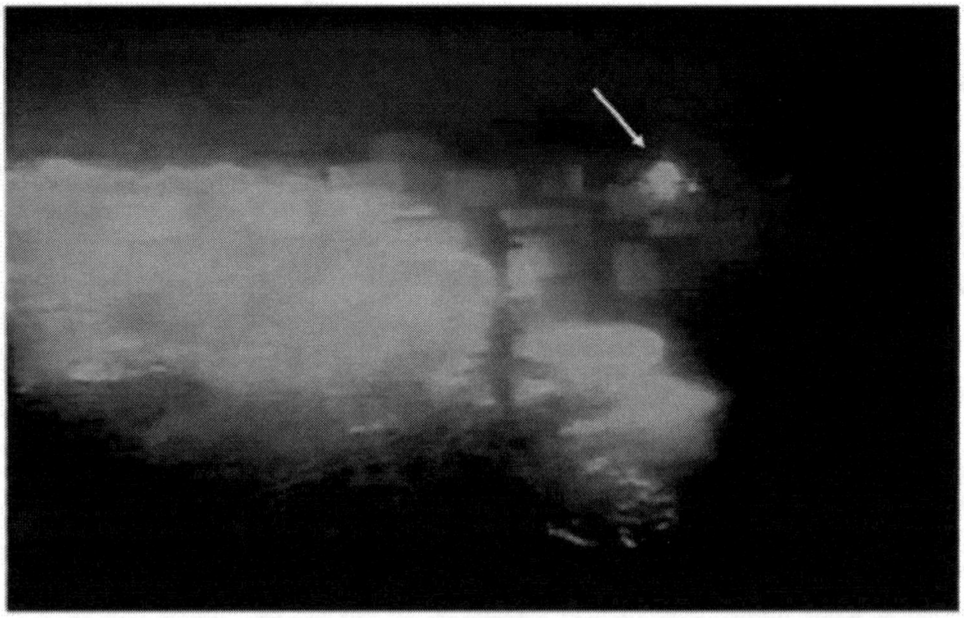

Figure 2.3: View from camera 3 showing the flame front in the underground drainage pipes reaching the northeast corner of the central tank farm before the above ground flame front. Ignition occurred on the western side of the facility resulting in flame propagation from left to right in the image above.

In fact, the 10 ft x 10 ft concrete lid on the sump pump, weighing about 12,000 pounds, was found over five feet from its original location [1]. Furthermore, blast damage to the above ground storage tanks was generally in the direction of the sump pump encasement and eastern vegetation and not the western side of the facility where the cloud was first ignited [1]. This confirms that the explosion pressures were exacerbated due to the confinement caused by the underground drainage pipes, which resulted in higher overpressures and faster accelerating flames that also entered the congested region. To evaluate the effect of the underground drainage system, FLACS simulation were performed to evaluate the resulting overpressures and blast damage both with and without the presence of the drainage system.

The CAPECO tank farm area (both with and without the drainage system) was modeled in FLACS, a computational fluid dynamics (CFD) tool predominantly used in the Oil & Gas and chemical industries to predict the consequences of hydrocarbon deflagrations. A large vapor cloud (e.g., stoichiometric cloud 4 meters tall) was placed throughout the tank farm and water treatment areas, and ignited in the water treatment area. Figure 2.4 shows the tank farm with the large vapor cloud and drainage system.

The flame propagation rates were evaluated both through the above ground cloud and through the drainage system. Figure 2.5 shows that the vapor cloud entering the drainage system resulted in flame speeds of over 400 m/s, significantly higher than above ground flame propagation. In fact, the confinement and acceleration of the flame in the drainage system resulted in overpressures that exceeded 2 barg (see Figure 2.6), which could possibly result in condition where the exiting deflagration transitions to a detonation. In contrast, overpressures generated by the flame burning through the above ground portion of the cloud did not exceed 0.03 barg. Therefore, the confined underground drainage system resulted in flames burning faster than the speed of sound and with pressures exceeding 2 barg, which ignited the remaining unburned vapor cloud in the tank farm. This high-pressure, supersonic flame front resulted in a significantly more devastating explosion than the "flash" or "whoosh" that would have been observed had the drainage system been properly closed prior to the overfill.

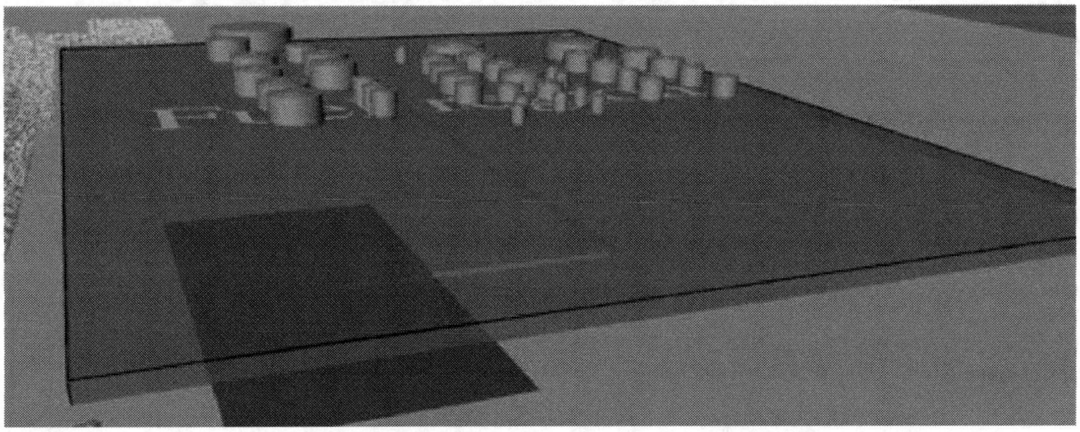

Figure 2.4: FLACS model of the CAPECO underground drainage system.

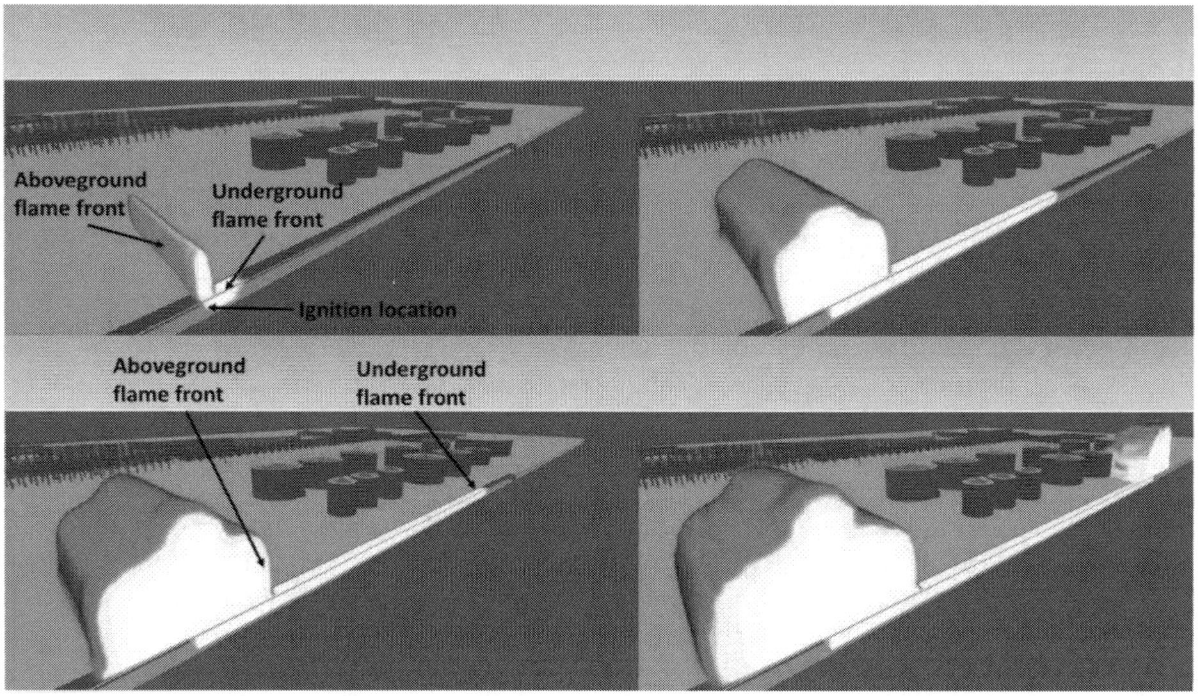

Figure 2.5: Flame front above and underground.

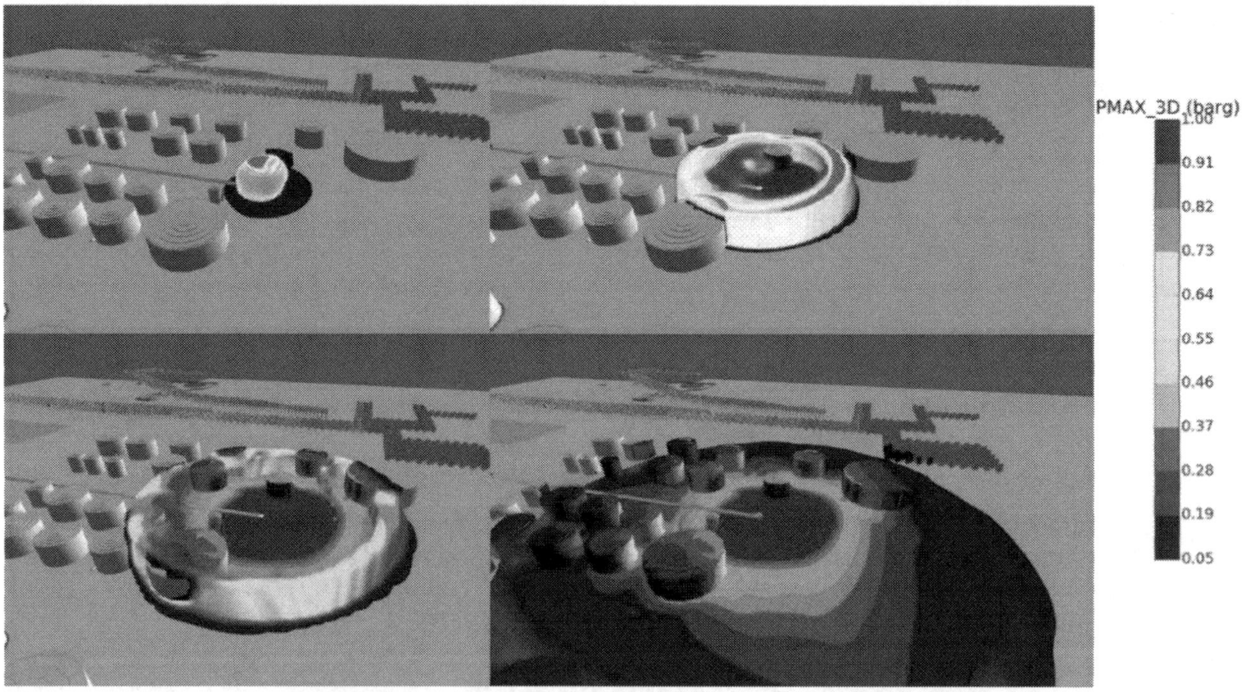

Figure 2.6: Pressure generated from the explosion in the underground drainage system.

3 Investigation findings and key lessons learned

Many of the contributors to the explosive atmosphere present at the CAPECO facility during the early morning hours on October 23, 2009 could have been avoided if the proper precautions were followed. While previous investigation reports have outlined certain contributing factors related to the incident, other major findings and lessons learned were not identified. For example, other groups have determined that the facility did not have automatic level alarms and that the automatic tank gauge system at the facility was not operational, which contributed to the event by not providing key indicators automatically and relying solely on manual measurements. However, key contributors to the incident (in addition to the automatic gauge system) were not identified and included: a failure to accurately monitor and verify the rate at which the gasoline storage tanks were being filled during the vessel offloading; and a failure to ensure "inherent safety" at the facility by not securing the dike drainage systems, which resulted high-pressure, supersonic flame fronts capable of causing the massive explosion as opposed to a "flash" or "whoosh" had the vapor cloud remained above ground. These factors will be discussed next.

Operational deficiencies that led to the Tank 409 Overfill

Recall that automatic controls were down and operations were manually monitored. Using the vessel discharge rates and tank strapping tables, it was estimated that when tanks 504 and 409 were being filled from 4:00 a.m. to approximately 12:00 noon on October 23, 2009, the transfer to each tank was approximately equal (see Figure 3.1). However, when 411 was brought online from 12:00 noon to 10:00 p.m. on October 23, 2009, it was determined that approximately 66% of the fuel was being transferred to tank 411 (see Figure 3.2), with the remaining fuel going to tank 409. This is consistent with operators' observations when preparing to take tank 411 offline: the valve to tank 409 was noted to be only open a little, confirming that tank 411 was receiving a much higher flow rate than tank 409 while they were being filled simultaneously [1].

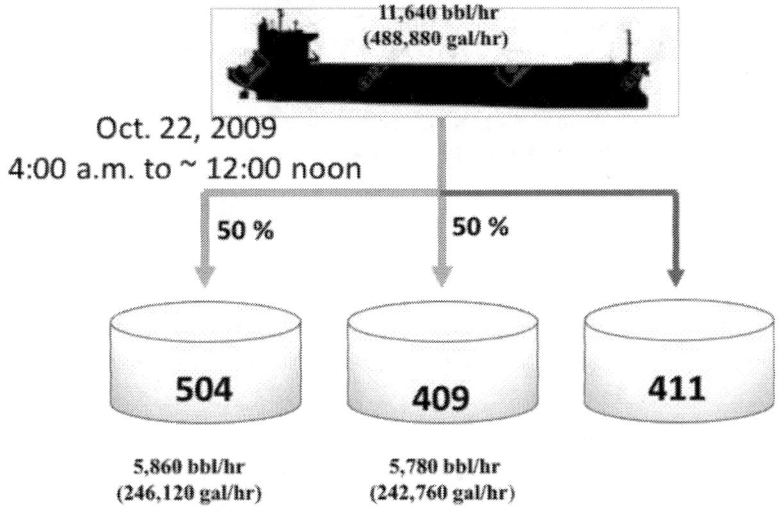

Figure 3.1: Transfer from the Cape Bruny to tanks 504 and 409 from 4:00 a.m. to approximately 12:00 noon on October 22, 2009.

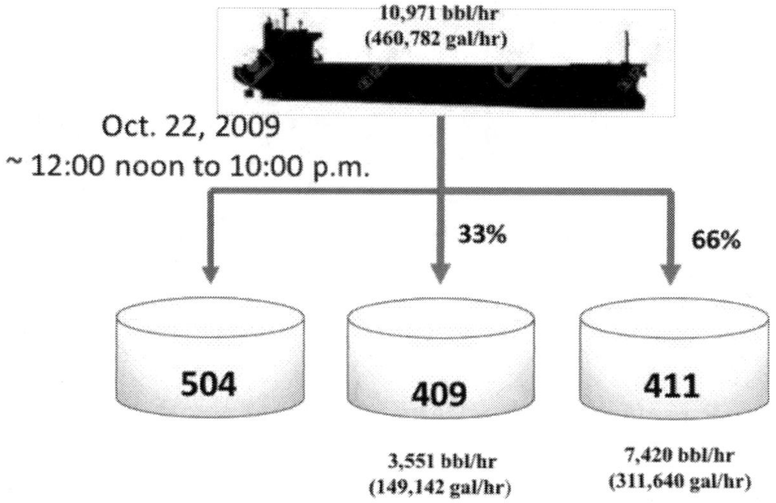

Figure 3.2: .Transfer from the Cape Bruny to tanks 411 and 409 from approximately 12:00 noon to 10:00 p.m. on October 22, 2009.

At 10:00 p.m. on October 22nd, tank 411 was closed and tank 409 was fully opened. Tank 409 contained approximately 98,716 gross barrels (4,146,072 gallons) of gasoline (overfill occurs at approximately 121,062 barrels).[1] The supervisor incorrectly estimated that the tank would be full at 1:00 a.m. by assuming only 33% of the discharge rate was going to tank 409. However, with the full vessel discharge of approximately 11,134 bbl/hr [7] going into tank 409, approximately 5,082 barrels (213,444 gallons) of gasoline overflowed from tank 409 contributing to the generation of a large flammable vapor cloud. This means that overflow occurred for approximately 27 minutes, beginning at approximately 11:45 p.m. on October 22nd until 12:12 a.m. the next morning.

Table 3.1: Estimated amounts of gasoline added to each tank and overflown at the CAPECO facility.

Tank	Estimated gasoline added Gross Barrels (Gallons)
405	4,411 (185,262)
504	62,984 (2,645,328)
411	74,198 (3,116,316)
409	114,325 (4,801,650)
Total	255,918 (255,918)
Total from Cape Bruny	261,000 (10,962,000)
Overfill	**5,082 (213,444)**

Therefore, one major cause of the incident was due to an incorrectly estimated fill time of 1:00 a.m. for tank 409, likely caused by ignorance of the increased flow rate to tank 409 after closing tank 411. Therefore, failure to compare vessel discharge rates to tank fill rates and verify that tank 409 had sufficient space to receive the scheduled amount of product resulted in tank overflow which generated a large flammable vapor cloud [12].

Drainage system

In the post incident investigation, the drainage valve in the berm surrounding tank 409 was found to be in the open position. The open valve drained to the waste water treatment facility, creating a pathway for the liquid gasoline to spread, increasing vapor generation and allowing for flammable gasoline vapor to fill the underground drainage system. The dike drainage valves should be closed during transfer operations so that in the event of an overfill, pool spread is limited. In this case, failure to close the drainage valve led to flammable vapors building up within the underground drainage system, and after ignition, resulted in a deflagration propagating within a completely confined drain and causing significant flame accelerations and overpressures. CFD analyses confirmed that these flame accelerations led to high pressure, supersonic flame fronts capable of causing the massive explosion as opposed to a "flash" or "whoosh" had the vapor cloud remained above ground. Keeping the drainage valves closed during a fuel transfer would have vastly limited the consequences and ensured inherent safety at the facility.

Level controls

The CAPECO facility has an automatic tank gauge system that transmitted the tank liquid depth to the operator's office. It would calculate the fill rate, as well as plot the flow rate and tank liquid depth versus time. Due to issues with the automatic tank gauge system (typical float and tape gauge), manual inspection of the tanks and calculation of the fill time had to occur through hourly readings.

4 Conclusions

Although US regulations do not consider bulk petroleum storage terminals as high hazards, an explosion at the CAPECO facility and ensuing fire destroyed a vast majority of the tank farm facility. This explosion was caused by a vapor cloud resulting from the overfill of a gasoline bulk storage tank, and this vapor cloud entering an improperly closed drainage system. The two main lessons learned from this incident (and previous incidents like Buncefield) include: (1) having systems and procedures in place to limit the likelihood of having such an overfill condition, and (2) providing inherent safety to such facilities to vastly limit the explosion consequences in the event such an overfill occurs (e.g. limiting confinement and congestion).

Regarding reducing the likelihood of such an event, the CAPECO facility was operating as a fully-attended facility and was in compliance with federal regulations at the time of the incident. As of today, fully-attended tank farm facilities do not require independent liquid level alarms and automatic tank gauging which allows other facilities to operate in the same fashion as CAPECO when transferring and storing flammable liquids such as gasoline. Therefore, such facilities should consider redundant controls and procedures to ensure: fill and transfer rates are constantly updated and verified throughout the transfer; and that the automatic tank gauge system is operational and complements manual measurements made at the facilities; and areas of high confinement like dike drainage systems are secured and closed prior to transfer of volatile hydrocarbons.

Inherent safety should also be evaluated at such facilities to ensure significantly lower consequences, even in the event of a significant release. CFD simulations have confirmed that physical layout of both Buncefield and CAPECO resulted in significantly higher consequences that could have resulted for identical overfill conditions. In fact, the densely coppiced tree lines at Buncefield and high confinement of the improperly opened drainage system at CAPECO resulted in explosion pressures and consequences orders of magnitude higher had such congestion/confinement not been present. Inherent safety of such facilities can be enhanced if areas of confinement and congestion are identified and mitigated in standard risk assessments. In fact, the CAPECO and Buncefield incidents would have likely resulted in large flash fires instead of the more devastating VCEs had these congestion and confinement areas been mitigated.

References

[1] ATF Investigation 764045-10-0011 Report.

[2] U.S. Chemical Safety and Hazard Investigation Board Final Investigation Report – Caribbean Petroleum Tank Terminal Explosion and Multiple Tank Fires.

[3] Puerto Rico Fire Department Fire Marshal Report.

[4] Inventory Logs.

[5] Dock Operating Manual.

[6] ATF Investigation 764045-10-0011 Interviews.

[7] Ship Transfer Logs.

[8] Caribnewspr https://www.flickr.com/photos/43578995@N03/.

[9] Davis, SG, Hinze, PC, Hansen, OR, van Wingerden, K (2010). 2005 Buncefield Vapor Cloud Explosion: Unraveling the Mystery of the Blast. Interflame 2010, Nottingham, UK..

[10] Coldrick, S., Atkinson, G.T., and Gant, S.E., Health and Safety Laboratory, Hazards XXII, 2011, pp. 560- 569..

[11] Van Wingerden, M. and Wilkins, B. (2008) Experimental investigation of the effect of flexible obstructions on flame propagation in vapour cloud explosions, GexCon report no. GexCon-08-F44110-RA-1, rev 01.

[12] API RP 2350, Appdx B.3.3 (2005).

Produced Water Tank Explosion Case Study

Presented by:
J. Kelly Thomas, Ph.D.
Baker Engineering and Risk Consultants, Inc.

2017 AIChE
Global Congress on Process Safety

BAKERRISK

BAKERRISK

Outline

- Purpose
- Background
- Facility Description
- Incident
  - Overview
  - Fuel
  - Oxidant
  - Ignition
- Related Incidents
- Lessons Learned
- Potential Prevention and Mitigation Approaches

2

Purpose

- Highlight commonly encountered hazard
  - Produced water tank with flammable atmosphere
  - Similar hazard associated with waste (slop) water tanks
    - Incidents involving waste water tanks in industry have occurred
- Identify lessons learned
- Identify potential prevention and mitigation approaches
  - Examples, not exhaustive compilation
  - Other approaches may provide similar level of risk reduction

3

Background

- Produced water (brine water)
  - Water separated from oil / condensate / gas streams
  - Collected in tanks and treated as waste
  - Head space may be in flammable range depending on operating parameters and separator performance (e.g., condensate carryover)
- Not typically viewed as posing significant explosion risk
  - Reasonable on a relative basis if other explosion hazards present which pose much more severe consequences and/or risk
  - Reasonable from a building siting perspective
  - Hazard is local, although debris may be thrown considerable distance
  - However, produced water tanks can, and do, explode
- Should be considered in terms of hazard/risk to personnel

4

Facility Description (1 of 6)

- Incident occurred at gas production site (West Virginia, 2013)
- 6 gas wells (no oil or condensate produced), each with own separator
  - Separators are 2.5 ft diameter by 8 ft long, and operate at 675 psig
  - Gas composition (97.2% CH_4, 2.1% C_2H_6, 0.1% C_3H_8, 0.3 CO_2, 0.3% N_2)
- Produced water tanks
  - Tanks in two groups of 3 (i.e., 6 tanks)
  - Group of 3 tanks share common overflow (3 in.) and vent (4 in.) lines
    - Common vent line not supplied by tank manufacturer
    - No flame arresters on these lines
  - Fixed roof API 12F style, 12 ft. (3.7 m) diameter, 20 feet (6.1 m) tall
  - 400 barrel (16,800 gallons, 64 m^3) & hydrotested at 1.5 psig (0.10 barg)
  - 2 access hatches (Enardo ES-660 and Jayco JT-8); relieve at 0.5 psig

5

Facility Description (2 of 6)

6

Facility Description (3 of 6)

- Fill line and access hatches

7

Facility Description (4 of 6)

- Common vent and overflow lines

- Common vent line terminates with open end at opposite end of 3-tank group

Facility Description (5 of 6)

- Sign at entrance to pad

9

Facility Description (6 of 6)

- Warning sign on each produced water tank
- Flammability rating of 3 would be indicative of gasoline

10

Incident (Overview, 1 of 7)

- Approx. 100 bbl removed from each tank every 3 or 4 days
  - Driver goes up to top of tank via catwalk, opens hatch, and gauges using wooden rod before pumping out desired liquid volume
- Driver arrived between 5:30 and 5:45 am, hooked truck up to tank manifold, and (at some point) ascended catwalk to tanks
- Explosion occurs prior to 6:45 am (February, sunrise at 7:17)
- One tank fails at shell-floor joint, ejected, and thrown 110 feet (34 m)
- One tank fails at shell-roof joint, roof thrown 165 feet (50 m)
- Catwalk damaged and displaced, throwing driver from catwalk and outside tank battery, approximately 30 feet (9 m); fatality.

11

Incident (Overview, 2 of 7)

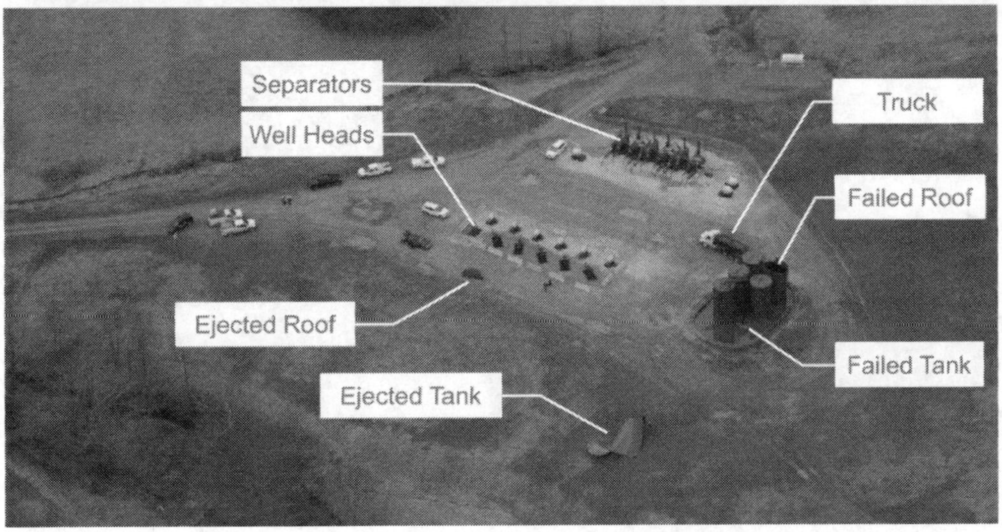

12

Incident (Overview, 3 of 7)

13

Incident (Overview, 4 of 7)

- Ejected tank

14

Incident (Overview, 5 of 7)

- Failed tank roof
- Shell-floor joint shows uplift (was approaching joint failure)

15

Incident (Overview, 6 of 7)

- Catwalk displacement (catwalk supported by tank attachment)

16

Incident (Overview, 7 of 7)

- Tank structural capacity roughly 10 to 15 psig (gradually applied internal pressurization) based on past experience
- Trajectory analysis indicates in range of 5 to 15 psig required to achieve observed tank and tank roof throw distances
- Indicates weakly flammable mixture was present in two tanks which failed, and mixture in "middle" tank was either not flammable or barely flammable
- Post-incident flammable gas measurements
  - Tank in adjacent set ≈ 65% LFL days after incident
  - Truck ≈ 15% LFL 2 months after incident
  - Consistent with elevated fuel concentration in tanks at time of incident

17

Incident (Fuel, 1 of 3)

- Separator does not remove "all gas" from the fluid, even when functioning properly and as designed
- Produced water contains gas since at elevated pressure (675 psig), which is released when pressure dropped to atmospheric
  - Gas content function of water pressure, temperature and composition
- Can have gas "carry" over or with stuck/jammed valve in separator
  - Separators were tested post-event and found to work properly
  - Concluded gas source was solely content of produced water transferred to storage tanks from separators

18

Incident (Fuel, 2 of 3)

- Methane solubility data from Duan & Mao (2006) Geochemica, 70: 2269-86.
  - Approximately 0.043 moles/kg at relevant conditions
- See vapor space fuel concentration plot on following slide:
  - Low level to high level of 50 to 150 barrels (1/4 tank capacity)
  - Conditions present (separator pressure, fluid composition, etc.)
  - No air in-leakage (only draw in air when drop liquid level)
- Can easily exceed UFL
  - Fuel concentration would be lower at lower separator pressure
  - Minimum fuel concentration would decrease if either high level or liquid volume extracted were increased (vs. values noted above)
  - > UFL is not a "universal condition" for produced water tanks

19

Incident (Fuel, 3 of 3)

- Fuel concentration for series of 100 bbl fill / extract cycles

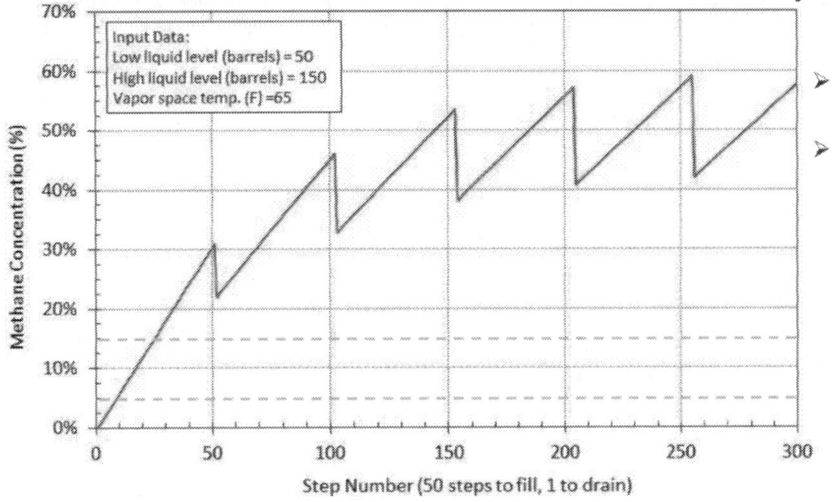

- Can easily exceed the UFL
- Issue is how get enough oxidant to be in flammable range

20

Incident (Oxidant, 1 of 4)

BAKERRISK

- Need additional air to enter flammable range (i.e., < UFL)
- Additional air can be drawn into tank via natural convection
  - Gas within tank lighter than outside air (i.e., unless outside air is hotter)
  - Light gas can flow out common vent line, pulling air in through leak points (e.g., access hatch seals)
    - Analysis subject to uncertainty since inlet flow path not well defined, but leakage rate in range of 125 scfd (2.5 lpm, 22 bbl/day) reasonable
    - Acts to limit maximum fuel concentration
    - Steady decrease in fuel concentration when tank is "stagnant" (i.e., no produced water additions or removals)
  - Much higher air in-leakage rate when hatch is open (2 to 5 scfm)
- Tanks stagnant for period before explosion & hatched opened
- See illustrate plots on following page

21

Incident (Oxidant, 2 of 4)

BAKERRISK

- Fuel concentration for series of 100 bbl fill / extract cycles, followed by stagnant period (125 scfd air in-leakage)

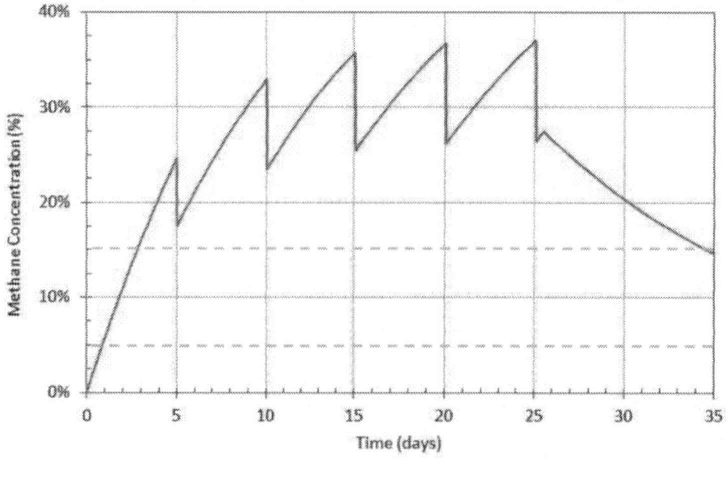

- Above UFL until enter stagnant period
- Air in-leakage during stagnant period allows fuel concentration to drop below UFL and enter flammable range
- Reach flammable condition in about 2 weeks

22

Incident (Oxidant, 3 of 4)

- Fuel concentration for series of 100 bbl fill / extract cycles, followed by stagnant period with hatch open (2 scfm air in-leakage)

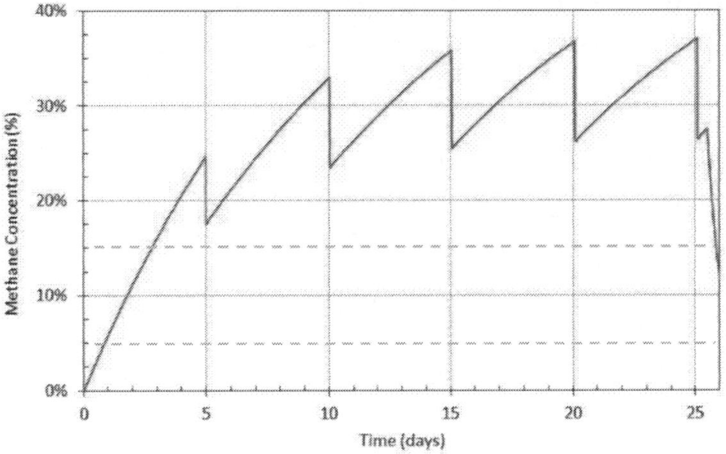

- Above UFL until hatch open for extended period
- Air in-leakage with hatch open for extended period allows fuel concentration to drop below UFL and enter flammable range
- Reach flammable condition in about 8 hours

23

Incident (Oxidant, 4 of 4)

- Natural convection limits maximum fuel concentration and can bring tank vapor space into flammable range, particularly with a tank which is stagnant for an extended period or with a hatch left open
- Note should not conclude that require natural convection in order to form a flammable mixture with a generic produced water tank
  - Lower separator pressure would mean less gas and hence tank could be flammable for portion of time regardless of natural convection
  - Larger volume of produced water withdrawn from tank or higher tank levels could put the tank vapor space into the flammable range
- Should assume a flammable mixture can result if the fuel concentration can exceed the LFL

24

Incident (Ignition Source)

- Driver was performing operation before sunrise
  - No headlamp or flashlight recovered from scene
  - Lighter found 25 feet from body (in same direction as thrown)
  - Driver was a smoker and one glove was off
  - Opened cigarette pack present in truck
  - Reasonable to assume driver used lighter to check liquid level
  - Driver not equipped with an LFL meter
- Static charge cannot be completely ruled out
- Flame propagation to adjacent tanks via connecting lines
- Ignition potential recognized (e.g., API RP 505)

25

Related Incidents

- Produced water tank explosions have happened in the past
- Cursory literature search
  - Texas (2013): Set of six 200 bbl produced water tanks, 2 people smoking on top of tank, tank exploded
  - Canada: Welding on tank which had contained produced water resulted in explosion
- CSB investigation report (2011-H-1):
  - "Public Safety at Oil & Gas Storage Facilities"
  - 26 incidents over 27 year period (44 fatalities and 25 injuries)
  - Includes at least one produced water tank
- Produced water SDS packages vary in flammability warnings (as does the signage on the produced water trucks)

26

Lessons Learned

- Produced water tank explosions can and do happen
  - Lesson already learned in prior incidents .....
- Hazard awareness may not be adequate among all personnel working at oil and gas production sites
- Development of flammable atmosphere in tank depends on separator pressure, tank arrangement and tank ventilation
  - Should assume tank vapor space may be flammable
  - Can also have separator malfunction leading to increased fuel concentration

27

Potential Prevention and Mitigation Approaches

- Increase hazard awareness for all personnel working at site
- Measure level at grade to eliminate routine access to most hazardous location (i.e., tank roof)
- Inert tanks using natural gas
  - Take feed from product gas line
  - Eliminate open vent paths and institute pressure control system (flow as required to maintain positive pressure and preclude air in-leakage),
  - Will result in increased emission of natural gas from facility
- Use a "lead tank" as a secondary separator
  - Inert only this tank with natural gas (limit use of natural gas)
  - Pump or gravity flow from "lead tank" to other produced water tanks
- Monitor tank vapor space

28

Questions

?

29

481704 Milestone Company Incidents and Their Impact on Air Products Process Safety Journey

Abstract:

Air Products has experienced several significant Process Safety events in our history that have helped define the Process Safety culture that exists at the company today. This presentation describes these events and their root causes, as well as the changes that they launched in the company's approach to Process Safety. The first incident was an explosion at a Nitrous Oxide plant in 1976 that resulted in four on-site fatalities. In the aftermath of this event the need for a formal Hazard Review Process was identified. The second event occurred in 1978 at an air separation plant in which a cryogenic Liquid Oxygen storage tank was ruptured and 800 tons of Liquid Oxygen was released. The Liquid Oxygen vaporized and drifted off-site, resulting in five off-site fatalities. This incident highlighted the necessity of Risk Quantification. While these milestone events served as the impetus for Air Products Process Safety journey, that journey continues to current day, and the presentation will close with a brief update on future direction.

481925 Plymouth Incident

Abstract:

The Williams Company LNG facility on their Northwest Pipeline system located in the state of Washington experience an explosion March 30th 2014. The incident occurred during a routine start-up of the liquefaction process. Directly after the facility was deemed safe the site preservation process was initiated and the investigation began. The various regulatory agencies were involved during the investigation to help determine the cause and to provide recommendations to prevent like kind occurrences elsewhere within the industry. Additional 3rd party firms were called in to review potential structural deficiencies, design flaws, metallurgy testing, and auto ignition testing.

AUTHOR INDEX

AUTHOR INDEX